문제해설집 (6권)

전기안전기술사
電氣安全技術士

양재학, 박기철, 박종철, 윤종철 공저

Professional Engineer Electric Safety

전기안전기술사 문제해설집 6권

초 판	2018년 6월 15일
저 자	양재학 (선우엔지니어링 연구소장/한국전력공사 부장/ 한양대학교 전기공학석사/전기안전기술사/발송배전기술사/ 건축전기설비기술사/전기응용기술사/산업안전지도사) 박기철 (일터노무안전관리 본부장, 단국대학교, 수원대학교 소방재난안전학과 석사과정) 박종철 (발송배전기술사, 서울과학기술대학교 전기공학/대림산업 차장) 윤종철 (성율이엔지 전무/ 서울과학기술대학교 전기공학 석사/ 발송배전기술사, 소방기술사)
발 행 인	김기남
발 행 처	도서출판 NT미디어
주 소	서울 영등포구 영신로17길 3, 1층
대 표 전 화	02) 836-3543~5
팩 스	02) 835-8928
홈 페 이 지	www.ucampus.ac

값 60,000원
ISBN

이 책의 저작권은 도서출판 NT미디어에 있으며, 무단복제 할 수 없습니다.

상담전화 02) 836-3543~5
홈페이지 www.ucampus.ac

Preface

전기안전기술사 분야는 매우 다양하고, 고도의 지식을 요구하는 실천공학으로 간주합니다. 타 종목과 많이 중복되는 경향도 높으나 그 고유의 영역은 현대의 각종 안전사고예방에서 전기분야의 해당사항을 취급하고 있어 종합적인 판단능력을 요구하고 있습니다.

따라서 최근 15년부터 18년까지의 문제를 분석해 보면 고유한 전기안전분야의 괄목할 만한 내용의 변화 및 특히 타 분야인 전기분야와 건설분야의 전기부분까지 다루고 있어 매우 어려운 것으로 수험자들이 생각하고 있습니다.

그런데 과년도 문제를 정밀히 분석해 보면 주요 문항은 매번 일정기간을 두고 재차 반복하여 나오는 경향이 있어 오히려 목표도달이 용이할 것입니다. 또한 유사한 기술사의 문항도 매우 많이 나오는 경향이 높고, 산업안전지도사에 급관심 있는 분들에게도 상당히 좋은 자료일 것입니다.

본 서적은 제108회(2015년2월)부터 114회(2018년 2월)의 과년도 문제의 모범답안과 과거면접문항의 답안, 산업안전지도사 2차시험의 해석, 타 분야의 전기안전기술사에 재차 나올 가능성이 많은 문항의 해석 및 전기응용기술사 기출(13년도~17년도)문항을 복합적으로 구성된 다양하고 유사기술사 종목에서도 활용할 수 있게 된 그야말로 종합도서이다. 이것은 자료 찾는다고 시간 낭비하지 말고 자료의 단권화를 전기안전기술사 상,중,하 및 제4권과 5권,6권에서 중요문항을 스스로 선택하여 집중하되 상,중,하, 4권은 매 장별로 본인이 중요하다고 생각하는 문제를 최소화 시킨 후 본 서적인 제5권과 6권을 중심으로 집중반복함이 오히려 낭비요소를 대폭감소 시킬 수 있다고 생각됩니다.

또한 면접대비용도 될 것이며, 유사 종목에서도 활용가치가 높을 것인바,

본인 스스로 문제를 선택하여 전체의 윤곽을 파악할 수 있게 함으로써, 나름대로의 예측력이 생길 것입니다. 따라서 예측한 문항을 반복과 연상을 하면서 Active적인 학습을 굳은 의지로 행동하면서 실천한다면 합격이 무난하게 이루어 질 것입니다.

전기인으로서 현업에서 38년 근무한 경험과 4 종목의 기술사 보유한 산업안전지도사로서 수험생들을 관조하면 대부분이 완벽을 추구하고자 자료 수집에 시간낭비가 심해 효율적인 학습능력이 어려움을 알고 있기에 본 서적을 고심 끝에 한 회사를 정년퇴직하면서 집필하게 되었습니다.

절대로 주관식 시험에서 완벽을 추구하면 엄청난 시간소요가 있으니 그 한계를 설정하고서 합격한 다음에 면접에 대비할 때 새로이 신속학습하면 별 문제가 되지 않을 것입니다.

또한 학습을 하다보면 건강을 심각히 해칠 경우도 있으니, 반드시 학습 1시간 이후에는 스트레칭을 필수과목으로 인지하고, 적정한 체력 보강물질로 보충하면서 집중과 선택 후 굳은 의지를 갖고 노력한다면 합격의 소망을 충분히 이루질 것으로 보아지며, 진심으로 기원합니다.

2018년 5월 저자 일동

Contents

이 책을 보는 효율적으로 마스터 하는 방법

1. 먼저 문제를 많이 소리내어 읽어보자
   적어도 하루에 1회 씩 100일 만 반복

2. 답안이 많으므로 점수에 맞게 스스로 노트를 작성한다

3. 각 장별로 주요도는 다음과 같으므로 최우선 학습한다
   1) 1장, 2장, 3장에서는 산업안전관리론 및 감리 사항이 주류를 이루고 있으며, 필요에 따라 건설안전기술사 등의 타 분야 안전문제로도 활용성이 높음. (최근 경향을 보면 1,2,3장은 출제 빈도가 2~10%정도임)==> 시간 없으면 완전skip
   2) 4장부터 18장 까지의 장별 목차를 보고 가장 많은 문제가 아무래도 중점적으로 나온 경향이 예측되니 그 순서에 의해 중요도를 나름대로 함이 좋을 듯 합니다
   3) 부록 편은 유사 종목인 부분 중에서 전기안전기술사 재차 나올만한 문의 해석으로서 부록의 목차를 충분히 여러 번 소리 내어서 매일 30분 정도 반복 10회 이상하면 분명히 전기안전기술사에서도 재차 나올 만항 문항이 느껴진다고 확신한다.

4. 반복의 회수가 중요한데 개략적으로 3회 정도 대충 보고, 기록 연습을 중요문항을 펼쳐놓고 그대로 따라서 기록연습을 줄기차게 해보면 어렵지 않을 것입니다.

5. 재차 더 강조하는 것은 문제를 많이 다독하면 스스로 예상 문항을 알 수 있을 것으로 유추되며, [이 시험은 객관식이 아니므로 논리적인 사고력과 기안 기획력의 테스트로 보여집니다]

6. 절대로 완벽을 추구하려고 모든 문제를 다 하려는 안타까움을 과감히 버려서 3에서 강조한 것을 위주로 필기연습을 부지런히 하실 것을 말씀 드립니다.

7. 서브 노트를 만들 때는 이 책만 갖고 3의 문제만으로 답지 양식에다가 실전처럼 기록하면서 눈, 귀, 입, 머리, 손을 통한 공부실천이 효과적일 것입니다. (눈으로 보고 입으로 읽고, 귀로 듣고, 손으로 기록하면서, 머리로 연상방법을 예로 두문이나 마인드 맵 등)

8. 답지를 10만원 정도 복사(흰색이 아닌 미농지로 하여 눈부심을 예방)하여 이 용지를 플라스틱 스프링 책철 후 이곳에만 답안을 기록하세요. 이 용지 저 용지 하다 보면 나중에 단권화 작업이 난감하고, 자료분실도 있으니, 적극 참조하시길 바랍니다. (조그마한 메모 요약 메모노트도 좋으나, 너무 정리만 하다가 막상 외우지 못하면 실패하니 특히 조심하고 단권화 완전히 된 후에 몰아서 암기하려고 하는 매우 위험한 생각은 금물입니다.
본인한 것을 <u>2일 내로 암기 암기 암기 되풀이 하</u>고 또 진도나가는 방법이 오히려 현명합니다)

9. 특히 공부 중에 인터넷, SNS 등 전혀 관계없는 행동은 당신의 기억력과 판단력 및 창의력과 연상력을 극히 저하시킬 수 있으니 매우 조심하십시오. 아예 공부할 때는 멀티 TASKING 작업은 절대 금물이니 절대적으로 집중해야 하며, 시간을 쪼개어서 틈 시간에 하면 충분히 합격할 것으로 기대합니다 !!!

10. 본 서적은 한국전력공사 38년4개월(1979.12월~2018년3월) 마무리하는 입장에서 대학 때부터 지금까지 전기공부하고 활용하고 지도하고 강의한 경험의 비법이 녹아나 있다고 본다. 그동안 많은 전기 및 안전분야의 합격자에 보탬이 되고자 노력해왔습니다.

11. 하여 오랜 동안 고심하고, 참신하게 만들려고 신경을 크게 기울였다.

12. 혹 독자들이 본 서적을 보면서 전체의 구성 및 학습방법을 기존 서적과 달라서 혼선이 올지도 몰라서 이 책을 독파하는 방법을 아래와 같이 직시하도록 한다.

13. 결론적으로 다음과 같이 실천하기를 바랍니다.

Contents

* 5권과 6권의 전체는 : 7개 대 분류로 구성

① 1번째 : 기출 전기안전기술사 해석분임(108회~18년2월 114회까지) : 359개 문(31*5)
   * 목차에는 해석의 페이지가 없는 문항도 있고, 문제만 있는 것도 있음. 이는 책을 구입하여 스스로 작성해야 된다는 의미임
② 2번째 : 과거 및 최근의 면접문항의 답안
   ㉠ 해석 중간에 공란도 있음
      (왜 본서적과 본인이 집필한 서적으로 독자가 충분히 기록할 수 있다)
   ㉡ 의외로 면접시험 문항이 그 다음 회수에 필기 문제로 나오기도 한다
   ㉢ 따라서, 필기시험 보는 사람은 가볍게 읽어보는 수준으로 접근하고
   ㉣ 면접시험 대비자는 자기의 경력에 맞추어서 내용각색 및 답안을 입으로 설명하여 상대방이 이해될 수 있게 차분히 연습한다
③ 3번째 : 산업안전지도사 문 및 그 해석임 : 41개 문항
   ㉠ 시험 중 대단히 어려운 시험인바
   ㉡ 2차 시험을 응시하는 전기안전기술사가 아닌 분들은 1차 합격 후 2차에 대한 정확하고 신속하고 해석인바 최대한 2차 시험 준비 시간을 단축가능
   ㉢ 전기안전기술사 응시생들은 산업안전지도사 문항이 조금 변경해서 기술사 시험에 나오는 경향이 있기에 확실히 암기할 것
④ 4번째 : 발송배전기술사와 관련된 전기안전기술사에 가능성이 높은 문항 66개 문항[6권 중]
⑤ 5번째 : 전기응용기술사와 관련된 전기안전기술사에 가능성이 높은 문항 26개 문항[6권 중]
⑥ 6번째 : 전기응용기술사를 응시하고자하는 분들을 위한 기출문제의 해석 [6권 중]
   ㉠ 응시하고자 할 때, 본인이 집필한 전기응용기술사 4권과 전기안전기술사의 5권, 6권을 구입하여 자료분석 및 암기하면 단기일에 합격가능성 높다
   ㉡ 특히 전기응용기술사는 타 기술사와 달리 신기술문제가 많이 출제됨으로 한국의 산업방향을 알 수 있다. 따라서 자금투자 등에 활용할 수 있고,
   ㉢ 어차피 공학은 영어권에서 온 것이므로 특히 영어로 된 문항은 재출제가 계속됨을 충분히 인지할 것
⑦ 7번째 : 추가로 전기안전기술사 참고할 문항임 [6권 중]
⑧ 전체 핵심문항 수 : 359(전기안전기출문제 등)   +41(산업안전지도사 분야)
                    +66(발송배전분야)   +26(전기응용분야)
   문제 중 2중으로 된 부분도 있음 : 왜 더 중요하다고 관찰되어

⑨ ●**핵심문제는 ? 개**(학습자가 스스로 개수를 정하여 집중적 정리 및 암기, 재복습, 문제의 연결 등 요함)

〈목 차〉

Chapter 1. 발송배전기술사 기출 중 전기안전기술사 예상문제
.... 9

Chapter 2. 전기응용기술사 기출 중 전기안전기술사 예상문제
.... 189

Chapter 3. 전기응용 기출문제 109~113회
전기응용기술사 109회 262
전기응용기술사 112회 348
전기응용기술사 113회 433

Chapter 4. 전기안전 추가부분
.... 517

Chapter 01

발송배전기술사 문항 중
전기안전기술사에
예상되는 문항

발12-98-1-7. 초고압 가공송전선로에 다도체를 사용하는 이유를 설명하시오.

발12-98-1-8. 수용가의 부하설비용량, 수용률, 부등률, 부하율을 이용하여 필요한 변압기 용량을 구하는 방식을 설명하시오.

발12-98-3-3. 초고압케이블의 시스(Sheath) 유기전압과 이를 제한하기 위한 편단접지와 크로스본드 접지에 대하여 각각 설명하시오.

발12-98-3-4. 신설 345 kV변전소 접지망 설계시 고려사항에 대하여 설명하시오.

발12-98-4-4. 초고압 직류송전(HVDC)의 장단점을 교류송전과 비교하여 설명하시오.

발13-99-1-2. 휴즈나 배선용차단기를 저압모터의 지락사고 보호에 사용하고자 할 때 저압계통의 중성점접지방식(직접접지, 저저항접지, 고저항접지)별로 적용상 차이점을 간단히 설명하시오.

발13-99-1-5. 변압기에서 단절연 및 저감절연에 대하여 설명하시오.

발13-99-2-4. See beck 효과와 Peltier효과를 비교 설명하시오.

발13-101-1-6. 변압기의 이행전압에 대하여 설명하시오.

발13-101-1-7. 역률개선의 효과를 설명하시오.

발13-101-1-8. 공동접지의 장점과 특징에 대하여 기술하시오.

발13-101-2-4. 상결선이 Dyn1인 변압기 보호를 위해 사용하는 기계식 비율차동계전기의 변류기 결선도를 그리고/ 여자돌입전류에 의한 오동작 방지대책에 대하여 설명하시오.

발13-101-2-6. 중성점 접지방식의 종류를 접지임피던스의 종류와 크기에 따라 분류하고 설명하시오

발14-102-1- 5. 전력용 콘덴서와 연결되는 직렬 리액터 의 설치목적과 용량을 결정하는 근거를 설명하시오.

발14-102-2-5. 고압 콘덴서 보호 방식 중 NCS(Neutral Current Sensor) 및 NVS(Neutral Voltage Sensor)방식에 대하여 개념도를 그리고 동작 원리를 설명하시오.

발14-102-3-4. 전선로의 외부 이상전압 중 직격뢰에 의한 뇌전압 및 뇌전류의 표준 충격파형을 그리고 설명하시오.

발14-102-4-1. 대지 저항률에 영향을 주는 요소와 접지설계과정을 단계별로 설명하시오.

발14-104-1-8. ESS(Energy Storage System)와 UPS(Uninterruptible Power Supply) 를 비교 설명하시오

발14-104-3-4. 자동 부하전환 개폐기(ALTS)의 운영방법, 적용기준, 운전방식, 설치 시 유의사항에 대하여 설명하시오.

발15-105-1-1. THD(Total Harmonics Distortion)와 TDD(Total Demand Distortion)에 대하여 설명하시오.

발15-105-1-2. 고조파 발생원이 많은 수용가에서 역률을 개선하는 방법에 대하여 설명하시오.

발15-105-1-9. 풍력발전설비에서 기어드 형(Geared Type)과 기어리스 형 (Gearless Type)의 장·단점을 설명하시오.

발15-105-1-10. 변류기(CT)의 과전류 정수에 대하여 설명하시오.

발15-105-2-1. 상 변압기의 병렬 운전 조건과 / 병렬 운전이 가능한 각 결선 방법의 위상각 변위에 대하여 설명하시오.

발15-105-3-2. 변압기 등가회로 , 임피던스 전압을 설명하고 %Z가 전력계통에 미치는 영향을 설명하시오.

발15-107-1-3. 보호계전기의 동작협조곡선 작성순서 및 유의사항에 대하여 설명하시오.

발15-107-2-2. 케이블의 전기적 특성에서 손실과 전위경도에 대하여 설명하시오

발15-107-2-6. 영상분 고조파가 아래 설비에 미치는 영향과 대책에 대하여 설명하시오.
　　　　　　 (1) 발전기　　(2) 변압기　　(3) 콘덴서　　(4) 중성선 케이블

발15-107-3-1. 전기방식(電氣防蝕)에 대하여 설명하시오.

발15-107-3-2. 연료전지의 종류와 특징, 동작원리에 대하여 설명하시오.

발15-107-4-5. 전위강하법을 이용한 접지저항측정에서 측정값 오차가 최소가 되는 조건(61.8%)에 대하여 설명하시오.

발15-107-4-6. 활선상태에 전력케이블의 열화진단법에 대하여 설명하시오.

발16-108-1-6. 발·변전소에서는 선로의 접속이나 분리를 위해 차단기 및 단로기를 설치하고 있다. 이들의 역할을 설명하고 조작시 유의사항에 대해 설명하시오.

발16-108-1-12. 고장 전류 중 직류분에 의한 포화 현상이 발생할 경우에 변류기는 과도적인 현상이 나타난다. 이에 대한 특성에 대하여 설명하시오.

발16-110-1-1. 정현파의 실효값과 평균값의 의미를 설명하시오.

발16-110-1-5. 변압기 온도상승시험에 대하여 설명하시오

발16-110-1-12. 수용가 측면에서의 Flicker 대책을 설명하시오.

발16-110-2-4. 전력퓨즈(Power Fuse)의 시간-전류 특성에 대하여 설명하시오.

발16-110-2-6. 화석연료 사용에 따른 환경문제는 국가적으로 시급한 대책 마련이 요구되고 있다. 화력발전소에서의 공해방지 대책에 대하여 설명하시오.

발16-110-3-2. 차단기의 Trip Free 및 Anti Pumping에 대하여 설명하시오.

발16-110-3-3. 피뢰기 설치 위치와 피뢰기의 정격전압 결정시 고려할 사항에 대하여 설명하시오.

발16-110-3-4. 변압기 내부고장 보호를 위한 기계식 보호장치 대하여 설명하시오.

발16-110-3-5. 전력케이블의 트리(Tree)현상에 대하여 설명하시오.

발16-110-3-6. 중성선에 흐르는 제3고조파 전류로 인한 영향과 대책에 대하여 설명하시오.

Chapter 1. 발송배전기술사 기출 중 전기안전기술사 예상문제

발16-110-4-5. 과도회복전압(Transient Recovery Voltage)의 특성과 차단기에 미치는 영향을 설명하시오.[1, 2-1), 2-3), 2-4),3 만 기록해도 됨]

발17-111-1-6. 변전소에서 접지를 하는 목적과 중요 접지개소를 설명하시오.

발17-111-1-8. 석탄화력발전소에서 집진장치의 설치목적과 종류를 설명하시오.

발17-111-2-3. 차단기의 정격과 동작 책무에 대하여 설명하시오.

발17-111-4-5. 변압기의 등가회로를 작성하려고 한다. 다음 물음에 답하시오.
1) 등가회로를 작성하기 위한 단락시험과 개방시험의 회로도를 작성하시오.(단, 변압기는 단상 2400/240[V], 15[kVA]이다)
2) 단락시험과 개방시험으로 구할 수 있는 사항에 대하여 설명하시오.
3) 단락시험, 무부하 시험으로 변압기 효율을 구하는 식을 간단히 설명하시오.
4) %임피던스와 변압기 고장 시 단락전류 , 변압기 전압변동률과의 관계에 대하여 수식을 쓰고 설명하시오.
[기존의 발송배전기술사 문제 중 최고의 문제로 생각됨]

발17-112-1-2. 변압기 과부하 운전 시 온도영향 및 수명과의 관계를 설명하시오.

발17-112-1-7. 리튬이온축전지에 대하여 다음 내용을 설명하시오.

발17-112-1-12. 변압기의 1차, 2차측에서 본 %임피던스가 동일함(%Z1=%Z2)을 설명하시오.

발17-112-1-13. 변류기(CT)의 열적 과전류강도와 기계적 과전류 강도에 대하여 설명하시오

발17-112-2-2. 전력용변압기의 OIP(Oil Impregnated Paper)부싱과 RIP(Resin Impregnated Paper) 부싱을 비교 설명하시오.

발17-112-2-3. 가스절연개폐장치(GIS : Gas Insulated Switch Gear)의 장점을 설명 하고, 25.8kV GIS 제작 및 설치 후 시행하는 시험내용에 대하여 각각 설명하시오.

발17-112-2-4. 케이블의 냉각방식을 설명하시오[의 해석은 아니나, 문제의 변형을 아래와 같이 함] -1. 케이블의 안전전류를 설명하시오[10점]

발17-112-3-3. 대용량 유입식변압기의 유중가스를 이용한 상태진단 및 고장진단 방법에 대하여 설명하시오.

발17-113-1-3. 부하의 유효전력이 일정한 경우와 부하의 피상전력이 일정한 경우에 역률 개선용 콘덴서의 용량 변화에 대하여 각각 설명하시오.

발17-113-1-7. 변압기 병렬운전 조건과 3상 변압기의 병렬운전 가능 또는 불가능 결선에 대하여 각각 설명하시오.

발17-113-1-10. 피뢰기에 관한 다음의 용어를 설명하시오.
　　　　　　　1) 정격전압　　　2) 제한전압　　3) 방전전류
　　　　　　　4) 상용주파 방전개시전압　　　　5) 충격 방전개시전압

발17-113-2-4. 에너지저장장치(ESS)와 건물에너지관리시스템(BEMS)의 개요 및 용도, 의무적용 대상에 대하여 각각 설명하시오

발17-113-2-6. 변압기 1차측 중성점이 직접 접지되어 Y-△ 결선으로 운전 중인 상태에서 1차측 한 상이 결상되었을 때 변압기에 미치는 영향에 대하여 설명하시오

Chapter 1. 발송배전기술사 기출 중 전기안전기술사 예상문제

방17-113-3-5. 고조파 전류가 콘덴서 회로에 미치는 영향과 대책에 대하여 설명하시오.

발17-114-1-6. 차단기(CB), 부하개폐기(LBS), 단로기(DS)의 동작특성을 설명하시오.

발18-114-1-9. 변압기의 소음 발생원인 및 저감 대책에 대하여 설명하시오.

발18-114-2-4. 전기저장장치(ESS)를 배터리형과 비배터리형으로 구분하여 종류별 작동원리 및 특징, ESS의 전력계통 적용방안에 대하여 설명하시오.

98-1-7 다도체 사유

발12-98-1-7. 초고압 가공송전선로에 다도체를 사용하는 이유를 설명 하시오.

 답

1. 다도체 의 정의
1) 초고압 송전계통에서 동일 굵기의 단도체 대신에 여러 개의 소도체를 사용하는 방식으로 보통 154$[kV]$는 2도체, 345$[kV]$는 4도체, 765$[kV]$는 6도체를 사용한다.
2) 단도체에 비하여 다도체의 등가반지름이 증가하며, 이로 인하여 다음과 같은 장점이 있다.

2. 다도체를 사용하는 이유
1) 코로나 임계전압의 상승
   ① 초고압송전선에서의 대지전압이 코로나 임계전압보다 높으면 코로나 방전으로 손실과 잡음이 발생한다.
   ② 따라서 코로나 임계전압을 높게 유지하여 이를 방지한다.
   ③ 코로나 임계전압 식 $E_o = m_1 m_2 \delta d \log_{10} \frac{D}{r}$ 에서 다도체 방식의 채용으로 도체의 직경 d가 증가하고 임계전압도 높아진다.
2) 실효저항의 감소
   ① 교류가 도체에 전류가 흐르면 도체 내부의 인덕턴스에 의해서 방해를 받게 된다.
   ② 따라서 전선이 굵게 되면 도체의 표피두께 $\delta = \frac{1}{\sqrt{\pi f \mu \sigma}}$ 가 되며, 다도체의 채용 으로 개별 도체가 가늘어져서 실효저항이 감소하게 된다.
3) 송전용량의 증가
   ① 다도체의 인덕턴스는 $L_n = \frac{0.05}{n} + 0.4605 \log_{10} \frac{D}{r_e}$ 에서 등가반경이 커져 감소하고, 정전용량은 $C_n = \frac{0.02413}{\log_{10} \frac{D}{r_e}}$ 이므로 증가하게 된다.
   ② 따라서 송전선로의 임피던스는 $Z_w = \sqrt{\frac{L_n}{C_n}}$ 는 감소하여 송전용량 $P_r = \frac{V_r^2}{Z_w}$ 는 증가 하게 된다.

98-1-8 수용률, 변압기 적용등

발12-98-1-8. 수용가의 부하설비용량, 수용률, 부등률, 부하율을 이용하여 필요한 변압기 용량을 구하는 방식을 설명 하시오.

답

1. 수용률의 정의
1) 부하설비가 동시에 사용되지는 않으므로 동시에 사용되는 정도를 최대수요전력의 설비용량에 대한 백분율로 나타낸다. 따라서 수용률은 항상 100보다 작다.
2) 수용률[%] = $\dfrac{\text{최대 수요전력}}{\text{부하 설비용량}} \times 100$

2. 부등률의 정의
1) 부하 집단 간의 최대수요전력을 나타나는 시각이 다르므로 상이한 정도를 최대 수요전력의 합계를 합성최대전력으로 나눈 값을 부등률이라 하며 항상 1보다 크다.
2) 부등률 = $\dfrac{\text{각 각의 최대수요전력의 합계}}{\text{합성 최대수요전력}}$

3. 부하율의 정의
1) 일정기간 중의 평균전력을 최대수요전력으로 나눈 값으로 설비의 이용률
2) 부하율 = $\dfrac{\text{평균전력}}{\text{최대수요전력}} \times 100$

4. 변압기 용량의 산출
1) 변압기용량산출의 기준은 합성최대수요전력으로 수용률과 부등률을 이용하여 변압기 용량을 산출 한다.

즉, 변압기용량(합성최대수요전력) = $\dfrac{\text{수용률[\%]} \times \text{부하의 설비용량}}{\text{부등률} \times 100}$

2) 실제 변압기의 용량은 상기 식에서 여유분을 두어 산정한다.
3) 부하율은 산출된 용량의 변압기의 이용률을 나타내는 지표가 된다.

98-3-3 시스유기전압 관련 여러항

발12-98-3-3. 초고압케이블의 시스(Sheath) 유기전압과 이를 제한하기 위한 편단접지와 크로스본드 접지에 대하여 각각 설명하시오.

 답

1. 금속시이스의 기능 (설치목적)
1) 내부에 있는 절연체의 보호
2) 절연유의 압력유지
3) 대기 중 습기의 절연체의 혼입방지
4) 고장전류의 귀로
5) 전기적 차폐효과 (납, 알루미늄, 철, stainless 등을 사용)

2. 금속 쉬스의 유기전압 저감대책
1) 단심케이블 시스의 안전 상 접지요건
   ① 시스유기전압의 제한치는 인체에서의 안전확보의 관점에서 결정되며, 절연에는 영향을 끼치지 않는다.
   ② 시스의 전류는 손실의 저감위해 제한하며, 주어진 계통에서는 유기전압을 낮출수록 전류가 증가하여 손실이 커진다.
   ③ 따라서, 인체에의 위험을 배제할 수 있다면, 시스의 전류를 줄이는 것이 유리하다.
   ④ 케이블 시스에 전압이 유기되면 인체에 위험을 주며 또한 시스의 노출부분에서 아크를 발생하여 케이블을 손상시킬 위험이 있다.
   ⑤ 맨홀간의 거리와 부하전류가 증가할 것이므로, 유기전압이 더 증가될 것이다.
   ⑥ 이러한 시스유기전압을 저감하기위해서는 전력구의 케이블 시스유기전압을 100[V]이하로 하기 위하여 시스접지를 하고 있다.
   ⑦ 보호대책에 의해 시스 충전부의 절연을 충분히 확보할 수 있다면, 시이스 유기전압을 엄밀히 규제하는 것보다는 보호대책 강화하고, 작업환경을 개선하는 것이 합리적인 설비운용 방안으로 판단된다.

2) 다수도체의 전류로부터 전자유도에 의해 금속 시이쓰에 유기되어 도체 전압은
$E = \sum jX_{mi} \cdot I_i$ [V/Km] 여기서, x_{mi} ; 도체(i)와 sheath간의 상호리액턴스[Ω/km], I_i : 도체 (i)의 전류[A]
① 시스유기전압은 케이블의 배치상태와 상호이격거리등에 따라 달라지며, 손실 등을 고려한 경제성의 관점으로부터 어느 정도의 유기전압 발생은 감수해야 한다.
② 현재는 방식케이블을 사용하기 때문에 금속시이쓰의 교류전류에 의한 부식을 고려하지 않아도 되며, 주로 인체에 대한 안전의 관점에서 제한치를 설정하고 있다.

3) 저감대책
(1) 케이블의 적절한 배열 정삼각형의 배열을 택하고, 케이블 사이의 간격을 작게하여 시스 유기전압을 낮출 수 있으나, 시스의 와류손실, 케이블의 허용전류 등과의 관계를 검토해야 한다.
(2) 케이블 연가 케이블 도체 자체를 연속적으로 연가하여, 시스의 유기전압을 매우 낮게 유지할 있으나, 이는 케이블의 제조 및 포설작업등에 어려움이 있어 현재로는 곤란함.
(3) 접지방식의 적정선정(즉 시스의 안전 상 접지방식)
(3)-1. Solid bond 접지방식(완전접지) 즉, 양단접지
① 케이블 시스를 2개소 이상에서 일괄 접지하는 방식
② 시스 전위는 낮지만 긴 선로에서는 시스 전류가 크게 되어 시스 회로손이 많아지기 때문에 다음과 같은 경우에 적용함.
㉠ 허용전류의 면에서 충분한 여유가 있으며 시스 회로손이 문제가 되지 않는 경우.
㉡ 장거리 해저 케이블 등과 같이 시스전압 저감법을 적용하지 못하는 경우. 단, NJ : 보통접속, IJ : 절연접속

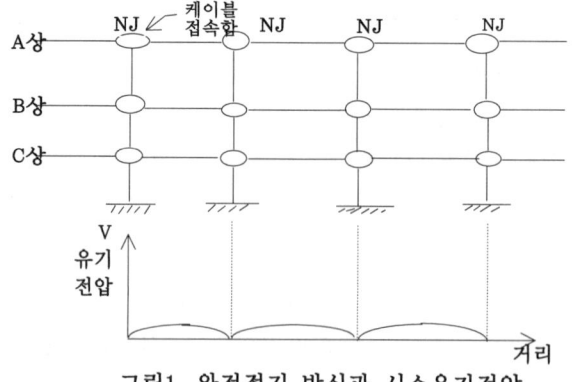

그림1. 완전접지 방식과 시스유기전압

(3)-2. single point bonding(편단접지)
① 발변전소 인출용 선로와 같이 긍장이 짧은 곳에 적용되는 방식
② 케이블 편단에서 시스를 접지하고 다른 단을 개방하여 시스 회로손을 "0"이 되게 한다.
③ 양단을 접지하게 되면 시스 유기전압은 현저히 감소되지만, 시스에 큰 전류가 흘러 시스손실이 커지고 송전용량이 감소되므로 장거리 케이블 및 양단접지방식으로는 적용하지 않는다.

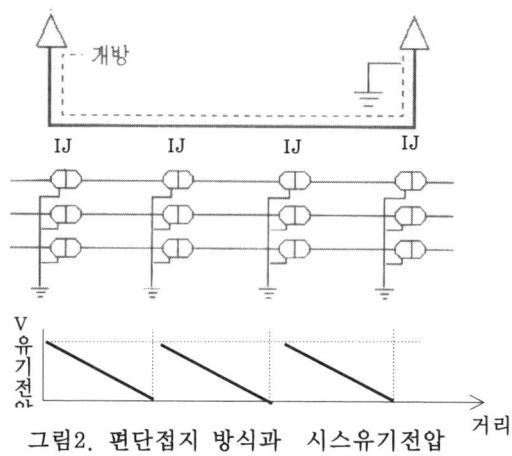

그림2. 편단접지 방식과 시스유기전압

(3)-3. Cross bonding(크로스본드 접지)
① 편단접지방식과 같이 단식케이블에서 금속시스 의 유기전압을 저하시키기 위한 접지방식
② 금속시스 유기전압은 심선에 흐르는 전류의 크기와 선로 긍장에 비례하여 증대하므로 선로긍장이 길어 편단접지는 효과가 없을 때 주로 크로스본드 접지방식을 채용함.
③ 이 접지방식은 본드(bond)선으로 3상을 연가한 후 접지하는 것으로 각 경간이 다른 경우에는 잔류전압을 작게 한다.
④ 현재 적용하고 있는 Cross bond 접지방식이 다른 접지보다 유기전압 및 상시전류의 종합적인 판정에서 유리함.
⑤ 주의점 단, Cross bond 접지의 경우는 중간접속부에서 발생하는 써어지 억제대책으로 대부분 방식층보호장치를(CCPU) 사용함.

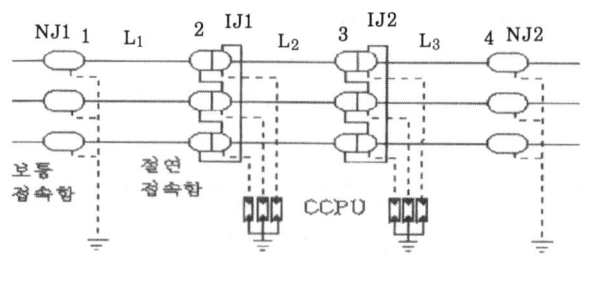

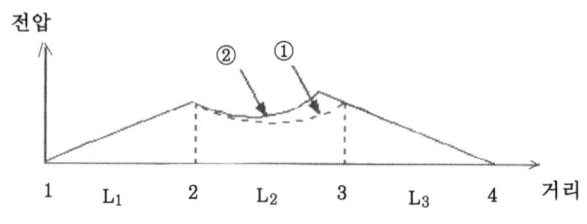

그림3. **크로스본드 접지** 방식과
시스유기전압

a. 이상적인 유기전압 : 시스연가길이가 완전히 동일할 경우(L1=L2=L3)
b. 실제 유기전압 : 시스연가길이가 이상적으로 동일하지 않기 때문(L1≒L2≒L3)

98-3-4 변전소 접지설계

발12-98-3-4. 신설 345 kV변전소 접지망 설계시 고려사항에 대하여 설명하시오.

 답

1. 개요
발·변전소 송배전선의 철탑 및 변전설비의 접지는 인체에 대한 안전성과 절연의 협조의 양면에서 검토가 필요하며 접지전위 상승에 따른 인체 사고방지, 기기의 절연파괴사고 방지 계통 중성점 전위의 안정화 및 보호 계전기 동작 등에 착안하여야 한다.

2. 접지설계순서

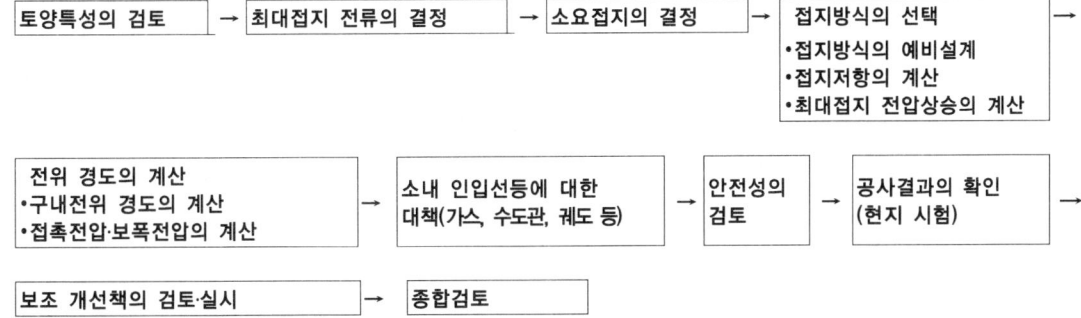

3. 접지 설계 시 고려사항
1) 토양특성의 검토
    (1) 토양저항율의 측정조건
        ① 건기를 선택할 것
        ② 기온이 낮을 때를 택할 것
        ③ 플랜트 완성 시에 가까운 토지조성상태를 택할 것
        ④ 접지봉 및 매설지선을 설치하는 경우 그 깊이를 측정할 것
    (2) 토양저항률의 결정요소
        ① 토질
        ② 수분의 양
        ③ 온도
        ④ 용해물질의 농도
        ⑤ 입자의 크기
        ⑥ 토양의 단단함 정도

(3) 대지고유저항의 측정법(Winner의 4전극 法)
① 4개의 전극(C1, P1, P2, C2)을 일직선등 간격으로 타입 하여 C1, C2간에 교류를 보내어 P1, P2 간의 전압을 측정
② a 를 증가함으로써 저항률이 증가할 때는 지표보다도 높은 저항율의 지층이 존재
③ 변전소등 넓은 면적인 경우는 ρ－a 곡선을 이용
④ $a = 20d$, $R = \dfrac{V}{I}$ 조건에서 대치고유저항 $\rho = 2\pi aR = 40\pi dR[\Omega \cdot m]$

그림. Winner 의 4 전극 법

a : 전극간의 거리,　　b : 전극의 타입깊이

2) 최대교류접지전류의 결정
(1) 계통의 지락사고에 변전소의 접지를 통해서 대지로 흐르는 접지전류의 최대값으로 대지 및 가공지선을 통해서 모든 중성점접지개소로 분류 한다.
(2) 직접 접지계에서의 지락전류는 3상 단락전류에 가까운 큰 값이 되어 분류의 영향을 무시할 수 없다. 가공지선으로의 분류는 40[%]로하고 구내접지계의 최대접지전류는 60[%]로 한다.
(3) 지락전류의 가공지선으로의 분류는 대상변전소와 고장점 까지의 거리가 길수록 늘고, 지락전류는 거리가 길수록 감소한다.
(4) 우리나라 154[kV]은 31.5[kA], 50[kA], 345[kV]은 40[kA]적용

3) 소요접지저항의 결정
허용 접지전압 상승값, 허용접촉전압, 허용보폭전압에 따라 정해지며 허용 접지전압 상승값은 보통 1,500~2,000[V]가 채용된다. 따라서 소요 접지저항값 : $R_0 = \dfrac{1,500 \sim 2,000}{I_E}[\Omega]$.
단. I_E : 최대접지전류[A]
(1) 접촉전압은 인체가 철구 등에 손을 댄 경우 손과 발끝 사이에 거리는 전압으로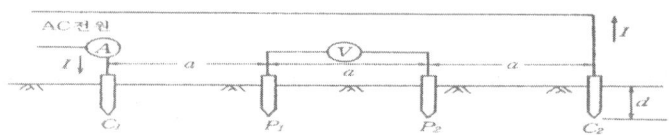
(2) 보폭전압은 변전소구내에 서 있을 때 양다리 사이에 걸리는 전압으로
$E_{step} = (R_x + 2R_F)I_K = (100 + 6\rho_s)\dfrac{0.155}{\sqrt{t}}$

$E_{touch} = \left(R_x + \dfrac{R_F}{2}\right)$

$R_0 \leq E_{touch} \cdot \frac{\alpha_1}{I_K}, R_0 \leq E_{step} \cdot \frac{\alpha_2}{I_F}$ R_K : 인체저항(1,000Ω),

R_F : 인체한다리의접촉저항($3\rho_s$) ρ_s : 표토층고유저항[Ω－cm]

I_K : $\frac{0.155}{\sqrt{t}}$ 인체에대한허용전류한계 t : 통전전류의계속시간

α_1, α_2 : 안전율(3~5배로 함, 최대10~15)

4) 접지방식의 선택
   (1) 목적에 따른 방식
      ① 기기접지 : 기기 외 함의 접지이며 인체의 안전 면에서 저항 값이 구제됨
      ② 계통접지 : 계통중성점의 접지이며 계통의 이상전압 억제 및 보호계전기의 동작을 고려해서 저항 값을 정함.
      ③ 뇌 보호접지 : 피뢰기, 피뢰침 등 커다란 뇌격전류를 대지로 방출하기 위한 접지, 피뢰기 보호효과를 유지하기 위해서 될 수록 낮은 접지저항이 바람직함
   (2) 상호접속방식에 따른 방식
      ① 단독접지 : 뇌 보호접지, 기기접지, 계통 접지를 분류하는 방식이며, 뇌격전류는 뇌 보호 접지 만으로 흐르게 한 것
      ② 연접접지 :
         뇌 보호접지와 기기접지, 계통 접지를 함께 접속하는 것.
         뇌격전류와 지락사고전류가 같은 접지에 흐른다.
         단독접지에서 낮은 접지저항을 얻지 못할 때 사용.
         연접접지인 경우 가공지선과 구내의 접지도 접속한다.

5) 접지저항의 계산(대규모 변전소로 망상접지의 접지저항에 의함)

   : $R = \frac{\rho}{4r} + \frac{\rho}{L} [\Omega] (Lieman의 공식)$
   r : 등가반경 : $\sqrt{\frac{a \times b}{\pi}}$ [cm]
   L : 망상전장 : $b(n+1) + a(m+1)$ [cm]

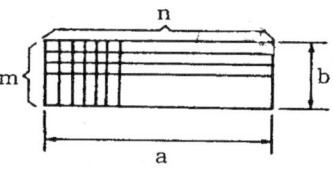

〈망상접지의 접지저항〉

6) 전위경도의 계산
   실제의 수변전 설비의 접지계에서 복잡한 구성 때문에 국부적인 전위경도를 정확하게 계산하기가 곤란함

(1) 메쉬접지의 경우

$$E_{step} = (0.1 \sim 0.15)\rho_s \cdot \frac{KI_E}{L}, \quad E_{touch} = (0.6 \sim 0.8)\rho_s \cdot \frac{KI_E}{L}$$

E_{step} : 보폭전압. E_{touch} : 접촉전압

ρ_s : 표토 층의 고유전압 I_E : 접지전류

K : 수정계수〈보통 1.0 접지 망주 변 1.2~1.3〉, L : 매설접지선의 항장

7) 소내 인접 저압회로와 인입도체에 대한 대책
  (1) 저압회로, 통신회로 : 절연변압기에 의해 절연
  (2) 궤도 : 절연조인트사용
  (3) 가스, 수도관 : 구내에서 여러 곳에서 접지, 구외와 연락하는 배관으로 그 경계에서 10[m]가량 절연 관으로 절연
  (4) 케이블 시이스 : 다점접지로 하면 순환전류가 흐르므로 구내에서 일점접지

8) 안정성검토 및 대책
  (1) 조작핸들 : 핸들을 절연재료로 사용, 절연대사용, 보조 접지 망으로 근처에 매설하여 전위경도를 낮춤
  (2) 울타리 : 접지계에 포함시켜 접지, 보조 접지망으로 근처에 매설하여 전위경도를 낮춤

9) 보충적인 접지의 개선
  • 접지저항이 낮아지지 않을 때는 긴 접지봉을 추가시공
  • 전위경도의 개선을 위해서 접지망의 간격 축소
  • 전위경도가 낮아지기 않을 때는 아스팔트, 자갈 깔기 등 고저항표면을 만듬
  • 지락전류의 일부를 다른 회로, 즉 가공지선등으로 분류
  • 접지전류를 낮게 제한.
  • 접지저항 저감방법
    (1) 물리적 저감 법
      ① 수평공법 : 접지극의 병렬접속, 접지극의 치수확대, 매설지선 및 평판 접지극, 다중 접지시트
      ② 수직공법 : 접지봉깊이 박기, 보링공법
    (2) 화학적 저감법
      ① 비반응형 저감제(공해문제) : 염, 황산, 암모니아 분말, 벤젠나이트
      ② 반응형 저감제(주로 적용, 무공해) : 화이트 아스론, 티코 겔 등

98-4-4   직류와 교류송전의 비교

발12-98-4-4. 초고압 직류송전(HVDC)의 장단점을 교류송전과 비교하여 설명하시오.

 답

1. 교류의 개념
1) AC(alternating current)전류로 쓰며, 교번전류로도 말하고 있음.
2) 발전소로부터 공급되는 전류로 크기와 방향이 주기적으로 바뀌는 전류이다.
3) 교류의 형태 구분
   ① 기본파 형 : 사인파형
   ② 변형파 형 : ㉠ 삼각파,   ㉡ 사다리꼴파,   ㉢ 계단파,   ㉣ 펄스파 등
4) 교류에서 실효값을 적용하는 사유 : 파형이 주기적이서 평균값이 0이기 때문임

2. 직류전원계통의 장·단점
1) 직류송전방식의 장점
   ① 전압의 최대치가 낮다
     ㉠ 직류전압= 교류의 최고값의 $1/\sqrt{2}$ 로 절연이 용이하여 AC 보다 유리함
     ㉡ 가공전선로의 애자수 감소, 전선 소요량 감소, 특히 초고압 가공T/L 및 케이블에서 유리함.
   ② 표피 효과가 없다.
     ㉠ 표피효과 : 전선의 중심부 일수록 리액턴스가 커져서, 통전이 어려워 도체 표면의 리액턴스가 작은 곳으로 통전이 많음.

        즉, 표피효과의 깊이 $\delta = \dfrac{1}{\sqrt{\pi f \mu k}}$ 에서 이므로 로서, 전선전체의 단면의 모든 부분을 통전한다는 의미 임.

        단, δ : 표피효과의 깊이, f : 주파수(hz), k : 도전율, μ : 투자율[H/m]
   ③ 유전손이 없다.
     ㉠ 유전체 손 : $W_d = E I_R = 2\pi f C E^2 \tan\delta [W/m^2]$ 에서 $f=0$ 이므로 $W_d = 0$

㉡ 따라서 케이블의 온도상승 요인이 저항손, 유전체손, 연피손(씨스손)에 기인하므로, 직류의 유전체손이 없는 만큼, DC Cable의 온도상승은 감소 됨.
④ 정전용량에 무관하여 송전선로의 충전이 불필요함.
⑤ 무효전력을 필요로 하지 않음.
   ㉠ (∵ 직류의 전압과 전류는 동위상이어서 $\sin\theta = 0$ 이기 때문)
   ㉡ 따라서, 자기여자 현상이 없고, 페린티 효과도 없다.
⑥ 역률 1로 송전 효율 높다
⑦ 계통의 안정도 향상
   ㉠ 교류계통은 송전전력 한계가 에 의해 제한되나 DC는 안정도에 영향이 없어 계통의 안정도 향상 효과가 발생
   ㉡ 신속한 조류제어 가능으로 교류계통의 사고에 의해 발생된 주파수 교란을 직류전력 제어를 통하여 제어가능 하므로, 연계계통의 과도안정도 향상
   ㉢ 송수전단이 각각 독립운전 가능
⑧ 주파수 다른 계통과 비동기 연계(Back to Back System 적용가능) 가능
⑨ 교류 계통간을 연계할 경우 직류연계에 의해 단락용량의 증가는 없다.
⑩ 대지귀로 송전 가능한 경우는 귀로도체 생략

2) 직류송전방식의 단점
① 변환장치는 유효전력 50-60% 로 무효전력을 소비하므로 무효전력 보상 설비의 경비 크다
② 단락전류가 적은 교류 계통에 연계시 교류 연계점에서 전압 불안정 현상 발생
③ 교류 계통보다 자유도가 적고 제어방식 및 차단기의 신뢰성이 제고 되어야 함
④ 변환 장치가 고가로 소용량 단거리 송전계통에 적용은 비경제적임.
⑤ 변환장치에서 고조파가 발생하므로 이의 방지 대책이 요구됨.
⑥ 전기부식의 우려가 크다

3. 교류 송전방식의 장·단점

1) 장점
① 승압과 감압이 자유롭다.
② 직류발전기보다 기기가 간단하고, 보수 간단
③ 회전기에서는 3상의 회전자계를 이용하므로 직류보다 유리함
④ 직류송전보다 차단성이 우수함
   즉, 교류 전류는 0으로 되는 점이 1주기에 2회 있어서, 회로의 차단이 용이.
⑤ 현재 부하가 대부분 AC로, 통일된 방식

⑥ 실 적용에서 합리적, 경제적 운용가능
⑦ 교류는 전기화학적 작용이 적어서 도선의 부식이 쉽게 일어나지 않는다

2) 단점
① 무효전력 및 표피효과로 송전손실이 크다.
② 송전전력 한계가 $P = \dfrac{V_S V_R}{X} sin\delta$ 에 의해 제한
③ 주파수가 다른 교류계통의 연계운전 불가능
④ 초고압이 될 수록 유도장해 유발 가능성이 높다
⑤ 기기 및 선로의 절연 비용이 HVDC에 비해 크다.
⑥ 동일 값의 실효값에 대해 파고값이 높아서, 큰 절연내력 · 순시전류용량이 필요.
⑦ 리액턴스의 작용에 의해 송전가능거리가 한정되고 전압강하도 커져서 송전손실도 커진다.

99-1-2 저압계통의 접지 비교(산업용 접지)

발13-99-1-2. 휴즈나 배선용차단기를 저압모터의 지락사고 보호에 사용하고자 할 때 저압계통의 중성점접지방식(직접접지, 저저항접지, 고저항접지)별로 적용상 차이점을 간단히 설명하시오.

답

1. 저압계통의 중성점접지방식(직접접지, 저저항접지, 고저항접지)의 적용상 차이점 비교

접지방식		저압 계통(600v 이하)
직접접지	$Z_n = 0$	① 지락사고 전류 : 대단히 큼. 단지 변압기나 전선 굵기, 과전류 보호장치에 의해 제한될 뿐임 ② 사고에 의한 피해는 일반적으로 매우 큼 ③ 전력공급의 신뢰성 : 일반적으로 없음 차단기Trip ④ 과도이상전압 : 가장 효과적으로 제한 ⑤ Arc 지락사고: 가공할 피해로 연결 가능성 가장 많음 통상 보호계전기에 의한 보호 필요 ⑥ 사고지점 색출: 스스로 해당회로 차단
저저항접지	$R = 30\Omega$ $I_g = 15 \sim 150[A]$	① 지락사고 전류 : 일반적으로 15 ~ 150A ② 사고에 의한 피해, 사고시 Trip이 되지 않거나 즉시 찾아내지 못하면 피해가 커질 수 있음 ③ 전력공급의 신뢰성 : 소규모 회로는 Trip 시키고, 그 이외에는 경보나 보호계전기 Trip ④ 과도이상전압 : 효과적으로 제한 ⑤ Arc 지락사고 : 대규모 피해의 원인이 될 수 있음 ⑥ 사고지점 색출 : 선택 접지계전기로 감지

고저항 접 지 (연속공정 에 사용)	 $I_g = 1 \sim 5[A]$, R : 100~1000[Ω]	① 지락사고 전류 : 일반적으로 1~ 5A ② 사고에 의한 피해 없음. 첫 지락에 한하여 ③ 전력공급의 신뢰성 : Trip 없음. 모든 기기 정상운전 ④ 과도이상전압 : 효과적으로 제한 ⑤ Arc 지락사고 없음 ⑤ 사고지점 색출 Pulse 장치가 있으면 쉬움. 　　노련한 전공에 의하여 사고지점을 빨리 찾는 것이 요구됨

99-1-5 변압기의 단절연과 저감절연

발13-99-1-5. 변압기에서 단절연 및 저감절연에 대하여 설명하시오.

 답

1. 단절연(Graded Insulation)
1) 유효접지계통에 접속되는 권선의 중심점단자 절연강도는 일반적으로 30℃이하로 충분하다.
2) 접지전류를 저하시키기 위해 유효접지계통에 접속되는 일부의 변압기권선 중성점을 개방할 경우 그 절연강도는 선로단자의 1/3 정도 이상이면 지장이 없고, 또 비유효접지계통에 접속되는 Y결선의 경우도 중성점단자의 절연강도를 말함.
3) 단절연에서 중성점 단자가 직접 접지되지 않은 경우 중성점과 대지간에 피뢰기를 설치 할 필요가 있다.

2. 저감절연(Reduced Insulation)
1) 유효접지 계통에서는 1선 접지사고시 건전상의 대지전압이 비접지계통 또는 비유효접지계통에 비해 낮으므로 정격전압이 낮은 피뢰기를 채용할 수 있다.
2) 따라서 충격방전개시전압 및 제한전압도 저하하고 그에 협조하여 변압기 및 기타 기기의 절연을 저감할 수 있는 것이다.
3) 아래 표와 같이 절연계급의 수치가 공칭전압[kV]를 1.1로 나눈 값보다 낮은 경우를 저감절연이라 한다.

표1. 우리나라계통 저감절연(예)

계통전압[kV]	기준충격절연강도[kV]	현재사용BIL[kV]	신형피뢰기BIL[kV]
154	750	650(1단 저감)	550(2단 저감)
345	1550	1050(2단 저감)	950(3단 저감)
765	3550	2050(3단 저감)	

4) 저감절연의 절연계급의 수치는 공칭전압의 약 80%로 되어 있고, 절연계급에서 1단 저감되어 있다.
5) 외국에서는 1단 반 또는 2단 감절연이 이미 실시되고 있다.

99-2-4 열전기 발전

발13-99-2-4. Seebeck 효과와 Peltier효과를 비교 설명하시오.

 답

	제 벡 효 과	펠 티 에 효 과
1) 개 념	① 금속 또는 반도체에 온도차를 주면 기전력이 발생한다. ② 이것은 열을 전기에너지로 변환할 경우의 기초가 되는 현상이다 ③ 또, 종류가 다른 두 도체를 접합하여 폐회로를 만들고 두 접합점의 온도차를 달리한 경우 폐회로에 열기전력이 발생되는 현상으로도 말함 ④ 즉, 열기전력을 발생하는 한쌍의 금속을 열전대라 하며, 이 열전대에서 일어나는 열기전력 현상을 말함.	① 열전현상의 반대 현상으로서, 두 종류의 금속을 조합시킨 회로에 전류를 통과시키면 접속점에 열의 흡수 또는 발생이 나타나는 가역적인 현상
2) 개 념 도	(제벡 효과 개념도: A, B 도체, T_h 가열, T_c 냉각, V 콘스탄탄-구리 폐회로, $T_1 > T_2$)	(펠티에 효과 개념도: 열전소자 A, B, 전류 I, 흡열 또는 발열)
적 용	용광로 속의 온도 측정, 온도제어 등에 이용, 열전기 발전 열전도 반도체 화재감지기 등	전자 냉동에 이용

101-1-6. 이행전압

발13-101-1-6. 변압기의 이행전압에 대하여 설명하시오.

 답

1. 개요
1) 이행전압 : 변압기 1차측에 가해진 Surge가 정전적 혹은 전자적으로 2차측에 이행하는 현상
2) 이행전압의 영향 :
   ① 변압기 2차 권선 및 2차측에 접속되는 발전기 등 전기기기의 절연에 악영향 줌
   ② 전압비가 큰 변압기에서는 이행전압이 2차측 BiL을 상회할 경우도 있어 보호장치가 필요함.

2. 이행전압의 종류
1) 정전이행전압 : 변압기 권선에 가해지는 Surge 전압이 양전선 間 및 2차권선 대지간 정전용량으로 분포되어 생기는 전압
2) 전자이행전압 : 변압기의 1차권선을 흐르는 Surge 전류에 의한 자속이 2차권선과 쇄교하여 유기되는 전압이며, 권선비가 그 base가 됨.
3) 2차권선 고유진동전압 : 이행전압에 의해 2차 권선에 생기는 고유진동전압
4) 결과적으로 2차 권선에는 以上의 세가지 합성된 전압이 발생된다

3. 정전이행전압으로부터 보호방법
① 2차측에 LA설치, ② 2차측에 보호 condenser 설치. ③ 2차측의 BIL의 향상 등

4. 전자 이행전압
1) 전자이행전압 해석 모델
2) 전자이행전압은 주로 권선비에 의해 정해짐
3) 부하 임피던스가 클수록, 전자이행전압은 큰 값이 됨.
4) 전자이행전압에 대해서 2차측 콘덴서는 진동분을 길게 하는 것 뿐이므로 파고치를 억제하는 효과는 없음.
5) 전자이행 전압 억제 대책
   보통의 변압기 권선변압기 정전용량은 $10-2\mu F$ 정도이므로, 2차측 대지간에는 5~10배인 $0.05 \sim 0.1\mu F$의 Condenser를 설치하면 이행전압은 억제되므로, 실제 계통에서는 별 문제가 없다.

101-1-7 콘덴서 효과

발13-101-1-7. 역률개선의 효과를 설명하시오.

1. 개요
일반적으로 부하의 역률개선은 부하측의 콘덴서를 활용하며, 이 경우 콘덴서 설치점에서 전원측으로 그 개선효과는 나타나며 아래와 같다.

2. 전력용 콘덴서의 설치효과
1) 변압기의 손실저감
    ① 변압기의 손실은 철손과 부하손(즉 동손)이 있고, 철손은 역률에 무관함
    ② 역률개선용 콘덴서를 설치한 경우의 동손 저감량은

    $$W_t = \left(\frac{100}{\eta}-1\right) \times \frac{n}{100} \times \left(\frac{P}{P_t}\right)^2 \times \left(1 - \frac{\cos\theta_0}{\cos\theta_1}\right) \times P_t \, [kW/kVA]$$

    단. W_t : 단위 용량에 대한 동손저감분, η : 효율(%),
    n : 변압기 손실 중 동손이 차지하는 비율(%) , P : 부하용량[kW]
    P_t : 변압기 용량[kW], $\cos\theta_o$: 개선 前 역률, $\cos\theta_1$: 개선 後 역률

2) 배전선의 손실저감
    ① 역률 개선용 콘덴서를 취부할 경우의 배전선 손실저감분은

    $$: W_l = \left(\frac{P}{E}\right)^2 \times R \times \left(\frac{1}{\cos^2\theta_o} - \frac{1}{\cos^2\theta_1}\right) \times 10^{-3} \, [kW]$$

    단. P : 부하의 유효전력[kW], E : 부하단 전압[V], R : 선로 1상분의 저항[Ω]
    ② 따라서 손실저감률은

    $$\frac{\text{저감된 손실량}}{\text{처음 손실량}} \times 100 = \frac{k\left(\frac{1}{\cos^2\theta_0} - \frac{1}{\cos^2\theta_1}\right)}{k\left(\frac{1}{\cos^2\theta_0}\right)} \times 100 = \left(1 - \frac{\cos^2\theta_0}{\cos^2\theta_1}\right) \times 100 \, [\%]$$

3) 설비용량의 여유 증가
    ① 역률 개선으로 부하전류가 감소되어 설비용량을 증설 없이도 부하의 증설이 가능
    ② 이 경우 더 공급 가능한 부하 W1(kVA) 및 전력의 증가분 P1(kW)은
        ㉠ $W_1 = W_0 \left(\dfrac{\cos\theta_1}{\cos\theta_0} - 1 \right)$ [kVA]
        ㉡ $P_1 = P - P_0 = W_0 (\cos\theta_1 - \cos\theta_0)$ (kW)

4) 전압강하율의 경감 및 전압강하 감소
    ① 전압강하율 개선 : $\varepsilon = \dfrac{Q_C}{Q_{RC}} \times 100$ [%]
        단, Q_C : 콘덴서 용량, Q_{RC} : 콘덴서 삽입모선의 단락용량
    ② 전압강하는 $1 + \dfrac{X}{R}\tan\theta$에 비례하여 감소한다. (여기서 θ : 역율각)

5) 역률 개선에 의한 전기요금 경감 및 페널티 부과
    ① 역률 90% 이상 95% 까지 역률일 경우 기본 요금 경감
    ② 역률 개선으로 부하율 개선시 그만큼 전력회사의 설비는 합리화를 이룰 수 있음.
    ③ 전기요금 = 기본요금 + 전력량 요금 = 계약전력 $\times \left(1 + \dfrac{90 - 역률(\%)}{100} \right) \times$ 단가 + (전력량 요금)
    ④ 현재 전기요금은 역율 90[%]를 기준으로 1[%] 개선시마다 기본요금을 1[%] 할인해 주고 있다. 단 100% 이상의 진상 역률도 페널티를 전기요금에 계상하고 있음

101-1-8   공용접지의 장점과 특징

발13-101-1-8. 공동접지의 장점과 특징에 대하여 기술하시오.

 답

1. 공용접지의 정의
: 각각의 접지 대상물의 접지를 모두 1개소에 시공하거나 여러 개소의 접지를 연접시키는 방법

2. 접지방식의 형태

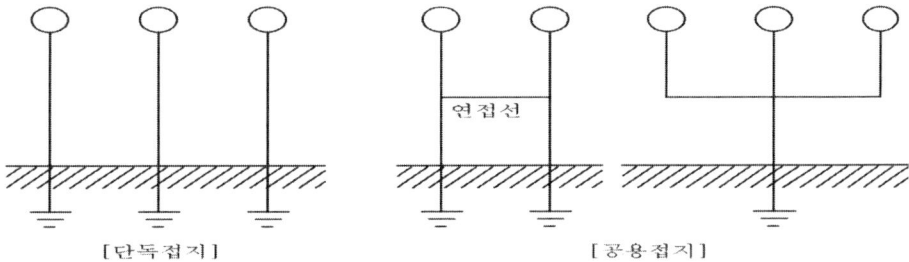

[단독접지]   [공용접지]

3. 공용접지의 장점
① 각 설비간에 전위차 미발생
② 접지전극이 병렬로 접속되므로 합성저항은 낮아진다.
③ 접지전극 중에 기능이 떨어지는 것이 생기더라도 신뢰도가 높다.
④ 접지전극 수가 줄어 시공비가 낮다.
⑤ 인체 접촉시 접촉전압이 낮다.
⑥ 계통접지와 기기접지를 공용하면 연접접지선을 통해 흐르는 지락전류가 커서 과전류보호기기에 의한 지락보호가 쉽다.

4. 공용접지의 특징

1) 단점
   ① 전위상승의 파급 우려(타 기기 계통의 영향을 직접적으로 받음)
      → 접지시스템의 저항 값이 충분히 적은 경우에는 거의 문제되지 않는다.
   ② 보호대상물을 제한할 수 없다.

2) 독립접지, 공용접지 비교

분류	독립접지	공용접지
신뢰성	낮다	높다
경제성	도심지→고가	저렴
전위상승	전위상승 발생	고른 전위 분포
타기기영향	적다	크다
접지저항	높다	낮다(병렬접지효과)
적용	대지저항을 낮고 소규모 건축물	도심지 대형 건축물

101-2-4 ▶ 비율차동계전기 결전과 여자돌입전류

발13-101-2-4. 상결선이 Dyn1인 변압기 보호를 위해 사용하는 기계식 비율차동계전기의 변류기 결선도를 그리고/ 여자돌입전류에 의한 오동작 방지대책에 대하여 설명하시오.

 09년 89회2교시6번 문제와 아주 유사한 문제로 살짝 비틀어 나옴

1. 상결선이 Dyn1인 변압기 보호용 기계식 비율차동계전기의 변류기 결선도

1) 상결선 Dyn1 : 1차가 델타-2차가 Y결선이고 2차의 중성점에 접지한 결선의 기호로 1차와 2차간에는 30도 위상차가 있음을 말함 (2차가 1차보다 30° Lagging)

2) 따라서, 차전류가 발생하여 비율차동계전기가 오동작할 우려가 있으므로 이를 보정하기 위해 변압기 결선과 반대의 결선을 할 필요가 있다.

3) 또, CT의 극성은 1차측 K가 마주보거나 또는 바깥방향이 되도록 한다.

4) 각변위를 보정한 결선도(변압기의 1차측 CT는 Y결선, 변압기의 2차측 CT는 △결선)

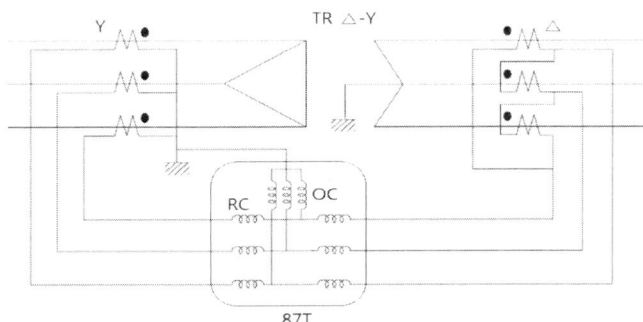

2. 여자돌입전류에 의한 오동작 방지대책

1) 감도 저하법

① 여자돌입전류는 시간이 지남에 따라 감쇄하는 것을 이용하여, 차동계전의 동작코일에 분류저항을 넣어 일정시간 동안 계전기의 감도를 둔화시켜 돌입전류에 의한 오동작을 방지하는 방법이다.

② 이 방식은 저감도 상태에서 내부사고가 발생되면 사고제거시간이 길어지는 단점이 있다.
③ 또한 일정 시간 동안 지연시간을 주어 여자 돌입전류에 의한 오동작을 방지하는 ASS등이 있다.
④ UVR을 사용하여 투입후 일정 시간 By-pass 시킴 순간적 감도저하(0.2sec)방법도 있다

2) 고조파 억제법
① 여자돌입전류 파형중에는 제2고조파 성분이 많다는 것에 착안하여 필터를 사용하여 동작코일에는 기본파가 유입되고, 고조파 성분은 고조파 억제 코일에 흐르게 함으로써 여자 돌입전류에 의한 오동작을 방지하는 방법이다.
② 이 방법은 투입시에 고감도, 고속도 동작이 가능하며, 제2고조파 성분이 15~20[%] 이상이면 동작이 억제 된다.

3) 비대칭 저지법(Trip Lock 법 : 변압기 투입후 일정시간 Trip 회로를 Lock 시킨다)
① 여자 돌입전류 파형이 비대칭이라는 점을 착안하여 비율차동계전기의 동작코일과 직렬로 저지코일을 삽입하여 비대칭전류가 흐르면 저지계전기가 동작하여 비율차동계전기를 LOCK시키는 방법이다.

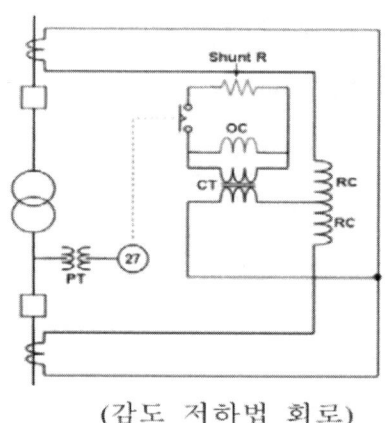

(감도 저하법 회로)

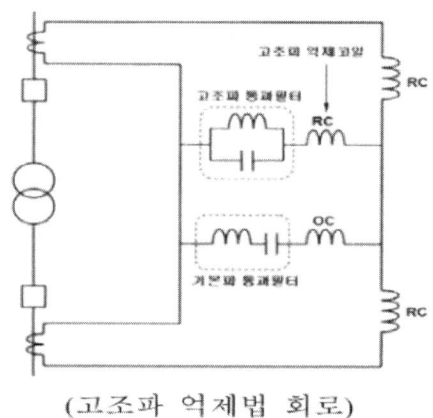

(고조파 억제법 회로)

101-2-6 ▶ 중성점방식4가지 항목 비교

발13-101-2-6. 중성점 접지방식의 종류를 접지임피던스의 종류와 크기에 따라 분류하고 설명하시오

 [매우 많이 나온 문항으로 10회 정도 읽고 5회 정도 기록 후 7일후 반복하는 식으로 완벽히 기록할 것]

1. 개요

1) 중성점 접지방식 정의(종류) : 중성점을 접지하는 접지임피던스 Zn의 크기와 종류에 따라 구분됨.

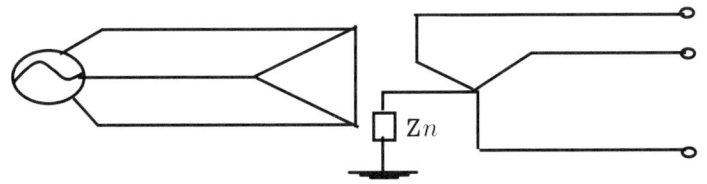

$Z_n=0$: 직접접지
$Z_n=R$: 고저항·저저항접지
$Z_n=L$: 소호리액터접지
$Z_n=\infty$: 비접지

2. 중성점 접지의 목적

1) 지락 고장시 건전상의 대지전위상승을 억제하여 전선로 및 기기의 절연레벨 경감
2) 뇌 Arc지락에 의한 이상전압 경감 및 발생방지
3) 지락고장시의 접지계전기 동작의 확실성 확보
4) 소호리액터 접지방식의 1선지락시 Arc 지락을 신속 소멸시켜, 그대로 송전가능

3. 중성점 접지방식의 비교

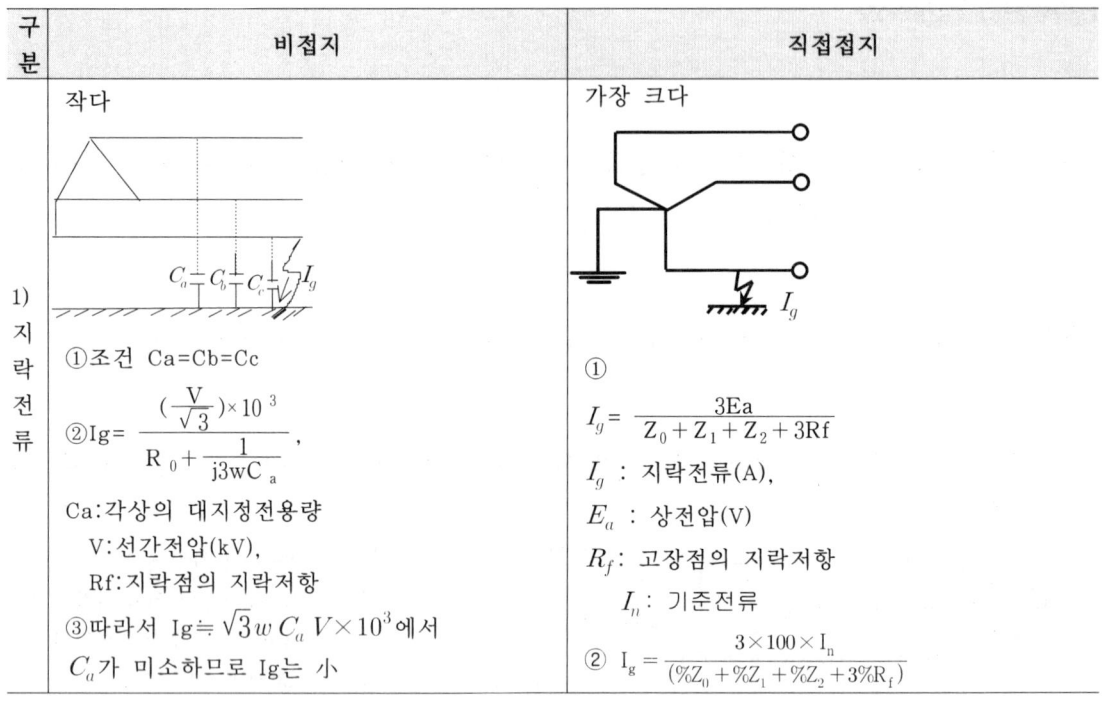

구분	비접지	직접접지
1) 지락전류	작다 ①조건 $C_a = C_b = C_c$ ②$I_g = \dfrac{(\dfrac{V}{\sqrt{3}}) \times 10^3}{R_0 + \dfrac{1}{j3wC_a}}$, C_a: 각상의 대지정전용량 V: 선간전압(kV), Rf: 지락점의 지락저항 ③따라서 $I_g \fallingdotseq \sqrt{3}\,w\,C_a\,V \times 10^3$ 에서 C_a가 미소하므로 I_g는 小	가장 크다 ①$I_g = \dfrac{3E_a}{Z_0 + Z_1 + Z_2 + 3R_f}$ I_g: 지락전류(A), E_a: 상전압(V) R_f: 고장점의 지락저항 I_n: 기준전류 ②$I_g = \dfrac{3 \times 100 \times I_n}{(\%Z_0 + \%Z_1 + \%Z_2 + 3\%R_f)}$

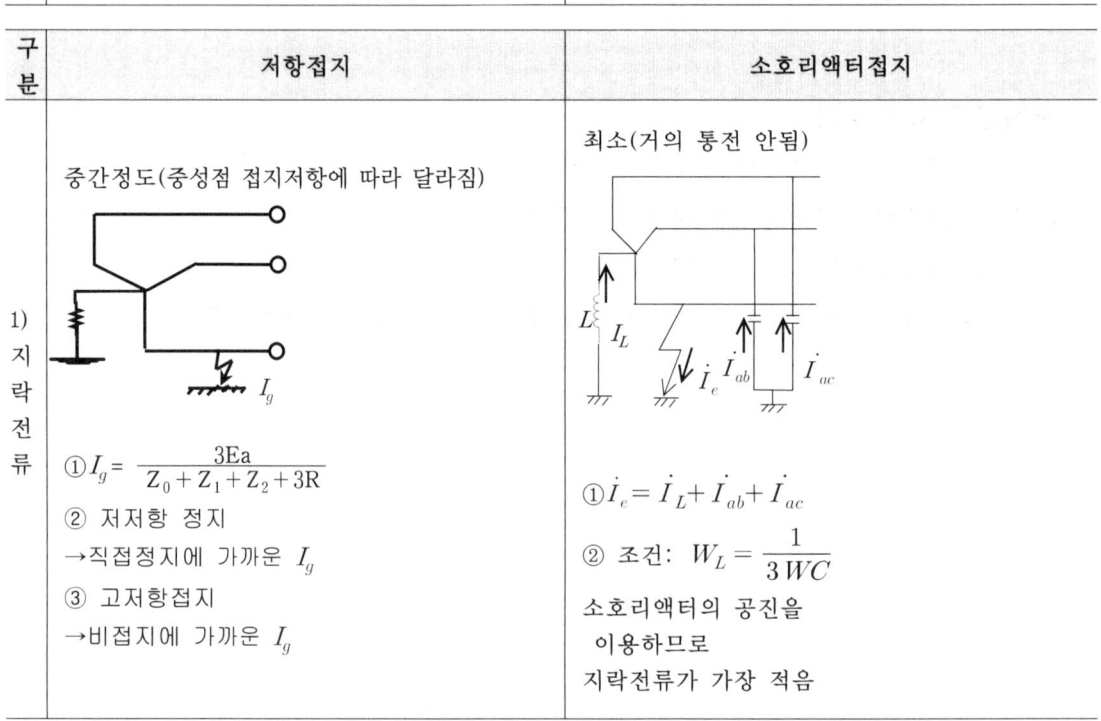

구분	저항접지	소호리액터접지
1) 지락전류	중간정도(중성점 접지저항에 따라 달라짐) ①$I_g = \dfrac{3E_a}{Z_0 + Z_1 + Z_2 + 3R}$ ② 저저항 접지 →직접접지에 가까운 I_g ③ 고저항접지 →비접지에 가까운 I_g	최소(거의 통전 안됨) ①$\dot{I}_e = \dot{I}_L + \dot{I}_{ab} + \dot{I}_{ac}$ ② 조건: $W_L = \dfrac{1}{3WC}$ 소호리액터의 공진을 이용하므로 지락전류가 가장 적음

구분	비접지	직접접지	저항접지	소호리액터접지
2) 건전상전압상승	① $R_n = \infty$ (R_n :중성점의 저항) ② $Z_0 = X_0 = -\dfrac{1}{WC_0}$ 로 ③ 건전상전압(V')는 ㉠ V' ≧ $\sqrt{3}$ or V' ≧ 2V ㉡ 최대치 기준時 : V'=3V	① $\dfrac{R_0}{X_1} \leq 1, \dfrac{X_0}{X_1} \leq 3$ 일 경우로서, ② 건전상전압(V')는 ㉠ V' ≦ 1.3배이하 → (실효치) 기준 ㉡ V' ≦ 1.89이하 → (최대치)기준	①고저항 접지 경우 $R_n = X_C$로 $R_n = \dfrac{1}{3WC_S}$ ②건전상전압(V')는 ㉠V' ≦ (1.3~1.7)V → (실효치)기준 ㉡ V'=2.75Ea → (최대치)기준	① $W_L = \dfrac{1}{3WC}$ ②건전상 전압(V)는 ㉠ V' = $\sqrt{3}$V → (실효치)기준 ㉡ V'=2.95V → (최대치)기준
	※ 건전상 전압(3상계통에서 a상 지락고장시 건전한 b, c상의 대지전압을 예로 들면) $E_b = \dfrac{(a^2-1)Z_0 + (a^2-a)Z_2}{Z_0+Z_1+Z_2} \cdot E_a \rightarrow \dfrac{E_b}{Ea} = a^2 - \dfrac{Z_0-Z_1}{2Z_1+Z_0} = a^2 - \dfrac{\dfrac{X_0}{X_1}-1}{\dfrac{X_0}{X_1}+2}$ $E_c = \dfrac{(a-1)Z_0 + (a-a^2)Z_2}{Z_0+Z_1+Z_2} \cdot E_a$			
3) 과도안정도	大	최소(고속도 차단 ,고속도 재폐로를 적용하여 향상시킴)	크다	크다
4) 유도장해	작다 $E_m = jwM\ell(3I_0)$ 에서 $3I_0$(영상전류)는 지락전류 이므로 비접지는 지락전류 I_g가 적어 영향이 작음	최대 (전력선 a, b, c / $i_a + i_b + i_c$ / E_m / M:상호인덕턴스 / 통신선) ① $E_m = jwM\ell(3I_0)$ ② 지락전류가 커서 유도장해가 크다	중간 ① $E_m = jwM\ell(3I_0)$ ② 저저항접지: 유도장해 영향 大. ② 고저항접지: 유도장해 영향 小.	최소 ① $E_m = jwM\ell(3I_0)$ ② 지락전류가 최소이므로 유도장해는 작다.
5) 계전방식	①단락 : OCR ×3 ②지락 : SGR+GPT	①단락 : OCR ×3 ②지락 :OCGR또는 SGR+GPT	①단락:OCR ×3 ②지락 ㉠저저항:OCGR ㉡고저항:SGR+GPT	①단락:OCR ②지락:SGR+GPT

| 6) 건설비 | 가장 싸다(순위 :4) | 비싸다(순위 : 3) | 비싸다(순위 :2)② | 가장 비싸다(순위: 1) |

3. 결론

현재 한국은 154, 345, 765[KV]등의 계통에서는 모두 직접접지 방식을 채택하고 있으며, 이는 절연레벨을 경감시켜 절연비용을 줄이는 것이 경제적인 측면에서 직접접지 방식이 가장 적합하기 때문이다.

102-1-5 직렬리액터

발14-102-1- 5. 전력용 콘덴서와 연결되는 직렬 리액터 의 설치목적과 용량을 결정하는 근거를 설명하시오.

 답

1. 직렬리액터 설치목적(Series Reactor)
1) 콘덴서를 조상용으로 송전선에 연결 시 당면하는 큰 문제는 전압파형이 비틀리는 것이다.
2) 선로에는 변압기 등의 자기포화 때문에 고조파 전압이 포함 되어 있으며 콘덴서를 연결함에 따라 고조파 전압이 확대된다.
3) 그러나 제3 고조파 전압은 변압기 저압 측 의 △결선으로 단락 제거되므로 나머지의 제5 고조파가 확대된다. 따라서 제5고조파에서 콘덴서와 직렬공진 하는 직렬리액터(Series Reactor)를 삽입한다.
4) 이러한 개념에서 그 목적은
① Condenser를 회로에 투입 시 In rush current 에 의한 Stress억제
② Condenser 개방 시 선로이상 전압방지(Re-Ignition, 재 점호)
③ L.C 공진에 의한 전압, 전류파형의 왜곡 방지
④ 고조파 악영향제거(파형개선 목적 특히 5고조파 억제)

2. 용량결정근거
1) 직렬 Reactor 용량산정을 위하여 기본주파수를(f)라 하면

$$2\pi(5f)L = \frac{1}{2\pi(5f)c}$$

$$\therefore 2\pi fL = \frac{1}{2\pi fc} \times \frac{1}{5^2} = 0.04 \times \frac{1}{2\pi fc}$$

2) 실제로는 기본주파수에서 콘덴서의 용량 성 리액턴스의 4%보다 조금 크게 5-6% 정도의 리액턴스를 그림과 같이 직렬로 접속하여 제5고조파 전압을 제거한다.

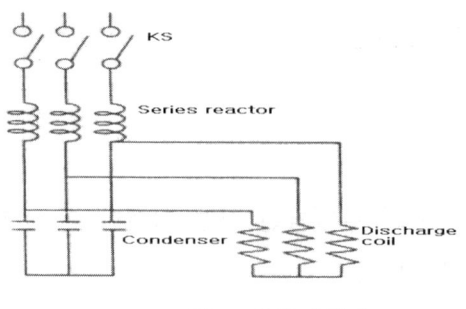

그림1. 직렬리액터

3) 5%의 직렬리액터를 삽입하면 콘덴서의 단자전압이 5% 상승하고 콘덴서의 용량이 10%정도 증가하므로 콘덴서의 작용도 5% 정도 증가하게 된다.

102-2-5 ▶ 콘덴서 보호 ncs 등

발14-102-2-5. 고압 콘덴서 보호 방식 중 NCS(Neutral Current Sensor) 및 NVS (Neutral Voltage Sensor)방식에 대하여 개념도를 그리고 동작 원리를 설명하시오.

 답

1. 콘덴서 내부소자 사고에 대한 보호
1) 콘덴서에 고장이 발생할 경우 사고의 확대와 파급을 방지하기 위하여 콘덴서를 회로로부터 신속하게 제거하여야 하며,
2) 콘덴서 내부소자 사고에 대한 보호방식으로 중성점간 전류검출방식(NCS), 중성점 전압검출방식(NVS), Open Delta 보호방식, 전압차동보호방식, ARN Switch보호방식, Lead Cut 보호방식 등이 있다.

2. NCS(Neutral Current Sensor) 방식
1) 개요도

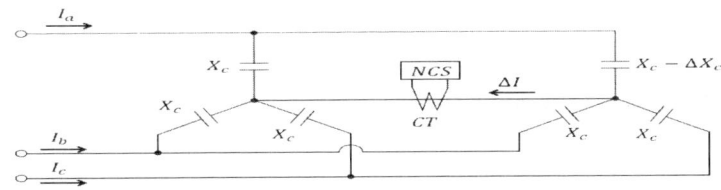

  ① Y결선된 콘덴서 2조를 병렬로 결선
  ② 2개회로의 중성점을 연결한 중성선에 CT설치후 전류를 감지, 고장회로를 제거하는 방식
  ③ 3.3/6.6[kV] 계통에서는 150~500[kVA] 까지 사용
  ④ 반드시 Y결선이 이중이어야만이 적용가능

2) 동작원리
  ① 정상상태에서는 중성선에 전류가 흐르지 않는다.($\Delta I = 0$)
  ② 소자가 고장나면 3상 평형이 깨지므로 고장 소자의 중성점 전압이 상승하여 중성점 연결선에 전류가 흐른다.
  ③ 이 전류를 검출하여 차단기를 차단시킨다.

④ 고장 시 중성점간 전류: $\Delta I = \dfrac{1.5K}{6-5K} I_a$ 단, $K = \dfrac{\Delta X_c}{X_c}$, I_a : 콘덴서의 정상 전류.

X_c : 정상상태에서의 리액턴스, ΔX_c : 고장분의 리액턴스

3) NCS 방식에서의 중성점간 전류 예

전압 [kV]	결선도 및 고장상태	리액턴스 변화율 ($\Delta X/X$)	중성점간 전류 $\Delta I[A]$	고장상 전류
6.6		0.5	$0.22 I_a$	$1.5 I_a$
		1	$1.5 I_a$	$3 I_a$

전압 [kV]	결선도 및 고장상태	리액턴스 변화율 ($\Delta X/X$)	중성점간 전류 $\Delta I[A]$	고장상 전류
3.3		1	$1.5 I_a$	$3 I_a$

3. NVS(Neutral Voltage Sensor) 방식

1) 개요도

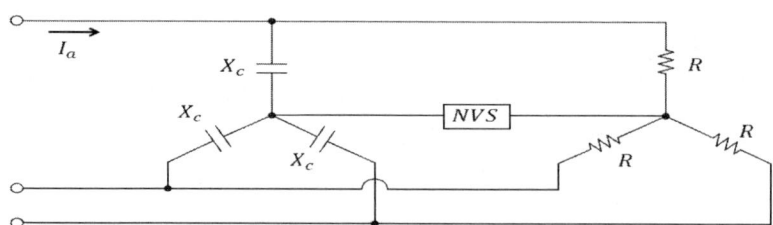

① 콘덴서 소자 파손시 중성점간의 전압을 검출하는 방식
② 보조 저항을 Y결선 단자에 연결하여 보조 중성점을 만들어 불평형전압을 검출하는 방식
③ 콘덴서 결선이 단일 Y결선이어도 적용 가능

2) 동작원리
   ① 콘덴서 소자 고장시 중성점간의 전압이 상승하는 것을 감지하여 차단기를 차단
   ② 중성점 전위 상승 $V_N = \dfrac{E}{3(S-1)+1}$. 여기서 E : 상전압, S : 직렬 소자수

3) 내부소자 고장 시 전압·전류 변화

구성	직렬 소자수	고장 소자수	V_N	콘덴서 단자전압		전류	
				사고상	건전상	사고상	건전상
단일 Y결선	1	1	E	0	1.73E	$3.0 I_a$	$1.73 I_a$
	2	1	0.25E	0.75E	1.73E	$1.5 I_a$	$1.73 I_a$
	1	2	E	0	1.73E	$3.0 I_a$	$1.73 I_a$
2중 Y결선	1	1	E	0	1.73E	$2.0 I_a$	$1.32 I_a$
	2	1	0.25E	0.75E	1.73E	$1.25 I_a$	$1.07 I_a$
	2	2	E	0	1.73E	$2.0 I_a$	$1.32 I_a$

102-3-4 표준충격파형과 전류 그림및 설명

발14-102-3-4. 전선로의 외부 이상전압 중 직격뢰에 의한 뇌전압 및 뇌전류의 표준 충격 파형을 그리고 설명하시오.

 답

1. 직격뢰에 의한 뇌전압 충격파
1) 표준 충격파형

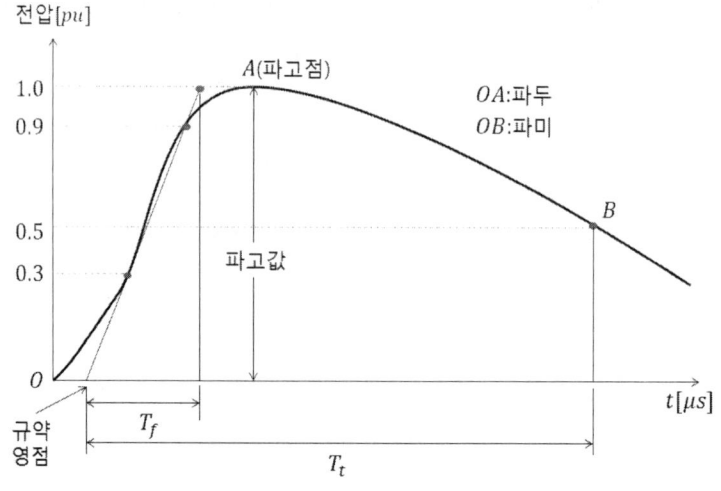

[표준전압충격파형]

2) 규약 파두장 T_f
   ① 충격파의 파고치의 30[%]와 90[%]인 점을 연결하는 선분이 파고치의 0[%](규약영점)인 선분과 100[%]인 선분과 각각 만나는 점간의 시간
   ② 또는 파고치의 30[%]와 90[%]간의 시간을 1.67배한 시간
3) 규약 파미장 T_t
   : 충격파의 규약영점에서부터 파미부분의 50% 크기로 감쇠하는 점까지의 시간
4) 표준 뇌 임펄스 : $T_f \times T_t = 1.2 \times 50 \, [\mu s]$

2. 뇌전류의 표준 충격파형

1) 전압충격파와 동일하나 규약영점을 결정짓는 파고치의 30[%]를 10[%]로 변경한 파형.
2) 규약 파두장 T_f
   ① 충격파의 파고치의 10[%]와 90[%]인 점을 연결하는 선분이 파고치의 0[%]인 선분과 100[%]인 선분과 각각 만나는 점간의 시간
   ② 또는 파고치의 10[%]와 90[%]간의 시간을 1.11배한 시간
3) 규약 파미장 T_t
   : 충격파의 규약영점에서부터 파미부분의 50[%] 크기로 감쇠하는 점까지의 시간

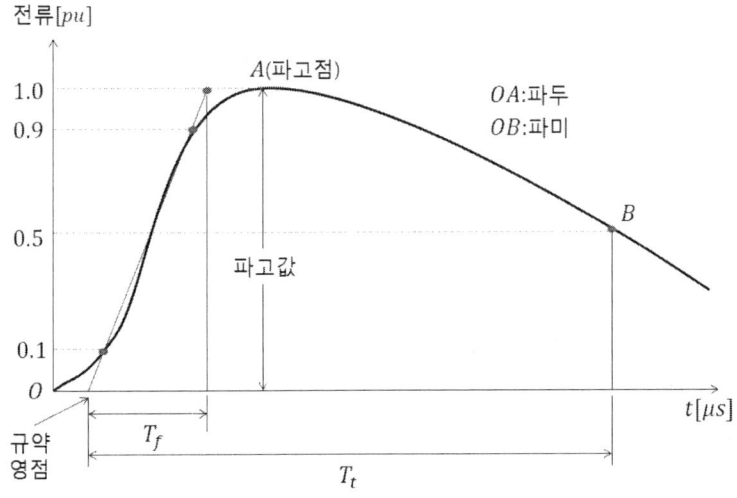

[그림2. 표준전류충격파형]

4) 표준 뇌 임펄스 : $T_f \times T_t = 8.0 \times 20\,[\mu s]$

102-4-1 토지저항률과 접지설계

발14-102-4-1. 대지 저항률에 영향을 주는 요소와 접지설계과정을 단계별로 설명하시오.

 답

1. 접지저항 개념도와 구성

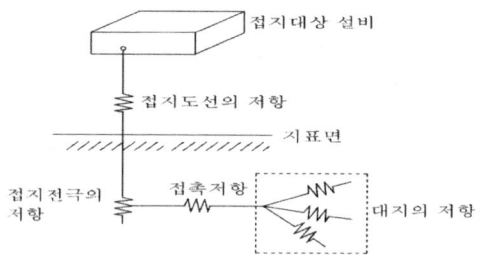

- 접지도선과 접지전극이 가지는 저항
- 접지전극과 토양의 접촉저항
- 전극 주위의 토양이 가지는 대지 고유저항(가장 큰 영향을 미침)

2. 대지저항율의 개념

1) 정의
   : 일정한 체적당 대지가 가지고 있는 고유 전기저항(가로*세로*높이 1[m]의 체적당)
2) 단위 : ρ로 표현하며, 단위는 $[\Omega \cdot m]$
3) 대지저항율의 중요성
   (1) 접지설계시 접지저항을 결정하는 주요 요인은
      ① 접지극의 형상
      ② 접지극의 크기
      ③ 접지극의 매설 깊이
      ④ 대지저항율.
      이중, 가장 중요한 요인은 대지저항율이다
   (2) 즉, 접지전극을 통해 흐르는 전류로 인해 전극 주위에는 대지전계구가 형성되며, 이때

접지저항은 접지봉에서 점차 바깥쪽으로 위치하는 가상 대지전계구들의 합계가 된다.
    (3) 전계구의 접지저항은 가장 가까이에 있는 전계구가 가장 크고, 외부 방향일수록 접지저항은 낮아진다.

3. 대지 저항률에 영향을 주는 요소

1) 토양의 성분
    : 토양은 각 지층별로 구성이 다르며 특히, 지표면 10[m] 이내에서는 지층의 변동이 심해 측정 장소에 따라 대지저항율 변동이 심하다.

2) 수분 함유량
    ① 대지에 함유된 수분을 16~20% 정도 유지하면 낮은 저항률을 유지하게 된다.
    ② 습기가 25[%] 이상에서는 거의 변화가 없으나 그보다 검조하면 현저히 증가한다.
    ③ 대책 : 접지전극을 지표 면 하 75[cm] 이상 깊이 시설

3) 온도변화 : 상온에서 온도 저하시 대지저항율도 증가하며, 0[℃]에서 2배, -15[℃]에서는 46배 증가한다.

4) 계절적 영향 : 계절에 따라 온도와 습도가 변화에 따라 계절적으로 영향을 받는다.

4. 접지설계(변전소 접지설계 출제되면 무조건 이 내용을 그대로 기록 할 것)

1) 토양조사 : 대지고유저항치는 현장조사에서 얻은 토양의 평균 고유저항치로 하고, 등가측정 길이는 345kV인 경우, 20 ~ 25m, 154kV인 경우 15m 정도

2) 최대지락고장전류 계산
    ① 최대지락고장전류 : $I_g = \dfrac{3E}{X_0 + X_1 + X_2}[A]$
    (단, X_0:영상리액턴스(Ω), X_L : 역상리액턴스, X_1:정상분 리액턴스)
    ② 비대칭분에 대한 고정계수 : 1/2 Cycle은 1.65, 6Cycle은 1.25, 15Cycle은 1.1
    ③ 장차의 계통확장 : 용량증대 대비 1.0 ~ 1.5 고정계수 감안($I_{g2} \to 1.5I_{g1}$)
    ④ 가공지선의 영향 :
        일반적으로 접지망에 유입되는 고정전류는 지락고장전류의 40~60% 즉, 식에 154kV의 경우 $I_{g3} = 0.6I_{g2} ≒ k \times 50 = 0.6 \times 50 = 30[kA]$ (분류율 k : 0.4~ 0.6)

3) 접지계의 예비설계를 다음과 같이 시행 한다.
    ① 접지계의 형 구성 : 일반적으로 메쉬접지 방식으로 사용함
    ② 접지망은 가능한 넓은 지면 점유하도록 한다.
    ③ 접지망 주변 모서리, 변압기 중성점, CT, PT등에는 높은 전위경도 고려하여 조밀하게

설치

④ 접지봉은 Copper-clad steel Rod로 직경(14~19㎜)× 길이(1~2.4m)

⑤ Junction점 접지봉 타설 및 접지망과 접착

⑥ 매설깊이는 0.5~1m, 10㎝이상 자갈로 지표처리

⑦ 도체굵기 : $A = \sqrt{\dfrac{8.5 \times 10^{-6} S}{\log_{10}\left(\dfrac{T_m - T_a}{273 + T_a} + 1\right)}}$ [㎟]

(단, S : 고장지속시간(초) : (보통 0.5~3초) T_m : 접지선의 용단에 대한 회로 허용 온도(나선의 경우 : 850℃, 접지용 비닐전선 : 120℃)
T_a : 주위의 온도(℃), I : 고장전류[A]

⑧ 최소 굵기는 볼트접속은 80㎟, 일반적으로 100㎟(연동선)

⑨ 통전하지 않는 모든 금속, 중성점, 철군, 가공지선, 금속관, Cable sheath 등과 연결

⑩ 접속은 압축식을 원칙(납땜 안 됨)

⑪ 부식대책 수립

⑫ 소요접지도체 길이 산출 : $L \geq \dfrac{k_m k_i \rho I \sqrt{t}}{116 + 0.17 \rho_s}$ $\therefore k_m k_i \rho \dfrac{I}{L} \leq \dfrac{116 + 0.17 \rho_s}{\sqrt{t}}$

k_m : 도체수, 간격, 직경, 매설깊이에 관계되는 계수,

k_i : 접지망 각부의 자락전류 불평등에 기인한 고정계수(0.1~0.8)

ρ : 토양의 고유저항 [$\Omega \cdot m$],

I : 접지망과 대지간에 흐르는 예상최대지락전류

ρ_s : 발밑 토양의 고유저항(자갈은 3000, 아스팔트 5000이상)

L : 소요접지 도체 길이의 산정거리

(사각형 면적은 $a \cdot b$이고 반구의 표면적은 $4\pi r^2$의 절반, $a \cdot b = \dfrac{4\pi r}{2^2} \Rightarrow r = \sqrt{\dfrac{a \cdot b}{2\pi}}$)

4) 접지계의 접지저항계산(메쉬 접지저항)

① 메쉬접지저항 $R = \dfrac{\rho}{4r} + \dfrac{\rho}{L}[\Omega]$

단, r: 등가반경 = $\sqrt{\dfrac{a \times b}{2\pi}}$

L=a(m+1)+b(n+1), L: 망상全長(m)

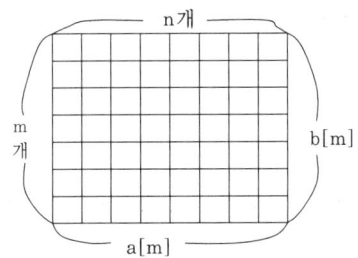

a: 메쉬망의 가로길이,
b: 메쉬망의 세로길이
n: 세로줄 메쉬수
m: 가로줄 메쉬수

5) 접지망의 최대전위 상승 : $E = IR$

6) 전위경도의 再계산

① $E_{step}' = k_s k_i \rho_s \cdot \dfrac{I}{L} = (0.1 \sim 0.15) \cdot \rho_s \cdot \dfrac{KI_E}{L}$

② $E_{touch}' = k_s k_i \rho_s \cdot \dfrac{I}{L} = (0.6 \sim 0.8) \cdot \rho_s \cdot \dfrac{KI_E}{L}$

(단, K : 수정계수(보통1, 접지망 주변 : 1.2~1.3), I : 고장전류)

③ 계산결과 $E_{step} < E_{touch}$ 이면 양호함.

7) 메쉬전압(E_m)과 접촉전압의 크기로 비교판정[$E_m < E_{touch}$ 이면 양호]

① 여기서, E_m = GPR × 메쉬전극 전위에 대한 비율 (매설포설 지수에 따라 틀림)

② $GPR = I_g \cdot R_g [V]$

단, GPR(Ground Potential Rise : 구내의 전위상승),

I_g : 지락전류, R_g : 메쉬접지저항

8) 전이전압과 특히 위험개소 조사

9) 실측치에 의한 ⑥~⑧항 예비설계 사항 수정

10) 접지계 건설

11) 접지저항 측정 및 보폭, 접촉전압 측정

12) 6) ~ 8)항 재검토

13) 필요에 따라서 접지계 변경 또는 screen 및 Barrier 추가

104-1-8 ESS와 UPS비교

발14-104-1-8. ESS(Energy Storage System)와 UPS(Uninterruptible Power Supply)를 비교 설명하시오[이 문제는 정확한 질문요지 파악 매우곤란, 103회 전기응용기술사 면접용]

 답

1. 각 시스템의 정의=〉 과거 영어로 원문을 면접때 질문햇는데 독자도 면접장에서 정확히

1) ESS(Energy Storage System)
   : 에너지저장시스템으로 잉여전력을 축전지, 양수발전, 초전도 에너지저장(SMES), 플라이휠 저장, 압축공기 저장 시스템 등을 말한다.

2) UPS(Uninterruptible Power Supply)
   ① 전산실 등 정전에 매우 민감한 부하에 대해 상용전원 정전시 축전지 등에서 전력을 공급하는 장치로 무정전 전원 공급 장치라 할 수 있고
   ② On Line, Off Line, Line Interactive 등의 방식이 있다.

2. ESS와 UPS의 차이점

구 분	ESS	UPS
에너지저장 형태	●역학적 에너지 ●자기 에너지 ●화학적 에너지 ●화학적 에너지	화학적 에너지
용 도	●부하 평준화용 ●첨두부하 대비용 ●전압조정 ●무효전력 조정 ●주파수 조정 ●순동예비력 ●전력품질 보상용	●비상용 전원 ●순시정전, Voltage sag 대책용
종 류	●양수발전 ●SMES ●플라이 휠 저장 ●압축공기 저장 ●축전지 저장	●축전지 저장
용량	대용량	소용량
저장용 에너지	잉여전력	상용전력
설치장소	●송변전계통 ●신재생에너지 발전소 ●중요 전력설비 개소 ●제어, 정보시스템	●수용가 비상용 전원 ●제어, 정보 시스템

3. 향후전망

1) ESS와 UPS는 용도와 용량에 근본적으로 차이가 있지만 최근에는 이 둘을 결합한 하이브리드 방식이 개발되었고

2) 향후에도 용량의 대형화 기술, 에너지 집적 밀도 개선, 충방전의 응답속도 등의 기술개발도 동시에 이루어져야 할 것이다.

104-3-4 ALTS

발14-104-3-4. 자동 부하전환 개폐기(ALTS)의 운영방법, 적용기준, 운전방식, 설치 시 유의사항에 대하여 설명하시오.

 답

1. ALTS(Automatic Load Transfer Switch)란?
 1) 주전원, 예비전원 확보하여 주전원 정전시 피해를 최소화하기 위해 자동으로 예비전원으로 전환하는 장치
 2) 개념도

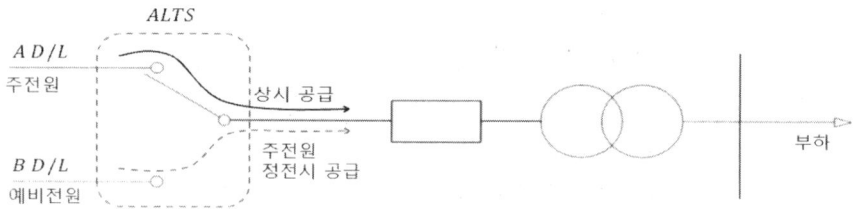

2. 운영방법
 1) 용도
  ① 배전선로에서 중요설비의 주, 예비전원을 상시 확보하여 주전원이 정전될 경우 예비전원으로 자동 전환
  ② 정전에 의한 피해를 최소화
 2) 적용장소
  ① 부하의 특성에 따라 고객이 직접 설치
  ② 한전에서 설치한 경우(과거에는 설치햇으마 현재는 전혀 설치 않음)
 • 상시 설치장소
  ㉠ 정전시 국가안위 및 공공의 이익에 영향을 미치는 중요 시설
  ㉡ 공익, 공공시설은 아니나 국가적 중요 행사를 하는 기간의 전력확보

3. 적용기준(설치장소)
 1) 상시 설치 수용

① 중요 군부대
② 국가안보 및 치안에 관련되는 기관 또는 시설
③ 의료법에 의한 국공립 종합병원
④ 정기간행물 등록에 관한 법률에 의한 일간신문의 윤전기가 설치된 신문사
⑤ 방송법 및 전파관리법에 의하여 허가를 받고 방송을 하는 무선국
2) 임시 설치 수용
① 중요회의 및 행사장소
② 국가의 중요 경기를 하는 체육시설
③ 국가 원수급들이 투숙하는 장소

4. 운전방식

1) 자동전환 방식
① 정정된 전환시간에 따라 자동으로 예비전원으로 전환하는 방식
② 주전원 복전시 예비전원에서 자동으로 주전원으로 복귀
③ 자동 전환시간은 주로 0.1[s]~60[s] 까지 정정 가능
④ 재전환 시간은은 주로 0.5[s]~5[min] 까지 정정 가능
2) 수동 운전방식
: 주로 주전원 정전시는 예비전원으로 자동 전환하고 복전시는 수동으로 주전원으로 전환하는 방식을 사용
3) 예비전원으로 전환 메커니즘

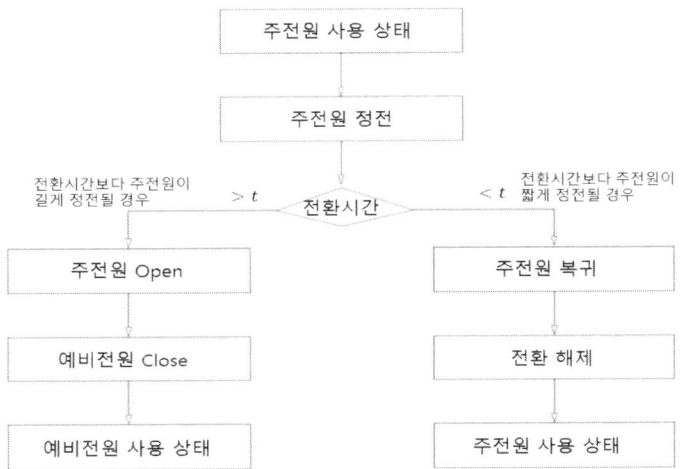

4. 설치시 유의사항

1) 계통조건
   ① 정상적인 계통운영에 지장이 없을 것
   ② 대상수용의 예상 최대부하 전류가 ALTS 정격전류 미만일 것
   ③ 예비전원으로 전환시 타수용가 전력공급에 지장을 초래하지 않을 것
   ④ Loop Switch 설치 구간내의 수용가는 제외 할 것

2) 특히 주의사항 : 신설 후 한전 변전소의 2개 D/L의 상결선이 오결선되면 대형 정전이 발생하므로 반드시 검상의 결과를 재차 확인 할 것

3) 주요 정격 : 계통조건과 다음의 정격이 서로 부합되도록 설치할 것
   ① 정격전압[kV] : 25.8,
   ② 정격전류[A] : 600~630 ,
   ③ 정격단시간전류[kA] : 12~16
   ④ BIL[kV]: 125

105-1-1 THD와 TDD

발15-105-1-1. THD(Total Harmonics Distortion)와 TDD(Total Demand Distortion)에 대하여 설명하시오.

 답

1. IEEE Std. 519에 의한 THD(종합 고조파 왜형률)의 의미

1) 전류의 THD 정의 : 고조파전류 실효치와 기본파 실효치의 비로써 백분율로 나타내며, 고조파의 정도를 나타내는데 사용된다.

$$I_{THD} = \frac{\sqrt{I_2^2 + I_3^2 + I_4^2 \cdots}}{I_1} \times 100 [\%]$$

여기서, I_1:기본파전류, I_2, $I3$, $---I_n$: 2, 3, 4, ···n차 고조파전류

2) 전압의 THD 정의 : 고조파전압 실효치와 기본파 실효치의 비로써 백분율로 나타내며, 고조파의 정도를 나타내는데 사용된다.

$$V_{THD} = \frac{\sqrt{V_2^2 + V_3^2 + V_4^2 \cdots}}{V_1} \times 100 [\%]$$

여기서, V_1:기본파전류, V_2, $V3$, $---V_n$: 2, 3, 4, ···n차 고조파전류

2. IEEE Std. 519에 의한 TDD(Total Demand Distortion)

1) 전류의 TDD정의 : 기본파 전류의 최대값에 대한 고조파(전압)전류의 실효치의 비로써 백분율로 나타내며, 고조파의 크기를 나타내는데 사용된다.

2) 전압의 TDD정의 : 기본파 전압의 최대값에 대한 고조파(전압)전류의 실효치의 비로써 백분율로 나타내며, 고조파의 크기를 나타내는데 사용된다.

3. TDD 및 THD 계산 예

1) 측정된 조파에 따른 스펙트럼은 아래와 같고, 피크전류는 100[A]이다.

조파	0	1	2	3	4	5	6	7	8	9	10	11
Ampere (RMS)	0	50	0	43	0	29	0	18	0	10	0	3

2) 표현식 : $I_{TDD} = \dfrac{\sqrt{I_2^2 + I_3^2 + I_4^2 \cdots}}{I_P(15분 \text{ 또는 } 30분의 \text{ 피크치})} \times 100[\%]$

여기서, I_P : 최대부하전류, I_2, I_3, $---I_n$: 2, 3, 4, $\cdots$ n차 고조파전류

$$I_{TDD} = \dfrac{\sqrt{0 + 43^2 + 0 + 29^2 + 0 + 18^2 + 0 + 10^2 + 0 + 3^2}}{100} \times 100[\%] = 55.88\%$$

3) THD 계산 : 독자 스스로 계산능력 배양요함

$$I_{THD} = \dfrac{\sqrt{0 + 43^2 + 0 + 29^2 + 0 + 18^2 + 0 + 10^2 + 0 + 3^2}}{50[A]} \times 100[\%] = ???\%$$

105-1-2 고조파 역률

발15-105-1-2. 고조파 발생원이 많은 수용가에서 역률을 개선하는 방법에 대하여 설명하시오.

 답

1. 고조파로 인한 역률 저하현상
1) 고조파가 포함시의 역률의 저하현상은 아래 그림과 같으며, 고조파로 공간백터로 피상전력의 상승으로 역률저하가 발생함
2) 고조파로 인한 역률저하 백터도

선형부하의 경우

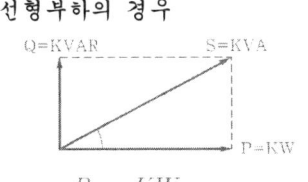

$$PF = \frac{P}{S} = \frac{KW}{KVA} = \cos\theta$$
$$S = \sqrt{P^2 + Q^2}$$

비선형부하의 경우

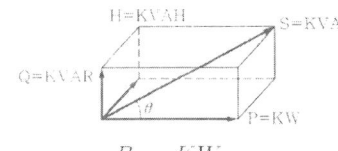

$$PF = \frac{P}{S} = \frac{KW}{KVA} \neq \cos\theta$$
$$S = \sqrt{P^2 + Q^2 + H^2}$$

고조파에 대한 역률 $= \dfrac{1}{\sqrt{1+THD^2}} \times \cos\theta$

2. 고조파 발생원이 많은 수용가에서 역률을 개선하는 방법
1) 역률개선용 콘덴서를 TR 1차 측에 설치하여 제5고조파에 대비함
   ① TR 2차의 제3,5고조파는 △권선을 통과하면서 제5고조파만 존재
   ② 제5고조파에 공진하는 L값은

   $5wL = \dfrac{1}{5wc}$ ∴ $wL = 0.04\dfrac{1}{wc}$ 즉 4%임.

   ③ 그러므로 제5조파발생 시는 합성리액턴스를 유도 성으로 하기 위하여 여유 있게 직렬 리액터를 콘덴서 용양의 6%로 설치함
2) 역률개선용 콘덴서를 TR 2차 측에 설치 (13% 리액터 설치)

① 제3고조파에 공진하는 L값은 $3wL = \dfrac{1}{3wc}$ ∴ $wL = 0.11 \circ \dfrac{1}{wc}$ 즉 11%
② 합성리액턴스를 유도 성으로 하기위하여 여유 있게 11~15%로 함.
   즉, 용량성이 되어 전원 측의 전류확대 원인이 된다.
③ 그러므로, 제3고조파 발생계통의 콘덴서에 13% 직렬리액터 설치

105-1-9 ▶ 기어형과 기어리스형 비교

발15-105-1-9. 풍력발전설비에서 기어드 형(Geared Type)과 기어리스 형
         (Gearless Type)의 장·단점을 설명하시오. [10점용이면 3사항만 기록 요]

 답

1. 개요

1) 풍력발전(Wind Power)이란 바람 에너지를 풍력터빈(Wind Turbine)등의 장치를 이용하여 기계적 에너지로 변환시키고, 이 에너지를 이용하여 발전기를 돌려 전기를 생산하는 것

2) 풍력발전기는 이론상으로는 바람에너지의 최대 59.3%까지 전기에너지로 변환시킬 수 있지만, 현실적으로 날개의 형상, 기계적 마찰, 발전기의 효율 등에 따른 손실요인이 존재하기 때문에 실용상의 효율은 20~40% 수준에 머물고 있다.

2. 풍력발전의 전체적의 분류 법

1) 회전축 방향에 의한 분류
   : 수평축(Horizontal axis type, 수직축(Vertical axis type)

2) 증속기 유무에 의한 분류
   : 증속기형(Geared type), 직결 형(Gearless type)

3) 공기역학적 방식에 의한 분류
   : 양력 식(Lift type) 풍력발전기, 항력 식(Drag type) 풍력발전기

4) 운전속도에 의한 분류
   : 정속형(Fixed rotor speed type), 가변속형(Variable rotor speed type)

5) 출력제어방식에 의한 분류
   : 날개각제어 형(Pitch controlled type), 실속제어 형(Stall controlled type)

6) 계통연계 여부에 의한 분류
   : 계통연계 형(Grid connected type), 독립전원형(Off-grid type)

7) 설치 장소에 의한 분류
   : 육상(Onshore type) 풍력발전, 해상(Offshore type) 풍력발전

3. 기어 형 (Geared Type) 및 기어리스 형(Gearless Type)의 비교

3-1. 개념
1) 풍력발전기 날개에 직결되어 회전되는 주 축(Main shaft)과 발전기 사이에 설치되어 발전기 측의 회전속도를 증가시켜 주는 장치를 증속기(Gear box)라고 하는데,
2) 풍력 발전기에는 증속기를 포함하는 증속기형 풍력발전기와 증속기가 없이 발전기로 직결되는 직결 형(gearless type) 풍력발전기가 있다.

3-2. 기어형(Geared Type) 및 기어리스형(Gearless Type)의 장단점 비교
1) Gear type
   ① 형태 : 간접구동식으로도 불리는 증속기형(Geared type)를 말함
   ② 구성 : 회전자→기어종속장치→유도발전기(정전압/정주파수)→한전계통
   ③ 장점
      ㉠ 제작비용이 저렴
      ㉡ 장기간 노하우 축적으로 신뢰도 높음(현재 시장의 80~90%)
      ㉢ 설치가 및 유지보수가 용이
      ㉣ 계통연계가 용이.
   ③ 단점
      ㉠ 증속기어의 마모로 유지관리 어려움
      ㉡ 진동 및 소음발생 원인, 고장발생의 주요인
      ㉢ 유지관리비용 상승
      ㉣ 저출력시 역률보상장치 필요
      ㉤ 하중의 불균등한 분배가 잇음
2) Gearless type
   ① 형태 : 직결식 풍력발전기로 풍력터빈용 발전기의 기술이 형상되면서 증속기가 없는 형태이다
   ② 구성 : 회전자(직결)-〉동기발전기(가변전압/가변주파수)-〉인버터-〉한전계통
   ③ 장점
      ㉠ 기어박스(증속 기어 등)등 많은 기계부품의 생략으로 내부구조가 간단.
      ㉡ 증속기어가 없어 소음 저감되고 기계적인 응역도 감소됨
      ㉢ 운전 유지비용이 적게 되고, 가동률이 높다
      ㉣ 역률제어가 가능하여 출력에 관계없이 고 역률가능,

③ 단점
    ㉠ 회전속도가 느려 다극 발전기를 사용하므로 발전기의 크기와 무게가 증가되고 가격이 고가로 됨.
    ㉡ 로터와 발전기가 가까이 있어 나셀의 무게중심이 한쪽으로 쏠릴 수 있어 이를 해소하기 위해 타워와 기초비용이 증가됨
    ㉢ 동기발전기가 매우 크고 무거움
    ㉣ 발전기가 외부에 노출되어 절연문제
    ㉤ 중량이 커서 지지구조에 문제
    ㉥ Inverter 사용으로 계통 병입시에 고조파 발생

105-1-10 과전류정수

발15-105-1-10. 변류기(CT)의 과전류 정수에 대하여 설명하시오.

 답

1. 과전류 정수(n)의 정의
: 과전류영역에서는 전류가 어느 한도를 넘어서면 철심에 포화가 생겨 비오차가 급격히 증가하는데 비오차가 −10[%] 될 때의 1차전류를 정격1차전류값으로 나눈값

2. 비오차
① 비오차$(\varepsilon) = \dfrac{K_n - K}{K} \times 100 [\%]$,

② K_n : 공칭변류비($\dfrac{\text{정격1차전류}}{\text{정격2차전류}}$),

③ K : 측정한 참변류비($\dfrac{\text{측정1차전류}}{\text{측정2차전류}}$)

3. 과전류 정수를 고려해야 되는 사유
: 사고시 대전류영역에서의 계전기 작동은 변류기의 과전류 영역에서의 특성을 고려하지 않으면 오동작이 되거나 예정된 시간에 동작하지 않을 우려가 있다

4. 보호용 CT에만 적용

5. 정격 과전류 정수 표준 : n〉5, n〉10, n〉20, n〉40

6. 과전류정수의 부하부담에 따른 변화(n')
① 2차부담이 변화하면 과전류 정수도 변화

② 계산식 : $n' = n \times \dfrac{\text{변류기의 정격부담}[VA] + \text{변류기의 정격 내부손실}}{\text{변류기의 사용부담} + \text{변류기의 내부손실}}$

7. 정격 과전류 정수 선정

: $\dfrac{\text{최대사고전류}}{\text{1차전류}} <$ 정격과전류정수

8. 과전류정수의 적용시 유의 사항

1) 정격과전류정수는 가급적 작은 것을 선택해야 2차권선에 연결된 계기 및 보호계전기 등의 유입전류가 적어서 좋다
2) 계기용 CT에서는 특히 과전류 정수는 필요 없지만 보호계전기용에서는 중요하다.
3) 과전류 특성곡선은 CT의 1차 전류와 2차 전류의 관계를 가리킨 것으로 과전류 영역에서는 1차 전류와 2차 전류는 비례하지 않게 되며 1차 전류가 증가하여도 2차전류는 별로 증가하지 않는다.
4) 즉 1차 측에 과전류가 흘러도 2차 측의 과전류계전기에는 비례한 전류가 흐르지 않으므로 과전류계전기의 설정에 따라서는 동작하지 않게 된다.
5) 특히 고압 수전설비에서는 하나의 CT에 계기와 과전류계전기를 동시에 접속하는 일이 많고, 과전류정수는 무시되기 쉬워서 주의하여야 한다.
6) 또한, 과전류정수는 사용부담이 정격부담보다도 작으면 그림처럼 커지므로 이 특성을 파악하여 경제적인 적용을 도모하는 방법도 있다.
7) 과전류계전기 CT의 경우는 과전류정수의 지정이 필요하고 최저 n〉5며 검출할 과전류 영역에서 그 값을 선정하여야 한다.

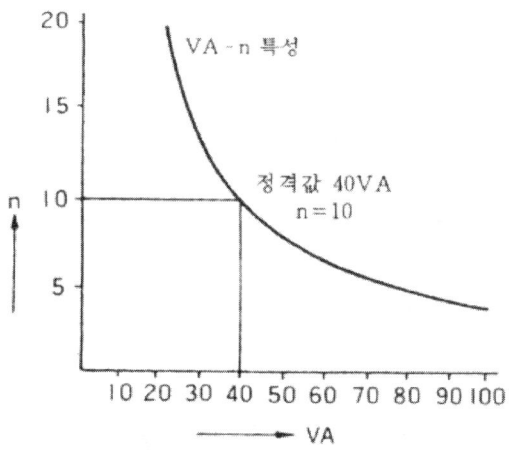

그림. 과전류정수-부담특성(예)

105-2-1 변압기 병렬운전조건과 각변위

발15-105-2-1. 상 변압기의 병렬 운전 조건과 / 병렬 운전이 가능한 각 결선 방법의 위상각 변위에 대하여 설명하시오.

 답

1. 변압기 병렬운전

1) 병렬운전의 조건

병렬운전조건	조건이 불일치하면
1차전압 = 2차전압	순환전류로 소손
권수비 등가	동손 증가로 변압기 과열
%Z전압 등가	%Z 전압 낮은 쪽에 과부하(±10% 이내허용)
%(X/R)비 등가	역률에따라 부하분담 변동
극성 등가(1φ)	단락으로 인한 과전류 소손
각변위, 상회전 등가(3φ)	단락으로 인한 과전류 소손
용량 등가	용량비가 3:1 이내일것

2) 병렬운전 가능결선과 불가능 결선

가능결선		불가능결선	
A 변압기	B 변압기	A 변압기	B 변압기
△ - △	△ - △	△ - △	△ - Y
Y - Y	Y - Y	△ - △	Y - △
△ - Y	△ - Y	Y - Y	Y - △
Y - △	Y - △	Y - Y	△ - Y

결선이 같더라도 각변위가 다를 경우 병렬운전 불가

3) 변압기 병렬운전의 필요성
   ① 부하증가, 고장시 공급능력 저하방지
   ② 부하변동에 대한 대응 및 경제성 고려

2. 병렬 운전이 가능한 각 결선 방법의 위상각 변위
1) 각변위란?
   ① 1,2차 결선이 Y-△인 경우 1차측과 2차측은 30°의 위상차가 발생한다.
   ② 변압기 병렬운전이 가능한 결선이라 하더라도 결선방법에 따라서 위상차가 발생함
   ③ Y-△ 결선에서의 각변위

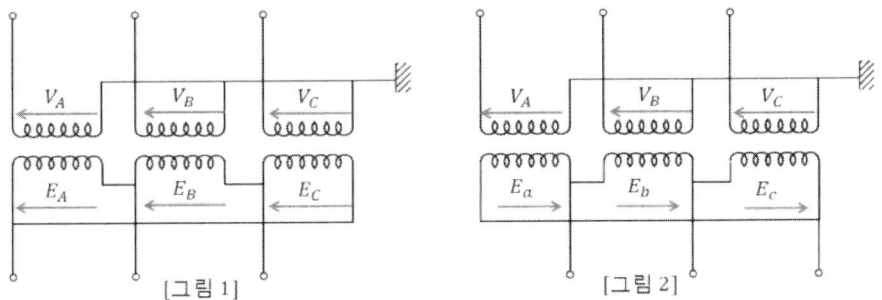

[그림 1]   [그림 2]

그림1,2는 Y-△의 동일한 결선이지만 2차측에서는 위상차가 발생한다.

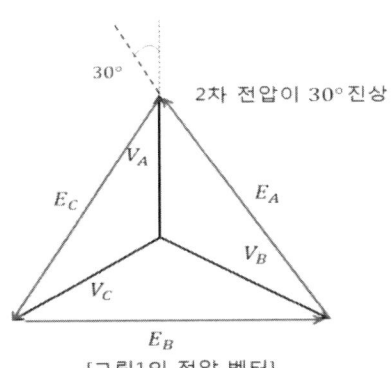

[그림1의 전압 벡터]

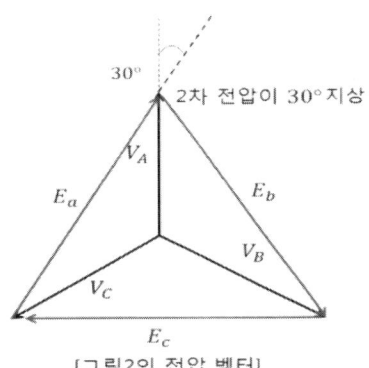

[그림2의 전압 벡터]

2) 각변위가 다를 경우 현상
   ① 전위차

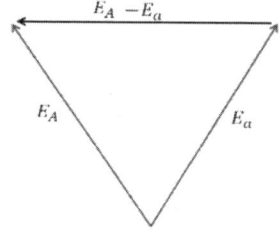

   ② 위의 전압벡터 중 a상만을 고려하면 크기가 동일할지라도 위상차에 따른 전위차가 발생한다.
   ③ 위상차에 따른 현상
      ㉠ A, B변압기의 2차의 전위차는 상전압에 해당된다.
      ㉡ 따라서 이 경우는 상전압으로 단락된 것과 동일하다.
      ㉢ 단락발생시 과대한 전류가 흘러 변압기가 소손될 수 있다.
      ㉣ 결과적으로 각변위가 다른 경우 병렬운전을 할 수 없다.

105-3-2 변압기 등가회로, 임피던스전압, %임피던스 영향

발15-105-3-2. 변압기 등가회로, 임피던스 전압을 설명하고 %Z가 전력계통에 미치는 영향을 설명하시오.

 답

1. 변압기등가회로(Equivalent circuit)

1) 변압기의 전기회로는 자기회로의 영향을 고려한 것이며, 독립된 1차, 2차 전기회로의 전기적 특성을 용이하게 계산하기 위하여, 단일회로 즉 등가회로로 만들어 해석하는 것
2) 등가회로는 1차 또는 2차에서 본 전력이 등가가 되도록 유도한다.
3) 이 등가회로의 정수는 직류저항의 측정, 무부하시험, 단락시험에 의하여 구해진다.
4) 1차측에 환산한 등가회로 (2차측으로 환산한 것도 있으나 생략함)
   ① 1차측에서 본 등가회로로 변압기를 표시하려면, 변압기의 특성을 바꾸지 않고 2차 권선의 권수를 1차 권선수와 같이하여야 한다. 이것을 2차측을 1차측으로 환산 한다고 하고, 2차측의 전기적 제량에 곱해야 할 계수를 환산계수(Reduction factor)라 한다.
   ② 권선비가 $a(a=N_1/N_2)$일 때 2차권선의 권수 즉 도체의 길이를 a배로 하고 그 단면적을 1/a배로 하면, 동량은 변함없이 2차권선의 권수가 1차권선의 권수와 동일하게 된다.
   ③ 변압기의 2차 권선수를 a배로 해서 1차 권선수를 $N_1 = aN_2$로 바꾸어 감았다면 유도기전력은 a배가 되므로, 부하 및 권선의 임피던스를 a^2배로 한다면 전류는 1/a 배로 되어 전력의 변화가 없게 된다.
   ④ 2차 유도 기전력에 대한 환산계수는 a, 2차 부하 및 권선의 임피던스에 대한 환산계수는 a^2, 2차 전류에 대한 환산계수는 1/a배이다.

       a : 권수비($\frac{1차측권수 N_1}{2차측권수 N_2}$), V1 : 1차 공급전압(Sinusoidal wave voltage)

       E1 : 1차 유기전압(counter electro motive force), E2 : 2차 유기전압

       E2′ : 1차환산 2차 유기전압, V2′ : 1차환산 2차부하측 단자전압

       I1 : 1차 공급전류, I0 : 여자전류

       I2′ : 1차환산 2차전류, R1 및 X1 : 1차 회로저항 및 리액턴스

       R2′ 및 X2′ : 1차환산 2차회로저항 및 리액턴스,

       R2 및 X2 : 2차측부하의 저항 및 리액턴스

R' 및 X' : 1차환산 2차측 부하의 저항 및 리액턴스
Y₀, G₀ 및 B₀ : 변압기 여자회로의 여자 어드미턴스, 여자 콘덕턴스 및 여자 서셉턴스

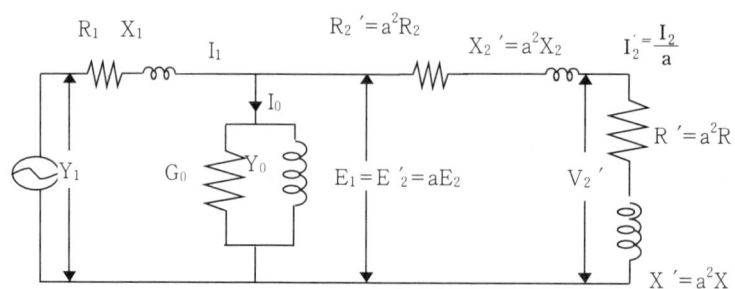

그림 1. 차측을 1차측에 환산한 변압기 등가회로

2. 임피던스전압(Ve)

1) 변압기 2차측을 단락하고 변압기 1차 측에 정격 주파수의 저전압을 인가했을 때 2차측에 정격전류가 흐를 때의 전압(V_e) (변압기내부에서의 전압강하전압이다)

2) $V_e = I_{In} \times Z [V]$ (단, I_{In} : 1차 정격전류, Z : 변압기 임피던스)

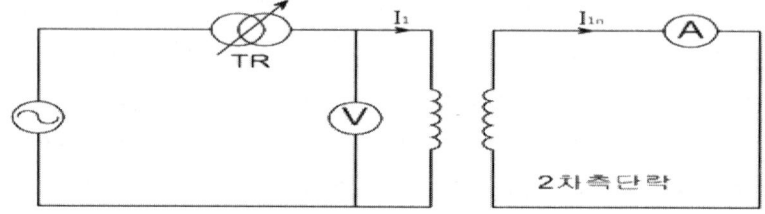

그림1. 변압기 등가회로 도

3) 변압기의 임피던스는 누설자속에 의한 리액턴스분과 권선저항에 의한 저항분이 있으며 이러한 임피던스는 변압기 내부 전압강하를 발생시키는 전압을 말함

4) 임피던스전압과 %Impedance 관계
  ① 임피던스 전압강하분이 정격전압의 몇(%)인가를 나타낸 것을 %Impedance라 한다
  $$\%Z = \frac{Z[\Omega] \cdot I_n[A]}{V_n[V]} \times 100 [\%] = \frac{P \cdot Z}{10 V^2}$$
  여기서, V_n : 정격상전압[kV],　　　　　　V : 정격 선간전압[kV],
  　Z : 임피던스[Ω], I_n : 정격전류[A], P : 변압기 용량[kVA]
  ② 변압기의 2차 권선을 단락시키고 1차 권선에 저전압을 인가하여 정격2차전류

(I_{2n})가 흐르는 경우의 정격 1차전압(V_{1n})에 대한 임피던스전압(V_s)의 백분율 비.

$\%Z = \dfrac{V_S}{V_{1n}} \times 100\,[\%]$. 여기서, V_S : 전압계에 지시된 임피던스 전압

3. %Z 가 전력계통에 미치는 영향

1) 전압 변동률의 영향
   ① 전압 저하 시 : 유효전력손실의 증가, 송변전설비의 전류영향에 의한 송전용량의 송·변전 설비의 정태 안정도 저하에 의한 송전 용량의 저하
   ② 전압 상승 시 : 전력용기기의 열화촉진, 고조파의 발생, 기기의 절연 파괴, 기기의 과전류에 의한 소손

2) 무 부하 손과 부하 손의 손실 비
   ① 전력계통에 설치되어 있는 전력기기의 손실에 영향을 준다.
   ② 765kV: 18~20 %Z   345kV: 13~15 %Z   154kV: 11~13 %Z

3) 계통 고장용량의 영향 : 계통 고장용량 계산은 $I_s = \dfrac{100}{\%Z} \times I_n$ 식이 적용되며 %Z 의 크기는 전력계통의 차단기 용량 $P_S = \dfrac{100}{\%Z} \times P_n$ 산정에도 영향을 준다.

4) 변압기의 병렬운전 : 전력계통에 연계되어 있는 변압기는 병렬운전을 하는데 %Z 의 크기는 변압기의 병렬운전조건에도 영향을 준다.

5) 고장 시 권선에 작용하는 전자기계력에 영향을 준다.

6) %Z 대 소(大 小) 의 비교

%Z 가 클 때	%Z가 작을 때
고장전류가 작아진다. ($I_s = \dfrac{100}{\%Z} \times I_n$)	고장비가 커져서 전기자 반작용이 작아진다.
차단기의 동작책무가 감소하고 차단기의용량이 감소한다. ($P_S = \dfrac{100}{\%Z} \times P_n$),	안정도가 증가한다.
전압변동률이 커지고 동손이 증가 한다.	철손 및 기계손이 증가하고, 가격이 비싸 진다.
전압변동률이 커지고 안전도가 감소한다.	부하 손은 감소하지만 중량이 무거워 진다.

107-1-3 보호협조곡선

발15-107-1-3. 보호계전기의 동작협조곡선 작성순서 및 유의사항에 대하여 설명하시오.

 답

1. 보호계전기의 동작협조곡선 작성순서[변압기 1차측과 2차측을 상정하여 해석함]
○ 보호계전기의 동작협조곡선이란, 가로가 pick-up배수, 세로가 동작시간 임

1-1. 변압기 1차측 계전기의 정정
1) 변압기 1차측 정격전류 산출 : $I_n = \dfrac{P_n}{\sqrt{3} \times V}$

2) 한시 탭 산출 : 최대 부하전류의 150[%] 정정
   ① I_n(위에서 산출한 전류) $\times 1.5 \times \dfrac{5}{CT\,1차\,전류} = x\,[A]$
   ② 산출된 x값 보다 큰 제일 가까운 정수배의 수치를 한시 탭으로 정정함 (예, 2.8이면 3으로[A] 에 정정)

3) 순시 탭 산출
   ① 변압기 2차측 최대 단락전류를 1차측으로 환산 한다
   $I_s = \dfrac{100 \times I_n}{Z_{tr}} = y\,[A]$ (위에서 산출한 전류) $\times 1.5 \times \dfrac{CT\,1차\,전류}{5} = x\,[A]$
   ② 변압기 2차측 최대 단락전류의 150[%]에 정정
   즉, (위에서 산출한 전류) $y \times 1.5 \times \dfrac{5}{CT\,1차전류} = K\,[A]$
   ③ 산출된 K값 보다 큰 첫 번째 탭으로 순시 탭으로 정정

4) 변압기 여자 돌입전류는 정격전류의 10배에 동작하지 않을 것
   ① 즉, $I_0 = I_n \times 10 = B\,[A]$

1-2. 변압기 2차측 계전기의 정정

1) 한시 탭 : 최대 부하전류의 130[%]에 정정

$$I_{tap} = \frac{P_n}{\sqrt{3} \times V} \times 1.3 \times \frac{1}{2차측 계전기용 CT1차 전류} = B[A]$$

산출된 x값 보다 큰 제일 가까운 정수배의 수치를 한시 탭으로 정정함

2) 순시 탭 : 정전범위의 확대방지를 위해 제거함

2. 보호계전기의 동작협조곡선 작성시 유의사항

① 순시동작 계전기는 전동기측에서 유입되는 고장전류를 고려하여야 하며, 한시요소의 동작은 고려치 않는다.
② 선간단락이나 1선 지락고장에서는 변압기 결선방식에 따라 변압기 1차측에서 본 2차측 고장전류의 크기에 차이가 있으므로 주의하여야 한다.
③ 저압회로의 아크사고에 의한 고장전류의 감소에도 확실한 보호가 되게 할 것.
④ 변압기 또는 콘덴서 등의 돌입전류에 오동작하지 않도록 순시동작계전기를 정정한다.
⑤ 기기의 단락강도 한계 이전에 보호가 가능토록 하여야 한다.
⑥ 여러 개의 부하에 전원을 공급하는 회로에 설치된 계전기는 대부분 부하가 운전 중에도 물론 새로운 부하의 기동시에도 안정하도록 한다.
⑦ 전동기의 기동전류와 같이 시간을 가지고 감소하는 전류에 동작하는 반한시성 계전기는 기동전류에 동작하지 않도록 동작시간을 결정한다.
⑧ 계전기 설치위치마다 전압이 다르므로 2차측 전류의 크기를 그대로 적용하면 곡선을 그대로 적용하면 곡선을 그릴 수 없기에 고장점의 1차 또는 2차로 통일되게 환산하여야만 시간-전류 곡선을 그릴 수 있음

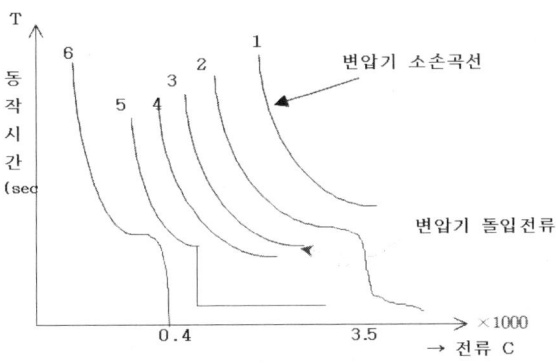

그림1. 보호협조 곡선 예

@@ 참고사항: 보호 계전기의 정정에 있어서 기본적으로 고려해야 할 사항 ?

1. 보호계전기의 정정(Setting)의 정의
보호 계전기는 일반으로 탭 (또는 스위치) 나 Time Lever (또는 Time Dial) 등의 동작 조건을 조정하는 기구를 이용해서, 계전기의 사용에 앞서 그 동작치와 동작시간 등 을 적정한 값으로 선정해야 하는 것을 말함.

2. 보호 계전기의 정정시 고려할 사항
1) 오동작 하지 않는 범위 내에서 가장 예민한 검출 감도를 가질 것.
   ① 일반으로 보호 계전기의 검출 감도를 너무 예민하게 하면 계통 사고가 아닌 작은 동요에도 오동작 할 수 있다.
   ② 또 차동 계전기에서는 동작 전류치를 작게 하면 외부 사고시의 큰 통과 전류에 의한 CT의 오차 전류로 오동작 할 수 있다.
   ③ 보호 계전기의 오동작은 최소한으로 줄여야 하므로 이런 경우 외부사고를 상정하여 최대 통과 전류가 흘러도 오동작 하지 않도록 정정할 것.
2) 가장 빠른 속도로 동작할 것
   ① 사고가 생겼을 때 전기 기기의 피해를 최소로 할 것
   ② 계통안정도 등에 미치는 영향을 최소로 하기 위해서 사고는 최단 시간 내에 제거되게 할 것
3) 계통 전체로서 보호 협조가 되어야 한다.
   ① 주보호와 후비 보호간의 보호 협조
      : 주보호 장치는 가장 예민한 감도로 가장 신속하게 동작하도록 정정하나, 후비 보호계전기는 주보호 장치의 동작 실패 시에만 동작되도록 할 것.
   ② 검출 감도면 에서의 보호 협조 : 예를 들어 후비보호 계전기 보다는 주보호 계전기의 검출감도가 더 예민할 것.
   ③ 전기 설비의 강도에 대한 보호 협조 : 전류-시간 곡선에서와 같이 계전기의 보호 범위는 설비의 위험 한계선보다 아래에 있어야 한다.
   ④ 차단 범위 국한을 위한 보호 협조
      ㉠ 계통에 고장이 발생한 경우 계통 전체에 영향이 파급되지 않도록 제한적으로 최소 부분만을 차단토록 할 것
      ㉡ 이는 주로 보호 계전기간의 검출 감도와 동작 시간을 상호 협조 되도록 정정함으로써 가능해 진다.
   ⑤ 보호 구간별 보호 협조 : 설비 단위별로 보호 계전기가 설치된 경우 그 보호구간이 일부 서로 중첩되도록 보호 범위를 설정해서 보호맹점이 생기지 않도록 한다.

107-2-2 케이블손실. 전위경도

발15-107-2-2. 케이블의 전기적 특성에서 손실과 전위경도에 대하여 설명하시오

 답

1. 케이블의 전력손실의 종류

1-1. 개요

전력 케이블에 통전 전류가 흐르면 Joule 열에 의한 저항손, 유전체손, 연피손 등이 발생 되며 인가 전압에 따라 전위 경도는 달라지며 절연체의 절연내력이 충분히 커서 케이블의 안전 사용이 가능하도록 해야 한다.

1-2. 도체손

(1) 개요 : 케이블의 도체에서 발생되는 손실이며, 전력 손실 중 가장 크다.

$$P_l = I^2 R = I^2 \rho \frac{l}{A} = I^2 \times \frac{1}{58} \times \frac{100}{C} \times \frac{l}{A}$$, 여기서, ρ : 고유 저항 $\left(Cu = \frac{1}{58}, Al = \frac{1}{35}\right)$

C : 도전율(Cu 100[%], Al 61[%], 경동선 97[%], 연동선 100[%])

(2) 저감 대책 : 도전율이 좋고, 단면적이 큰 도체를 사용한다.

1-3. 유전체손(W_d)

(1) 정의

①케이블의 유전체에서 발생되는 손실로서, 절연체를 전극간에 끼우고 교류 전압을 인가했을 경우 발생하는 손실을 말한다.

즉, 전압 인가 → 정전 용량 C 발생 → 충전 전류 $I_c = \omega CE$ 발생, 절연 열화 I_R

②케이블에 전압을 인가했을 때 흐르는 전류는 유전체의 정전 용량에 의한 충전 전류 I_c와 전압과 동상분으로 누설 저항에 의한 I_R로 구성된다.

즉, $\tan\delta = \dfrac{I_R}{I_C}$ 에서 $I_R = I_c \cdot \tan\delta = \omega CE \cdot \tan\delta$ 여기서 δ : 유전 손실각

(2) 유전체 손실 : $W_d = E \cdot I_R = E \cdot \omega CE \tan\delta = \omega CE^2 \tan\delta$

(3) 대책 : $W_d \propto \tan\delta$이므로 유전체 손실을 줄이기 위해서는 절연물의 절연성이 우수하여 I_R을 줄일 수 있는 물질을 사용한다.

1-4. 연피손(시스손)
(1) 정의: 연피 및 알루미늄피 등 도전성의 외피를 갖는 케이블의 경우에 발생한다.
(2) 연피손의 종류 및 발생 원인
   ① 와전류손 : 시스에 흐르는 와전류 때문에 발생하는 손실
   ② 시스 회로손 : 케이블 도체 전류에서의 전자 유도 작용에 의해 시스를 접지함에 따라 시스에 전류 i_s가 흐르고 시스 저항을 r_s라 하면 $i_s^2 r_s$가 되는 손실
   ③ 시스손은 시스의 저항률이 작을수록, 전류의 크기나 주파수가 클수록, 단심 케이블의 이격 거리가 클수록 큰 값을 나타낸다.
(3) 저감 대책
   ① 연가
   ② 시스 자체를 접지한다(편단 접지, 크로스 본드 접지). 시스 접지는 전위와 전류를 동시에 최소한으로 하는 접지 방식을 선택한다.
   ③ 케이블을 근접 시공한다.

2. 전력 케이블 전위경도(potential gradient)

2-1. 정의 : 전계 중의 전위곡선의 구배를 나타낸 것이다.

2-2 전위경도(G) : $G = \dfrac{\Delta V}{\Delta l} = \tan\theta$

여기서, ΔV : 심선과 연피 사이에 인가된 전압, Δl : 절연층의 두께

2-3. 케이블의 절연 내력
1) 절연지의 두께에 의해 정해지나 그 평균 전위 경도는 심선과 연피와의 사이에 인가된 전압을 절연층의 두께로 나눈 값으로 정해진다.
2) 전위 경도의 최대점은 도체의 표면에서 나타난다.

2-4. 전계의 세기

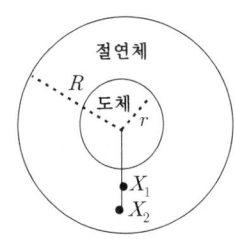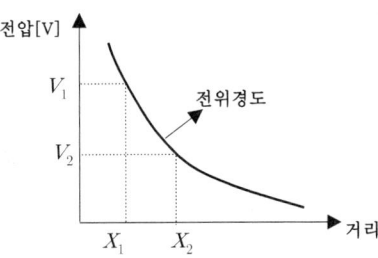

그림1. 케이블의 전위경도

1) 단심 케이블(차폐 케이블)의 경우 케이블 중심에서 x[m] 떨어진 점에서의 전계의 세기 E_x는 $E_x = \dfrac{E}{x \ln \dfrac{R}{r}}$ 이다. (임의의 A동심원의 반경은 r, B동심원의 반경은 R이고 중심에서 x[m] 떨어짐)

2) E_x가 최대가 되는 곳은 $x = r$인 점으로, $E_{\max} = \dfrac{E}{r \ln \dfrac{R}{r}}$

3) 케이블의 절연 내력 $> E_{\max}$가 되게 하여 충분히 안전성을 보장할 수 있게 한다.

4) 절연지의 파괴 전압은 실효값으로 200~300[kV/m]이며 통상 $E_{\max}$는 40~50[kV/m]로 안전하다.

107-2-6 영상고조파 여러사항

발15-107-2-6. 영상분 고조파가 아래 설비에 미치는 영향과 대책에 대하여 설명하시오.
    (1) 발전기   (2) 변압기   (3) 콘덴서   (4) 중성선 케이블

답 [상당히 어려운 25점 문제로 보여짐]

1. 영상분 고조파가 발전기에 미치는 영향과 대책 [단독문제로 기출 25점으로 나옴]: 중요

1-1. 영향

○ 개념 : 발전기에 고조파 부하가 접속되면 발전기의 부하 측에 고조파 전류원이 존재하는 것과 같다.

1) 영상분의 3배의 전류가 중성선에 흘러 중성점을 과열시킴
   : 선형부하는 중성점의 합이 Vector의 합으로 나타나지만 비선형부하의 합은 Scalar의 합으로 나타나 중성선 의 과열을 초래한다.

2) 중성점 전위상승
   ① 지락전류 제한 목적으로 중성점에 임피던스를 삽입시 중성점 전위가 상승
   ② 이때의 중성점 전위는
   $$V_{N-G} = I_N(R+j3X) = (I_a + I_b + I_c)(R+j3X) = 3I_m \sin 3wt (R+j3X)$$

3) 권선에 미치는 영향
   ① 계자권선의 손실 증가로 온도상승, 전압파형을 왜곡시킨다.
   ② 제동권선의 손실증가로 온도과열, 전압파형을 왜곡시킨다.
   ③ 철손 및 동손의 증가로 발전기를 과열 시키고 출력은 저하시킨다.
   ④ 효율저하, 소음발생

4) 기계적 진동 및 소음 증가
   ① 회전자 축의 진동 및 기계적인 공진 발생
   ② 축의 피로와 노후화가 진행됨

5) 자동전압조정기(AVR) 동작 불안정
   : AVR을 점호 위상제어할 경우 위상변동하여 동작이 불안정하다

6) 발전기의 효율, 역 율 을 저감시킨다.
   : 고조파의 영향으로 효율저감과, 역율을 저하시킨다.
7) 발전기를 보호하는 보호계전기의 오동작 또는 부 동작을 초래한다.
8) 발전기 와 연결된 변압기 및 전력 Cable의 절연 열화 또는 고장발생을 초래함
9) 발전기를 제어하는 자동화 설비의 제어불능 우려가 있다.
10) 변환장치의 여유가 감소
11) 발전기 차단기 또는 개폐 장치의 고장을 초래 한다.
12) 발전기를 보호하는 보호계전기의 오동작 또는 부 동작을 초래한다.

1-2. 고조파 발생부하의 대책

1) 발전기 리액턴스가 적은 대형 발전기를 적용한다.
2) 부하측에 정류상수를 많게 한다
3) 필터를 설치하여 임피던스를 분류한다.
4) 발전기의 용량을 부하용량보다 2배 이상 크게 한다
5) 변환 장치의 다(多) 펄스 화 : 고조파 전류의 크기는 $\left(I_n = K_n \dfrac{I_1}{n}\right)$이며, 고조파 차수에 반비례 하므로 펄스 수(數)를 늘릴수록 고조파 전류는 현저히 감소한다.
6) 기기 자체의 고조파 내량 증가 또는 리액터의 용량 증대
7) PWM 방식 채용
   : GTO나 Power Transistor등의 소자를 사용하여 인버터나 컨버터의 입출력파를 다수의 펄스로 변환하여 사용한다.
8) 발전기와 연결 된 변압기를 △결선한다. 제3고조파는 △결선 내에서 순환한다.
9) 제동권선을 설치한다.

2. 변압기에서의 영상분 고조파 영향과 대책

2-1. 영향

1) 변압기의 손실(철손, 동손) 증가로 인하여 전력손실증가 및 변압기 용량 감소와 절연유 및 권선의 온도상승 초래
2) 변압기 권선의 과열 및 이상소음 발생

3) 변압기의 출력감소
4) 자화현상 심화로 인한 손실증대 및 진동증가로 금속성 소음과 이상고음 발생

2-2. 대책
1) K-Factor의 적용(변압기의 고조파 내성 증대)
2) 고조파가 많을 대는 고조파 전류의 중첩으로 표피효과로 인한 저항손실 증가가 있으므로 변압기 용량을 증대 시킴
3) 계통을 분리하여 고조파 부하를 전용변압기에서 공급토록 한다
4) NCE의 설치
5) 필터(수동, 능동)를 설치하여 고조파 제거

3. 콘덴서에서의 영상분 고조파 영향과 대책

3-1. 영향
1) 공진현상이 발생하여 고조파가 확대 됨
2) 콘덴서 전류 실효치가 증가
3) 콘덴서 전압 상승으로 내부소자의 층간절연 및 대지절연 파괴가 우려됨
4) 콘덴서 실효용량 증가로 유전체 손실이 증가하고, 내부소자의 온도상승으로 열화 촉진
5) 고조파 전류에 의한 손실 증대

3-2. 대책
1) 직렬리액터 적정 설치
   ① 직렬리액터가 없는 경우는 합성전류의 실효치가 정격전류의 135% 이하일 것
   ② 직렬리액터가 있는 경우는 합성전류의 실효치가 정격전류의 120% 이하로 하고 전압 왜곡률이 3.5% 이하가 되게 할 것
2) 저압측에 콘덴서를 설치시는 자동역률조정장치를 부착한다.

4. 중성선 케이블에서의 영상분 고조파 영향과 대책

4-1. 영향

1) 중성선 케이블 및 변압기를 과열시킴
2) 중성선 전위상승으로 ELB, DOGR, MCCB의 오동작 발생
3) 고조파로 인한 역률저하 변압기 및 발전기의 출력 저하됨
4) 통신선의 유도장해로 통신선의 잡음 증가
5) 중성선 케이블의 과열
6) 중성선의 대지전위 상승으로 정밀기기의 오동작 및 유도장해 현상 증대

4-2. 대책 : 영상전류 제거장치 적용

1) 영상전류 제거장치(NCE: Neutral Current Eliminator)는 철심에 두 개의 동일한 권선을 감고 여기에 영상전류가 서로 반대방향으로 흐르도록 결선하여 영상전류가 서로 상쇄되어 없어지도록 한 것이다.

107-3-1 전기방식법

발15-107-3-1. 전기방식(電氣防蝕)에 대하여 설명하시오.

답

1. 개요
1) 전기 방식법의 원리는 음극과 양극의 전위차를 없애는 방법인 음극 전류를 흘려 방식하는 음극방식법과 양극 전류를 흘려 방식하는 양극방식법이 있다.
2) 국내는 주로 음극방식법을 이용하며, 음극방식법은 희생양극식, 외부전원식, 배류 방식이 있다.

2. 전식(Electrolytic corrosion) 현상
1) 지중에 매설된 금속체에 누설 전류가 흐를 때, 전류의 유출 부분에서 금속 이온화로 대지로 유출됨으로써 부식되는 현상
2) 전식이란 금속체가 전기 화학작용에 의해 그 결정격자가 파괴되며 금속화합물이 변화되는 것
3) 전식발생 4요소: 양극, 음극, 이온경로(대지), 금속 경로가 있어야 부식됨

3. 습식 부식의 종류
1) 전식(Cathodic corrosion)
   ① 외부전원에서 누설된 전류에 의해서 일어나는 부식: 주로 전철 레일의 회로
   ② 간섭(Jumping) : 전기방식 장치에서의 누설전류에 의한 부식
2) 자연부식: 콘크리트, 토양, 이종금속, 박테리아 등의 자연 전위차에 의해 양극보다 음극부가 형성되어 부식발생

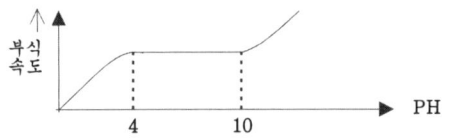

그림1. 부식속도와 PH도

① 국부 부식(Micro Cell), ② 틈 부식, ③ 임계 부식.
④ 침식 부식 ⑤ 갈바닉 부식(Galvanic Corrosion) : 이종금속체 부식
⑥ 응력 부식 ⑦ 세균부식 ⑧ 농담전지부식 (Macro Cell)

4. 전기 방식 원리

1) 부식은 이종 금속간의 자연 전위차에 의해 흐르는 전류에 기인하므로 피보호 금속관로가 음극이 되도록 하고 접속시킨 금속(희생양극)이 양극이 되게하여 대신 부식 되도록 하는 것이 전기방식의 기본 원리이다.

2) 음극방식법에서의 부식의 성립조건
   ① 음극방식법에서는 소화배관을 (-)극으로 만들어 부식을 방지한다.
   ② 즉, (+)극(Anode)에서 부식이 성립된다.

3) 금속간 자연 전위차

금속의 종류	은	동	납	강. 주철	알루미늄	아연
전위[V]	-0.06	-0.17	-0.50	-0.45~-0.65	-0.78	-0.17

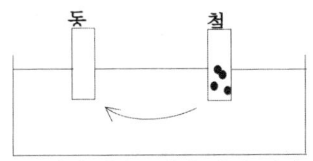 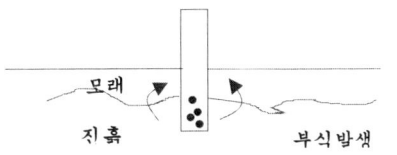

(a) 이종 금속조합에 의한 전식   (b) 토양의 차이에 의한 마이크로 셀 전식

그림2. 이종금속 전식과 마이크로 셀 전식

5. 유전양극(희생양극) 방식

1) 설계시 고려사항
   ① 전체방식 소요전류의 크기
   ② 각 시설물로부터 요구되는 전류의 양과 Anode설치 장소, 보호대상과의 거리
   ③ 배관이 코팅된 것인지 여부
   ④ 타 시설물의 존재와 상호 관계여부
   ⑤ 유지보수에 대한 편리성과 향후 관리요소

2) 전식의 메카니즘 검토
   ① 아래 그림(a)와 같이 전원을 연결하여 직류전류를 흘리면 A전극에서 전류가 유출되어 전해액을 통하여 B전극으로 되돌아간다. 이때 전류가 유출된 A극에는 Electrolytic corrosion이 발생된다

② 또한 그림b)처럼 교차관의 접촉면에서는 간섭에 의한 전위변화로 교차점에서 부식이 발생함

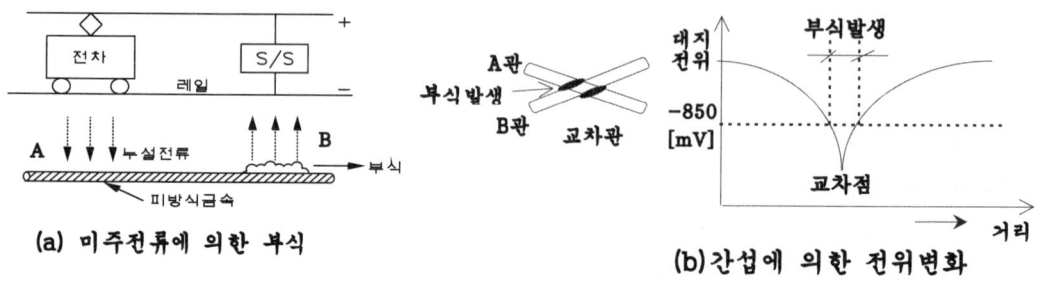

그림3. 미주전류 부식과 간섭전위 변화

3) 희생양극(유전양극)원리 check
   ① 금속 배관에 상대적으로 전위가 높은 금속을 직접 또는 도선에 의해 접속 시키는 방법.
   ② 이종 금속간의 이온화 경향 차이를 이용하여 금속배관이 음극이 되도록 하고, 접속 시킨 금속이 양극이 되어 대신 부식.

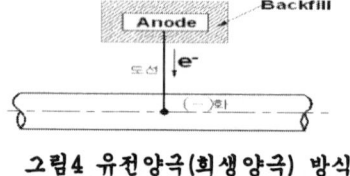

그림4 유전양극(희생양극) 방식

   ③ Anode의 재질은 Fe보다 고전위인 Mg, Zn, Al 등을 사용하여 이 양극은 서서히 소모된다.
   ④ 희생양극은 접지저항을 낮춰 발생 전류를 많게 하기 위하여 벤토나이트 계통의 양극재료를 넣어 사용한다.

4) 희생양극(유전양극)법의 장단점
   (1) 장점:
       ① 별도의 전원이 필요 없다.
       ② 인접 시설물에 간섭현상이 거의 없다.
       ③ 설계, 설치가 매우 쉽다.
       ④ 유지보수가 거의 필요 없다
       ⑤ 주위 시설물 간섭이 적다
       ⑥ 전류 분포가 거의 균일하다
       ⑦ 다수로 설치된 배관 등에 적합하다
   (2) 단점:
       ① 적은 방식전류가 적은 경우만 사용 가능
       ② 토양저항이 큰 경우와 수중에는 사용하기 곤란
       ③ 유효 범위가 제한적.

6. 방식전류에 의한 전기방식법(電氣防蝕法)

6-1. 원리 및 정의

: 보호대상 금속체가 놓여있는 전해질(해수, 담수, 토양 등)에 그림2와 같이 양극을 설치하고 여기에 외부에서 별도로 공급되는 직류전원의 (+)극을, 보호대상 금속체에 (-)극을 연결하여 두 도체간에 보호 방식전류를 공급하는 방법을 전류에 의한 전기방식이라 한다. 또는 외부전원법이라 함

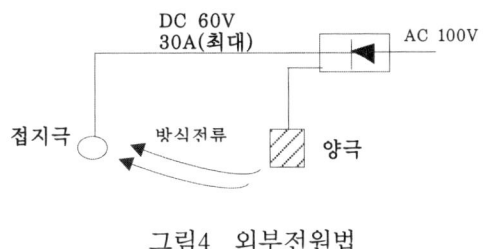

그림4. 외부전원법

6-2. 외부전원법의 Anode의 재질

: 외부 전원에서 전류를 공급하므로, Anode는 금속의 이온화 경향보다 내구성이 강한 재질을 사용할 수 있다. → 고규소 철, 백금 전극 등을 사용함.

6-3. 외부전원법의 장단점

1) 장점
　① 대용량의 방식전류를 사용할 수 있다.
　② 전압, 전류의 조절이 용이하다.
　③ 방식 소요전류의 대소에 관계가 없다.
　④ 자동화가 가능하다.
　⑤ 내 소모성 양극을 사용하여 수명을 길게 할 수 있다.
　⑥ 토양저항의 크기에 관계없이 적용 가능하다.

2) 단점
　① 설계가 복잡하다.
　② 인접된 타 시설물에 대한 방식전류의 간섭이 발생.
　③ 설치 및 유지관리 비용이 소요.
　④ 과도한 방식이 될 수 있다.
　⑤ 별도의 외부전원이 필요하다.
　⑥ 부분적으로 방식전위가 다르게 나타날 수 있다.

7. 배류 방식

1) 전기철도로부터의 누설전류를 대지에 유출시키지 않고, 직접레일에 되돌려 주는 방법
2) 종류 : 직접법, 선택법, 강제 배류법이 있으나, 선택배류법을 많이 사용함
3) 선택배류법 : 최근에는 실리콘 다이오우드를 사용함
   ㉠ 전동차의 회생제동일 경우, 변전소의 ⊖극과 지하매설과의 전극사이에 다이오우드를 연결하여 누설전류 방향을 선택함으로써 부식 방지시킴.

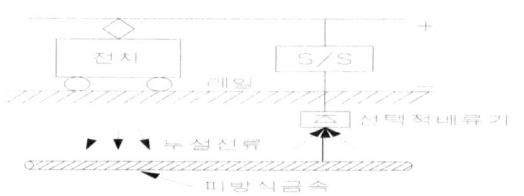

〈그림54. 선택배류법〉

   ㉡ 지중의 금속과 전철 rail을 전선으로 접속하여 전기방식하는 방법
   ㉢ Rail의 전위가 자주 변하므로, 방식효과가 항상 얻어지지는 않는다.
4) 강제 배류법
   ㉠ 직류전원장치에 의해 레일에 강제적으로 배류시키는 것으로서 선택배류법과 외부전원법의 중간적 성질을 갖고 있으며 이 방식법은 비교적 새로운 기술임
   ㉡ 강제배류법은 레일을 양극으로 하여 매설물을 방식시킴과 동시에 배류시킴 으로써 외부전원식 전기방식법과 같은 원리이다.

107-3-2 연료전지의 종류와 특징, 동작원리

발15-107-3-2. 연료전지의 종류와 특징, 동작원리에 대하여 설명하시오.

 답

1. 개요

1) 연료전지는 천연가스 등의 연료가 갖는 화학적 에너지를 직접 전기에너지로 변환하는 에너지 변환장치임.
2) 원리적으로 화력발전 방식에 비하여 대단히 높은 발전효율이 가능하며, 배열 이용으로(급탕 등) 한층 더 높은 에너지의 유효이용이 가능함.
3) 대기오염물질 배출이 적어 지구환경문제의 면에서도 장래의 발전 System (분산전원)으로 기여함
4) 최근 省Energy 및 전원대체 방안으로 연구 검토되고 있으며, 발전신뢰도가 높고, 경량이며, 발전 中 소음, 진동, 공해가 거의 없고, 수소 연료전지의 경우 물의 생성으로 우주발전장치로 적용되면서, 크게 대두되기 시작하였음

2. 연료전지의 특징(장, 단점) 및 기본 구성

1) 특징

(1) 장 점	(2) 단 점
① 고에너지 변환효율(60~65%) ② 부하추종성이 양호, Peak부하시에 유효, 저부하에서 발전효율 저하가 작다. ③ module 구성이므로 고장시 교환수리 용이 ④ 전지의 규모에 효율이 의존하지 않고, 발전소의 수준까지 높은 에너지 변환이 가능 ⑤ CO_2, NO_X 등의 유해가스 배출량 및 소음이 적고 환경보전성이 양호 ⑥ 배열의 이용이 가능하여 종합효율이 80%에 달함. ⑦ 단위 출력당의 용적 또는 무게가 작다. ⑧ 연료로는 천연가스, 메타놀로부터 석탄가스까지 사용가능하여 석유대체 효과가 기대됨.	① 반응가스 中에 포함된 불순물에 민감하여, 이것의 제거가 필요 ② Cost가 높고, 내구성이 충분치 하지 않음

2) 용도
   ① 설치에 중량, 체적 등의 제한이 있는, 우주용, 태양의 발전 System 이용
   ② 환경오염과 소음이 적어 원격지나 도시 근교 등의 발전 System으로 이용 가능한 분산형전원 임.
   ③ 용량이 수 100[kW]~ 수 100[MW] 까지 용도가 폭넓게 상정 됨.
3) 구성
   연료전지는 연료가스를 분해하고 수소를 제조하고, 이것을 증기 中의 산소의 화학 반응으로 직접전기를 얻는 것으로서 3가지 요소로 이루어짐
   ① 천연가스, 나프타 등의 연료에서 개질기를 사용해서 수소를 제조하는 부분
   ② 수소와 공기 中의 산소에서 전해액의 양면으로부터 집어넣어서 반응시켜 직류전류를 발생부분
   ③ 직류전력을 교류전력으로 변환하는 부분(인버터)

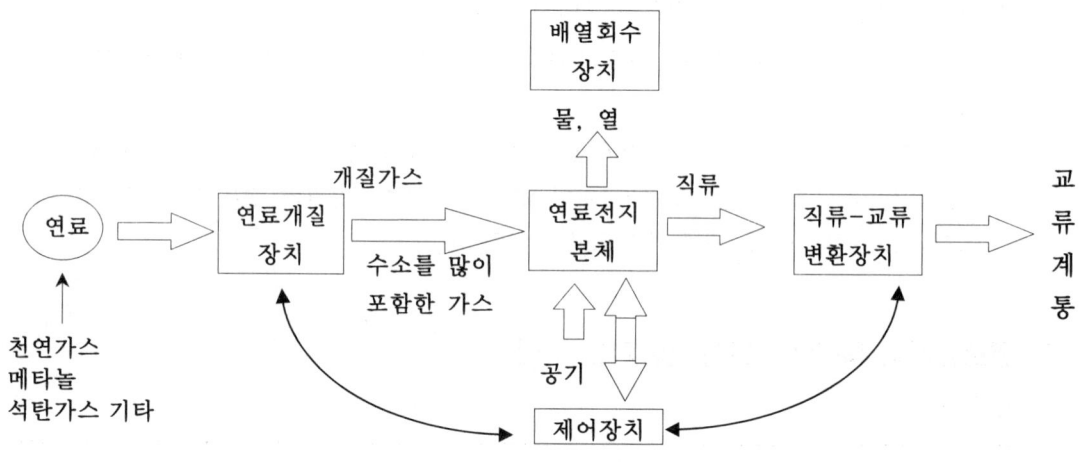

그림2. 연료전지 발전시스템의 구성

3. 연료전지의 원리

○ 인산형 연료전지의 원리

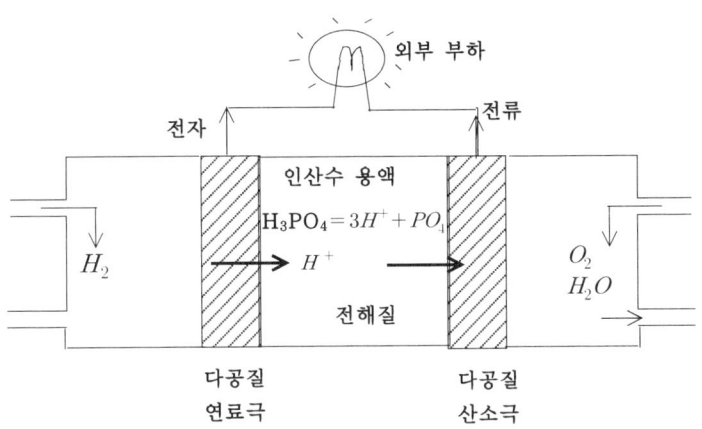

- 연료극 : $H_2 \rightarrow 2H^+ + 2e^-$
  (전자를 외부회로에 흘림으로써 -극이 됨)

- 산소극 : $\frac{1}{2}O_2 + 2H^+ + 2e^- \rightarrow H_2O$
  (+극이 됨)

① 천연가스를 개질해서 얻는 수소가 ⊖극에서 산화되어 ⊖전극에 전자(e-)를 주고 스스로는 수소이온(H+)로 되어 인산 수용액의 전해질 속을 지나 ⊕전극으로 이동함
② 외부회로를 통과한 전자와 전해질 中의 수소 이온은 ⊕전극 상에서 외부에서 공급되는 공기 中의 산소와 반응해서 물을 생성함.
③ 이 반응 中 외부회로에 전자의 흐름이 형성되어 전류가 흐름

4. 연료전지의 종류

	제1세대형(인산형) (PAFC)	제2세대형 (용융탄산염형) (MCFC)	제3세대형 (고체 전해질형) (SOFC)	제4세대형 (고체 고분자형) (PEFC)
전해질	인산수용액 H_3PO_4	리튬-나트륨계 탄산염 리튬-칼륨계 탄산염	질코니아계 세라믹스 (질코니아ZO_2 산화칼슘의 혼합물 등)	고분자막
작동온도	200[℃]	650~700[℃]	900~1000[℃]	70~90[℃]
연료	천연가스(개질) 메타놀(개질)	천연가스 석탄 가스화 가스	천연가스 석탄 가스화 가스	수소 메탄올(개질) 천연가스(개질)
발전효율	35~42[%] 정도	45~60[%]	45~65[%]	30~40[%] (개질가스 사용의 경우)
용도	• 분산배치형 • 수용가 근처	• 분산배치형 • 대용량 화력 대체형	• 수용가 근처 • 분산배치형	• 수용가 근처, 전기자동차 용 • 분산배치형
특징	실용화에 가장 가깝다.	• 고발전 효율 • 내부개질이 가능	• 고발전 효율 • 내부개질이 가능	• 저온에서 작동 • 고에너지 밀도 • 이동용 동력원 및 소용량 전원에 적합
현재의 개발 상황	• 5,000[kW] 및 11,000[kW]급 플랜트의 운전시험 완료 • 실용화 단계 • 지역공급용 연료전지로서 설치, 운전	• 1,000[kW]급 파일럿 플랜트 및 200kW급 내부개질형 스택의 연구개발 실시 중 • 소규모(100~250kW) 개발로 발전주식회사 에서 실증시험 중	• 기초 연구단계 • 향후 도심부에 적응 기대성이 높음	• 수[kW] 가정용, • 수10[kW] 빌딩용 전원의 개발 실시 중 • 수[kW]의 모듈 개발 중

5. 연료전지의 개발동향 : 상기 종류의 제2세대, 제3세대, 제4세대를 의미함

6. 연료전지의 개발과제

1) 가정용 연료전지는 연료개질기를 이용하여 도시가스를 수소로 변환시켜 이것을 연료로 발전하는 방식을 취한다.
2) 이러한 개질과정에서 생기는 극미량의 일산화탄소가 연료극 촉매인 백금을 열화 시켜 전지의 성능을 크게 떨어뜨리기 때문에, CO에 대한 내성이 뛰어난 촉매재료의 개발이 필요하나, 지금까지는 백금과 루테늄 합금촉매와 같은 고가의 재료만이 유효한 것으로 알려져 있다.
3) 따라서 Cost가 높고, 내구성이 충분치 하지 않아 이의 보완이 요구됨

발107-4-5 ▶ 61.8%

발15-107-4-5. 전위강하법을 이용한 접지저항측정에서 측정값 오차가 최소가 되는 조건 (61.8%)에 대하여 설명하시오.

 답

1. 개요

1) 접지저항 측정 방법인 ① 전위차계 접지 저항계 ② wenner의 4전극법에 해당되는 사항으로 전류보극과 전압보극의 간격을 E전극(기준전극)을 중심으로 61.8[%] 이어야 한다는 법칙

2) 전제조건

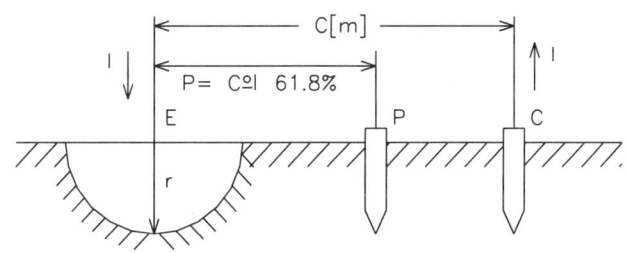

〈그림1. 61.8%법칙 구성도〉

① 그림1과 같이 E 전극 : 반지름 r 반구형 접지전극를 설치한다.
② P, C 전극은 E 전극에서 I 직선으로 P가 C의 61.8% 거리로 설치. 전류 I가 E로 들어오고 , C로 나가는 것으로 회로 구성
③ 또 주위 대지저항률

2. 61.8[%] 법칙

1) 그림1과 같은 전극 배치로 E전극에 전류를 흘릴 경우 전극 E 전위상승

① 전극 E의 접지저항 : $R = \dfrac{\rho}{2\pi r}$

② 전위상승 : $E_x = \dfrac{\rho}{2\pi r} \cdot I \, [V]$ ---- 식 ①

2) P 전극의 전위 상승 $E_P = \dfrac{\rho}{2\pi p} \cdot I\ [V]$ ---- 식 ②

3) E , P 간의 전위차은 식① - 식② 이므로

$$V_1 = \dfrac{\rho}{2\pi r} \cdot I - \dfrac{\rho}{2\pi p} \cdot I = \dfrac{\rho}{2\pi} \cdot I\left(\dfrac{1}{r} - \dfrac{1}{p}\right) [V] \ ---- 식 ③$$

4) C전극에서 유출하는 전류 I에 의한 E,P간 전위차는

① E 전극의 전위상승 $E_c = -\dfrac{\rho}{2\pi c} \cdot I\ [V]$ ---- 식 ④

② P 전극점의 전위상승 $E_p = -\dfrac{\rho}{2\pi (c-p)} \cdot I\ [V]$ ---- 식 ⑤

③ 따라서 E, P간 전위차 는 식④ - 식⑤ 이므로

$$V_2 = -\dfrac{\rho}{2\pi c} \cdot I - [-\dfrac{\rho}{2\pi (c-p)} \cdot I] = -\dfrac{\rho}{2\pi} \cdot I\left(\dfrac{1}{c} - \dfrac{1}{c-p}\right) ---- 식 ⑥$$

5) 최종적인 E, P 간 전위차는 식③ + 식⑥ 이므로

$$V = V_1 + V_2 = \dfrac{\rho}{2\pi} \cdot I\left(\dfrac{1}{r} - \dfrac{1}{p} - \dfrac{1}{c} + \dfrac{1}{c-p}\right) [V] \ ---- 식 ⑦$$

6) 접지저항 R은 전류 I로 나누므로 구해진다. 식⑦/I 이므로

즉, $R = \dfrac{\rho}{2\pi} \cdot \left(\dfrac{1}{r} - \dfrac{1}{p} - \dfrac{1}{c} + \dfrac{1}{c-p}\right)$

여기서 $P = \dfrac{p}{r}$, $C = \dfrac{c}{r}$ 로 치환하면

$R = \dfrac{\rho}{2\pi r} \cdot \left[1 - \left(\dfrac{1}{p} + \dfrac{1}{c} - \dfrac{1}{c-p}\right)\right]$ 이고,

$\dfrac{\rho}{2\pi r}$: 반구모양 접지전극 저항값으로 참값이며 $R\infty$ 로 함

7) 접지저항 측정값 $R = R\infty \cdot \left[1 - \left(\dfrac{1}{p} + \dfrac{1}{c} - \dfrac{1}{c-p}\right)\right]$ 이며 [ ] 내의 제2항은 오차항 이므로 이것이 0일 때 측정값은 참값과 같아진다. $\therefore \left[\left(\dfrac{1}{p} + \dfrac{1}{c} - \dfrac{1}{c-p}\right)\right] = 0$ 이므로

① 통분하여 정리하면 $\dfrac{c+p}{pc} - \dfrac{1}{c-p} = \dfrac{(c-p)(c+p) - pc}{pc(c-p)} = \dfrac{c^2 - p^2 - pc}{pc(c-p)} = 0$

② P를 중심으로 정리하면, 분자항만 사용 $p^2 + cp - c^2 = 0$

③ 근의 공식을 이용하여 P를 구하면 $P = \dfrac{-C \pm \sqrt{C^2 + 4 \times 1 \times C^2}}{2 \times 1} = \dfrac{(-1 \pm \sqrt{5})C}{2}$

$\therefore P = 0.618 C\ or\ -1.618 C$

④ P,C 공히 + 값이어야 하므로 P = 0.618C 가 해당됨

8) 즉 P 전극을 E, P 간 거리의 61.8[%]에 시설하면 정확한 값이 산출됨.

107-4-6 활선상태 열화진단

발15-107-4-6. 활선상태에 전력케이블의 열화진단법에 대하여 설명하시오.

 답

1. 개요
1) CV케이블을 지중에 설치한 후 6-8년 경과하면 水Tree라고하는 열화 현상이 발생하며
2) 전력케이블의 열화형태는 외적으로 전혀 나타나지 않고 서서히 진행되어 부분적인 결함이나 열화를 쉽게 예측할 수 없다.

2. 열화의 원인과 형태
1) 열화의 원인은 매우 다양하고 상호 복합적인 현상을 나타내나 전기적, 열적, 화학적, 기계적, 생물적 요인 등으로 구분된다
2) 원인과 형태

열 화 원 인	열 화 형 태
① 전기적 요인: 운전전압. 과전압. 서지전류	부분방전열화, 전기 트리, 수 트리
② 열적 요인: 이상온도 상승. 열신축 (열Cycl)	열적으로 열화 또는 열에 의해 재질의 화학적인 변화
③ 화학적 요인: 기름. 화학약품. 토양중의 화학 물질의 케이블 절연층 투과	화학적 손상. 열화 화학트리
④ 기계적 요인: ㉠ 기계적 압력. 인장. 충격. 외상에 의한 케이블의 손상 ㉡ 보호피복의 손상으로 침수	전기적요인과 복합작용으로 열화
⑤ 생물적 요인: 개미. 쥐.벌레 등 동식물의 잠식	외피 절연체의 손상

3) 이를 그림으로 표시하면 다음과 같다

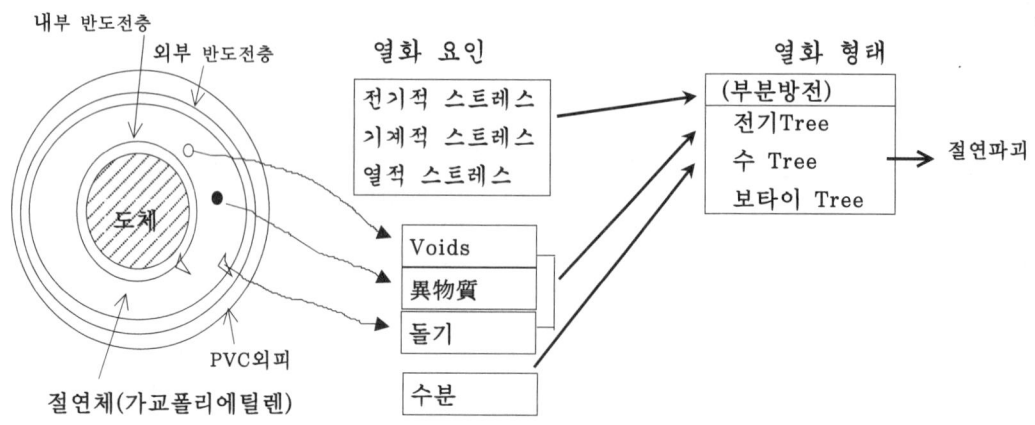

2. 활선상태(즉 on-line 상태에서의) 케이블 열화진단법

구 분	진단방법 및 특징
1. 직류성분 측정법 (활선 수트리 측정)	・수트리 발생부위는 침·평판전극의 정류작용이 나타나서 직류전류가 흐른다. 이 직류성분 전류를 검출하여 수트리를 알아내는 진단법 ・$\tan\delta$ 측정치와 병용한다. ・A급 : 직류성분 0.5[mA] 이하, $\tan\delta = 0.1$[%] 이하 ・B급 : 직류성분 0.5~30[mA], $\tan\delta = 0.1$~0.15[%] ・C급 : 직류성분 30[mA] 이상, $\tan\delta = 0.15$[%] 이상
2. 직류전압 중첩 누설전류 측정법	・비접지계통에서 운전 중 GPT를 통해서 중성점으로부터 케이블에 직류 저전압을 인가하여 누설전류를 측정하여 절연저항에 의해 판정한다. ・50[V]의 직류전압을 인가하며 열화케이블의 경우에는 큰 누설전류가 흐른다. ・절연저항 5,000[MΩ] 이상 : 양호 ・절연저항 100[MΩ] 이하 : 불량
3. 활선 $\tan\delta$법	・케이블 리드선에 분압기를 접속하여 활선상태로 측정한 전압요소와 케이블 절연체와 접지선에 흐르는 전류를 측정하여 그 위상차에 의해서 자동평형회로로부터 $\tan\delta$를 구하는 방법 ・특별한 고압전원장치가 필요 없으며 측정장비가 간편 ・측정 전압 한계(6.6[kV])

4. 저주파 중첩 누설전류 측정법	·운전중인 케이블의 도체와 차폐층간에 저주파(7.5[Hz], 20[V])의 전압을 중첩하면 절연체에 유효분 및 무효분 전류가 흐르는데 유효분 전류를 검출하여 절연저항을 측정한다.
5. 접지선 전류법	·운전 중 케이블의 수트리 상태에 따라 정전용량의 증가율 △C간에는 상관관계가 있으며, 이때 접지선에 흐르는 전류가 증가하는데 이를 측정한다. ·측정기가 소형이고 조작이 간편 ·측정 전압 한계(6.6[kV])
6. 온도측정법	·광화이버 온도분포 센서를 이용하여 pulse가 도달하는 시간차에 의해 수트리가 발생한 위치를 특정할 수 있다.
7. 선 부분방전법	·운전 중 케이블이 실드 접지선에 흐르는 충전전류를 검출하여 케이블내의 부분방전 크기를 분석하여 판정한다. ·측정이 비교적 간편하고 측정 전압의 범위가 넓다 ·노이즈의 영향을 받을 우려가 있다.
8. 초음파법(AE) Acoustic Emission	·수트리 발생부분에서의 부분방전시 생기는 초음파를 측정한다.

그림은 찾아서 다 그리려면 시간초과이니 약 2개 정도만 표 외부에서 그려서 고득점 시킬 것

108-1-6 단로기 조작시 유의 점

발16-108-1-6. 발·변전소에서는 선로의 접속이나 분리를 위해 차단기 및 단로기를 설치하고 있다. 이들의 역할을 설명하고 조작시 유의사항에 대해 설명하시오.

 답

1. 차단기의 역할
1) 정상시 및 고장시의 부하전류와 고장전류인 대전류도 신속차단, 개폐능력이 있음
2) 고장시 계통으로부터 분리시켜 사고 확대 파급을 방지함과 동시에 그 능력범위內 동작책무를 만족할 수 있어야 함

2. 단로기의 역할
1) 부하전류나 고장전류가 흐르고 있지 않는 충전회로의 개폐장치
2) 기기의 점검수리 또는 전로의 접속, 교체등을 시행할 경우 전원으로부터 분리해서 (부하전류나 고장전류가 통전이 안된 상태에서)안전을 확보하는 것

3. 차단기 개폐시 주의사항
1) 설치장소, 중요도를 감안한 개폐의 신중을 기할 것
2) 특히 오조작에 의한 사고나 정전을 방지할 것
3) 충전할 경우에는 오조작에 의한 각 기기나 작업자에 안전에 이상 없음을 확인요

4. 단로기 개폐시 주의사항
1) 단로기는 부하전류의 개폐능력이 일반적으로 없으므로 오조작하여 부하전류를 차단시 Arc에 의한 손상과 동시에 큰 사고를 일으킬 우려가 있다
2) 따라서 단로기를 개방할 경우에는 차단기의 개방을 확인하든지 또는 단로기와 차단기 사이에 Interlock을 설치해서 이 단로기를 부하전류나 고장전류를 끊지 않도록 해야 됨.

5. 단로기와 차단기의 조작 순서

1) 개념도

2) 정전시 : 차단기를 우선 OFF한다→ B측 단로기를 OFF한다→ A측 단로기를 OFF한다
3) 복전시 : 정전시와 역순임

108-1-12 변류기 과도특성

발16-108-1-12. 고장 전류 중 직류분에 의한 포화 현상이 발생할 경우에 변류기는 과도적인 현상이 나타난다. 이에 대한 특성에 대하여 설명하시오.

답

1. 변류기의 포화특성

1) CT 1차측에 단락사고 등에 의하여 큰 고장전류가 흐르면 CT 2차측에도 당연히 그에 비례한 큰 전류가 흐른다.
2) 그런데 만약 CT의 철심이 포화되면 여자전류는 다음처럼 급증한다.
3) 자화곡선(자기포화곡선 Magnetic Saturation Curve : B-H 곡선)

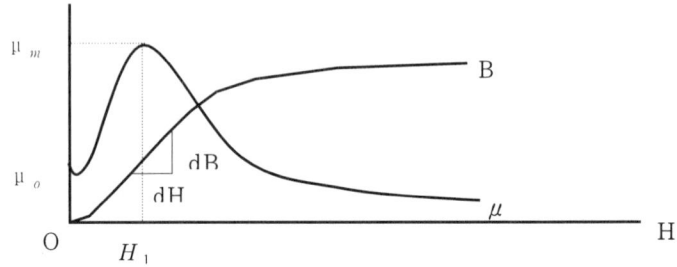

4) 포화시 투자율 $\mu = \dfrac{dB}{dH}$ [H/m]는 급격히 감소하여 거의 영에 가까워진다.
5) 자계의 오옴(Ohm)의 법칙에서 기자력은 $F = NI_f = R_m \Phi_m = \dfrac{l \Phi_m}{\mu A}$ [AT]
6) 따라서 여자전류는 $I_f = \dfrac{R_m \Phi_m}{N} = \dfrac{l \Phi_m}{\mu AN} \propto \dfrac{1}{\mu}$ 이므로 포화에 따라서 투자율이 감소하면 여자전류가 급격하게 증가한다.
7) 여자전류가 급증한다는 것은 우선 자화에너지 및 철손이 크게 증가하는 것을 의미하고,
8) 또한 1차 전류의 증가율보다 여자전류의 증가율이 훨씬 더 크므로 1차에너지의 대부분이 여자에너지(자화에너지 및 철손)로 바뀌게 되고 정작 CT 2차외부회로 쪽으로는 전류가 거의 흐르지 않는 상태가 된다.

2. 과도특성

1) 계통의 고장전류에는 일반적으로 직류분이 포함되어 있고, 이 직류분은 시간 경과에 따라 계통의 저항 R과 인덕턴스 L로 정해지는 시정수 $T = \dfrac{L}{R}$ [sec]로 감쇠한다.

2) 여자전류를 무시하는 경우에는 직류분에 의한 자속은 한쪽 방향으로만 자화되므로 시간이 지남에 따라 증가하고, 최종적으로는 교류분에 의한 자속의 $\dfrac{\omega L}{R} = \dfrac{X}{R}$배 이므로 합성자속은 아래 그림과 같이 증가한다.

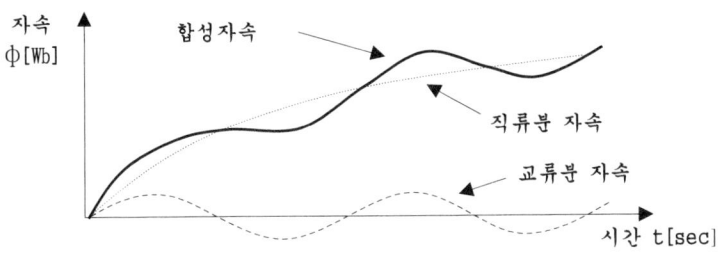

이와 같은 고장전류의 직류분에 의한 포화현상에 대비하여 과전류정수 및 정격부담에 여유를 두는 것이 바람직하다.

3. 과도특성에 대책으로서의 과전류강도를 적용함

1) 정 의 : 회로에 단락 사고시 CT 1차 권선에 고장 전류가 흐를 경우 정격 1차 전류의 몇 배까지 견딜 수 있는가를 나타내는 지수

2) 과전류 강도 검토시 고려 사항

   (1) 열적 과전류 강도 : 전선의 온도 상승에 의한 용단에 대한 강도: $S = \dfrac{S_n}{\sqrt{t}}$

   여기서, S : 열적과전류 강도, S_n : 정격 과전류 강도[kA],
   t : 통전시간(KS 표준시간 : 1.0초)

   (2) 기계적 과전류 강도
   ① 전자력에 의한 권선의 변형에 견디는 강도로서, 1차측 전류의 파고치(KA.peak)
   ② 기계적 과전류 강도 ≥ $\dfrac{\text{회로의 최대 고장 전류}}{\text{1차 정격 전류}}$
   ③ 열적 과전류 강도의 2.5배에 견디는 강도

4. 과도특성에 대책으로서의 과전류정수를 적용함

: 과전류영역에서는 전류가 어느 한도를 넘어서면 철심에 포화가 생겨 비오차가 급격히 증가하는데 비오차가 −10[%] 될 때의 1차전류를 정격1차전류값으로 나눈값

110-1-1 실효값. 평균값

발16-110-1-1. 정현파의 실효값과 평균값의 의미를 설명하시오.

답

1. **실효값(rms: root mean square)**
   1) 정의: 교류에 있어 순간치의 제곱 평균의 평방근
   2) 표현식
      ① $I = \sqrt{\dfrac{1}{T}\int_0^T i^2 dt}$

      ② 정현파의 실효치 : 순시치는 $i = I_m \sin wt$ 이므로

      정현파 실효치: $I = \sqrt{\dfrac{1}{T}\int_0^T (I_m \sin wt)^2 dt} = \dfrac{I_m}{\sqrt{2}} = 0.707 I_m$
   3) 실효값을 사용하는 물리적 의미
      : 교류의 전압과 전류의 크기는 진폭을 알면 정해지나 그 순시치는 시간에 따라 변화하므로 진폭만을 가지고 그 크기를 정하면 실용상 불편하여 실효값을 정하게 되면 시간과 관계없이 사용하게 되면 실용상 불편한 점을 해소 시킬 수 있기 때문임
   4) 직류와 정현파 교류의 실효값
      ① 직류의 크기= 최대값.   ② 정현파 교류의 실효값= 최대값/$\sqrt{2}$
      ③ 실적용 예 : 코로나 방전인 경우의 공기 절연 파괴전압

      - 직류: 30[kV/cm] ,   - 교류: $\dfrac{30}{\sqrt{2}} = 21.1$[kV/cm]

2. **평균 값**
   1) 정의 : 평균값(Mean Value)이란 교류에 있어 한 주기의 평균을 취하면 0이 되므로 순시치가 正 또는 負가 되는 반주기의 평균을 취한 값.
   2) 표현식 (전류를 예로 설명함)
      ① $I_{av} = \dfrac{1}{\frac{T}{2}} \int_0^{\frac{T}{2}} i \cdot dt$

② 정현파의 평균 값 :
　　㉠ 순시치는 $i = I_m \sin wt$ 이다 (여기서, I_m : 최대치)
　　㉡ 정현파의 평균값, $I_{av} = \dfrac{1}{\frac{T}{2}} \int_0^{\frac{T}{2}} I_m \sin wt \cdot dt = \dfrac{2}{T} \int_0^{\frac{T}{2}} I_m \sin wt \, dt = \dfrac{2}{\pi} I_m = 0.637 I_m$

3. 최대치와의 비율을 수식(즉, 파형률(form factor)과 파고율(crest factor))

1) 비정현파의 모양을 예상하기 위하여 실효치나 최대치 만으로 불충분 하므로 파의 형태와 높이의 비율을 정함
2) 표현식 :
   ① 파형률=실효치/평균치
   ② 파고율=최대값/실효치
3) 정현파의 파형율과 파고율:
   ① 파형율=실효치/평균치=$(I_m/\sqrt{2})/0.637 I_m = 1.11$
   ② 파고율=최대치/실효치=$I_m/(I_m/\sqrt{2}) = 1.414$

110-1-5 ▶ 변압기 온도시험

발16-110-1-5 변압기 온도상승시험에 대하여 설명하시오

 답

이 문항은 10여년 이상의 과거 문항이었음. 출제자의 의도는 기술사가 되면 변압기 메이커측에 가서 시험 입회 하는바 이의 실무실력을 질문?

1. 변압기 시험 종류
① 권선저항 측정 ② 권선비 측정 ③ 극성 및 상 회전시험
④ 절연특성시험 ⑤ 무 부하시험 ⑥ 단락시험
⑦ 온도상승시험 ⑧ 교류내전압시험 ⑨ 충격전압시험 등

2. 온도상승시험
1) 목적
   ① 변압기의 수명을 좌우하는 인자의 하나가 온도이므로 이것을 측정하여 정격부하에서 정격 출력을 낼 수 있는지의 여부를 판별하기 위해 시행
2) 방법 : 등가부하법, 반환부하법, 실부하법,
3) 등가부하 법
   ① 특성 : 변압기의 온도상승은 철손, 동손, 표류부하손에 의해 생기는 Joule열에 의한 것으로 이때의 등가전류를 구하며, 가장 많이 적용함
   ② 정격
      ㉠ 단락시험과 같이 결선하고 정격 전류보다 조금 큰 등가전류를 흘린다
      ㉡ 근래에는 변압기의 온도 상승 시험으로 많이 사용.
      ㉢ 등가전류 : ㉢ 등가전류 : $I_{eq} = I_N \times \sqrt{\dfrac{동손 + 철손 + 표유부하손}{동손}}$

      단, I_N : 변압기 정격전류
      ㉣ IVR출력전압을 서서히 올려 I_{eq}(등가전류)가 될 때까지, IVR 조정 후, 그 상태로 15분, 30분 또는 1시간의 TR의 온도를 측정.

③ 그림과 같이 변압기를 접속하고 정격전류보다 조금 큰 등가전류를 흘러 일정시간 간격으로 온도 측정함

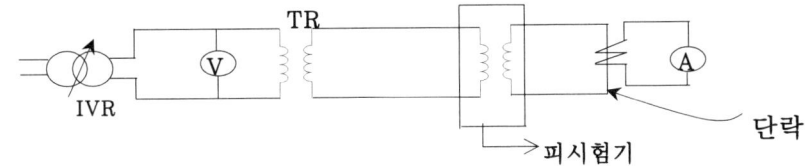

그림. 등가부하 법 예

4) 반환부하법
   ① 특성: 두대 이상의 동일 정격의 변압기가 있는 경우에 사용
   ② 정격: 저압측에 정격전압을 가하여 철손을 공급, 고압측은 동일극성의 단자접속으로 정력전류 흐르게 하여 동손공급

110-1-12 ▶ 플리커

발16-110-1-12. 수용가 측면에서의 Flicker 대책을 설명하시오.

 답

1. 플리커(Voltage Flicker)
1) 정의 : 전압의 동요가 빛을 깜박거리게 한다는 것에서부터 시작되었으며, 전압변동과 플리커는 종종 혼용되고 있으며, 이러한 전압변동을 나타내기 위해 전압플리커란 용어를 일반적인 어휘로 사용하고 있다
2) 발생원인
① 수용가 계통의 전압동요 ② 단상 유도전동기의 기동 ③ 전기 용접기, 아크로 등

2. 관리기준
1) 기준

구 분	허용기준치	비 고
예측 계산시	2.5% 이하	최대전압 강하율로 표시
실 측 시	0.45V이하	ΔV_{10}로 표시하며, 1시간 평균치

2) 기준을 정하는 사유 : 같은 크기의 전압변동이라도 깜박임의 감은 변동주기에 따라 달라지므로 모두 10Hz로 환산한 전압변동을 플리커의 기준으로 함
3) 검토대상 : 2.5% 이상인 경우 별도의 대책이 필요함. 전기로를 신·증설하는 수용가
4) 크기 및 예측방법
   (1) 10Hz를 환산한 전압변동 ΔV_{10}을 크기의 척도로 사용
   (2) ΔV_{10} 이란(프리커가 1 %라는 것), 교류전압이 99V에서 100V 까지 1초 동안 10회 변화하는 것(10Hz: 사람 눈에 가장 민감한 주파수)이며, 정현파 모양으로 변화하는 경우로서, $\Delta V_{10} = 1[\%]$을 말한다.
   (3) 표현식 : 전압변동을 주파수 분석했을 때 $f[Hz]$의 전압변동이 ΔV_f 이면, 그 표현식은
   $$\Delta V_{10} = \sqrt{\sum_f (a_n \cdot \Delta V_f)^2}$$

단, a_n : 깜박임 시감도 계수, ΔV_f : 기주파수의 전압변동의 크기

(4) 예측방법: ① $\Delta V_{max} = \dfrac{Q_{max}}{P_S} \times 100 [\%]$ $Q_{max} = \dfrac{P_n}{X_s + X_T + X_l}$

여기서, ΔV_{max} : 규제지점의 최대 전압강하율 [%]

Q_{max} : 전기로가 단락시 최대무효전력[MVar]

P_s : 규제지점의 전원측 단락용량[MVA]

P_n : 전기로용 변압기의 정격용량[MVA]

X_s, X_T, X_l : 전원측 임피던스, 변압기 임피던스, 전기로 회로 임피던스(%)

5) 전기로가 여러 대일 경우의 최대 전압강하율

$\Delta V_{max} = \sqrt{V_{1max}^2 + V_{2max}^2 + \cdots V_{n\,max}^2}\ [\%]$

6) 수용가 제출 서류
① 소유선로 평면도(긍장, 선종, 규격, 조수 등)   ② 구내 단선 결선도
③ 수전용 변압기 정격   ④ 전기로용 변압기 정격
⑤ 전기로용 리액터 정격   ⑥ 전기로 정격 등

5. 영향

1) 정밀기기의 오동작
2) T.V등 모니터의 화면 불량
3) 명시도 저하 및 불쾌한 감정 유발로 아래 그림과 같은 현상을 유발 한다. 특히 전압 플리커는 수 Cycle ~ 10 cycle정도가 가장 민감하게 느껴짐.

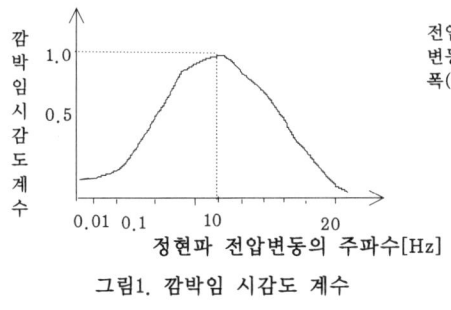

그림1. 깜박임 시감도 계수

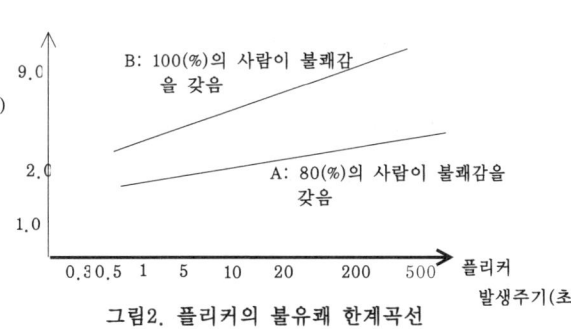

그림2. 플리커의 불유쾌 한계곡선

6. 플리커 경감대책

1) 전력공급 측 측면
    (1) 저압 배전선의 대책
        ① 플리커를 발생하는 동요부하는 별도의 변압기로 공급
        ② 내부임피던스가 작은 변압기로 공급
        ③ 저압 배전선 규격의 상위용량 (기준보다) 적용
        ④ 저압 뱅킹 방식, 저압 Network 방식채용
    (2) 고압 배전선에 대한 대책
        ① 전선의 굵기를 크게 한다 (전선규격 상위적용)   ② 전용선 공급
        ③ Loop배전방식으로 공급   ④ 직렬콘덴서 설치   ⑤ 전압의 승압

2) 수용가측 대책
    (1) 전원 계통의 유도성 리액턴스 성분을 보상
        ① 직렬 콘덴서 설치
        ② 3권선 변압기사용
    (2) 전압강하를 보상하는 방법 ($\Delta e = I(R\cos\theta + X\sin\theta)$)
        ① 즉, 上記式의 X의 보상으로 Q-V Control 시행
        ② Booster 방식
        ③ 상호 보상 Reactor 방식
    (3) 단주기 전압 변동에 대한 무효전력 변동분 흡수
        ① 동기 조상기와 Reactor 채용
        ② SVC의 적용 (TSC 방식, TCR 방식)
            (특히 SVC의 응답특성은 0.04 sec로 flicker 대책용으로 매우 효율적)
    (4) 플리커 부하전류의 변동분 억제를 위한 다음 방법을 적용.
        ① 직렬리액터 방식
        ② 직렬리액터 가포화 방식

110-2-4 전력퓨즈 시간동작특성

발16-110-2-4. 전력퓨즈(Power Fuse)의 시간-전류 특성에 대하여 설명하시오.

 답

1. 전력퓨즈의 목적
1) 전력FUSE는 부하전류를 안전하게 통전하고 과도전류(TR돌입전류, 모터기동 전류 등) 나 과부하전류에 용단하지 않으며 어떤 일정이상의 과전류는 차단하여 전로나 기기를 보호하는 것으로 단락전류의 차단이 주목적임
2) 전력 퓨즈는 차단기+Ry+변성기의 3가지 역할 수행

2. 선정상 기준
1) 예상되는 과부하 전류에는 동작하지 않을 것, 단락보호용으로는 전부하 전류의 2배 정격일 것 (단, 100A 초과시 → 측근 상위값, 100A 이하시 → 측근 하단값)
2) 과도적 서어지전류(주변압기 여자돌입전류, 전동기 및 축전지의 기동전류 등) 에는 동작해서는 안됨.
3) 타보호 기기와 보호협조를 가질 수 있는 것일 것.(아래 그림 참조)

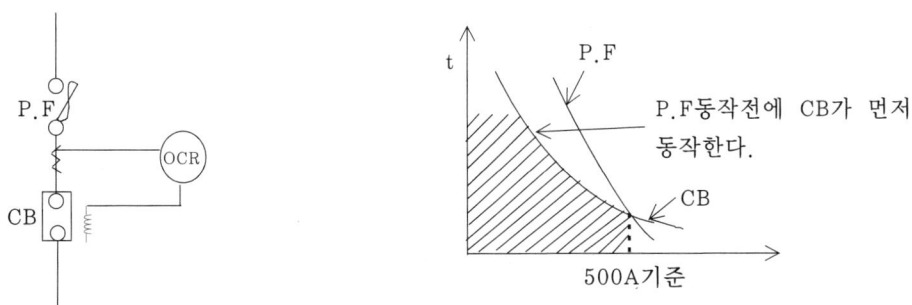

3. 전력퓨즈의 시간-전류 특성(즉, 전력퓨즈의 5가지 특성)

1) 허용시간-전류특성
   : 퓨즈 소자를 정해진 조건으로 사용했을 경우 노화시키는 일 없이, 그 퓨즈에 흐를 수 있는 전류와 시간관계를 나타내는 특성이며, 적용하는 회로부하에 대한 퓨즈의 정격전류 선정 때 사용.

2) 용단시간-전류특성
   : 퓨즈에 전류가 흐르기 시작해서 퓨즈 소자가 용단되기 까지 전류와 시간관계를 나타내는 특성. 시간은 규약시간, 전류는 규약전류로 나타냄.

3) 작동시간-전류특성
   : 정격전압이 인가된 상태에서 퓨즈에 과전류가 흘렀을 때 퓨즈소자는 용단, 발호하고 아크가 완전 소호하기까지의 시간과 전류관계를 표시한 것

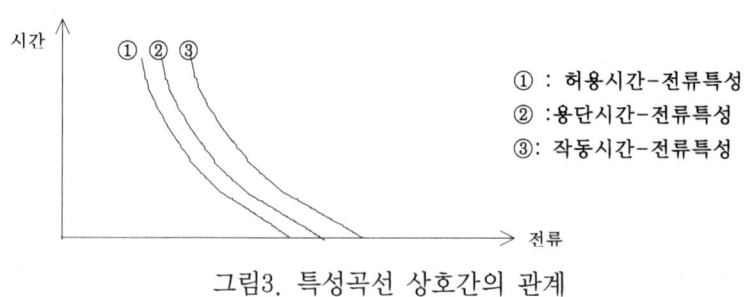

그림3. 특성곡선 상호간의 관계

4) 작동 $I^2 t$ 특성
   ① 퓨즈에 전류가 흐르고 있는 어느 일정기간 중, 전류순시치의 2승 적분치를 지시하는 것이며, 용단시간 중의 것을 용단 $I^2 t$, 차단작동 시간 중의 것.
   ② 작동 $I^2 t$는 콘덴서 보호 또는 개폐기나 차단기 후비보호에 퓨즈를 사용할 경우에 있어 열적응력을 검토 할 때 적용함.

5) 한류특성
   ① 퓨즈가 사고전류를 차단할 때 파고치에 이르기 전에 한류차단하는 퓨즈의 귀중한 특성으로서,
   ② 차단시간이 릴레이 동작시간과 합쳐 10cycle 소요되나, 전력퓨즈의 경우는 전차단시간이 0.5cycle(한류형의 경우)이 된다
   ③ 또한 전력퓨즈의 통과전류파고치도 차단기의 통과전류보다 대폭제한, 즉, 한류효과가 매우 크므로 회로에 접속된 직렬기기나 회로의 열적·기계적 손상을 대폭 경감시킬 수 있다.
   ④ 이러한 이유로 후비보호에 다른 차단기와 병행하여 많이 사용함

110-2-6 화력발전의 환경대책

발16-110-2-6. 화석연료 사용에 따른 환경문제는 국가적으로 시급한 대책 마련이 요구되고 있다. 화력발전소에서의 공해방지 대책에 대하여 설명하시오.

 답

1. 개요
1) 산업발전으로, 전력수요가 급증함에 따라 대용량, 화력, 수력, 원자력 발전설비가 증대 되면서 환경에 미치는 영향이 날로 증대 되고 있고
2) 최근 교토에서 열린 지구온난화 대책에 의한 온실가스 감축회의 등을 통한 대개오염의 영향을 심각히 고려해 볼 때 발전방식을 CO_2저감대책의 방안이 강구된 발전설비 가동이 요구됨
3) 또한 CO_2 규제안에 의거 2013년에는 1990년도 수준의 CO_2배출량을 규제를 전제로 한 산업설비구성은 우리나라 산업전반에 걸쳐 막대한 영향을 초래할 것임
4) 발전설비 가동에 따른 환경적 특징으로는
   ① 광역성 : 시간적, 공간적 환경에 미치는 범위가 매우 광대함
   ② 대량성 : 발전용 연료 자연냉각수 등 대량 공급이 필요함
   ③ 다양성 : 예측 가능한 모든 환경장해 요소를 다양하게 포함하고 있음
5) 특히, 최근 미세먼지로 인한 국민적 관심이 고도로 높아져서 국빈건강측면에서 큰 사회적 이슈로서 화력발전의 환경장애 문제가 거론되고 있음
6) 화력발전소에 발생하는 공해로는
   ① 배연에 포함된 SOX, NOX, 매진 오염
   ② 변압기, 통풍기의 소음
   ③ 복수기의 냉각에 의한 온배수 등
   상기와 같은 화력발전설비의 환경장해요인, 대책을 기술한다.

2. 석탄 및 중유발전소 설비 가동에 따른 환경장해요인과 대책
1) SOX(황산화물) 배출의 영향과 대책
   (1) 영향 :

① SOx는 수분과의 친화력으로 황산 생산하여 건축물 금속의 부식
② 산성비의 원인 ③ 폐의 순환기 장해 발생
(2) 대책 :
① LNG 발전소 건설증대
② 중유의 경우는 0.4%이하의 초저유황유사용(정부규제사항임) 이것은 연료의 단계에서 SOx를 제거하는 중질유 탈유법에 의한 것임.
③ 석탄발전의 경우는 그림1과 같은 배연탈황설비가동(한국은 습식석회석 석고법)과 IGCC의 실용화, PFBC의 확대적용 등.

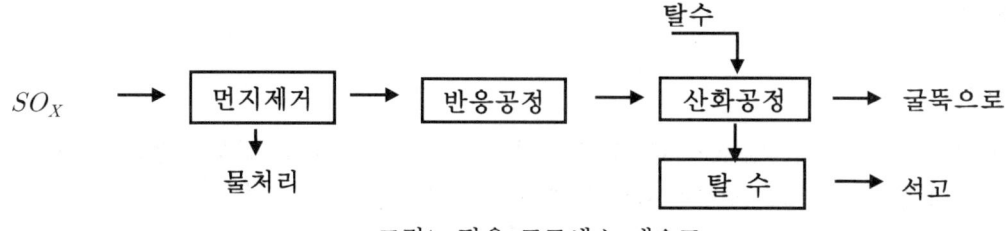

그림1. 탈유 프로세스 개요도

2) NOX(질소산화물)배출의 영향과 대책
(1)영향 :
① NOX배출로 대기 중에 0.01PPM 미량에도 기관지염 발생
② 산성비 Smog의 원인, 오존층파괴
(2) 대책 :3단계 대책을 아래와 같이 시행함
① 제1단계 : 연료개선으로서, 연료의 단계에서 질소 함유량 축소
② 제2단계 : 연소 단계로서, 연소단계에서 가능한 NOx의 발생량을 적게한다. 그 방법으로는
㉠ 2단연소
㉡ 低NOX 버너설치
㉢ 배기가스 재순환
㉣ 연소조건의 개선(1300℃ 이하연소) 등이 있음
③ 제3단계 : 배연탈초로서, 마지막에 배출된 가스에 포함된 NO 배연탈초 기술의 적용임
㉠ 배연탈초법 : 건식법과 습식법이 있고, 공정이 간단한 암모니아를 환원제로 사용하는 건식의 선택적 접촉환원법(선택촉매환원법→80%이상 탈질)의 사용이 많음
㉡ 선택적 접촉 환원법의 배연 탈초법의 공정은 $4NO+4NH_3+O_2 \rightarrow 4N_2+6H_2O$
$2NO+4NH_3+O_2 \rightarrow 3N_2+6H_2O$

④ 차후 NOX제거기술 추진방향 : 상기와 같은 여러 방법은 현재 일부 화력에서 실용화 하고 있으나, 2차적인 공해 발생우려가 있어, 열프라즈마를 운용한 NOX제거기술이 확대 사용될 전망임.

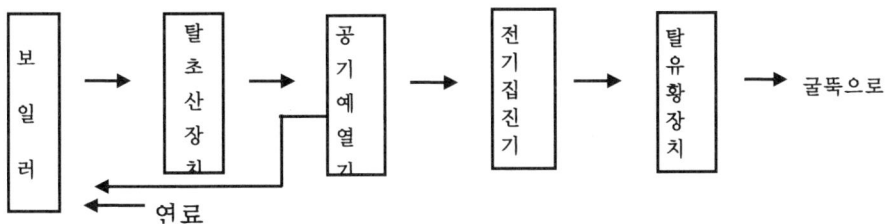

그림2) 탈초, 탈유장치 배치도

3) CO_2배출의 영향과 대책
   (1) 영향 : ① 발생열량의 크기에 따라 비례함   ② 지구온난화의 주된원인
   (2) 대책 :

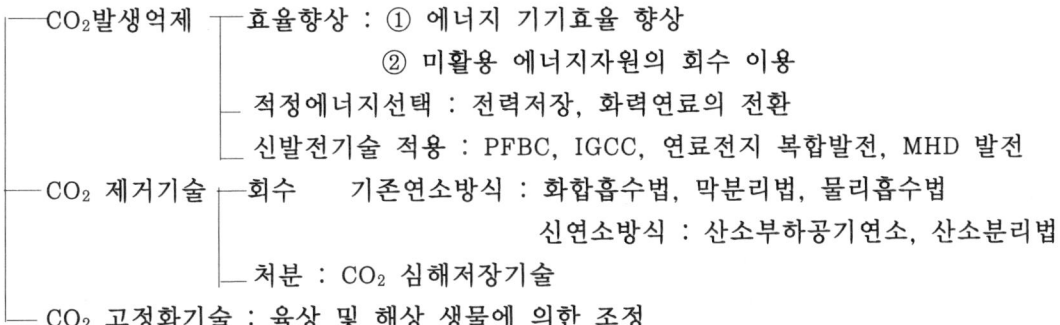

4) 분진배출의 영향과 대책
   (1) 영향 :
      ① 석탄의 경우는 피부질환, 안질환 재료의 침식, 도장의 변색 등 생활 피해를 줌
   (2) 대책 : 집진장치 설치가동(주로 기계식과 코로나 방전을 이용한 전기식 병용)
      ① 전기집진기(Electrostatic Precipitator)는 코로나방전으로 매진입자를(-)로 대전시켜, (+)의 집진전극에 흡수하는 코트렐집진을 말함
      ② 기계식 집진기는 보일러가스를 원통 내에 회전시켜 회입자를 침착시키는 사이클론 집진기를 주로 사용함

5) 소음의 환경적 영향과 대책(화력발전소 종류의 전체에 적용시킴)
   (1) 영향 : 50dB 이상의 작업능률 저하, 스트레스 원인
   (2) 대책 :
      ① 발전소 주위의 녹지대 화
      ② 작업원 근무시간 적정조정
      ③ 특히 가스터빈에서 가장 문제화됨(내연력도 동일한 내용임)
      ④ 소음기 사용(팽창형 소음기, 공명형 소음기)
6) 진동 영향 및 대책 :
   ① 소규모 발전설비로서 특히 진동의 영향이 많음.
   ② 대책으로는 방진고무사용, 철저한 방진대책 적용
   ③ 방음커버의 몸체 부착
7) 온배수
   (1) 영향 :
      ① 복수기, 온·배수 발생으로 인함
      ② 인근수역 온도상승, 생태계 영향, 어류생산 감소
   (2) 대책 :
      ① 건설당시, 생태계 영향이 적은 곳으로 취수구, 양수구 설치
      ② 배수시는 중금속화합물 제거(폐수처리 장치시설로)
      ③ 바이패스혼합법, 심수취수 방수법등
         ㉠ 바이패스 혼합법 :
            복수기에 바이패스를 설치해서, 취수냉각수의 일부를 복수기를 통과시키지 않고, 직접 방수로에 흘려서 온배수와 혼합시켜 배수온도를 낮추는 방법
         ㉡ 심층취수 방수법 :
            배출된 온배수를 심층의 바닷물인 찬 물을 이용하여, 심층의 바닷물을 바다표면에 취수 후, 온배수를 바다표면에 방수하는 방식.

110-3-2 트립프리.안티 펌핑

발16-110-3-2. 차단기의 Trip Free 및 Anti Pumping에 대하여 설명하시오.

 답

1. TRIP FREE

1) 정의
   ① TRIP FREE란 최소한 접촉자의 접촉, 또는 접촉자간의 ARC에 의하여 차단기의 주회로가 통전상태가 되었을 때
   ② 설사 투입 지령중이라 할지라도 TRIP 장치의 동작에 의해 그 차단기를 TRIP 할 수 있으며,
   ③ 또 TRIP 완료 후라도 계속 투입지령에 재차 투입동작을 하지 않고 일단 투입지령을 해제한 후, 다시 투입지령을 주었을 때 비로소 투입동작이 행해지는 것을 말한다.

2) TRIP FREE 방식
   ① 기계적 TRIP FREE
      ㉠ 투입기구가 전기적으로 투입 측에 넣어져 있어도 트립기구가 동작되면 차단기를 TRIP 시킬 수 있는 것으로
      ㉡ 차단기의 가동접촉부를 움직이는 조작 로드와 투입기구의 피스톤, 플런저, 전동기 등의 연결기구를 풀어 투입동작 방지
   ② 전기적 TRIP FREE
      ㉠ 전기적 투입조작의 차단기에서 투입조작 회로가 여자되어 있어도 TRIP 기구가 여자되면 차단기를 TRIP 시킬 수 있고
      ㉡ 또 투입조작 회로를 그대로 닫아둔 채로 있어도 재투입 하지 않는 것으로
      ㉢ 투입회로와 TRIP 회로가 동시에 여자될 경우 투입회로는 TRIP FREE RELAY에 의해 OPEN 되는 것임
   ③ 공기적 TRIP FREE
      ㉠ 압축공기 투입방식으로 압축공기에 의한 TRIP FREE 기구를 가진 것
      ㉡ 투입명령과 TRIP 명령이 동시에 주어졌을 때 TRIP FREE VALVE의 동작에 의하여 주 CYLINDER의 압축공기가 외부로 방출, PISTON 동작방지

2. TRIP FREE 장치

1) TRIP 우선장치
   ① 투입지령중이라도 그 차단기를 TRIP 시킬 수 있는 기계적 장치
2) PUMPING 방지장치
   ① 투입명령 중 TRIP 명령에 의해 차단기 TRIP 완료 후, 계속해서 투입명령이 주어졌을 지라도,
   ② 일단 이 투입명령을 해제하고 다시 투입명령을 주어야 투입되도록 하는 장치

3. 반복투입 방지회로

1) 개요
   ① 차단기의 Trip Free는 차단기의 주회로가 통전 중이고 투입신호가 계속되더라도 트립 지령이 있으면 차단기가 트립될 수 있는 것을 말한다.
   ② 또한 트립 완료 후 투입지령이 계속되더라도 재차 투입동작은 하지 못하고 일단 투입 신호를 해제한 후 다시 투입지령을 주었을 때 비로소 투입동작이 이루어지게 된다.
   ③ 따라서 차단기의 트립프리 장치는 차단기의 펌핑작용을 방지하는 역할을 겸하게 된다
2) 차단기의 펌핑 작용을 방지 기본회로 및 동작설명
   (1) 회로도

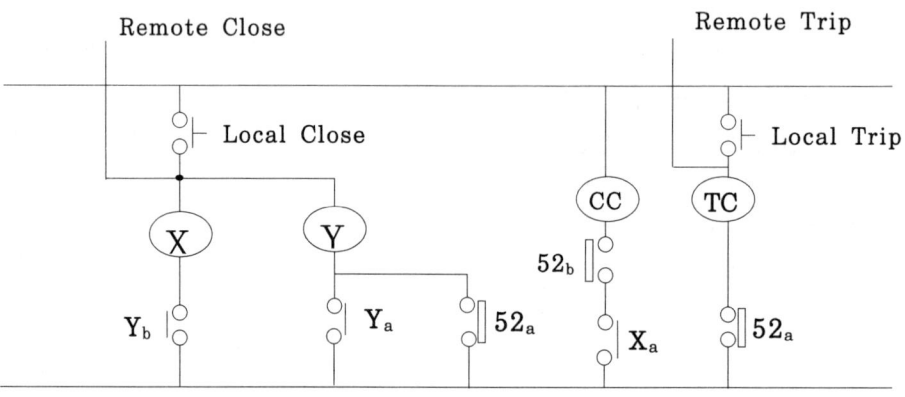

그림1. 차단기 Trip Free 회로도

RC, RT : Remote Close, Remote Trip,   LC, LCT : Local Close, Local Trip
X : Closing 보조계전기,   Y : Trip Free 및 펌핑 방지용 계전기
CC : Closing Coil.   TC : Trip Coil

( )a : 해당계전기 또는 차단기 기계적 "a" 접점
( )b : 해당계전기 또는 차단기 기계적 "b" 접점

(2) 회로설명
   ① RC 또는 LC에 의해 투입지령이 주어지면 □코일이 여자 됨
   ② X코일이 여자되면 52b와 Xa 접점을 통하여 ⓒⓒ 코일이 여자되어 차단기가 투입됨
   ③ 차단기가 투입되면 52a 접점에 의해 □코일이 여자되어 □코일의 Self Holding회로가 구성되고 Yb 접점에 의해 □코일이 소자됨
   ④ 이때 투입지령이 계속되더라도 차단지령(RT 또는 LT)이 있으면 52a 접점을 통해 ⓣⓒ코일이 여자되어 차단기는 트립하게 된다.
   ⑤ 또한 투입지령이 계속된 상태에서는 □코일이 Ya접점으로 Self Holding을 하기 때문에 Yb 접점에 의해 □코일이 여자될 수 없어 차단기는 투입되지 않게 된다.
   ⑥ 즉 □코일이 차단기의 Trip Free와 Anti-pumping 회로를 구성하게 된다.

110-3-3 피뢰기 위치. 정격전압

발16-110-3-3. 피뢰기 설치 위치와 피뢰기의 정격전압 결정시 고려할 사항에 대하여 설명하시오.

 답

1. **피뢰기의 설치위치**
   - 개념 : 특성임피던스 다른 지점이 만나는 장소에 피뢰기를 설치하여 침입하는 이상전압을 일정값까지 방류하는 역할을 함

   1-1. 전기설비기술기준에서 정한 위치
   1) 발전소, 변전소 또는 이에 준하는 장소의 가공전선 인입구 및 인출구
   2) 가공전선로에 접속하는 배전용 TR의 고압측 및 특별고압측
   3) 고압 및 특별고압 가공전선으로부터 공급을 받는 수용장소의 입구
   4) 가공전선로와 지중전선로가 만나는 곳
   ※ 피뢰기는 가능한 한 피보호기에 근접해서 설치하는 것이 유효하다. 왕복 진행하는 진행파이기 때문임.
   5) 전기설비 기술기준상 전압별 피뢰와 피 보호기기와의 최대 이격 거리

전 압[kV]	345	154	66	22.9
최대이격거리[m]	85	65	45	20

   1-2. 피뢰기 위치와 보호할 대상의 이상전압 및
   1) 변압기 단자에 걸리는 전압의 파고치
   ① $V_t = V_a + \dfrac{2S\ell}{v} = V_a + 2St \ [kV]$ --- 식1)

   여기서, $S[kV/\mu s]$: 파두 준도
   (가공선로 : 200[kV/μs] 정도, 케이블 : 500[kV/μs] 정도)
   $\ell = vt[m]$: 이격 거리, V_t : 피뢰기의 제한전압[kV]
   $v[m/\mu s]$: 진행파의 전파속도 (가공선로: 300[m/μs], 케이블 : 150~200[m/μs])
   $t = \dfrac{l}{v}[s]$: 전파시간

2) 이격거리 ℓ이 길면 길수록, 식1)과 같이 제한전압은 상승한다.

3) 따라서, 피뢰기를 변압기에 근접시킬수록 변압기로 오는 투과전압
   즉, 피뢰기의 제한전압은 낮아지므로 절연 협조 상 상당히 유리하다.

2. 피뢰기의 정격전압 결정시 고려할 사항

1) 정격전압 = 공칭전압 × 1.4/1.1 (비유효접지 계통)

2) 정격전압 = $\alpha\beta Vm = KVm$
   단, α : 접지계수(유효접지계통:75-85%, 비유효접지계통:100, 110%)
   β : 유도(유효접지계통 1.1, 비유효접지계통 1.15), K=α β =115%
   Vm : 최고허용전압(계통의 최고허용전압은 공칭전압의 1.2배 정도)

3) 공칭전압을 V라 할 때:
   ① (직접접지계는)정격전압=0.8V ~1.0V
   ② (비유효접지계는)정격전압=1.4V~1.6V

4) LA의 정격전압의 적용 예
   ① 보통 선간전압의 1.4배 정도임.
   ② 상용주파 이상전압의 크기는 유효접지계에서 1선지락시에 1.2~1.4배 정도
   ③ 345[kV]의 피뢰기의 정격전압

   $$V_L = 1.15 \, \alpha \, V_m = 1.15 \times 1.2 \times \frac{362}{\sqrt{3}} = 288 \, [kV]$$

   ④ 154[kV]의 피뢰기의 정격전압

   $$V_L = 1.15 \times 1.2 \times \frac{362}{\sqrt{3}} = 288 \, [kV]$$

공칭전압(kV)	중성점 접지방식	LA정격전압(kV)	비고
765kV	직접접지(유효)	612kV	( )는 ANSI 규정
345kV	직접접지(유효)	288kV	● 정격전압 선정시 고려사항
154kV	직접접지(유효)	138(144)	① 중성점 접지방식,
22.9kV	직접접지(유효)	21 or 18kV(선로용)(수용가용)	② 계통의 최고전압을 상회하는 LA 정격전압 일 것

6) 피뢰기 호칭
   (1) 최고전압을 기준으로 피뢰기 정격전압의 비로서 부른다.
   (2) 적용 예
      ① 345kV계통 : 288/362=0.8 , 80% 피뢰기
      ② 154kV계통 : 144/169=0.8 , 85% 피뢰기
      ③ 66kV계통 : 84/72=1.15 , 115% 피뢰기

110-3-4 변압기 내부보호 기계적보호장치

발16-110-3-4. 변압기 내부고장 보호를 위한 기계식 보호장치 대하여 설명하시오.

 답

1. 변압기의 고장의 구분

구 분	내 용
① 내부고장	권선의 상간단락, 층간단락, 고저압 혼촉, 지락, 리드선의 단락, 지락단선, 탭절환기의 단락, 지락, 접촉자의 과열, oil의 이상열화, oil 누설, 기구불량, 철심의 가열
② 외부고장	붓싱의 절연파괴, 기계적 파손, 단자의 과열
③ 보조기 고장	냉각팬, 송유펌프 고장
④ 외부단락 및 과부하	변압기 2차 부하의 과부하 및 연결 T/L 또는 D/L의 단락

2. 5,000[kVA] 이상의 대용량 변압기 보호장치의 시설기준 [판단기준 제48조]

1) 개요
: 특고압용의 변압기에는 그 내부에 고장이 생겼을 경우에 보호하는 장치를 아래와 같이 시설하여야 한다. 다만, 변압기의 내부에 고장이 생겼을 경우에 그 변압기의 전원인 발전기를 자동적으로 정지하도록 시설한 경우에는 그 발전기의 전로로부터 차단하는 장치를 하지 아니하여도 된다.

2) 변압기 뱅크용량별 보호구분

뱅크용량의 구분	동작조건	장치의 종류
5,000 kVA 이상 10,000 kVA 미만	변압기내부고장	자동차단장치 또는 경보장치
10,000 kVA 이상	변압기내부고장	자동차단장치
타 냉식변압기 (즉, 변압기의 권선 및 철심을 직접 냉각시키기 위하여 봉입한 냉매를 강제 순환시키는 냉각 방식)	냉각장치에 고장이 생긴 경우 또는 변압기의 온도가 현저히 상승한 경우	경보장치

2. 변압기 내부보호에 대한 기계적 보호계전기의 동작구분

① oil 또는 절연지가 열분해하여 발생된 가스검출로 동작
② 발생원 oil 또는 가스의 압력으로 동작

3. 변압기 내부보호의 기계적 보호장치

3-1. 부흐홀쯔 계전기(Buchholtz Relay)[96B]

1) 일종의 Float S/W와 Float 계전기를 조합한 것
2) 변압기의 내부 고장 시 발생하는 가스의 부력과 절연유의 유속을 이용하여 변압기 내부고장을 검출하는 계전기로서, 과열 등으로 절연유가 분해되어 gas화해서 유면이 내려가면 B1의 Float가 경보접점을 접촉시키고 급격한 절연유 또는 gas의 이동이 생기면 B2의 Float가 차단접점을 접촉시킴
3) 설치장소 : 주탱크와 콘서베이트를 연결하는 관의 중간에 설치
4) 동작메카니즘
   ① 정상적인 변압기 운전 시
     : 계전기가 절연유로 충만 되어 1단 부표와 2단 부표가 유중에 떠 있음
   ② 변압기 내부의 경미한 고장 시
     : 발생가스가 변압기 상부에서 컨서베이터 로 이동, 계전기 상부에 축적계전기 상부에 설치된 1단 부표가 점차 하강계전기 내에 일정량의 가스축적 시 1단부표가 하강하여 경보 접점회로 구성하여 경보신호 송출
   ③ 변압기 내부의 중 고장 발생시
     ㉠ 가스의 급격한 생성 본체에서 컨서베이터 로 이동하는 절연유 흐름이 급격해져 부흐홀쯔 계전기의 방유 판을 밀어 차단회로 구성1단 동작 후
     ㉡ 계속해서 가스가 계전기내에 축적되어 2단 부표를 하강시키면, 중 고장 발생시와 같이 차단회로를 구성하여 차단신호를 보냄
5) 계전기 점검 창을 통해 축적된 가스 색에 따른 오동작 유무 판단
   ① 흑 회색 가스 : 기름의 분해
   ② 황색 가스 : 지지 목의 분해
   ③ 백색 가스 : 절연지의 분해

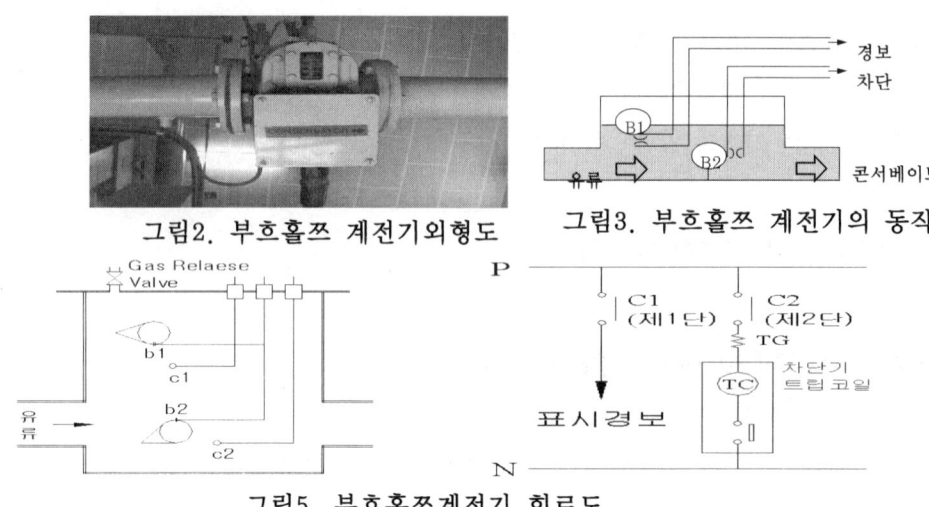

그림2. 부흐홀쯔 계전기외형도   그림3. 부흐홀쯔 계전기의 동작

그림5. 부흐홀쯔계전기 회로도

3-2. 충격압력계전기

1) 변압기 내부사고시는 분해가스가 발생하여 충격성의 이상압력이 생기므로 이 압력상승을 검출차단시키는 장치임
2) 구조는 그림6와 같고, 급격한 압력상승에는 Float를 밀어올려서 접점을 폐로시키거나 완만한 압력상승에는 Float에 있는 가는 구멍을 통해서 Float 양면의 압력이 균형화되어 동작하지 않음
3) 설치개소 : 유면위의 Tank 내나 맨홀 뚜껑 등에 설치

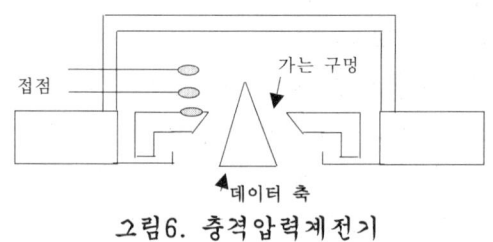

그림6. 충격압력계전기

3-3. 가스검출 계전기(Gas accumulation indicator, 96G)

1) 계전기는 변압기 본체에 절연유가 최 상부까지 충만되는 컨서베이터 형 변압기의 내부에서 부분방전, 절연불량으로 생성된 가스를 검출하는 계전기로 경보 또는 트립회로(96G)를 구성한다.

 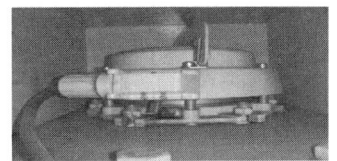

그림7. 가스검출기 외형도   그림8. 방출안전장치 외함 】

3-4. 방출안전장치(Automatic Resetting Pressure Relief Device)

1) 절연유와 접하지 않는 변압기 상부 판 또는 상부 관 에 부착되어 변압기 내에 이상 압력이 발생 시 일정압력[10 ± 1psi(0.7 ± 0.07kg/cm^2)]에 도달하면 방압막이 동작하여 이상 압력을 외부로 방출시켜 변압기함의 파손을 방지 한다.

 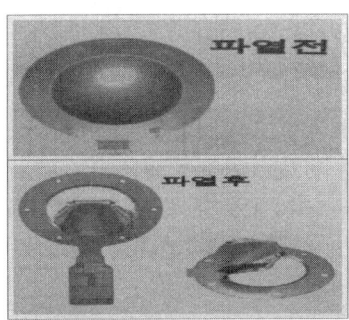

그림9. 방출안전장치

발110-3-5 케이블 트리현상

발16-110-3-5. 전력케이블의 트리(Tree)현상에 대하여 설명하시오.

답 [내용 중 중복된 부분이 있으니 독자 분들은 재 정리하여 그림과 표 및 내용을 일목요연하게 자기 것으로 만들어야 시험장에서 햇갈리지 않고, 고즉접함

1. 열화의 원인과 형태

1) 열화의 원인은 매우 다양하고 상호 복합적인 현상을 나타내나 전기적, 열적, 화확적, 기계적, 생물적 요인 등으로 구분된다

2) 원인과 형태

열 화 원 인	열 화 형 태
① 전기적 요인: 운전전압. 과전압. 서지전류	부분방전열화, 전기 트리, 수 트리
② 열적 요인: 이상온도 상승. 열신축 (열Cycl)	열적으로 열화 또는 열에 의해 재질의 화학적인 변화
③ 화학적 요인: 기름. 화학약품. 토양중의 화학 물질의 케이블 절연층 투과	화학적 손상. 열화 화학트리
④ 기계적 요인: ㉠ 기계적 압력. 인장. 충격. 외상에 의한 케이블의 손상 ㉡ 보호피복의 손상으로 침수	전기적요인과 복합작용으로 열화
⑤ 생물적 요인: 개미. 쥐.벌레 등 동식물의 잠식	외피 절연체의 손상

3) 이를 그림으로 표시하면 다음과 같다

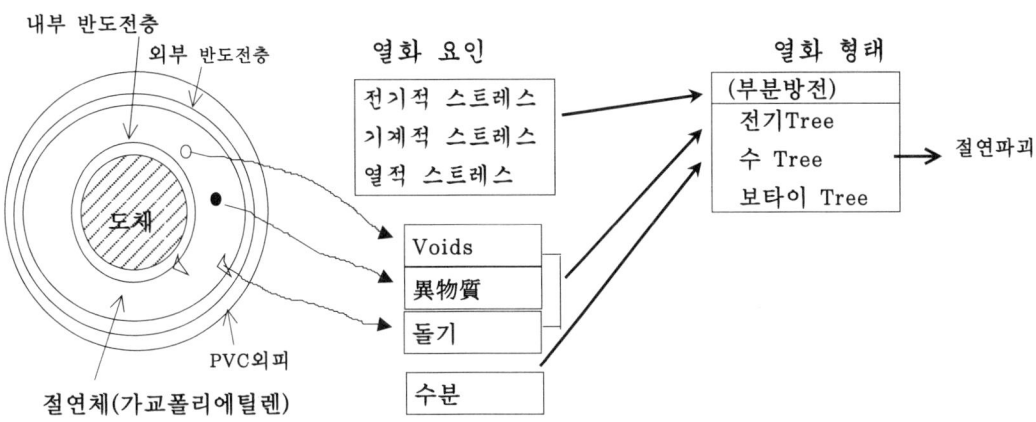

3. 전압열화의 종류별 특징

1) 上記 여러 원인 중 전기적 요인에 의한 열화 형태를 전압열화라고 칭함
2) 전압 열화의 분류
   ① 전기 Tree: CV케이블 절연체 内에 Void, 이물, 돌기 등으로 인해 고전계에 의한 부분방전으로 이것이 수지상으로 성장하여 발생
   ② 수 Tree: (그림2 참조)
      ㉠ 케이블이 흡습된 상태에서 폴리에틸렌의 물리 화학적 작용에 의해 절연파괴가 일어나는 현상으로 그림1과 같이 교류파괴전압은 나타난다.
      ㉡ 수 Tree의 구분: 내도 물트리, 나비상 물트리, 외도 물트리
         a. 내도 물트리 및 외도 물트리:
            내부 및 외부 반도체 층과 절연체계면체의 경계점을 기점으로 해서 발생하는 것으로, 절연성능에 대한 영향이 크고, 현재 CV케이블의 수트리의 대부분임
         b. 나비상 수트리(보타이 트리):
            절연체의 미소한 이물질이나 공극(Void)에서 발생하는 것으로 모양이 나비넥타이 현상으로, 내부 또는 외부 반도전층 결함부에서 절연체 내의 Void나 이물의 중심에서 양측으로 늘어나는 절연파괴 현상

 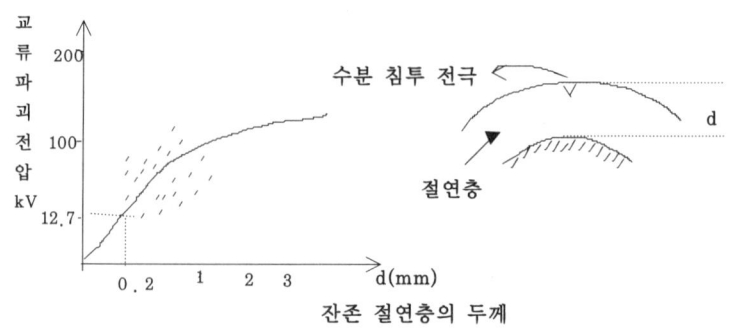

그림2. 수분 침투 전극이 있는 경우 CV 케이블 교류파괴 전압과 절연 두께

3. 케이블의 트리에 대한 구체적 설명

1) 개요
   ① 고체절연물 속에서 나무 가지 모양의 방전흔적을 남기는 절연열화 현상을 말한다.
   ② 이는 넓은 의미로 코로나방전 열화의 일종으로 트리현상에는 수트리(Water Tree), 전기적 트리(Electrical Tree), 화학적 트리(Chemical Tree) 등이 있다.

2) 수 트리 (Water Tree)
   (1) 물과 전계가 공존하는 조건하에서 전극의 돌기나 상처 및 절연체 내부의 이물질 또는 보이드(void) 등에서 미소한 침식현상을 수반하는 열화형태를 말한다.
   (2) 벤 티드형 과 보우타이 형이 있다.
   (3) 수 트리 중 벤티드 수 트리 (Vented Water Tree)
       ① 절연체의 경계면(접촉면)에서 발생하여 절연체 중심부로 성장하는 트리
       ② 특징
           ㉠ 1년에 10~1,000㎛정도 느리게 성장하기 때문에 수년이 지나야 절연체의 바깥 부분에 도달할 수 있다.
           ㉡ 일반적으로 보우타이 트리와 비교하여 초기 성장은 느리지만 대부분의 경우 더 큰 크기로 성장하는 특징이 있다.

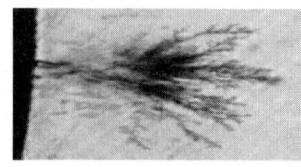 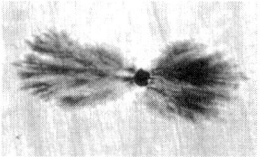

그림3. 벤티드 워터 트리   그림4. 보우타이 워터 트리

(4) 보우타이 수 트리 (Bow-Tie Water Tree)
① 절연체의 내부에 생성된 트리로서 서로 반대의 방향으로 성장하는 두 개의 작은 벤티드 트리를 보우타이 트리임
② 특징
㉠ 일반적으로 절연체에 포함된 화학적 이물질 등에 의하여 절연체 중간부분에서 발생하고
㉡ 도체 방향과 중성선 방향의 양방향으로 성장하되 전형적으로 0.5mm까지 성장하고
㉢ 트리생성 개시 후 짧은 시간 동안 최종 길이까지 도달하며 성장이 멈추는 특징이 있다.

3) 전기적 트리 (Electrical Tree)
① 절연체의 부분방전에 의해 탄화점이 발생하고 이탄화점에서의 지속적인 부분방전은 절연체 재질의 부식을 촉진시키면서 전기트리로 성장한다.
② 전기트리는 절연파괴가 발생하기 전 열화의 마지막 단계로서 벤티드 트리나 보우타이 트리의 첨점에서 부분방전(PD) 발생, 탄화채널 생성과 함께 전기트리로 전이되어 성장하는 특징을 가진다
③ 일단 탄화채널이 생성이 되면 전기트리의 발생 후 절연 파괴로의 진전은 급속도로 진행한다.

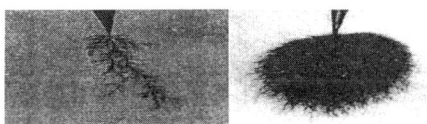

그림5. 전기적 트리 (Electrical Tree)

4) 화학적 트리 (Chemical Tree)
① 케이블 포설주위에 유화수소와 같은 유화물이 존재하면 이 유화물이 케이블 시이즈 및 절연체를 투과해서 동 도체에 도달하면 동과 유화물이 반응해서 유화동을 생성한다.

110-3-6 ▶ 중성선.제3고조파 전류

발16-110-3-6. 중성선에 흐르는 제3고조파 전류로 인한 영향과 대책에 대하여 설명하시오.

 답

1. **영상고조파의 개념**
   1) 3배수의 고조파가 중성선을 통해 흐르게 되면 영상분 전류의 합이 영이 되지 않고 3IO가 흐르게 되며 이 전류를 영상분 고조파라고 한다.
   2) 영상분 고조파는 3 고조파 이외에서 6 고조파, 9 고조파 등과 같이 기본파의 3 배수의 고조파는 모두 영상분 고조파가 된다.
   3) 영상분고조파가 흐르면 변압기와 중성선 등에 영향을 주게 된다.

2. **영상분 고조파의 발생 원리**
   1) 전류 파형이 3상 평형일 때는 abc상에 흐르는 전류는
   $I_{a1} = I_m \sin\omega t$
   $I_{b1} = I_m \sin(\omega t - 120°)$
   $I_{c1} = I_m \sin(\omega t - 240°)$
   $I_{a1} + I_{b1} + I_{c1} = I_m [\sin\omega t + \sin(\omega t - 120°) + I_m \sin(\omega t - 240°)] = 0$
   이 되어 벡터합이 0 이 되므로 중선선에 전류가 흐를 수 없다.
   2) 그러나 3배수의 고조파의 경우는
   $I_{a3} = I_m \sin 3\omega t$
   $I_{b3} = I_m \sin(3\omega t - 3 \times 120°) = I_m \sin(3\omega t - 360°) = I_m \sin 3\omega t$
   $I_{c3} = I_m \sin(3\omega t - 3 \times 240°) = I_m \sin(3\omega t - 720°) = I_m \sin 3\omega t$
   $I_{a3} + I_{b3} + I_{c3} = 3I_m \sin 3\omega t = 3I_0 \neq 0$
   로 되어 중성점에서 3고조파 전류의 합은 0이 되지 않고 $3I_0$가 된다.
   3) 이 $3I_0$의 전류가 중선선을 통해 흐르게 되는데 이를 영상분 고조파라고 한다.
   4) 영상분 고조파는 3고조파 이외에서 6고조파, 9고조파 등과 같이 기본파의 3배수의 고조파는 모두 영상분 고조파가 된다.
   5) 요약 설명 :
   ① 평형상태에서 R, S, T 상은 120° 의 위상차를 가지고 있어 그 중성선의 벡터의 합은

$I_R + I_S + I_T = 0$ 이다.

② 그러나 R, S, T 상에 제3고조파가 흐르는 경우 제3고조파는 위상이 같기 때문에 중성선 에는 스칼라의 합이 흐르게 되어 전류가 확대된다.

6) 제 3고조파와 기본파의 파형을 그려보면 다음과 같다.

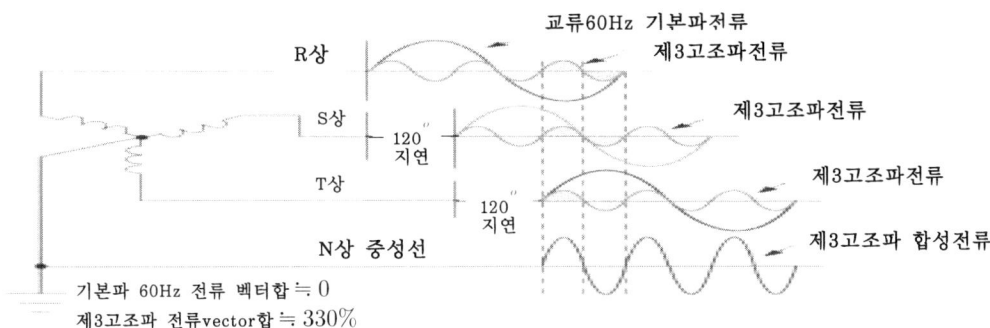

3. 영상 고조파 전류성분의 영향

1) 변압기에 주는 영향

   ① 비선형 부하에서 발생 되는 고조파는 전원측으로 유출 되므로 유출되는 영상분 고조파는 변압기 1 차로 변환되어 △권선 내를 순환하게 되는데, 이 순환전류는 변압기 내부에서 열을 발생 시키므로 변압기가 과열 된다.

   ② 대형건물에서는 OA기기들을 많이 사용하게 되는데 OA기기들은 대부분 단상 정류기를 사용하므로 고조파가 많이 발생하여 변압기를 과열시키는 경우가 많다

2) 중성선에 주는 영향

   ① 중성선의 굵기는 일반적으로 다른 상에 비해 같거나 또는 가는 선을 사용하는 데 중성선에 영상분 전류가 많이 흐르게 되면 중성선이 과열될 우려가 있다.

   ② 또 한 제 3 고조파는 기본파의 3 배인 180 Hz 의 주파수 성분을 가지기 때문에 표피효과에 의해 서 케이블의 유효 단면적을 감소시켜 실효 저항이 증가하므로 발열 현상이 더욱 심해지게 된다.

3) 중성점 전위에 미치는 영향

   ① 중성선에 제 3 고조파 전류가 흐르면 중성점과 대지간의 전위는 중성성에 흐르는 전류×중성선의 임피던스 만큼 올라가게 된다.

   ② 지금 중성선의 기본파에 대한 임피던스를 Z=R+jX 라고 하면 제3고조파에 대해서는 리액턴스가 3 배가 되므로 중성점의 전위는 $V_N = 3I_0 \times (R + j3X)$ [V   4) 역률저하 : 무효전력 증가로 인한 역률저하1. 고조파의 정의 고조파란 기본주파수의 정수배의 주파수를 갖는 전압 전류의 3,5,7,9,11·· 조파의 홀수 조파가 현저하

다.

4. 중성선에 흐르는 영상분 고조파 발생부하의 대책

1) 내선규정 제 205-9절(간선의 굵기 및 기구의 용량)에 의하면, 중성선의 굵기에 대하여 고조파가 발생하는 장소에서는 중성선의 굵기는 전압선과 동일하게 함.
2) IEC 60364에 의하면, 중성도체에 부하 감소 없이 전류가 흐르는 경우에는 회로의 허용전류 결정시 고조파전류에 대한 환산계수를 고려하도록 하고 있다.
3) 또한, 중성선 전류가 상전류보다 높을 것으로 생각되는 경우, 중성선 전류를 고려하여 케이블의 규격을 정해야 한다.

4) 기타 방법에 의한 대책
    ① NCE의 적정 적용
    ② 제3고조파 Blocking Filter,
    ③ PWM 방식 도입,
    ④ 1Line Reactor설치,
    ⑤ 능동필터, 다상화 장치 적용 등.

5) 변환 장치의 다(多) 펄스 화

110-4-5 ▶ TRV의 특성과 차단기영향

발16-110-4-5. 과도회복전압(Transient Recovery Voltage)의 특성과 차단기에 미치는 영향을 설명하시오.[1, 2-1), 2-3), 2-4),3 만 기록해도 됨]

 답

1. 개요

1) 전력 계통에서 차단기를 차단하는 경우 과도현상으로 이상전압이 발생하고, 특히 유도성 또는 용량성의 경우는 그 메카니즘이 복잡하다.
2) 일반적으로 차단 메카니즘에서 진상전류에서는 재 점호가 발생하고, 지상전류에서는 재기 전압이 현저히 나타난다.

2. 과도회복전압(Transient Recovery Voltage)의 특성

1) 교류 전류의 차단 현상

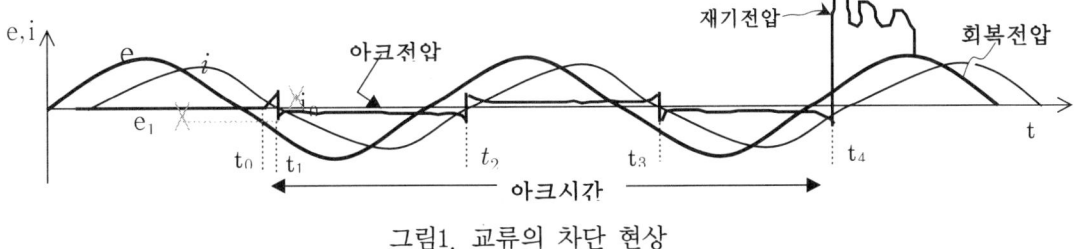

그림1. 교류의 차단 현상

① 보호 계전기가 동작해서 차단기가 전극을 열면, 반드시 전극 간에는 아크가 발생 해서 기계적으로는 전극이 열리지만, 전기적으로는 아직 회로가 연결되어 있는 상태
② 이 아크가 꺼졌을 때 회로가 차단되는 것으로, 차단기의 개로 상태에서는 전극간 전압은 0 이지만 아크저항에 의해 아크전압이 나타난다.
③ t_0에서 접촉자가 떨어지기 시작하면, 그 순시동안 전류는 i_0의 값을 갖고 있어 바로 0 으로는 될 수 없으며 아크상태로 흐름이 계속된다.
④ t_1이 되면 아크는 꺼지지만 전원전압이 e_1의 값으로 되어 있어서 아크를 발생 하여 전류를 흘리게 된다.
⑤ 반주기마다 아크의 점멸을 되풀이 하다가 t_4가 되면 접촉자는 충분히 떨어져서 전극 간

절연내력이 아크전압을 이겨서 아크가 소호된다.
2) 교류 전류의 차단 현상특성
   ① 회복전압 (Recovery Voltage) : 차단기의 차단직후 차단점 간에 나타나는 상용주파수의 전압으로서 실효치로 나타낸다.
   ② 재기전압 Transient Recovery Voltage)
      : 차단기의 차단직후에 차단점간에 계속하여 나타나는 과도 전압으로서 단일주파 과도성분과 다중주파 과도성분을 가진 것이 있다.
   ③ 재 점호 : 재기전압 때문에 아크가 전류의 0 점에서 일단 소멸 된 후, 다시 차단점에서 아크를 일으키는 현상
   ④ 회로차단의 어려움
      ㉠ 역률이 1인 경우에는 전류가 0 일 때 전압도 0이므로, 이때 접점을 열면 아크가 발생되지 않고 회로 차단이 수월하다.
      ㉡ 그러나 단락전류, 충전전류 차단은 이보다 어려워진다.
3) TRV의 특성
   (1) 단락전류의 차단
      ① 그림1과 같이, 단락전류는 전압보다 90 가까이 뒤지는 지상전류이며, 아크전압과 회복전압의 위상 이 반대이고, 아크가 꺼지는 순간 회복전압의 파형이 높은 재기전압으로 나타나 끊기가 어렵다. $\left(I_S = \dfrac{E_a}{Z_1} \fallingdotseq \dfrac{E_a}{jX_1} = -j\dfrac{E_a}{X_1} \right)$
      ② 그러나 일단 끊어진 뒤에는 재 점호가 없고, 끊어지는 순간 과도진동에 의해 서지가 발생된다.
   (2) 충전전류의 차단
      ① 충전전류는 전압보다 90°앞선 진상전류로 아크전압과 회복전압의 위상이 동상이므로 재기전압은 낮아서 아크는 쉽게 꺼진다.
      ② 그러나 재 점호를 일으켜 높은 이상 전압을 발생한다.
      ③ 방지대책·차단 속도를 신속하게 ·중성점을 임피던스 접지계통 ·병렬회선설치

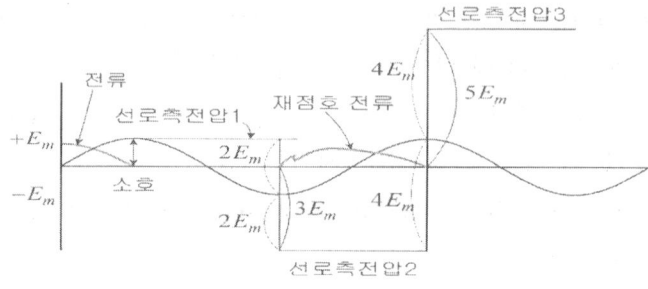

그림3. 충전전류차단시 예

4) TRV (과도회복전압)의 종류별 특성
   ① TRV의 크기와 파형은 계통전압, 계통구성, 설비상수, 차단기 설치위치, 고장전류 등에 따라 변한다.
   ② TRV와 PFRV 파형

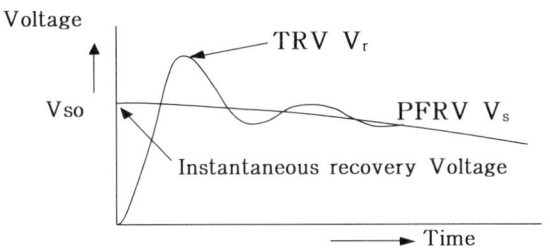

   ③ ITRV (Initial Transient Recovery Voltage)
      ㉠ 차단기 용량 증대와 차단기 차단능력 향상을 위해서는 더욱 자세한 TRV의 측정이 필요한데 차단기 종류에 따른 차단능력에 특별히 영향을 주는 ITRV는 열적파괴특성에 상당한 영향을 준다.
      ㉡ 차단기와 고장점간 소폭 전압진동에 의하여 정해지는 ITRV는 SLF현상과 유사하지만 최대값은 SLF값보다 낮고 전류 0점으로부터 최대값에 이르는 시간은 $1\mu s$ 이내이다.

3. 과도회복전압이 차단기의 차단에 미치는 영향
1) 공기 유입차단기
   ① 아크 저항은 부 특성으로 온도가 저하하면 저항은 높아지므로, 아크를 냉각시켜 R이 커지면 I가 작아져서 전류 0점에서 소호된다.
2) 자기 차단기
   ① 아크 길이를 길게 해서 단락회로의 저항을 크게 하여 전류를 차단한다.
      ($R = \rho \frac{\ell}{S}[\Omega]$ ⇨ $R \propto \ell$, $I = \frac{V}{R}[A]$)
3) 진공 차단기
   ① Arc를 진공으로 흡입하여 소호시켜 차단한다.
   ② 전류 0 점이 아닌 부분에서도 소호되어 큰 Surge가 발생한다.
4) 가스 차단기
   ① SF_6 Gas는 전자 친화력이 커서 아크 소호가 잘된다.
   ② SF_6 Gas는 아크 시정수가 작아 대 전류 차단에 우수하다.

111-1-6 변전소 접지목적

발17-111-1-6. 변전소에서 접지를 하는 목적과 중요 접지개소를 설명하시오.

 답

1. 발·변전소의 접지 목적
1) 접지전위 상승에 따른 인체의 감전사고 방지
2) 기기의 절연파괴 방지
3) 계통의 이상전압 억제, 소내기기의 보호
4) 계통의 중성점 전위 안정화
5) 보호 계전기 동작력의 확실한 전류 확보 등

2. 중요 접지개소
1) 전력계통의 이상전압 발생 억제 : 전력계통의 중성점 접지(변압기의 중성점)
2) 누전 또는 접촉에 의한 감전 방지 : 기기의 프레임, 외함 등의 기기 접지
3) 혼촉에 의한 감전 방지 : 변압기 2차측 중성선 또는 1선 접지, 전로의 접지
4) 유도 또는 이에 의한 감전 방지 : 케이블 금속 차폐층,
5) Cable Shield 접지
   : 고압 Cable Shield 선의 접지는 피뢰설비 접지와 반드시 분리시켜 접지할 것
6) 뇌재해 방지 : 피뢰침, 피뢰기, 피뢰도선 및 뇌 차폐선, 가공지선
7) 보호계전기의 동작 확보 : 전원계통의 중성점, 지락검출용 보호계전기
8) 옥외 철구 및 경계 책 접지
   : 인축 감전 등을 방지목적으로 경계울타리의 설치할 경우 문짝의 경우는 반드시 분리되지 않도록 접지선으로 연결할 것
9) 다 선식 전로의 중성선 다 선식 중성선 단선 시는 건전 상에 이상전압이 걸림
10) 계기 용 변성기의 2차 측 계기 용 변성기의 2차 측은 1점 접지할 것
11) 정전기 장해(ESD) 방지 : 절연재 바닥, 보안기, 배관 및 기기의 본딩개소

12) 일반기기 및 제어반 외함 접지 : 접지선 굵기는 굵을수록 좋음

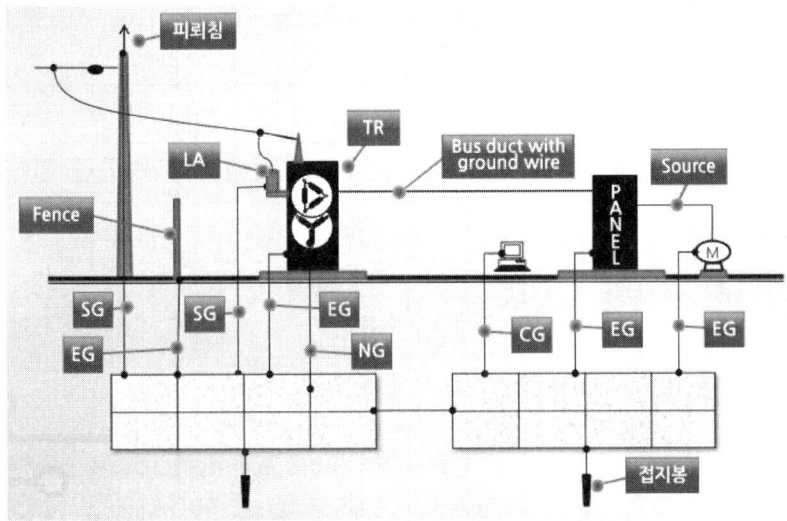

그림1. 변전소 Mesh 접지개념도

111-1-8 집진장치의 목적과 종류

발17-111-1-8. 석탄화력발전소에서 집진장치의 설치목적과 종류를 설명하시오.

 답

1. 집진장치의 설치목적(개요)
1) 전기식집진장치(EP)란 발전소에서 연도로 나가는 배기가스 중에서 분진, 그을음 등을 분리 포집 하는 장치를 말한다
2) 미분탄 연소발전소에서는 석탄을 미분으로 만들어 부유상태에서 연소시켜 비산회(Fly Ash)가 문제에 대한 비산회를 회수라는 환경공해대책의 일환임

2. 집진장치의 구비조건
1) 입자의 크기에 무관하게 집진성능이 우수할 것
2) 부하변동에 관계없이 효율이 높을 것
3) 구조 및 조작이 간단하고 고장이 적을 것
4) 가격이 싸고 운전보수가 적을 것

3. 종류
1) 기계식
   ① 수세식 : 물로 적신 축축한 판을 설치하여 회진을 부착시키는 방법
   ② 원심력식 : 원심력을 이용해 집진
2) 전기식
   : 코트렐 집진기로, 연도 속에 정, 부의 전극을 두고 이것에 직류고전압을 인가하여 회진을 대전시켜서 집진극에 흡입채취
   ==> 독자들은 전기응용기술사에 나온 자료와 비교하여 스스로 정리요함

111-2-3 차단기의 정격과 동작책무

발17-111-2-3. 차단기의 정격과 동작 책무에 대하여 설명하시오.

답 : 기출 전기안전기술사 문제였음

1. 차단기의 정격

1-1. 차단기 정격의 정의 : 규정된 책무, 조건 및 특정한 조건하에서 차단기가 갖는 성능의 보증 한계

1-2. 차단기의 정격구분

순번	구분	내 용
1)	정격전압	규정의 조건아래에서 그 차단기에 과할 수 있는 사용회로 전압의 상한값으로 선간전압(실효값)으로 표현 함.
2)	정격차단전류	모든 정격 및 규정의 회로 조건하에서 규정된 표준 동작책무와 동작상태에 따라서 차단할 수 있는 지상역률의 차단전류의 한도를 말함.
3)	정격차단용량	1) 3상 교류일 경우 정격차단용량이란 그 차단기의 정격차단전류와 정격전압을 곱한 것에 $\sqrt{3}$을 곱한 것 - 정격차단용량= $\sqrt{3}$ ×(정격전압)×(정격차단전류) 단, 단상의 경우에는 $\sqrt{3}$을 생략함 2) 차단 용량의 단위는 KVA 또는 MVA로 표현 함.
4)	정격전류(定格電流, Rated Normal continuous Current	1) 정격전압 및 정격주파수, 규정한 온도상승 한도를 초과하지 않는 상태에서 연속적으로 흐를 수 있는 전류의 한도를 말하며 2) 표준으로 적용하고 있는 차단기의 정격전류는 600, 1200, 2000, 3000, 4000, 8000A가 있다.

5)	차단시간 (Breaking (Interrupting) Time)	1) 開極時間과 아크시간을 합한 것을 차단시간이라 하며, 2) 정격차단시간이란 정격차단전류를 정격전압, 정격주파수 및 규정한 회로조건에서 규정한 표준 동작책무 및 동작상태에 따라서 차단할 경우 차단시간의 한도를 말한다. 3) 정격차단시간은 정격 주파수를 기준으로 하여 사이클수로 나타낸다. 4) 정격차단시간은 아래표의 값을 표준으로 하고, 차단기는 정격전압 下에서 정격차단전류의 30% 이상의 전류를 차단할 때의 시간은 정격차단시간을 초과할 수 없다. 5) 차단기의 정격차단시간

정격전압(kV)	7.2	25.8	72.5	170	362	800
정격차단시간 (cycle)	5	5	5	3	3	2

2. 동작책무

1) 동작책무(動作責務, Duty Cycle, Operating Duty)을 규정하는 이유 및 정의
   ① 차단기는 전력의 送受電, 切替 및 停止 등을 계획적으로 하는 외에 전력계통에 어떤 고장이 발생하였을 때 신속히 차단하며, 계통의 안정도를 위해 필요시는 재투입하는 책무를 가지는 중요한 보호장치로서 차단동작의 보증이 필요하다.
   ② 차단기의 동작책무란 1~2회 이상의 투입, 차단 또는 투입차단을 일정한 시간간격으로 行하는 일련의 동작을 말하고, 이것을 기준으로 하여 그 차단기의 차단성능, 투입성능 등을 규정한 동작책무를 표준동작책무(Standard Duty Cycle)라 한다.

2) 동작책무의 표기법 및 기호의 의미
   (1) KSC 4611 규정에 의한 표준동작책무
   ① 조작방법별 표준동작 책무 분류

동력조작	기호:A	O-(1분)-CO-(3분)-CO
	기호:B	CO-(15초)-CO
수동조작	기호:M	O-(2분)-O 및 CO

   ② 기호의 의미
      O : 차단동작,
      CO : 투입동작에 이어 즉시 차단동작
      θ : 재투입시간(120kV급 이상에서 0.35초 표준)
   ③ 표에서 기호 A, B는 고속도가 아닌 재투입시에 사용되며, A가 가장 널리 사용되고, B는 이보다 재투입시간이 짧은 것에 보통 적용된다.

(2) 한전 규격의 동작책무의 표기법 및 기호의 의미
   ① 표준동작책무(ES 150)

종 별	동작책무
일 반 용	CO-(θ: 15초)-CO
고속도재투입용	O-(θ: 0.3초)-CO-(3분)-CO

   ② 기호의 의미: θ 는 재투입시간으로서, 120kV급 이상에서 0.3초가 표준
   ③ 한전 표준규격(ES)에서는 과 같이 표준동작책무를 2종으로 하고 있다.
   ④ 여기에서 7.2kV급 차단기, 전력용 condenser용 차단기 및 분로 reactor용 차단기의 표준동작책무는 CO-(15초)-CO로 함.

3) 한전의 고속도 재투입용 차단기의 표준 동작책무
   ① 25.8kV급 이상 차단기의 표준동작책무는 O-(0.3초)-CO-(3분)-CO로 한다.
   ② 다만 800kV 차단기의 경우는 O-(0.3초)-CO-(1분)-CO로 하고 있다.

111-4-5 변압기 등가회로 등

발17-111-4-5. 변압기의 등가회로를 작성하려고 한다. 다음 물음에 답하시오.
   1) 등가회로를 작성하기 위한 단락시험과 개방시험의 회로도를 작성하시오.(단, 변압기는 단상 2400/240[V], 15[kVA]이다.)
   2) 단락시험과 개방시험으로 구할 수 있는 사항에 대하여 설명하시오
   3) 단락시험, 무부하 시험으로 변압기 효율을 구하는 식을 간단히 설명하시오.
   4) %임피던스와 변압기 고장 시 단락전류, 변압기 전압변동률과의 관계에 대하여 수식을 쓰고 설명하시오.

답 [기존의 발송배전기술사 문제 중 최고의 문제로 생각됨]

1. 등가회로 작성

1) 등가회로를 작성하기 위한 단락시험 및 개방회로의 회로도

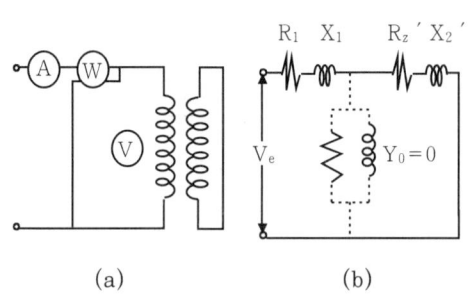
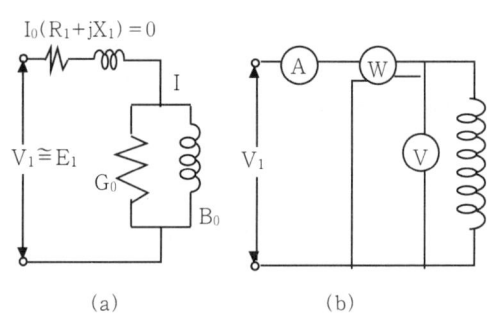

   그림1. 단락회로시험 등가회로도   그림2. 무부하시험(개방시험)

① 시험방법 : 2차 측을 단락하고 정격전류가 통전 때 까지 1차 측 전압을 상승
② 전압계 지시치 : $V_s = ZI_1 \rightarrow Z = \dfrac{V_s}{I_1}[\Omega]$
③ 전력계 지시치 : $P_s = P_c = r_1 I_1^2 \rightarrow r_1 = \dfrac{P_s}{I_1^2}[\Omega]$

④ 리액턴스 : $x_1 = \sqrt{Z_1^2 - r_1^2} = \sqrt{(\frac{V_s}{I_1})^2 - (\frac{P_s}{I_1^2})^2}$ [Ω]

2) 개방시험
① 시험방법
㉠ 변압기 2차 측을 개방하고 1차 측에 정격전압 V_1 을 인가
㉡ 전류계의 지시치로 무부하전류 Io 를 측정
② 전류계 지시치
㉠ 여자전류 : $I_o = Y_o V_1$ $|Y_o| = \sqrt{g_o^2 + b_o^2}$
㉡ 어드미턴스 : $Y_o = g_o - jb_o$
③ 전력계 지시치 : $P_o \fallingdotseq P_i = g_o V_1^2 [W] \rightarrow g_o \fallingdotseq \frac{P_o}{V_1^2}$ [℧]
④ 여자 서셉턴스 : $b_o = \sqrt{Y_o^2 - g_o^2} = \sqrt{(\frac{I_o}{V_1})^2 - (\frac{P_i}{V_1^2})^2}$ [℧]

2. 단락 및 개방시험으로 구할 수 있는 사항

1) 단락시험으로 알 수 있는 항목
　① 임피던스 전압　　② 임피던스 와트(동손)
　③ % 저항강하　　　④ % 리액턴스 강하　　　⑤ 전압 변동률
2) 개방시험으로 알 수 있는 항목
　① 여자전류　　　　② 어드미턴스　　　　③ 무부하손(철손)
3) 단락시험 + 개방시험 : ① 효율 산출 가능

3. 단락시험, 무부하 시험으로 변압기 효율 구하는 식

1) 조건
변압기의 2차 전압을 V2, 임의의 부하전류를 I2라고 할 때의 효율을 생각해 보면, Ph+e 를 철손, cosθ 2를 부하의 역률이라고 하면 효율 η 라 한다

2) 효율 : $\eta = \dfrac{V_2 I_2 \cos\theta_2}{V_2 I_2 \cos\theta_2 + p_{h+e} + I_2^2\left(R_2 + \dfrac{R_1}{a^2}\right)} \times 100[\%]$

$= \left[1 - \dfrac{P_{h+e} + I_2^2\left(R_2 + \dfrac{R_1}{a^2}\right)}{V_2 I_2 \cos\theta_2 + P_{h+e} + I_2^2\left(R_2 + \dfrac{R_1}{a_2}\right)}\right] \times 100[\%]$

4. %임피던스와 변압기 고장 시 단락전류, 변압기 전압변동률과의 관계의 수식

1) %임피던스와 변압기 고장 시 단락전류

   (1) 임피던스전압과 %Impedance 관계

   ① 임피던스 전압강하분이 정격전압의 몇(%)인가를 나타낸 것을 %Impedance라 한다. $\%Z = \dfrac{Z[\Omega] \cdot I_n[A]}{V_n[V]} \times 100 [\%] = \dfrac{P \cdot Z}{10 V^2}$

   여기서, V_n : 정격상전압[kV], V : 정격 선간전압[kV],
   Z : 임피던스[Ω], I_n : 정격전류[A], P : 변압기 용량[kVA]

   ② 변압기의 2차 권선을 단락시키고 1차 권선에 저전압을 인가하여 정격2차전류(I_{2n})가 흐르는 경우의 정격1차전압(V_{1n})에 대한 임피던스전압(V_s)의 백분율 비

   즉, $\%Z = \dfrac{V_S}{V_{1n}} \times 100 [\%]$. 여기서, V_S : 전압계에 지시된 임피던스 전압

2) %임피던스와 변압기 고장 시 단락전류

   $I_S = \dfrac{100}{\%Z} I_n$. 여기서 I_n : 정격전류로서, $I_n = \dfrac{P_N}{\sqrt{3}\, V_n \cos\theta}$

   P_n : 변압기 정격용량 $[kVA]$, $\cos\theta$: 역률 V_n : 정격전압 $[kV]$

3) %임피던스와 전압변동률

   ① 변압기에 부하를 걸면 단자전압이 변화하는데 이것은 일정 변압기에서 부하의 역률에 따라 다르며 일정역률에서의 전압변동률은 다음과 같이 표시한다 전업변동률 $\varepsilon = \dfrac{V_{20} - V_2}{V_2} \times 100[\%]$. V_{20} : 무부하 2차 단자전압, V_2 : 2차정격전압

② 보통 전력용 변압기의 부하역률은 1이 아니고 이때의 전압변동률은 변압기 임피던스에 의한 전압강하에 의하여 결정되며 이를 간략식으로 표시하면 $\varepsilon \fallingdotseq r_p \cos\theta + x_p \sin\theta$
  단, r_p : %저항, 전압강하, x_q : %리액턴스, 전압강하
  ㉠ 진상 저역률시 전압변동률이 음의 값이 되어 단자전압이 무부하시 전압보다 더 높아질 수 있음을 의미
  ㉡ 백분율 저항강하 : $r_p = \dfrac{r_1 I_1}{V_1} \times 100 \, [\%]$
  ㉢ 백분율 리액턴스강하 : $x_q = \dfrac{x_1 I_1}{V_1} \times 100 \, [\%]$

③ 역률이 1인 경우 $\cos\theta = 1$, $\sin\theta = 0$ 이므로 $\varepsilon \fallingdotseq V_r$
  즉, 전압변동률은 동손의 정격용량에 대한 비율에 근사한 값이 된다

④ %Z 와의 관계 : $\varepsilon_m = \sqrt{p^2 + q^2} = \%Z$
  여기서, %Z 는 전압변동률의 최대값을 나타낸다.

발112-1-2 ▶ 변압기 과부하운전과 수명

발17-112-1-2. 변압기 과부하 운전 시 온도영향 및 수명과의 관계를 설명하시오.

답 이 문제는 잘 몸으로 익혀서 현장에서 과부하시 임시 대응하는 요령을 터득할 것

1. 개요
과부하 운전이란, 정격 연속 출력 범위를 초과하여 운전하는 것으로, 부하가 갑자기 증가하면 권선이나 절연물의 온도가 상승하여 수명에 영향을 미친다

2. 변압기 과부하 운전 시 온도영향 및 수명과의 관계

1) Montsinger의 실험식에 의한 수명과 온도관계
   ① $Y = ae^{-b\theta}$ (85~105℃ 범위)
      여기서, Y : 절연물의 수명, a : 상수, b : 0.1155, θ : 절연물의 온도
   ② 절연물의 온도가 6℃ 상승 시 마다 수명은 반감(최고온도 90℃)
   ③ 주위온도 30℃에서 1℃ 하강시마다 0.8[%] 과부하 운전가능
      : 즉, 여름철 변압기 주위 온도를 냉각시키면(선풍기 가동, 얼음장막에) 임시조치
   ④ 정격 부하에서 연속사용 시 일반적으로 30년 사용

2) 10℃ 법칙에 의한 온도와 수명관계
   ① 온도 10℃ 오를 때마다 절연물의 수명은 약 절반으로 감소하고,
      온도가 10℃ 내릴 때마다 절연물의 수명은 2배 증가한다는 법칙
   ② 10℃의 법칙으로 정확한 수치는 아니나, 절연물의 수명 근사치를 파악할 수 있음
      $RL \simeq \dfrac{1}{2^{(\delta T/10)}}$ 여기서, RL : 절연물의 상대적인 수명

      δT : 변압기 본도와 주위 온도의 차이

3) 일본규격(JEC)에 의한 변압기 수명 : 대략 30년(단 아래 조건에 의해)
   ① 표고100[M] 이하 운전시??? 1,00M가 아니고 1,000[m] 임
      ==> 시험장서 수험자들이 정말로 많이 틀리는 수치 착오
   ② 정격부하로 연속가동
   ③ 주위온도 : 25도로 일정

④ 최고온도상승한도 : 95도 이내

3. 결론
1) 최근에는 라이프 사이클의 저하로 실무적으로 15~20년 정도를 적정수명으로 한다
2) 다음의 과부하 금지조건에 준수한 과부하 운전을 단시간 시행할 것

[과부하 금지조건]
① 주위온도가 40도를 초과시는 금지
② 수리경력이 있는 경우
③ 연수가 15년 이상인 경우
④ 직렬기기 상태가 과부하 운전정격을 초과시
⑤ 유중가스 분석결과가 1,000[ppm]을 초과하는 경우

112-1-7 리튬이온축전지

발17-112-1-7. 리튬이온축전지에 대하여 다음 내용을 설명하시오.
　　　　　1) 양극재의 종류　2) 구성 및 원리　3) 장·단점

답 : 이 문제는 향후 충분히 25점 가능성이 있어 좀더 상세히 기록함

1. 양극재의 종류

1) 리튬계열의 산화물
2) 리튬코발트산화물(lithium cobalt oxide)
3) 인산철리튬(lithium iron phosphate) 가격이 저렴
4) $LiCoO_2$(코발트산리튬) $LiNiO_2$(니켈산리튬) $LiMn_2O_4$(스피넬형 리튬망간산화물)
　[그림 유무 : OK, 표 유무 : OK, 수식유무 : OK]==>고득점의 비결임

2. 구성 및 원리

2-1. 구성요소

구 성 요 소	내　　용
1) 양극활 물질	① ㅁ극으로 사용되는 물질 ② 양극활물질은 리튬이온 배터리에서 용량과 전압을 결정하는 역할.(물질은 리튬코발트산화물) ③ 양극활 물질에 있는 리튬은 전해질에 녹아 들어가서 → 이 때 리튬은 리튬이온으로 변신, 　여기서 나온 전자들은 도선을 통해 음극으로 이동 → 이 움직임이 배터리의 충전 원리 ④ 리튬코발트 산화물, 리튬철 인산염, 리튬 망간산화물
2) 음극활 물질	① ㅁ극으로 사용되는 물질 ② 리튬이온을 흡수, 방출하여 전자를 흐르게 하는 역할 ② 리튬, 흑연

3) 전해질	리튬 이온염을 물이 없는 유기용매에 녹인 것 (물이 있으면 폭발적으로 반응 발생)	
4) 분리막	전기가 통전되지 않는 고분자 분리막으로, □극과 □극이 직접접촉 되는 것을 막는 역할	

2-2. 동작원리

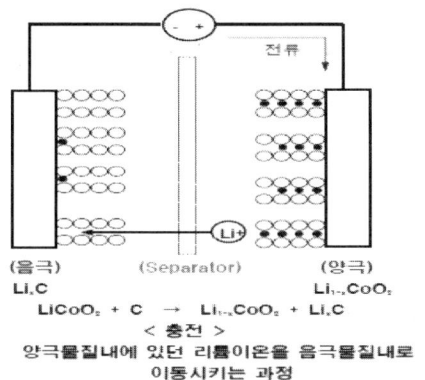
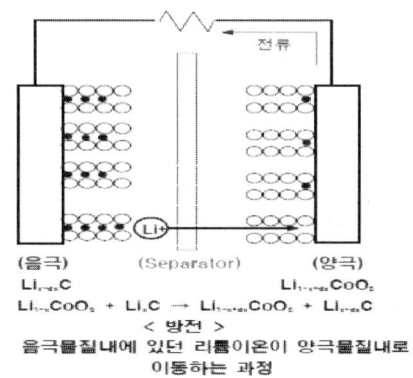

1) 충전: 양극재료 내의 리튬이온이 음극인 탄소재 층간에 이동하면서 충전전류 발생
2) 방전 :리튬이온이 음극에서 양극으로 이동하면 방전전류 발생
3) 원리
   ① 리튬이온은 이차전지이다. (충방전이 가능하다.)
   ② 전지는 음극에서 양이온이 양극으로 이동
   ③ 충전과 방전시 리튬이온이 흐른다.
   ④ 충전시 리튬이온(Li^+)이 양극에서 음극으로 흐른다
   ⑤ 방전시 음극에서 리튬이온(Li^+)이 양극으로 흐른다
   ⑥ 음극에서 양이온이 빠지면, 음극의 전자가 양극으로 이동한다. 이 때 전류는 흐른다
   ⑦ 전해질의 이온 화학식 : $LiPF_6 + H_2O \rightarrow HF + PF_5 + LiOH$

3. 리튬이온전지 장점

① 에너지밀도가 높다
② 싸이클 특성은 하드카본을 부극으로 하는 전지는 흑연을 사용한 것에 비해 우수하고 수천 싸이클 이상을 달성하고 있다.

③ 자기 방전율이 3~5%/월 이하로 작고 니켈 카드뮴이나 니켈 수소 전지의 1/2 이하
④ 사용온도범위가 넓고 방전에서는 -20℃~ +60℃에서의 범위를 커버하고 있다
⑤ 금속리튬을 사용하고 있지 않기 때문에 리튬계전지중에서는 아주 안전성이 높다
⑥ 코크스나 하드카본을 사용한 전지는 방전의 진행과 함께 천천히 전압이 강하하기 때문에 전지의 단자전압을 읽는 것에 의해서 잔존용량의 파악이 용이함
⑧ 충전방식은 정전압 정전류 충전으로 행하고 충전회로가 간단하다
⑨ 코크스계나 하드카본을 부극으로 하는 리튬이온전지는 병열접속사용이 용이하다
⑩ 동작전압이 3.6V 평행 에서 니켈 카드늄 전지나 니켈 수소 전지의 3배에 달하기 때문에 필요한 전압을 얻기 위해 이들 전지의 1/3만 있으면 된다

4. 리튬이온전지의 단점
1) 고가이다
2) 충격에 약하며, 강한 충격시 발화되어 인명 및 재산 손상초래(갤럭시S7)
3) 과충전, 과방전 전류차단장치 필요
4) 발화, 폭발위험성이 높다.

발19-117-3-5. 리튬이온축전지에 대한 구성 및 동작원리와 특징에 대하여 설명하시오
 [출제자의 입장에서 예상문제 만들어 두었음]

[그림 유무 : OK, 표 유무 : OK, 수식유무 : OK]==>고득점의 비결임

112-1-12 ▶ 1차임피던스와 2차임피던스 동일 증명

발17-112-1-12. 변압기의 1차, 2차측에서 본 %임피던스가 동일함(%Z1=%Z2)을 설명하시오.

답 안15-107-2-3에 나옴 : 향후 25점으로 충분히 예상됨

1 %임피던스의 개념

1) 그림과 같이 임피던스 Z(Ω)이 접속되고, E(V) 정격전압이 인가된 회로에 정격전류 I(A)가 흐르면 ZI(V)의 전압강하가 발생됨.

2) 따라서, 전압강하 ZI(V)가 정격전압 E(V)에 대하여 백분율로 어느 정도 인가를 표시할 수 있는 %Impedance법 표현식은, $\%Z = \dfrac{ZI}{E} \times 100[\%]$

```
정격전류      Z(Ω)
  ○───→──────/\/\/\──────┐
     I(A)      ← ZI →    부
                         하
  E(V) : 정격전압         
  ○──────────────────────┘
```

3) %임피던스법의 실제 적용 기법

① $\%Z = \dfrac{ZI}{E_0} \times 100[\%] = \dfrac{ZI}{1000E} \times 100[\%] = \dfrac{ZI \cdot E}{10E \cdot E}[\%] = \dfrac{[kVA] \cdot Z}{10E^2}[\%]$

　　단, E_0 : 정격전압[V], E(kV): 정격선간전압, kVA : 변압기의 정격용량[kVA]

　　　 Z : 1상당의 임피던스[Ω]　　　　　I : 정격전류[A]

② 3상 변압기의 경우, $\%Z = \dfrac{P \cdot Z}{10V^2}[\%]$

③ $Z[p.u] = \dfrac{\%Z}{100} = \dfrac{P \cdot Z}{1,000V^2}[P.U]$, 단, V : 선간전압[kV], P: 3상변압기 용량[kVA],

2. 변압기의 %임피던스

1) 정의

① 변압기의 임피던스는 누설자속에 의한 리액턴스분과 권선저항에 의한 저항분이 있으며 이러한 임피던스는 변압기 내부 전압강하를 발생시키는데 이것을 임피던스전압이라고

한다
② 이 전압강하분이 정격전압의 몇(%)인가를 나타낸 것을 % Impedance 라고 한다

2) 측정도

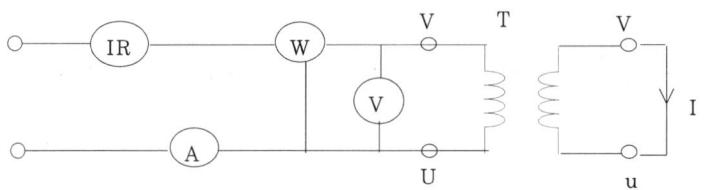

① 그림과 같은 회로의 변압기 2차측을 단락하고, 1차측에 정격 주파수의 저 전압을 인가하여 서서히 증가하면 정격전류가 흐른다.
② 정격전류가 흐를 때 1)의 정의와 같이 1차전압을 임피던스 전압이라 하고 이를 백분율로 환산하면 %임피던스전압이라 하며, %Z로 표기한다.

3. 변압기 1차, 2차 측의 %Z가 동일함에 대한 증명

1) 개념도 및 설명
① 아래그림과 같이 2권선 변압기의 1차, 2차 변압비가 n일 경우를 설명한다.

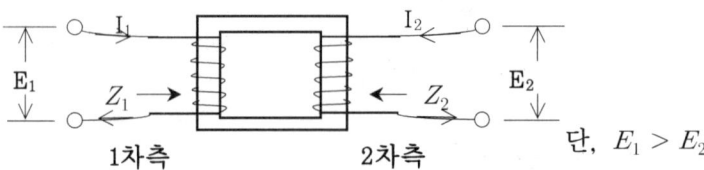

단, $E_1 > E_2$

② 변압비 n은 $n = \dfrac{E_1}{E_2} = \dfrac{I_2}{I_1}$

③ 1차측에서 본 임피던스를 Z_1, 2차측에서 본 임피던스를 Z_2로 하면 %임피던스의 정의에 의해 $\%Z_2 = \dfrac{Z_2 I_2}{E_2} \times 100[\%] = \dfrac{\dfrac{Z_1}{n^2} \times nI_1}{\dfrac{E_1}{n}} \times 100[\%] = \dfrac{Z_1 I_1}{E_1} \times 100[\%]$

2) 의미 :
변압기의 임피던스를 %Z로 표현하면 고압에서 보거나, 저압측에서 보더라도 언제나 그 값이 같기 때문에 $Z[\Omega]$방법 처럼 전압에 대하여 신경을 쓸 필요가 없어 변압기의 명판에는 %Z를 사용함.

112-1-13 ct과전류강도

발17-112-1-13. 변류기(CT)의 열적 과전류강도와 기계적 과전류 강도에 대하여 설명하시오

답 [계산 문항으로도 과거에 전기안전기술사에도 출제도미. 그림 발송은???]

1. 과전류강도

1) 정의: CT 1차에 고장전류가 흐를 경우 정격 1차 전류값의 몇 배의 과전류 까지 견딜 수 있는가를 정하는 것
2) 과전류강도의 설정사유
   ① 회로에 단락사고 발생시 CT 1차권선에도 단락전류가 흘러 권선용단, 변형 등이 일어날 수 있다
   ② 따라서 CT를 적정사용하려면 과전류강도를 정하여 이에 대한 대비책을 마련함.
3) 정격 과전류 강도의 표준: 40배, 75배, 150배, 300배 이며, 300배 이상은 주문제작
4) 과전류 강도의 구분
   ① 열적 과전류강도
      ㉠ 정의 : 표준시간1.0[sec]에서 정격1차전류의 몇 배 까지 견딜 수 있는 것으로, 전선의 온도상승에 의한 용단에 대한 강도
      ㉡ 표현식 : $S = \dfrac{S_n}{\sqrt{t}}$, 단, S : 통전시간 t 초에 대한 열적과전류강도,
      S_n : 정격과전류강도[KA], t : 표준시간1.0[sec]

   ② 기계적 과전류 강도
      ㉠ 정격과전류의 2.5배에 상당하는 초기 최대순시치의 과전류에 견디는 것
         즉, 전자력에 의한 권선의 변형에 견디는 강도
      ㉡ 표현식 : CT의 기계적과전류 강도 $\geq \dfrac{회로의\ 최대고장전류}{CT1차\ 정격전류}$

5) CT의 과전류 강도 = 열적과전류 강도 + 기계적과전류강도.
6) 한전 S/S로부터 거리별 과전류 강도

거리[km]	1	3	5	7	8	20	20이상
5/5[A]	$300I_n$	$150I_n$			$75I_n$		$40I_n$
15/5[A]	$150I_n$	$75I_n$		$40I_n$			
50/5[A]	$75I_n$						
75/5[A]	$40I_n$						

112-2-2 전력용변압기의 OIP부싱

발17-112-2-2. 전력용변압기의 OIP(Oil Impregnated Paper)부싱과 RIP(Resin Impregnated Paper) 부싱을 비교 설명하시오.

 답 이 문제는 필자가 현장서 실제로 경험한 좋은 사례의 문항임

1. 개요

1) 전력용변압기의 부싱은 전력용 변압기의 전체 신뢰성 크게 좌우되며,

2) 특히 초고압(154, 345.765) 변전소용 변압기는 변압기로 인한 정전피해가 매우 심각하므로(한전변전소 정전시 일반 부하 대정전 발생됨), 붓싱불량으로 인한 대형 전기화재(2014년 11월30일 왕십리 154변전소) 대한 예방대책 및 근원적인 붓싱의 재료 측면에서 심각하고 신속한 대책이 필연적이다

2) 현재의 대형 변압기는 유침지부싱 OIP(oil impregnated paper) 절연 부싱을 오랫동안 사용해 왔고, 민간용 154변전소에서 거의 5년에 1회 정도로 전기화재가 대형 발생된 것으로 추정하나, 최근(14년)의 왕십리 한전 변전소 전기화재로 인한 정부의 급 관심 및 일반대중들에게 그 정전의 피해 심각성을 인식하는 계기가 되었다.

3) 일반적으로 한 뱅크에서 전기화재 등으로 인한 변압기 가동 중지는 전기적으로 철저히 대비(이중모선, 보호계전기, 소화설비 등)하나,

4) 오일부싱이 발화점이 된 경우, 소화설비가 감지기 등을 통해 연동하도록 하나 대용량의 오일이 변압기 내 있기에 현존의 소화설비 능력 보다 크게 초과한 화재하중으로 소화설비가 가동해도 실제 화재현장에서는 급속한 화염전파를 막기에 매우 역부족이고

5) 더욱이 대형 변압기 뱅크가 밀집된 경우 2차 모선 및 1차 모선의 전기화재 피해는 막을 수 없고 실제 현장에서 발생된 사실도 잇다

6) 따라서 근원적인 안전개념에서, 최근에는 OIP을 절연성능이 우수한 RIP (수지 함침지 부싱) 대체 중이며, 이 새로운 시스템은 OIP에 비해 몇 가지 장점이 있다.

2. 부싱의 재료에 의한 종류

1) 수지 함침 합성섬유 부싱(RIS_ Resin Impregnated Synthetic)

① 주 절연물이 순수 합성섬유로 싸여진 코어로 구성
　　② 경화 수지에 함침시킨 부싱
　2) 수지 함침지 부싱(RIP_ Resin Inpregnated Paper)
　　① 주 절연물이 순수 절연지로 싸여진 코어로 구성
　　② 경화 수지에 함침시킨 부싱
　3) 폴리머부싱(Polymer Bushing)
　　① 주 절연물이 싸여진 코어를 구성
　　② 경화 경화수지에 함침시킨 후 외부 쉐드를 실리콘소재로 성형한 부싱

3. OIP와 RIP의 특성비교

성 능	OIP	RIP
절연성	오일 함침지	수지 함침지 (절연성능 우수)
절연물	오일 함침지에 수분침투시 수명단축, 오일 누출 위험	전기적 성능이 우수한 에폭시 수지로 함침
인화성 및 폭발위험	낙뢰 및 오일에 의한 화재 및 폭발위험	오일이 없어 화재 및 폭발에 안전
환경성	기름이 첨가 되어 환경오염가능(오일 저장소 운영 어려움)	기름이 첨가 되지 않아 환경 오염가능성 적다.
부분방전(PD)수준	OIP는 5pC 많다.	PD 수준은 2 pC 미만 적다
tan△	0.45 %	0.35 % 이하
절연체등급 IEC 표준 60137	Class-E	Class-A
적용 전압	모든 전압에 적용	초고압(EHV) : 550KV 까지 가능
취급 운송 설치	운송 중 파손 및 설치 어려움	중량이 OIP 부싱의 약 50 % 설치하므로 유리
내진 및 기계적강도	내진성능 낮다. 적당한 강도	높은 내진성능, 기계적강도 높다.
설치방법	수직에서 30˚ 변압기 오일 낮추는 동안 교체	설치 제한 없다 (수직, 어떤 각도로도 가능, 수평) 부싱 설치 시간 단축.
유지관리	오일 관리 필요	RIP 유지 보수가 덜 필요

비용측면	RIP 비해 저렴하다.	• 20~50% 비싸다. • 고 전압에서 비용 경쟁력이 있다. • 수요증가 시 OIP와 동등해질 수 있다

4. 부싱의 구조상 구분

1) 단일형(Solid Type) 부싱
   ① 자기(磁器)로 만든 중공(中空) 원통에 단순히 도체 삽입
   ② 구조가 간단하여 가격이 싸며 점검 정비가 용이
   ③ 구조상 절연내력이 낮기 때문에 30kV 이하에 사용

2) 콤파운드(Compound) 부싱
   ① 중심 도체에 절연물을 감고 애관 사이에 콤파운드 충진
   ② 애관 사이의 기포 제거로 단일형보다 절연내력 우수

3) 콘덴서(Condenser) (Condenser) 부싱
   ① 중심 도체 주위에 절연지와 금속박을 번갈아 감아 애관에 넣은 형태
   ② 금속박층이 각각 같은 정전용량을 갖도록 하여 도체와 외함 간의 전위분포를 균일하게 유지시켜준다.
   ③ 부싱 직경이 가늘고 내염해 특성이 우수

4) 유입(Oil-filled) 부싱
   ① 애관과 도체 사이에 절연 원통을 동심으로 배치, 절연유 충진
   ② 사용 전압은 60kV 이상 161kV 정도까지 널리 채용
   ④ 60kV 이상 계통에 널리 쓰이며 특히 초고압 계통에 유리

5. 향후전망

1) 특히 배전용변전소용 154kV급 변압기 화재는 일반부하가 많아 정전피해가 사회적으로 많다고 생각되므로(다른 변전소를 통한 정전부하 절체를 통한 실제 피해는 정전 1시간 이내로 복구완료 됨) 여론을 감안한 근원적인 안전재료의 붓싱교체가 필요하다.

2) 또한 국내 공장 및 대형 건축물의 154kV 급 변압기용 붓싱도 전기화재에 대비한 철저한 소방대책을 적용하여야 하며,

3) 실제적인 전기화재시 그 소화설비의 소화능력 및 탐지능력을 성능화재 보증측면에서 실시해야 하며, 현재의 OIP는 가능한 RIP로 조속히 교체함이 바보안전(Pool proof safety) 측면에서 이루어져야 할 것이다

발112-2-3 ▶ 25.8kV GIS 제작 및 설치 후 시험

발17-112-2-3. 가스절연개폐장치(GIS : Gas Insulated Switch Gear)의 장점을 설명하고, 25.8kV GIS 제작 및 설치 후 시행하는 시험내용에 대하여 각각 설명하시오.

답

1. 개요

1) Gas Insulated Substation 이란 GIS(Gas Insulated Switch gear)와 유입 변압기를 GIB(Gas Insulated Bus)로 연결해서 사용하는 변전소

2) GIS(Gas Insulated Switchgear)는 철제통(알루미늄 합금 또는 Steel)속에 모선, 차단기, 단로기, 변류기, 피뢰기 등을 내장시키고 SF6가스를 주입한 가스절연 개폐장치를 말한다.

3) 즉, SF6가스를 충진 밀폐한 것으로 변전소 부피의 대폭축소 및 고신뢰도 확보가 가능 GIS는 설비의 콤팩트화 및 신뢰도 향상을 도모하게 된다.

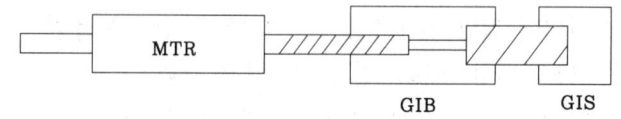

그림. GIS 개념도

2. GIS의 적용

1) 도심지의 변전소 : 환경문제 및 부지확보 문제 때문에 유리함.

2) 해안지역, 산악지역 등의 대규모 전력 설비, 해안지역의 염해문제 및 산악지역의 양수발전소에서 지하에 설치하는 경우 전력설비 축소에 의한 굴착량의 감소, 습기에 의한 부식방지 등에 유리

3) 고전압 대용량 기간계통의 전력설비에서 외부 환경에 의한 영향이 거의 없고, 운전시의 안전성 및 고신뢰성에 유리 함.

3. GIS의 장단점

1) 장점

 (1) 설비의 축소화 : SF6 Gas는 절연내력이 커서(공기의 7배) 충전부의 절연거리를 줄일 수 있어 종래 변전소보다 1/10~1/15 정도로 축소 가능

 (2) 주변 환경과 조화 : 소음이 적고, 소형이며, 외부환경에 미치는 악영향이 적다.

 (3) 고성능, 고신뢰성 :

 ① 우수한 절연특성 및 차단성능, 냉각 매체의 우수함

 ② 염해, 오손, 기후 등의 영향을 적게 받음

 (4) 설치 공기의 단축 : 공장에서 조립, 시험이 완료된 상태에서 수송, 반입되므로 설치가 간단하며 공기가 단축

 (5) 점검, 보수의 간소화 : 밀폐형 기기이므로 점검이 거의 필요 없다.

 (6) 건설공기 단축 : Module 형태로 운반, 조립되므로 설치기간이 단축됨

 (7) 종합적인 경제성이 우수 : GIS 자체 가격은 종래기기보다 비싸지만 용지의 고가화 및 환경 대책 비용 등을 고려하면 오히려 경제적이다.

2) 단점

 (1) 고장발생시 초기 대응이 불충분하면 대형사고 유발 우려가 있다.

 (2) 고장발생시 조기복구, 임시복구가 거의 불가능

 (3) 육안 점검이 곤란하며, SF6 Gas의 세심한 주의 필요

 (4) 한냉지(-62℃에서 액화)에서는 가스의 액화방지 장치 필요

 (5) 단로기 등의 개폐장치 조작시 VFTO(급준과도회복전압 진동)에 대한 대책이 필요

4. 25.8kV GIS 제작 및 설치 후 시행하는 시험내용

[출제자의 의도는 다음의 개괄적인 내용을 기록하라는 의미일 것으로 예측됨]

○ 개폐장치의 시험은 인정시험과 검수시험, 현장시험, 참고시험 및 개발시험으로 구분하며 시험 및 검사항목은 해당기기의 사용전압, 용도에 따라 규격에 명시됨

1) 인정시험(認定試驗)

 : 제품의 품질확인 및 공급자의 품질유지능력을 인정하기 위한 것으로 인정시험은 원칙적으로 종류, 정격, 성능, 구조가 다른 제품에 대해 실시.

2) 검수시험(檢受試驗)
 : 구입시 해당물품의 인정시험으로 확인된 성능을 보증하기 위해 인정 시험 항목의 일부를 행한다.

3) 현장시험(現場試驗)
 : 검수시험을 필한 제품을 수송 및 설치후 이상발생유무를 확인하는 절차로 함

4) 참고시험(參考試驗)
 : 인정시험 이외의 제특성 중 설계, 공사, 운전 및 보수 상 참고하기 위한 것으로 개발시험 시 실시하되 개발시험 합, 부 판정에 무관하다.

5) 개발시험(開發試驗)
 : 개발제품을 인정하기 위한 시험으로서 인정시험과 참고시험항목을 모두 포함하여 실시한다.

5. GIS 제작 및 설치에 대한 구체적인 시험 및 검사항목(20개 항목)

[아래의 내용에서 다음의 약자를 말함

ⓐ 인 : 인증시험 ⓑ 검 : 검수시험 ⓒ 현 : 현장시험 ⓓ 참 : 참고시험

1) 구조및 외관검사 : 인, 검, 현

2) 전기적절연시험
 ① 보조회로의 절연시험 : 인, 검, 현
 ② 상용주파내전압시험 / 부분방전시험 : 인, 검
 ③ 뇌충격내전압시험 : 인

3) 주회로저항측정 : 인, 검, 현

4) 온도상승시험 : 인

5) 단시간전류시험 : 인

6) 투입 및 차단능력시험 : 시험항목에 속하는 아래시험에 대한 인증시험만 시행함
 ① 시험항목 : 단락투입차단시험 / 임계전류시험/ 탈조차단시험/ 충전전류차단시험 / 지상소전류 차단시험

7) 기계적 동작시험 : 인, 검

8) 보조회로의 보호등급 확인시험 : 인

9) 내부고장시 아크상태 시험 : 인

10) 외함압력시험 : 인, 검

11) 외함시험(파열압력 또는 비파괴압력) : 인

12) 기밀시험 : 인, 현

13) 조작 및 제어회로 시험 : 인, 검, 현.

14) 절연저항시험 : 인,검,현

15) 가스수분측정 : 현

16) CR.PT 시험 : 인, 검

17) 피뢰기시험 : 인, 검

18) 연속개폐시험(10,000회) : 인

19) 내진시험 : 참고시험

20) 소음시험 : 참고시험

112-2-4 케이블 냉각방식

발17-112-2-4. 케이블의 냉각방식을 설명하시오 [의 해석은 아니나, 문제의 변형을 아래와 같이 함
 -1. 케이블의 안전전류를 설명하시오 [10점]

 답

1. 통전시 발생열량 W 과 안전전류 산출

① 도체저항r(Ω/cm), 도체전류I(A), 심선수(m), 오옴손Wr(W/cm), 유전체손을 Wd(W/cm)라 할 때

② $W = W_r + W_d = nI^2r + W_d$

또는 $W = \left(\dfrac{T_1 - T_2}{R_{th}}\right)$

여기서, T_1 : 케이블의 최고허용온도℃, T_2 : 주위의온도℃,
R_{th} : 열저항[℃/W/cm]

케이블의 종류	전압	연속[℃]	단락시[℃]
솔리드	23KV	70	200
OF 케이블	154KV	85	150
CV		90	230

2. 상기 식에 의하여 케이블 안전전류(I) 선정

1) $nI^2r + W_d = \left(\dfrac{T_1 - T_2}{R_{th}}\right)$

2) 그러므로, $I = k\sqrt{\dfrac{1}{nr}\left(\dfrac{T_1 - T_2}{R_{th}} - W_d\right)}$

3) 전력구식, 암거식의 안전전류는, $I' = K \cdot I$ (단, K는 부설방식에 따른 전류감소 계수)

4) 대략 OF케이블의 안전전류는 1.3~1.8(A/mm2)정도. 끝.

> 케이블의 안전전류의 내용을 케이블 냉각방식의 내용에 삽입시켜
> 고득점 전략으로 할 것.
> 즉, 왜 케이블을 냉각하는가에 초점을 두고

112-3-3 유중가스분석법 정리분

발17-112-3-3. 대용량 유입식변압기의 유중가스를 이용한 상태진단 및 고장진단 방법에 대하여 설명하시오.

● 답

1. 개요
1) 대용량 변압기는 전력의 안정공급에 관련된 중요한 설비이며, 사고를 예방하기 위한 보수관리 및 절연 진단이 필요하다.
2) 최근 변압기 이상 징후를 on-line 상태에서 상시 감시하여 사고를 예측하는 기술로 발전하고 있다.
3) 상기의 개념으로 ①유중가스 분석법, ②부분방전 측정법, ③적외선 진단법과 ④ 이들을 통합관리할 수 있는 원격지의 온라인 진단법에 대하여 기술한다.

2. 유중가스 분석에 의한 상태진단
1) 구성도

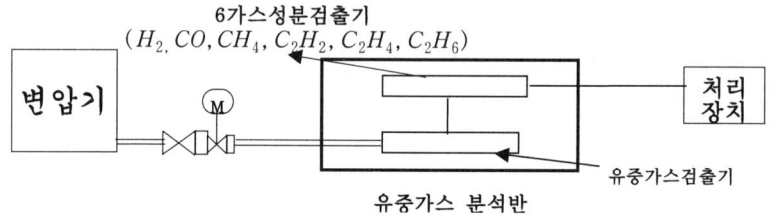

6가스성분검출기 (H_2, CO, CH_4, C_2H_2, C_2H_4, C_2H_6)

변압기 — 유중가스 분석반 — 처리장치 / 유중가스검출기

2) 원리
   변압기 내부에 이상이 발행하면 이상개소에 과열이 발생하게 되고, 절연유가 열에 의해서 분해되어 Gas가 발생되어 유중 Gas분석을 시행하여 열화진단.
3) 내부이상시 발생 Gas(이상의 종류에 의한 가스발생 성분)

이상의 종류	주 발생 가스	비 고
절연유의 과열	H_2, CH_4, C_2H_6, C_3H_8	① CH_4: 메탄, C_2H_6: 에탄, C_2H_2: 아세틸렌, C_3H_8: 프로판 C_2H_4: 에틸렌, C_3H_6: 프로필렌 C_4H_{10}: 부탄 ② 도체가열: CO, CO_2 생성되며, CO_2/CO의 체적비가 클수록 높은 온도 존재
유침 고체 절연체의 과열	CO, CO_2, H_2, CH_4, C_2H_4, C_2H_6, C_3H_6, C_3H_8	
절연유 중의 방전	H_2, CH_4, C_2H_2, C_2H_4, C_3H_8	
유침 고체 절연체의 방전	CO, CO_2, H_2, CH_4, C_2H_2, C_2H_4, C_3H_6, C_3H_8	

4) 유중 Gas의 축출법 : 토리첼리의 진공법, 도플러법

5) Gas 분석방법 : 가스 크로파토 그래프 사용

3. 유입변압기의 각 성분 GAS량에 의한 고장진단 방법 (판정)

구 분	종 류	현 상	발 생
H_2(수소)	○ 유중코로나 분해 ○ 고체절연물 아크 분해	○ 코로나 방전(순환전류에 의한 아크 발생) ○ 아크 방전	○ 권선의 층간 단락 ○ 권선의 융단 ○ 탭 전환기 접점의 아크 발생
CH_4(메탄) C_2H_4(에칠렌)	○ 절연유의 열분해	○ 순환 전류 및 접촉불량, 누설전류에 의한 과열	○ 접속부 이완 ○ 절환기 접점의 접촉 불량, 절연 불량
C_2H_2(아세칠렌)	○ 유중아크 분해 ○ 고체절연물 아크 분해	○ 아크 과열	○ 권선의 층간 단락 ○ 탭전환기 섬락
CO(일산화 탄소)	○ 고체절연물 열분해, 경년열화	○ 과열, 소손	○ 절연지 소손 ○ 베크라이트 소손
CO_2(이산화탄소)	○ 고체절연물 열분해, 경년 열화	○ 과 열	○ 절연내압 불량 ○ 절연물, 절연유열화

5. 절연유 유중가스 분석 및 판정절차[표 KEPCO (한전) 판정기준]

발생가스량	요주의	이상
수소(H_2)	400ppm이상	800ppm이상
일산화탄소(CO)	300ppm이상	600ppm이상
아세틸렌(C_2H_2)	10ppm이상	20ppm이상
메탄(CH_4)	150ppm이상	300ppm이상
에탄(CH_6)	150ppm이상	300ppm이상
에틸렌(C_2H_4)	200ppm이상	400ppm이상

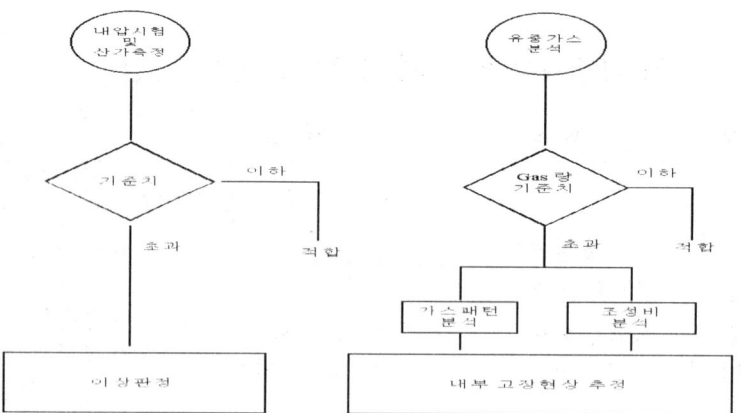

그림2. 절연유 유중가스 분석 및 판정절차

6. 변압기 예방보전 시스템

상기의 여러 방법을 통합하여 신호 및 변환처리 프로세스를 경유 후 원방감시 시스템에서 인터넷을 통하여 ON-LINE 감시하는 시스템으로 현재 발전 중에 있음

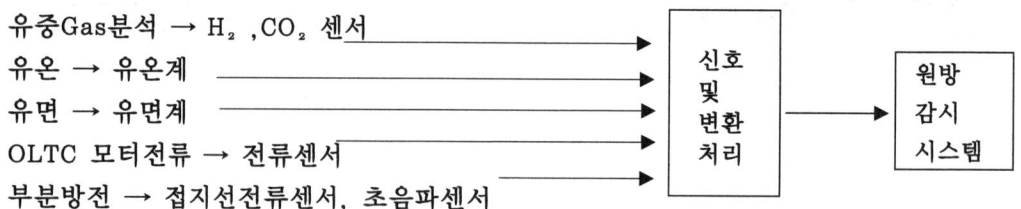

113-1-3 ▶ 콘덴서 용량변화

발17-113-1-3. 부하의 유효전력이 일정한 경우와 부하의 피상전력이 일정한 경우에 역률 개선용 콘덴서의 용량 변화에 대하여 각각 설명하시오.

 답

1. 유효전력 및 무효전력 일정시, 콘덴서 투입 시 용량 등의 비교

구분	유효전력이 일정시 콘덴서 용량변화	피상전력이 일정시 콘덴서 용량변화
벡터도	(벡터도: P[kW], $P_o[kVA]$, Q_L, Q_2, Q_C, θ_1, θ_2)	(벡터도: P', P, ΔP, Q', Q, Q_C, W, θ, θ')
콘덴서 투입시 전력 변화	① W' 감소(피상전력 감소) ② 유효전력 P일정 ③ 무효전력 Q는 Q-Qc=Q'로 감소 ④ 역률 $\cos\theta \to \cos\theta'$로 증가	① W 일정 ② 유효전력은 P' = P+△P로 증가 ③ 무효전력 Q는 Q-Qc=Q'로 감소 ④ 역률 $\cos\theta \to \cos\theta'$로 증가
콘덴서 용량 변화	① Q=Qc 만큼 증가 시킬 수 있으며 ② Q=Qc 되면 P(일정), W(감소)가 되고 $\cos\theta=1$ 이 된다. ③ 콘덴서 용량은 $Q_C = P(\tan\theta_1 - \tan\theta_2)$ $= P\left[\sqrt{\dfrac{1}{\cos^2\theta_1}-1} - \sqrt{\dfrac{1}{\cos^2\theta_2}-1}\right]$	① Q=Qc 만큼 증가 시킬수 있으며 ② Q=Qc 되면 P(증가)=W(일정)가 되고 $\cos\theta=1$ 이 된다. ③ 콘덴서 용량은 $Q_{C_2} = (P+\Delta P)(\tan\theta_1 - \tan\theta_2)$
결론	① 역률향상, 무효전력 손실 감소 ② 피상전력 감소로 여유전력 증가 (변압기 부하분담감소)	① 역률향상, 무효전력 손실 감소 ② 유효전력 부하증가 ③ 무효전력 감소 ④ 전체 피상전력은 동일 ⑤ 콘덴서 투입시 변압기 용량(W) 증설 없이 유효전력 증가량(P')

113-1-7 변압기 병렬운전

발17-113-1-7. 변압기 병렬운전 조건과 3상 변압기의 병렬운전 가능 또는 불가능 결선에 대하여 각각 설명하시오.

1. 변압기의 병렬운전의 조건

병렬운전조건	조건이 불일치하면
1차전압 = 2차전압	순환전류로 소손
권수비 등가	동손 증가로 변압기 과열
%Z전압 등가	%Z 전압 낮은 쪽에 과부하(±10% 이내허용)
%(X/R)비 등가	역률에 따라 부하분담 변동
극성 등가(1φ)	단락으로 인한 과전류 소손
각변위, 상회전 등가(3φ)	단락으로 인한 과전류 소손
용량 등가	용량비가 3:1 이내일것

2. 3상 변압기의 병렬운전 가능 또는 불가능 결선

가능결선		불가능결선	
A 변압기	B 변압기	A 변압기	B 변압기
△ - △	△ - △	△ - △	△ - Y
Y - Y	Y - Y	△ - △	Y - △
△ - Y	△ - Y	Y - Y	Y - △
Y - △	Y - △	Y - Y	△ - Y

결선이 같더라도 각변위가 다를 경우 병렬운전 불가

3. 각변위가 다를 경우의 현상[향후 따로 10점용으로 재 출제가능성 높음]

1) 각변위란?
   ① 1,2차 결선이 Y-△인 경우 1차측과 2차측은 30°의 위상차가 발생한다.
   ② 변압기 병렬운전이 가능한 결선이라 하더라도 결선방법에 따라서 위상차가 발생함

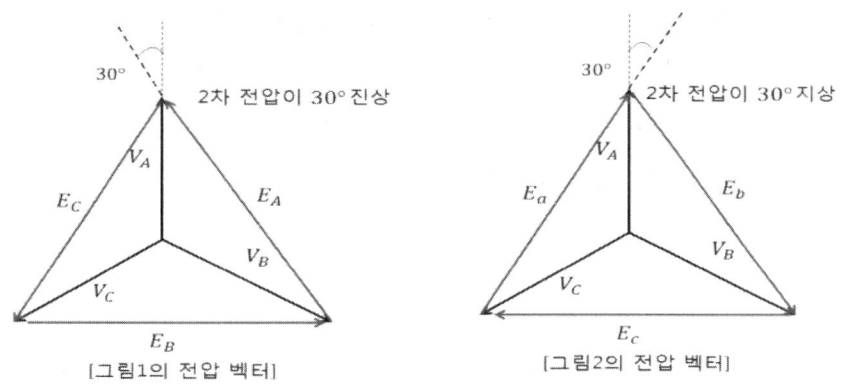

[그림1의 전압 벡터]   [그림2의 전압 벡터]

2) 각변위가 다를 경우 현상
   ① 전위차

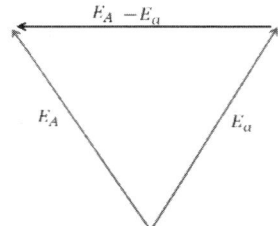

   ② 위의 전압벡터 중 a상만을 고려하면 크기가 동일할지라도 위상차에 따른 전위차가 발생한다.
   ③ 위상차에 따른 현상
      ㉠ A, B변압기의 2차의 전위차는 상전압에 해당된다.
      ㉡ 따라서 이 경우는 상전압으로 단락된 것과 동일하다.
      ㉢ 단락발생시 과대한 전류가 흘러 변압기가 소손될 수 있다.
      ㉣ 결과적으로 각변위가 다른 경우 병렬운전을 할 수 없다.

Chapter 1. 발송배전기술사 기출 중 전기안전기술사 예상문제

113-1-10 ▶ 피뢰기에 관한 다음의 용어

발17-113-1-10. 피뢰기에 관한 다음의 용어를 설명하시오.[기출]
1) 정격전압   2) 제한전압
3) 방전전류   4) 상용주파 방전개시전압
5) 충격 방전개시전압

1) 정격전압
① LA의 정격전압이란 상용주파 허용단자 전압으로 피뢰기에서 속류를 차단할 수 있는 최고의 상용주파수의 교류전압으로 실효값으로 나타냄
② 피뢰기 양단자간에 인가한 상태에서 소정의 단위동작 책무를 소정의 횟수만큼 반복 수행할 수 있는 정격주파수의 상용주파 전압 실효값.

2) 피뢰기의 제한전압
① 피뢰기 방전 중 이상전압이 제한되어 피뢰기의 양단자 사이에 남는 (충격)임펄스 전압으로, 방전개시의 파고값과 파형으로 정해지며, 파고값으로 표현
② 제한전압과 절연협조

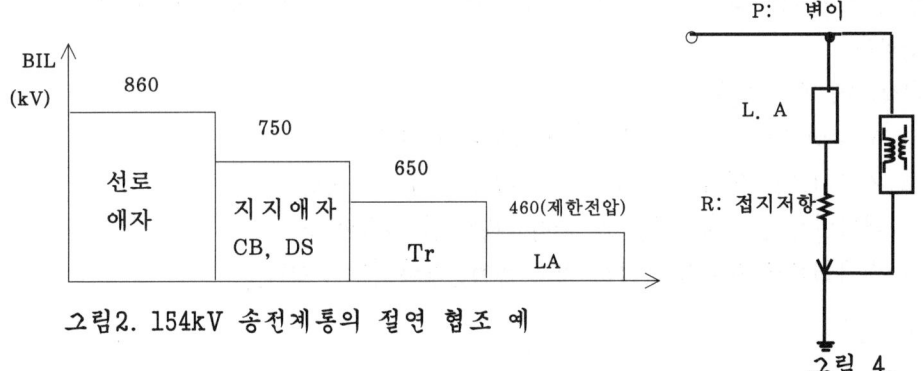

그림2. 154kV 송전계통의 절연 협조 예

그림 4.

3) 방전전류

　① 정의 : Gap의 방전에 따라 피뢰기를 통해서 대지로 흐르는 충격전류
　② 피뢰기의 방전전류의 허용 최대한도를 방전내량이라 하며, 파고값 임.

4) 상용주파 방전개시전압

　① 상용 주파수의 방전 개시 전압(실효값)을 상용 주파 방전 개시 전압이라고 하는데 보통 이 값은 피뢰기의 정격 전압의 1.5배 이상이 되도록 잡고 있다.
　② 154kV 경우 $138 \times 1.5 \fallingdotseq 207\text{kV}$

5) 충격방전 개시전압

　① 피뢰기의 단자간에 충격 전압을 인가하였을 경우 방전을 개시하는 전압을 충격 방전 개시 전압이라고 한다.
　② 또, 다음과 같은 값을 충격비라고 부르고 있다.

$$\text{충격비} = \frac{\text{충격 방전개시전압}}{\text{상용주파 방전개시 전압의 파고값}}$$

113-2-4   ESS와 BEMS

발17-113-2-4. 에너지저장장치(ESS)와 건물에너지관리시스템(BEMS)의 개요 및 용도, 의무적용 대상에 대하여 각각 설명하시오

 답

1. 에너지저장장치(ESS: Energy Storage System)
1) 개요 : 생산된 전력을 저장하였다가 전력이 필요할 때 공급하는 전력시스템을 말하며 전력 저장장치, 전력변환장치 및 제반운영시스템으로 구성된다.
2) PCS(Power Conversion System)ESS의 구성요소
   ① 전력변환장치(교류와 직류간의 변환, 전압/전류/주파수 변환)
   ② 전력변환장치로 컨버터와 인버터로 구성되며 에너지저장 시와 전력사용처에 공급 시로 나누어 사용함
   ③ 전력 저장 시 : 교류→직류 (컨버터로 사용)
   ④ 사용처 전력공급시 : 직류→교류 (인버터로 가용)
3) BMS(Battery Management System)
   ① 베터리 랙에 있는 각각의 셀 마다 특성이 달라 이를 제어하는 장치
   ② 셀용량 보호 및 수명예측, 충·방전 등을 통해 에너지 저장장치가 최대의 성능 발휘 및 안전성 확보를 위한 제어시행
4) EMS(Energy Management System) : 전력의 생산/변환/소비 등을 제어 및 모니터링 하는 시스템
5) Battery 및 Rack
   ① 작은 리튬이온 베터리 셀이 모여 모듈을 이루고 이 모듈이 RACK을 구성
   ② 에너지 저장장치의 핵심부품으로 실질적으로 전력을 저장하는 장치임

6) 구성도(ESS)

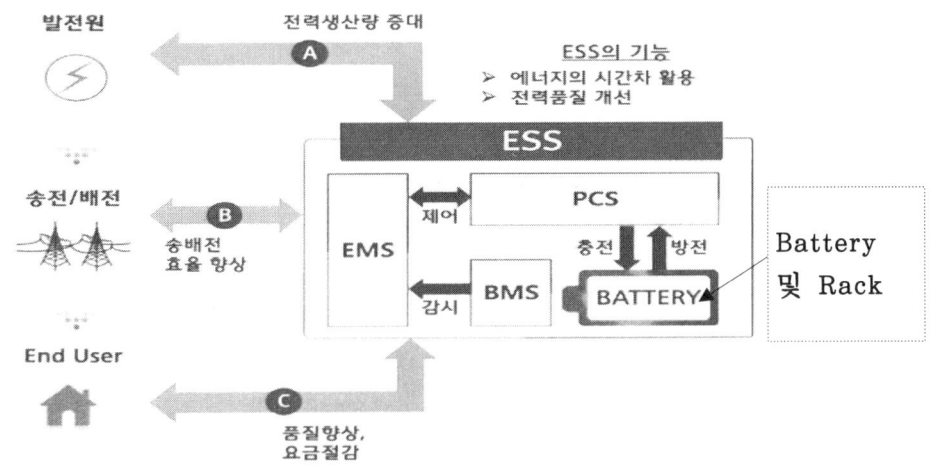

7) ESS용도

구분	내용
주파수 조정용EES	발전소에서 주파수 조정을 위해 약 5%를 예비력으로 보유, 이러한 주파수 조정용량을 ESS로 대체하게 되면 국가편익 발생
피크감소용 EES	전력사용 고객이 심야시간의 싼 전기를 ESS(에너지저장장치)에 저장해 두었다가 주간 피크시간에 사용함으로써 전기요금 절감하기 위해 설치
신재생 출력 안정용 EES	신재생에너지지의 경우 전력계통과 연계시 출력 불안정과 전압변동 등 전력품질이 악화될 우려가 있음. 이러한 상황을 대비하여 ESS 설치
비상발전 대체	정전 방지를 통한 안정적 전력 공급 수단인 비상(예비)전원으로 활용

8) ESS의무적용 대상
① 계약전력 1,000kW이상의 공공기관 건축물에 계약전력 5%이상 규모 설치 의무화
② PCS 정격용량설비 기준(kW)이며
③ ESS 출력(kW)으로 최소 2시간 이상
④ ESS 의무적으로 설치 17년 건축허가 신청 건축물부터 적용

2. 건물에너지관리시스템(BEMS: Building Energy Management System)

1) 개요
① 설비(조명, 냉·난방설비, 환기설비, 콘센트 등)에 센서와 계측장비를 설치하고 통신망으로 연계하여,

② 에너지원별, 용도별 등의 상세 사용량을 실시간으로 모니터링하고,
③ 수집된 에너지 사용 정보를 S/W를 통해 분석하고 설비의 자동제어를 통해 운영 최적화를 통한 에너지 절감을 하는 통합 관리 시스템

2) 용도
① 불필요한 에너지 사용을 최소화하며 설비를 최적운전 상태로 유지시켜 에너지효율을 높이는 것
② 환경조건을 개선시키는 것
③ 에너지흐름, 에너지 사용량 및 건물의 설비성능 분석하는 에너지관리와 유지보수 향상
④ 설비 커미셔닝에 관한 표준조건제시와 차세대 설계표준 확립
⑤ 중앙집중식 설비관리를 통한 효율적인 인력사용
⑥ 빌딩 장치 및 설비 관리 기술 분류

종류	주요기능
BAS (Building Automation System)	기계/전기설비, 조명, 방재 등 각종 설비의 상태감시, 운전관리
IBS(Intelligent~)	설비, 조명, 방재, 엘리베이터 등 건물 내 시스템의 통합관리
FMS (Facility Management System)	건물정보, 자재, 장비, 작업, 인력, 도면, 예산 관리, 보고서(평가/분석) 작성, 자산관리
BMS (Building~)	상태감시 및 제어, 주차관제 등 각 설비별 독자 관리, 수선 및 보전 스케줄 관리, 설비대장 및 과금자료 관리
BEMS	에너지 및 환경의 관리, 건물에너지설비 관리 분석, 시설운영 분석, BAS 중앙 시스템 연계 통합 관리

3) BEMS 의무적용 대상
① 17년부터 건축허가를 신청하는 연면적 1만㎡ 이상의 공공기관 의무적으로 설치
② 한국에너지공단으로 부터 설치확인 과정을 거쳐야 함
③ 에너지진단주기 연장(5년→10년)

113-2-6 1상 결상시 변압기 현상

발17-113-2-6. 변압기 1차측 중성점이 직접 접지되어 Y-△ 결선으로 운전 중인 상태에서 1차측 한 상이 결상되었을 때 변압기에 미치는 영향에 대하여 설명하시오

1. 변압기 1차측 중성점 직접 접지 Y-△ 결선에서 1차측 한상 결상시 회로도

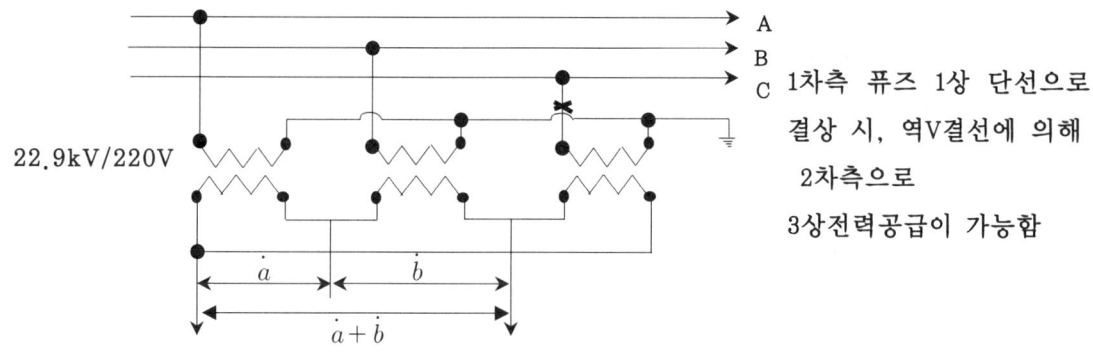

1차측 퓨즈 1상 단선으로 결상 시, 역V결선에 의해 2차측으로 3상전력공급이 가능함

그림1. C상 결상시 : 1차측 FUSE단선시

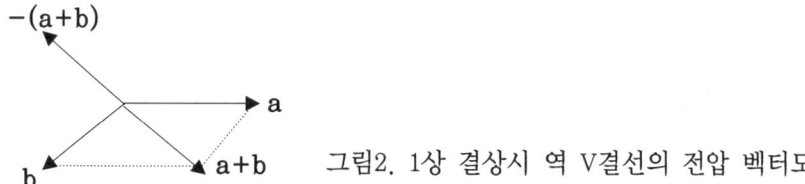

그림2. 1상 결상시 역 V결선의 전압 벡터도

2. 1차측 중성점 직접 접지 Y-△ 결선에서 1차측에 나타나는 현상

1) Main VCB측(22,900V)에 보호계전기 동작
2) 파워퓨즈 사고없이 자연 용단시 단락, 지락계전기 동작 하지 않을 수 있다.
3) 결상계전기 셋팅 시 보호계전기 동작

4) 특별고압측 1상 결상이 되어도 2차측에 정상적으로 전원 공급
   (1) 1차측 퓨즈 단선시 역V결선에 의해 2차 측에 3상전력을 공급할 수 있다
   (2) 결상된 c=a+b전압 발생

3. 결상 원인
1) 정상운전상태시 퓨즈용단
2) 전원측 차단기의 오동작
3) 접촉불량, 단선 등에 의해 발생

4. 1차측 한 상이 결상되었을 때 변압기에 미치는 영향
1) 결상으로 인하여 정상상태일 때 보다 변압기 용량이 감소
   ① V결선 : 출력비 57.7% 감소($\sqrt{3}/3$)
   ② 이용률 86.6% 감소($\sqrt{3}/2$)
2) 변압기의 과부하현상이 발생할 수 있다.
3) 변압기의 단상운전으로 인한 발열 및 소손
4) 저전압계전기의 동작으로 정전유발
5) 전동기의 단상운전으로 인한 소손
6) 조명등기구 점등 불가
7) 마그넷 등의 오동작
8) 정밀기기 오동작 및 내부 회로 소손

5. 대책
1) 변압기 중성점접지 Floating 운전
2) 결상 계전기 설치
3) 단선(결상)시 보호계전기 동작 할 수 있도록 보호협조 구성

113-3-5. 콘덴서회로의 고조파 영향.대책

방17-113-3-5. 고조파 전류가 콘덴서 회로에 미치는 영향과 대책에 대하여 설명하시오.

 답

1. 콘덴서 고조파의 발생원인

1) 콘덴서 회로의 고조파 확대 메카니즘
   ① 고조파 발생회로 : 下記 그림1. 참조

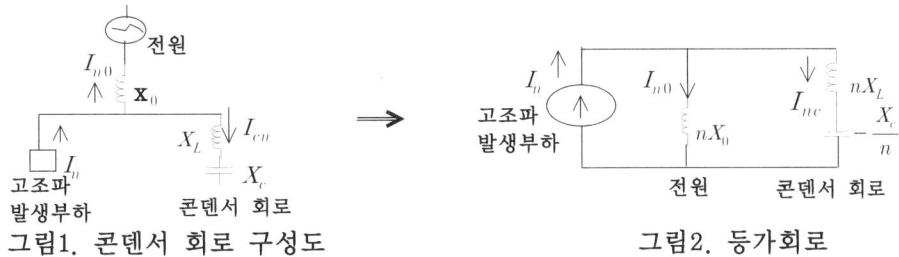

그림1. 콘덴서 회로 구성도   그림2. 등가회로

② 고조파 전류의 분류

㉠ 전원측에 흐르는 고조파 전류: $I_{n0} = \dfrac{nX_L - \dfrac{X_c}{n}}{nX_0 + \left(nX_L - \dfrac{X_C}{n}\right)} \times I_n$ 가 흐름

㉡ 콘덴서 회로 측에 흐르는 고조파 전류 : $I_{nc} = \dfrac{nX_0}{nX_0 + \left(nX_L - \dfrac{X_C}{n}\right)} \times I_n$ 가 흐름

여기서, X_0, X_c: 전원의 기본파 리액턴스, 콘덴서의 기본파 리액턴스
            X_L : 직렬리액턴스의 기본파 리액턴스

③ 용량성의 회로패턴인 경우($nX_L - \dfrac{X_c}{n} < 0$ 일 때)

㉠ 전원 측에 유입되는 n차 고조파전류가 확대되고, 그림의 중안 전원측에 모선 전압의 왜곡이 증대됨

Chapter 1. 발송배전기술사 기출 중 전기안전기술사 예상문제

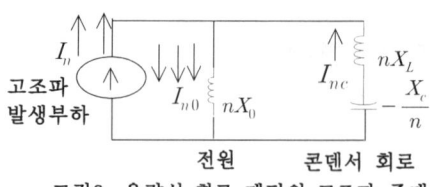

그림3. 용량성 회로 패턴의 고조파 증대

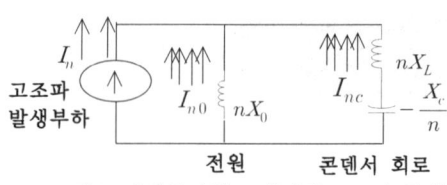

그림4. 병렬공진회로 패턴의 고조파 증대

④ 병렬공진 회로패턴 일 경우($nX_0 ≒ \left| nX_L - \dfrac{X_c}{n} \right|$ 일 때)

㉠ 병렬공진이 되고 n차 고조파는 극단적으로 확대되어 계통전체에 고조파 왜곡 현상 발생, 반드시 이 구성을 피할 것

2. 고조파가 콘덴서에 미치는 영향(콘덴서에 미치는 영향)

1) 선로의 용량성 및 유도성 임피던스에 의해 공진현상이 발생시
   ① 콘덴서 용량성 때문에 고조파 전압 및 전류가 계통 전체로 왜곡현상이 확대됨
   ② 공진현상으로 고조파 전류에 의해 회로의 임피던스를 감소시켜 과대한 전류가 유입되어 과열, 소손, 진동, 이상소음 발생

2) 경부하시 콘덴서가 투입된 경우
   ① 진상 역률이 되어 모선전압이 상승하고,
   ② 변압기가 과여자 되면서 고조파 전압이 상승하여 콘덴서 고장
   ③ 다른 기기의 손실 및 오동작을 초래한다

3) 일반적인 회로에서 콘덴서 설치시
   ① 변압기 철심의 자기포화특성과 고조파 발생 부하 등에 의해 발생된 고조파가 회로의 전압·전류를 왜곡시키고,
   ② 선로의 용량성 및 유도성 임피던스에 의해 공진현상이 발생하면 콘덴서 용량 때문에 고조파 전압 및 전류가 더욱 확대됨

4) 고조파 전압은 변압기의 과열, 소음 증대와 콘덴서 회로에 이상전류를 발생시키고, 고조파 전류는 계전기류에 오동작을 일으킨다.

5) 콘덴서 전류의 실효치가 증가
   ① 제 5고조파가 발생하며 전원측으로 유출될 경우
      ㉠ X_c(용량성 임피던스)는 $X_c = \dfrac{1}{2\pi fc} \propto \dfrac{1}{f}$ 로 1/5배로 감소
      ㉡ X_L(유도성 임피던스)는 $X_L = 2\pi fL \propto f$ 로 5배로 증가
      즉, 고조파 전류는 임피던스가 낮은 콘덴서로 유입되어 과열의 원인이 된다
   ② 콘덴서 유입전류= $\sqrt{(기본파\ 전류 : 콘덴서\ 정격전류)^2 + (고조파\ 전류)^2}$

6) 콘덴서 단자전압 상승

① 고조파가 유입시 콘덴서 단자 전압은 $V = V_1 \left(1 + \sum_{n=2}^{n} \frac{1}{n} \cdot \frac{I_n}{I_1}\right)$

② 콘덴서 내부소자가 직렬리액터 내부 충간절연 및 대지절연 파괴가 우려됨

7) 콘덴서 실효용량 증가

① 고조파가 유입시 콘덴서 실효용량은 $Q = Q_1 \left[1 + \sum_{n=2}^{n} \frac{1}{n} \left(\frac{I_n}{I_1}\right)^2\right]$

② 유전체 손실이 증가하고, 내부소자의 온도상승이 커져 콘덴서 열화를 촉진

8) 고조파 전류에 의해 손실이 증가한다

3. 대책

1) 직렬리액터 유무에 따른 최대사용전류를 아래 표와 같이 제한시킴

전압 구분	최대사용전류	
	직렬리액터가 없는 경우	직렬리액터가 있는 경우
저압회로용	130% 이하	120% 이하
고압회로용	고조파 포함 135% 이하	고조파 포함 120% 이하
특고압회로용	고조파 포함 135% 이하	고조파 포함 120% 이하

2) 직렬리액터가 있는 경우

① 전압 왜곡률을 3.5% 이하게 되게 할 것

② 저압측에 설치하는 경우 자동역률장치를 설치함

3) 전력용 콘덴서의 사용을 최대한 억제하고, 유도전동기 대신에 동기전동기를 사용

4) 고조파 발생원의 변환장치의 다펄스화 :

① 고조파 전류의 크기 : $I_n = K_m \cdot \dfrac{I_1}{n}$ 이므로 n의 증가

즉, 다펄스화로 고조파 전류는 감소

5) 리액터의 용량 증대 : 계통을 항상 유도성으로 만들어 고조파 확대 현상 방지

6) 고조파 확대현상방지 : 직렬공진 및 병렬공진에 의한 고조파 확대 방지

7) 변압기△결선 : 제3고조파 순환소멸

8) 필터 설치

① 수동형필터 : LC필터는 특저고조파 성분에 대하여 저임피던스로 되어 고조파 전류를 끌어 들임으로써 전원 측의 고조파 양을 줄임

② 능동형필터 : 기본파와 비선형부하(고조파 발생부하)의 파형과 보상된 전류 파형

114-1-6 단로기 등 동작특성

발17-114-1-6. 차단기(CB), 부하개폐기(LBS), 단로기(DS)의 동작특성을 설명하시오.

 답

1. 차단기(CB) 동작특성
1) 부하전류 개폐 : 정상 부하전류 개폐
2) 사고시 사고 전류 차단 보호
   ① 단락, 지락전류 차단
   ② 과부하 전류 차단

2. 부하개폐기(LBS) 동작특성
1) 수용가 인입구에 설치 부하전류 개폐
2) 정상 부하전류 개폐
3) 3상 동시 개폐로 결상 방지
4) 단락전류 개폐 능력이 없어 PF와 협조

3. 단로기(DS) 동작특성
1) 무부하 선로 개폐
2) 선로 충전전류 차단
3) 부하전류, 고장전류 차단 능력은 없다
4) 조작순서
   ① 개방시: 차단기를 우선 OFF→ B측 단로기를 OFF→ A측 단로기를 OFF
   ② 복전시 : 정전시와 역순임

4. 종류별 동작특성 비교

종류	회로분리		사고차단	
	무부하	부하	과부하	단락
CB	가능	가능	가능	가능
LBS	가능	가능	가능	불가능(PF와 협조)
DS	가능	불가능	불가능	불가능

발114-1-9 변압기 소음

발18-114-1-9. 변압기의 소음 발생원인 및 저감 대책에 대하여 설명하시오.

 (안전09-89-1-10)

1. 개요
1) 변전실내에서의 소음은 변압기, 차단기, 송풍기, 공기 압축기, 비상 발전기 등이 원인임
2) 이중 변압기의 소음은 항상 있으며 환경 관련법상 규제를 다음과 같이 정함

표1. 환경관련법상의 변압기 소음범위

소음지역	지역특성	소음기준(dB)		비고
		주간	야간	
'가' 지역	자연환경 보존지역(국토이용)	50이하	30이하	
'나' 지역	일반주거지역, 준주거지역	55이하	45이하	
'다' 지역	상업지역	65이하	55이하	
'라' 지역	공장	70이하	65이하	

3) 또한 변전소의 설계시는 화재 및 누유대책과 정전유도대책, 전파장해대책, 주위환경과의 대책을 수립하여 민원방지에 철저를 기해야 함

2. 변압기 소음발생 원인
1) 변압기 철심 자화 현상에 의한 소음
   ① 철심이 자화 되면 히스테리현상과 와전류 현상 발생 소음과 손실
   ② 자구의 회전에 의한 진동 진동 소음발생
   ③ 권선의 전자력에 의한 소음
   ④ 철심 포화시 고조파 발생과 소음 발생
   ⑤ 변압기 소음의 주파수 특성은 100Hz ~ 수천 Hz 이나 이중 저주파수인 100~500Hz가 주성분임

⑥ 철심의 이음새 및 성층간에 작용하는 자기력에 의한 진동
2) 부하전류에 의한 소음
① 부하 불평형에 의한 소음 : 급격한 부하 변동
② 과부하에 의한 소음 확대
③ 고조파에 의한 소음 진동 발생
3) 기타 요인에 의한 소음
① 송풍기에 의한 소음 : 변압기 냉각
② 냉각팬 전동기에 의한 소음

3. 변압기의 소음저하 대책

1) 자화현상 대책 : ① 자구미세화 변압기사용 ② 고방향성 규소강판 사용
2) 자속밀도의 저감: 경제성을 고려하여 자속밀도 저감의 한계가 있음
3) 부하전류에 의한 소음 : 변압기 운전의 안정화, 고조파 발생 억제
4) 철심탱크사이에 방진고무 삽입하면 저감 효과는 3dB 정도
5) 변압기 탱크 주위에 방음 차폐판 설치: 효과 → 약 10dB 정도 저감
6) 변압기 둘레와 윗부분에 콘크리트 방음벽 설치: 효과 → 약 30dB 저감

114-2-4 ess의 종류

발18-114-2-4. 전기저장장치(ESS)를 배터리형과 비배터리형으로 구분하여 종류별 작동원리 및 특징, ESS의 전력계통 적용방안에 대하여 설명하시오.

 답

1. 개요
1) 전기 에너지 저장장치로 배터리형 : BESS (1차전지, 2차전지(충방전가능))
2) 비배터리형인 : 양수발전, 플라이휠 저장, 초전도 자기에너지 저장(SMES)

2. 배터리형 전기저장장치의 작동원리 및 특징

2-1. 개요 및 원리
1) 신형전지전력 저장장치는 충방전의 반복 이용이 가능한 전지(2차전지)
2) 전력을 직접 화학에너지로 변환 저장, 필요시 방전할 때 화학에너지를 전기에너지로 변환하여 이용하는 장치

2-2. 구성

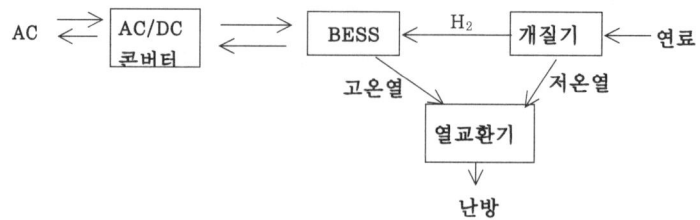

2-3. 장점
1) 높은 에너지 밀도를 가지고 있고, 에너지 변환 효율이 높다.
2) 기동정지 및 부하추종 등의 운전특성이 우수하여 첨두부하 전원으로 적용 가능.

3) 모듈 구조로 분산 배치가 가능하다.
4) 진동, 소음이 적고 환경에 끼치는 영향이 거의 없다.
5) 저장효율이 비교적 우수하다.
6) 입지제약이 없어 수요지 근방에 설치가능하다.
7) 모듈구조로 양산될 수 있어 건설기간이 짧고, 비용절감이 될 가능성이 높다.
8) 자원적인 문제에 있어서 공급이 무난하다.
9) 적용범위가 광범위하며, 가까운 시기에 실현 가능성이 높다.
10) Module 구성이므로 고장시 처리 및 복구가 용이함.
11) 적용범위가 광범위하며, 가까운 시기에 실현 가능성 높다.
12) CO_2, NO_X 등 대기오염 물질 배출 및 소음이 적고, 환경 대책상 유리 함.
13) 전지의 효율이 규모에 의하지 않고, 대규모 발전소 수준까지의 에너지 변환이 가능

2-4. 단점
1) 부식성 물질의 사용으로 인해서 다른 설비보다 내용 연수(전지수명)가 짧다
2) 다수의 단전지로 구성된 System이기 때문에 고도의 유지, 보수관리 기술이 요구
3) 반응가스 중의 불순물에 민감하여 이의 제거 기술이 필요함
4) Cost가 높고 내구성에 문제가 있다

3. 비 배터리형 전기저장장치의 작동원리 및 특징

3-1. 양수발전
1) 원리 : 심야경부하시 잉여전력으로 양수(부하)하여 첨두부하시 발전하는 계통운영 방식
2) 특징
    ① 전력에너지 저장장치의 기능
    ② 잉여전력의 소화 및 피크부하시의 공급전원으로서의 역할
    ③ 변동부하에 대한 대응 공급력으로서의 역할
    ④ DSM(수요관리)의 Peak Shifting 기능도 보유하므로 부하율 향상 효과
    ⑤ 전력계통의 신뢰도 향상 : 계통 불안정시 대처, 전력 수급의 안정성 증진
    ⑥ 무효전력 공급력으로서의 역할
    ⑦ 운전예비력으로서의 역할

⑧ 전력계통의 종합 운전 효율 향상에서의 역할
⑨ 경제적 역할
  ㉠ 타사로부터 저가인 전력을 융통성 있게 수전하여 양수에 사용하고, 自社의 운전비가 높은 화력발전소의 출력은 제한시켜 연료비의 절감과 동시에 화력발전소 전체 효율을 향상시킴.
⑩ 저효율 화력 대처에 의한 연료비 경감
  ㉠ 화력의 기동, 정지 회수 감소에 의한 손실 감소
  ㉡ 계통의 운전예비력 분담에 의한 타 발전설비의 효율향상

3-2. 초전도 에너지 저장(SMES : Super Conducting Magnetic Energy Storage)

1) 원리
  ① 코일인 인덕턴스에 전류를 흘리면 코일에 축적되는 에너지는 $E=\frac{1}{2}LI^2[J]$ 임.
  ② 따라서, 코일을 임계온도까지 초저온상태로 하면, 이론상 무한장 에너지 저장가능

2) 구성

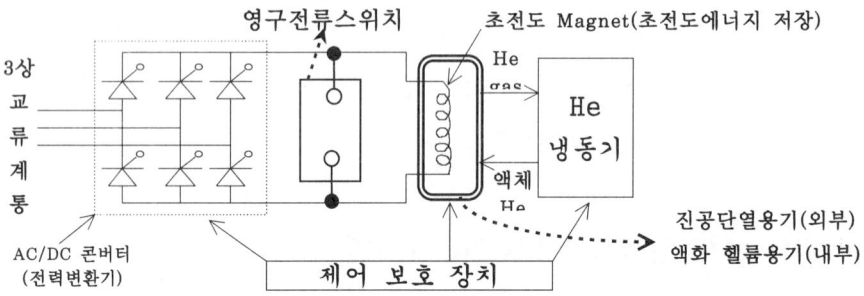

3) SMES의 특징
  ① 전기 에너지의 저장, 방출 가능으로 저장효율이 90% 정도의 고효율
  ② 축응성 우수,
  ③ 양수발전에 비해 에너지 저장밀도가 2~3배로 높다.
  ④ 입지조건 및 대용량화가 유리하여 장기적으로 유리한 System 임.

3-3. 플라이휠저장

1) 원리 : 플라이휠 관성력을 이용하여 전기에너지를 운동에너지로 저장하는 방식
2) 플라이휠 저장방식의 시스템 구성 : 발전전동기+플라이휠+전력변환기+진공용기

3) 특징
① 에너지 저장과정은 심야 경부하시 발전-전동기는 전동기로 구성되어 Flywheel에 에너지를 저장한 후, 주간 부하시 발전-전동기가 발전기로 가동되어 계통에 가압.
② 에너지 저장 밀도 高 - 에너지 저장 방출을 임의의 시간으로 조절가능
③ 분산형 전원으로 입지적 제한 없이 설치가능

4. ESS의 전력계통 적용방안

4-1. 구성도(ESS)

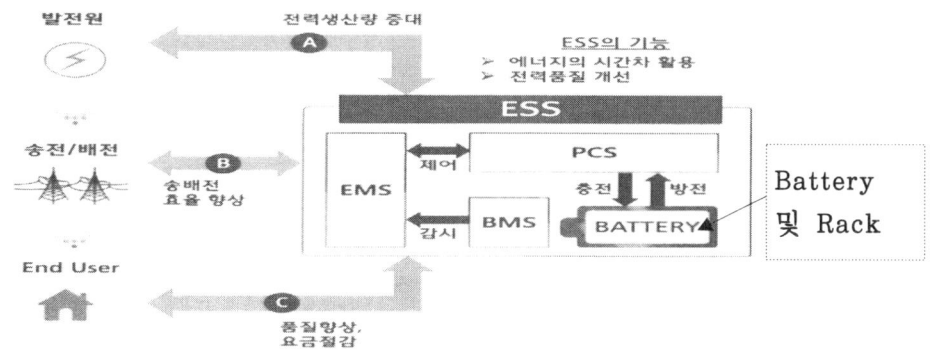

4-2. ESS용도

구분	내용
주파수 조정용EES	발전소에서 주파수 조정을 위해 약 5%를 예비력으로 보유, 이러한 주파수 조정용량을 ESS로 대체하게 되면 국가편익 발생
피크감소용 EES	전력사용 고객이 심야시간의 싼 전기를 ESS(에너지저장장치)에 저장해 두었다가 주간 피크시간에 사용함으로써 전기요금 절감하기 위해 설치
신재생 출력 안정용 EES	신재생에너지지의 경우 전력계통과 연계시 출력 불안정과 전압변동 등 전력품질이 악화될 우려가 있음. 이러한 상황을 대비하여 ESS 설치
비상발전 대체	정전 방지를 통한 안정적 전력 공급 수단인 비상(예비)전원으로 활용

5. 향후전망

cnt소자와 초음파 및 질소를 이용한 3차원의 획기적인 2차 전지 양산이 향후 5년 뒤에 가능하여 전력계통의 전체적인 페러다임 혁신적인 시기가 도래할 것으로 예상된다

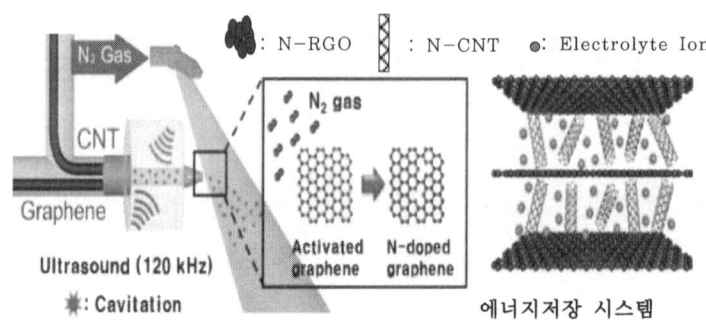

그림2. 초음파스프레이 활용의 CNT재료의 질소고정 및 3차원 전극구조

Chapter 02

전기응용기술사
문해석의
전기안전에 예상 문제

응13-100-1-3. 순시전압강하의 원인과 대책을 설명하시오

응13-100-1-4. 조상용 콘덴서 조작용 차단기의 선정시 고려사항을 설명하시오

응13-100-1-5. IEC-529에 의한 외함 보호등급(IP)과 표기방법을 설명하시오

응13-100-1-8. 직류전원계통의 장·단점을 설명하시오

응13-100-1-12 . 전기절연재료의 열화(성능저하) 요인을 설명하시오

응13-100-2-1. 유도전동기의 제동방법을 설명하시오

응14-103-1-5. 변류기(CT)의 과전류정수(Over current Constant) 및 부담(Burden), CT의 과전류정수와 부담과의 관계에 대하여 설명하시오.

응14-103-1-10. 에스컬레이터의 안전장치에 대하여 설명하시오.(건12-98-1-8)

응14-103-3-1. 유입 변압기의 열화 원인에 대하여 기술하시오

응14-103-3-6. GIS(Gas Insulated Switchgear)의 특징과 진단기술을 설명하시오.

응15-106-2-3 전자파(EMC)시험에 대하여 설명하시오.

응15-106-3-1. 케이블의 열화(劣化) 현상 중에서 전기 트리잉(treeing)과 트랙킹(tracking)에 대하여 설명하시오.(타 종목에서도 자주 출제 됨)

응15-106-3-2. 보호계전기의 신뢰도 향상방법과 정지형(static type) 및 디지털(digital type)계전기에 대하여 설명하시오.

응15-106-4-2. 태양광 발전시스템에서 인버터회로 방식에 대하여 설명하시오.

응16-109-2-4. 분산형전원의 전력 안정화를 기하기 위한 에너지 저장시스템에 적용되는 PCS(Power Conditioning System)의 요구 성능에 대하여 설명하시오.

응16-109-4-2. 이차전지를 이용한 전기저장장치의 시설기준에 대하여 다음 사항을 설명하시오
    1) 적용범위 및 일반 요건   2) 계측장치 등의 시설
    3) 제어 및 보호장치의 시설
    4) 계통연계용 보호장치 시설 (건16-109-4-4)

응16-109-4-5. 신재생에너지를 신에너지와 재생에너지로 구분한 후, 각각에 대한 원리 및 특징을 설명하시오.

응17-112-4-3. 변압기의 내부 고장전류와 여자돌입 전류를 구분하여 검출할 수 있는 방법과 여자돌입전류로 인한 오동작 방지 대책에 대하여 설명하시오.

응17-113-1-1. 전력기술관리법 시행령 제23조에서 정한 감리원의 업무범위에 대하여 설명하시오.

응17-113-1-10. 변압기의 과부하에 대한 운전조건과 금지조건에 대하여 설명하시오.

응17-113-2-4. 변전소 내에 있는 사람에게 인가되는 보폭전압, 접촉전압, 메쉬전압, 전이전압에 대하여 설명하시오.

응17-113-3-1. 케이블의 손실(저항손, 유전체손, 연피손)에 대해 각각 설명하고, 유전체손의 표현방식을 $\sin\delta$ 대신에 $\tan\delta$ 를 사용하는 이유에 대하여 설명하시오.
    [18년도 5월, 8월, 19년도에 타 기술사에 출제될 확률 95%]

응17-113-3-2. 변압기의 공장시험에 대하여 설명하시오

응17-113-4-1. 고장전류 차단 시의 과도회복전압(TRV : Transient Recovery Voltage)의 유형에 대하여 설명하시오.

응17-113-4-5. 전기기기의 절연저항시험과 내전압시험의 목적 및 방법에 대하여 설명하시오.

100-1-3 순시전압강하원인과 대책

응13-100-1-3. 순시전압강하의 원인과 대책

 답

1. 순간고장, 순시전압강하 및 허용범위

1) 순간고장: 전력계통의 고장, 전력공급지역의 큰 부하변동, 전기공급설비 불량 등에 의해 발생되는 순간적인 전압저하현상인 순시전압강하와 이와 같은 이유로 인한 순간적으로 정전되는 현상을 의미함.(5분 이내)

2) 순시전압강하: 전력계통고장, 전력공급지역의 큰 부하변동, 전기공급 설비 불량 등에 의해 발생되는 순간적인 전합저하 현상으로 지속시간 0.03~2초 정도 됨

3) 일시고장 : 5분 이상의 정전되는 배전선로의 사고정전

4) 순시전압강하의 파형과 지속시간 및 허용범위
   ① 파 형

   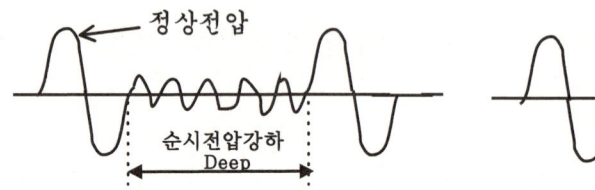 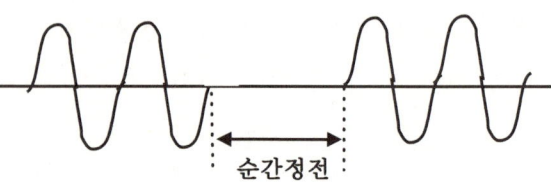

   ② 지속시간 : 보호계전기 동작시간 + 차단기 동작시간 + R/C 재폐로시간 등을 고려하여 0.03~2초 이하 임. 전력계통고장, 전력공급지역의 큰 부하변동, 전기공급 설비불량 등에 의해 발생되는 순간적인 전합저하 현상으로 지속시간 0.03~2초 정도됨

   ③ 사고제거시 까지의 시간 = 보호계전기 동작시간 + 차단기 동작시간
   → 6~22[kV]: 0.3~2초, 77~154[kV]: 0.1~2초, 275~765[kV]: 0.07~1초,

2. 순간고장의 원인

1) 절연물의 열화에 기인한 것.
   ① 과열

② Arc로 인한 애자파손, 전선단선, 변압기 손상, 개폐기 및 기타
2) 기상적 원인에 의한 것. : 우기의 영향, 태풍, 폭설등 자연재해
3) 조류 및 수목의 접촉에 의한 것.
   ① 조류사고는 1월~4월에 가장 높고, 지구 온난화 영향으로 사계절에서 발생함.
   ② 특히 전선(애자지지부)과 접지측(완금)간에 조류 접촉에 의한 지락이 대부분이며, 이때 Arc로 전선, 애자 등에 손상을 초래함.
   ③ 따라서, Jumper 개소나 기기 설치柱와 같은 복잡 장주에 많이 발생함.
4) 전기사업자 측에 의한 원인.
   송변전 및 배전선로의 순간 정전을 다음같이 구체적으로 보면
   ① 순간전압강하 : 선로에 고장발생으로 차단기가 개로되는 시간동안 순간정전 발생.
   ② 사고 정전에 의한 것 :
      ⓐ 낙뢰, Surge에 의한 단락, 지락,
      ⓑ 계통의 기기소손
      ⓒ 계전기의 오동작
   ③ 차단기의 표준동작책무에 의한 것.
      ⓐ 송변전용 차단기의 표준동작책무 : O – 0.3초 – CO – 3분 – CO
         여기서 O : 차단동작, CO : 투입동작에 이어 지체 없이 차단동작을 하는 것.
      ⓑ 22.9KV급 배전선로의 재폐로에 의한 것 : O – 0.3초 – CO – 3분 – CO
   ④ 배전선로용 보호협조기기에 의한 것(2F2D : 2초-2초-15초)
      : 2F2D 동작 시퀀스를 채택한 R/C의 재폐로 동작의 예
6) 수용가 자체설비에 의한 원인
   (1) 전압 강하 :
      ① 부하과중 (대용량설비의 돌입전류)
      ② 전선규격부족 및 선로의 장거리화에 의한 전압강하,
      ③ 고압 전동기의 plugging 현상 등
   (2) 상간전압의 불평형 :
      부하 각상의 불평형 및 변압기 접속, 배전사의 원인으로 인한 상간전압 불평형
   (3) 플리커 : 유도전동기, 용접기에 의한 전압강하시의 플리커로 인한 전압강하 및 shock
   (4) 고조파 :
      Thyrister 응용기기로부터 발생되는 고조파로 야기되는 노이즈 성분의 선로침입으로 인한 전압강하 및 발열 등에 의한 전압강하

3. 수용가 측 순간전압강하로 인한 순간정전의 감소 대책

1) 수용가 파급사고 방지 대책
   (1) 수전설비의 절연화 :
      ① 옥내화
      ② Cubicle화
      ③ 충전부의 절연화
   (2) 수전설비를 지역별, 형태별로 표준화
      ① I/S를 G/S로 교체
      ② 수용가용 I/S를 ASS로 강화
      ③ P.F 사용
      ④ 인입 특고압 케이블은 수밀형(CNCV-W) Cable 적용
   (3) 설비관리 개선
      ① MOF 개폐기류 등의 설비관리 개선
      ② 제작사와 관련기관 등에 품질향상에 관한 관심제고
      ③ 기자재 시험과 사용전 검사 등을 강화
      ④ 보호설비의 선정과 설정의 적정화 유도
      ⑤ 불량설비 개수시 금융지원 등
2) 민감한 전자기기에 대한 대응책
   (1) 민감한 전자기기의 전원회로를 전용으로 구성
   (2) 전용T.r 사용
   (3) UPS, CVCF등의 Custom Power 설치로 그림3의 전원교란상태에 대처함.

4. 기기 제작 측의 대책

1) 순간전압강하에 강한 내력이 있는 기구 개발
2) 기기나 장치에 순간전압강하 대책 채용여부를 구입자측에 알리도록 유도
3) CVCF장치의 가격인하, 컴퓨터 내부에의 대책을 유도함
4) 규격화, 표준화를 유도

100-1-4 ▶ 콘덴서 개폐장치

응13-100-1-4. 조상용 콘덴서 조작용 차단기의 선정시 고려사항

답

1) 투입시에 과대한 돌입전류에 견디며 개방시에 회복전압에 견디고 재점호가 없을 것.
2) 전기적, 기계적으로 다빈도의 개폐에 견디며, 보수 간편 및 종합적으로 경제적 일 것.
3) 돌입전류와 이상전압을 억제하기 위해 11KV 1000[KVA] 이상의 콘덴서용으로는 보조접점이 있는 것을 사용하며, 콘덴서의 용량성리액턴스(X_C)의 10~20% 정도의 억제저항을 개폐시에만 직결로 투입되게 함.
4) 억제저항을 사용치 않을 경우는 접점에 내호금속을 사용하고, 소호용 접점과 통전용 접점이 분리된 것을 사용함
5) 보수점검 주기가 길고 수명이 길 것.
6) 조상용 콘덴서 조작용 차단기 및 개폐기의 종류는 다음과 같이 구분 적용함
   ① 단락 보호용 차단기
      ㉠ 차단용량이 큰 것을 ± 회로에 설치
      ㉡ 단락사고시 전체회로가 차단 될 것.
      ㉢ 일반적으로 VCB 또는 GCB 설치
   ② 콘덴서 조작용 차단기
      ㉠ 콘덴서 각 뱅크마다 설치
      ㉡ 콘덴서 투입 및 차단용도에 국한 할 것.
      ㉢ 일반적으로 VCB 또는 GCB 설치
   ③ 콘덴서용 개폐기
      ㉠ 고압용은 진공 개폐기 또는 가스개폐기 사용
      ㉡ 저압용은 MCCB 또는 전자개폐기 사용

100-1-5 IP

응13-100-1-5. IEC-529에 의한 외함 보호등급(IP)과 표기방법
(10점으로 간단히 요약도 할 것)

답

1. IEC 60529에 의한 외함의 표기방법

IP (International Protection) Code 에 의한 표기방법은 다음과 같다

                                             IP   2   3   C   H

- 코드문자: 국제보호 (International Protection)
- 제1특정수: 0~6 까지의 수 또는 문자 X
- 제1특정수: 0~8 까지의 수 또는 문자 X
- 추가문자: A B C D
- 보충문자: H M S W

    제1 및 제2특정수에서 문자 X는 해당사항이 없음을 의미한다

2. 특정수, 추가문자, 보충문자의 의미

1) 제1특정수

제1특정수로 나타내는 위험한 부분으로의 접근에 대한 보호도는 다음 표와 같다

제1 특정수	보호도	
	개요	정의
0	비보호	
1	지름 50mm이상의 외부 고체물질에 대한 보호	지름 50mm인 구 모양의 탐침이 통과해서는 안된다
2	지름 12.5mm 이상의 외부 고체물질에 대한 보호	지름 12.5mm인 구 모양의 탐침이 통과해서는 안된다

3	지름 2.5mm 이상의 외부 고체물질에 대한 보호	지름 2.5mm인 구 모양의 탐침이 통과해서는 안된다
4	지름 1.0mm 이상의 외부 고체물질에 대한 보호	지름 1.0mm인 구 모양의 탐침이 통과해서는 안된다
5	먼지 보호	먼지의 침투를 완전히 막는 것은 아니나 기기의 안전한 작동을 방해하거나 안전을 해치는 양의 먼지는 통과시키지 않는다
6	방진	먼지를 조금도 통과시키지 않는다

2) 제2특정수

제2특정수로 나타는 위험한 부분으로의 접근에 대한 보호도는 다음표와 같다

제2 특정수	보호도	
	개요	정의
0	비보호	
1	수직으로 떨어지는 물방울에 대한 보호	수직으로 떨어지는 물방울이 위험한 결과를 초래해서는 안된다
2	외함이 15도 기울어져 있을 때 수직으로 떨어지는 물방울에 대한 보호	외함이 양쪽 수직면에 15도 기울어져 있을 때 수직으로 떨어지는 물방울이 위험한 결과를 초래해서는 안된다
3	분사하는 물에 대한 보호	양쪽 수직면에 60도까지의 각도로 분사된 물이 위험한 결과를 초래하지 않아야 한다
4	물이 튀기는 것에 대한 보호	외함을 향해 튀는 물이 어떤 방향에서도 위험을 초래하지 않아야 한다
5	물의 분출에 대한 보호	외함을 향해 분출로 내뿜어지는 물이 어떤 방향에서도 위험을 초래하지 않아야 한다
6	강력한 물의 분출에 대한 보호	외함을 향해 강력한 분출로 내뿜어지는 물이 어떤 방향에서도 위험을 초래해서는 안된다
7	물의 일시적인 침투에 대한 보호	표준 압력과 시간 조건에서 외함이 일시적으로 물에 담가졌을 때 위험한 결과를 초래하지 않을 것
8	물의 연속적인 침투에 대한 보호	7보다 좀더 심한 조건으로 제조자와 사용자 사이에 동의된 조건하에서 외함이 연속적으로 물에 담가졌을 때 위험한 결과를 초래하지 않아야 한다

3) 추가 문자

추가 문자	보호도	
	개요	정의
A	손등의 접근에 대한 보호	지름 50mm인 탐침이 위험한 부분과 적당한 이격거리를 가져야 한다
B	손가락 접근에 대한 보호	지름 12.5mm, 길이 80mm인 시험막대가 위험한 부분과 적당한 이격거리를 가져야 한다
C	도구 접근에 대한 보호	지름 2.5mm, 길이 100mm인 시험막대가 위험한 부분과 적당한 이격거리를 가져야 한다
D	전선 접근에 대한 보호	지름 1.0mm, 길이 100mm인 시험막대가 위험한 부분과 적당한 이격거리를 가져야 한다

4) 보충 문자

문자	의 미
H	고압용 기기
M	장치의 가동부가 동작 중에 물이 침투함으로써 생기는 위험한 결과에 관해 시험됨
S	장치의 가동부가 정지 상태에서 물이 침투함으로써 생기는 위험한 결과에 관해 시험됨
W	명시된 기후조건하에서 사용하기에 적당하고 추가적인 보호 기기나 과정이 주어짐

100-1-8 직류송전의 장단점

문 . 직류전원계통의 장·단점?

 답

1. 직류송전방식의 장점
① 전압의 최대치가 낮다
  ㉠ 직류전압= 교류의 최고값의 $1/\sqrt{2}$ 로 절연이 용이하여 AC 보다 유리함
  ㉡ 가공전선로의 애자수 감소, 전선 소요량 감소, 특히 초고압 가공T/L 및 케이블에서 유리함.
② 표피 효과가 없다.
  ㉠ 표피효과 : 전선의 중심부 일수록 리액턴스가 커져서, 통전이 어려워 도체 표면의 리액턴스가 작은 곳으로 통전이 많음.
  즉, 표피효과의 깊이 $\delta = \dfrac{1}{\sqrt{\pi f \mu k}}$ 에서 이므로 로서, 전선전체의 단면의 모든 부분을 통전한다는 의미 임.
  단, δ : 표피효과의 깊이, f: 주파수(hz), k: 도전율, μ : 투자율[H/m]
③ 유전손이 없다.
  ㉠ 유전체 손 : 에서 이므로
  ㉡ 따라서 케이블의 온도상승 요인이 저항손, 유전체손, 연피손(씨스손)에 기인하므로 직류의 유전체손이 없는 만큼, DC Cable의 온도상승은 감소 됨.
④ 정전용량에 무관하여 송전선로의 충전이 불필요함.
⑤ 무효전력을 필요로 하지 않음.
  ㉠ (∵ 직류의 전압과 전류는 동위상이어서 $\sin\theta = 0$ 이기 때문)
  ㉡ 따라서, 자기여자 현상이 없고, 페린티 효과도 없다.
⑥ 역률 1로 송전 효율 높다
⑦ 계통의 안정도 향상
  ㉠ 교류계통은 송전전력 한계가 에 의해 제한되나 DC는 안정도에 영향이 없어 계통의 안정도 향상 효과가 발생

ⓛ 신속한 조류제어 가능으로 교류계통의 사고에 의해 발생된 주파수 교란을 직류전력제어를 통하여 제어가능 하므로, 연계계통의 과도안정도 향상
ⓒ 송수전단이 각각 독립운전 가능
⑧ 주파수 다른 계통과 비동기 연계(Back to Back System 적용가능) 가능
⑨ 교류 계통간을 연계할 경우 직류연계에 의해 단락용량의 증가는 없다.
⑩ 대지귀로 송전 가능한 경우는 귀로도체 생략

2. 직류송전방식의 단점

① 변환장치는 유효전력 50~60% 로 무효전력을 소비하므로 무효전력보상설비의 경비가 크다
② 단락전류가 적은 교류 계통에 연계시 교류 연계점에서 전압 불안정 현상 발생
③ 교류 계통보다 자유도가 적고 제어방식 및 차단기의 신뢰성이 제고 되어야 함
④ 변환 장치가 고가로 소용량 단거리 송전계통에 적용은 비경제적임.
⑤ 변환장치에서 고조파가 발생하므로 이의 방지 대책이 요구됨.
⑥ 전기부식의 우려가 크다

100-1-12 열화요인

응13-100-1-12. 전기절연재료의 열화(성능저하) 요인

 답

1. 열 열화

1) 원인
   ① 열이 원인이 되어서 재료가 열화되는 것.
   ② 열에 의해 절연재료가 화학반응으로 물질의 변화가 발생 한 과정.
   ③ 재료의 절연특성을 저하시킬 때에는 열 열화가 일어났다고 한다.

2) 전기기기, 케이블에서의 열열화 영향
   ① 사용되고 있는 절연재료는, 운전 중의 온도상승으로 인하여 열분해, 산화 등에 의해서 중량감소, 분자량의 저하, 용융, 결정화, 가교밀도의 증대 등이 생긴다.
   ② 때문에, 재료의 두께 감소, 공동(空洞)의 생성 등이 일어나 그 결과로서 절연내력의 저하, 절연저항의 저하 등 열화현상으로 나타난다.
   ③ 이온성불순물이 증가하여 유전손의 증대, 흡습시의 절연저항 저하 등이 생기고
   ④ 동시에 인장, 굽힘강도, 유연성, 신장율의 저하 등 경화(硬化)·포화에 따른 기계적, 물리적인 특성의 변화도 일어난다.

3) 열열화의 진전속도
   ① 열 열화는 온도가 높을수록 일어나기 쉽다는 화학적인 반응으로 정해지는데,
   ② 그 속도정수는 알레니우스의 관계식 $k = a\exp(-E/RT)$
   (T: 온도, A, E; 재료의 고정정수, R: 기체정수, k: 속도정수)로 나타낸다.
   ③ 활성화 에너지 E 는 유기재료에서는 $8 \sim 10 \times 10^4$ [j/mol] 전후의 것이 많고, 10[℃]상승 하면 수명이 반감된다는 등 경험적으로 입증이 되어있다.
   ④ E가 클수록 열 열화에 강하다. 이와 같은 것을 이용해서 내열재료가 구분되어 있다.

2. 전압열화

1) 원인
   ① 정의: 절연재료에 전압을 인가하고 있을 때, 발생하는 열화의 타입을 말함

② 도체의 단부(端部) 등에서 전계가 집중되는 부분의 대기 중에서 발생하여 근접하는 절연재료의 표면을 침식하는 부분방전(표면방전),
③ 절연층 내의 공극ㆍ기포 등 내부의 기상으로 발생하는 미소한 부분방전(내부방전),
④ 도체의 결함이나 돌기 혹은 절연층내의 이물질 같은 결함에 전계가 집중되어서 발생하며,
⑤ 수지상(樹枝狀)의 가느다란 공동의 방전 열화흔을 남기는 트리, 물과 전계의 공존 하에서 일어나는 수트리 등이 있다.

2) 전압열화의 특성
① 인가전압과 수명과의 관계는 V-t 특성이라 하며, 경험적으로 역n승 법칙 $L = KV^{-n}$ 이 이 성립된다.(여기서, L: 수명, V: 전압, K: 비례정수, n: 재료 및 열화기구로 정해지는 정수)

3. 기계적인 스트레스에 의한 열화

1) 클립에 의한 열화
① 절연재료가 동시에 구조재료로서 사용되고 있을 때, 일정한 응력이나 반복응력을 받아 생긴 열화.
② 클립의 정의 : 일정한 하중이 가해진 재료가 변형되어, 결국에는 파괴되는 것
③ 응력완화의 정의 : 일정한 변형이 장시간 계속되어서 내부응력이 완화되어 반발력이 없어지는 것이 응력완화이다.

2) 피로파괴에 의한 열화 : 응력을 반복해서 받아 파괴되는 것

3) 기계적인 스트레스 열화의 고려사항
: 특히 전기기기는 회전진동이나 전자진동 혹은 스위치나 계전기 등과 같이, 반복해서 충격력을 받는 경우가 많고, 피로의 수명을 고려하지 않으면 안 되는 경우가 많다.

4 환경열화

1) 정의 : 자연환경에 가까운 조건 하에서의 절연재료의 열화를 말한다.
2) 원인
① 옥외에 방치될 때, 자외선과 산소, 온도변화, 풍우에 관계된 열화가 발생함.
② 물환경 하에서 절연재료에 부착하거나 침입하거나 하면, 직접적인 특성의 저하를 초래할 뿐만 아니라, 전식이나 트리가 발생
③ 그 이외에 화학약품, 방사선, 미생물에 의한 열화도 있다.
④ 원자로 주변이나 X선 등의 방사선 응용기기에 사용되는 절연재료는, 방사선의 조사로 변질된다. 이것은 일부의 프라스틱에서는 특성이 개량 되지만, 대부분의 경우에는 열화 됨.

5. 복수요인에 의한 열화

1) 복수의 요인이 복합 작용해서 열화를 일으키는 과정의 총칭인데, 실제의 절연체는 일반적으로 복합요인의 열화를 하게 된다.
2) 따라서, 그 과정은 복잡하며, 수명의 예측은 더욱 곤란하다.
3) 예 :
   ① 발전기 권선은 열, 전압, 기계력과 악화되면 水환경에 의한 열화의 요인이 겹친다.
   ② 원자력발전소용 케이블에서는 방사열, 열, 전압, 화학약품, 물이 겹치는 경우가 있다.

100-2-1 유도전동기의 제동법

응13-100-2-1. 유도전동기의 제동방법

 답 [그림이 없음?. 독자 스스로 그림을 찾아서 기록요]

1. 개념
① 전동기나 부하기계의 Fly Wheel의 효과(GD^2)가 큰 경우는 전원을 차단해도 즉시 정지하지 않으며 회전체에 축전된 운동 에너지가 마찰손실 및 바람손실로 흡수 할 때까지 회전을 계속한다.
② 기동, 운전, 정지를 빈번히 행하는 경우는 작업능률을 높이기 위해 급속 정지가 필요하다.
③ 또한 Crane, Elevator등 중량물을 감아 내리는 경우에는 이것을 방치하면 회전체가 고속으로 되어 매우 위험하므로 속도를 제한할 필요가 있다.

2. 제동방법
1) 전기적 제동법
   ① 직류 제동 :
   전동기를 전원에서 차단한 후 1차권선(고정자 권선)에 직류 전류를 흘려 제동 Torque를 얻는 방법이다.
   ② 역상 제동 :
   전동기의 단자접속을 변경하여 회전방향과 반대방향으로 Torque를 주어 제동 하는 방법이다.
   ③ 단상 제동 :
   1차 측의 2단자를 합쳐 다른 한개의 단자와의 사이에 단상교류를 걸어 전동기의 회전과 역방향의 Torque를 발생시켜 제동하는 방법이다.
   ④ 회생 제동 :
   회전체에 축전된 운동에너지를 전원 측으로 반환하면서 제동을 하는 방법.
   ⑤ 발전 제동 :
   전동기의 회전자를 전원으로부터 분리하여 발전기를 작용시키고 회전자의 운동 에너지를 제동, 저항에서 열로 소비시키는 방법이다.

2) 기계적 제동
　① 전자 Brake :
　　전자석의 흡인, 개방을 이용하여 내열성 및 마찰계수가 큰 Brake Lining을 회전체 (Brake Wheel)에 밀어 붙여 그 사이에 작용하는 마찰력에 의해 제동함.

3. 제동방법 선정 시의 유의점
1) 전기적 제동
　① 마모 부분이 없다.
　② 감속에 따라 제동력이 약해진다.
　③ 신속한 정지를 위해 기계적 제동과 병용할 필요가 있다.
2) 기계적 제동
　① 저속도 영역의 제동에 유리하다.
　② 정지 후에도 제동력을 유지할 수 있다.
　③ Brake Lining Torque는 일반적으로 전동기 정격Torque의 150%이다.
　④ Brake Lining의 마찰과 발열에 대한 주의가 필요하다.
　⑤ 정기적인 점검 및 조정을 반드시 필요로 한다.

103-1-5 과전류정수, 과전류강도, 부담

응14-103-1-5. 변류기(CT)의 과전류정수(Over current Constant) 및 부담(Burden), CT의 과전류정수와 부담과의 관계에 대하여 설명하시오. (15-105회 발송기출)

답

1. 과전류 정수(n)

1) 과전류 정수의 정의
   과전류영역에서는 전류가 어느 한도를 넘어서면 철심에 포화가 생겨 비오차가 급격히 증가하는데 비오차가 -10[%] 될 때의 1차전류를 정격1차전류값으로 나눈값

2) 비오차 : ① 비오차$(\varepsilon) = \dfrac{K_n - K}{K} \times 100\,[\%]$

   ② K_n : 공칭변류비($\dfrac{정격1차전류}{정격2차전류}$)

   ③ K : 측정한 참변류비($\dfrac{측정1차전류}{측정2차전류}$)

3) 과전류 정수를 고려해야 되는 사유
   : 사고시 대전류영역에서의 계전기 작동은 변류기의 과전류 영역에서의 특성을 고려하지 않으면 오동작이 되거나 예정된 시간에 동작하지 않을 우려가 있다

4) 보호용 CT에만 적용

5) 정격 과전류 정수 표준 : n⟩5, n⟩10, n⟩20, n⟩40

6) 정격과전류정수는 가급적 작은 것을 선택해야 2차권선에 연결된 계기 및 보호계전기 등의 유입전류가 적어서 좋다

2. CT 부담(Burden) : 115회부터 예상되는 10점용 문제

1) CT2차의 계전기 입력회로의 Impedance 로 소비VA, 소비전력, 부담임피던스 중에서 하나로 표시됨

2) 표현방법

① CT를 사용하는 전류회로와 계기용 변압기(PT)를 사용하는 전압회로의 부담은 ⇒[定格 VA]로 표시함
② 직류회로의 부담은 ⇒정격치[소비전력]으로 표시
③ 기타 회로부담은⇒부담임피던스로 표시함

3) 정격부담
① CT 2차에 연결될 계전기의 총 부담을 VA_1이라 할 때 CT의 정격부담을 VA라면 $VA > VA_1$이고, $VA_1 = \sum_{i=1}^{n} VA_i$
② 여기서는 CT와 보호계전기 사이의 전선로의 부담도 포함되어야 한다

3. 정격부담과 과전류정수의 관계

1) 과전류정수 × 정격부담 ≒ 일정 이므로 과전류 정수가 부족한 경우 비례로 정격부담을 증가시키는 방향으로 CT의 부담을 수정한다.

103-1-10 에스컬레이터 안전장치

응14-103-1-10. 에스컬레이터의 안전장치에 대하여 설명하시오.(건12-98-1-8)

답 : 최대한 요약하여 1페이지로 외울것

1. 개요
에스컬레이터는 일정한 속도록 연속적으로 운전되기 때문에 안전장치가 필요하며 어린이들의 장난이나 정상적이 아닌 승차방법에 대해서도 안전대책을 세워야 한다. 또한 건축물의 설치부분과 관련하여 추락되거나 낙하물의 충격 등으로 안전사고가 발생될 수도 있다.

2. 안전장치
1) 역전방지 장치
   ① 구동체인(Driving chain) 안전장치
   : 구동체인의 상부에 상시 슈가 접촉하여 구동체인의 인장 정도를 검출하고 있으며 구동체인이 느슨해지거나 끊어지면 슈가 작동하여 전원을 차단한다. 이것과 동시에 메인 드라이브의 하강방향의 회전을 기계적으로 제지한다. 그 때 브레이크래치가 순간적으로 스텝을 정지시키면 승객이 넘어져 위험하므로 라쳇트 휠이 메인 드라이브에 마찰되어 계속 유지됨으로써 서서히 정지를 하게 하여 승객의 넘어짐을 방지한다.
   ② 기계 브레이크(Machine brake)
   : 슈(shoe)에 의한 드럼식, 디스크식이 있다. 전동기의 회전을 직접 제동하는 것으로 각종의 안전장치가 작동하여 전원이 끊기면 스프링의 힘에 의하여 에스컬레이터의 작동을 안전하게 정지시킨다. 이때 급히 정지시키면 승객이 넘어질 우려가 있으므로 최저정치거리를 정하도록 규정되어 있다. 일반적으로 무부하 상승인 경우 0.1[m] 부터 0.6[m] 이내로 되어 있다.
   ③ 조속기(Speed regulator)
   : 에스컬레이터의 과부하운전, 전동기의 전원의 결상 등이 발생되면 전동기의 토크 부족으로 상승운전 중에 하강이 일어날 수가 있으므로 하강운전의 속도가 상승되지 않도록 하기 위하여 전동기의 축에 조속기를 설치하여 전원을 차단하고 전동기를 정지시켜야 한다.

2) 스텝체인 안전장치
   : 스텝체인이 늘어나서 스텝과 스텝 사이에 틈이 생겨서 절단되는 경우에는 스텝 수개 분의 공간이 생길 우려가 발생되므로 스텝체인의 장력을 일정하게 유지시키기 위하여 Tension carriage를 설치하여 이상이 발생하면 구동기의 전동기를 정지시키고 브레이크를 작동시킨다.

3) 스텝이상 검출장치
   : 스텝과 스텝의 사이에 이물질이 끼어 있는 상태로 에스컬레이터가 운행하는 것은 아주 위험하기 때문에 스텝이 4[mm]이상 떠올라 있으면 검출스위치가 작동하여 에스컬레이터의 운행을 정지시킨다.

4) 스커트가드 판넬 안전장치
   : 스커트가드 판넬과 스텝 사이에 이물질이 끼면 위험하기 때문에 스커트가드 판넬에 불소수지 코팅을 하여 미끄러지게 하여 딸려 들어가는 것을 방지하고 있지만 스커트가드 판넬에 일정압력 이상 힘이 가해지면 스프링 힘에 의하여 스위치를 작동시켜 에스컬레이터의 운전을 정지시킨다.

5) 건물측 안전장치
   : 건물측 안전장치로 삼각부 안내판, 칸막이판, 낙하물 위해방지망, 셔터운전 안전장치, 난간 설치 등이 있다.

103-3-1 변압기의 열화요인

응14-103-3-1. 유입 변압기의 열화 원인에 대하여 기술하시오

 답 : 원인만 기록하면 10점만 획득, 열화진단(예, 유중가스분석법의 그림 등) 및 대책을 기록해야 비로소 기술사 답안이라 할 수 있기에 각자가 알아서 기록요

1. 개요
1) 유입변압기를 구성하는 주재료에는 도전재료로서의 동, 알루미늄, 철심으로서의 규소강대, 구조재료로서의 강재, 절연재료로서의 절연유, 셀룰로오스를 주재료로 하는 절연지, 프레스보드 등의 절연물이 있다.
2) 절연유에 대해서는 공기, 수분 등의 침입이 없으면 절연유가 파괴전압에 큰 저하가 없어 장기사용이 가능한 것이 보통이라 할 수 있다.
3) 또 유침된 절연지, 프레스보드의 내전압도 가열열화로 큰 저하가 없다.

2. 변압기의 열화(劣化) 요인
○ 절연물의 주요 열화원인으로 다음 사항을 들 수 있는데, 이들 원인이 많은 경우 중복되어 절연물을 열화시킨다.
1) 열에 의한 열화
   : 유입변압기가 발생하는 열로 절연물이 산화 및 열분해해서 일어나는 것으로 절연지, 프레스보드 등은 기계적 강도가 저하한다. 열화의 원인 중 가장 큰 요인이기도 하다
2) 흡습에 따른 열화
   : 절연지, 프레스 보드가 대기 중의 수분을 흡수해서 절연내력 및 기계적 강도가 저하하는 경우로, 열에 의한 열화를 촉진하기도 한다.
3) 코로나에 의한 열화
   : 절연물에 가해지는 전계의 강도가 어느 정도를 넘었을 때 발생하는 코로나에 의해 일어나는 것으로 절연물이 탄화하고 절연내력의 저하와 함께 기계적 강도도 저하해서 열화되는 것이다.

4) 기계적 응력에 의한 열화
: 단시간의 전자기계력 또는 이상한 진동, 충격에 따라 절연지, 프레스보드 등이 기계적으로 파괴되어 절연내력이 저하하는 경우로 전술한 1)~3)의 원인으로 기계적 저항력이 약해져 있는데다가 기계적 응력이 작용해 파괴되는 경우도 많이 있다.

103-3-6 GIS특징과 진단기술

응14-103-3-6. GIS(Gas Insulated Switchgear)의 특징과 진단기술을 설명하시오.

 답

1. 기본구조 및 원리

1) GIS(Gas Insulated Switchgear)의 기본구조
   : 철제통(알루미늄 합금 또는 Steel)속에 모선, 차단기, 단로기, 변류기, 피뢰기 등을 내장시키고 SF_6가스를 주입한 가스절연 개폐장치를 말한다.

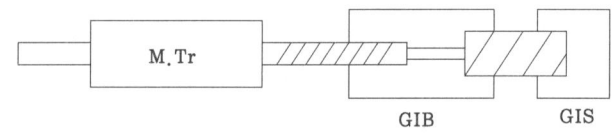

2) 원리: SF6가스를 충진 밀폐한 것으로 변전소 부피의 대폭축소 및 고신뢰도 확보가 가능 GIS는 설비의 콤팩트화 및 신뢰도 향상을 도모하게 된다.

2. GIS(Gas Insulated Switchgear)의 특징

1) 장점
   ① 설비의 축소화 : SF_6Gas는 절연내력이 커서(공기의 7배) 충전부의 절연거리를 줄일 수 있어 종래 변전소보다 1/10~1/15 정도로 축소 가능
   ② 주변 환경과 조화 : 소음이 적고, 소형이며, 외부환경에 미치는 악영향이 적다.
   ③ 고성능, 고신뢰성 :
      ㉠ 우수한 절연특성 및 차단성능, 냉각 매체의 우수함
      ㉡ 염해, 오손, 기후 등의 영향을 적게 받음
   ④ 설치 공기의 단축 : 공장에서 조립, 시험이 완료된 상태에서 수송, 반입되므로 설치가 간단하며 공기가 단축
   ⑤ 점검, 보수의 간소화 : 밀폐형 기기이므로 점검이 거의 필요 없다.
   ⑥ 건설공기 단축 : Module 형태로 운반, 조립되므로 설치기간이 단축됨
   ⑦ 종합적인 경제성이 우수 : GIS 자체 가격은 종래기기보다 비싸지만 용지의 고가화 및 환경 대책 비용 등을 고려하면 오히려 경제적이다.

2) 단점
   ① 고장발생시 초기 대응이 불충분하면 대형사고 유발 우려가 있다.
   ② 고장발생시 조기복구, 임시복구가 거의 불가능
   ③ 육안 점검이 곤란하며, SF6 Gas의 세심한 주의 필요
   ④ 한냉지에서는 가스의 액화방지 장치 필요

3. GIS설비 진단기술

1) 부분 방전 검출법
   ① 가스 절연기기의 절연파괴는 처음 국부적인 미소 코로나에서 서서히 절연이 열화되고, 최종적으로 전로방전으로 확대된다.
   ② GIS는 정격가스압 및 상시운전상태서 부분 방전이 없는 상태로 설계되므로, 미소코로나를 검출하여 절연성능을 확인하거나 절연의 열화정도를 예지하는 것이 중요하다.
   ③ GIS 내부의 미립자(Particle) 또는 돌기부 등에서 발생하는 미소코로나를 UHF센서를 이용하여 검출하여 절연성능을 확인하거나, 절연의 열화정도를 예지하는 방법으로는 GPT법, 진동검출법, 연피전극법, 전자커플링법 등이 있다.

2) 초음파 검출법
   ① 절연성능을 저하시키는 원인으로 탱크 내에 도전성 이물이 있는 경우, 異物이 탱크 내에 상용주파수 전계에 의해 운동하게 된다
   ② 이때 운동하는 이물이 탱크에 충돌하여 미약한 초음파가 발생하며, 이 초음파에 의한 탄성파를 측정하면 이물질 검출이 가능하다는 방법.

3) SF6가스 압력측정법 : SF6가스누기 여부를 판정하게 됨.
   ① 가스절연 기기 내의 가스성분 분석은 가스순도, 가스 중의 잔유 수분량 측정 법, 내부의 코로나 방전에 의한 분해가스의 분석법을 이용한 내부절연계의 이상유무를 예측할 수 있다.
   ② 특히 내부아크를 수반하는 고장이 발생한 경우 다량의 분해가스가 발생되므로 고장범위를 판정할 수 있다

4) X선 촬영법 : X선을 투과하여 기기내부의 파손, 볼트이완, 접촉부 상태 등을 진단
   ① 가스절연 기기를 분해하지 않고 내부의 구조적 상태를 판별하는 방법이다
   ② 동일한 강도의 X선을 촬영하여 기기내부의 파손, 볼트이완, 접촉부 및 개극상태, 접촉자의 소모상태, 핀의 장착상태 등을 진단할 수 있다

5) 저속 구동법 : 개폐기의 구동부 외부에서 저속으로 조작하여 기계계통의 외부진단.
   ① 개폐기기의 구동계 외부에서 저속도로 조작하여 기계계의 외부진단을 행함.
   ② 그 원리는 운전을 정지한 개폐기기의 운동계를 통상조작시의 1/100정도 저속으로 구동

하여 이때의 구동력과 스트로크를 측정하는 것이다.

③ 이때 측정된 구동력의 거의 동작부의 마찰력을 나타내므로 내부이상이 있는 경우 이들이 구체적으로 존재하는 위치와 정도를 검출할 수 있다.

6) 피뢰기 누설전류 측정법 : 피뢰기의 누설전류를 측정하여 피뢰기의 열화상태를 측정하게 됨.

106-2-3 전자파 적합성 시험

응15-106-2-3 전자파(EMC)시험에 대하여 설명하시오.

 답

1. 전자파적합성시험의 정의
1) 전자파 적합성은 일정한 양의 전자파 간섭에 내성이 되도록 하는 동시에 기기에서 발생하는 간섭이 지정 제한치 이내로 유지되도록 하는 방식으로 기기를 설계하고 운용하는 것과 관련된 과학 및 공학분야이다.
2) 주위의 환경 및 기기에 대해 전자파 장해를 일으키지 않고, 주위의 전자파 환경에서도 안전하게 동작할 수 있는 장치의 능력을 말한다.
3) 즉, 전자파를 발생시키는 기기로부터 나오는 전자파가 다른 기기의 성능에 장해를 주지 아니하는 전자파 장해 방지기준과 동시에 다른 기기에서 나오는 전자파의 영향으로부터 정상 동작 할 수 있는 능력의 전자파 내성 기준에 적합하여 전자파의 보호기준에 적합한 것을 말함.

2. 전자파 적합성의 연구목적
설계의 개념 형성 단계에서 부터 전자파 적합성 문제를 참작하도록 하고 최소의 비용으로 현명한 선택을 할 수 있도록 하기 위해, 시작부터 최적의 전자파 적합성 설계 절차가 설계 과정에 통합되도록 하는 방법과 툴을 개발하는 것이다.

3. 전자파 적합성에 대한 접근 방법
1) 설계하기 전에 기기의 전자기적 기호와 외부 발생 간섭을 견뎌내는 기기의 능력을 예측하기 위해 완전한 전자파 적합성 연구를 실시하여야 한다
2) 전자파 적합성은 본질적인 문제로서 이 분야에서 발생할 수 있는 어떤 문제도 특별하게 다루는 것이 최선이라고 생각할 수 있다.
3) 전자파 적합성은 전기, 전자 및 기계 등 모든 설계분야에 영향을 미치는 문제로 간주할 것.

4. 전자파 적합성 시험

1) 전자파 장해시험 (2가지): 전도 잡음시험, 방사 잡음시험
2) 전자파 내성시험(6가지) : 정전기 방전시험, 방사내성 시험, 전도내성 시험, 전기적 빠른 과도 시험, 서어지 시험, 전압변동시험

5. 전자파적합성시험(EMC test)에 대한 4가지 항목

1) 방출시험의 개념과 종류
   - 지정된 주파수 범위상에서 지정된 대역폭 수신기를 이용하여 지정된 거리에서 방출된 전자기장에 대한 측정이 이루어진다.
   ① EMI 전압을 측정하는 도전성 방출시험(CONDUCTED EMISSION TESTS)
      : 측정된 양은 지정된 제한치 보다 낮아야 한다
   ② EMI 전압을 측정하는 복사형 방출시험(RADIATED EMISSION TESTS)
      : 측정된 양은 지정된 제한치 보다 낮아야 한다
2) 내성 시험의 개념과 종류
   - 기기는 지정된 외부 발생 전자기장 또는 도체에 주입된 간섭 전류에 노출 되어야 하며, 요구사항은 기기가 작동되는 상태를 유지하고 있어야 한다.
   - 내성시험은 넓은 주파수 범위(전형적으로 1GHz까지)를 대상으로 함.
   ① 과도방전을 검사하기 위한 펄스형 입사 전자기 신호에 대한 시험
   ② 정전기 방전에 대한 기기의 응답에 대한 시험.

106-3-1 트리잉과 트렉킹

응15-106-3-1. 케이블의 열화(劣化) 현상 중에서 전기 트리잉(treeing)과 트랙킹(tracking)에 대하여 설명하시오.(타 종목에서도 자주 출제 됨)

 답

1. 개요
1) TREE현상이란 전기적 화학적 또는 수분에 의해 절연이 파괴되는 현상으로 그 진행이 나뭇가지 모양으로 형성해 간다.
2) 도체 계면의 불량, VOID, 이물질, 화학약품등에 의해 부분 방전이 발생되어 열이 발생하여 케이블이 열화하게 된다.

2. CV케이블의 V-t곡선

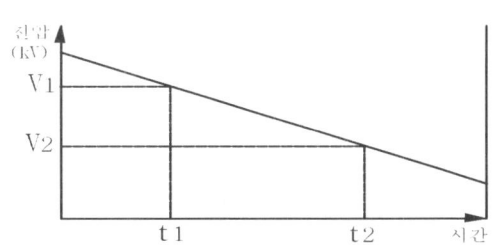

1) $\dfrac{V_1}{V_2} = \left(\dfrac{t_2}{t_1}\right)^{\frac{1}{n}}$ (여기서, V_1, t_1 : 초기 시험 전압 및 시간, V_2 : 사용시 전압
   t_2 : 수명, n : 수명지수)
2) 정상적인 운전시 n : 9정도
   $t_2 > 30$년 이므로 자연 열화에 의한 수명 감소는 거의 무시
3) 실제 케이블은 약10년 정도 경과한 케이블에서 트리현상 가속화 됨.

3. TREE의 종류

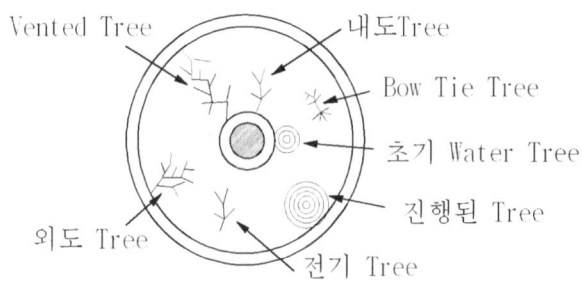

1) 전기 TREE
   ① 케이블 절연체내의 국소 고전계부에서 수지형으로 열화되어 간다.
   ② 케이블에 인가되는 전압이 낮더라도 국소 고 전계를 발생하는 부분이 있으면 전기 트리는 진전되어간다.

2) 수 TREE
   ① 수트리(WATER TREE)는 물과 전계의 공존 상태로 발생하는데 전기트리에 비해 저 전계에서 발생하고 건조하면 트리 부분이 사라진다.

   ※ 수트리 특성
   ① 고압 이상의 케이블에서 주로 발생한다.
   ② 전기 트리를 유도한다.
   ③ 직류에서는 보기 어렵고, 교류에서 주로 발생하며 특히 고주파에서 심하게 발생.
   ④ 수트리 발생부에는 고분자 사슬이 풀려 기계적인 왜형이 생긴다.
   ⑤ 온도가 높으면 열화가 촉진된다.

3) 화학 트리
   ① 폴리에틸렌, 가교 폴리에틸렌, 비닐등의 고분자 물질이 기름이나 약품에 의해서 용해, 화학적 분해, 변질 등의 발생으로 절연재의 성능이 저하되게 된다.
   ② 특히 유황과 동이 만나 절연체 중에 발생하는 화학트리는 케이블의 절연성능을 저하시키는 원인이 된다.

4) 모양에 따른 종류
   ① 내도 트리 : 케이블의 내부에서 외부로 발전되어가는 트리
   ② 외도 트리 : 케이블의 외부에서 내부로 발전되어가는 트리
   ③ BOW TIE 트리
      ㉠ 절연층 내부에서 시작되며, 절연층 내부의 Void나 불순물에 의해 발생한다.
      ㉡ 도체와 외부 양쪽으로 성장해 나가며 케이블 수명에는 큰 영향을 주지는 않는다.

ⓒ 내도트리 〉 외도트리 〉 BOW TIE 트리 순으로 영향이 크다.
④ Vented Tree
ⓐ 절연층과 반도전층의 계면에서 발생하는 트리로 외부 반도전층에서 생기는 외도 트리와 내부 반도전층에서 생기는 내도트리가 있다.
ⓑ 주로 돌출물 등에 의해 발생되며 절연층 내부로 성장한다.
ⓒ 이 트리는 국부적인 전계를 집중 시키므로 수명에 매우 나쁜 영향을 미친다.

4. 트리 방지 대책
1) 도체와 반 도전층 사이에 돌기가 발생하지 않도록 한다.
2) 내외 반 도전층과 절연체에 공극이 생기지 않도록 3층 압출방식으로 제조한다.
3) 절연체 내부에 수분이 들어가지 않도록 습식 가교방식을 배제하고 건식 가교 방식으로 제조한다.
4) 시공도중 및 사용중 수분이 침투하지 않도록 한다.
5) 화학물질이 있는곳에 포설을 피하고 부득이한 경우는 오염물질 대상에 따라 아연 시스, 알루미늄 시스 등을 사용하는 등 시스 구조의 변경으로 내 화학성을 만든다.

5. 트랙킹 현상
1) 트랙킹 현상이란
① 고체 절연물 표면에 수분을 포함한 먼지, 전해질의 미소 물질 등이 부착되면 그 표면에서 방전이 발생하고
② 이런 현상이 반복되면 절연물 표면에 점차 도전성 통로, 즉 Track이 형성되는데 이런 현상을 Tracking이라 한다.
③ 도자기나 애자등 무기절연물은 이런 현상이 적으나 플라스틱과 같은 유기 절연물은 탄화되어 흑연 등의 도전성 물질을 생성하기 쉬우므로 화재의 원인이 된다.
④ 케이블의 트레킹 현상 발생 예상개소 : 종단접속재
2) Tracking 진화과정
① 제1단계 : 표면 오염에 의한 도전로 형성
② 제2단계 : 미소 발광, 방전 현상 발생
③ 제3단계 : 표면에 열화개시 및 Track 형성
3) 케이블에서의 Tracking 현상 방지 대책
① 연결 부위의 오염 물질 주기적 제거
② 방진 제품 사용
③ 정기적 안전 관리.

106-3-2 정지형과 디지털형 계전기 비교

응15-106-3-2. 보호계전기의 신뢰도 향상방법과 정지형(static type) 및 디지털(digital type)계전기에 대하여 설명하시오.

답 : 정지형은 간단히 설명하고, 디지털형 위주로 설명함

1. 보호 장치의 신뢰도 향상 방법

1) 계전기의 디지털화로 H/W의 신뢰도 향상
   ① 고성능, 다기능화 가능 - 단락보호, 지락보호, 과전류보호, 결상보호, 운전감시기능 등
   ② 소형화, 축소화- Analog(정지형) 대비 30%축소
   ③ 고 신뢰도화 - 자동점검, 상시감시기능으로 고신뢰도 구축
   ④ 융통성 - 기능 개선시 메모리 변경만으로 가능
   ⑤ 표준화 - 다양한 보호방식 구성 가능
   ⑥ 저부담화 (PT, CT회로의 부담 저감)
   ⑦ 경제성, 장래성이 밝음
   ⑧ 이는 부품의 고 신뢰화는 물론 전산시스템과 연계를 원활하게 하는데 필수적으로 대규모 전력설비를 보호하는 시스템에 대부분 이용되고 있다.

2) 시스템의 다중화
   ① 전력설비의 확실한 보호를 위하여 오 동작 및 부동작을 감소 시키기 위한 보호계전 시스템의 다계열화 및 다중화방안이 채택되고 있다.
   ② 주보호 및 후비보호, 다양한 보호방식의 적용, 주요장치의 이중화등을 들 수 있다.

3) 자동감시 기법 도입
   ① 부품의 정지형 채용으로 인력으로는 점검이 불가능한 요소가 많이 발생되고 있다
   ② 그러므로 자동감시 기법 도입이 필수적이라 할 수 있고 그 기능은 다음과 같다.
      ㉠ 각 계전기의 오출력 감시
      ㉡ 아날로그 오차의 감시
      ㉢ 수신레벨의 저하
      ㉣ Error 검출
      ㉤ 최소감도 저항등

4) 고조파 억제
   ① Filter 설치 (Active, Passive)
   ② Phase Shift TR, UHF, ZHED, NCE 등 설치
   ③ 변환기 다상화, PWM 방식 채택
   ④ 리액터설치, 단락용량 증대
   ⑤ 고조파 상시감시장치 설치

5) 보호계전기로 유입되는 Noise, Surge 대책 시행
   ① 보조 계전기나 접점에 Surge Killer를 설치하여 외부에서 침입하는 Surge 를 억제
   ② CT, PT에 Shield 처리하여 내부에서 발생하는 Surge 억제
   ③ Noise, Surge 발생부하의 배선의 분리, Shield Wire 채택하여 전자 회로의 Surge 억제
   ④ Surge, Noise 에 강한 검출 방식 채택
   ⑤ 대용량인 경우 광케이블 사용
   ⑥ 제어선, 통신선은 Shield 케이블 사용
   ⑦ 제어선, 접지는 짧게 배선
   ⑧ 제어전원은 절연 Tr을 통해 공급
   ⑨ 제어전원부에는 SA, Varistor, Filter설치

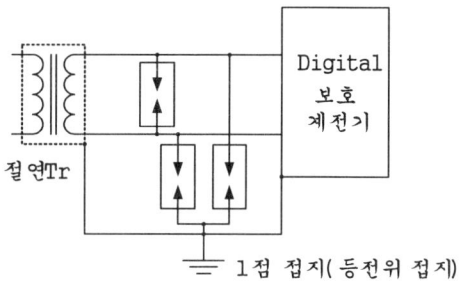

○ 대책 개념도 예

2. 정지형(static type) 및 디지털(digital type)계전기

2-1. 디지털형 구성

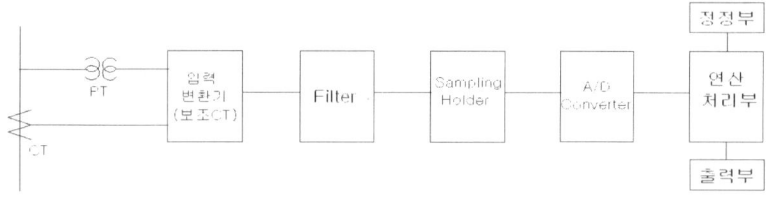

1) 입력 변환기 : 전압, 전류등의 입력 정보를 보조 CT에서 처리하기 쉬운 값으로 변환
2) FILTER: 고조파 제거 및 샘플링에 따른 중첩 성분 제거
   (LPF : Low Pass Filter,   BPF : Band Pass Filter)
3) S/H(Sampling Holder) : 입력치를 일정시간 Hold 하는 기능(표본화)
4) A/D Converter : 12 BIT소자로서 1 BIT 는 파형의 정부를 나타내며, 나머지 11 BIT는 입력 정보를 표현한다.
5) 연산 처리부 : 보호계전기의 동작실행을 하며 CPU에서 연산처리 한 다음, Memory부에 전송, 기억한다.

6) 정정(입력)부 : 각종 원하는 데이터 값을 일력
7) 출력부 : 계전기 등이 작동하게 되면 차단기를 작동 또는 각종 데이터를 출력하는 부분임

2-2. 디지털형 기능

1) 계전기 기능
   : 기존의 과전류 계전기, 지락 계전기, 부족 전압 계전기, 과전압 계전기, 역상계전기, 주파수 계전기 등 모든 계전기의 기능을 집합화 함(컴퓨터 개념의 계전기로 볼 수 있음)
2) 계기 기능:
   ① 계기를 간소화하면서도 정밀화 함.
   ② 기존 아날로그 계기에 비하여 전류, 전압, 역율 등 기록이 가능
3) 사고 분석 기능 : 디지털 계전기의 메모리 기능으로 사고 기록 및 분석이 명확해짐
4) 자기 진단 기능 : 마이크로 프로세서에 의한 자기 진단 기능을 실현함.
5) 데이터 통신 기능
   ① 각 Digital Relay로부터 Data를 수집하여 중앙으로 고속 전송한다
   ② 이후 중앙 감시반에서 Graphic 화면처리, 기록 작성을 가능케 하고, 제어명령을 받아 동작함으로서 원방 감시와 원격 제어가 가능토록 한다

3. Analog 계전기(정지형, 유도형)와 Digital 계전기와의 특성 비교 : 10점 95% 예상

분류	Digital 계전기	Analog 계전기	
		정지형	유도형 (전자기계형)
耐환경성	서지, 노이즈, 온도상승에 대한 대책 필요. 진동에 강함	서지, 노이즈, 온도상승에 대한 대책 필요. 진동에 강함	잡음에 강하나 진동에 약함
신뢰성	높음	높음	낮음
성능	고감도, 고속도, 고기능	고감도, 고속도	저속도, 저기능
크기	소	중	대
경제성	고가	중간	저가
기능확장	용이	곤란	불가능
자동점검	S/W로 가능	기능에 따라 다름	곤란
동작원리	CPU에 의해 입력을 Digital 신호로 계산	트랜지스터 증폭 스위칭 작용 이용	입력전자력을 기계적 변위로 작용
사용소자	u-processor, S/H	트랜지스터, Op-amp	가동철심, 유도원판
Noise, Surge	대책필요	H/W에 따라 필요	대책 필요
보수성	자동점검(무보수 기능) 자기진단기능 구비	자동점검, 전기점검 필요	정기적 점검필요

106-4-2 태양광의 PCS

응16-106-4-2. 태양광 발전시스템에서 인버터회로 방식에 대하여 설명하시오.
[시험 때는 1, 2, 3 만 기록해도 됨]

답

1. 태양광 발전의 구성

○ 태양광 발전 시스템에서 가장 중요한 파워콘디셔너(인버터)는 아래와 같이 구성됨.

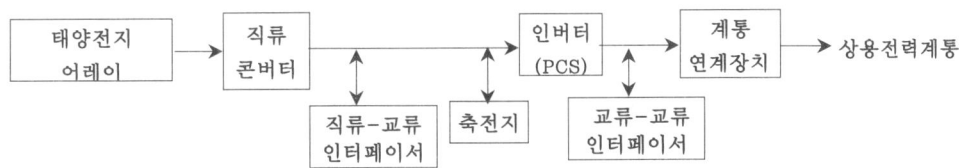

① 태양전지 어레이 : 일사하는 태양광을 집결하여 직류전력으로 변환, 얇은 Cell로 구성
② 인버터(PCS)부 : 직류 → 교류
③ 축전지 : 일사량이 많은 주간에 잉여전력을 축전하여 흐린 날이나 야간에 공급
④ 보호장치 : 계통측에 이상 발생시 안전하게 정지
⑤ 필터부 : 인버터에서 발생되는 고주파를 제거

2. 태양광 발전의 인버터(PCS) 기능

1) 태양전지에서 출력된 직류전력을 교류 전력으로 변환
2) 한전의 전력 계통 (22.9KV 또는 380/220V)에 역 송전
3) 태양전지의 성능을 최대한으로 하는 설비
4) 이상시나 고장시 보호기능 등을 종합적으로 갖춤.
5) 자동운전 정지기능
6) 단독운전 방지기능
　① 수동적 방식
　　㉠ 전압위상 도약 검출방식.

            ㄴ 제3차 고조파 전압 급증 검출방식
            ㄷ 주파수 변환율 검출방식
        ② 능동적 방식
            ㄱ 주파수 시프트 방식.
            ㄴ 유효전력 변동방식.
            ㄷ 무효전력 변동방식
            ㄹ 부하 변동방식
    7) 최대전력 추종제어 기능
    8) 자동전압 조정기능(진상무효전력제어, 출력제어): 무효전력제어는 매우 중요한 기능임
    5) 직류검출기능
    6) 지락전류 검출기능
    7) 소음저감, 노이즈억제, 고조파억제

3. **핵심부인 인버터(PCS : Power Conditioning System)의 회로방식**
    1) 상용주파 절연 변압기 방식
        ① 태양전지의 직류 출력을 상용주파의 교류로 변환 후 변압기로 전압을 변환하는 방식임.
        ② 변환방식을 PWM 인버터를 이용해서 상용주파수의 교류로 만드는 것이 특징
        ③ 상용주파수 변압기를 이용함으로 절연과 전압변환을 하기 때문에 내부 신뢰성이나 Noise-Cut이 우수함
        ④ 장점 : 회로 구성이 간단함, 신뢰성 우수, 노이즈 컷 우수, 누설전류 감소, 사용범위 넓음, 변압기절연으로 안정성 우수, 용 량 : 10kW이상
        ⑤ 단점 : 변압기 손실증가(트랜스리스 대비), 크기 및 무게증가, 가격 고가로 경제성 미흡, 효율 저하
    2) 트랜스리스(Trans less) 방식
        ① 2차 회로에 변압기를 사용하지 않는 방식
        ② 전자적인 회로를 보강하여 절연변압기를 사용한 것과 같은 제품이 출현됨
        ③ DC-DC컨버터 : 정전력 출력 특성으로 승압을 목적으로 한다.
        ④ DC-AC인버터 : 상용 주파 교류로 전환
        ⑤ 장점 : 변압기를 사용하지 않아 소형, 경량으로 가격적인 측면에서는 안정되고 신뢰성이 높고, 고효율로 사업성이 유리, 경제성 : 양호
        ⑥ 단점 : 상용전원과의 사이가 비 절연임. 인버터와 인버터 간에 비 절연이므로 직류의

유출 가능성, 누설전류 증가로 오동작 우려, 일부 모듈에 사용불가, 추가 보호장치 필요, 대용량에는 잘 사용하지 않음, 안정성은 미흡

3) 고주파(HF) 변압기 절연방식
  ① 태양전지의 직류 출력을 고주파의 교류로 변환한 후 고주파 변압기로 변압한다.
  ② 이후 고주파 교류->직류, 직류->상용주파 교류로 변환하는 방식이고
  ③ 고주파 절연 변압기가 직류 유출을 방지한다.
  ④ LF방식에 비하여 전력 손실이 적어 효율이 좋음.
  ⑤ 효율, 경제성 및 안정성 : 보통
  ⑥ 장 점 : 계통과 절연으로 안정성 우수, 고효율화, 소형 경량화, 용 량: 100kW이상
  ⑦ 단 점: 회로 구성이 복잡함. 직류성분 유출 우려

4) 회로방식별 회로도 비교

방식	회로도	개념
트랜스리스 (Trans less) 방식	PV - DC-DC 컨버터 - DC-AC 인버터	태양전지의 직류출력을 DC-DC컨버터로 승압하고 인버터에서 상용주파의 교류로 변환하는 방식임
상용주파 절연변압기 방식	태양전지 - 인버터 - 상용주파 절연변압기	태양전지 직류출력을 상용주파의 교류로 변환한 후 변압기로 절환하는 방식
고주파 변압기 절연방식	태양전지 - 고주파 인버터 - 고주파 절연변압기 - 컨버터 - 인버터	태양전지의 직류출력을 고주파의 교류로 변환한 후 소형의 고주파변압기로 절연을 함. 그 후 일단 직류로 변환하고 재차 상용주파의 교류로 변환하는 방식.

4. PCS의 선정 및 무 PCS방식의 직류공급 방식 검토

1) 태양광발전시스템은 무엇보다 종합적인 효율을 향상시키고, 고장을 최소화 하며, 유지 보수가 용이해야 한다.
2) 갈수록 반도체 기술이나 변환기술이 향상되어 인버터 효율이 올라가고 있지만, 그래도 태양광발전소의 가장 큰 손실 중 하나이다.
3) 대용량 발전소나 전국단위로 볼 때에는 많은 손실부분에 해당하므로 인버터 선정과 설치 조건 등을 종합적으로 검토하여 선정하여야 한다.
4) 또한 PCS없이 직류 배전을 옥내 또는 전기공급자에게 할 수 있도록 여러 전력기술적 인 측면의 법적 조건의 구비와 아울러 기술기준의 변경도 적극 산학협동으로 검토하여 할 시점으로 볼 수 있다.

5. 인버터 요구 기능

1) 최대 전력 추종 제어 기능

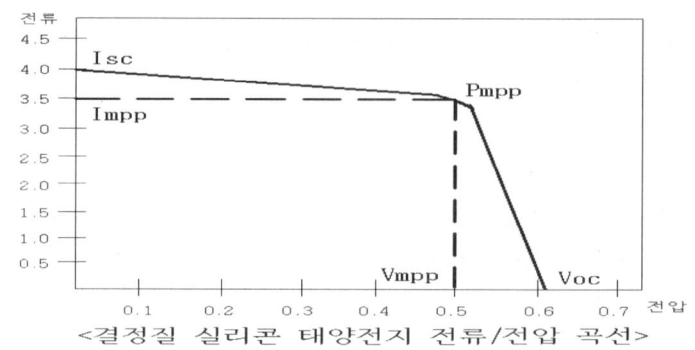

<결정질 실리콘 태양전지 전류/전압 곡선>

① 태양전지는 일사량에 따라 출력 특성이 많이 변동됨.
② 인버터의 최대 전력점에서 응답제어 하도록 최대 전력 추종 제어가 요구됨.

2) 고 효율 제어 기능
: 스위칭 손실 및 고정 손실도를 최대한 억제 할 수 있는 제어기 적용

3) 고조파 및 고주파 억제 기능
① 주로 IGBT를 고속으로 ON, OFF 하기 때문에 고주파 노이즈 발생
② 다상 펄스 방식 및 필터를 이용하여 제거

4) 계통 연계 보호 기능
: 인버터의 고장이나 계통 사고시에 피해 범위를 최소화 하기 위해 사고시 계통 분리 또는 인버터 정지등 기능

5) 보호 시스템
① 단락 및 과전류 보호.
② 지락 보호
③ 과전압 및 저전압 보호 등

6) 소음 저감 기능 : 동작 주파수를 가청 주파수(20 kHz) 이상으로 동작

109-2-4 pcs의 요구 성능

응16-109-2-4. 분산형전원의 전력 안정화를 기하기 위한 에너지 저장시스템에 적용되는 PCS(Power Conditioning System)의 요구 성능에 대하여 설명하시오.

답 : 시험장에서는 1, 2 , 3-4), 4만 기록 할 것

1. 태양광 발전의 구성

○ 태양광 발전 시스템에서 가장 중요한 파워콘디셔너(인버터)는 아래와 같이 구성됨.

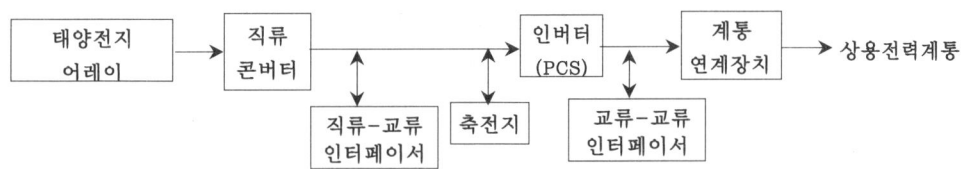

① 태양전지 어레이 : 일사하는 태양광을 집결하여 직류전력으로 변환, 얇은 Cell로 구성
② 인버터(PCS)부 : 직류 →교류
③ 축전지 : 일사량이 많은 주간에 잉여전력을 축전하여 흐린 날이나 야간에 공급
④ 보호장치 : 계통측에 이상 발생시 안전하게 정지
⑤ 필터부 : 인버터에서 발생되는 고주파를 제거

2. 태양광 발전의 인버터(PCS) 기능

1) 태양전지에서 출력된 직류전력을 교류 전력으로 변환
2) 한전의 전력 계통 (22.9KV 또는 380/220V)에 역 송전
3) 태양전지의 성능을 최대한으로 하는 설비
4) 이상이나 고장시 보호기능 등을 종합적으로 갖춤.
5) 자동운전 정지기능
6) 단독운전 방지기능
   ① 수동적 방식
      ㉠ 전압위상 도약 검출방식.
      ㉡ 제3차 고조파 전압 급증 검출방식

　　　　　　　ⓒ 주파수 변환율 검출방식
　　　　　② 능동적 방식
　　　　　　　㉠ 주파수 시프트 방식. ㉡ 유효전력 변동방식. ㉢ 무효전력 변동방식 ㉣ 부하 변동방식
　7) 최대전력 추종제어 기능
　8) 자동전압 조정기능(진상무효전력제어, 출력제어): 무효전력제어는 매우 중요한 기능임
　5) 직류검출기능
　6) 지락전류 검출기능
　7) 소음저감, 노이즈억제, 고조파억제

3. 핵심부인 인버터(PCS : Power Conditioning System)의 회로방식
　1) 상용주파 절연 변압기 방식
　　① 태양전지의 직류 출력을 상용주파의 교류로 변환 후 변압기로 전압을 변환하는 방식임.
　　② 변환방식을 PWM 인버터를 이용해서 상용주파수의 교류로 만드는 것이 특징
　　③ 상용주파수 변압기를 이용함으로 절연과 전압변환을 하기 때문에 내부 신뢰성이나 Noise-Cut이 우수함
　　④ 장점 : 회로 구성이 간단함, 신뢰성 우수, 노이즈 컷 우수, 누설전류 감소, 사용범위 넓음, 변압기절연으로 안정성 우수, 용량 : 10kW이상
　　⑤ 단점 : 변압기 손실증가(트랜스리스 대비), 크기 및 무게증가, 가격 고가로 경제성 미흡, 효율 저하
　2) 트랜스리스(Trans less) 방식
　　① 2차 회로에 변압기를 사용하지 않는 방식
　　② 전자적인 회로를 보강하여 절연변압기를 사용한 것과 같은 제품이 출현됨
　　③ DC-DC컨버터 : 정전력 출력 특성으로 승압을 목적으로 한다.
　　④ DC-AC인버터 : 상용 주파 교류로 전환
　　⑤ 장점 : 변압기를 사용하지 않아 소형, 경량으로 가격적인 측면에서는 안정되고 신뢰성이 높고, 고효율로 사업성이 유리, 경제성 :양호
　　⑥ 단점 : 상용전원과의 사이가 비 절연임. 인버터와 인버터 간에 비 절연이므로 직류의 유출 가능성, 누설전류 증가로 오동작 우려, 일부 모듈에 사용불가, 추가 보호장치 필요, 대용량에는 잘 사용하지 않음, 안정성은 미흡
　3) 고주파(HF) 변압기 절연방식
　　① 태양전지의 직류 출력을 고주파의 교류로 변환한 후 고주파 변압기로 변압한다.
　　② 이후 고주파 교류->직류, 직류->상용주파 교류로 변환하는 방식이고

③ 고주파 절연 변압기가 직류 유출을 방지한다.
④ LF방식에 비하여 전력 손실이 적어 효율이 좋음.
⑤ 효율, 경제성 및 안정성 : 보통
⑥ 장 점 : 계통과 절연으로 안정성 우수, 고효율화, 소형 경량화, 용 량: 100kW이상
⑦ 단 점: 회로 구성이 복잡함. 직류성분 유출 우려

4) 회로방식별 회로도 비교

방식	회로도	개념
트랜스리스 (Trans less) 방식	DC-DC DC-AC PV 컨버터 인버터	태양전지의 직류출력을 DC-DC컨버터로 승압하고 인버터에서 상용주파의 교류로 변환하는 방식임
상용주파 절연변압기 방식	태양전지 인버터 상용주파 절연변압기	태양전지 직류출력을 상용주파의 교류로 변환한 후 변압기로 절환하는 방식
고주파 변압기 절연방식	태양전지 고주파 고주파 컨버터 인버터 인버터 절연변압기	태양전지의 직류출력을 고주파의 교류로 변환한 후 소형의 고주파변압기로 절연을 함. 그 후 일단 직류로 변환하고 재차 상용주파의 교류로 변환하는 방식.

4. PCS(인버터) 요구 성능

1) 최대 전력 추종 제어 기능

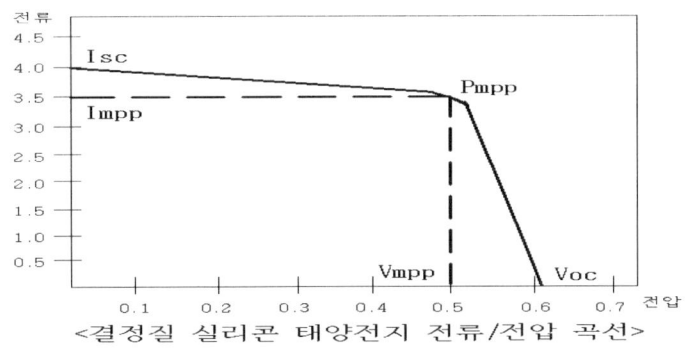

<결정질 실리콘 태양전지 전류/전압 곡선>

① 태양전지는 일사량에 따라 출력 특성이 많이 변동됨.
② 인버터의 최대 전력점에서 응답제어 하도록 최대 전력 추종 제어가 요구됨.

2) 고 효율 제어 기능
   : 스위칭 손실 및 고정 손실도를 최대한 억제 할 수 있는 제어기 적용

3) 고조파 및 고주파 억제 기능

① 주로 IGBT를 고속으로 ON, OFF 하기 때문에 고주파 노이즈 발생
② 다상 펄스 방식 및 필터를 이용하여 제거

4) 계통 연계 보호 기능
: 인버터의 고장이나 계통 사고시에 피해 범위를 최소화 하기 위해 사고시 계통 분리 또는 인버터 정지등 기능

5) 보호 시스템
① 단락 및 과전류 보호.
② 지락 보호
③ 과전압 및 저전압 보호 등

6) 소음 저감 기능 : 동작 주파수를 가청 주파수(20 kHz) 이상으로 동작

5. PCS의 선정 및 PCS방식의 직류공급 방식 검토

1) 태양광발전시스템은 무엇보다 종합적인 효율을 향상시키고, 고장을 최소화 하며, 유지 보수가 용이해야 한다.
2) 갈수록 반도체 기술이나 변환기술이 향상되어 인버터 효율이 올라가고 있지만, 그래도 태양광발전소의 가장 큰 손실 중 하나이다.
3) 대용량 발전소나 전국단위로 볼 때에는 많은 손실부분에 해당하므로 인버터 선정과 설치조건 등을 종합적으로 검토하여 선정하여야 한다.
4) 또한 PCS없이 직류 배전을 옥내 또는 전기공급자에게 할 수 있도록 여러 전력기술적 인 측면의 법적 조건의 구비와 아울러 기술기준의 변경도 적극 산학협동으로 검토하여 할 시점으로 볼 수 있다.

109-4-2 2차전지 기준 정리분

응16-109-4-2. 이차전지를 이용한 전기저장장치의 시설기준에 대하여 다음 사항을 설명하시오
   1) 적용범위 및 일반 요건
   2) 계측장치 등의 시설
   3) 제어 및 보호장치의 시설
   4) 계통연계용 보호장치 시설 (건16-109-4-4)

 답

1. 적용범위
1) 이차전지를 이용하여 전기를 저장하고 필요시 저장한 전기를 배전계통 또는 부하에 공급하는 전기저장장치를 시설하는 장소에 적용한다.
2) 전기저장장치를 시설하는 경우에는 인체 감전, 화재 그 밖에 사람에게 위해를 주거나 다른 전기설비에 지장을 주지 않도록 시설하여야 한다.
3) 전기저장장치는 사용 목적에 따라 전기를 안정적으로 저장하고 공급할 수 있도록 적절한 보호 및 제어장치를 갖추고 폭발의 우려가 없도록 시설하여야 한다.

2. 일반 요건
이차전지를 이용한 전기저장장치는 다음 각 호에 따라 시설하여야 한다.
1) 충전부분이 노출되지 않도록 시설하고, 금속제의 외함 및 이차전지의 지지대는 기계기구의 철대, 금속제 외함 및 금속프레임 등의 접지규정에 따라 접지공사를 할 것
2) 이차전지를 시설하는 장소는 폭발성 가스의 축적을 방지하기 위한 환기시설을 갖추고 적정한 온도와 습도를 유지할 것.
3) 이차전지를 시설하는 장소는 보수점검을 위한 충분한 작업공간을 확보하고 조명설비를 시설할 것.
4) 이차전지의 지지물은 부식성 가스 또는 용액에 의하여 부식되지 아니하도록 하고 적재하중 또는 지진 등 기타 진동과 충격에 대하여 안전한 구조일 것.
5) 침수의 우려가 없는 곳에 시설할 것.

3. 제어 및 보호장치의 시설 (제296조)

1) 전기저장장치가 비상용 예비전원 용도를 겸하는 경우에는 비상용부하에 전기를 안정적으로 공급할 수 있는 시설을 갖추어야 한다.
2) 전기저장장치의 접속점에는 쉽게 개폐할 수 있는 곳에 개방상태를 육안으로 확인 할 수 있는 전용의 개폐기를 시설하여야 한다.
3) 전기저장장치의 이차전지에는 다음 각 호에 따라 자동적으로 전로로부터 차단하는 장치를 시설하여야 한다.
   ① 과전압 또는 과전류가 발생한 경우
   ② 제어장치에 이상이 발생한 경우
   ③ 이차전지 모듈의 내부 온도가 급격히 상승할 경우
4) 직류 전로에 과전류차단기를 설치하는 경우 직류 단락 전류를 차단하는 능력을 가지는 것 이어야 하고 "직류용" 표시를 하여야 한다.
5) 직류전로에는 지락이 생겼을 때에 자동적으로 전로를 차단하는 장치를 시설할 것.

4. 계측장치 등의 시설

1) 전기저장장치를 시설하는 곳에는 다음 각 호의 사항을 계측하는 장치를 시설할 것
   ① 이차전지 집합체의 출력 단자의 전압, 전류, 전력 및 충·방전 상태
   ② 주요변압기의 전압, 전류 및 전력
2) 발전소·변전소 또는 이에 준하는 장소에 전기저장장치를 시설하는 경우 전로가 차단되었을 때에 관리자가 확인할 수 있도록 경보 장치를 시설하여야 한다.

5. 계통연계용 보호장치 시설 (제283조)

1) 계통 연계하는 분산형 전원을 설치하는 경우 다음 각 호의 1에 해당하는 이상 또는 고장 발생시 자동적으로 분산형 전원을 전력계통으로부터 분리하기 위한 장치 시설 및 해당 계통과의 보호협조를 실시하여야 한다.
   ① 분산형전원의 이상 또는 고장
   ② 연계한 전력계통의 이상 또는 고장
   ③ 단독운전 상태

2) 연계한 전력계통의 이상 또는 고장 발생시 분산형전원의 분리 시점은 해당 계통의 재폐로 시점 이전이어야 하며, 이상 발생 후 해당 계통의 전압 및 주파수가 정상 범위 내에 들어올 때까지 계통과의 분리상태를 유지하는 등 연계한 계통의 재폐로 방식과 협조를 이루어야 한다.
3) 단순 병렬운전 분산형전원의 경우에는 역전력 계전기를 설치한다.

   단, 신·재생에너지를 이용하여 전기를 생산하는 용량 50 kW이하의 소규모 분산형전원 (단, 해당 구내계통 내의 전기사용 부하의 수전 계약전력이 분산형 전원 용량을 초과하는 경우에 한한다)으로서 제1항 제3호에 의한 단독운전 방지기능을 가진 것을 단순 병렬로 연계하는 경우에는 역전력 계전기 설치를 생략할 수 있다.

109-4-5 신재생에너지

응16-109-4-5. 신재생에너지를 신에너지와 재생에너지로 구분한 후, 각각에 대한 원리 및 특징을 설명하시오.

 답

1. 신에너지설비(3가지)

1-1. 신에너지의 종류
- ○ 정의 : 신에너지란 기존의 화석연료를 변환시켜 이용하거나 수소·산소 등의 화학반응을 통하여 전기 또는 열을 이용하는 에너지
- 1) 수소에너지 설비: 물이나 그 밖에 연료를 변환시켜 수소를 생산하거나 이용하는 설비
- 2) 연료전지 설비: 수소와 산소의 전기화학 반응을 통하여 전기 또는 열을 생산하는 설비
- 3) 석탄을 액화·가스화한 에너지 및 중질잔사유(重質殘渣油)를 가스화한 에너지 설비: 석탄 및 중질잔사유의 저급연료를 액화 또는 가스화시켜 전기 또는 열을 생산하는 설비

1-2. 신에너지의 종류 별 특성
- 1) 연료전지 설비의 특성
  - ① 수소(천연가스,메탄올)와 산소의 화학에너지를 전기에너지화 개질기, 스택 및 전력변환 장치로 구성
  - ② 공해배출이 없고 청정에너지 시스템 효율이 높고, 단기간 건설
- 2) 석탄을 액화·가스화한 에너지 및 중질잔사유를 가스화한 에너지 설비의 특성
  : 저급연료로 고부가가치화, 발전효율 40~60%, SOx, NOx, CO2 저감 환경친화형에너지
- 3) 수소에너지 설비의 특성
  - ① 핵분열, 핵융합 및 태양에너지에 의한 물의 電氣分解, 熱分解,光分解에 의해, 또한 석탄, 천연가스 등에서 발생되는 수소를 이용하여 각종 연료나 원료에 사용하는 거의 무한대의 에너지원임
  - ② 실용화를 위해서는 막대한 제조비용과 안전성 확보가 문제됨
  - ③ 화석연료에 의존하지 않는 에너지
  - ④ 연소 후에 물이 되는 무공해 에너지

⑤ 수송과 저장이 간편하고, 기계적 에너지로의 전환이 용이

2. 재생에너지 설비(9가지)의 종류 및 특성

○ 정의 : 햇빛·물·지열(地熱)·강수(降水)·생물유기체 등을 포함하는 재생 가능한 에너지를 변환시켜 이용하는 에너지

1) 태양에너지 설비
   ① 태양열 설비: 태양의 열에너지를 변환시켜 전기를 생산하거나 에너지원으로 이용하는 설비
   ② 태양광 설비: 태양의 빛에너지를 변환시켜 전기를 생산하거나 채광(採光)에 이용하는 설비
   ③ 태양광 발전의 특징
      ㉠ 태양광 에너지는 빛에너지를 전기에너지로 직접변환하여 이용하므로 청정하고 무한한 미래에너지원
      ㉡ 시스템 구성이 간편하여 단시간에 설치가 가능하며, 전력생산과 소비가 인접한 장소에서 이루어지므로 송배전손실이 적음
   ④ 태양열 발전의 특징
      : 태양열에너지는 집열온도에 따라 저온분야, 중고온분야로 분류하며 저온분야는 건물의 냉·난방 및 급탕 등에 이용되고 중고온 분야는 산업공정열 및 열발전 등에 이용함

2) 풍력 설비:
   ① 바람의 에너지를 변환시켜 전기를 생산하는 설비
   ② 특징
   ㅇ 풍력 발전은 자연상태의 에너지를 전기에너지로 직접변환하여 이용하므로 청정하고 무한한 에너지이며 신·재생에너지원 중 경제성이 우수한 미래 에너지원 임
   ㅇ 산간이나, 해안오지 및 방조제 등 부지를 활용함으로서 국토이용효율을 높일 수 있음

3) 수력 설비: 물의 유동(流動) 에너지를 변환시켜 전기를 생산하는 설비

4) 해양에너지 설비: 해양의 조수, 파도, 해류, 온도차 등을 변환시켜 전기 또는 열을 생산하는 설비

5) 지열에너지 설비: 물, 지하수 및 지하의 열 등의 온도차를 변환시켜 에너지를 생산하는 설비

6) 바이오에너지 설비: 「신에너지 및 재생에너지 개발·이용·보급 촉진법 시행령」 별표 1의 바이오에너지를 생산하거나 이를 에너지원으로 이용하는 설비

7) 폐기물에너지 설비: 폐기물을 변환시켜 연료 및 에너지를 생산하는 설비

8) 전력저장 설비: 신에너지 및 재생에너지를 이용하여 전기를 생산하는 설비와 연계된 전력저장 설비

9) 수열에너지 설비

112-4-3 여자돌입전류 구분. 대책

응17-112-4-3. 변압기의 내부 고장전류와 여자돌입 전류를 구분하여 검출할 수 있는 방법과 여자돌입전류로 인한 오동작 방지 대책에 대하여 설명 하시오.

 답

1. 여자돌입전류의 정의
1) 여자돌입전류란, 변압기의 한쪽 단자를 무부하로 하고 다른 쪽 단자를 전원에 연결시 여자전류가 흐르는데 전원투입 순간의 전압위상 및 변압기 철심의 잔류자속의 크기에 따라 그 크기는 달라지고 과도적인 전류(즉, 과도현상에 의한 전류임)
2) 여자돌입전류란, 변압기에 무부하로 전원을 투입하면 전원투입 순간의 전압 위상 및 철심의 잔류자속에 따라 정격전류의 7~10배에 달하는 돌입전류가 순간적으로 1차측에 흐르는 전류이다

2. 여자돌입전류의 크기 및 영향
1) 변압기 정격전류의 3~7[%]가 여자전류이며
2) 이 여자돌입전류는 잔류자속의 크기에 따라 정격전류의 7~10배
   (대형 변압기에서는 정격전류 1[%]가 여자전류임)
3) 여자 돌입전류(Inrush Current)의 영향
   (1) 대용량 M.Tr에서는 변압기 보호용(내부보호용) Relay의 오동작의 원인 제공
      ① 제 2고조파 성분이 他조파 성분보다 높은 값으로 정상적인 데도 불구하고 비율차동계전기(87)는 내부고장으로 오인하여 오동작 함
   (2) 변압기 돌입전류 지속시간이 대용량 Tr에서는 약 30초로 보호계전기가 오동작하는 경우가 생김
      ① 제 2고조파 성분이 他조파 성분보다 높은 값으로 정상적인 데도 불구하고 비율차동계전기(87)는 내부고장으로 오인하여 오동작 함

3. 변압기의 내부고장전류와 여자돌입 전류를 구분하여 검출할 수 있는 방법

1) 여자돌입전류는 시간이 지남에 따라 감쇄하는 것을 이용
2) 돌입전류 중에는 제 2고조파 성분이 많이 포함되어 있는 현상의 이용방법
   ① 제 2고조파 성분이 적은 내부고장전류와 구분이 됨
3) 여자 돌입전류 파형이 비대칭이라는 점을 착안
   ① 돌입전류는 차단기 투입시에 가해진 전압의 위상, 변압기 철심의 잔류자속에 의해 그 크기가 달라지고,
   ② 때로는 정격전류의 수배에 도달하는 비대칭 전류임을 이용하는 방법

4. 여자돌입전류에 의한 오동작 방지대책

1) 감도 저하법
   ① 여자돌입전류는 시간이 지남에 따라 감쇄하는 것을 이용하여, 차동계전의 동작코일 에 분류저항을 넣어 일정시간 동안 계전기의 감도를 둔화시켜 돌입전류에 의한 오동작을 방지하는 방법이다.
   ② 이 방식은 저감도 상태에서 내부사고가 발생되면 사고제거 시간이 길어지는 단점이 있다.
   ③ 또한 일정 시간 동안 지연시간을 주어 여자 돌입전류에 의한 오동작을 방지하는 ASS등 이 있다.
   ④ UVR을 사용하여 투입후 일정 시간 By-pass 시킴
   ⑤ 순간적 감도저하(0.2sec)방법도 있다

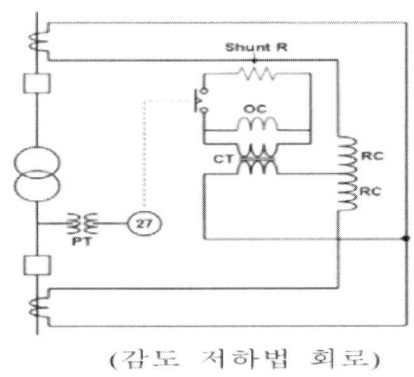
(감도 저하법 회로)

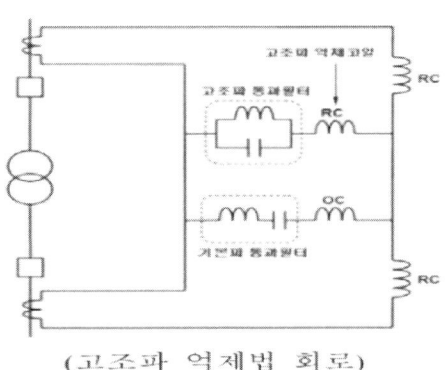
(고조파 억제법 회로)

2) 고조파 억제법
   ① 여자돌입전류 파형중에는 제2고조파 성분이 많다는 것에 착안하여 필터를 사용하여 동 작코일에는 기본파가 유입되고, 고조파 성분은 고조파 억제 코일에 흐르게함으로써 여

자 돌입전류에 의한 오동작을 방지하는 방법이다.
② 이 방법은 투입시에 고감도, 고속도 동작이 가능하며, 제2고조파 성분이 15~20[%] 이상이면 동작이 억제 된다.

3) 비대칭 저지법(Trip Lock 법 : 변압기 투입후 일정시간 Trip 회로를 Lock 시킨다)
① 여자 돌입전류 파형이 비대칭이라는 점을 착안하여 비율차동계전기의 동작코일과 직렬로 저지코일을 삽입하여 비대칭전류가 흐르면 저지계전기가 동작하여 비율차동계전기를 LOCK시키는 방법이다.

113-1-1 감리범위

응17-113-1-1. 전력기술관리법 시행령 제23조에서 정한 감리원의 업무범위에 대하여 설명하시오.[100% 출제됨. 이유불문 100%암기요]

 제23조(감리원의 업무 범위)

① 법 제12조제4항에 따른 감리원의 업무 범위는 다음 각 호와 같다. 〈개정 2013.3.23.〉

1. 공사계획의 검토
2. 공정표의 검토
3. 발주자·공사업자 및 제조자가 작성한 시공설계도서의 검토·확인
4. 공사가 설계도서의 내용에 적합하게 시행되고 있는지에 대한 확인
5. 전력시설물의 규격에 관한 검토·확인
6. 사용자재의 규격 및 적합성에 관한 검토·확인
7. 전력시설물의 자재 등에 대한 시험성과에 대한 검토·확인
8. 재해예방대책 및 안전관리의 확인
9. 설계 변경에 관한 사항의 검토·확인
10. 공사 진행 부분에 대한 조사 및 검사
11. 준공도서의 검토 및 준공검사
12. 하도급의 타당성 검토
13. 설계도서와 시공도면의 내용이 현장 조건에 적합한지 여부와 시공 가능성 등에 관한 사전 검토
14. 그 밖에 공사의 질을 높이기 위하여 필요한 사항으로서 산업통상자원부령으로 정하는 사항
    ② 산업통상자원부장관은 감리원 업무의 효율적 수행을 위하여 감리업무의 수행에 관한 세부기준을 정하여 고시한다. 〈개정 2013.3.23.〉

113-1-2 각변위. EPFXKDHK11각변위. 용도.특징

응17-113-1-2. 변압기 결선방식 중 Dy11 결선방식에 대한 각변위, 용도 및 특징에 대하여 설명하시오. 100% 나옴. 확실히 암송요

 답

1. △-Y 결선 (Dy11)의 각변위
   1) 각 변위 정하는 방법
      (1) 일반적으로 저압측이 고압 측에 비해 늦은 만큼의 위상차로 정하며, 11은 시계가 11시 방향으로 진상을 의미함
      (2) 각 변위 표현 방법
         ① Yy0 : 대문자는 Y결선 1차측, 소문자는 y결선 2차측, 0은 동상을 의미
         ② Yd1 : 대문자는 Y결선 1차측, 소문자는 △ 결선 2차측으로 저압측이 30° 지상
         ③ Dy1 : 대문자는 △결선 1차측, 소문자는 y결선 2차측으로 저압측이 30° 지상
         ④ 숫자의 의미(시계 방향과 같은 의미)
            ㉠ 0 : 동상   ㉡ 1 : 저압측이 30° 지상
            ㉢ 5 : 저압측이 150° 지상   ㉣ 11 : 저압측이 30° 진상

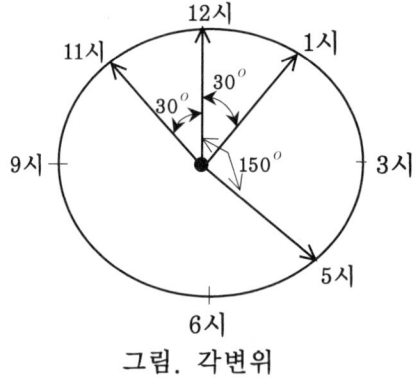

그림. 각변위

   2) Dy11의 의미
      ① 고압측 : △ 결선
      ② 저압측 : Y 결선

③ 각변위 11 : 저압측이 30° 진상(leading)

2. 결선도와 고저압 VECTOR

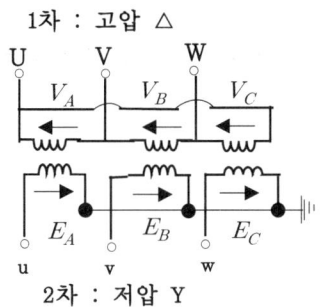
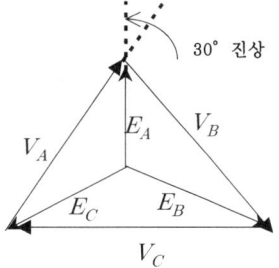

3. 용도 및 특징

① 대부분의 수용가용 변압기
② 75[kVA] 이상 중성점 접지가 필요한 곳
③ 승압용에 적합
④ 1대 고장시 V결선 불가
⑤ 1차, 2차간에 $30°$ 위상차 발생
⑥ △-△, Y-Y결선의 장점을 지님

113-1-10 변압기 과부하운전조건.금지조건

응17-113-1-10. 변압기의 과부하에 대한 운전조건과 금지조건에 대하여 설명하시오.
[건축전기 기출10년도-90회-1-11]

 답

1. 변압기의 과부하 운전조건

1) 변압기설치장소의 주위온도: 유입변압기의 냉각 공기온도는 30℃를 기준으로 온도를 1℃ 내릴 때마다 0.8%씩 과부하운전
2) 온도상승시험 기록에 의한 방법 : 규정상 변압기 권선 온도평균상승 한도 55℃(최고점 온도상승은 70℃)로 하고 있는데, 55℃보다 5℃ 낮아지는 경우 매 1℃마다 1%씩 과부하 운전이 가능 하다.(예: 온도상승이 40℃인 경우(55-5-40)×1[%]=10[%]과부하 운전 가능)
3) 짧은 시간 과부하운전(24시간 이내 1회의 단시간 과부하에 대한 것)
   : 평상시 작은 부하로 운전하면 20%이상 순간 과부하(4시간정도)운전가능
4) 부하률이 떨어졌을 때 과부하운전
   : 부하률이 90% 미만의 경우 90%에서 떨어지는 매 1%마다 0.5%씩 과부하 운전이 가능
5) 냉각방식을 바꾸어 주는 경우
   : 유입자냉식에 송풍기를 설치하면 20%~30%의 과부하 운전이 가능하다.

3. 과부하 운전 금지조건

1) 주위온도가 40℃를 초과하는 경우
2) 수리경력이 있는 경우
3) 사용년수가 15년 이상인 경우
4) 직렬기기상태가 과부하운전 정격을 초과하는 경우
5) 유중가스분석 결과가 1000ppm을 초과하는 경우

[건축축전기에서 출제된 것을 전기응용기술사에서도 문항을 살짝 수정 후 나오는 경향이 있음]

113-2-4 보폭.접촉.메쉬.전이전압

응17-113-2-4. 변전소 내에 있는 사람에게 인가되는 보폭전압, 접촉전압, 메쉬전압, 전이전압에 대하여 설명하시오.

답

1. 보폭전압 (E_{step})

1) 접지전극 부근의 지표면에 생기는 전위차로 보폭전압의 등가회로는 인체에 걸리는 전위차는 지표면상에 사람이 발로 접근할 수 있는 2점간(보통1m)의 전위차의 최대치로 표시한다.

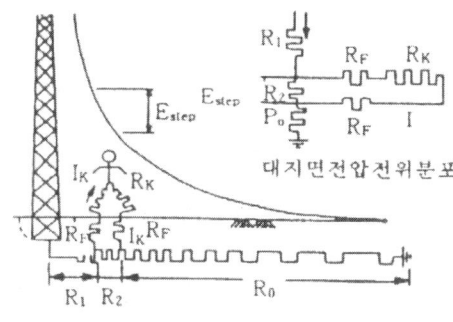
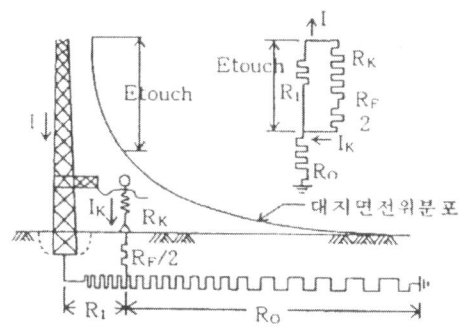

그림1. 보폭전압 등가회로   그림2. 접촉전압 등가회로

2) 보폭전압 (E_{step})

$$E_{step} = (R+2Rf)Ik = (1,000+6\rho_s)0.116/\sqrt{t} = (0.116+0.7\rho_s)/\sqrt{t}$$

3) 보폭전압 저감방법
① 접지선을 깊게 매설한다.
② Mesh 접지방식을 채용하고 Mesh 간격을 좁게 한다.
③ 특히 위험장소가 큰 장소에서는 자갈 또는 콘크리트를 다설 한다.
④ 부지경계부근은 Main Mesh의 끝 2-3m 정도를 깊게 매설 한다.
⑤ 철구 가대 등에 보조 접지를 한다.

2. 접촉전압 (E_{touch})

1) 사람이 지상에 서서 기기의 외함이나 철구에 접촉한 경우에 인체에 가해지는 전압
2) 사람다리의 접지저항 $R_f(\Omega)$는 지표면 부근의 토양 고유저항[$\Omega \cdot m$]의 3~5배 또 인체저항 Rk는 500~2300(Ω) 정도라고 하면 이것을 $3\rho_s$ 및 1,000(Ω)라고 하면 접촉전압은 다음과 같다.
3) 접촉전압:
$$E_{touch} = \left(R_k + \frac{R_f}{2}\right) \cdot I_k = (1,000 + 1.5\rho_s) \cdot 0.116/\sqrt{t} = (155 + 0.23\rho_s)/\sqrt{t}$$
4) 접촉전압 저감방법
   ① 접지선 깊게 매설 한다.
   ② Mesh 접지방식을 채용하고 Mesh 간격을 좁게 한다.
   ③ 철구 등 주위 약 1m의 위치에 깊이 0.2~0.3[m]의 보조접지선을 매설하고 이것을 주 접지선과 접촉한다.

3. 접지망(메쉬)의 Mesh 전압과 메쉬의 보폭전압

1) Mesh 접지 경우

$$E_{step} = (0.1 \sim 0.15)\rho_s \cdot \frac{KI_E}{L}$$

$$E_{touch} = (0.1 \sim 0.8)\rho_s \cdot \frac{KI_E}{L}$$

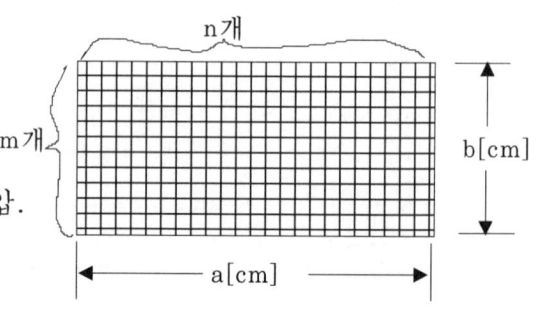

E_{step}: 보폭전압. E_{touch}: 접촉전압.

ρ_s: 포토층의 고유저항

I_E: 접지전류. K: 수정계수〈보통 1.0 접지방주변 1.2~1.3〉

L: 매설접지선의 숯 길이[m]

m: 가로줄 메쉬수,   a: 메쉬망의 가로길이,

n: 세로줄 메쉬수,   b: 메쉬망의 세로길이

2) 접지계의 접지저항(메쉬 접지저항)

① 메쉬접지저항 : $R = \frac{\rho}{4r} + \frac{\rho}{L}$,   단, r: 등가반경 $= \sqrt{\frac{a \times b}{\pi}}$

*사각현의 면적 ab에서 원의 면적은 πr^2이므로, $\pi r^2 = a \cdot b$에서 r을 구함

*구조체의 경우는 반구의 면적이 $\frac{4\pi r^2}{2} = 2\pi r^2$이므로 $2\pi r^2 = a \cdot b$에서 $r = \sqrt{\frac{a \times b}{2\pi}}$

3) 접지망의 최대전위 상승 : $E = I \cdot R$

4) 메쉬전압(E_m)과 접촉전압의 크기로 비교판정
   ① $E_m < E_{touch}$이면 양호.
   ② 여기서, $E_m = GPR \times$ 메시전극 전위에 대한 비율(메시포설 지수에 다라 틀림)
   ③ $GPR = I_g \times R_g$[V]. 여기서, I_g : 지락전류, R_g : 메쉬접지저항
      GPR : Ground Potential Rise, 구내의 전위상승

4. 전이 전압(Transferred Voltage)

1) 변전소 구내에서 있는 사람이 원거리에서 접지된 도체와 접촉하거나 반대로 원거리에 있는 사람이 변전소 접지망과 연결된 도체와 접촉했을 때의 전압.
2) 이 전압은 고장시의 접지망 전체 전위 상승치까지 될 수 있는 것이다.

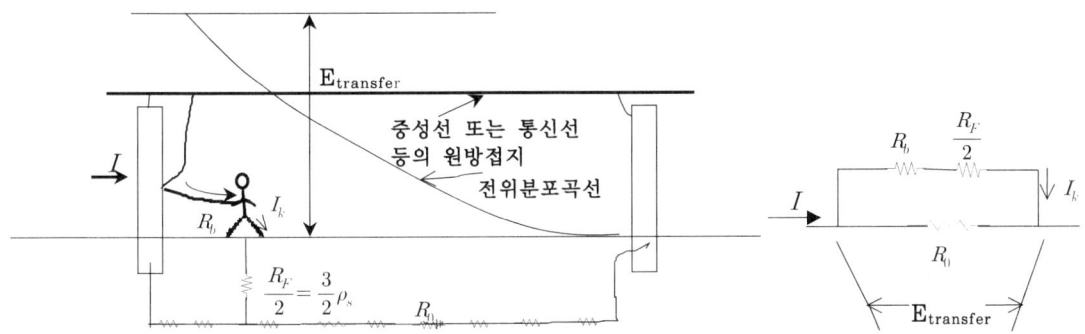

그림3. 전이전압

Chapter 2. 전기응용기술사 문해석의 전기안전에 예상 문제

113-3-1 유전정접

응17-113-3-1. 케이블의 손실(저항손, 유전체손, 연피손)에 대해 각각 설명하고, 유전체손의 표현방식을 $\sin\delta$ 대신에 $\tan\delta$를 사용하는 이유에 대하여 설명하시오.

답 매우 좋은 문제로 향후 발송배전기술사에서도 90% 이상 재출제 예상

1. 케이블 손실

1-1. 도체손

1) 개요: 케이블의 도체에서 발생되는 손실이며, 전력 손실 중 가장 크다.

$$P_l = I^2 R = I^2 \rho \frac{l}{A} = I^2 \times \frac{1}{58} \times \frac{100}{C} \times \frac{l}{A}$$

여기서, ρ : 고유 저항 $\left(Cu = \frac{1}{58},\ Al = \frac{1}{35}\right)$

C : 도전율(Cu 100[%], Al 61[%], 경동선 97[%], 연동선 100[%])

(2) 저감 대책: 도전율이 좋고, 단면적이 큰 도체를 사용한다.

1-2. 유전체손(W_d)

(1) 정의

① 케이블의 유전체에서 발생되는 손실로서, 절연체를 전극간에 끼우고 교류 전압을 인가했을 경우 발생하는 손실을 말한다. 즉, 전압인가→정전용량 C 발생→충전전류 $I_c = \omega CE$ 발생, 절연 열화 I_R

② 케이블에 전압을 인가했을 때 흐르는 전류는 유전체의 정전 용량에 의한 충전 전류 I_c와 전압과 동상분으로 누설 저항에 의한 I_R로 구성된다.

즉, $\tan\delta = \dfrac{I_R}{I_C}$ 에서 $I_R = I_c \cdot \tan\delta = \omega CE \cdot \tan\delta$ 여기서 δ : 유전 손실각

(2) 유전체 손실 : $W_d = E \cdot I_R = E \cdot \omega CE\tan\delta = \omega CE^2 \tan\delta$

(3) 대책: $W_d \propto \tan\delta$ 이므로 유전체 손실을 줄이기 위해서는 절연물의 절연성이 우수하여 I_R을 줄일 수 있는 물질을 사용한다.

1-3. 연피손(시스손)

(1) 정의: 연피 및 알루미늄피 등 도전성의 외피를 갖는 케이블의 경우에 발생한다.
(2) 연피손의 종류 및 발생 원인
   ① 와전류손 : 시스에 흐르는 와전류 때문에 발생하는 손실
   ② 시스 회로손 : 케이블 도체 전류에서의 전자 유도 작용에 의해 시스를 접지함에 따라 시스에 전류 i_s가 흐르고 시스 저항을 r_s라 하면 $i_s^2 r_s$가 되는 손실
   ③ 시스손은 시스의 저항률이 작을수록, 전류의 크기나 주파수가 클수록, 단심 케이블의 이격 거리가 클수록 큰 값을 나타낸다.
(3) 저감 대책
   ① 연가   ③ 케이블을 근접 시공한다.
   ② 시스 자체를 접지한다(편단 접지, 크로스 본드 접지). 시스 접지는 전위와 전류를 동시에 최소한으로 하는 접지 방식을 선택한다.

2. 유전체손의 표현방식

2-1. 유전체손이 발생하는 이유

1) 완전한 절연이 유지되는 유전체를 교류전극에 삽입후 양전극에 전압V를 인가하면 충전전류는 전압보다 90도 진상이 된다.
2) 그러나 약간의 절연열화가 진행되면 유전체내의 누설저항과 쌍극자 능률 등에 의해 유전체 손실이 발생하여 아래그림과 같이 위상각 90도보다 작은 위상을 갖는 전류 I가 흐른다.

2-2. 유전체손

1) 정의: 절연물(유전체)를 전극 간에 삽입하고 교류전압을 인가할 경우 발생하는 손실

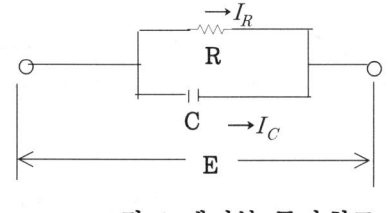
그림 1 케이블 등가회로

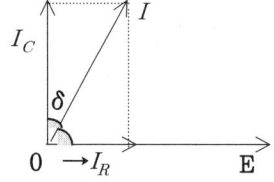
그림2 벡터도

2) 유전체손 발생메카니즘
   ① 상기의 이유로 인하여 유전체내의 누설저항에 의한 유전체손이 다음과 같이 발생함
   ② 즉, 유전체의 정전용량에 의한 전류 I_C 성분과, 미소하지만 누설전류에 의한

I_R에 의한 $V \cdot I_R$인 유전체손이 발생함

③ 이때 위의 그림과 같이 I_C의 전류보다 δ만큼 뒤진 작은 전류 I가 흐른다

④ 그러므로 유전체손은

$$P = VIr = VI\cos(90° - \delta) = VI\sin\delta = YV^2\sin\delta \quad \text{------ 식 1)}$$

여기서 Y : 유전체의 어드미턴스, δ : 손실각

⑤ 유전체를 흐르는 전류는 유효성분 Ir 과 무효성분 Ic 로 나누면 그림1와 같은 등가회로를 구할 수 있다.

⑥ 따라서 P를 Ic 로 나타내면 $P = VIr = VIc\tan\delta = wCV^2\tan\delta$ -식2)

여기서, $Ic = wCV$ 이다.

2-3. 유전체손을 tanδ로 적용하는 이유

1) 상기 식1), 2)의 sinδ 와 tanδ 를 C, r로 표현하면 그림2의 벡터도에 의하여 식 3) 및 식 4)와 같다.

$$\sin\delta = \frac{Ir}{I} = \frac{Ir}{\sqrt{Ir^2 + Ic^2}} = \frac{\frac{V}{r}}{\sqrt{\left(\frac{V}{r}\right)^2 + (wCV)^2}} = \frac{1}{\sqrt{1+(wCr)^2}} \quad \text{-식3)}$$

$$\tan\delta = \frac{Ir}{Ic} = \frac{\frac{V}{r}}{wCV} = \frac{1}{wCr} \quad \text{------------- 식4)}$$

이때 tanδ 를 유전정접 또는 유전체의 역률이라 부른다.

2) 결과적으로 식 4)는 식3)보다 간단해진다.

3) 이와 같이 Sinδ 대신에 tanδ 를 사용하는 이유로는

① tanδ 가 Sinδ 보다 간단히 표현되고

② 유전체의 측정에서 C의 측정이 어드미턴스 $Y = \frac{\sqrt{1+(wCr)^2}}{r}$ 의 측정보다 쉽고,

③ δ 는 대단히 적은 경우가 많아서, δ 를 [rad]단위로 표시할 때 Sinδ ≒ tanδ ≒ δ 인 관계가 있으므로 유전체 역률과 손실각을 동시에 대표할 수 있는 편의성이 있기 때문이다.

※ 참고 : $Y = \frac{\sqrt{1+(wCr)^2}}{r}$ 을 유도하면 $P = VI_R = VI\sin\delta = YV^2\sin\delta$ 에서

$$Y = \frac{VI_R}{V^2\sin\delta} = \frac{I_R}{V\sin\delta} = \frac{\frac{V}{r}}{\frac{V}{\sqrt{1+(wcr)^2}}} = \frac{\sqrt{1+(wcr)^2}}{r}$$

113-3-2 변압기 공장시험

응17-113-3-2. 변압기의 공장시험에 대하여 설명하시오

 [발송배전기술사에도 예상]

1. 개요
1) 변압기의 시험에는 공장시험, 현장시험, 보수시험의 3가지로 분류할 수 있으며 여기서는 공장시험에 대해 논하고자 한다
2) 공장시험의 종류
   ① 극성시험   ② 권수비측정   ③ 무부하시험
   ④ 단락시험   ⑤ 온도상승시험   ⑥ 유도시험
   ⑦ 충격파시험   ⑧ 절연내력시험   ⑨ 권선의 저항측정
   ⑩ 절연저항 측정 이 있다

2. 극성시험
1) 우리나라는 감극성을 표준으로 하고 감극성은 단상 변압기의 병렬운전시나 3상 결선을 하는 경우에 매우 중요
2) 극성시험의 종류는 유도법, 가감법, 비교법이 있다

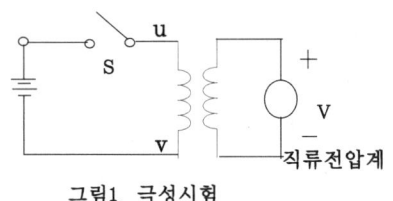

그림1. 극성시험

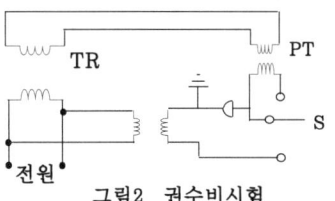

그림2. 권수비시험

3) 측정방법은 위와 같이 결선하여 스위치 S 투입시 직류전압계의 진동방향을 확인. 직류전압계의 움직임이 정방향이면 감극성, 역방향이면 가극성으로 판정 함.

3. 권수비 시험
1) 권수비는 변압기의 이용에 있어서 기본이 되는 요소로 매우 중요

2) 정격 및 측정회로
① 인가하는 전압은 정격전압의 10% 이상
② 일반적으로 전압계법에 의해 측정, 보통 권수비 1:1에서 1:150 정도의 Range 사용

4. 무부하시험

1) 무부하 상태에서 무부하손과 무부하 전위를 측정하며 신품에서는 성능을 확인하기 위해 시행
2) 75℃로 온도보정을 하고 인가전압은 정격전압의 60 ~ 110 %를 변화시켜 특성곡선을 얻는다

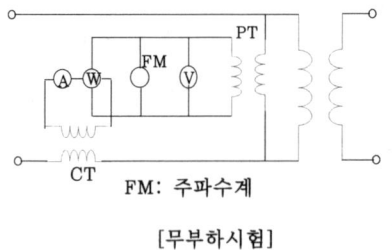

[무부하시험]

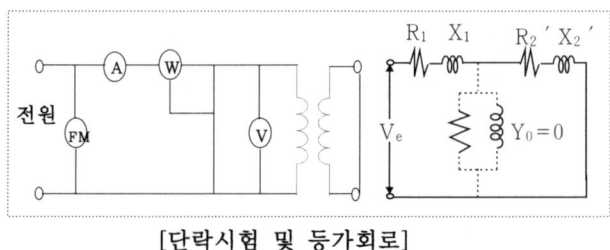

[단락시험 및 등가회로]

5. 단락시험

1) 변압기에서 회로정수를 구하기 위해 단락시험을 하게 된다.
2) 방법
① 1차 정격전압을 공급하며 2차를 단락하면 매우 큰 전류가 흘러 변압기에 큰 충격을 주기 때문에 단락시험을 시행하기 어려우므로,
② 1차 공급전압 V1을 감소시켜 정격부하전류가 1차, 2차 권선에 흐를 수 있는 전압을 공급하면 권선은 과열되지 않고 변압기에 가해지는 충격도 작게 된다.
③ 이 때, 권선간의 상호 磁束은 매우 적고, 철심의 손실은 무시할 수 있을 정도이다. 정격주파수의 전원을 사용, 정격전류가 흐르는 전압(임피던스 전압)을 가한다
④ 전력계의 지시에 의해 임피던스 와트, 부하손과 임피던스 전압을 측정

6. 온도상승시험

반환부하법, 실부하법, 등가부하법이 있으나 변환부하법과 등가부하법 등이 있음
1) 반환부하법
① 특성: 두대 이상의 동일 정격의 변압기가 있는 경우에 사용

②정격: 저압측에 정격전압을 가하여 철손을 공급, 고압측은 동일극성의 단자접속으로
정격전류 흐르게 하여 동손공급

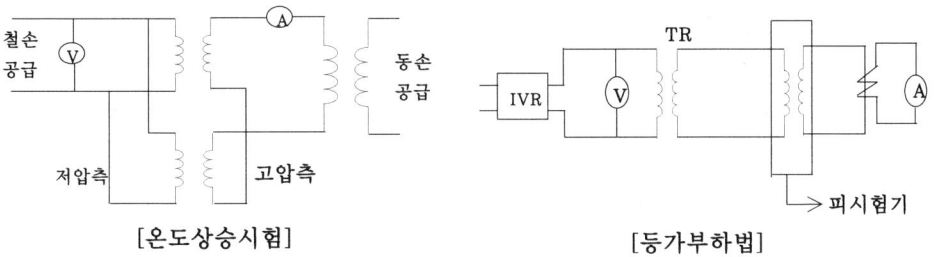

[온도상승시험]　　　　　　　　[등가부하법]

2) 등가부하법
　① 특성: 변압기의 온도상승은 철손, 동손, 표류부하손에 의해 생기는 Joule 열에 의한 것
　　　으로 이때의 등가전류를 구한다
　② 정격:
　　　㉠ 단락시험과 같이 결선하고 정격 전류보다 조금 큰 등가전류를 흘린다
　　　㉡ 근래에는 변압기의 온도 상승 시험으로 많이 사용.
　　　㉢ 등가전류 : $I_{eq} = I_N \times \sqrt{\dfrac{동손 + 철손 + 표유부하손}{동손}}$

　　　　단, IN: : 변압기 정격전류임.
　　　㉣ IVR출력전압을 서서히 올려 Ieq(등가전류)가 될 때까지,
　　　　IVR 조정 후, 그 상태로 15분, 30분 또는 1시간의 TR의 온도를 측정.

6. 유도시험

① 변압기의 층간내력을 시험하는 것임. 정격전압 * 2배로 시험
② 이때, 자기 포화를 방지하기 위하여 정격주파수보다 높은 주파수를 사용함

　　시험시간 $= 120 \times \dfrac{정격주파수}{시험주파수}$　　단, T의 최소값은 15초

③ 시험장비: 유도발전기로 주파수정격 180Hz or 240Hz or 400Hz의 것을 사용

7. 충격파시험

① 변압기의 내 충격전압 특성율 확인하기 위한 시험임
② 충격시험시의 표준 충격파형: $1.2 \times 1.5 [\mu s]$
③ 충격파 크기: 피시험 변압기의 표준 충격 절연강도(BIL)와 같은 파고치

④ 방법
  ㉠ 50~70% 정도의 낮은 충격파(Reduced Impulse Wave)로 가래서 이상이 없을 때 전파 (Full Wave)를 가함
  ㉡ 필요에 따라서는 재단파(Chopped Wave)를 가하기도 함
  ㉢ 충격파를 가할때는 변압기의 이상 유무는 접지선에 흐르는 전류의 파형분석으로 판별함
⑤ 시험장비: 충격파발생기(IWG: Impulse Wake Generator)와 오실로스코프 IWG의 정격은 300KV, 500W, 800KV 등으로 나타냄

8. 상회전 시험

① 3상의 경우는 상회전계(소형3상유도전동기)를 먼저 고압측 단자(U.V.R)에 접속하고 저압측에 저압을 인가해서 회전방향을 확인한 다음
② 상회전계의 각 단자를 동일한 저압측 단자(u,v,r)에 접속하여 고압측에 가했을 때 회전방향이 먼저와 동일 여부를 조사 시험함.

9. 절연내력 시험

① 권선과 대지간에 다음 표의 시험전압을 1분간 가함

계통최고전압	시험전압	비고
24KV	50KV	계통최고전압:공칭전압×1.2/1.1
170KV	325KV	
376KV	460KV	

② 시험방법

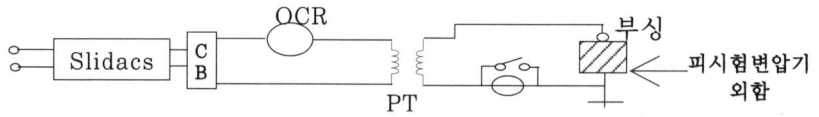

  ㉠ 上記와 같이 슬라이닥스와 PT를 사용하고, 회로 보호용으로 OCR과 CB를 결선시켜, 피시험변압기 전연파괴 하면 OCR은 CB를 Trip회로를 보호함.
  ㉡ Slidacs는 1∅ 5kVA 0~ 220V, 1∅ 10kVA 0~ 300V, 3∅ 30kVA 0 ~ 240V, 45kVA 0 ~ 380V의 규격을 사용.
  ㉢ PT는 피시험 변압기의 고압측에 결선함.

10. 권선의 저항측정

① 전압강하법 또는 브리지법에 의함

② 권선의 저항은 온도에 따라 다르므로 A,B,E 종 절연 변압기는 75℃를 기준으로 F종 절연 변압기는 115℃를 기준으로 환산함

11. **절연저항측정**: 10000 or 2000V 메가 테스터로 권선과 권선間 및 권선과 대지간에 측정

12. **변압기 구조검사**: 붓싱파열, 오손단자의 풀림, 이음, 유량계 파손여부, 접지선 손상 여부 등

Chapter 2. 전기응용기술사 문해석의 전기안전에 예상 문제

113-4-1 ▶ TRV의 유형

응17-113-4-1. 고장전류 차단 시의 과도회복전압
(TRV : Transient Recovery Voltage)의 유형에 대하여 설명하시오.

 [건축전기설비기술사 11년-93회-3교시-4번의 재출제임]

1. 개요
1) 차단기의 개폐성능을 좌우하는 본질적인 지표인 TRV(과도회복전압)에 대한 재점호가 발생되지 않도록 설계되어야 하며, 이에 대한 검증방법이 최근 개발되고 있는 추세이다.
2) TRV유형은 계통의 구성과 사고위치에 따라 다르게 나타난다.

2. TRV의 유형
1) 지수형(Exponential TRV)
   (1) 정의 : 3상사고가 차단기의 단자에서 제거될 때, 변압기와 선로가 차단기의 非사고 측에 있을 때의 전형적인 유형이다
   (2) 개념도 및 등가회로도

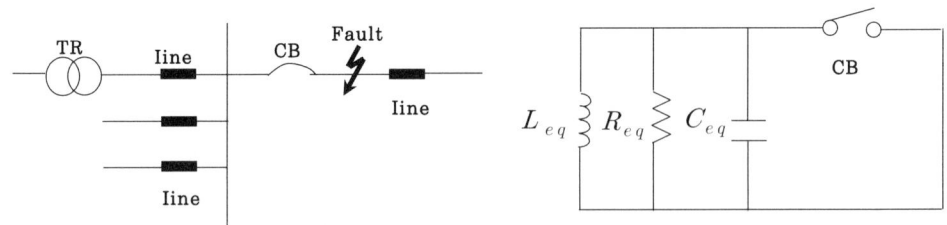

그림1. 지수형 TRV가 나타나는 계통의 유형과 등가회로

   (3) 지수형 TRV의 특성
   ① 그림1의 병렬 RLC 회로로 등가화하면, $R_{eq} \leq \sqrt{\dfrac{L_{eq}}{C_{eq}}}$ 로 나타낼 수 있고

여기서,
R_{eq} : 전원등가 저항, L_{eq} : 전원등가인덕턴스, C_{eq} : 전원등가커패시턴스

② 개폐서지에 의한 이상전압은 선로로 전파되고, 선로 종단에서 반사되어 그림2와 같이 중첩되어 나타남.

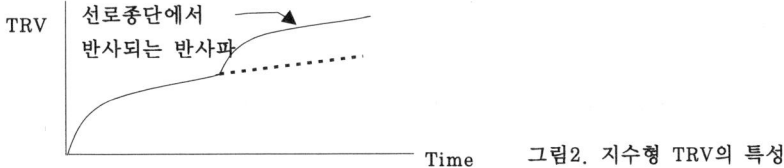

그림2. 지수형 TRV의 특성

2) 진동형(Oscillatory TRV)
  (1) 정의 : 변압기 또는 직렬리액터에 의해 사고가 제한되고 제동을 제공하는 서지임피던스가 없을 때 발생하는 TRV.
  (2) 개념도

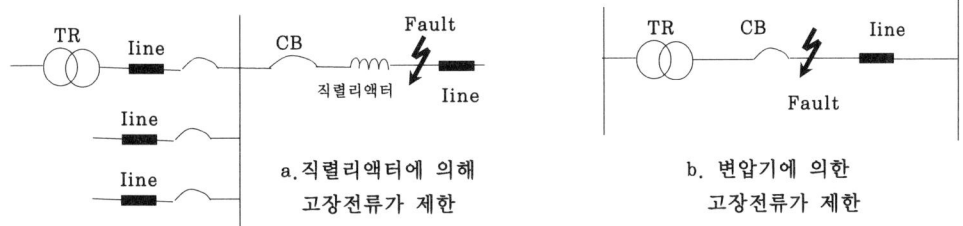

그림2. 진동형TRV가 나타나는 계통의 유형과 사고위치

  (3) 지수형 TRV의 특성
    ① 이 TRV는 변압기의 L,C값과 변압기~차단기 사이의 C 값에 의해 결정됨
    ② 진동형의 경우 높은 RRRV(Rate of Rise Recovery Voltage)를 갖음
    ③ IEC 62271-100규정 값을 초과할 수 있고, 사전에 계통 시뮬레이션을 통하여 기준에 만족하도록 직렬리액터와 병렬커패시턴스의 추가를 고려할 것
    ④ 등가화 된 표준식은, $R_{eq} > 0.5\sqrt{\dfrac{L_{eq}}{C_{eq}}}$

3) 삼각파형 TRV(Triangular wave Shaped TRV)
  (1) 정의 : 단거리 선로의 사고시 전류차단 후 차단기 접촉자의 선로 측 전압은 삼각파를 나타내며, 이때의 TRV를 말함.

(2) 개념도

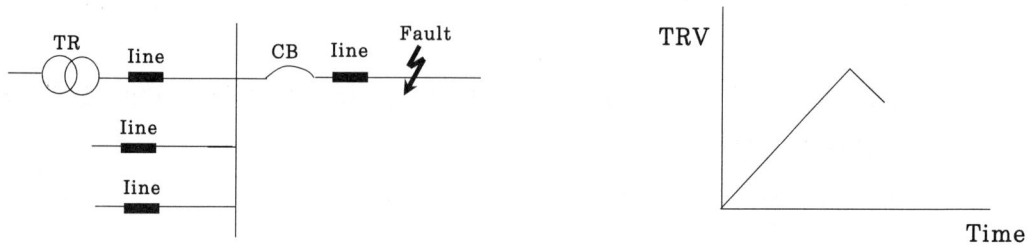

그림3. 삼각파형TRV가 나타나는 계통의 사고위치와 특성

(3) TRV의 특성
① 톱니파 모양의 TRV 상승률은 선로의 서지 임피던스의 함수이다
② RRRV는 동일 전류에 대한 지수형 및 진동형의 TRV보다 높다
③ 일반적으로 최대전압 U_c는 낮다

113-4-5 ▶ 전기기기의 절연저항 시험. 내전압시험 목적. 방법

응17-113-4-5. 전기기기의 절연저항시험과 내전압시험의 목적 및 방법에 대하여 설명하시오.

 답

1. 전기기기의 절연저항시험의 목적 및 방법

1) 메거의 주 목적은 :절연저항 측정 및 누전을 찾는 것임.
2) 절연저항 시험이란 Insulation Test로 두개의 도체나 금속체 사이에 얼마만큼 누전이 되고 있는가를 알아보는 시험.
3) 즉, 절연저항 시험은 누전여부를 알아보는 시험으로 이는 단순히 사람이 만지면 감전되지나 않을지를 알아보는 시험으로 제품의 견고성을 알아보는 내전압시험과는 다르다.
4) 이런 뜻에서 '절연내력시험'이란 말은 이쪽으로도 저쪽으로도 사용될 수 있어 그 정확한 뜻을 구별할 필요가 있다.
5) 절연저항시험 전압
   ① 시험전압: DC전압(DC 500v, 또는 DC 1000v)
   ② 통상 시험하고자 하는 제품의 사용전압이 150v 를 넘으면 1000v로, 150v 이하 제품일 때는 DC 500v로 시험함.
6) 절연저하의 측정방법 :
   ① 주 차단기를 개방하여 전원을 off 상태에서 측정함(일반적 사용하는 절연저항 측정기는 절연저항측정기 자체에서 고 전압을 발생케 하여 절연상태를 측정하므로)
   ② 대지간 측정과(상과 대지) 상과 상(각상간)을 절연저항 측정
      ㉠ 대지간 측정법은 절연저항계의 어스측 클립(녹색단자)은 접지단자에, 라인측 클립(적색단자)은 주차단기의 부하측 단자에 접촉시키고 스위치를 눌러 값을 인지
      ㉡ 상간 측정은 각상을 어스측과 라인측 클립에 접촉시켜 그 값을 인지
   ③ 측정값이 기준값 이하의 경우
      ㉠ 분기용 차단기를 모두 개방하고, 각 분기회로마다 분할 측정하여 불량회로를 발견함(주차단기와 분기용차단기를 OFF상태에서 분기용 차단기의 부하측을 체크)

7) 절연저항값 규정
   (1) 저압전로의 절연저항 : 저압전로에 대하여는 전선상호간 및 선로와 대지사이의 절연저항을 아래의 값 이상으로 유지할 것

표. 저압전로의 절연저항 값

구분	전기기기(선로)의 사용전압 구분	절연저항값
400V미만	대지전압이 150V이하	0.1MΩ이상
	대지전압이 150V초과 300V이하	0.2MΩ이상
	사용전압 300V초과~400V미만(비접지 계통)	0.3MΩ이상
400V이상	사용전압 400V 이상	0.4MΩ이상

   (2) 회전기의 절연내력
      ① 고압에서는 최대사용전압의 1.5배, 특별고압에서는 최대 사용전압의 1.25배의 시험전압으로 권선과 대지사이의 절연내력을 시험하였을 때 연속하여 10분간 견딜 것
   (3) 변압기의 절연내력
      ① 변압기의 절연내력은 고압에서는 최대사용전압의 1.5배, 중성점접지결선에서는 최대사용전압의 0.92배의 시험전압으로 권선과 권선, 철심 및 외함사이에 인가할 경우 연속하여 10분간 견뎌야 한다.
   (4) 기계기구 등의 절연내력
      ① 전로에 시설하는 개폐기, 과전류차단기, 전력용 콘덴서, 유도전압조정기, 계기용 변성기, 기타의 기구와 그의 접속선 및 모선은 고압에서는 최대사용전압의 1.5배 시험전압으로 충전부분과 대지사이에 인가 할 경우 연속하여 10분간 견뎌야 한다. ,
      ② 중성점 접지식 전로에 시설하는 것은 최대사용전압의 0.92배의 시험전압으로 충전부분과 대지사이에 인가 할 경우 연속하여 10분간 견뎌야 한다.

2. 전기기기의 내전압시험 목적 및 방법

1) 메가로 사전에 절연저항 check후 이면서 온도상승시험 후에 냉각되지 않은 상태로 시행하여 해당 전기기기가 규정된 절연기준에 견디는 정도의 파악
2) 구분 : ① 가압시험 ② 유도시험 ③ 충격전압시험 으로 구분하며
3) 유입변압기는 절연유 절연내력을 확인 후 시행함
4) 내전압시험방법(종류별) : 변압기를 위주로 아래와 같이 서술함

시험종류	방 법
①가압시험	① 타전원 상용주파수의(절연계급에 따른)시험전압을 공사권선 충전부와 타권선 또는 충전부와 대지간에 연속 10분간 가압하여 시험함 ② 시험전압표준값: 절연계급140호인경우-〉시험전압320KV, 절연계급20호인 경우-〉시험전압50KV

②유도시험
(그림1참조)
	1. 목적: 권선의 권회간의 절연내력 시험하는 경우와 상용주파의 시험전압을 가압시켜 절연물의 절연파괴 여부를 시험하는 목적.
	2. 방법: ① 단절연변압기의 시험의 경우로 분류됨(선간전압의 $1/\sqrt{3}$ 배로 시험함)
	  ② 권회간 유도시험:
	    ㉠ 연속1분간 시험전압은 상류유기전압의 2배
	    ㉡ 사용주파수: 120Hz이하, 120Hz 이상시는 (최저15초간)
	    시험시간 $= 120 \times \dfrac{\text{정격주파수}}{\text{시험주파수}}$

③충격전압 시험 (그림2참조)	① 뇌, 기타 외뢰가 인가시 정해진 절연기준에 견디는 정도를 시험함 ② 시험항목: 1단접지시험(전파 및 재단파 각1회) 비접지시험(전파1회) ③ 충격전압시험규격: 파고값으로, 변압기의 절연계급, 용량에 따라 정해지며 기준파형은 $1.2 \times 50[\mu s]$의 규격으로 시행함. ④ 1단접지시험: 공시변압기의 대지절연이 인가충격에 견디는 강도로서 권선내부에 발생하는 전위진동에 의한 이상전위경도에, 각 부의 권설절연이 견딜 수 있는가의 확인을 목적으로 함. ⑤ 비접지시험 목적: 권선내부에 발생하는 전위진동에 의해 일어나는 인가전압보다 높은 대지전압에 대하여 권선의 절연이 견디는 강도 및 부근 권선의 절연손상 유무확인

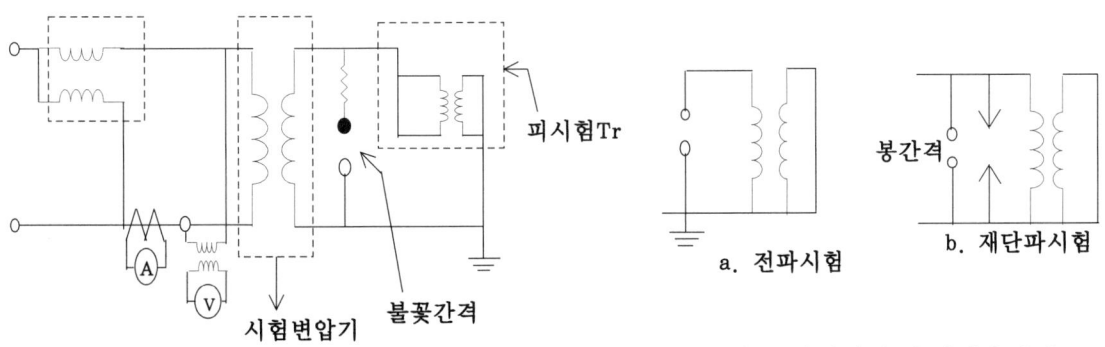

그림1. 변압기의 유도시험

그림2. 변압기의 충격전압시험

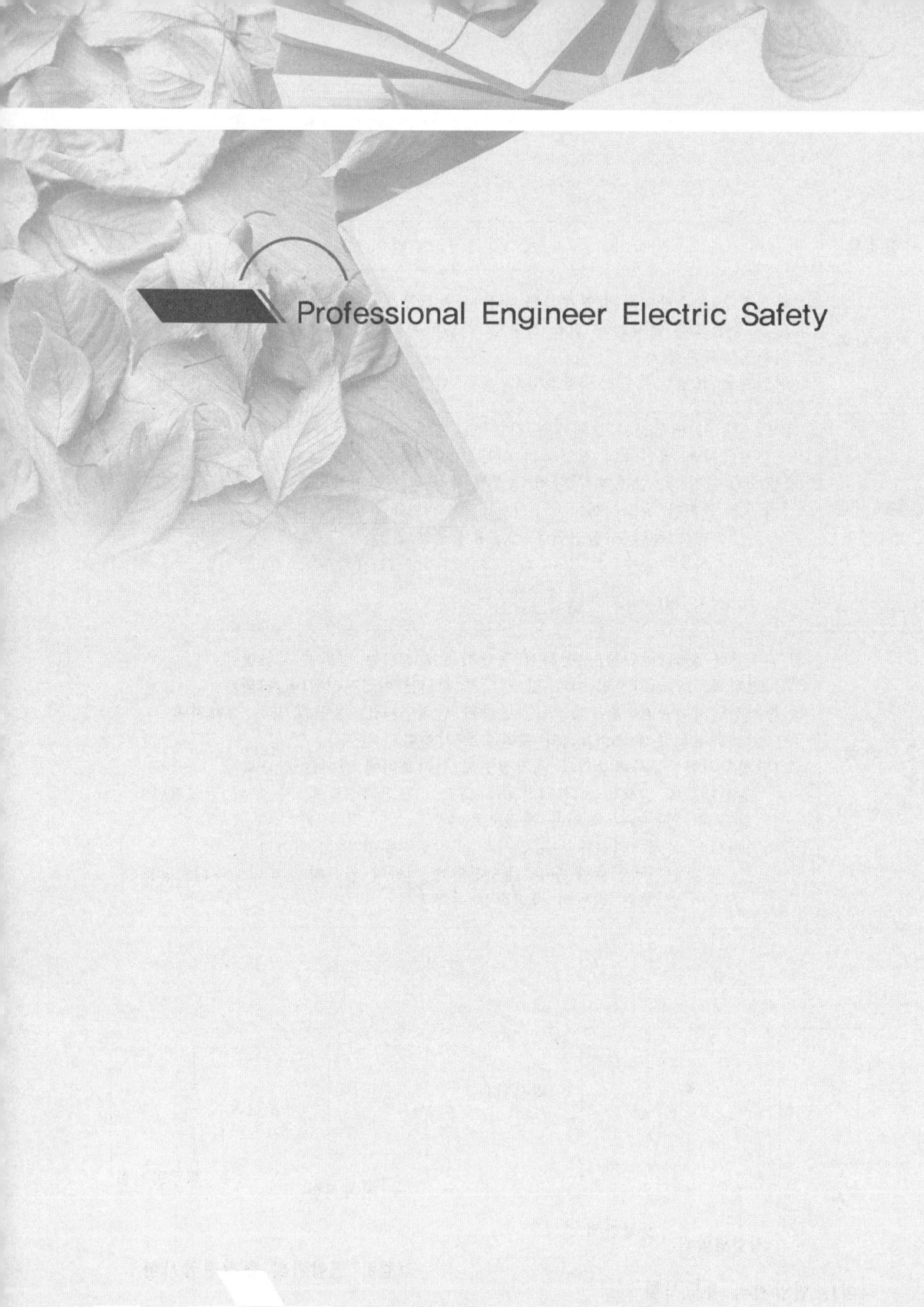
Professional Engineer Electric Safety

Chapter 03 기출 전기응용기술사 (109회부터 113회 해석분)

기술사 제 109회(2016년 시행)   제 1교시 (시험시간 : 100분)

분야		자격종목	전기응용기술사	수험번호		성명	

✱ 다음 문제 중 10문제를 선택하여 설명하시오. (각 10점)

응16-109-1-1. 공업용으로 사용되는 ISM (Industrial Scientific Medical)주파수의 고주파와 마이크로파의 사용 예를 들고 설명하시오.

응16-109-1-2. 점광원으로 사용되고 있는 광원 중 지르코늄(zirconium) 방전등에 관하여 구조, 점등회로 및 특성을 각각 설명하시오.

응16-109-1-3. 전자빔 용접에 대하여 (1)원리, (2)특징, (3)응용 순으로 설명하시오.

응16-109-1-4. 초전도 에너지 저장장치(SMES : Super Conducting Magnetic Energy Storage)에 대해 원리와 구성 그리고 활용방안을 설명하시오.

응16-109-1-5. 열차의 표정속도의 정의 및 표정속도 향상법에 대하여 설명하시오.

응16-109-1-6. 단락전류 계산 방법 및 억제대책에 대하여 설명하시오.

응16-109-1-7. 지름 25cm, 길이 1m 인 탄소전극의 열저항을 계산하시오.
(단, 전극의 열저항율은 2.5 cm℃/W(= 열오옴·cm) 로 한다)

응16-109-1-8. 자기부상철도의 특징 중 비접촉 추진에 따른 장점 5가지를 설명하시오.

응16-109-1-9. 최근 산업현장에서는 정전기로 인한 다양한 재해나 장해가 발생하고 있다. 정전기의 발생현상과 방전 종류에 대해서 설명하시오.

응16-109-1-10. 입사광에 대한 흡수율(α), 반사율(ρ), 투과율(τ)에 대한 개념을 그림과 관계식으로 설명하고, 어떤 면이 투과율 50%, 반사율 30% 이며, 그 면에 $3000lm$ 의 빛이 입사하고 있을 때의 흡수광속은 얼마인지 계산하시오.

응16-109-1-11. 대형건물에서 방재센터의 위치 및 설치목적에 대하여 설명하시오.

응16-109-1-12. 산업발전으로 인하여 전력용 반도체 사용이 중요한 요소로 부각되었다. 전력용 반도체 중에서 GTO, SCR, IGBT 원리 및 특징에 대하여 설명하시오.

응16-109-1-13. LED 광원의 기술개발에 따라 식물공장(Plant Factory)이 새로운 산업으로 기대되고 있다. LED 광원이 식물공장용 광원으로서 적절하게 활용할 수 있는 이유를 설명하시오

기술사 제 109회(2016년 시행)   제 2교시 (시험시간 : 100분)

분야		자격종목	전기응용기술사	수험번호		성명	

※ 다음 문제 중 4문제를 선택하여 설명하시오. (각 25점)

응16-109-2-1. 정부는 현재 신재생에너지 공급 의무화제도(RPS)를 도입 운영하고 있다. 에너지를 공급하는 발전사업자에 부과되는 RPS 제도에 대하여 설명하시오.

응16-109-2-2. 직류 전기철도에서 전식(電蝕)의 발생원인 및 방식대책에 대하여 설명하시오.

응16-109-2-3. 초음파 가열의 특성, 강도, 파장, 응용에 대하여 설명하시오.

응16-109-2-4. 분산형전원의 전력 안정화를 기하기 위한 에너지 저장시스템에 적용되는 PCS(Power Conditioning System)의 요구 성능에 대하여 설명하시오

응16-109-2-5. 무선전력전송기술은 향후 산업 전반에 걸쳐 급속한 확산이 예상된다. 무선전력전송 기술의 종류 및 그 특징에 대하여 설명하시오

응16-109-2-6. 환태평양 지진대의 동시 다발적인 지진발생으로 인해, 한반도에서도 지진발생에 대한 대책이 요구되고 있다. 이에 대해 전기설계자가 행해야 할 실내 변전실 전기설비의 내진 설계에 대하여 설명하시오

기술사 제 109회(2016년 시행)　　　　제 3교시 (시험시간 : 100분)

분야		자격종목	전기응용기술사	수험번호		성명	

✳ 다음 문제 중 4문제를 선택하여 설명하시오. (각 25점)

응16-109-3-1. 전기 선로에서 순간전압강하(voltage sag)의 주요 원인과 부하에 미치는 영향에 대하여 설명하시오.

응16-109-3-2. 전기설비에 전기를 공급하기 위해 많이 사용되는 유입변압기의 사고예방을 위한 열화진단 기법에 대하여 설명하시오.

응16-109-3-3. 주요 거점도시 등에서는 그 지역을 대표하는 랜드마크형 건축물이나 테마 공원 등이 증가하는 경향을 나타내고 있다. 이에 따라 필요한 경관조명에 대하여 관련 설계기준(국토해양부공고 '11.12)을 참조하여 (1)일반사항, (2)설계절차, (3)설계단계의 고려사항을 설명하시오.

응16-109-3-4. 최근 주목받고 있는 첨단 학문인 의용 생체공학의 필요성과 특성 및 생체 발전현상 계측에 대하여 설명하시오.

응16-109-3-5. 광원의 디밍(dimming)은 기능적 용도 외에 에너지 절감에 매우 효과적인 수단으로 주목을 받아왔다. 반도체 광원인 LED의 디밍 제어기술에 대하여 설명하시오.

응16-109-3-3-6. 수용가의 최대수요전력을 감시 또는 예측하여 목표전력을 초과할 우려가 있을 때에 부하를 제한하는 기능을 갖는 최대수요전력 관리장치(Demand Controller)의 동작원리에 대하여 설명하시오.

기술사 제 109회(2016년 시행)   제 4교시 (시험시간 : 100분)

분야		자격종목	전기응용기술사	수험번호		성명	

✳ 다음 문제 중 4문제를 선택하여 설명하시오. (각 25점)

응16-109-4-1. 직류 전기철도에서 고장발생 시 보호장치로 사용되는 직류 고속도 차단기의 특성 및 차단원리에 대하여 설명하시오.

응16-109-4-2. 이차전지를 이용한 전기저장장치의 시설기준에 대하여 다음 사항을 설명하시오
1) 적용범위 및 일반 요건
2) 계측장치 등의 시설
3) 제어 및 보호장치의 시설
4) 계통연계용 보호장치 시설 (건16-109-4-4)

응16-109-4-3. 물체에 전력을 공급하여 물질에 함유된 수분을 증발시켜 산업현장에서 응용되고 있는 전기 건조의 원리, 특징 및 적용분야에 대하여 설명하시오.

응16-109-4-4. 반도체를 사용한 전력변환장치 등과 같이 비선형 특성을 갖는 부하에 정현파 전압을 인가하면 흐르는 전류는 일반적으로 고조파가 함유되어 왜형파가 된다. 왜형파에 의한 총고조파 왜형률(THD)을 정의하고 배전계통에서의 고조파 저감대책에 대해 설명하시오.

응16-109-4-5. 신재생에너지를 신에너지와 재생에너지로 구분한 후, 각각에 대한 원리 및 특징을 설명하시오.

응16-109-4-6. 최근 전력, 에너지 분야 등 공공분야의 빅데이터를 활용한 효율화를 바탕으로 국가의 경쟁력 강화에 대한 기대가 높아지고 있다. 그 기반이 되는 빅데이터의 특성과 오픈소스 빅데이터 기술에 관하여 설명하시오.

109-1-1 ▶ 전자파.마이크로파 응용

응16-109-1-1. 공업용으로 사용되는 ISM (Industrial Scientific Medical)주파수의 고주파와 마이크로파의 사용 예를 들고 설명하시오.

 답

1. 유도가열

1-1. 원리

1) 유도자(inductor)라고, 銅코일 내 도전성인 피열물을 삽입하고, 코일에 교류를 흘리면 코일內에 교번자계가 발생하고 전자유도작용에 의하여 와전류(eddy current)가 흐르며, 이 와전류의 옴손 i^2R에 의해서 피열물은 온도가 높아진다.

2) 상기 원리를 아래 그림으로 표현하면 등가회로로부터 피열물은 저항 R_2를 부하로 하는 변압기 2차 회로로 볼 수 있다

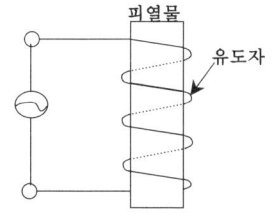 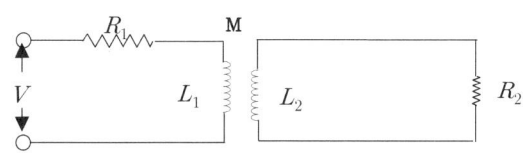

3) 즉, 주파수가 높을수록 침투깊이는 작으며, 피열물 표면만이 가열되는 상태가 된다
4) 따라서 가열의 종류(균일가열, 표면가열 가열)에 다라서는 적정 주파수를 선정해야 됨
5) 상용주파수의 정도의 가열을 저주파가열, kHz 정도의 고주파 이면 고주파가열이 된다.

1-2. 유도가열의 용도

① 금속표면담금질
  : 금속표면 근방의 박층만을 800℃가열 후 급랭시켜 박층의 경도를 증가시킨 것
② 고주파 납땜 .   ③ 기어의 열간 건조   ④ 단조가열에 응용

1-3. 유도가열의 저주파 및 고주파 이용 [저주파와 고주파의 유도로에 응용]

① 저주파(50~60[Hz]) 유도로(1600℃) : 철심유도로, 무철심 유도로, 비철금속의 용해
② 고주파용(500Hz~15[kHz],1800℃) : 금속의 표면처리. 특수강, 금속의 용해 진공용해, 무철심 유도로(직법식, 간접식)

2. 유전가열

2-1. 발열원리

1) 유전체에 고주파 전계를 가하면 다음 식으로 표시되는 열이 발생한다

$$I_c = 2\pi fcV,\ R = \frac{V}{I_R},\ P = VI_R = VI_c \tan\delta = 2\pi fCV^2 \tan\delta,$$

2) 전극면적 A[cm²], 유전체 두께 d[cm], 유전율 ε라 하면 용량 C는

$$C = \frac{\varepsilon A}{4\pi d} \cdot \frac{1}{9\times 10^{11}}[F].$$

3) 그러므로 용량을 대입하면, $P = KE^2 = \frac{5}{9}f\varepsilon A d \frac{V^2}{d^2} \cdot \tan\delta \times 10^{12}[W]$

여기서 K:등가 도전율, E : 전계 세기($E = \frac{V}{d}$), θ :유전체 손실각

4) 이 열은 유전체 내부에 발생한 전기쌍극자를 고속으로 회전시켜 분자간의 마찰에 의해서 발생하는 것이다

2-2. 용도 : 목재, 합판 등의 건조, 비닐 시트 등의 용접 등에 사용된다

2-3. 특성 : 피열체 내부를 균일하게 가열할 수 있고, 표면이 손상되지 않으며 가열시간이 짧아도 된다

2-4. 유전가열에 적용되는 고주파 주파수 : 10~30[MHz]

3. 마이크로파

1) 마이크로파 영역(주파수가 300㎒~300㎓)대 에서의 대전력을 발생하는 마그네트론으로 전자파가 방사되면 해당 물체 내에서 분자운동과 유전체 물질 내부의 이온전도에 의해 가열하는 것.
2) 즉, 유전체를 구성하는 분자는 평소에는 자유롭게 흩어져 있다가 고주파 중에서 각 분자가 주파수에 따라 반전할 때 서로 분자가 충돌하고 마찰하여 발열하게 됨
3) 마이크로파 가열의 용도
   ① 식품의 해동, 식품의 가공, 식품의 살균, 식품의 가열(전자레인지).
   ② 섬유의 가공, 가열, 건조
   ③ 종이 등 시트 상의 재료 건조.
   ④ 화학약품의 건조
   ⑤ 특수유리의 용융, 도자기 고급벽돌의 예비건조
4) 적용 고주파 : 마이크로파 영역(주파수가 300㎒~300㎓)

ISM 기기

○ 통신용도의 적용을 제외한 산업용, 과학용, 의료용, 가정용, 기타 유사한 용도로 전파에너지를 발생·사용하도록 설계된 기기

○ ISM기기는 RF의 에너지 전달을 이용하여 발열, 이온화 등의 물질특성 변화를 발생시키는 산업, 의료, 과학용 제품

109-1-2 지르코늄 방전등

응16-109-1-2. 점광원으로 사용되고 있는 광원 중 지르코늄(zirconium) 방전등에 관하여 구조, 점등회로 및 특성을 각각 설명하시오.

답

1. 구조

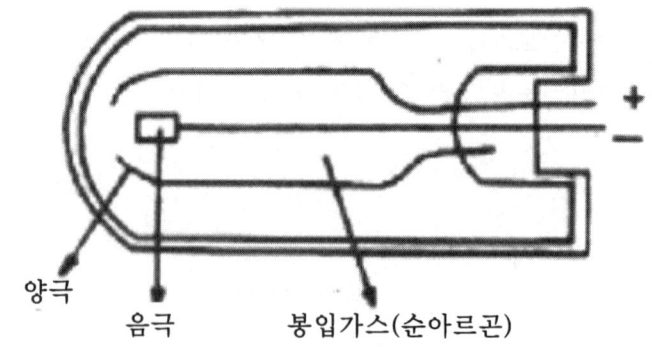

1) 전극
   ① 양극 : 텅스텐, 몰리브덴 등의 금속판에 바늘구멍.
   ② 음극 : 텅스텐 원통에 산화 지르코늄 봉입.
   ③ 전극간격 : 1mm로 하여 방전시키면 음극부 산화물이 환원되면서 음극 표면의 엷은 금속층에 음극 휘점이 형성되어 양극을 뚫고 나온다.
2) 봉입가스 : 순 아르곤

2. 특징

1) 강력한 연속 스펙트럼과 지르코늄 휘선 스펙트럼을 발광함
2) 고휘도 $1,000 \sim 108(cd/cm^2)$
3) 색온도 : 3,000 [K]
4) 가장 이상적인 점 광원으로 현재는 광학적 검사광원으로 이용되고 있다.

109-1-3 전자빔 용접

응16-109-1-3. 전자빔 용접에 대하여 (1)원리, (2)특징, (3)응용 순으로 설명하시오.

 답

1. 정의
: 전자빔 용접이란, 고진공의 용기 중에서 용접부에 다량의 전자 빔을 조사하여 용융하고 용접하는 방식.

2. 발열원리
1) 고진공 중에서 직류 고전압에 의해 발생된 전자를 가속기로 가속시켜 피열체 표면에 투사하면 투사된 부분에 전자의 충돌에 의한 열이 발생한다
2) 즉, 고진공 용기 중에서 텅스텐선을 가열하여 열전자를 방출시키고 음극과 용접물 사이에 수천 볼트 전압을 걸어 열전자를 가속시켜 얻어지는 전자 빔으로 용접한다.

3. 특징
1) 전자빔에는 열음극을 전자 공급원으로 하는 전자빔과, 기체의 전리로 발생하는 플라즈마를 하전입자 공급원으로 하는 전자빔의 두 가지가 있다
2) 강력한 진공 용기가 필요하다

4. 응용(용도)
: 고융점 물질의 용접, 절단, 증착 등에 사용된다

109-1-4 smes

응16-109-1-4. 초전도 에너지 저장장치(SMES : Super Conducting Magnetic Energy Storage)에 대해 원리와 구성 그리고 활용방안을 설명하시오.

 답

1. 초전도 에너지 저장장치 원리와 구성

1) 초전도 코일에 전류를 흘리면 자계를 발생하고 이 자기에너지가 초전도 코일의 축적에너지로서 코일에 축적된다.

2) $E = \frac{1}{2}LI^2[J]$ [J]   (L: 초전도 코일의 자기 인덕턴스[H], I : 통과전류(직류) [A])

3) 즉, SMES(Superconducting Magnetic Energy Storage)는 전력계통의 필요에 따라서 전력을 초전도 코일의 자기에너지 형태로 축적하거나 자기에너지로부터 전력에너지를 끄집어 내어서 전력계통에서 사용하는 것이다.

4) SMES의 기본구성 및 동작원리

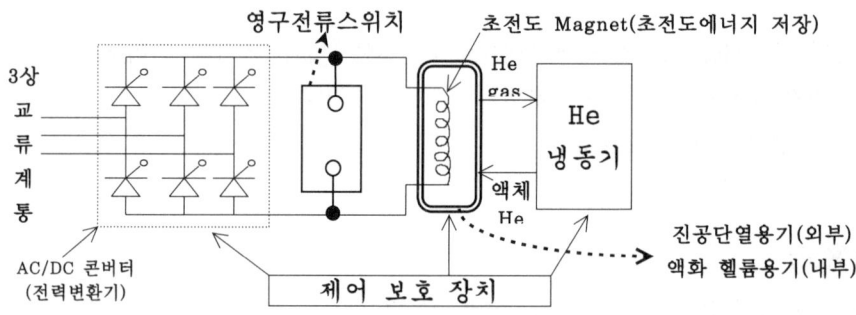

㉠ 초전도 코일은 직류전류로 운전된다.
㉡ 교류전력 계통의 잉여 전력을 사이리스터 변환기로 AC→DC로 변환하여 초전도 코일을 충전함
㉢ 초전도 스위치를 폐쇄해서 코일 내에 전력을 저장함.
㉣ 초전도 코일의 방전은 사이리스터 점호각을 바꾸어서 직류전압 충전시와 반대로 수행 함.

2. SMES의 적용예상(즉, 응용분야)

1) 적용 목적 별 구분 : SMES는 전력계통안정용 SMES와 일부하 조정용 SMES로 구분

구 분	전력계통 안정용 SMES	일부하 조정용 SMES
① 현재상황	㉠ 계통에 고장 발생시, 속응여자방식 제동저항, 긴급조속기 제어 등 이용	㉠ 부하추종을 위한 중간부하용 빈번한 기동정지와 저부하 운저 ㉡ 기동 손실 발생, 열효율 저하
② SMES 채용시 전망	㉠ 초전도 에너지 저장장치의 속응성 이용하여 잉여에너지 흡수 또는 부족 전력의 긴급 방출 ㉡ 계통 안정도의 획기적 향상	㉠ 초전도 에너지 저장장치 전력의 저장, 방출이 자유 운전 효율 높다. ㉡ 전력계통 계획 및 운영측면에서 신뢰성, 경제성을 극대화 시킬 수 있다.
③ 적 용	소규모 지역별 분산형 배치	전력 수요 관리

109-1-5   표정속도

응16-109-1-5. 열차의 표정속도의 정의 및 표정속도 향상법에 대하여 설명하시오.

 답

1. 전기철도의 열차운전속도 구분
1) 열차운전속도란, 해당속도에서 1시간 동안 주행하는 거리를 기준으로 함
2) 종류 : 최고운전속도, 평균속도, 표정속도

2. 운전속도의 구분
1) 운전최고속도
    ① 선로, 차량상태에 의해 결정되는 영업운전의 최고속도[km/h]
    ② 최고제한 속도는 선로상태에 따라 결정되며, 최고허용속도는 차량의 성능에 의함
2) 평균속도
    ① 운전구간의 거리를 순 주행시간으로 나눈 속도
    ② 평균속도 = $\dfrac{운전구간거리\,[km]}{순\,주행\,시간\,[h]}$ [km/h], 단, 정차시간은 제외
3) 표정속도
    ① 총운전 거리를 총소요시간으로 나눈 속도, 이때 소요시간은 정차시간을 포함함
    ② 표정속도 = $\dfrac{총\,운전구간거리\,[km]}{총\,소요\,시간\,[h]}$ [km/h]
    ③ 적용 : 수송시간을 결정하는 속도로서, 열차소요 편성, 운전계획서 작성의 자료에 활용

3. 표정속도 향상의 효과 및 방법
1) 표정속도가 크면 수송시간이 감소하고 차량과 승무원의 감소가 가능
2) 열차의 가속도, 감속도를 증가시킨다.
3) 정차역수를 줄인다.
4) 역위치를 선로보다 약간 높게 건설한다.
5) 주전동기의 출력 및 전철변전소 등 동력공급 용량을 증가시킨다.

109-1-6 단락전류계산법과 대책

응16-109-1-6. 단락전류 계산 방법 및 억제대책에 대하여 설명하시오.

 답

1. 단락전류 계산방법

1) 평형 고장 (3상단락고장) - Ω법, %Z법, pu법

   (1) Ohm법

   ① 방법론상 전압을 동일하게 두어야 하므로, 전력계통의 각 부분에서의 전압을 변압비에 따라 동일하게 변환시켜야 한다.

   ② 따라서 번거로운 계산처리가 따름

   ③ 단락전류 산출공식 : $I_S = \dfrac{E}{Z_g + Z_t + Z_l}$ 단, E : 회로의 상전압[V]

   Z_g, Z_t, Z_l : 발전기, 변압기, 선로의 임피던스[Ω]

   (2) %Impedanc법

   ① 전류를 일정하게 한 후

   ② 기준용량을 일정하게 둘 수 있어, 계산상 전압을 동일하게 하기 위한 변환과정이 생략될 수 있어 계산이 용이하고, Ω法보다 실제계통上 적용이 쉽다.

   ③ 단락전류 산출공식 : $I_S = \dfrac{100}{\%Z} \times I_n$

   단, $\%Z = \dfrac{PZ}{10V^2}$ 여기서 P: 기준용량[kVA], Z: 선로1상당 임피던스[Ω]

   V : 선간전압[kV], I_n : 정격전류(全負荷전류)[A]

   (3) P.U법(단위법) : %임피던스법의 100[%]를 1.0[P.U]로 환산한 계산이 편리한 밥법 임.

2. 단락전류 저감 대책

1) 계통분할방식

   ① 단락전류의 증대를 피하기 위해 변전소 모선을 분할하여 계통을 분리하고 송전선의 루프 회선수를 줄이는 방법

   ② 상시 분할 방식 : 안정도가 낮고 설비 이용률이 낮고 손실이 많다.

③ 사고시 분할 방식 : 사고발생시 계통이 분리되어 계통운용에 혼란이 생기지 않게 해야 되며, 모선분할용 차단기의 차단용량은 모선분리 이점의 단락용량을 차단할 수 있는 차단용량이 큰 것을 선택하여야 함
④ 문제점
  ㉠ 상시식은 계통안정도 저하, 손실증가, 설비 이용률 저하
  ㉡ 사고시 분할식은 계통운용에 혼란가중 및 모선차단기 용량을 모선분리 이전의 차단기 단락용량 이상으로 구비해야 됨.

2) 직류연계(HVDC연계) [단락전류 저감을 위한 계통구성]
  ① 연계된 계통을 분리 한 것과 같은 효과를 나타내며, 연계선 조류제어가 가능하여, 전력계통의 안정도 향상도 동시 추구할 수 있는 방식임
  ② 문제점: ㉠ 교류의 직류변환에 따른 변환장치가 고가
          ㉡ 변환장치의 고조파 발생억제대책수립이 요망됨
          ㉢ 타방식 보다 고가로써 신뢰성 경제성 면에서 종합검토가 요구됨

3) 계통전압의 격상
  ① 차단기의 차단내력이 한계점에 달하면 계통전압을 격상시켜 계통구성 함.
  ② $P = \sqrt{3} \, VI\cos\theta$ 에서 V가 높아지면 I가 작아져 I_s가 작아진다
  ③ 기존의 전력계통을 방사상으로 분리함.
  ④ 장래의 계통규모 확대를 수용할 수 있는 가장 현실적인 방안 임.
  ⑤ 즉, 기간계통의 765kV 건설 (345kV → 765kV 승압)
  ⑥ 승압(특히765KV)에 따른 기간계통의 건설비증대 관련전력설비의 절연내력 향상이 요구됨(예.345kV MTR의 BIL 1050kV이나 765kV MTr의BIL 은 2050kV)

4) 고임피던스 기기의 채용
  ① 변압기, 발전기 등의 임피던스를 현재 사용 중인 10%에서 13~17%로 높인다.
  ② 이 방법은 임피던스를 높임에 따라 효율저하, 무효전력 손실 증대, 계통 안정도 저하, 전압변동의 증대등의 문제가 따르지만 단락전류 억제가 더욱 중요하다는 인식에서 채용됨.
  ③ 주의점: 표준임피던스가 아닌 기기의 특수사양 설계와 제작으로 제작비 상향 및 계통안정도 저하, 전압변동의 증대.

3. 한류리액터 설치

① 직렬리액터 방식 : T/L에 직렬로 리액터를 삽입하여 상시에 조류를 통전시키는 방식
② 분리 리액터방식 : 모선간에 설치하여 불평형 조류만을 흐르게 하는 방식으로서, 직렬 리액터 방식에 비해 소용량의 리액터로 가능하지만 모선간 전력 융통의 제한으로 계통 운용의 탄력성 저하
③ 주의점: 무효전력 손실 및 안정도와 계통보호방식의 검토가 요구 됨.

1) 고장전류제한기(계통연계기사용) 적용
   ① 사이리스트, GTO 등 전력전자기기를 응용한 것으로, 평상시는 저임피턴스로 회로에 접속되어 있다가 사고時에 고 Impedance 역활을 함으로써 단락전류를 억제시킴
   ② 기능
      ㉠ 초기 최대전류를 설비의 순시 적용치 이내로 제한하고, 그 이후는 최대전류를 기준 차단기의 차단내력 이내로 제한 함.
      ㉡ 평상시 : 직렬 콘덴서를 작용하여 선로의 정태안정도 향상
      ㉢ 고장시 : 사이리스터 고속도 동작으로 차과도, 과도고장전류의 제한토록 고임피던스로 변화되어 단락전류는 억제 됨.
   ③ 문제점: ㉠타 방식에 비해 고가 ㉡전력전자소자 사용에 따른 고조파발생 문제발생

109-1-7 열저항계산

응16-109-1-7. 지름 25cm, 길이 1m 인 탄소전극의 열저항을 계산하시오.
(단, 전극의 열저항율은 2.5 cm℃/W(= 열오옴·cm) 로 한다)

답

1. **정상상태의 열의 흐름과 오옴의 법칙[Ohm's law]**

   ① 개념도

   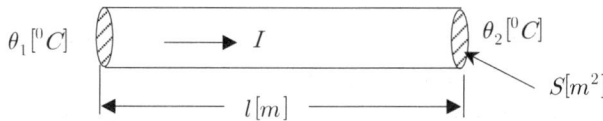

   ② 상기와 같이 봉의 측면에서 방열이 없다고 한 경우, 양 측의 온도가 차이가 있으면 열류 (I)가 흐르며, $I = \dfrac{\theta}{R} = \left(K \cdot \dfrac{S}{l}\right)(\theta_2 - \theta_1)$ 가 됨

   ③ 이때 K는 재질에 의한 상수로서, 열전도율이라 하며, 단위는 상기 식으로부터 [W/m·℃]이다

   ④ 또 상기 식으로부터 온도차는 $\theta = I \cdot \left(\dfrac{1}{K} \cdot \dfrac{l}{S}\right) = I \cdot \left(\rho \cdot \dfrac{l}{S}\right) = RI$ [℃]

   ㉠ 따라서 이 식을 전기저항에 해당되는 식이 ( ) 속이 되며, 이를 열저항이라 함
   ㉡ 열저항의 단위는 식으로부터 $R = \theta[^0C]/I[W]$에서 $[^0C]/[W]$로 표시됨

   ⑤ 결론적으로 온도차 θ는 열저항 R와 열류 I의 곱이며, 이를 정상상태의 열에 있어 오옴의 법칙이라고 하며, 정상상태에서만 성립 되는 법칙임

2. **열저항 계산**

   1) $S = \dfrac{\pi D^2}{4} = \dfrac{3.14 \times 25^2}{4} = 490 \, [cm^2]$

   2) $l = 100 [cm]$: 길이

   3) $\rho = 2.5 [cm℃/W]$: 열저항률 ==> 문제에서 주어짐

   4) 온도 $\theta = I \cdot \left(\dfrac{1}{K} \cdot \dfrac{l}{S}\right) = I \cdot \left(\rho \cdot \dfrac{l}{S}\right) = RI$ 에서 열저항 R은 $R = \left(\rho \cdot \dfrac{l}{S}\right)$ 이다

   5) 그러므로, 열저항R은 $R = \left(\rho \cdot \dfrac{l}{S}\right) = 2.5 \times \dfrac{100}{490} = 0.510 [deg/W]$

109-1-8 자기부상열차

응16-109-1-8. 자기부상철도의 특징 중 비접촉 추진에 따른 장점 5가지를 설명하시오.

 답

1. 개요

1) 자기부상 (MAGLEV : Magnetic Levitation) 열차시스템은 자석의 흡인력 또는 반발력을 이용하여, 기존의 차륜식과는 근본적으로 다르게 트랙 (궤도) 위를 부상한 상태에서 물리적 접촉없이 주행하는 원리로,

2) 자기부상 열차의 추진 원동력은 대부분 선형유도 전동기 (LIM) 원리를 이용한 것으로 원통형의 유도전동기를 수평으로 전개한 형태임

2. 비접촉 추진에 따른 장점 5가지 [즉, 상전도 흡인식]

① 점착력을 이용하지 않으므로 대출력·초고속 사용이 가능함
② 기계적 접촉이 없어 차량과 지상설비의 고장마모가 작고 운전효율이 높음
③ 공전현상이 일어나지 않으므로 차량의 경량화가 용이함
④ 소음 발생이 작다
⑤ 고체 접촉이 없어 마찰에너지 손실이 없음
⑥ 궤도가 분포하중을 받게 되므로 건설비 절감이 가능함
⑦ 선형 유도전동기와 이의 제어기술 발달로 회생제동이 가능함

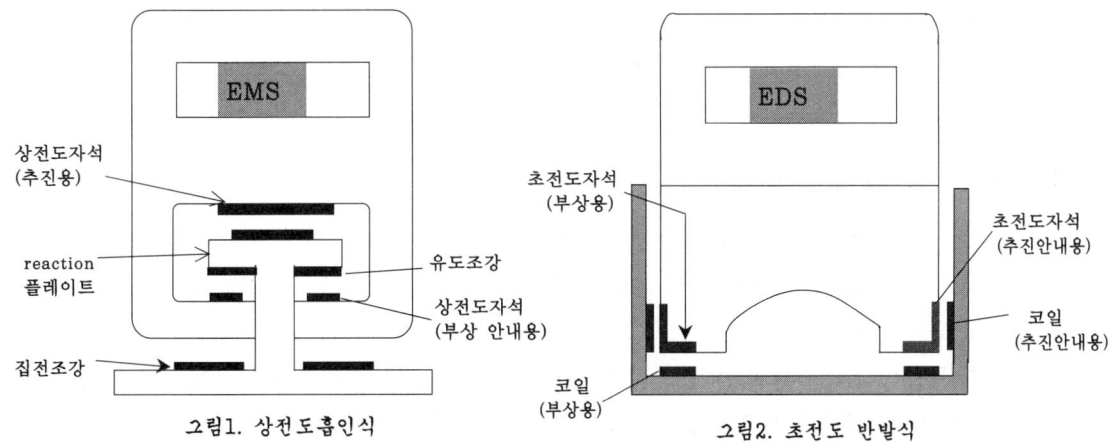

그림1. 상전도흡인식   그림2. 초전도 반발식

109-1-9 정전기발생현상과 방전의 종류

응16-109-1-9. 최근 산업현장에서는 정전기로 인한 다양한 재해나 장해가 발생하고 있다. 정전기의 발생현상과 방전 종류에 대해서 설명하시오.

 답

1. 정전기의 정의
1) 공간의 모든 장소에서 전하의 이동이 전혀 없는 주파수(f)가 0인 전기
2) 구체적인 정전기의 정의를 보면 " 電荷의 공간적 이동이 적고 그것에 의한 磁界효과는 電界에 비해 무시할 수 있는 만큼의 적은 주파수(f)가 "0"인 電氣로 정의됨.

2. 정전기의 발생현상 (두 물체의 접촉으로 전기이중층의 형성을 일함수 (Work Function) 관점) (즉, 정전기의 발생 메카니즘)
1) 안정된 물체內의 자유전자가 외부자극(마찰, 박리, 진동, 유동, 충돌, 분출, 파괴)에 의해 구속전자의 구속에서 풀려질 때, 자유전자는 입자외부로 방출됨.
2) 이때 방출된 자유전자는 최소에너지인 일함수(Work function)에 의해 그 크기가 결정됨
3) 이로써, 두 물체의 접촉시 일함수의 차로서 접촉전위가 발생되며, 일함수의 차이는 $V = \phi_B - \phi_A$ (ϕ_A, ϕ_B : A물체, B물체의 일함수)
4) 즉, 두 물체의 표면에서 표면으로 전자가 이동하여, A물체는(+)로, B물체는(-)로 되는 전기적 2중층 형성되며, 두 물체간의 접촉전위는 $V = \phi_B - \phi_A$ 가 됨.

3. 정전기 방전현상의 종류
두 물체의 접촉으로 전기이중층의 형성 후 분리 시 발생되는 현상[재정리된 내용임]
1) 두 물체의 접촉으로 전기이중층의 형성 후 분리 시 발생되는 현상은 정전기의 방전현상 으로 나타난다.
2) 방전현상은, 대전물체 축적된 전전기가 고전계로 형성되어 있다가 전위경도가 공기의 절연 파괴에 도달한 경우 일시에 대지로 이동시의 전리작용을 말함

3) 정전기 방전현상의 종류
    ① 대전물체의 방전은 대기 중에서 발생하는 기중방전과 절연체의 방전으로 대별 됨
    ② 기중방전 : 코로나 방전, 브러시 방전(스트리머 방전), 불꽃방전, 뇌상방전(혹은 번개방전)
    ③ 절연체의 방전
        ㉠ 연면방전 : 절연체의 표면에서 발생하는 방전현상, 공기 중에 놓인 절연체 표면의 전계강도가 큰 경우에 고체표면을 따라서 진행하는 발광과 동시에 발생함
        ㉡ 전파브러시 방전(Propagating Brush Discharge)
            : 전도체에 의하여 지지된 대전 절연체로 접근 시 접지 전도체도부터의 방전
        ㉢ 원뿔형 파일 방전(Conical Pile Discharge)
            : 분말더미의 원뿔형 표면에서 발생하는 방전형태

Chapter 3. 기출 전기응용기술사 (109회부터 113회 해석분)

109-1-10 흡수광속

응16-109-1-10. 입사광에 대한 흡수율(α), 반사율(ρ), 투과율(τ)에 대한 개념을 그림과 관계식으로 설명하고, 어떤 면이 투과율 50%, 반사율 30% 이며, 그 면에 $3000 lm$의 빛이 입사하고 있을 때의 흡수광속은 얼마인지 계산하시오.

답

1. 입사광에 대한 흡수율(α), 반사율(ρ), 투과율(τ)에 대한 개념

1) 개념도

① 반사율 ρ은 입사 광선에 대한 반사 광선의 분율.

② $R = \dfrac{I_R}{I_0}$ (I0와 IR은 각각 입사 빔과 반사 빔의 세기)

③ $I_T = I_0(1-R)^2 e^{-\beta l}$ (I_T : 매질을 투과한 빛의 광도)

그림1. 입사광에 대한 흡수율(α), 반사율(ρ), 투과율(τ)에 대한 개념도

2) 반사율과 투과율 및 흡수율의 관계식

① 정의 : 물체에 F[lm]의 광속이 입사하여 그중 일부 F_ρ이 반사되고, 다른 F_τ이 투과하면, 물체에 흡수된 광속 F_a라고 하고, 이때 반사율을 ρ, 투과율을 τ, 흡수율을 α 라고 하면, $\rho + \tau + \alpha = 1$ 또는 $F = F_\rho + F_\tau + F_a$이다.

② 공식: ㉠ 반사율 : $\rho = \dfrac{\text{반사광속}}{\text{입사광속}} \times 100 = \dfrac{F_\rho}{F} \times 100$

㉡ 투과율 : $\tau = \dfrac{\text{투과광속}}{\text{입사광속}} \times 100 = \dfrac{F_\tau}{F} \times 100$

㉢ 흡수율 : $a = \dfrac{\text{흡수광속}}{\text{입사광속}} \times 100 = \dfrac{F_a}{F} \times 100$

3. 투과율 50%, 반사율 30% 이며, 그 면에 3000lm의 빛이 입사하고 있을 때의 흡수광속 : 흡수광속$(F_a) = aF = (1-\rho-\tau)F = (1-0.3-0.5)F = 0.2F = 0.2 \times 3000 = 600[lm]$

109-1-11 ▶ 방재센타

응16-109-1-11. 대형건물에서 방재센터의 위치 및 설치목적에 대하여 설명하시오.

 답

1. 개요
최근 건축물이 대형화, 고층화 되어감에 따라 화재위험도는 가중되고 있으며 화재의 규모도 대형화하여 인명손실은 물론이고 재산피해 등이 막대해지는 경향이 있다. 따라서 대규모 건물의 관리기능을 강화하고 방재, 통신, 방범 상황들을 알 수 있도록 이들과 관계된 설비들의 상황을 종합적으로 감시 · 제어하여 화재발생시 이들 설비를 적절하게 운용할 필요가 있다. 그러므로 화재발생 시에서 진화 후 수습까지의 방재 활동을 효과적으로 행하기 위하여 중앙방재실 (방재센터)의 설치에 대한 필요성이 대두하게 되었다.

2. 중앙방재실의 설치 목적
1) 건물내의 인명 보호
2) 건축물에 수용되어 있는 재산이나 정보의 보전
3) 방재정보의 집중화로 방재시설물의 효율적인 감시 및 제어
4) 설비의 관리 및 운용의 효율화

3. 설치 대상
1) 건물높이가 31m를 초과하고, 비상엘리베이터 설치대상인 고층건물.
2) 바닥면적이 1,000㎡를 초과하는 지하가.
3) 기타 중앙감시 시스템이 필요한 대규모 건축물.

4. 설치 위치 및 구조요건
1) 방재센터는 화재시 마지막까지 남아 진화작업을 진두 지휘 통제하여야 하고 소방관계자의 출입이 용이한 장소가 되어야 하므로 피난층(1층)이나 피난층의 직상 · 직하층에 설치한다.

2) 비상 E/V, 피난계단의 이용이 용이하고 외부소방대와 연락 및 지휘통제가 용이하게 이루어질 수 있는 곳이어야 한다.
3) 방재센터는 외부와 통하는 출입문이 2개 이상 되도록 하고 건축물 관리자 및 외부소방대의 접근이 용이한 곳이어야 한다.
4) 근무자나 소방 지휘자의 원활한 화재 진화작업을 위하여 건물의 용도와 규모에 맞는 화재 진화작업을 최대한 발휘할 수 잇는 곳이어야 한다.
5) 풍도 등 설치시 폐쇄 가능한 댐퍼설치
6) 방재센터는 내화구조의 벽, 바닥 및 갑종방화문으로 다른 구획과의 방화구획, 기타 실내 마감재는 불연재료 사용, 비상조면, 연기에 대한 전용 급·배기 설비
7) 기기배치 및 구조가 건물관리자의 상시 근무장소로서 24시간 감시 용이한 구조
8) 소요면적 약 40㎡이상 (유지관리, 소방대원 지휘 충분)

109-1-12 전력전자소자

응16-109-1-12. 산업발전으로 인하여 전력용 반도체 사용이 중요한 요소로 부각되었다. 전력용 반도체 중에서 GTO, SCR, IGBT 원리 및 특징에 대하여 설명하시오.

 답

1. 주요 전력용 반도체 스위칭 소자

○ Symbol(그림 기호)

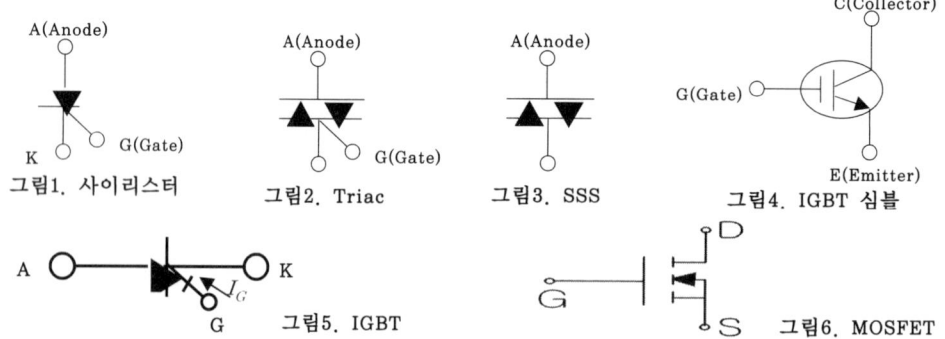

2. Thyristor(SCR)

1) 실리콘 제어정류기(silicon controlled rectifier: SCR)라고도 한다.
2) 양극(anode) 음극(cathode) 게이트(gate)의 3단자로 구성되어 있다
3) 게이트에 신호가 인가되면 양극과 음극사이에 전류가 흐르고, 게이트 신호가 없어도 Turn On상태가 된다. 이를 Turn Off하기 위해서는 아노드와 캐소드 사이에 (-)의 전류를 흘려주어야 한다
4) 단방향만 Gate전류에 의해 제어하며, 자기 소호가 안되고 단방향 동작
5) Gate전류 Ig 인가시 Turn-On하고, 유지전류 I 이하일 때 Turn-Off한다.
6) 사이리스터는 PNPN 또는 NPNP 4층 구조로 된 정류기이다
7) 용도 : 정류기 회로, 위상제어에 사용

3. IGBT(Insulated Gate Bidirectional Transister) ==> 이것자체가 10점 예상.

1) MOSFET와 BJT 장점을 조합한 소자이다.

① 입력특성: MOSFET특성(전압구동, 고속스위칭), 즉 Gate에 전압 인가시 On 됨.
② 출력특성: BJT특성(전류조절, 대전류 처리용)
2) 게이트가 얇은 산화실리콘 막으로 격리(절연)되어 있어서 게이트에 전류를 흘려서 On-Off 하는 대신 전계(Field Effect)를 가해서 제어한다
3) IGBT의 특징 : IGBT의 주요 특징은 바이폴라 트랜지스터나 GTO사이리스터에 비해 다음과 같은 5가지 및 기타의 특성을 갖고 있다.
  ① 전압구동이기 때문에 구동회로부분의 소형화, 경량화 그리고 에너지 절약화가 실현될 수 있어 현재 많은 전력전자 기기에 이용되고 있다.
  ② 고속스위칭 특성을 갖추고 있기 때문에 고주파동작이 가능하다.
  ③ 바이폴라 트랜지스터 및 GTO사이리스터와 비교했을 때 콜렉터, 에미터간 전압의 高내압화가 가능
  ④ GTO사이리스터와 비교했을 때 스너버회로가 생략되어 소형화가 가능하다.
  ⑤ GTO사이리스터와 비교했을 때 전류상승율(di/dt) 제한용 리액터가 불필요하다.
  ⑥ 고효율, 고속의 전력시스템에 사용
  ⑦ IGBT는 출력 특성면에서는 바이폴러 트랜지스터 이상의 전류 능력을 지니고 있고, 입력 특성면에서는 MOS FET와 같이 게이트 구동 특성을 가지고 있다.
  ⑧ 따라서 IGBT는 MOS FET와 바이폴러 트랜지스터의 대체 소자로서 뿐만 아니라 새로운 분야도 점차 사용이 확대되고 있음.
  ⑨ 바이폴라 트랜지스터의 일종이지만 바이폴라 트랜지스터가 베이스 전류를 통해 컬렉터 전류를 제어하는 전류구동형소자인데 비해 IGBT는 게이트전압을 통해 컬렉터 전류를 제어하는 전압구동형소자이다.
  ⑩ 구동 주파수 : BJT 〈 IGBT 〈 MOSFET
  ⑪ 손실이 적다
  ⑫ 용도 : 인버터에 적용

4. GTO(Gate Turn-Off Thyrister)

1) SCR은 게이트에 신호를 Turn Off해도 계속해서 통전상태에 있으나, GTO는 게이트에 부의 전류를 흘려주면 Turn Off 된다.
2) 즉, 일반적인 Thyrister와 같은 Turn-On기능을 가지고 있으나 게이트에 음(-) 전류를 인가하면 Turn-Off된다.
3) 스너버 없이는 유도성부하에 사용할 수 없다.
4) 용도 : GTO는 높은 전압에 사용할 수 있고, 전류도 사이리스터 정도까지 사용할 수 있으므로 대용량 CVCF 또는 UPS에 적합함

109-1-13 식물공장

응16-109-1-13. LED 광원의 기술개발에 따라 식물공장(Plant Factory)이 새로운 산업으로 기대되고 있다. LED 광원이 식물공장용 광원으로서 적절하게 활용할 수 있는 이유를 설명하시오.

답

1. 식물공장의 개념
  1) 식물공장이란, 최신의 고효율 광원을 적용하여 it, bt를 접목한 최첨단 고효율 에너지 기술을 결합해 실내에서 다양한 고부가 가치의 농산물을 대량생산할 수 있는 smart 농업
  2) 즉, 식물공장이란 통제된 시설 내에서 생물의 생육환경(빛, 공기, 열, 양분)을 인공적으로 제어하여 공산품처럼 계획생산이 가능한 시스템적인 농업 형태

2. 식물공장에서 적용되는 광원의 종류
  1) 완전제어형 식물공장에서 사용되고 있는 광원
      ① 백색형 형광등   ② 3파장형광등,
      ③ 메탈할라이드   ④ 고압나트륨,   ⑤ LED 조명
  2) 실제 식물공장의 적용 광원 : LED 조명

3. LED 광원이 식물공장용 광원으로서 적절하게 활용할 수 있는 이유
  1) 기존의 식물용 광원보다 열 발생이 작아 식물이 열 피해를 적게 받는다
  2) LED조명은 파장 폭이 작고 단색광이므로 식물재배에 쉽게 사용할 수 있다
  3) 식물의 광합성에 필요한 파장만을 갖는 단색광으로 특정 파장의 광질 선택이 가능하고, 식물재배에서는 광합성에 효과적임.
  4) 조명제품을 소형화하여 비교적 좁은 공간에서도 활용할 수 있다.
  5) 전력소모량이 적어 경제적이고 열선을 방사하지 않으며, 수명은 반영구적(약 6만 시간 정도)이라고 할 수가 있다.
  6) 점등방법이 간단하고 근접조사로 고광도. 조.명이 가능한 장점을 가지고 있다

7) 특정 단색광을 이용하여 광합성 촉진, 개화조절, 착색증진, 당도와 사포닌 증가. 곰팡이 발생억제 등의 기능을 수행할 수 있다.

4. 식물공장의 특성

1) 빛, 온습도, 이산화 탄소 농도 및 배양액 등의 환경을 인위적으로 조절해 농작물을 계획 생산할 수 있다.
2) 계절, 장소 등과 관계없이 자동화를 통한 공장식 생산이 가능하다.
3) 식물 공장은 실내에서 주로 발광 다이오드(LED)와 분무 장치로 식물을 재배하는 설비를 이용하는데, 전형적인 저탄소 녹색 사업을 가능하게 하는 곳이다

109-2-1 ▶ RPS

응16-109-2-1. 정부는 현재 신재생에너지 공급 의무화제도(RPS)를 도입 운영하고 있다. 에너지를 공급하는 발전사업자에 부과되는 RPS 제도에 대하여 설명하시오.

답

1. RPS(Renewable Portfolio - Standard) 제도

일정 규모 이상의 발전사업자에게 총 발전량 중 일정량 이상을 신. 재생 에너지 전력으로 공급하도록 의무화하는 제도

2. 도입 배경

1) 신재생 에너지 발전 사업의 민간투자 활성화 일환으로 초기에 시행된 발전차액 지원제도(FIT)의 재정난등으로 제도 개선의 필요성 대두
2) 미,영을 비롯 일부 유럽국가에서 시행해 오던 제도로 2012년부터 국내도입 시행

3. 관련법 근거 : 신재생 에너지 개발. 이용. 보급 촉진법 제12조 5~9항

4. 주요 내용

1) 공급자 범위

 : 신재생 에너지 설비를 제외한 설비규모 500MW이상의 발전사업자 및 한수원 등 13개 발전 회사

2) 의무 공급량

 (1) 의무공급량(Gwh) = 기준 발전량(Gwh) X 조정 의무비율

 ① 기준 발전량 : 공급의무자별 별도 산식에 의함(관리 및 운용지침 별표 1)

 ② 조정의무 비율(%)

 = 년도별 비율(영 별표 3)- 기준발전량이 0이 아닌 공급 의무자의 출력 및 조력 발전량 공급의무자 기준 발전량의 합

③ 년도별 의무비율 (시행령 별표 3) - 3년 마다 재검토

년 도	2012	2013	2014	2015	2016	2017	2018	2019	2020	2021	2022
의무 비율(%)	2.0	2.5	3.0	3.5	4.0	5.0	6.0	7.0	8.0	9.0	10.0

(2) 별도 의무 공급량(Gwh) =년 도별 의무 공급량(Gwh) X 공급의무자별 분담률(%)
① 태양광 별도 의무 공급량(시행령 별표 4)

년 도	2012	2013	2014	2015	2016 이후
의무 공급량(Gwh)	263	552	867	1,209	1,577

㉠ 소규모 사업자 보호를 위해 5GW이상의 발전설비를 보유한 공급의무자는 다른 사업자로부터 별도 의무공급량의 50%이상 공급 인증서 구매 충당

② 공급 의무자별 분담률(관리 및 운영지침 별표 2)

구 분		대상자	공급의무자별 분담률(%)
그룹 I	설비용량 5,000MW 이상	한수원등 6사	$RPG_I / RPG_T \times \frac{1}{nI}$
그룹 II	설비용량 5,000MW 미만	수자원 공사등 7사	$RPG_{II} / RPG_T \times \frac{1}{nII}$

㉠ RPG_T : 공급 의무자 자체 기준 발전량의 합
   RPG_I, RPG_{II} : 그룹 I, II 에 속한 공급 의무자의 기준 발전량의 합
   nI, nII : 그룹 I, 그룹 II에 속한 공급의무자 수

(3) 의무 공급량의 20% 이내에서 차년도로 연기 허용(2014년까지는 30%까지 허용)
(4) 미 이행분에 대해 공급인증서 평균 거래가의 150%이내에서 과징금 부과

5.기대 효과

1) 발전사의 공급 의무화로 신재생 보급효과 배양
2) 전력시장을 통한 경쟁 및 합리적 가격 결정 유도로 정부의 재정 부담완화
3) 조기 산업화, 시장 확대 등으로 산업 경쟁력 강화 및 일자리 창출

109-2-2 직류전철의 전식원인과 대책

응16-109-2-2. 직류 전기철도에서 전식(電蝕)의 발생원인 및 방식대책에 대하여 설명하시오.

 답

1. 직류 전기철도에서 전식(電蝕)의 발생원인(개요)
1) 직류식 전철은 가공 단선식 또는 제3궤조식으로 하므로 주행레일을 귀선회로로 이용할 수 밖에 없어 귀선전류의 일부분은 대지로 누설된다.
2) 누설전류는 전기차(+)와 변전소(-)가 전위차가 발생되어 지중매설 금속체가 있으면 저항의 금속체를 타고 누설전류가 유입 유출된다.
3) 이때 누설전류는 전기차(+)측에서 변전소(-) 측으로 귀환하며, 이때 금속체의 유출지점에서 ion화 현상으로로 부식이 진행되는 것을 電蝕이라 함

2. 전기부식의 Mechanism
1) 누설전류 분포도

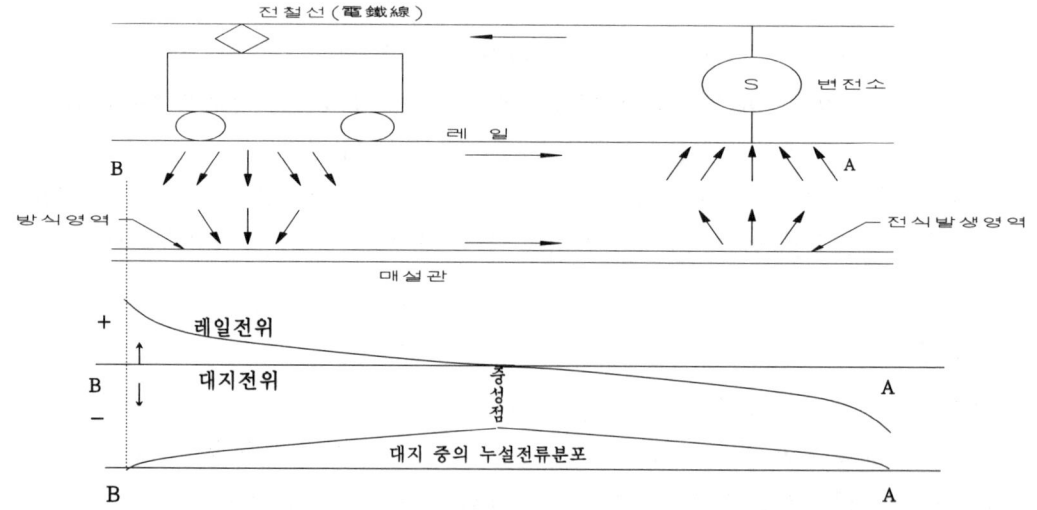

2) 지하수가 전해액 역할을 하여 매설 금속체에 직류누설전류가 통전되고 유출부에는 이온화 현상으로 전기분해되어 전기부식이 발생함
3) 누설전류의 유입지점은 "-"이온상태로 전식은 없다
4) 전식발생 량

① 누설전류(i_l) : $i_l = k \cdot \dfrac{r}{R} \cdot I \cdot L^2 [A]$, 단, k: 상수, r : 궤선레일저항,
R : 궤전레일과 대지간의 절연저항, I : 부하전류, L: 변전소 간격
② 전식량 : $M = Z \cdot i_l \cdot t$ 단, Z : 전식화학당량, t : 시간

3. 전기 부식 방지 대책

3-1. 전기설비 기준상 적합하게 시설을 다음과 같이 시행함
1) 충분한 이격거리 유지
2) 전식방지용 귀선의 시설
3) 전식방지용 귀선용 궤조의 설치
4) 가공 직류 절연귀선의 시설
5) 전식방지를 위한 절연(도복장 : 도복장에는 Coating, Lining, Tapping 등)

3-2. 레일측의 대책 수립(즉, 전철측 대책)
1) 기본 개념 : 누설전류(i_l) : $i_l = k \cdot \dfrac{r}{R} \cdot I \cdot L^2 [A]$에서 식의 요소를 조정한 것
2) 궤도전류의 경감 : 궤도전류는 전차선 전압에 반비례하므로 전압상승이 되나 절연의 문제점과 건설비가 막대하다
3) 레일의 저항의 감소 : 즉, 누설전류의 감소를 말하며, 궤도교체, 궤도의 용접, 레일본드 설치, 보조 귀선의 설치(굵기가 50㎟ 이상의 동선을 레일의 30cm 지하에 설치)
4) 누설저항의 증대 : 즉, 레일과 대지간의 절연저항을 증대시키는 것을 말하며, 궤도와 체결부에는 누설전류를 줄이기 위해 절연 pad사용, 절연침목, 도상부분, 노반부분에 있어 대지에 대한 레일의 절연저항을 크게 할 것
5) 변전소 간격축소 : 급전구간 축소로, 변전소 증가가 있어 현실적 적용 곤란함
6) 기타 : 가공절연 귀선 설치 및 구조물과 금속체 등에 정기적 Bonding

3-3. 매설 금속측의 대책
1) 매설관 표면 또는 접속부를 피복절연시켜 절연저항을 증대시켜 누설전류의 유입방지

2) 이격증대로 궤도와 접근거리를 증가되게 가능한 장거리로 이격하여 매설시행
3) 금속도체에 의해 차폐 : 매설 금속관 등을 차폐시켜 누설전류의 방지를 시행
4) 매설 금속체 접속부를 전기적 절연시키면 전기저항이 증대되므로 유입전류가 감소됨
5) 레일과 매설금속체 간에 아래와 같은 전기적 방식설비를 시설함.

3-4. 전기적 방식 설비의 시설

1) 희생 양극식 (Sacrificial Anode System) : 유전양극법
   (1) 금속 배관에 상대적으로 전위가 높은 금속을 직접 또는 도선에 의해 접속시키는 방식이다.
   (2) 즉, 이종 금속간의 이온화 경향 차이를 이용하여 소방배관이 음극이 되도록 하고, 접속시킨 금속이 양극이 되어 대신 부식되도록 하는 것이다.
   (3) Anode의 재질은 Fe보다 고전위인 Mg, Zn, Al 등을 사용하며, 이 양극은 서서히 소모된다.
   (4) 이러한 희생양극(Anode)는 접지저항을 낮춰 발생전류를 많게 하기 위하여 벤토나이트 계통의 양극(Backfill)재료를 넣어 사용한다.

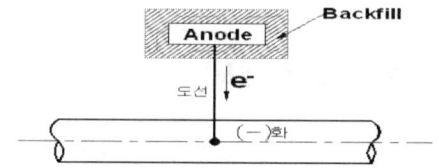

   (5) 장점
      ① 별도의 전원 공급이 필요하지 않다. ② 설계 및 설치가 매우 쉽다.
      ③ 유지보수가 거의 필요없다. ④ 주위 시설물에 대한 간섭이 거의 없다.
      ⑤ 전류 분포가 균일하다.
      ⑥ 도장된 배관이나 다수로 분산된 배관에 적합.
   (6) 단점:
      ① 적은 방식전류가 필요한 경우에만 사용 가능하다.
      ② 토양 저항이 크거나, 수중에는 부적합하다.
      ③ 유효 전위가 제한된다.
2) 외부전원법 : 강제 전원식 (Impressed current system)
   (1) 원리
      ① 금속배관에 DC전원의 음극을 연결하고, 외부 Anode에 전원의 양극을 연결시켜서 전해질을 통해 방식전류를 공급하는 방식.

② Anode의 재질: : 외부 전원에서 전류를 공급하므로, Anode는 금속의 이온화 경향보다 내구성이 강한 재질을 사용할 수 있다. → 고규소 철, 백금 전극 등을 사용함.

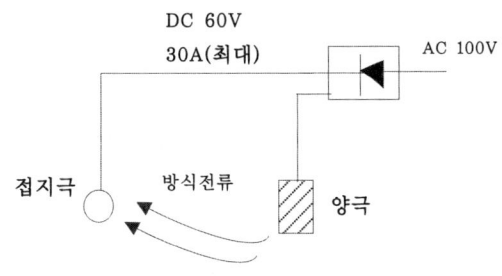

그림5. 외부전원법

(2) 외부전원법의 장점
   ① 대용량의 방식전류를 사용할 수 있다.   ② 전압, 전류의 조절이 용이하다.
   ③ 방식 소요전류의 대소에 관계가 없다.   ④ 자동화가 가능하다.
   ⑤ 내 소모성 양극을 사용하여 수명을 길게 할 수 있다.
   ⑥ 토양저항의 크기에 관계없이 적용 가능하다.

(3) 단점
   ① 설계가 복잡하다.
   ② 타 시설물에 대한 방식전류의 간섭이 발생.
   ③ 설치 및 유지관리 비용이 소요.
   ④ 과도한 방식이 될 수 있다.

3) 배류 방식
  ① 전기철도로부터의 누설전류를 대지에 유출시키지 않고, 직접레일에 되돌려 주는 방법
  ② 종류 : 직접법, 선택법, 강제 배류법이 있으나, 선택배류법을 많이 사용함
  ③ 선택배류법 : 최근에는 실리콘 다이오우드를 사용함
     ㉠ 전동차의 회생제동일 경우, 변전소의 ⊖극과 지하매설과의 전극사이에 다이오우드를 연결하여 누설전류 방향을 선택함으로써 부식 방지시킴.

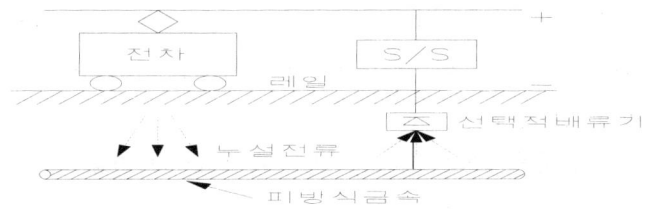

〈그림6. 선택배류법〉

ⓒ 지중의 금속과 전철 rail을 전선으로 접속하여 전기방식하는 방법
ⓒ Rail의 전위가 자주 변하므로, 방식효과가 항상 얻어지지는 않는다.
④ 강제 배류법
㉠ 직류전원장치에 의해 레일에 강제적으로 배류시키는 것으로서 선택배류법과 외부전원법의 중간적 성질을 갖고 있으며 이 방식법은 비교적 새로운 기술임
㉡ 강제배류법은 레일을 양극으로 하여 매설물을 방식시킴과 동시에 배류시킴으로써 외부전원식 전기방식법과 같은 원리이다.
㉢ 강제배류법의 특징은 다음과 같다.
ⓐ 선택배류법에 비하여 항상 배류하기 때문에 누설전류의 강한 유출에 의한 전식방지를 포함하여 관로를 항상 방식시키는 것이 가능하다.
ⓑ 레일을 전극으로 이용하기 때문에 외부전원법의 경우와 같이 전극의 설치장소가 불필요하므로 경제적으로 유리한 점이 많다.
ⓒ 레일부근의 관로가 과방식으로 되기 쉽다.
ⓓ 전철이 가까이 없으면 적용하기 어렵다.
ⓔ 강제배류법에서 주의해야 할 것은 전철의 신호장해에 대하여 충분한검토가 있어야 한다.

※ 전식대책 및 레일과 매설금속체 간의 전기적 방식설비 시설 요약

A. 전식대책
1) 금속관 차폐
2) 매설 금속체의 절연 피복화
3) 보조귀선을 설치하여 귀선 저항을 감소시킴
4) 레일본드의 완전한 접속
5) 지중 매설 금속체와 궤도간의 이격거리르 가능한 크게 디게 매설 루트 선정
6) 전철측의 레일과 도상간의 절연 상능 강화
7) 배류개소의 매설 금속체와 레일간 또는 변전소 -극 사이에 선택배류기 설치
8) 레일과 지중 매설속체 간에 적정한 접속방법을 아래와 같이 시행
① 직접배류방식 (그림1참조)
 : 1개만 있는 전철변전소의 경우에, 레일 측으로부터 전류가 역류할 우려가 없을 때 그림1과 같이 적용하나, 적용개소가 적다
② 선택 배류방식 (3-4의 2) 그림6 참조)

㉠ 배류선에 선택배류기를 설치하여, 금속체가 레일에 대하여 높은 전위에 있을 경우 전류를 유출시키는 방법.
㉡ 접지가 필요없고, 경제적이어서 이 방식을 얼이 이용함
③ 강재 배류방식 : 외부 전원법인바, 외부에서 직류전원을 그림3과 같이 레일과 지중 매설 금속체 사이에 가하는 방법

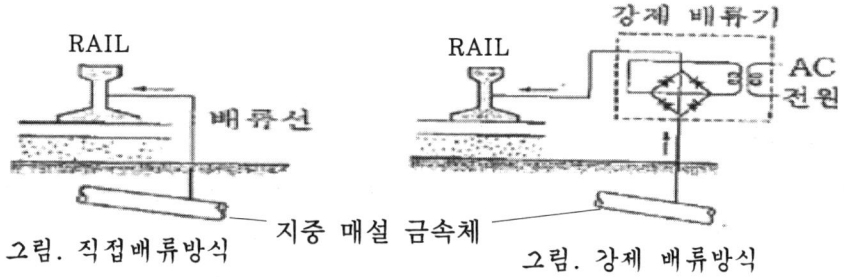

그림. 직접배류방식   그림. 강제 배류방식

109-2-2 직류전철의 전식원인과 대책

응16-109-2-3. 초음파 가열의 특성, 강도, 파장, 응용에 대하여 설명하시오.

◉ 답

1. 초음파의 정의
1) 탄성매질 내에서 발생하는 진동 또는 압력파로서 가청주파수인 20kHz 보다 큰 값의 주파수를 갖는 파.
2) 초음파는 우리가 귀로 들을 수 있는 가청음파와 같이 매질 중의 탄성파임
3) 따라서 가청음파의 성질인 반사, 굴절, 투과, 흡수 등 여러 법칙이 적용됨
4) 그러므로, 일반 음파와 본질적으로 차이가 없으나, 매질, 주파수, 강도 면에서 현저한 차이를 나타내며 음파에서는 담당할 수 없는 현상이 나타남

2. 초음파 가열의 특성
1) 주파수가 높아, 파장이 짧다: $파장(\lambda) = \dfrac{음속 C}{주파수 f}$
3) 매질이 기체, 액체, 공기에서 가능함
4) 강도가 세다
5) 캐비테이션 발생이 있으며, 설명하면
   ① 강력한 초음파가 액체 내를 전달될 때, 액체 내에 거품이 발생하는 현상이며,
   ② 거품에는 액체 증기를 포함하는 것, 액체 내에 녹아 있는 기체를 포함하는 것과 진공의 것이 있음

3. 초음파의 파장
   ① 음속을 C 라고 했을 때 C=331.5 + 0.6 t [m/s]. 이때 t 는 온도이다. 즉, 소리의 속도는 온도가 높아질수록 더 빨라짐.
   ② 일반적인 음속은 온도 15도 정도 일 때 1초에 340m 임.
1) 공업용에 적용되는 초음파의 파장

① 공업용에 적용되는 초음파의 주파수 : 1[kHz]~200[MHz]

② 파장(λ) = $\dfrac{\text{음속}\,C}{\text{주파수}\,f}$ = $\dfrac{340}{1,000 \sim 200,000,000}$ = $0.34 \sim 1.7 \times 10^{-6}[m]$

2) 동력적 응용분야에 초음파의 파장

① 동력적 응용분야에 초음파의 주파수 : 수[MHz]

② 파장(λ) = $\dfrac{\text{음속}\,C}{\text{주파수}\,f}$ = $\dfrac{340}{1,000 \sim 200,000,000}$ = $3.4 \times 10^{-4} \sim 3.4 \times 10^{-5}[m]$

3) 따라서 방향성이 있는 음속을 용이하게 발생시킬 수 있음

4. 초음파의 강도

1) 공기 중의 음속에서는 $10^{-16}[W/cm^2]$을 기준으로 0 [dB] ($10^{-16}[W/cm^2]$)에서는 120 [dB] ($10^{-4}[W/cm^2]$) 정도까지의 소리를 가청할 수 있음

2) 120[dB] 이상 강하게 되면 귀에 장해를 줄 수 있음

3) 초음파의 응용에서는 1[W/cm²] 이상의 것이 보통 사용되며,
   이때 아래의 특이한 현상이 발생함

   (1) 초음파의 물리적 작용
      ① 캐비테이션을 발생시켜 액체 내에 녹아 있는 기체를 거품으로 해서 제거함
      ② 충격파에 의해서 액체 내에 놓인 고체를 침식하거나, 고체 표면의 더러움을 제거, 서로 혼합되지 않는 액체를 유화 분산시키는 작용이 있음

   (2) 초음파의 화학적 작용
      ① 초음파로 인한 충격파의 발생, 온도상승, 이온화 촉진, 반응속도 증가, 산화나 분해 촉진, 고분자를 파괴.
      ② 전기분해나 전기도금의 경우, 전극에 초음파를 가하여 분극전위를 변화시키거나, 도금의 효율과 질을 향상시킴.

   (3) 생물학적 작용: 캐비테이션에 의한 충격파나 물의 이온화 등의 화학적용으로 세균파괴 및 미세한 생물을 살상시킴

   (4) 야금적 작용 : 용융된 금속에 초음파를 조사하면 응고가 빨라지고, 결정이 미세화 됨으로 혼합이 어려운 금속을 합금할 수 있음

5. 초음파의 발생방법

1) 전기적 방법 : 자기변형 (니켈 진동자, 페라이트 진동자)

2) 기계적 방법 : 압전현상 이용(티탄산 바륨 진동자, 지르콘산 탄산염 진동자)

6. 초음파 용접의 특성

1) 초음파의 진동에 의해 표면의 산화피막이나 흡착층이 파괴되므로 냉간압점이나 전기저항 용접기에 비하여 표면의 전처리가 간단하여 좋다
2) 냉간압접등에 비하여 가압하중이 적으므로 변형이 적다
3) 가열이 불필요.
4) 고체상태의 용접이므로 열적저항이 적고 조직도 발생 않음
5) 가느다란 선이나 금속박의 용접도 가능
6) 이중금속의 용접도 가능

7. 초음파의 응용

1) 동력적응용: 초음파를 에너지로 활용하는 전기화학공업, 섬유공업, 야금, 식품공업
2) 통신적 응용 : 통신 및 계측 기술
3) 플라스틱 용접

109-2-3 초음파가열의 특징 등

응16-109-2-3. 초음파 가열의 특성, 강도, 파장, 응용에 대하여 설명하시오.

 답

1. 초음파의 정의
1) 탄성매질 내에서 발생하는 진동 또는 압력파로서 가청주파수인 20kHz 보다 큰 값의 주파수를 갖는 파.
2) 초음파는 우리가 귀로 들을 수 있는 가청음파와 같이 매질 중의 탄성파임
3) 따라서 가청음파의 성질인 반사, 굴절, 투과, 흡수 등 여러 법칙이 적용됨
4) 그러므로, 일반 음파와 본질적으로 차이가 없으나, 매질, 주파수, 강도 면에서 현저한 차이를 나타내며 음파에서는 담당할 수 없는 현상이 나타남

2. 초음파 가열의 특성
1) 주파수가 높아, 파장이 짧다: 파장$(\lambda) = \dfrac{음속\, C}{주파수\, f}$
3) 매질이 기체, 액체, 공기에서 가능함
4) 강도가 세다
5) 캐비테이션 발생이 있으며, 설명하면
   ① 강력한 초음파가 액체 내를 전달될 때, 액체 내에 거품이 발생하는 현상이며,
   ② 거품에는 액체 증기를 포함하는 것, 액체 내에 녹아 있는 기체를 포함하는 것과 진공의 것이 있음

3. 초음파의 파장
① 음속을 C 라고 했을 때 C=331.5 + 0.6 t [m/s]. 이때 t 는 온도이다. 즉, 소리의 속도는 온도가 높아질수록 더 빨라짐.
② 일반적인 음속은 온도 15도 정도 일 때 1초에 340m 임.
1) 공업용에 적용되는 초음파의 파장

① 공업용에 적용되는 초음파의 주파수 : 1[kHz]~200[MHz]

② 파장(λ) = $\dfrac{음속 C}{주파수 f}$ = $\dfrac{340}{1,000 \sim 200,000,000}$ = $0.34 \sim 1.7 \times 10^{-6}[m]$

2) 동력적 응용분야에 초음파의 파장

① 동력적 응용분야에 초음파의 주파수 : 수[MHz]

② 파장(λ) = $\dfrac{음속 C}{주파수 f}$ = $\dfrac{340}{1,000 \sim 200,000,000}$ = $3.4 \times 10^{-4} \sim 3.4 \times 10^{-5}[m]$

3) 따라서 방향성이 있는 음속을 용이하게 발생시킬 수 있음

4. 초음파의 강도

1) 공기 중의 음속에서는 $10^{-16}[W/cm^2]$을 기준으로 0 [dB] ($10^{-16}[W/cm^2]$)에서는 120 [dB] ($10^{-4}[W/cm^2]$) 정도까지의 소리를 가청할 수 있음

2) 120[dB] 이상 강하게 되면 귀에 장해를 줄 수 있음

3) 초음파의 응용에서는 1[W/cm²] 이상의 것이 보통 사용되며, 이때 아래의 특이한 현상이 발생함

   (1) 초음파의 물리적 작용
   ① 캐비테이션을 발생시켜 액체 내에 녹아 있는 기체를 거품으로 해서 제거함
   ② 충격파에 의해서 액체 내에 놓인 고체를 침식하거나, 고체 표면의 더러움을 제거, 서로 혼합되지 않는 액체를 유화 분산시키는 작용이 있음

   (2) 초음파의 화학적 작용
   ① 초음파로 인한 충격파의 발생, 온도상승, 이온화 촉진, 반응속도 증가, 산화나 분해 촉진, 고분자를 파괴.
   ② 전기분해나 전기도금의 경우, 전극에 초음파를 가하여 분극전위를 변화시키거나, 도금의 효율과 질을 향상시킴.

   (3) 생물학적 작용: 캐비테이션에 의한 충격파나 물의 이온화 등의 화학적용으로 세균파괴 및 미세한 생물을 살상시킴

   (4) 야금적 작용 : 용융된 금속에 초음파를 조사하면 응고가 빨라지고, 결정이 미세화 됨으로 혼합이 어려운 금속을 합금할 수 있음

5. 초음파의 발생방법

1) 전기적 방법 : 자기변형 (니켈 진동자, 페라이트 진동자)
2) 기계적 방법 : 압전현상 이용(티탄산 바륨 진동자, 지르콘산 탄산염 진동자)

6. 초음파 용접의 특성

1) 초음파의 진동에 의해 표면의 산화피막이나 흡착층이 파괴되므로 냉간압점이나 전기저항 용접기에 비하여 표면의 전처리가 간단하여 좋다
2) 냉간압접등에 비하여 가압하중이 적으므로 변형이 적다
3) 가열이 불필요.
4) 고체상태의 용접이므로 열적저항이 적고 조직도 발생 않음
5) 가느다란 선이나 금속박의 용접도 가능
6) 이중금속의 용접도 가능

7. 초음파의 응용

1) 동력적응용: 초음파를 에너지로 활용하는 전기화학공업, 섬유공업, 야금, 식품공업
2) 통신적 응용 : 통신 및 계측 기술
3) 플라스틱 용접

109-2-4 pcs의 요구 성능

응16-109-2-4. 분산형전원의 전력 안정화를 기하기 위한 에너지 저장시스템에 적용되는 PCS(Power Conditioning System)의 요구 성능에 대하여 설명하시오.

답 : 시험장에서는 1, 2 , 3-4), 4만 기록 할 것

1. 태양광 발전의 구성
○ 태양광 발전 시스템에서 가장 중요한 파워콘디셔너(인버터)는 아래와 같이 구성됨.

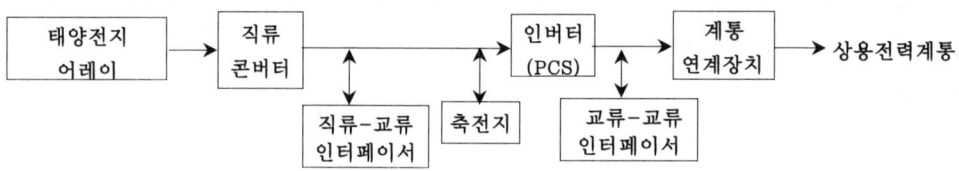

① 태양전지 어레이 : 일사하는 태양광을 집결하여 직류전력으로 변환, 얇은 Cell로 구성
② 인버터(PCS)부 : 직류 →교류
③ 축전지 : 일사량이 많은 주간에 잉여전력을 축전하여 흐린 날이나 야간에 공급
④ 보호장치 : 계통측에 이상 발생시 안전하게 정지
⑤ 필터부 : 인버터에서 발생되는 고주파를 제거

2. 태양광 발전의 인버터(PCS) 기능
1) 태양전지에서 출력된 직류전력을 교류 전력으로 변환
2) 한전의 전력 계통 (22.9KV 또는 380/220V)에 역 송전
3) 태양전지의 성능을 최대한으로 하는 설비
4) 이상시나 고장시 보호기능 등을 종합적으로 갖춤.
5) 자동운전 정지기능
6) 단독운전 방지기능
    ① 수동적 방식
        ㉠ 전압위상 도약 검출방식.

ⓒ 제3차 고조파 전압 급증 검출방식
　　　ⓒ 주파수 변환율 검출방식
　② 능동적 방식
　　　㉠ 주파수 시프트 방식.　　　　ⓒ 유효전력 변동방식.
　　　ⓒ 무효전력 변동방식　　　　　㉣ 부하 변동방식
7) 최대전력 추종제어 기능
8) 자동전압 조정기능(진상무효전력제어, 출력제어): 무효전력제어는 매우 중요한 기능임
5) 직류검출기능
6) 지락전류 검출기능
7) 소음저감, 노이즈억제, 고조파억제

3. 핵심부인 인버터(PCS : Power Conditioning System)의 회로방식

1) 상용주파 절연 변압기 방식
　① 태양전지의 직류 출력을 상용주파의 교류로 변환 후 변압기로 전압을 변환하는 방식
　② 변환방식을 PWM 인버터를 이용해서 상용주파수의 교류로 만드는 것이 특징
　③ 상용주파수 변압기를 이용함으로 절연과 전압변환을 하기 때문에 내부 신뢰성이나 Noise-Cut이 우수함
　④ 장점 : 회로 구성이 간단함, 신뢰성 우수, 노이즈 컷 우수, 누설전류 감소, 사용범위 넓음, 변압기절연으로 안정성 우수, 용 량 : 10kW이상
　⑤ 단점 : 변압기 손실증가(트랜스리스 대비), 크기 및 무게증가, 가격 고가로 경제성 미흡, 효율 저하
2) 트랜스리스(Trans less) 방식
　① 2차 회로에 변압기를 사용하지 않는 방식
　② 전자적인 회로를 보강하여 절연변압기를 사용한 것과 같은 제품이 출현됨
　③ DC-DC컨버터 : 정전력 출력 특성으로 승압을 목적으로 한다.
　④ DC-AC인버터 : 상용 주파 교류로 전환
　⑤ 장점 : 변압기를 사용하지 않아 소형, 경량으로 가격적인 측면에서는 안정되고 신뢰성이 높고, 고효율로 사업성이 유리, 경제성 :양호
　⑥ 단점 : 상용전원과의 사이가 비 절연임. 인버터와 인버터 간에 비 절연이므로 직류의 유출 가능성, 누설전류 증가로 오동작 우려, 일부 모듈에 사용불가, 추가 보호장치 필요, 대용량에는 잘 사용하지 않음, 안정성은 미흡

3) 고주파(HF) 변압기 절연방식
   ① 태양전지의 직류 출력을 고주파의 교류로 변환한 후 고주파 변압기로 변압한다.
   ② 이후 고주파 교류->직류, 직류->상용주파 교류로 변환하는 방식이고
   ③ 고주파 절연 변압기가 직류 유출을 방지한다.
   ④ LF방식에 비하여 전력 손실이 적어 효율이 좋음.
   ⑤ 효율, 경제성 및 안정성 : 보통
   ⑥ 장 점 : 계통과 절연으로 안정성 우수, 고효율화, 소형 경량화, 용 량: 100kW이상
   ⑦ 단 점: 회로 구성이 복잡함. 직류성분 유출 우려

4) 회로방식별 회로도 비교

방식	회로도	개념
트랜스리스 (Trans less) 방식	PV - DC-DC 컨버터 - DC-AC 인버터	태양전지의 직류출력을 DC-DC컨버터로 승압하고 인버터에서 상용주파의 교류로 변환하는 방식임
상용주파 절연변압기 방식	태양전지 - 인버터 - 상용주파 절연변압기	태양전지 직류출력을 상용주파의 교류로 변환한 후 변압기로 절환하는 방식
고주파 변압기 절연방식	태양전지 - 고주파 인버터 - 고주파 절연변압기 - 컨버터 - 인버터	태양전지의 직류출력을 고주파의 교류로 변환한 후 소형의 고주파변압기로 절연을 함. 그 후 일단 직류로 변환하고 재차 상용주파의 교류로 변환하는 방식.

4. PCS(인버터) 요구 성능

1) 최대 전력 추종 제어 기능

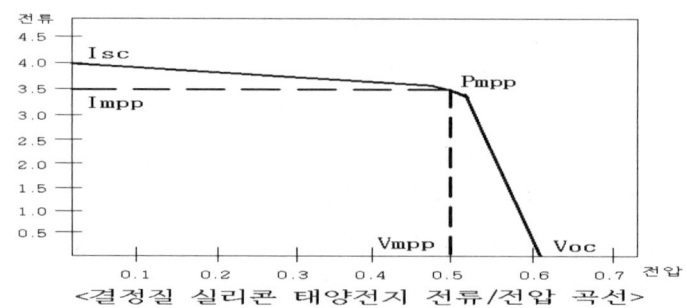

<결정질 실리콘 태양전지 전류/전압 곡선>

   ① 태양전지는 일사량에 따라 출력 특성이 많이 변동됨.
   ② 인버터의 최대 전력점에서 응답제어 하도록 최대 전력 추종 제어가 요구됨.

2) 고 효율 제어 기능
   : 스위칭 손실 및 고정 손실도를 최대한 억제 할 수 있는 제어기 적용

3) 고조파 및 고주파 억제 기능
   ① 주로 IGBT를 고속으로 ON, OFF 하기 때문에 고주파 노이즈 발생
   ② 다상 펄스 방식 및 필터를 이용하여 제거
4) 계통 연계 보호 기능
   : 인버터의 고장이나 계통 사고시에 피해 범위를 최소화 하기 위해 사고시 계통 분리 또는 인버터 정지등 기능
5) 보호 시스템
   ① 단락 및 과전류 보호.
   ② 지락 보호
   ③ 과전압 및 저전압 보호 등
6) 소음 저감 기능 : 동작 주파수를 가청 주파수(20 kHz) 이상으로 동작

5. PCS의 선정 및 PCS방식의 직류공급 방식 검토

1) 태양광발전시스템은 무엇보다 종합적인 효율을 향상시키고, 고장을 최소화 하며, 유지 보수가 용이해야 한다.
2) 갈수록 반도체 기술이나 변환기술이 향상되어 인버터 효율이 올라가고 있지만, 그래도 태양광발전소의 가장 큰 손실 중 하나이다.
3) 대용량 발전소나 전국단위로 볼 때에는 많은 손실부분에 해당하므로 인버터 선정과 설치 조건 등을 종합적으로 검토하여 선정하여야 한다.
4) 또한 PCS없이 직류 배전을 옥내 또는 전기공급자에게 할 수 있도록 여러 전력기술적인 측면의 법적 조건의 구비와 아울러 기술기준의 변경도 적극 산학협동으로 검토하여 할 시점으로 볼 수 있다.

109-2-5 무선전력전송기술

응16-109-2-5. 무선전력전송기술은 향후 산업 전반에 걸쳐 급속한 확산이 예상된다. 무선전력전송 기술의 종류 및 그 특징에 대하여 설명하시오

 법적근거 : 미래창조과학부 『전파응용설비의 기술기준』을 2013년 12월 24일 개정

1. 개요

1) 미래창조과학부는 2013년 12월 20일에 6765~6795㎑(중심 주파수 6780㎑) 주파수 대역을 자기공진방식 무선충전기에 활용할 수 있도록 전파응용설비용(ISM)으로 결정하고, 주파수 분배표를 고시하였다.
2) 무선전력전송 기술은 자기장의 유도와 전자파 공진 원리 등을 이용하여 전기에너지를 무선으로 전송·충전하는 기술이다.
3) 무선전력전송 기술은 '자기유도'와 '자기공진' 방식으로 구분되며, 휴대전화 단말기 시장에서 뿐만 아니라 IT, 철도, 가전, 자동차 등 산업 전반의 다양한 분야에 활용이 가능하며,
4) 현재는 휴대전화 무선충전기 등 저전력 제품을 중심으로 상용화가 진행되고 있다.
5) 현재 상용화되어 이용중인 20㎑/60㎑ 대역 무선충전 전기자동차와 100~205㎑ 대역 자기유도방식의 무선충전기도 무선설비규칙 등 현행 기준을 준용한다

2. 무선전력전송의 개념

: 자기장의 유도 원리를 이용하여 송신기(충전기)에서 수신기(단말기)로 전력에너지를 전달하는 기술

3. 충전원리

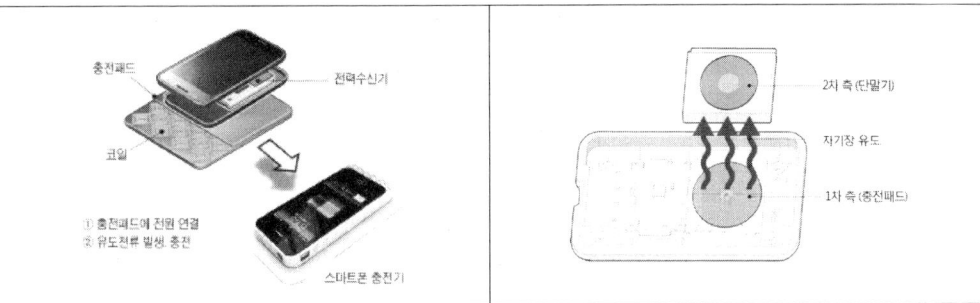

① 충전패드에 전원연결
② 코일에 전류가 흐름에 따라 자기장 발생
③ 자기장에 의한 유도전류를 발생시켜 충전

4. 응용분야

1) 무선충전기는 휴대전화 단말기 시장에서 뿐만 아니라 IT, 철도, 가전산업 등 산업 전반 다양한 분야에 활용 가능
2) 현재 전동칫솔, 휴대폰용 무선충전기가 상용화되고 있으며, 노트북, TV 등에 대한 제품개발이 진행 중

5. 무선전력전송 기술의 종류(기술방식)

1) 무선전력전송 기술은 자기유도방식과 자기공진방식으로 구분
   : 무선충전을 위해 단말기로 전파에너지를 전송하고, 단말기의 수신전력을 제어하기 위해 통신기능이 부가됨
2) 자기유도방식 : 코일 사이에 유기되는 자기장을 이용하여 에너지 전송
3) 자기공진방식 : 코일 사이의 특정 주파수에서 에너지가 집중하는 것을 이용하여 에너지 전송
4) (표준규격) 자기유도방식은 WPC(Wireless Power Consortium)에서, 공진방식은 A4WP(Alliance for Wireless Power)에서 표준규격 제정
5) WPC는 전세계 기업들의 컨소시엄으로 130여개 업체로 구성되어 회원사로 활동하고 있고, 국내업체 중 LG가 주도적으로 참여
6) A4WP는 이동통신 망사업자와 단말제조사 등 60여개 업체로 구성되어 회원사로 활동하고 있고, 국내업체 중 삼성이 주도적으로 참여

6. 무선전력전송 기술의 종류 별 특징 (무선전력전송 국제 표준단체 및 표준규격 비교)

구 분		자기유도방식(WPC 표준)	자기공진방식(A4WP 표준)
중심 주파수	전력전송 (충전)	100~205kHz 대역 내에서 가변	6.78MHz
	전력제어 (통신)	전력전송용 주파수와 동일	2.4GHz(블루투스)
주파수대역		100~205kHz(105kHz 폭)	6.765~6.795MHz(30kHz 폭)
기술방식		- 1~2차 코일간 자기장 유도 - 수신단말의 충전량에 의해 주파수 가변	- 1~2차 코일간 자기장 유도 - 수신단말과 특정 주파수를 동조하여 에너지 전송
제품개발		상용화 및 시장출시 (휴대전화 무선충전기)	개발완료 (휴대전화 무선충전기)
개발업체		LG전자, 삼성전자 등	삼성전자, LG전자, 퀄컴, 인텔

109-2-6 내진대책

응16-109-2-6. 환태평양 지진대의 동시 다발적인 지진발생으로 인해, 한반도에서도 지진발생에 대한 대책이 요구되고 있다. 이에 대해 전기설계자가 행해야 할 실내 변전실 전기설비의 내진 설계에 대하여 설명하시오

 답

1. 내진 설계시 고려사항

1) 건물의 중요도
   전기설비의 내진성은 건물의 사회적 중요도나 용도를 고려해서 등급을 결정한다
   ① 중요도A : 중요설비나 인명 안전 확보상 중요 설비의 기능유지 확보설비
   ② 중요도B : 정지나 긴급 차단의 관제 운전 대상설비
   ③ 중요도C : 다소 피해가 있어도 간단히 보수, 복귀 가능 설비

2) 지진력과 변위
   ① 변위 : 건축물의 변형을 표시하는 층간 변위각과 익스펜션 조인트 등의 상대 변위량으로 나타내는데 이를 변위각 또는 변위량으로부터 설치하는 기기의 변형대책 및 배관 배선의 흡수 대책을 세워야 한다
   ② 지진력 : 내진 설계를 하려면 지진력을 명확히 해야 하는데 설계용 수평 지진력은 다음 식으로 산출한다
      ㉠ 수평 지진력: $F_H = Z \cdot K_S \cdot W$ [kg]

      F_H = 설계용 수평 지진력[kg]   Z = 지역계수로 전기설비의 경우는 1.
      K_S = 설계용 표준 진도 (지하층 및 1층:0.4 중간층:0.6 최상층:1.0)
      W = 기기의 중량 [kg]

      ㉡ 수직 지진력: $F_V = 0.5 F_H$ [kg]

3) 설비의 적정 배치
   ① 중요도 높은 기기 및 내진력이 약한 기기는 저층부에 배치
   ② 진동 발생시 오동작 우려 설비는 아래쪽에 배치
   ③ 보수, 점검이 용이한 곳에 설치

4) 공진이 없도록 설계
   :전기설비의 기기 및 배선들은 건물의 지진반응에 대해 공진이 없는 설계 시공한다.

5) 기능의 보전
   ① 지진 중에도 운전
   ② 지진 측정기로 감지, 수동 및 자동정지, 지진후 운전 재개
   ③ 자동으로 재 운전 가능할것
   ④ 점검, 확인 후 재 운전 개시 가능할 것

2. 기기별 내진대책 요약

기기종류	내진 대책(예)	비고
옥외형 애자형 기기	① 가대포함 내진설계 ② 공진시 동적하중에 견디도록 강도선정 ③ 고강도 애자 사용	① 내진조건에 따라 스테이 애자로 보강 ② 플랜지 강화
GIS	① 기초부를 정적내진설계 ② Bushing은 공진 고려하여 동적설계	① 변압기와의 연결은 Flexible Joint 사용
SW Gear	① Frame 고정 볼트를 인장력 전단력이 강한 것 사용 ② 부재의 강성을 높이고 기초부 보강	① 벽 등에 고정시켜 전도 방지 ② 층의 1/2 이하로 배치
보호계전기	① 정지형 또는 디지털 Relay 사용 ② 다른 종류의 계전기와 조합하여 사용 ③ 판의 강성을 높여서 응답배율을 내린다	① 지진검출기로 차단 또는 Locking한다. ② Tuner를 넣어 협조시킨다.
변압기	① 본체의 공진주파수를 10Hz이상 일 것. ② Bushing의 공진주파수를 탁월 주파수 밖으로 한다.	① 방진장치가 있는 것은 Stopper설치 ② 저층에 설치 ③ 애자는 0.3G, 공진3파에 견디는 것 ④ 기초볼트의 정적하중이 최대 체크POINT
설비전반	① 배관이나 리드선에 가요성 부과 ② 변위량 큰 것은 내진 Stopper설치	① 하층에 설치 및 배치한다.

자가발전기	지진시의 운전조건으로서 전내진형, 지진관제형으로 할 것인가는 부하의 중요도, 건축물과 타 설비와의 내진강도의 밸런스, 2차 재해의 가능성 계전기 등의 지진중 동작 등을 검토하여 결정.	① 지진 후 안전하고 확실한 운전을 할 수 있는 것일 것. ② 원동기와 발전기에 방진장치를 시설할 경우에는 지진하중이 원동기, 발전기의 중심에 작용 할 경우 수평2방향과 연진방향에 대하여 유효하게 스톱퍼를 시설할 것
축전지	① 앵글프레임은 관통볼트에 의하여 고정 또는 용접. ② 내진가대의 바닥면고정은 강도적으로 충분히 견딜 수 있도록 처리	축전지 상호간의 틈이 없도록 내진가대 제작 축전지 인출선은 가요성이 있는 접속재로 충분한 길이의 것을 사용, S자형 배선고려

Chapter 3. 기출 전기응용기술사 (109회부터 113회 해석분)

109-3-1 순시전압강하

응16-109-3-1. 전기 선로에서 순간전압강하(voltage sag)의 주요 원인과 부하에 미치는 영향에 대하여 설명하시오.

 답

1. 개요
1) 순시전압강하는 전력계통을 구성하는 송전선에 낙뢰 등에 의해 고장이 발생한 경우 고장점을 보호계전기가 동작하여 차단기로 그것을 전력계통에서 제거하기까지의 사이, 고장점을 중심으로 전압이 저하하는 현상이다.
2) IEEE std 1159-1995
  : 0.5 cycle에서 1분 동안 전력계통에서 전압이 실효값으로 0.1~0.9[pu] 이내로 감소하는 것

2. 순시 전압강하의 형태

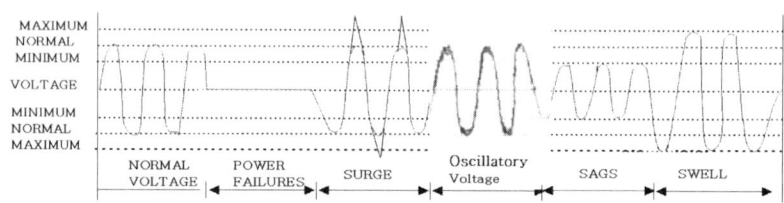

① NORMAL VOLTAGE : 정상상태 전압.
② POWER FAILURES: 정전상태의 전압((Interruption Outage).
③ Oscillatory VOLTAGE : 진동전압(고조파전압파형(Harmonics Distortion), 혹은 플리커 등)
④ SAGS: 전압 이도.
⑤ SWELL: 전압 융기

그림1 순시전압강하의 형태

3. 순시 전압강하의 발생원인
1) 전력공급측
  ① 전력계통의 낙뢰, 단락, 지락, 기타사고 즉, 사고발생 후 보호계전기가 동작하여 고장이 제거되기까지의 순간적인 전압저하 발생
  ② 배전선로에 일시적으로 지락 발생
  ③ Re-Closer의 동작에 의한 경우

2) 수용가측
   ① 절연열화에 의한 단락, 지락 사고
   ② 계통임피던스가 높게 구성(부하증가시 Sag 발생)
   ③ 대용량 전동기가 가동하는 경우
   ⑥ 용접기 사용시
   ④ 변압기 여자돌입전류, 콘덴서 충전전류
   ⑤ 아크로, 전기로 등에서 불규칙적으로 대전류가 단속되는 경우

3. 영향 및 범위

1) 부하에 미치는 영향에 대한 기준(순시전압강하 범위)

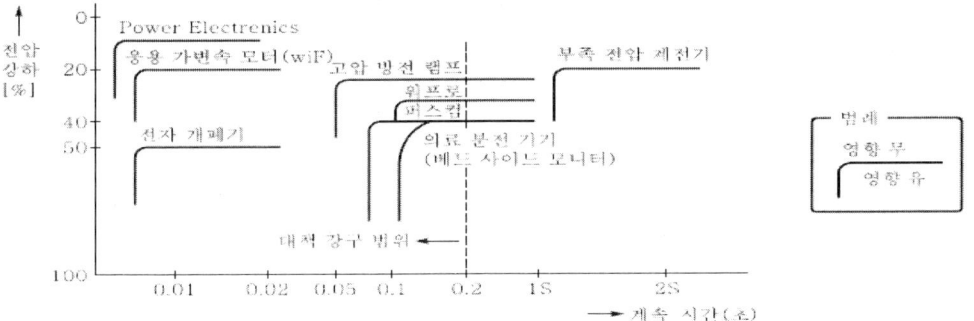

[그림 4-1-3] 부하에 미치는 영향(일본의 적용 사례)

2) 순시 전압강하의 영향

순시 전압강하에 예민한 기기	순시 전압강하의 영향	영향 정도	대 책
PC, OA, FA 기기	- 메모리 상실, 프로그램 오동작에 의한 정지 - 10 ~ 20[%]	- 온라인 및 프로세스 컴퓨터 정지 - 조업 중지, 제품 불량	UPS 또는 CVCF 사용
전자접촉기	- 가동중 전자접촉기 개방 - 50[%]	전동기 가동 중지	지연 석방형 전자개폐기 사용
VVVF (인버터)	- 전력전자 소자의 파손을 방지하기 위해 자동 정지 - 20[%]	- 엘리베이터 정지 - 각종 모니터 정지, 플랜트 작업 정지	대책부 제어 장치 사용
방전등 (나트륨, 메탈할라이드 램프)	- 소등된다 - 20 ~ 30[%]	- 홀의 조명 소등 - 터널의 조명 소등	순시 점등부 램프 사용
계전기 (UVR, POR)	보호 계전기와 연동되어 있는 차단기를 차단한다	- 산업변전설비 정지 - 건축 전기설비 일시정지	CVCF 사용

109-3-2 변압기의 열화진단

응16-109-3-2. 전기설비에 전기를 공급하기 위해 많이 사용되는 유입변압기의 사고예방을 위한 열화진단 기법에 대하여 설명하시오.

 답

1. 개요
1) 대용량 변압기는 전력의 안정공급에 관련된 중요한 설비이며, 사고를 예방하기 위한 보수관리 및 절연 진단이 필요하다.
2) 최근 변압기 이상 징후를 on-line 상태에서 상시 감시하여 사고를 예측하는 기술로 발전하고 있다.
3) 상기의 개념으로 ①유중가스 분석법, ②부분방전 측정법, ③적외선 진단법과 ④ 이들을 통합관리할 수 있는 원격지의 온라인 진단법에 대하여 기술한다.

2. 유중가스 분석법
1) 구성도

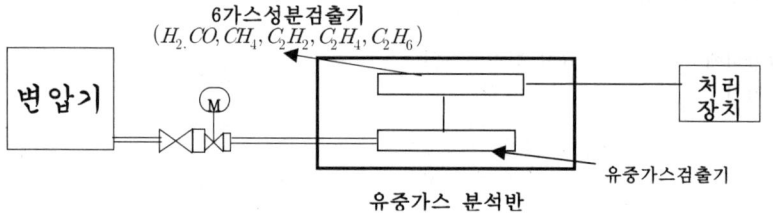

2) 원리
변압기 내부에 이상이 발행하면 이상개소에 과열이 발생하게 되고, 절연유가 열에 의해서 분해되어 Gas가 발생되어 유중 Gas분석을 시행하여 열화진단.

3) 목적 :
① 변압기 내부 이상유무 판정,
② 내부 이상상태 진단
③ 운전계속 가능성 판단,
④ 해체, 점검 여부의 판단

4) 내부이상시 발생 Gas(이상의 종류에 의한 가스발생 성분)

이상의 종류	주 발생 가스	비 고
절연유의 과열	$H_2, CH_4, C_2H_6, C_3H_8$	① CH_4: 메탄, C_2H_6: 에탄, C_2H_2: 아세틸렌, C_3H_8: 프로판 C_2H_4: 에틸렌, C_3H_6: 프로필렌 C_4H_{10}: 부탄 ② 도체가열 :CO, CO_2 생성되며, CO_2 /CO의 체적비가 클수록 높은 온도 존재
유침 고체 절연체의 과열	$CO, CO_2, H_2, CH_4, C_2H_4, C_2H_6, C_3H_6, C_3H_8$	
절연유 중의 방전	$H_2, CH_4, C_2H_2, C_2H_4, C_3H_8$	
유침 고체 절연체의 방전	$CO, CO_2, H_2, CH_4, C_2H_2, C_2H_4, C_3H_6, C_3H_8$	

5) 유중 Gas의 축출법 : 토리첼리의 진공법, 디플러법

6) Gas 분석방법 : 가스 크로마토 그래프 사용

3. 부분방전 측정법

1) 접지선 전류법
   ① 변압기 내부에서 부분방전이 발생하고 있는 회로에서 펄스성의 방전전류가 환류하는데 이것을 확인하여 열화진단
   ② 접지선에 흐르는 펄스전류를 검출하는데 이용하는 기구는 로그스키 코일 이용한 CT 이다.
   ③ 구성도

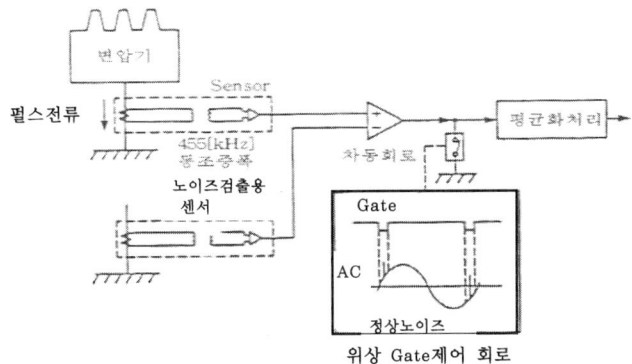

2) 초음파 진단법:
   변압기 내부에서 부분방전 발생시 생기는 음향신호를 탱크외벽에 밀착 설치된 초음파센서로 압력진동파를 검출하여 전기신호로 변환하여 열화 진단.

4. 적외선진단에 의한 방법

1) 적외선 카메라로 열을 영상으로 변환하여 열화진다.
2) 주로 배전용 TR의 과부하 또는 열화정도 파악에 사용

5. 변압기 예방보전 시스템

상기의 여러 방법을 통합하여 신호 및 변환처리 프로세스를 경유 후 원방감시 시스템에서 인터넷을 통하여 ON-LINE 감시하는 시스템으로 현재 발전 중에 있음

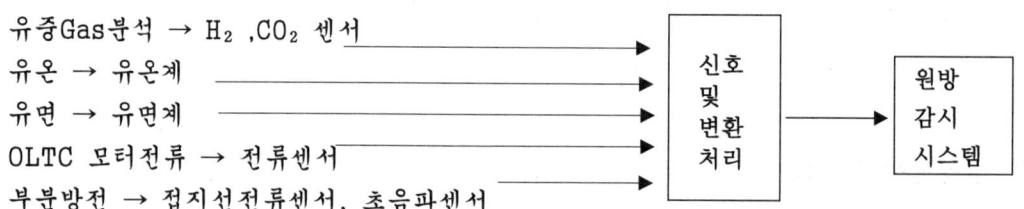

109-3-3 경관조명 설계절차

응16-109-3-3. 주요 거점도시 등에서는 그 지역을 대표하는 랜드마크형 건축물이나 테마공원 등이 증가하는 경향을 나타내고 있다. 이에 따라 필요한 경관조명에 대하여 관련 설계기준(국토해양부공고 '11.12)을 참조하여 (1)일반사항, (2)설계절차, (3)설계단계의 고려사항을 설명하시오.

 답

1. 경관조명 설계의 일반사항

1) 경관조명 연출방법으로는 수목연출, 물 및 분수의 연출, 산책로 연출, 휴식공간의 연출, 건축물 투광조명, 랜드마크 창출, 도로교량 연출 등으로 구분한다.
2) 경관조명의 설계시 고려할 사항은 다음과 같다.
   (1) 주변환경의 밝음
   (2) 대상물의 형상과 크기
   (3) 대상물의 표면의 재질 및 색
   (4) 보는 사람, 대상물, 조명기구의 위치 관계
   (5) 기대하는 조명효과
   (6) 대상물의 경년적 변화 및 자연상태와의 관계
   (7) 주간의 미관
   (8) 안정성과 보수성
   (9) 사용광원에 따른 조도조절
   (10) 주변환경조건
3) 지나친 광발산은 광공해를 야기할 수 있으므로 다음과 같은 광공해를 최소화한다.
   (1) 수평면 위쪽으로 상향하는 빛을 제한
   (2) 목표가 없는 조명광을 최소화
4) 다음과 같은 관련 법령을 참조한다.
   (1) 경관법   (2) 건축법
   (3) 하천법   (4) 도로법
   (5) 옥외광고물 등 관리법   (6) 문화예술진흥법
   (7) 지자체 옥외광고물 관리조례

2. 경관조명의 설계절차

단계	프로세스	내용
1)	경관계획 수립	야간경관 기본계획 수립
2)	경관조명 계획 확정	사업배경, 목적명확화 및 사업비 확보
3)	자료 조사	사업계획의 이해, 주변 빛 환경조사
4)	빛의 컨셉 결정	빛의 이미지 스케치
5)	조명방식 디자인	빛의 분위기 결정, 조도, 색온도, 휘도 계획
6)	조명기구 개략 배치	조명기구, 제어기 개략 배치 및 사양결정
7)	조명기구 최종 배치	조명기구 최종배치, 설치상세도 작성
8)	배선도 등 작성	배선도, 조명기구 상세도, 시방서 작성
9)	공사비예산내역서 작성	수량산출서 및 공사비 예산내역서 작성

3 설계단계시 고려사항

1) 조명기구 설치시 조명기구 설치 공간 확보와 주변환경 조건, 주간 경관의 미관, 대상물의 표면과 색 등을 고려하기 위하여 건축, 토목 등 관련 공정과 협의한다.
2) 배관배선은 제8장 전력간선설비에 따른다.
3) 조명광원 및 조명기구는 제6장 조명설비에 따르며, 고휘도 LED등기구, 콜드캐소드 기구, 지중 등기구, 투광 등기구, 특수 조명기구, 광섬유 조명 등을 사용한다.
4) 옥외용 조명기구는 IP65 이상의 방수 및 방습구조이어야 한다.

109-3-4 생체공학.me기기

응16-109-3-4. 최근 주목받고 있는 첨단 학문인 의용 생체공학의 필요성과 특성 및 생체 발전현상 계측에 대하여 설명하시오.

 답

1. 의용 생체공학의 개념
1) 의공학은 의학과 공학의 협동적 학문 분야로 공학적 원리와 방법을 의학 분야에 적용하거나 새로운 현상 및 사실을 탐구하는 것이다.
2) 이는 임상적 진료에까지 응용된다. 또한 생체 및 인체시스템의 원리를 공학에도 활용할 수 있으나 아직은 공학을 의학에 적용하는 것이 대부분이다.
3) 영어로는 Biomedical Eng., Medical Eng., Medical & Bio Eng. 등을 사용
4) 의용공학은 공학적 기술이 의학분야에 응용되는 것이며(CT, MRI등 진단장비등), 생체공학은 지식의 근원을 생체나 인체에서 찾는 것(인공재료, 생체기능 모의실험, 인공장기 등)이나, 개괄적으로 의용공공학은 생체공학을 큰 범주로 취급한다.
5) 분 류 : 생체신호처리, 의학 영상처리 및 분석, 의료기기, 인체 모델링 및 시뮬레이션, 생체역학, 생체재료, 재활공학, 인공장기, 의료정보, 진단보조 시스템 등

2. 의용 생체공학의 필요성
1) 의용생체공학은 임상적 진료의 과정에 필수적
2) 발생된 정보의 처리및 분석능력이 필요
3) 의학의 연구에 필요하다
   ① 임상적 경험과 지식을 바탕으로 새로운 진단 방법과 의료기기를 개발할 수 있으며,
   ② 인체의 기능을 대행해주는 인공장기 등의 개발을 주도할 수 있다.
   ③ 이러한 모든 분야가 바로 의용생체공학의 학문 분야에서 다루어지는 것이므로 의학의 발전에 능동적인 역할을 할 의학인에게는 의용생체공학은 필수적이라고 할 수 있다.

3. 특 성
1) 의공학에 사용되는 기기들은 피드백, 상호영향이 존재하여 고유의 가변적 특성이 있음
2) 인체에 사용하므로 고도의 안전성 요구됨
3) 측정 대상이 대부분 신체 내부이므로 고통 없어야 함

4) 측정되는 신호의 진폭이 작고 낮은 주파수 특성
5) 생체 시스템의 이물질에 대한 거부반응 고려
6) 생체 시스템의 변화에 대한 요인을 정확하게 파악하기 어려움
7) 측정 데이터의 수치화, 정보화가 어려움

4. 생체 발전현상 계측

1) 생체전극의 종류
   ① 표면전극 : metal-plate 전극, 흡착전극, 부유전극, flexible 전극, 건성전극
   ② 내부전극 : 표피 뚫고 삽입 또는 전자회로 이식하여 완전히 내부에 삽입
   ③ 미세전극 : 금속 미세전극, 금속지지 미세전극, micropipet electrode

2) 임상적 생체전위 : 심전도(ECG), 근전도(EMG), 뇌전도(EEG), 신경전도(ENG), 망막전도(ERG)

3) 생체발전현상에 대한 계측시스템
   ① 뇌활동의 전기생리학적인 계측기술로서 뇌파대신에 뇌의 자장을 계측하여 표시 하는 뇌자도를 이용한 계측시스템.
   ② 무구속 계측시스템 :
      ㉠ 생체현상 계측에서 각광을 받고 있는 센서응용 측정방법 이다.
      ㉡ 인체와 전선을 연결하지 않고 무선 통신수단을 이용하여 환자가 직장에서 근무를 하면서 또는 시내를 자유로이 걸어다니면서도 병의 상태에 대한 자료를 휴대용 기기에 저장할 수 있다.
   ③ symbol 적인 정보 또는 몸의 움직임 정보, 생체정보를 이용하는 시스템 여기서, 생체 정보를 이용하는 방법으 다음과 같이 개괄적으로 설명할 수 있다.
      ㉠ 수의적인 신호로서 근전신호(EMG)나 안구운동(EOG) 불수의적인 신호로써 심전도(ECG)나 뇌파(EEG)를 이용한 방법.
      ㉡ 인체에서 발생되는 신호로서 물리적인 동작을 수반하지 않는 순순한 정보적인 신호를 정보 시스템의 입력/제어 신호로 이용하는 방법
      ㉢ 이용될 수 있는 생체신호는 체내의 신경 임펄스의 전달에 수반되는 전위의 변화로 일반적으로 근육의 운동에서 생기는 근전신호(EMG), 안구 근육의 운동에 관계되는 안전신호(EOG) 등은 불수의적인 신호이다.
      ㉣ 또한 보다 순순한 정보적인 신호로써 뇌파(EEG) 등이 있다. 뇌파는 거의 불수의적인 신호이지만 훈련에 의하여 수의적으로 얻을 수도 있다.
      ㉤ 최근의 뇌파나 유발뇌파 신호의 처리방법도 주파수 성분분석 방법, 적응적인 필터에 의한 처리, 신경회로망에 의한 처리, 웨이브 렛(wavelet) 처리 등 다양하다.

109-3-5 LED 디밍

응16-109-3-5. 광원의 디밍(dimming)은 기능적 용도 외에 에너지 절감에 매우 효과적인 수단으로 주목을 받아왔다. 반도체 광원인 LED의 디밍 제어기술에 대하여 설명하시오.

 답

1. LED(Light Emitting Diode) 광원의 필요성
1) LED가 조명에 사용되기 시작하면서 종래와 다른 새로운 형태의 조명 기구와 새로운 사용 방식이 나타났고, 기존 조명에서 적용되던 상식이 깨어지는 일들이 많다.
2) 예를 들어 기존 조명에서 설치한 초기 조명은 늘 필요한 조도보다 높은 조도를 제공하고, 사용함에 따라 조도가 낮아지면 청소를 하거나 램프를 교환하는 것이 일반적이다.
3) 그러나 조광이 편리한 LED 조명에서는 초기부터 적절한 수준의 조광을 행하여 필요한 조도만을 정확히 제공하고, 사용함에 따라 효율이 저하하면 사용 전력을 높여주어 조도를 유지하는 방식으로 운영함으로써 더욱 큰 에너지 절약을 기대할 수 있다.

2. LED 광원의 요소별 특성

특성 요소	특성 요소 상세 내용
구조적 특성	기존의 광원과는 달리 작은 점광원으로, 유리 전극, 필라멘트 및 수은(Hg)을 사용하지 않아 견고하고, 수명이 길며, 환경친화적이다.
광학적 특성	• 선명한 단색광을 발광하여 연색성이 나쁘다. • 색을 필요로 하는 조명 기구에 적용 시 빛손실이 매우 작다. • 시인성이 우수하다. • 지향성 광원으로서 등기구 손실을 줄일 수 있다.
전기적 특성	• 특정 전압 이상에서 점등된다. • 점등 후 작은 전압 변화에도 민감하게 전류와 광도가 변화한다.

환경적 특성	• 온도 상승 시 허용 전류와 광출력이 감소하고 많은 열이 발생한다. • 주위 온도 및 동작 온도 변화에 대해 매우 민감하게 동특성이 변화한다. • 허용 이상의 전류가 흐를 경우 수명이 대폭 감소하고 성능이 저하한다. • 적절한 열처리 장치와 전류를 제어하는 구동 장치(ballst)가 필요하다. • 작고 견고한 구조(장수명), 단색광 발광과 높은 시인성 • 용이한 광 출력 제어와 빠른 응답, 큰 지향성(task lighting), UV·IR이 작다.

3. LED Dimming 제어 기술과 적용 [실제 시험장에서는 3번 내용만 기입해도 됨]

1) LED 광원의 조광 목적
   ① 조명 설비에서 광원의 광속을 센서에 의해 설정 조도에 맞게 조정하는 것이다.
   ② 조광 제어 효과
      ㉠ 조명 환경의 극적 효과를 증진한다.
      ㉡ 주변 분위기의 변화를 통한 주변 환경의 쾌적성이 증진된다.
      ㉢ 조명 전력의 에너지가 절감된다.
   ③ 조광 제어 시스템의 구성

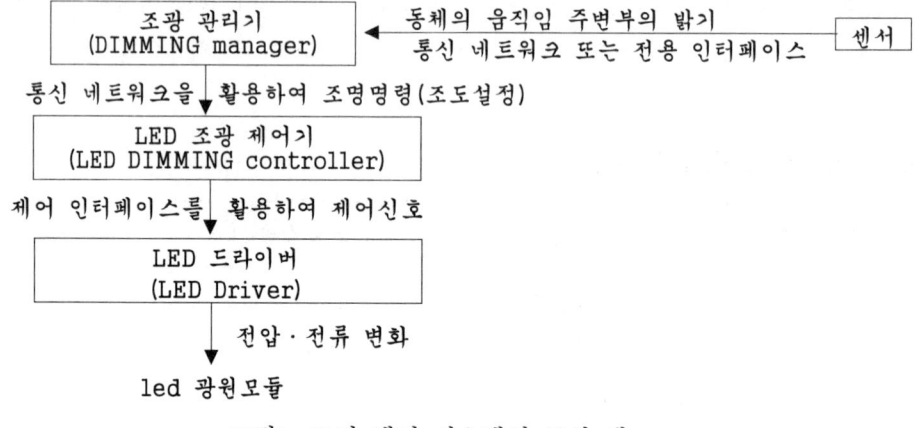

그림1. 조명 제어 시스템의 구성 예

2) 장치 독립 제어 방식
   ① 조명 기구별로 조광 제어 장치를 부착하고 외부 제어 장치의 도움 없이 독립적으로 조광 제어를 수행하는 방식이다.
   ② LED 모듈을 설치하고 스위치를 이용하여 On/Off를 조절하는 조명 기구의 경우 스위치가 조광 관리자 역할을 수행한다.

3) 지역 제어 방식
   ① 구역 조명 관리기 또는 지역 조명 관리기를 기반으로 다수의 LED 조명 기기를 연동하여 조명을 제어하는 방식이다.
   ② 조명 기기들 간의 연속적인 동작에 대한 제어가 필요한 경우 적용한다.
4) 중앙 집중 제어 방식
   ① 조광 관리기를 계층적으로 구성한 방식이다.
   ② 대규모 적용을 위해 조광 관리기를 구역(zone), 지역, 중앙 조광 관리기로 계층적으로 구분하여 구축한다.
   ③ 필요에 따라 지역 조광 관리기를 사용하지 않고 구역 및 중앙 관리기만으로 구성할 수도 있다.
   ④ 중앙 집중 제어 방식의 장점 : 조광 시스템의 전반적인 동작 상황을 한 곳에서 관리 및 모니터링을 한다.

4. 결론

1) LED 광원에서 전류의 세기에 따른 조도의 변화는 선형 비례 관계의 흐름으로 나타나 정비례 관계의 이상적인 형태와 유사하였다. 이는 조광 시 전력과 밝기의 변화가 서로 유사한 흐름을 가진다는 것이다.
2) LED 램프의 조광 제어는 타 광원에 비해 조광 제어가 용이하다는 장점이 있다. 그러나 전류의 경우에는 램프가 소등이 된 경우에도 일정하게 흐르고 있었다. 이는 기존 전압의 제어를 이용한 조광의 경우에도 일정하게 전력이 소비되고 있는 것으로 나타났다.
3) 효율적인 조광 제어와 에너지 소비의 절감을 위해서는 소등 상태에서는 전력 소비를 최소한으로 끌어내리는 기술이 필요하다.
4) 리모델링 현장의 LED 설치 후 조광 제어를 위해 적외선 통신이라는 무선 통신을 사용하므로 추가 제어 배선이 필요 없이 조광 제어를 할 수 있는 효과적인 방법으로 추천되고 있다.

109-3-6 최대수요전력 콘트롤기

응16-109-3-3-6. 수용가의 최대수요전력을 감시 또는 예측하여 목표전력을 초과할 우려가 있을 때에 부하를 제한하는 기능을 갖는 최대수요전력 관리장치(Demand Controller)의 동작원리에 대하여 설명하시오.

답

1. 개요
Demand Controller란 최대수요전력을 감시 제어하는 장치로써, 수요전력은 수요시간 內(15분)의 전력평균치 이며 최대수요전력은 측정기간(예 1개월) 中의 수요전력 최대치를 의미함.

2. Demand Controller의 기본구성과 기능
1) 기본구성

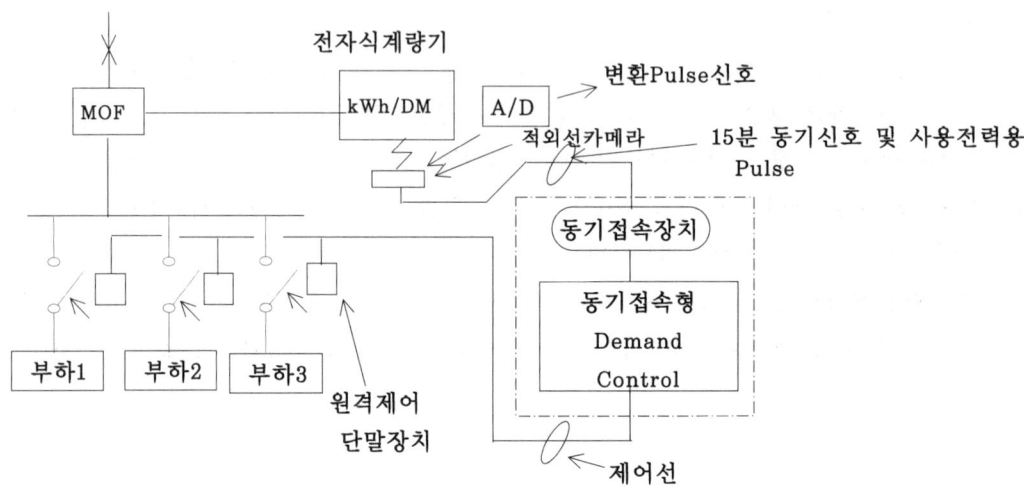

2) Demand 감시부의 기능(현 Demand값, 예측Demand 값 경보, 제어, 기록)
  (1) 전력량계로 보내지는 Pulse를 받아 연산 및 표시기능이 있음.
    ① 현재전력표시 ② 부하전력 ③ 예측전력표시 ④ 조정기능 전력표시
  (2) 경보기능이 있음

① 제1단 경보 : 주의경보로서 디멘드의 크기 및 예측 Demand 의 크기에 의한 것
   ② 제2단 경보 : 부하제어와 필요하게 된 시점의 경보 (조정전력 Pc〉차단전력 Pb)
   ③ 고부하경보 : 고부하 時 액션요청 경보, 6분간의 평균전력이 설정값 초과시 경보발생
   ④ 조정불능경보 : 모든 조정부하 차단에도 불구하고 再차단이 필요한 상태의 검출을 경보
   ⑤ 정전 및(복전)경보 : 복전시에 경보발생
 (3) 부하제어 기능이 있음 : Demand 제어부의 기능임
   즉, 예측Demand 가 목표값을 초과시 부하차단에 필요조건이 되면 조정용 부하를 차례로 자동차단하고 재투입 여유 발생 시 자동투입하는 기능
 (4) 기록기능
   ① 소형 Digital 프린터로 디멘드 관리에 필요한 데이터를 자동기록 함.
   ② 기록방식
     ㉠ event때 마다 혹은
     ㉡ 1일분 또는 1개월간 Data 기록저장 후 일정시간에 통한 기록
   ③ 기록의 내용 : ㉠ 시한종료시 ㉡ 경보발생시 ㉢ 부하제어시 ㉣ 일보 ㉤ 월보

3. Demand Controller의 도입효과

 1) 전력의 유효 이용기능
   ① 정밀한 부하조정을 자동적으로 할 수 있으므로 목표 또는 계약전력 범위 內 전력의 유효이용 기능
   ② 따라서 설비의 가동률의 높임(부하율 개선)
 2) 전력관리 : 에너지 수입비 절감, 환경보존, 에너지 공급합리화 기여
 3) 계약전력 증가의 억제
   ① 부하설비 증설 등으로 계약전력의 증가가 요구될 때 디멘드제어의 효과적인 운용으로 기설계약 內 사용가능
   ② 즉, 22.9kV로 공급계약전력을 40,000kW 초과시 최대수요전력 조절장치(Demand Controller)를 적용하여 검침되는 최대수요전력이 40,000kW 초과 안되게 하여 154kV 수전될 경우를 22.9kV로 수전할 수 있음을 의미함.
   ③ 따라서 전력요금의 증가를 최소화 시킴

4. Demand Controller의 동작원리

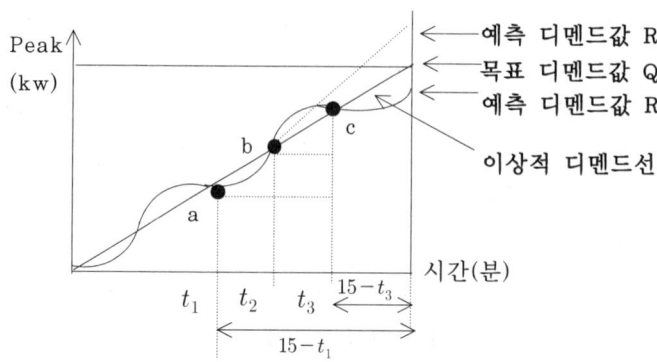

1) a점 : t_1(분) 후의 값 Demand $\frac{\Delta P}{\Delta t}$ 에 의해 시한종료시 Demand값 예측하면 R값 (목표Q초과, 경보송출)

2) b점 : t_2(분)까지 계속전력 사용시 b점에서 부하차단(정해진 순위에 의하여)

3) c점 : 부하차단후 t_3(분)까지 경과하면 이점의 $\frac{\Delta P}{\Delta t}$ 와 잔여시간으로 디멘드 예측하면 R`값임 → 목표값 Q미달 경보해제, 자동적 복귀

4) 예측 Demand값 R, 조정전력값 V 산출

   ① $R = P + \frac{\Delta P}{\Delta t}(15-t)$ [kW]   ② $V = (R, Q)\frac{15}{15-t}$ [kW]

   단, P : t분 시현Demand값 [kW],   t : 시한 개시후의 경과시간(分)
   ΔP : Δt分時 전력변화량[kW],   Q : 목표 Demand값[kW]

5. 실제 계통에서의 적용

1) 직접부하 관리방법 中의 부하관리 장치로 널리 이용됨.
2) 적용대상 부하
   ① 단시간 정지해도 제품 또는 서비스생산에 차질없는 부하
   ② 간헐가동설비
   ③ 자가 발전설비로 교체 가능한 설비
3) 문제점 : 설치공사비 과대
4) 향후전망
   ① 현재까지 SSM측면에서 부하관리를 위주하였으나, 투자재원 부족, 환경장해, 전원입지 확보 어려움이 있어 DSM 방안을 적극 활용해야 됨.
   ② 결과적으로 직접부하관리 방안중의 하나로서 좀더 안정적인 통신방식과 연계시켜 전력회사에서 Monitoring가능토록 제반 기구, 기계의 System的 연구, 확대보급에 노력해야 할 것임.

109-4-1 직류고속도차단기

응16-109-4-1. 직류 전기철도에서 고장발생 시 보호장치로 사용되는 직류 고속도 차단기의 특성 및 차단원리에 대하여 설명하시오.

 답

1. 직류고속도 차단기의 특성

1) 특성상 분류

종류	특성 및 차단시의 전류방향	용 도	비 고
정방향 고속도 차단기	정상전류와 동일방향의 과전류에 대하여 자동차단(Setting 치 이상의 과전류) P ──→))((── N ──→	급전용(54F), 정극용(54P), 부극용(54N), 필터장치, 인버터용 등으로 급전회로나 기기 등의 과전류보호에 사용	(범례) ──→ : 정상전류의 방향 ──▶ : 자동잡아 빼기가 되는 정방향 과전류 ◀── : 자동잡아 빼기가 되는 역전류 ◀┈┈ : 자동잡아 빼기가 되는 역방향 과전류
역방향 고속도 차단기	정상전류의 역방향 전류에 대한 차단(Setting치 이상의 과전류) P ──→))((── N ←──	정극용(54P), 부극용(54N)	
양방향 고속도 차단기	전류의 방향에 관계없이 Setting치 이상의 과전류가 흘렀을 때 자동차단 P ──→))((── N ┈→	급전타이포스트(Tie Post) 등의 상·하선 접속 차단기	

2) 동작 특성
   ① 선택특성 : 트립코일과 병렬로 유도분로 설치하여 정상전류가 분로코일에 흐르다가 돌진율이 클 때 트립코일 측의 전류를 증가시켜 차단됨
   ② 트립Free: 자기유지 코일의 여자전류에 의해 접촉자가 접촉·투입되어 있어도 회로 상 고장 지속 또는 과전류 발생시 즉시 차단 기능
   ③ 자기유지 : 변전소 내 단락사고 발생시 역방향 대전류가 급전 측으로 유입되는 경우 유지코일의 전류가 영(0)이 되어도 trip 되지 않음 →이때 수동개방하려면 유지코일 전류를 역방향으로 함
   ④ 역방향고속도 차단기의 오동작: 유지코일과 트립코일 자속이 쇄교하지 않도록 함
   ⑤ 소전류 차단: 소호코일방식에서는 소전류 차단이 곤란하여 공기소호방식 병용

2. 직류고속도 차단기의 차단원리

1) 직류고속도 차단기의 고장전류차단 원리

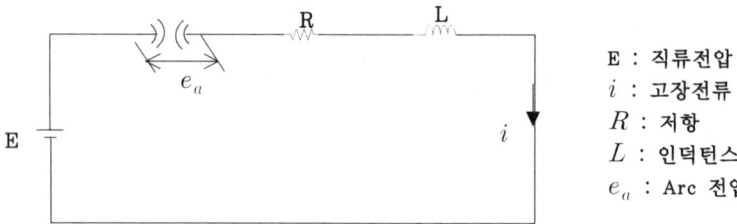

그림 1. 직류고속도차단기 차단원리

(1) 아크 차단시 이론
   ① 직류회로 차단시 아크발생 회로
      ㉠ 전압평형방정식 : $E = L\dfrac{di}{dt} + R \cdot i + e_a$

      ㉡ 식의 조건에서 차단되려면 $-L\dfrac{di}{dt} = e_a - (E - R \cdot i)$

      아크전압 e_a는 $E - R \cdot i$보다 커야 한다(즉, [$e_a > (E - R \cdot i)$])
   ② 차단완료 시 전류가 영(0)부근에서 아크전압은 반드시 급전전압 "E"보다 커야 전류가 차단 됨 [돌진률=돌입률]
   ③ 사고전류(단락전류) 의 전류상승율은 사고순간인 t=0에서 최대가 되며, 초기 최대상승율은 $(\dfrac{di}{dt})_{t=0} = \dfrac{E}{L}$이고, 이때 $\dfrac{di}{dt}$를 고속도 차단기의 돌진율이라 함
   ④ 이때, 돌진율과 시정수 $\tau \left(= \dfrac{L}{R}\right)$는 $(\dfrac{di}{dt})_{t=0} = \dfrac{E}{L} = \dfrac{I}{\tau} = \alpha \triangle I$, $a = \dfrac{1}{\tau}$

(2) 차단시 사고전류 감소이론

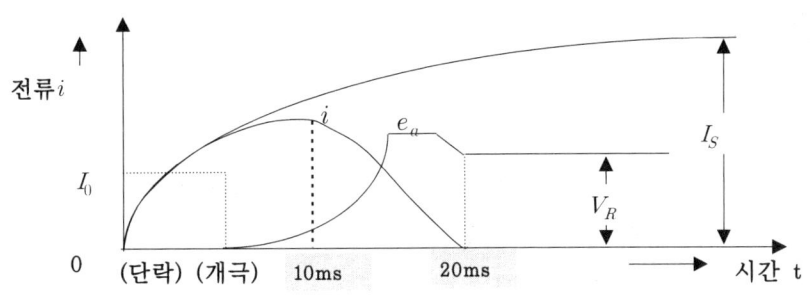

그림2. 직류고속도 차단기 차단전류 감소곡선

① 단락시 전류(i)와 접점간 아크전압(e_a)은 그림과 같고

② 단락전류 $i = \frac{E}{R}(1 - e^{-\frac{R}{L}t})$로 급증하다 약 10[ms]정도에서 급감

③ 사고전류가 추정 단락전류 최대값(I_S)가 되기 전에 약 20[ms] 차단 완료됨

2) 차단동작
① 자기유지 코일에 전원(DC 110[V])투입→전자력 발생→전극자 흡인→접촉자가 폐로
② 트립코일에 주회로 전류가 흐르면 미흡인력을 상쇄하는 방향의 기자력을 발생하고 Setting값을 초과하면 흡인력 감쇄→개방스프링에 의해 접촉자가 고속도 개방
③ 트립coil과 병렬로 유도분로를 설치하여 사고전류를 선택 차단함
④ 조정눈금 나사는 자기유지 철심의 자기저항을 변화시킬 수 있으면 자기기자력을 변화시킬 수 있어 고속도차단기의 동작값을 조정함
⑤ 접촉자 개방 시 발생한 아크전류는 소호장치, 소호코일에 의해 소멸

109-4-2 2차전지 기준 정리분

응16-109-4-2. 이차전지를 이용한 전기저장장치의 시설기준에 대하여 다음 사항을 설명하시오
    1) 적용범위 및 일반 요건
    2) 계측장치 등의 시설
    3) 제어 및 보호장치의 시설
    4) 계통연계용 보호장치 시설 (전16-109-4-4)

 답

1. 적용범위
1) 이차전지를 이용하여 전기를 저장하고 필요시 저장한 전기를 배전계통 또는 부하에 공급하는 전기저장장치를 시설하는 장소에 적용한다.
2) 전기저장장치를 시설하는 경우에는 인체 감전, 화재 그 밖에 사람에게 위해를 주 거나 다른 전기설비에 지장을 주지 않도록 시설하여야 한다.
3) 전기저장장치는 사용 목적에 따라 전기를 안정적으로 저장하고 공급할 수 있도록 적절한 보호 및 제어장치를 갖추고 폭발의 우려가 없도록 시설하여야 한다.

2. 일반 요건
이차전지를 이용한 전기저장장치는 다음 각 호에 따라 시설하여야 한다.
1) 충전부분이 노출되지 않도록 시설하고, 금속제의 외함 및 이차전지의 지지대는 기계기구의 철대, 금속제 외함 및 금속프레임 등의 접지규정에 따라 접지공사를 할 것
2) 이차전지를 시설하는 장소는 폭발성 가스의 축적을 방지하기 위한 환기시설을 갖추고 적정한 온도와 습도를 유지할 것.
3) 이차전지를 시설하는 장소는 보수점검을 위한 충분한 작업공간을 확보하고 조명설비를 시설할 것.
4) 이차전지의 지지물은 부식성 가스 또는 용액에 의하여 부식되지 아니하도록 하고 적재하중 또는 지진 등 기타 진동과 충격에 대하여 안전한 구조일 것.
5) 침수의 우려가 없는 곳에 시설할 것.

3. 제어 및 보호장치의 시설 (제296조)

1) 전기저장장치가 비상용 예비전원 용도를 겸하는 경우에는 비상용부하에 전기를 안정적으로 공급할 수 있는 시설을 갖추어야 한다.
2) 전기저장장치의 접속점에는 쉽게 개폐할 수 있는 곳에 개방상태를 육안으로 확인 할 수 있는 전용의 개폐기를 시설하여야 한다.
3) 전기저장장치의 이차전지에는 다음 각 호에 따라 자동적으로 전로로부터 차단하는 장치를 시설하여야 한다.
   ① 과전압 또는 과전류가 발생한 경우
   ② 제어장치에 이상이 발생한 경우
   ③ 이차전지 모듈의 내부 온도가 급격히 상승할 경우
4) 직류 전로에 과전류차단기를 설치하는 경우 직류 단락 전류를 차단하는 능력을 가지는 것이어야 하고 "직류용" 표시를 하여야 한다.
5) 직류전로에는 지락이 생겼을 때에 자동적으로 전로를 차단하는 장치를 시설할 것.

4. 계측장치 등의 시설

1) 전기저장장치를 시설하는 곳에는 다음 각 호의 사항을 계측하는 장치를 시설할 것
   ① 이차전지 집합체의 출력 단자의 전압, 전류, 전력 및 충·방전 상태
   ② 주요변압기의 전압, 전류 및 전력
2) 발전소·변전소 또는 이에 준하는 장소에 전기저장장치를 시설하는 경우 전로가 차단되었을 때에 관리자가 확인할 수 있도록 경보 장치를 시설하여야 한다.

5. 계통연계용 보호장치 시설 (제283조)

1) 계통 연계하는 분산형 전원을 설치하는 경우 다음 각 호의 1에 해당하는 이상 또는 고장 발생시 자동적으로 분산형 전원을 전력계통으로부터 분리하기 위한 장치 시설 및 해당 계통과의 보호협조를 실시하여야 한다.
   ① 분산형전원의 이상 또는 고장
   ② 연계한 전력계통의 이상 또는 고장
   ③ 단독운전 상태

2) 연계한 전력계통의 이상 또는 고장 발생시 분산형전원의 분리 시점은 해당 계통의 재폐로 시점 이전이어야 하며, 이상 발생 후 해당 계통의 전압 및 주파수가 정상 범위 내에 들어올 때까지 계통과의 분리상태를 유지하는 등 연계한 계통의 재폐로 방식과 협조를 이루어야 한다.

3) 단순 병렬운전 분산형전원의 경우에는 역전력 계전기를 설치한다.
   단, 신·재생에너지를 이용하여 전기를 생산하는 용량 50 kW이하의 소규모 분산형전원 (단, 해당 구내계통 내의 전기사용 부하의 수전 계약전력이 분산형전원 용량을 초과 하는 경우에 한한다)으로서 제1항 제3호에 의한 단독운전 방지기능을 가진 것을 단순 병렬로 연계하는 경우에는 역전력 계전기 설치를 생략할 수 있다.

109-4-3 전기건조

응16-109-4-3. 물체에 전력을 공급하여 물질에 함유된 수분을 증발시켜 산업현장에서 응용되고 있는 전기 건조의 원리, 특징 및 적용분야에 대하여 설명하시오.

 답

1. 발열원리(건조원리)
적외선 전구 또는 비금속 발열체에서 복사되는 열을 피열체의 표면에 조사하여 가열하는 방식이다

2. 적외선 전구
1) 방사에너지를 가열물에 집중시키기 위해 유리구를 특수형으로 하고, 유리구 내면을 반사경으로 함.
2) 필라멘트의 온도는 2,200~2500[K], 파장은 1~4[μ m]
3) 방사에너지와 온도[K]와의 관계는 스테판볼츠만의 법칙에 의함
   ① $E = \phi \varepsilon \sigma T^4$, 단, ϕ: 형태계수
   ② 단, $\sigma = 5.73 \times 10^{-12} [W/cm^2 \cdot K^4]$: 스테판-볼츠만의 상수
   T : 절대온도[K]. ε : 방사효율, 복사능(= 최대방사에너지에 대한 실제 방사에너지의 비)

3. 특성
1) 신속하고 효율이 좋으며, 표면가열이 가능함
2) 조작이 간단, 온도조절 용이, 시간 지연이 매우 적다
3) 설비비가 저렴하고, 소요되는 면적이 적어도 가능함
4) 구조는 적외선전구를 배열하는 것으로서, 매우 간단함
5) 가열된 물체의 온도방사를 이용하는 것으로 주로 저온에 사용되고 고온을 얻기는 어렵다

4. 용도(적용분야)
1) 페인트 도장 후의 건조: 자동차 기타 차량의 공업, 전기 기계 기구 등의 금속제품의 건조
2) 섬유공업에서의 응용 : 방직사의 예비건조, 염색, 직물의 수지 가공 후의 건조
3) 도자기의 건조
4) 인쇄 잉크의 건조 : 40[℃] 정도로 조사하여 건조
5) 식품가공, 난방용 적외선 히터 등에 사용된다.

109-4-4 고조파

응16-109-4-4. 반도체를 사용한 전력변환장치 등과 같이 비선형 특성을 갖는 부하에 정현파 전압을 인가하면 흐르는 전류는 일반적으로 고조파가 함유되어 왜형파가 된다. 왜형파에 의한 총고조파 왜형률(THD)을 정의하고 배전계통에서의 고조파 저감대책에 대해 설명하시오.

답

1. 개요[정의 및 고조파 허용치]

1) 정의 : 고조파(harmonics)란 기본파의 정수배를 갖는 전압, 전류를 말하며 일반적으로 50조파 까지임, 그 이상은 고주파(high Frequency) 혹은 noise로 구분 됨

2) 전력계통에서 논의되는 고조파는 제5조파에서 37조파 까지임

3) 전기공급 규정上 고조파 허용치

① THD란 식 같이 고조파 전압 실효치와 기본파 실효치의 비로써 백분율로 나타내며, 고조파 발생의 정도를 나타내는데 사용됨. $V_{THD} = \dfrac{\sqrt{\sum_{n=2}^{n} V_n^2}}{V_1}$, 여기서, V1: 기본파 전압, V2, V3, V4 · Vn: 2,3차 · · · · n차 고조파 전압

② 등가방해전류(EDC: Equivalent Disturbing Current)란 전력계통에서 발생한 고조파 전류가 인접한 통신선에 영향을 주는 고조파 전류의 한계를 말하며, 그 표현식은 .
$EDC = \sqrt{\sum_{n=1}^{\infty}(S_n^2 \times I_n^2)}$ 여기서, Sn: 통신유도계수, In: 영상고조파 전류

전압	계통	지중선로가 있는 S/S에서 공급하는 고객		가공선로가 있는 S/S에서 공급하는 고객	
	항목	전압왜형률(%)	등가방해전류(A)	전압왜형률(%)	등가방해전류(A)
66kV 이하		5.0이하	–	3.0이하	–
154kV 이상		3.0이하	3.8이하	1.5이하	–

4) 고조파 전류의 크기 : $I_n = K_n \dfrac{I_1}{n}$.

　단. K_n: 고조파 저감계수. I_1 : 기본파 전류. n :발생고조파 차수

2. 고조파 발생원인

1) 변환장치 (주원인) : 변환장치 (정류기, 인버터)內의 전력전자에 의한 고조파는 2차 부하측의 DC,AC 변환시 구형파가 전원으로 유입되어서 발생
2) Arc로: 3상단락, 2상단락, Arc 끊김과 같은 극단적인 변동의 Arc로 사용이 반복時 발생되며, 제3조파가 현저하며, 변압기를 Δ결선해도 흡수되지 않음
3) 회전기: 회전기 內의 slot에 의한 slot harmonics라 하며, 고차조파가 主가 되며 발생량은 小
4) 변압기: 변압기의 자화특성 (히스테리시스 현상)으로 여자전류에 고조파가 발생되며 (3,5조파)특히 변압기 최초투입 및 재투입시 과도돌입전류(제2고조파가 가장 많음) 의해 일시적으로 발생함. 이중 제3조파는 Tr內에 Δ결선을 두어 흡수시킨다.
5) 과도현상: 전압의 순시동요, 계통 surge, 개폐surge 등에 의한 일시적 현상에 의해 발생
6) X_C와 X_L의 공진 : 직접적인 발생원인은 아니나, X_C와 X_L의 직·병렬 공진시 전력용 콘덴서로 유입된 고조파의 확대 현상 초래
7) 송전선의 코로나: 전선의 전위경도 교류 21KV/Cm이상시 코로나 발생되며, 교류전압의 반 파마다 전압의 최대치 부근에서 고조파 발생
8) 일반전기 사업자 측의 송출전압이 규정전압보다 과할 경우

3. 고조파에 의한 주요한 영향 및 현상

영 향 요 인		주 요 현 상	
고조파에 의한 과전류	전류 실효값 증대	저항, 유전손실 증가	기기 과열
	전류 증대	철손증가, 이상음, 진동	
고조파에 의한 전압파형 변형	등가회로 위상 변형	싸이리스터, 트라이액(TRIAC)등의 위상제어 오동작 or 불안정	
	전압파고 값 저하	전압부족으로 인한 오동작, 부동작	
고조파에 의한 유도피해	유도노이즈	전자회로 오동작, 잡음	

4. 대 책(계통측, 수용가 측, 피보호기기에 있어 고조파 대책)

1) 계통 측 대책

①단락용량증대: SCR(Short Current Ratio)을 높여 허용기준강화(IEEE519) 및 굵은 전선을 사용하여 저항과 리액턴스를 저감시킴.
②공급선로전용화: 타기기에 영향 최소화
③계통절체: 선로정수 변경-> 계통공진 회피
④배전선 선간 전압의 평형화: 정류기에 공급전원의 불평형 될 경우는 제3조파 발생이 크므로 정류기용 배전선로 선간전압을 평형화 시킴.
⑤HVDC 적용시 다 펄스변환장치를 적용함(6펄스 방식보다는 12펄스 방식 적용)
　(예: 제주↔육지(해남)간 101km, 181kV ,150MW×2회선)

2)수용가 측의 대책

①변환기의 多펄스화: 고조파 전규 크기($I_n = k_n \dfrac{I_1}{n}$)는 n에 반비례
즉, 펄스수를 늘려 고조파 저감
②PWM방식 채택: Power Transistor등의 소자를 사용하여 인버터, 컨버터의 입출력 파형을 다수의 펄스로 변환하여 사용
③변압기의 △결선: 제3고조파를 델타결선 내에서 순환시켜, 고조파 에너지를 열로서 감소시킴. 단, 용량의 여유를 15% 이상 감안하여 변압기용량 선정
④ACL,DCL설치: 인버터의 AC, DC측에 리액터를 설치, 콘덴서에 의한 전류 피크 값 완화 효과(단, 리액터 클수록 효과, 전압강화)
⑤위상변위: 변압기 2대를 각각 △,Y결선 시 위상차 $30°$발생 → 5,7조파 상쇄

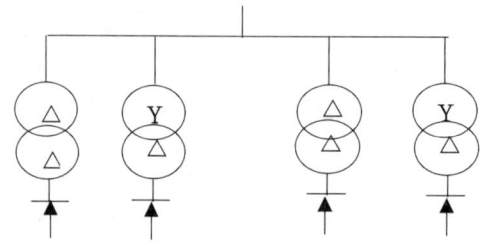

그림2. 위상변위

⑥Active Filter 설치:
　㉠그림1 같이 기본파와 구형파가 혼합된 선로에 그림4과 같이 인버터 기술을 응용하여 CT 및 PT를 통해 고조파 성분을 검출, 역위상 보상전류를 고조파 인버터로 발생시켜 고조파를 상쇄시킴,
　㉡특정차수 고조파저감가능, 역율보상
　㉢ 기본파와 비선형부하(고조파 발생부하)의 파형과 보상된 전류 파형

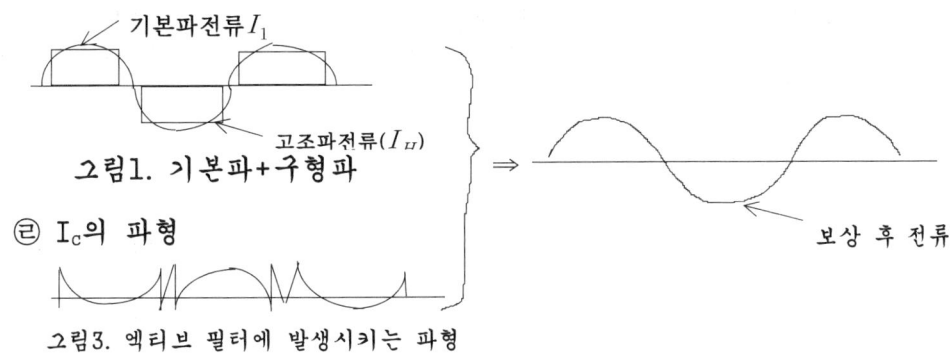

그림1. 기본파+구형파

ⓔ I_c의 파형

그림3. 엑티브 필터에 발생시키는 파형

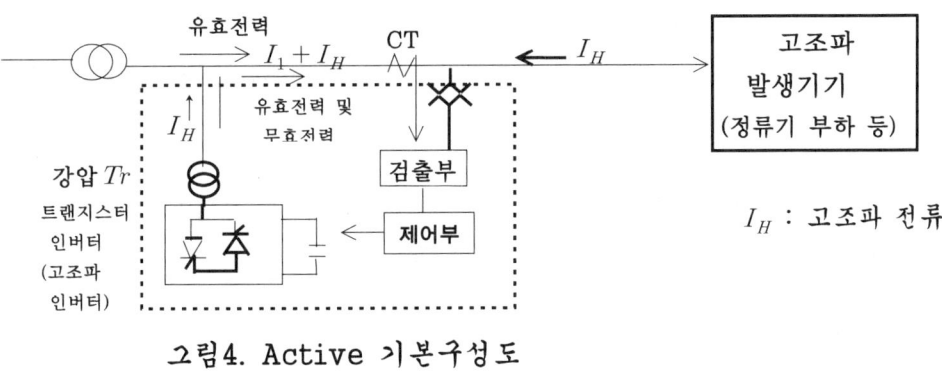

그림4. Active 기본구성도

I_H : 고조파 전류

⑦ Passive Filter

　㉠ LC필터는 특정고조파 성분에 대하여 저임피던스로 되어 고조파 전류를 끌어 들임으로써 전원 측의 고조파 양을 줄임.

　㉡ 용량 과부족시 공진우려 있음.

　㉢ 구성간단, 취급 및 보수용이, 특정주파수에는 큰 효과가 있으나, 분로를 만들지 않는 주파수의 개선효과는 적다.

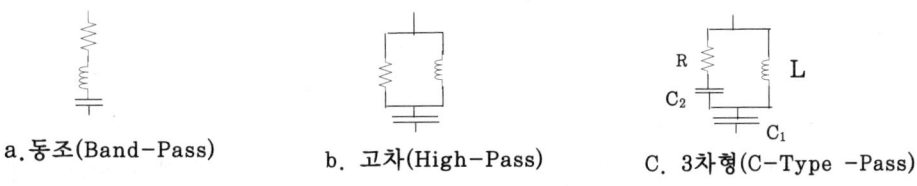

a. 동조(Band-Pass)   b. 고차(High-Pass)   C. 3차형(C-Type -Pass)

그림5. Passive Filter

〈표2〉 액티브필터와 수동필터 비교

구분	액티브필터	수동필터
억제 고조파 차수	임의 복수차수조파 억제가능	각 차수 고조파마다 설치
과부하보호 (고조파 발생량 증가시)	과부하 되지 않음	과부하됨
계통임피던스 영향	없음	있음(반공진(反共振)에 의한 고조파 확대)
기본파 무효분 조정가능	제어방식에 따라 가능	있음(고정)
용적	100% ~ 200%	100%
증설	용이	필터간 협조고려
손실	용량의 8~10%	용량의 1~2%
가격	300~700%	100%

3) 피보호기기에 있어 고조파 대책
   ① 직렬리액터 설치: 전력용 콘덴서에 적정용량의 직렬리액터(유도성으로 조정) 하고, 기기자체 내량 강화(JIS개정, 98년)
   ② 변압기 설계시 "K"factor 개념 적용 :
      K-factor란 비선형부하들에 의한 고조파 영향에 대하여 변압기가 과열현상 없이 안정적으로 공급할 수 있는 능력(ANSI C57,110)
   ③ 용량증대: 고조파전류에 견딜 수 있도록 자체 내량증대
   ④ 중성선NCE(Neutral Current Eliminator)설치:
      NCE는 일종의 Zig-Zag결선으로 영상분에 대하여 임피던스를 낮게 하여 영상분은 NCE를 통해 순화되고, 정상, 역상분은 통과시킴.

●● 고조파 저감 대책 요약 ●●

계통측 대책	발생기기 대책	피보호기기 대책
- 단락용량 증대 - 공급선로 전용화 - 계통절체 - 위상변위(Phase Shift) - Active Filter - Passive Filter	- 변환기의 다펄스화 - PWM 방식도입 - 인버터 등에 리액터설치 (ACL,DCL)설치 - IGBT	- 직렬Reactor 설치 - "K" factor적용 - 용량증대 - 중성선 NCE 적용

109-4-5 신재생에너지

응16-109-4-5. 신재생에너지를 신에너지와 재생에너지로 구분한 후, 각각에 대한 원리 및 특징을 설명하시오.

 답

1. 신에너지설비(3가지)

1-1. 신에너지의 종류
- 정의 : 신에너지란 기존의 화석연료를 변환시켜 이용하거나 수소·산소 등의 화학반응을 통하여 전기 또는 열을 이용하는 에너지
1) 수소에너지 설비: 물이나 그 밖에 연료를 변환시켜 수소를 생산하거나 이용하는 설비
2) 연료전지 설비: 수소와 산소의 전기화학 반응을 통하여 전기 또는 열을 생산하는 설비
3) 석탄을 액화·가스화한 에너지 및 중질잔사유(重質殘渣油)를 가스화한 에너지 설비 : 석탄 및 중질잔사유의 저급연료를 액화 또는 가스화시켜 전기 또는 열을 생산하는 설비

1-2. 신에너지의 종류 별 특성
1) 연료전지 설비의 특성
   ① 수소(천연가스,메탄올)와 산소의 화학에너지를 전기에너지화 개질기, 스택 및 전력변환 장치로 구성
   ② 공해배출이 없고 청정에너지 시스템 효율이 높고, 단기간 건설
2) 석탄을 액화·가스화한 에너지 및 중질잔사유를 가스화한 에너지 설비의 특성
   : 저급연료로 고부가가치화, 발전효율 40~60%, SOx, NOx, CO2 저감 환경친화형에너지
3) 수소에너지 설비의 특성
   ① 핵분열, 핵융합 및 태양에너지에 의한 물의 電氣分解, 熱分解, 光分解에 의해, 또한 석탄, 천연가스 등에서 발생되는 수소를 이용하여 각종 연료나 원료에 사용하는 거의 무한대의 에너지원임
   ② 실용화를 위해서는 막대한 제조비용과 안전성 확보가 문제됨
   ③ 화석연료에 의존하지 않는 에너지

④ 연소 후에 물이 되는 무공해 에너지
⑤ 수송과 저장이 간편하고, 기계적 에너지로의 전환이 용이

2. 재생에너지 설비(9가지)의 종류 및 특성
○ 정의 : 햇빛·물·지열(地熱)·강수(降水)·생물유기체 등을 포함하는 재생 가능한 에너지를 변환시켜 이용하는 에너지

1) 태양에너지 설비
   ① 태양열 설비: 태양의 열에너지를 변환시켜 전기를 생산하거나 에너지원으로 이용하는 설비
   ② 태양광 설비: 태양의 빛에너지를 변환시켜 전기를 생산하거나 채광(採光)에 이용하는 설비
   ③ 태양광 발전의 특징
      ㉠ 태양광 에너지는 빛에너지를 전기에너지로 직접변환하여 이용하므로 청정하고 무한한 미래에너지원
      ㉡ 시스템 구성이 간편하여 단시간에 설치가 가능하며, 전력생산과 소비가 인접한 장소에서 이루어지므로 송배전손실이 적음
   ④ 태양열 발전의 특징: 태양열에너지는 집열온도에 따라 저온분야, 중고온분야로 분류하며 저온분야는 건물의 냉·난방 및 급탕 등에 이용되고 중·고온 분야는 산업공정열 및 열발전 등에 이용함

2) 풍력 설비:
   ① 바람의 에너지를 변환시켜 전기를 생산하는 설비
   ② 특 징
      ○ 풍력 발전은 자연상태의 에너지를 전기에너지로 직접변환하여 이용하므로 청정하고 무한한 에너지이며 신·재생에너지원 중 경제성이 우수한 미래 에너지원 임
      ○ 산간이나, 해안오지 및 방조제 등 부지를 활용함으로서 국토이용효율을 높일 수 있음

3) 수력 설비: 물의 유동(流動) 에너지를 변환시켜 전기를 생산하는 설비

4) 해양에너지 설비: 해양의 조수, 파도, 해류, 온도차 등을 변환시켜 전기 또는 열을 생산하는 설비

5) 지열에너지 설비: 물, 지하수 및 지하의 열 등의 온도차를 변환시켜 에너지를 생산하는 설비

6) 바이오에너지 설비: 「신에너지 및 재생에너지 개발·이용·보급 촉진법 시행령」 별표 1의 바이오에너지를 생산하거나 이를 에너지원으로 이용하는 설비

7) 폐기물에너지 설비: 폐기물을 변환시켜 연료 및 에너지를 생산하는 설비

8) 전력저장 설비: 신에너지 및 재생에너지를 이용하여 전기를 생산하는 설비와 연계된 전력저장 설비

9) 수열에너지 :
   ① 수열에너지는 자연 상태에 존재하는 에너지원으로써 부존량이 무한하므로 대규모의 열 수요를 충족시킬 수 있음
   ② 수열 냉·난방 시스템은 열을 이용할 때, 연료의 연소 과정이 필요 없으므로 친환경적
   ③ 수심 100~200m 이상, 5℃ 이하의 차가운 해수를 이용할 경우 직접 열교환에 의한 냉방, 해저에서 분출되는 열수를 이용할 경우 직접 열교환에 의한 난방이 가능하다.

Chapter 3. 기출 전기응용기술사 (109회부터 113회 해석분)

109-4-6 빅데이타

응16-109-4-6. 최근 전력, 에너지 분야 등 공공분야의 빅데이터를 활용한 효율화를 바탕으로 국가의 경쟁력 강화에 대한 기대가 높아지고 있다. 그 기반이 되는 빅데이터의 특성과 오픈소스 빅데이터 기술에 관하여 설명하시오.

 답

1. 빅데이터의 개념
1) 빅데이터는 일반적인 데이터베이스, 소프트웨어로 관리가 어려운 대용량의 데이터를 의미하며,
2) 빅데이터(Big Data)'란 기존의 관리 및 분석 체계로는 감당할 수 없을 정도의 거대한 데이터의 집합을 지칭
3) 최근에는 대용량 데이터를 수집, 저장, 플랫폼, 분석기법 등을 포괄하는 용어로 변화하고 있음
4) 빅데이터 분석 : 빅데이터에서 분석(analytics)이란 사물을 이해하는데 필요한 광의의 분석이나 데이터의 단순 조회와 단순 리포팅의 생산 과정이 아닌, 데이터에 근간한 통계분석, 트렌드 예측, 최적화 등이 여기에 해당함

2. 빅데이터의 특성
1) 불확실성에 대한 통찰력 제공
    : 사회현상을 기반으로 분석하고 여러 가능성에 대한 시나리오 시뮬레이션과 다각적인 상황이 고려된 통찰력을 제시하고 있다.
2) 리스크에 대한 대응력을 제공
    : 빅데이터는 환경, 소셜, 모니터링 정보의 패턴분석을 통하여 위험징후, 이상신호를 포착하여 빠른 의사결정 결정과 실시간 대응지원을 하고 있으며, 기업과 국가경영의 투명성을 제고하여 낭비요소를 절감하게 된다.
3) AI 인공지능에 대하여 경쟁력을 제공함
    : 주로 대규모 데이터 분석을 통한 상황인지, 인공지능 서비스 등이 가능하도록 하고 있으며 트랜드 변화분석을 통한 제품경쟁력을 확보할 수 있음

4) 융합시장의 창출
: 융합에 창조력을 제공하며, 인과관계 및 상관관계가 복잡한 컨버젼스 분야의 데이터 분석으로 인정성을 향상시키고, 시행착오의 최소화, 방대한 데이터 활용한 통한 새로운 융합시장의 창출이 가능케 한다
5) 빅데이터 동향이 아래와 같이 발전적임
   (1) 분석동향
      ① Advanced Analytics(고급분석)은 빅데이터를 활용해서 추구하는 가치는 현재 있는 현상을 잘 묘사하는 것을 넘어서 예측 및 최적화를 수행할 수 있는단계로 발전하고 있음
      ② 빅데이터는 데이터의 양적인 의미로 쓰였던 Big의 개념은 다양성, 속도, 가치를 포괄하는 개념으로 확산됨
      ③ 요즘의 빅데이터는 인프라가 아닌 실 활용에 대한 의미로 진화함
   (2) 빅데이터의 시장 동향
      ① 현재 빅데이터 산업은 시장 성장주기 측면에서 태동기에 위치해 있으며,
      ② 빅데이터 분석을 필요로 하는 수요분야 확대에 따라 매우 높은 성장률을 보일 것으로 예상됨

3. 오픈소스 빅데이터 기술

1) 잠재력이 큰 오픈소스 빅데이터 요소 기술의 등장
   ① 오픈소스 빅데이터 요소 기술의 정의
      : 하둡이나 맵리듀스의 한계를 넘어 실시간, 양방향 처리에 초점을 맞추는 특징을 가지는 기존의 빅데이터 기술들을 대체할 것으로 기대되는 기술
   ② 오픈소스 빅데이터 요소 기술의 주목 이유
      ㉠ 실시간, 양방향 처리
      ㉡ 데이터의 시각화가 강조
      ㉢ 직관적인 빅데이터 기술 모색
      ㉣ 그래프 접근 방식의 필요
2) 9가지 오픈소스 빅 데이터 기술
   갈수록 많은 기업들이 더 많은 데이터를 축적하며 경쟁력 향상을 꾀하고 있다. 그리고 이와 같은 빅 데이터 열풍의 중심에는 오픈소스 기술이 자리 잡고 있다.
   (1) 아파치 하둡
      데이터 집약적 분산형 애플리케이션(data-intensive distributed application)용 오픈소스 소프트웨어 프레임워크인 아파치 하둡은 본래 당시 야후에서 일하던 더그 커팅이

작업 중인 오픈소스 웹 검색 엔진 넛치(Nutch)를 지원할 목적으로 개발한 것이다. 당시 넛치를 개발 중이던 커팅은 복수의 컴퓨터를 연결해 처리하기 위해 맵리듀스 기능과 분산 파일 시스템. 맵리듀스를 통해 하둡은 빅 데이터를 분할한 뒤 다수의 노드(node)에서 병렬로 처리한다. 현재 하둡은 빅 데이터를 구성하는 정형, 반정형, 비정형 데이터를 저장하는 가장 대중적인 테크놀로지 이다.

(2) R

R은 오픈소스 프로그래밍 언어이자 통계적 컴퓨팅과 가상화를 지원하는 소프트웨어 환경이다. R의 상용 버전은 레드햇이 리눅스를 지원하는 방식과 유사한 서비스와 지원 모델을 추구하는 레볼루션 애널리틱스(Revolution Analytics)로 배포되고 있다.

(3) 캐스케이딩

캐스케이딩(Cascading)은 하둡용 오픈소스 소프트웨어 추상화 계층(abstraction layer)으로, 사용자들이 JVM 기반 언어를 활용해 하둡 클러스터에서 데이터 프로세싱 워크플로(data processing workflow)를 제작, 실행할 수 있도록 지원한다. 캐스케이딩의 장점은 맵리듀스 작업 근간의 복잡성을 숨겨준다는데 있다. 캐스케이딩의 개발자 크리스 웬슬은 이를 맵리듀스의 대안 API라 소개한다. 이는 광고 타겟팅(ad targeting)이나 로그 파일(log file) 분석, 생물정보학, 기기 학습, 예측적 애널리틱스, 웹 컨텐츠 마이닝(Web contents mining), ETL 애플리케이션 등에 주로 사용된다. 캐스케이딩의 상용 버전은 캐스케이딩의 개발자 웬슬이 설립한 컨커런트(Concurrent)이 지원하고 있다. 캐스케이딩을 도입한 기업들로는 트위터, 엣시(Etsy) 등이 있다. 캐스케이딩은 GNU 제너럴 퍼블릭 라이선스로 이용 가능하다.

(4) 스크라이브

스크라이브(Scribe)는 페이스북이 개발한 서버로, 2008년부터 사용되기 시작했다. 이는 여러 서버들에서 실시간으로 스트림되는 로그 데이터를 종합하는 역할을 한다. 페이스북의 자체 스케일링(scaling) 작업을 위해 설계된 스크라이브는 현재 매일 수백 억 건의 메시지를 처리하고 있다. 스크라이브는 아파치 라이선스 2.0에서 이용 가능하다.

(5) 엘라스틱서치

개발자 셰이 바논이 아파치 루씬(Apach Lucene)에 기반해 제작한 엘라스틱서치(ElasticSearch)는 분산형 레스트풀(RESTful) 오픈소스 검색 서버다. 이는 특별한 설정 없이도 거의 실시간의 검색과 멀티테넌시(multitenancy)를 지원하는 스케일러블 솔루션(scalable solution)이다. 현재는 스텀블어폰(StumbleUpon)이나 모질라와 같은 여러 기업들이 이를 채택하고 있다. 엘라스틱서치는 아파치 라이선스 2.0에서 이용 가능하다.

(6) 아파치 H베이스

아파치 H베이스(Apache HBase)는 구글의 빅테이블(BigTable)을 본떠 자바로 작성된 오픈소스 비관계 열지향 분산형 데이터베이스(non-relational columnar distributed database)로, 하둡 분산형 파일시스템(HDFS, Hadoop Distributed Filesystem)에 기반한 구동을 목적으로 설계됐다. 이는 폴트 톨러런트 스토리지(fault-tolerant storage)와 대량의 희소 데이터(sparse data)에의 신속한 접속을 지원한다. H베이스는 지난 몇 해간 시장의 관심을 모은 NoSQL 데이터 스토어(NoSQL data store) 중 하나다. H베이스는 2010년 페이스북의 메시징 플랫폼에 채택되기도 했다. H베이스는 아파치 라이선스 2.0에서 이용 가능하다.

(7) 아파치 카산드라

또 하나의 NoSQL 데이터 스토어 아파치 카산드라는 자신들의 인박스 서치(Inbox Search) 기능을 지원할 목적으로 페이스북이 개발한 오픈소스 분산형 데이터베이스 관리 시스템이다. 페이스북이 2010년 카산드라를 포기하고 H베이스를 채택하긴 했지만, 카산드라는 여전히 많은 기업들에서 활용되고 있다. 그 중 한 기업인 넷플릭스(Netflix)를 예로 들면, 그들은 카산드라를 스트리밍 서비스 용 백 엔드 데이터베이스(back-end database)로 활용 중이다. 카산드라는 아파치 라이선스 2.0에서 이용 가능하다.

(8) 몽고DB

더블클릭(DoubleClick) 창업 멤버들이 개발한 몽고DB(MongoDB)는 대중적으로 사랑받는 또 다른 NoSQL 데이터 스토어다. 몽고DB는 역동적 스키마(dynamic schema)를 통해 정형 데이터를 BSON(Binary JSON)이라고 하는 JSON 형태의 문서로 저장한다. 현재 MTV 네트웍스(MTV Networks), 크레이스리스트(craigslist), 디즈니 인터렉티브 미디어 그룹(Disney Interactive Media Group), 뉴욕 타임즈(The New York Times), 엣시 등 시장의 여러 대기업들이 몽고DB를 채택하고 있다. 이는 GNU 아프로 제너럴 퍼블릭 라이선스(GNU Affero General Public License)에서 이용 가능하며, 랭기지 드라이버(language driver)는 아파치 라이선스 하에서 이용 가능하다. 상용 몽고DB 라이선스는 10젠(10gen)이 제공하고 있다.

(9) 아파치 카우치DB

아파치 카우치DB(Apach CouchDB) 역시 오픈소스 NoSQL 데이터 스토어 중 하나다. 이는 JSON을 이용해 데이터를 저장하고 있으며 자바스크립트를 쿼리 랭기지(query language)로, 맵리듀스와 HTTP를 API로 사용하고 있다. 카우치DB는 2005년 전 IBM 로터스 노츠의 개발자 다미엔 카츠가 대규모 객체 지향형 데이터베이스용 저장 시스템으로 개발한 것이다. BBC는 역동적인 콘텐츠 플랫폼에 카우치DB를 적용하며, 크레딧 스위스(Credit Suisse)의 물류 사업부는 그들의 파이썬 마켓 데이터 프레임워크(Python market data framework)의 설정 세부 사항 저장에 이를 사용하고 있다. 카우치DB는 아파치 라이선스 2.0에서 이용 가능하다.

Chapter 3. 기출 전기응용기술사 (109회부터 113회 해석분)

기술사 제 112회(2017년 5월 시행)   제 1교시 (시험시간 : 100분)

분야		자격종목	전기응용기술사	수험번호		성명	

✱ 다음 문제 중 10문제를 선택하여 설명하시오. (각 10점)

응17-112-1-1. 열전현상의 종류에 대하여 설명하시오.

응17-112-1-2. 전기설비기술기준의 판단기준에서 전기자동차용 충전장치의 시설기준에 대하여 설명하시오.

응17-112-1-3. 정보통신 전송용으로 사용되는 광섬유(Optical Fiber)의 원리, 종류, 특징에 대하여 설명하시오.

응17-112-1-4. 태양광 발전시스템에서 음영문제 해결 방안에 대하여 설명하시오.

응17-112-1-5. 1상(相)에 여러 가닥의 케이블(cable)을 병렬로 배치시에 전류를 평형시키는 방법에 대하여 설명하시오.

응17-112-1-6. 대지저항률에 영향을 주는 주요 요인과 측정방법을 설명하시오.

응17-112-1-7. 전력용 반도체의 열저항 특성과 냉각 기술에 대하여 설명하시오.

응17-112-1-8. 전기설비기술기준의 판단기준에서 직류 전기철도 전식방지(電蝕防止)를 위한 선택배류기 및 강제배류기의 시설기준에 대하여 설명하시오.

응17-112-1-9. 한류형 전력퓨즈(Power Fuse)의 특징과 단점을 보완하기 위한 대책을 설명하시오.

응17-112-1-10. 변압기의 임피던스 전압과 %임피던스를 설명하시오.

응17-112-1-11. 변압기 이행전압(移行電壓)에 대하여 설명하시오.

응17-112-1-12. 전기철도 전차선로에서 이종(異種) 금속의 접촉에 의한 부식방지 대책에 대하여 설명하시오.

응17-112-1-13. 고압차단기의 차단 동작시에 발생하는 현상에 대하여 설명하시오.

기술사 제 112회(2017년 5월 시행)   제 2교시 (시험시간 : 100분)

분야		자격종목	전기응용기술사	수험번호		성명	

다음 문제 중 6문제 중 4문제를 선택하여 설명하시오. (각 25점)

응17-112-2-1. 태양광 발전시스템의 계측기구와 표시장치에 대하여 설명하시오.

응17-112-2-2. 저압 전기회로(간선, 분기)의 과부하 및 단락 보호를 위한 방법에 대하여 설명하시오.

응17-112-2-3. 무정전 전원설비(UPS)의 종류별 동작 방식을 설명하시오.

응17-112-2-4. 교량의 경관조명 요건과 기법에 대하여 설명하시오.

응17-112-2-5. 직류전동기의 전기제동의 종류에 대하여 설명하시오.

응17-112-2-6. 초전도체를 이용한 MHD(Magneto-Hydro Dynamic) 발전 원리, 종류, 특징에 대하여 설명하시오

기술사 제 112회(2017년 5월 시행)　　　　제 3교시 (시험시간 : 100분)

분야		자격종목	전기응용기술사	수험번호		성명	

다음 문제 중 4문제를 선택하여 설명하시오. (각 25점)

응17-112-3-1. 전동기의 전기적 고장에 대한 보호 방식을 설명하시오.

응17-112-3-2. 내진설계 대상 건축물에서 고압 및 특고압 전기설비의 내진 대책에 대하여 설명하시오.

응17-112-3-3. 피뢰기(LA)의 정격 선정시 고려할 사항에 대하여 설명하시오.

응17-112-3-4. 자동고장구분 개폐기(ASS)의 기능에 대하여 설명하시오.

응17-112-3-5. LED(Light Emitting Diode)램프 발광원리 및 광원의 장·단점을 설명하고, 다음 사항을 형광램프와 비교 설명하시오.
1) 발광광속 2) 발광효율 3) 색온도 4) 연색성 5) 수명

응17-112-3-6. 태양전지의 발전 원리와 재료에 따른 종류, 태양광 세기 및 주변 온도 변화에 따른 전압-전류특성을 설명하시오.

기술사 제 112회(2017년 5월 시행)　　　　제 4교시 (시험시간 : 100분)

분야		자격종목	전기응용기술사	수험번호		성명	

응17-112-4-1. 전기가열방식에서 유전가열(誘電加熱)에 대하여 설명하시오.

응17-112-4-2. 분산형 전원의 계통 연계 및 연계선로의 보호 협조에 대하여 설명하시오.

응17-112-4-3. 변압기의 내부 고장전류와 여자돌입 전류를 구분하여 검출할 수 있는 방법과 여자돌입전류로 인한 오동작 방지 대책에 대하여 설명 하시오.

응17-112-4-4. 화학저감제 접지의 특성과 시공방법에 대하여 설명하시오.

응17-112-4-5. 대기환경의 공기 질 향상을 위한 전기집진기의 원리, 종류, 특징, 적용분야에 대하여 설명하시오.

응17-112-4-6. 전기자동차의 종류에 따른 특징과 충전 알고리즘에 대하여 설명하시오

112-1-1 열전현상

응17-112-1-1. 열전현상의 종류에 대하여 설명하시오.

답

1. 개요
금속이나 반도체에서는 열과 전기가 서로 관계하는 물리 현상이 알려져 있다. 이중 대표적인 제어백 효과, 펠티에 효과, 톰슨효과, 주울 열 현상에 대하여 아래와 같이 기술한다.

2. 제벡효과, 펠티에 효과, 톰슨효과 비교

	제 벡 효 과	펠 티 에 효 과	톰 슨 효 과
1)개념	① 금속 또는 반도체에 온도차를 주면 기전력이 발생한다. ② 이것은 열을 전기에너지로 변환할 경우의 기초가 되는 현상 ③ 또, 종류가 다른 두 도체를 접합하여 폐회로를 만들고 두 접합점의 온도차를 달리한 경우 폐회로에 열기전력이 발생되는 현상으로도 말함 ④ 즉, 열기전력을 발생하는 한쌍의 금속을 열전대라 하며, 이 열전대에서 일어나는 열기전력 현상을 말함.	① 열전현상의 반대 현상으로서, 두 종류의 금속을 조합시킨 회로에 전류를 통과시키면 접속점에 열의 흡수 또는 발생이 나타나는 가역적인 현상	① 동일한 금속 중에서도 그 중의 접점간의 온도차가 있다면, 전류의 통과에 의해 열의 발생 또는 흡수가 일어나는 현상

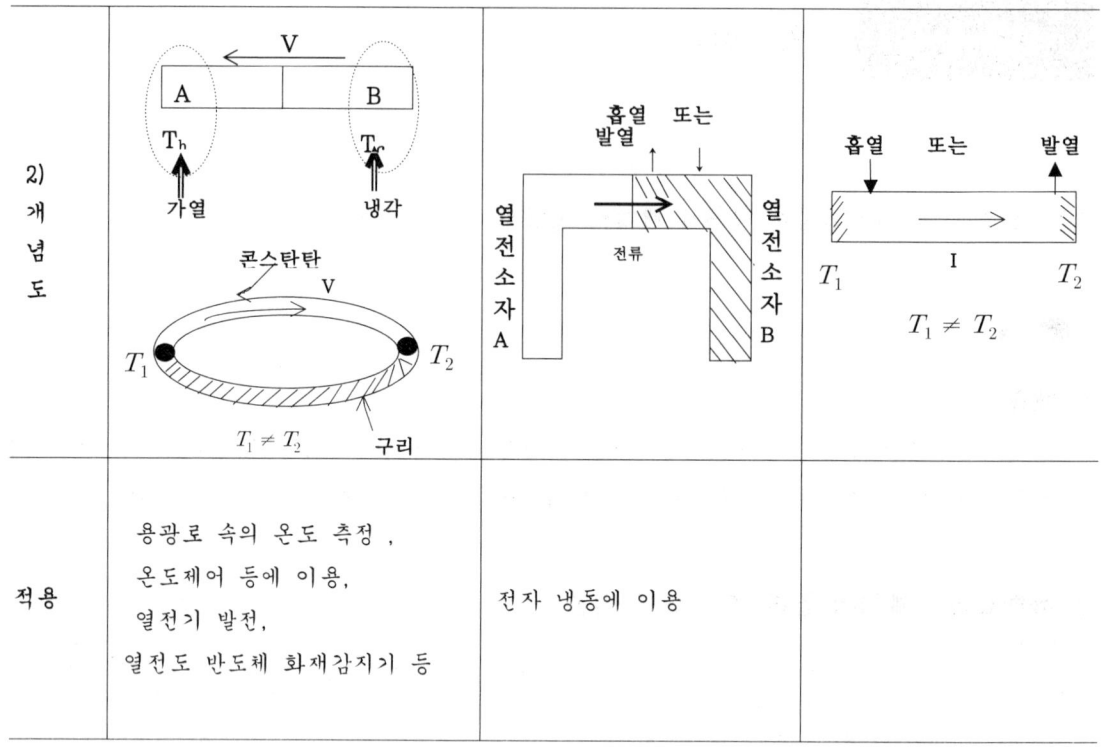

3. 줄(JOULE)열

1) 전류 I가 흐르고 있는 가는 선의 전기저항을 R이라 하면 발열량 Q는 $Q = I^2 \cdot R$
2) 재료 중에 온도구배 $\triangle T$가 있으면 열전도가 발생해서 열의 흐름 Q를 발생하게 되는데 이 때의 Q는 $Q = K \cdot \triangle T$. 단, K : 열전도율
3) 여기서 일어나는 2가지 열전현상은 어느 것이나 비가역 과정이다.

112-1-2 전기자동차 충전장치

응17-112-1-2. 전기설비기술기준의 판단기준에서 전기자동차용 충전장치의 시설기준에 대하여 설명하시오.

 답

1. 전기자동차 충전장치의 시설기준

1) 충전부분이 노출되지 않도록 시설하고, 외함은 제33조에 따라 접지공사 시행
2) 외부 기계적 충격에 대한 충분한 기계적 강도(IK07 이상)를 갖는 구조일 것.
3) 침수 등의 위험이 있는 곳에 시설하지 말아야 하며, 옥외에 설치 시 강우, 강설에 대하여 충분한 방수 보호등급(IPX4 이상)을 갖는 것일 것.
4) 분진이 많은 장소, 가연성가스나 부식성 가스 또는 위험물 등이 있는 장소에 시설하는 경우에는 통상의 사용상태에서 부식이나 감전, 화재, 폭발의 위험이 없도록 규정에 따라 시설할 것.
5) 충전장치에는 전기자동차 전용임을 나타내는 표지를 쉽게 보이는 곳에 설치

112-1-3 광케이블 원리.종류.특성

응17-112-1-3. 정보통신 전송용으로 사용되는 광섬유(Optical Fiber)의 원리, 종류, 특징에 대하여설명하시오.

 답

1. 광케이블 원리
1) 광케이블은 빛의 흡수, 손실 및 각종분산이 적기 때문에 신호를 보다 빨리, 보다 멀리, 보다 적은 오차를 가지고 전송할 수 있다.
2) 광통신에서 가장 뛰어난 광파이버케이블은 내측이 코어(core) 외측이 클래드(clad)라 불리우는 부분으로 구성 모두 순도 높은 유리로 되어있음.

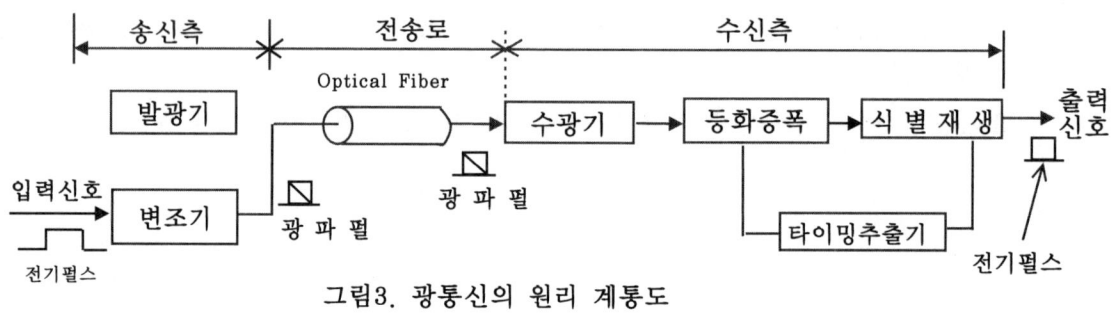

그림3. 광통신의 원리 계통도

2. 광케이블 특징 〈저광세경무자〉
① 저 손실 : 동축케이블이 2.5[MHz]신호 전송 시 3.5[db/km] 수준이나, 광섬유는 1[GHz]신호전송 시 0.4 ~ 1.0[dB/km]수준
② 광대역 : 수십[GHz/km]로 극히 높은 주파수 대역폭을 가짐 동축케이블 에는 직류 저항에 의한 손실, 표피효과에 의해 1[km]당 신호전력이 1/2로 되며, 주파수는 10[MHz]이하임
③ 세경 : 머리카락 정도 (75 ~ 100 μm)
④ 경량 : 광섬유의 주요재료인 유리는 구리의 1/4정도의 무게
⑤ 무유도 : 석영 등의 재료는 부도체 이므로 외부의 유도장해가 없다.

⑥ 자원풍부 : 구리에 비해 주성분인 석영은 풍부하므로 저가제조 가능함

⑥ 자원풍부 : 구리에 비해 주성분인 석영은 풍부하므로 저가제조 가능함

3. 광케이블의 종류별 비교(광섬유 cable 종류와 굴절상황)

구분	굴절률분포와 광의 전파상태	특징

1) 단일모드형
SM
(Single Mode
Optical Fiber)
	core코아 grading
	코아지름 : 1.5 ~ 8[μm]
		① 코아 지름이 작고
		② 전송대역은 수십 GHz,
		  km정도
		② 파이버의 접속 어렵고,
		  분기는 약간곤란
		③ 접속분기가 중요한
		  LAN에는 부적합

2) SI
(Step Index
Optical fiber)
[균일 코어
광파이버]
	섬유의 광전달 방법
	코아지름 : 25~ 150[]
		① 코아 지름이 크고 (20~
		  150[]), 굴절률이 높다
		② 접속이 편리하나
		③ 전송대역이 좁고
		④ 전송대역은 20MHz·km정도
		⑤ 파이버의 접속 및 분기는
		  용이
		⑥ 소규모 LAN에 적용

3) GI
(Graded Index)
「굴절률
분포형」
	섬유단면의
	굴절률분포
	코아지름 : 20 ~ 150[]
		① 전송대역:
		수백MHz·km정도
		② 파이버의 접속, 분기는 용이
		③ 실용화 되어있는 석영계
		  광파이버에서는 가장표준형
		④ 코아 지름이 크고(20~150μm)
		⑤ 전송대역이 넓고
		⑥ 굴절률이 낮다.
		⑦ 미래 대용량 전송요구를
		  고려한 LAN용으로 적합

112-1-4 태양광 음영문제 해결

음17-112-1-4. 태양광 발전시스템에서 음영문제 해결 방안에 대하여 설명하시오.

 답

1. 태양광 모듈에 음영(그늘)이 발생할 경우의 영향

1) 출력저하 및 발열 발생
① 그부분의 셀은 전기를 생산하지 못하고 저항이 증가하게 된다.
② 그늘진 셀에 직렬로 접속된 다른 셀들의 모든 전압이 인가
③ 그늘진 셀은 발열 (핫스팟(Hot sport))
④ 셀이 고온이 되면 셀과 그 주변의 충진재가 변색
⑤ 음영 셀의 파손 등 을 일으킬 수 있다.

2. 음영문제의 해결방안으로서 바이패스 소자 설치

1) 바이패스 다이오드 와 역전류방지 다이오드 구성

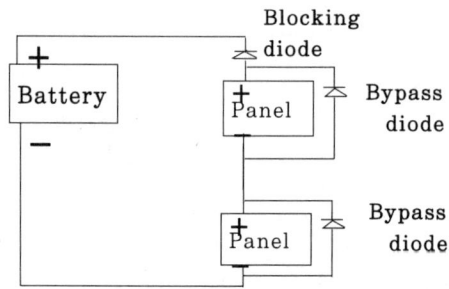

2) 바이패스 다이오드(Bypass Diode)
○ 방지모듈에 출력감소 최소화 및 출력 불균형 대비
(1) 바이패스 다이오드 필요성
① 셀과 병렬로 접속하여 음영된 셀에 흐르는 전류를 바이패스 하는 다이오드
② 음영(그늘)이 생겨 특정 셀이 전력을 발생하지 못하면 그 셀의 전류가 감소
③ 직렬로 연결된 전체 셀의 전류 흐름을 막게 되고

④ 모듈 전체 전력 손실(열) 발생

⑤ 이런 현상을 막고 나머지 정상적인 셀들의 전류를 원활히 하기 위해 설치

⑥ 일정 셀수 마다. 셀 직렬 마디에 병렬로 바이패스 다이오드를 설치

2) 위치

① 태양전지 모듈 후면의 Junction box에 위치한다.

② 바이패스 다이오드를 두개 또는 세 개 셀 군으로 묶어서

③ 2~3개의 바이패스 다이오드를 정크션박스안 설치

3) 설치용량 : ① 모듈내의 셀 직렬전류의 1.5~2배정도를 기준 ②내압1000V / 15A를 사용

112-1-5 동상다조케이블. 불평형 억제

응17-112-1-5. 1상(相)에 여러 가닥의 케이블(cable)을 병렬로 배치시에 전류를 평형시키는 방법에 대하여 설명하시오.

 답

1. 동상 다수조로 포설할 경우 케이블 불평형이 미치는 영향
3상 평형 부하에도 선로정수의 불평형 즉, 인덕턴스의 불평형으로 케이블의 각 임피던스가 심하게 달라지며 아래와 같은 영향이 발생한다.
1) 임피던스가 적은 케이블에는 과전류 현상이 발생함
2) 임피던스 값 중 유효성분이 감소하고 무효성분이 증가함
3) 전체 power factor의 저하로 전압강하 및 전체 power loss 증대.
   즉, 임피던스 $Z = R + jX$
4) 각 Cable의 전류 위상차로 케이블 이용률이 저하됨
5) 3상에서 불평형률이 30% 넘을 경우 계전기 동작 우려

2. 대책
여러 가닥의 전선을 병렬로 하여 사용할 경우 선로정수의 평형을 위해 다음 조건이 필요하다.
1) 동일 굵기의 케이블 사용
2) 동일 종류의 케이블 사용
3) 동일한 길이
4) 선로 정수가 평형이 되도록 Cable 포설을 다음과 같이 시공함
   ① 연가 : 선로의 전 구간을 3등분하여 각 선로를 일주시킨 것

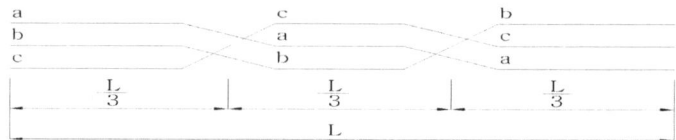

② Cable의 3각 배치

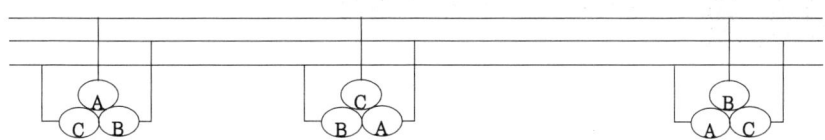

③ 케이블 배열방식을 아래같이 동상다조포설 시행하여 전류불평형을 없게 함

케이블 배열
ⓐ ⓑ ⓒ
ⓐ' ⓑ' ⓒ'
ⓐ ⓑ ⓒ
ⓒ' ⓑ' ⓐ'
ⓐⓑⓒ ⓒ' ⓑ' ⓐ'
ⓐ   ⓐ' ⓑⓒ ⓒ'ⓑ'
ⓐⓑⓒⓒ'ⓑ'ⓐ'
ⓐ"ⓑ"ⓒ"ⓒ"'ⓑ"'ⓐ"'

112-1-6 대지저항률 요인과 측정

응17-112-1-6. 대지저항률에 영향을 주는 주요 요인과 측정방법을 설명하시오.
안16-108-2-4. 대지저항률이 접지저항에 미치는 영향을 설명하고 접지저항 측정방법과
측정시의 문제점 및 해결방안에 대하여 설명하시오

 답

1. 대지저항률이 접지저항에 미치는 영향

1) 대지 저항률 이란 대지 $1\ m^3$ 입방체의 저항값
2) 접지저항(R) = $\rho \times f(\Omega)$
  ① ρ : 대지 저항률($\Omega \cdot m$)
  ② f : 함수 → 형상. 치수(1/m) ⇒ 전극의 구체적 형상에 의해 결정
3) 결과적으로 위식과 같이 접지저항은 대지저항률(고유저항)에 따라 크게 좌우된다.
4) 대지 저항률의 영향요소에는 토양의 종류, 수분함량, 온도, 계절의 변화, 화학물질, 해수, 암석의 영향 등이 있다.

2. 접지저항 측정방법

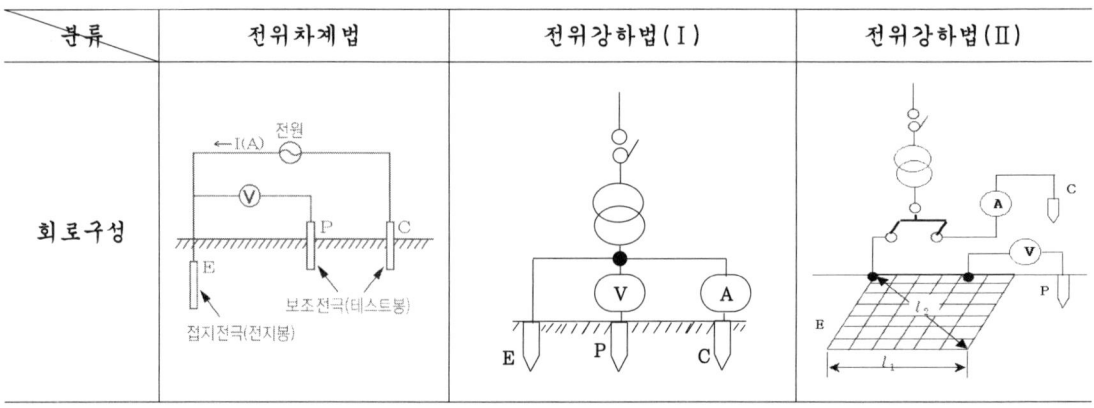

원리	대지저항률을 측정하여 접지저항환산	대지에 일정전류를 흘려 접지저항 측정	
접지설비	소규모(접지전극)	소규모(접지전극)	대규모(Mesh,구조체)
인가전류	수십[mA]	수십[mA]	수[A]

3. 측정시의 문제점 및 해결방안

분류	전위차계법	전위강하법(Ⅰ)	전위강하법(Ⅱ)
문제점 및 해결방안	1) 전류극은 피측정극의 크기(넓이,깊이)의 3~4배 띄움 2) 접지저항은 500Ω 이하	1) 유도가 많고 접지저항계에서 상수로 측정할 수 없는 경우 2) 절연Tr 및 진공관변압기 사용	1) 접지저항이 낮은 경우에 사용. 2) 전류측, 전위측 띄움

112-1-7 반도체 열저항

응17-112-1-7. 전력용 반도체의 열저항 특성과 냉각 기술에 대하여 설명하시오.

● 답

1. 전력용 반도체의 열저항 특성

1) 열발생 원인 및 온도유지
   ① 전력용 반도체의 on상태와 스위칭 손실에 다른 반도체 소자 내에는 발열이 있음
   ② 전류(轉流)가 필요하여 발생되는 고조파로 인한 전원 측으로 고조파전류가 유입이 있는 정상적인 전류와 중첩되면서 전류가 증가되고 주울열이 증가된다.
   ③ 열은 소자에서 냉각매체로 전달되어 특정범위의 접합온도에서 유지되도록 한다

2) 접합온도(Tj)
   ① 전력용 반도체는 접합 온도가 어떠한 값을 초과하면 도전율이 높게 되므로 역 전압 인가시의 리이크 전류가 증대한다.
   ② 이와 같이 되면 다음과 같이 소자에서 소비되는 역전력 손실이 크게 되어 발열→리이크 증대→발열→리이크증대 라는 악순환을 반복하여
   ③ 결국은 열파괴하게 된다. 이러한 현상을 열폭주(熱暴走)라고 하며 이 열폭주를 억제하기 위하여 최대 접합온도 TJMAX를 초과하지 않게 방열에 충분히 배려를 할 필요가 있다.

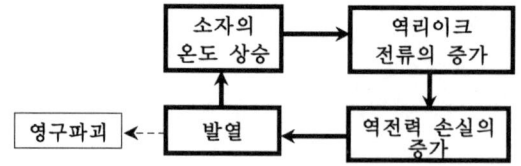

3) 보존온도(Tstg)
   ① 보존온도는 전력용반도체가 동작시키지 않는 상태에서 장기간 보존할 수 있는 주위온도 범위이다.
   ② 상한은 소자가 산화나 특성 변화를 초래하는 빈도에서 제약을 받게 되며
   ③ 하한은 저온 수축 등에서 생기는 기계적인 왜형의 빈도에서 제약을 받게 된다.

2. 전력용 반도체의 냉각기술

2-1. 1차냉각방식
1) 알루미늄 방열판을 널리 이용하며, 다음의 열저항 특성과 유의 사항을 고려할 것
   ① 소자와 접속하는 방열판 사이의 열 저항을 최소화 시켜야 한다. 예로서, 실리콘 그리스는 열 전달력을 향상시키고 산화막 및 부식의 형성을 최소화 한다.
   ② 소자는 방열판과 접촉 표면에 정적한 압력이 유지되게 부착할 것
2) 자연냉각방식
   ① 소자와 방열판 사이의 열전달 능력향상을 위하여 알루미늄 방열판을 이용하여 여러 형태로 부착하여 공기의 자연냉각을 이용함

2-2. 2차냉각방식
1) 강제냉각방식 적용
   ① 열전달능력을 향상시키기 위해 냉각팬을 사용한다.
   ② 공기순환용 팬을 부착하여 강제로 열을 순환시켜 냉각하는 방식으로 강제 냉각방식에서 열 저항은 공기의 속도에 따라 감소한다.
2) 방열파이프 냉각방식
   ① 원리 : 밀봉 용기에 낮은 증기압의 액체를 봉입시켜 방열파이프 내로 순환시켜 액체가 증발하고 응축하는 상태가 변화될 때 열이 흡수되는 원리.
   ② 방열파이프 용기는 주로 구리, 적용액체는 물을 사용하고, 특수한 경우는 Fluoro carbon을 사용한다. (단 프로카본 적용 시 배관 내의 부식현상이 잇을 수 있어 메이커 측과 충분한 협의 및 사후 하자보증에 대한 법적 책임 및 변상관계를 공증 받을 것)
   ③ 방열 파이프의 적용 예
      ㉠ 전철변전소 또는 마이크로 전자분야의 PC 또는 고속 MOU냉각
      ㉡ 철도 차량용 인버터 제어장치의 GTO 사이리스터 냉각
      ㉢ Power Electronics 분야의 inverter 또는 ups전력소자
3) LED램프 독립방열시스템의 적용
   : 각각의 LED램프마다 특수 구조의 방열장치를 독립적으로 장착해 LED램프간의 발열부하량을 최소화하고 각각의 LED램프에서 발생하는 모든 열을 개별적으로 방열하는 장치다. (300W 이상의 대용량 LED조명에 적용)

112-1-8 선택배류기. 강재배류기

응17-112-1-8. 전기설비기술기준의 판단기준에서 직류 전기철도 전식방지(電蝕防止)를 위한 선택배류기 및 강제배류기의 시설기준에 대하여 설명하시오.

답 판단기준 제265조(배류접속) [내용 중 2.3 내용기록. 그러나 향후 다른 것도 출제예상]

1. **직류 귀선과 지중 관로는 전기적으로 접속하여서는 아니 된다.**
   다만, 직류 귀선을 제263조 또는 제264조의 규정에 의하여 시설하여도 계속 금속제 지중 관로에 대하여 전식 작용에 의한 장해를 줄 우려가 있는 경우에 다음 각 호에 따라 시설할 때에는 그러하지 아니하다.
   1) 배류 시설은 다른 금속제 지중 관로 및 귀선용 레일에 대한 전식 작용에 의한 장해를 현저히 증가시킬 우려가 없도록 시설할 것.
   2) 배류 시설에는 선택 배류기를 사용할 것. 다만, 선택 배류기를 설치하여도 전식 작용에 의한 장해를 방지할 수 없을 경우에 한하여 강제 배류기를 설치할 수 있다.
   3) 배류선을 귀선에 접속하는 위치는 귀선용 레일의 전위 분포를 현저히 악화시키지 아니하도록 하고 또한 전기 철도의 자동신호 장치의 기능에 장해가 생기지 아니하도록 정할 것.
   4) 배류 회로는 배류선과 금속제 지중 관로 및 귀선과의 접속점을 제외하고 대지로부터 절연할 것.

2. **제1항제2호의 선택 배류기는 다음 각 호에 따라 시설하여야 한다.**
   1) 선택 배류기는 귀선에서 선택 배류기를 거쳐 금속제 지중 관로로 통하는 전류를 저지하는 구조로 할 것.
   2) 전기적 접점(퓨즈 홀더를 포함한다)은 선택 배류기 회로를 개폐할 경우에 생기는 아크에 대하여 견디는 구조의 것으로 할 것.
   3) 선택 배류기를 보호하기 위하여 적정한 과전류 차단기를 시설할 것.
   4) 선택 배류기는 제3종 접지공사를 한 금속제 외함 기타 견고한 함에 넣어 시설하거나 사람이 접촉할 우려가 없도록 시설할 것.

3. **제1항제2호 단서의 규정에 의한 강제 배류기는 다음 각 호에 따라 시설하여야 한다.**
   1) 귀선에서 강제배류기를 거쳐 금속제 지중 관로로 통하는 전류를 저지하는 구조로 할 것

2) 강제배류기를 보호하기 위하여 적정한 과전류 차단기를 시설할 것.
3) 강제배류기는 제3종 접지공사를 한 금속제 외함 기타 견고한 함에 넣어 시설하거나 사람이 접촉할 우려가 없도록 시설할 것.
4) 강제배류기용 전원장치는 다음에 적합한 것일 것.
   ① 변압기는 절연 변압기일 것.
   ② 1차측 전로에는 개폐기 및 과전류 차단기를 각 극(과전류 차단기는 다선식 전로의 중성극을 제외한다)에 시설한 것일 것.

4. 제1항의 배류선은 다음 각 호에 따라 시설하여야 한다.

1) 배류선은 가공으로 시설하거나 지중에 매설하여 시설할 것. 다만, 전기 철도의 전용부지 내에 시설하는 부분에 절연전선(옥외용 비닐 절연전선을 제외한다)·캡타이어 케이블 또는 케이블을 사용하고 또한 손상을 받을 우려가 없도록 시설할 경우에는 그러하지 아니하다.
2) 가공으로 시설하는 배류선은 제69조(제1항제4호를 제외한다)·제72조·제79조부터 제82조까지·제87조·제89조의 저압 가공 전선의 규정과 제84조 및 제253조의 규정에 준하는 이외에 다음에 의하여야 하고 또한 위험의 우려가 없도록 시설할 것.
   ① 배류선은 케이블인 경우 이외에는 지름 4 mm의 경동선이나 이와 동등 이상의 세기 및 굵기의 것일 것.
   ② 배류선은 배류 전류를 안전하게 흘릴 수 있는 것일 것.
   ③ 배류선과 고압 가공전선 또는 가공약전류 전선 등을 동일 지지물에 시설하는 경우에는 각각 제75조 또는 제91조의 저압 가공 전선의 규정에 준하여 시설할 것. 다만, 배류선이 450/750 V 일반용 단심 비닐절연전선 또는 케이블인 경우에는 배류선을 가공약전류 전선 등의 밑으로 하거나 가공약전류 전선 등과의 이격거리를 30 cm 이상으로 하여 시설할 수 있다.
   ④ 배류선을 전용의 지지물에 시설하는 경우에는 제58조부터 제66조까지의 규정에 준하여 시설할 것.
3) 지중에 매설하여 시설하는 배류선에는 다음에 열거하는 전선으로서 배류 전류를 안전하게 흘릴 수 있는 것을 사용하고 또한 이를 제136조·제140조 및 제141조 규정에 준한 시설
   ① 450/750 V 일반용 단심 비닐절연전선
   ② 캡타이어 케이블   ③ 저압 케이블로서 외장이 클로로프렌·비닐 또는 폴리에틸렌인 것.
4) 배류선의 상승 부분 중 지표상 2.5 m 미만의 부분은 절연전선(옥외용 비닐 절연전선을 제외)·캡타이어 케이블 또는 케이블을 사용하고 사람이 접촉할 우려가 없고 또한 손상을 받을 우려가 없도록 시설할 것.

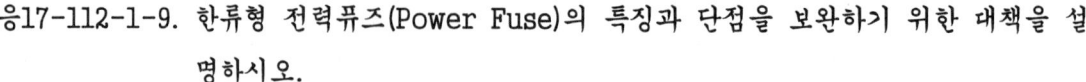 파워퓨즈 특징과 대책

응17-112-1-9. 한류형 전력퓨즈(Power Fuse)의 특징과 단점을 보완하기 위한 대책을 설명하시오.

 답

1. 소호 방식별 종류

1) 한류형 퓨즈(전압 0점에서 차단)
   : 높은 아크 저항 발생하여 사고 전류를 강제적으로 한류 차단함 (0.5사이클에서 차단함)
2) 비한류형 퓨즈(전류 0점에서 차단)
   : 소호가스를 뿜어 대어 전류 0점인 극간이 절연 내력을 재기전압 이상으로 높여서 차단하는 fuse(0.65사이클에서 차단함)
3) 한류형과 비한류형의 장,단점 비교

퓨 즈	장 점	단 점
한류형	-소형, 차단 용량 크다 -한류 효과 크다 (back-up용으로 적당)	-과전압 발생 -최소 차단 전류가 있다
비한류형	-과전압 발생하지 않음 -녹으면 반드시 차단함 (과부하 보호 기능)	-대형 -한류 효과 적다

2. 전력 퓨즈의 특징과 대책

1) 장 점	2) 단 점	3) 단점에 대한 대책
① 가격 싸고 소형, 경량 ② 소형으로 큰 차단 용량 있음 ③ R/y 및 변성기 불필요 ④ 한류형 퓨즈는 차단시 무음, 무방출 ⑤ 보수간단 ⑥ 고속차단 ⑦ 현저한 한류 특성 ⑧ 후비호보에 완벽	① 재투입 못함 ② 과전류에서 용단 될 수 있음 ③ 동작시간-전류 특성을 계전기처럼 자유로이 조정 불가능 ④ 한류형 퓨즈는 용단해도 차단되지 않는 전류 범위를 가진 것도 있다 ⑤ 비보호 영역 사용 중 열화해 동작하여 결상우려 ⑥ 한류형은 차단시에 과전압 발생	① 용도의 한정: 단락시에만 동작하는 정격전류 선정, 재투입이필요한 개소는 사용 불가 ② (과도전류〈안전 통전 특성) 일 것 ③ 절연 강도 협조 ④ 과소 정격의 배제 ⑤ 동작시는 전체상 교체 ⑥ 결상 계전기, 지락 Ry 취부

112-1-10 임피던스 전압과 % 임피던스

응17-112-1-10. 변압기의 임피던스 전압과 %임피던스를 설명하시오.

 답

1. 임피던스전압(Ve)

1) 변압기 2차측을 단락하고 변압기 1차 측에 정격 주파수의 저전압을 인가했을 때 2차측에 정격전류가 흐를 때의 전압(V_e) (변압기내부에서의 전압강하전압이다)

2) $V_e = I_{In} \times Z [V]$ (단, I_{In} : 1차 정격전류, Z : 변압기 임피던스)

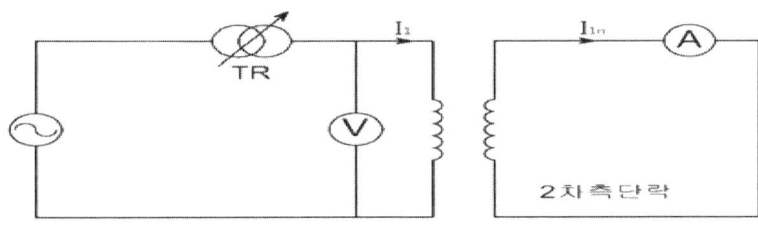

그림1. 변압기 등가회로 도

3) 변압기의 임피던스는 누설자속에 의한 리액턴스분과 권선저항에 의한 저항분이 있으며 이러한 임피던스는 변압기 내부 전압강하를 발생시키는 전압을 말함

2. 임피던스전압과 %Impedance 관계

① 임피던스 전압강하분이 정격전압의 몇(%)인가를 나타낸 것을 %Impedance라 한다

$$\%Z = \frac{Z[\Omega] \cdot I_n[A]}{V_n[V]} \times 100 [\%] = \frac{P \cdot Z}{10 V^2}$$

여기서, V_n : 정격상전압[kV], V : 정격 선간전압[kV],

Z : 임피던스[Ω], I_n : 정격전류[A], P : 변압기 용량[kVA]

② 변압기의 2차 권선을 단락시키고 1차 권선에 저전압을 인가하여 정격2차전류 (I_{2n})가 흐르는 경우의 정격 1차전압(V_{1n})에 대한 임피던스전압(V_s)의 백분율 비.

$\%Z = \dfrac{V_S}{V_{1n}} \times 100 [\%]$. 여기서, V_S : 전압계에 지시된 임피던스 전압

이행전압

응17-112-1-11. 변압기 이행전압(移行電壓)에 대하여 설명하시오.

● 답

1. 개요
1) 이행전압 : 변압기 1차측에 가해진 Surge가 정전적 혹은 전자적으로 2차측에 이행하는 현상
2) 이행전압의 영향 :
   ① 변압기 2차 권선 및 2차측에 접속되는 발전기 등 전기기기의 절연에 악영향 줌
   ② 전압비가 큰 변압기에서는 이행전압이 2차측 BiL을 상회할 경우도 있어 보호장치가 필요함.

2. 이행전압의 종류
1) 정전이행전압 : 변압기 권선에 가해지는 Surge 전압이 양전선 間 및 2차권선 대지간 정전용량으로 분포되어 생기는 전압
2) 전자이행전압 : 변압기의 1차권선을 흐르는 Surge 전류에 의한 자속이 2차권선과 쇄교하여 유기되는 전압이며, 권선비가 그 base가 됨.
3) 2차권선 고유진동전압 : 이행전압에 의해 2차 권선에 생기는 고유진동전압
4) 결과적으로 2차 권선에는 以上의 세가지 합성된 전압이 발생된다

3. 정전이행전압으로부터 보호방법
① 2차측에 LA설치,
② 2차측에 보호 condenser 설치.
③ 2차측의 BIL의 향상 등

4. 전자 이행전압

1) 전자이행전압 해석 모델
2) 전자이행전압은 주로 권선비에 의해 정해짐
3) 부하 임피던스가 클수록, 전자이행전압은 큰 값이 됨.
4) 전자이행전압에 대해서 2차측 콘덴서는 진동분을 길게 하는 것 뿐이므로 파고치를 억제하는 효과는 없음.
5) 전자이행 전압 억제 대책 :
   보통의 변압기 권선변압기 정전용량은 $10-2\mu F$ 정도이므로, 2차측 대지간에는 5~10배인 $0.05 \sim 0.1 \mu F$의 Condenser를 설치하면 이행전압은 억제되므로, 실제 계통에서는 별 문제가 없다.

112-1-12 전차선로의 전식방지

응17-112-1-12. 전기철도 전차선로에서 이종(異種) 금속의 접촉에 의한 부식방지 대책에 대하여 설명하시오. [10점으로 2와 7만 기록해도 됨]

답

1. 개요
1) 직류식 전철은 가공 단선식 또는 제3궤조식으로 하므로 주행레일을 귀선회로로 이용할 수 밖에 없어 귀선전류의 일부분은 대지로 누설된다.
2) 누설전류는 전기차(+)와 변전소(-)가 전위차가 발생되어 지중매설 금속체가 있으면 저항의 금속체를 타고 누설전류가 유입 유출된다.
3) 이때 누설전류는 전기차(+)측에서 변전소(-) 측으로 귀환하며, 이때 금속체의 유출지점에서 ion화 현상으로 부식이 진행되는 것을 電蝕이라 함
4) 또한, 전차선로의 이종 금속에서 전식현상이 발생되고 있으며, 특히 한국의 전차선로 경유지 중 터널 내의 부식현상은 매우 우려되는 상황이다.

2. 이종(異種)금속 접촉부식의 정의 (Galvanic Corrosion)
1) 금속을 서로 접촉시켜 부식 환경에 두면 전위가 낮은 쪽의 금속이 양극(anode)로 되어 비교적 빠르게 부식된다. (부식 환경 : 염분 등의 전해질 용액에 의해)
2) 그 곳에 국부전지가 형성되어 용액 중에 있는 금속의 전극전위에 따라서 마이너스 전위가 높은 금속이 양극이 되어 전위가 높은 금속이 양극이 되어 용액 중에 용해되어 부식한다. 이를 이종금속접촉부식 또는 전지작용부식이라 함
3) 즉, 전지작용부식의 원인은 anode로 되는 금속의 전자가 접촉한 cathode금속으로 전자이동에 의한 것임

3. 전식발생 량

1) 누설전류(i_l) : $i_l = k \cdot \dfrac{r}{R} \cdot I \cdot L^2 [A]$, 단, k: 상수, r : 궤선레일저항, R : 궤전레일과 대지간의 절연저항, I : 부하전류, L : 변전소 간격

2) 전식량 : $M = Z \cdot i_l \cdot t$ 단, Z : 전식화학당량, t : 시간

4. 이종 금속의 부식과정

1) 접촉부식에 의한 부식량은 부식전류량에 비례하고, 그 원인은 전극의 전위차 이다. 전극 전위차가 큰 금속은 접촉부식이 더욱 심해진다.

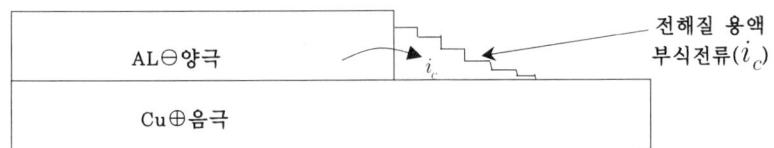

2) AL금속은 마이너스 전위가 높은 금속이 양극화된다는 의미로서 부식이 발생되어 AL금속은 줄어들어 CU표면에 그림처럼 서서히 부식금속이 쌓이게 됨

5. 전차선로 개념과 전차선로 내의 부식발생장소

1) 전차선로 : 고속으로 이동하는 전동차에 전력을 공급하는 절연피복이 없는 전선
2) 따라서 선로 연결지점에 급전선으로 부터의 접속점 및 선로 간 접속 등에 이종금속의 접촉이 발생하며, 이에 따른 이종금속 접촉부식현상이 발생함
3) 전차선로에서 이종금속 부식현상이 발생이 심한 장소
   (1) 터널 내의 전차선로가 더욱 심함
      ① 왜냐하면 터널 내 공기 습도 및 공기 오염물질이 전차선로에 쌓여 부식현상 심화됨(터널 내 전체 구간에서 발견됨)
      ② 금구류가 결합된 상태에서 도색작업이 이루어져 결합된 부분은 방청이 잘 이루어지지 않기 때문에
   (2) 차량기지 검사고 내
   (3) 아연도 강연선의 조가선과 동선의 균압선의 접속개소의 이종금속 접속개소 또는 부급전선과 지락도선의 균압선에서 발생됨

6. 이종 금속에 의한 부식요인 5가지

1) 수분 및 습도의 영향
   : 이종 금속의 접촉부식은 국부전지의 작용 즉, 일종의 전기 분해작용이므로 물이 없으면 부식발생은 없으나 습기를 완전히 없애는 것은 불가능하므로 부식현상을 완전히 피하는 것은 불가능함

2) 부식환경의 영향
   : 외부환경의 수분의 성질, (예로서 해안가의 염분, 공해지구의 황산수 등)에 의해 물의 도전도가 높을수록 그 농도에 의해 부식은 가속됨

3) 온도의 조건: 온도가 높을수록 부식이 바르고, 온도가 기준보다 20℃ 높으면 약 2배가 됨

4) 먼지의 적치(積置 : storage)
   : 먼지가 쌓여서 이슬, 강수 등 물기에 물을 머금한 상태에서 먼지의 성분이 물에 녹아서 영향을 준다

5) 두 종류의 금속이 경합시의 영향
   : 각 금속은 고유의 이온화경향이 다르므로, 일반적으로 이온화 경향이 큰 금속일수록 부식이 용이하다

7. 전차선로에서 이종금속 간 부식현상 방지대책

1) 절연개소에서의 부식방지 대책
   ① 차량기지 검사고내 궤도와 지지 H빔은 5mm EDPM 절연
   ② 검사고 입구 전차선 및 궤도는 FRP 절연

2) 접촉면적을 적게한다
   ① 접촉부식에 의한 부식량은 부식전류 밀도에 비례한다.
   ② 그러므로 양극 금속의 표면을 음극금속에 비교하여 크게하고 양극의 전류밀도를 감소시키는 것으로 부식을 감소시킬 수 잇다

2) 이종 금속 간에 물이 고이지 않게 처리 : 이종 금속 경계면에 수분이 없으면 부식발생이 없기에 경계면에 물이 고이지 않는 구조로 함

3) 이종 금속간을 절연한다 : 국부 전지의 전류를 차단하여 부식 방지

4) 중간금속을 넣는다
   : 중간금속을 삽입하여 이종 금속상호간의 전위 차이를 줄여서 부식을 감소시킴

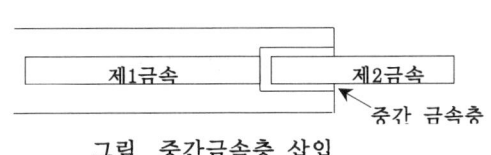

그림. 중간금속층 삽입

5) 전극 전위가 근접하는 제품의 선택 즉, 두 개의 금속접촉시 부식정도는 2개의 금속사이의 전극전위의 상대차이가 클수록 증대하므로 전극 전위가 근접하는 제품의 선택

6) 이종 금속의 접속개소에 대한 동(구리)제품의 통일화
   ① 전철선로의 접촉개소는 동선과 알루미늄선, 철선과 동선으로 구성되며,
   ② 아연도 강연선의 조가선과 동선의 균압선의 접속개소의 이종금속 접속개소 또는 부급 전선과 지락도선의 균압선에서 발생됨
   ③ 특히 알루미늄과 동이 조합된 알루미늄의 부식량은 철과 동이 조합된 철의 부식량보다 크다.
   ④ 또, 알루미늄과 동의 접속금구는 중간금속인 주식합금으로 이용하므로, 최근에 이종금속의 접속개소를 없애려고 전선과 금구류를 동제품으로 통일화

7) 터널 내 전차선로 금구류에 대한 부식 방지대책
   ① 전차선로 개통 前 방청
   ② 금구류 교체 시에는 미리 방청이 완료된 금구류 또는 부식에 강한 재질로 시공
   ③ 금구류 제조 및 시공 시 방청작업 및 도금방법 등을 검토하고, 방청작업시 금구류 표면을 조정한 후 도장하여 도료가 쉽게 탈락되는 것의 방지
   ④ 터널 내 금구류 설비(샘플링 개소 선정)의 정밀분해 점검 시 부식도 중점점검하여 금구류 교체주기에 반영해야 한다.
   ⑤ 금구류와 동일한 재질의 금속시편을 이용하여 터널 내외부 현장의 다양한 조건(방청 및 도금여부, 자갈 및 콘크리트 궤도 등)에서 부식시험 실시하여 장기적인 금속류의 부식 모니터링이 필요하다

 고압차단기 차단시 발생현상

응17-112-1-13. 고압차단기의 차단 동작시에 발생하는 현상에 대하여 설명하시오.

답

1. 교류 전류의 차단 현상

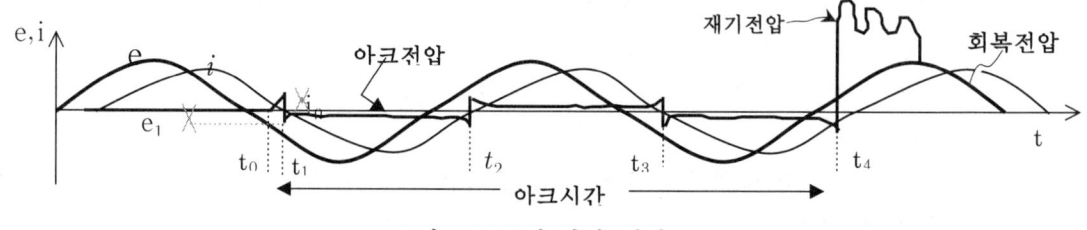

그림1. 교류의 차단 현상

① 보호 계전기가 동작해서 차단기가 전극을 열면, 반드시 전극 간에는 아크가 발생 해서 기계적으로는 전극이 열리지만, 전기적으로는 아직 회로가 연결되어 있는 상태
② 이 아크가 꺼졌을 때 회로가 차단되는 것으로, 차단기의 개로 상태에서는 전극간 전압은 0 이지만 아크저항에 의해 아크전압이 나타난다.
③ t_0에서 접촉자가 떨어지기 시작하면, 그 순시동안 전류는 i_0의 값을 갖고 있어 바로 0 으로는 될 수 없으며 아크상태로 흐름이 계속된다.
④ t_1이 되면 아크는 꺼지지만 전원전압이 e_1의 값으로 되어 있어서 아크를 발생 하여 전류를 흘리게 된다.
⑤ 반주기마다 아크의 점멸을 되풀이 하다가 t_4가 되면 접촉자는 충분히 떨어져서 전극 간 절연내력이 아크전압을 이겨서 아크가 소호된다.

2. 고압차단기의 차단시 발생되는 대표적인 차단 현상의 특성

① 회복전압 (Recovery Voltage) : 차단기의 차단직후 차단점 간에 나타나는 상용주파수의 전압으로서 실효치로 나타낸다.
② 재기전압(Transient Recovery Voltage) : 차단기의 차단직후에 차단점간에 계속하여 나타나는 과도 전압으로서 단일주파 과도 성분과 다중주파 과도성분을 가진 것이 있다.
③ 재 점호 : 재기전압 때문에 아크가 전류의 0 점에서 일단 소멸 된 후, 다시 차단점에서 아크를 일으키는 현상

112-2-1 ▶ 태양광 계측기구와 표시장치

응17-112-2-1. 태양광 발전시스템의 계측기구와 표시장치에 대하여 설명하시오.

 답 [아래의 내용은 조금 부족하므로 독자스스로 자료를 보완하실 것]

1. 태양광 발전시스템에서 계측기구, 표시장치의 설치목적 및 주요기능
  1) 시스템의 운전상태 감시를 위한 계측 또는 표시
  2) 시스템의 발전전력량을 알기 위한 계측
  3) 시스템 기기 및 시스템의 성능종합평가를 위한 계측
  4) 시스템의 운전상황을 견학자에게 보여주고, 시스템의 홍보를 위한 계측 또는 표시
  5) 시스템의 성능을 평가하기 위한 데이터의 수집
  6) 발전소의 기상현황 확인

2. 태양광 발전시스템에서 계측시스템의 구성요소 4가지
  1) 검출기
    ① 태양광발전시스템의 기상데이터와 설비의 전압, 전류 등을 측정하는 장치로 검출된 데이터를 지시계 또는 신호변환기로 전송하는 장치
    ② 직류측의 전압 및 전류검출 : 분압기를 이용한 전압측정, 분류기를 이용한 전류측정
    ③ 교류측의 전압, 전류, 역률, 주파수 계측 : PT,CT를 통해서 검출
  2) 신호변환기
    ① 검출기로 검출된 데이터를 컴퓨터 및 원거리에 설치한 표시장치에 전송할 때 사용하는 장치
  3) 연산장치
    ① 검출기를 통해 얻어지는 순시계측 데이터를 적산하고, 일정기간 동안의 데이터는 평균하는 등 데이터를 가공하는 장치
  4) 기억장치 : 데이터를 메모리, 컴팩트 디스클르 이용하여 저장하는 장치

3. 태양광 발전시스템의 표시장치

1) 정의 : 태양이 빛을 공급하는 시간대에 태양 전지판이 발전하는 정도를 표시하는 장치
2) 특성
   ① 태양광 전지판에서 나오는 직류 전류를 교류 전류로 변화하는 인버터부터 누적 발전량과 현재 순시 발전량 데이터를 통신으로 받아서 표시함.
   ② 시스템의 운전상태 감시를 위한 계측 또는 표시
   ③ 시스템의 운전상황을 견학자에게 보여주고, 시스템의 홍보를 위한 계측 또는 표시

참고 : 태양광 계측장치 설치 법적 규정?
(판단기준?, 기술기준? 각작가 검색하여 자료 보완요함)

1) 근거 : 기술기준 50조? 또는 판단기준 중?
2) 주요 내용
   ① 50kW 이상은 의무적으로 시스템 계측할 것
   ② 계측항목?
      태양전지 모듈의 전압 및 전류 또는 전력

112-2-2 저압회로의 단락보호

응17-112-2-2. 저압 전기회로(간선, 분기)의 과부하 및 단락 보호를 위한 방법에 대하여 설명하시오.

안15-105-3-1. 과부하보호 및 단락보호에 대하여 다음사항을 설명하시오
1) 과부하 보호에서 도체와 보호기의 협조
2) 과부하에 대한 보호장치의 시설위치   3) 단락보호기의 보호조건
4) 단락보호기의 설치 위치   5) 병렬전선의 단락보호

 답

1. 과부하 보호에서 도체와 보호기의 협조

1) 전선과 보호장치의 협조 관계도

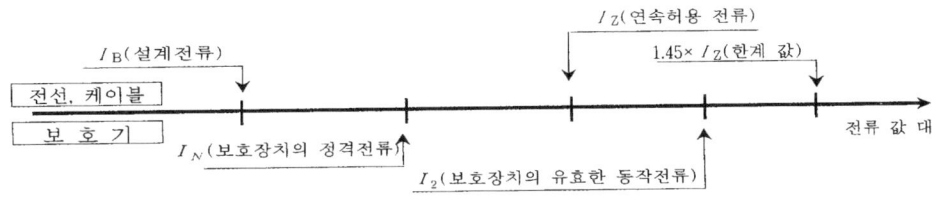

2) 보호장치의 동작특성은 다음 두 조건식에 적합할 것
   ① $I_B \leq I_n \leq I_Z$: 통상전류(Normal Current Rule)
   ② $I_2 \leq 1.45 I_Z$: 이상전류(Tripping Current Rule)
   여기서, I_B : 회로의 설계 전류, I_n : 보호장치 정격전류
   I_Z : 전선,케이블의 연속허용전류, I_2 : 최대동작전류

3) 저압계통의 보호장치의 종류
   (1) 과부하전류 및 단락전류에 대한 보호장치
      ① 과부하 제거기능을 포함한 차단기
      ② 퓨즈와 조합한 회로차단기
      ③ 한류특성의 퓨즈링크를 갖는 퓨즈

(2) 과부하전류에 대한 보호장치
　① 일반적으로 반한시 보호장치로서 그 차단용량은 보호장치 설치 점에서 예상 단락전류 보다 작게 할 수 있다.
(3) 단락전류에 대한 보호장치
　① 보호장치는 예상단락전류 이상의 단락전류를 차단할 수 있을 것.
　② 단락제거 기능을 갖는 회로차단기 및 퓨즈

2. 과부하에 대한 보호장치의 시설위치
1) 과부하에 대한 보호장치는 전선의 단면적, 종류, 시설방법 또는 구성의 변경에 따라 그 허용전류가 감소되는 개소에 시설할 것.
2) 전선에 과부하전류가 흘러 전선의 절연부, 접속부, 단자부 또는 주위에 유해한 온도상승이 일어나기 전에 차단하는 보호기 설치

3. 단락보호기의 보호조건
1) 단락보호기의 정격 차단전류는 그 시설 지점의 추정 단락전류 이상일 것
2) 단락보호기는 회로가 어떠한 점에서 발생하는 단락전류라도 그 전선의 단시간 허용온도를 초과하기 전에 차단할 수 있을 것
3) 계산식
　: $\sqrt{t} = K \times \dfrac{S}{I_s}$, 여기서, t: 계속시간(s), S: 전선단면적, I_s: 단락전류실효값, K: 저항률
　① 위 식은 계속시간이 5초 이하인 단락의 경우에 적용할 수 있다
　② 시간 t는 전선이 단시간 허용온도에 도달할 때까지의 시간이다
4) 단락보호기의 정격전류는 절연전선 및 케이블 전선의 허용전류보다 커야 한다

표. 상도체에 대한 K값

구 분	초기온도℃	최종온도℃	동도체	알루미늄도체
에틸렌프로필렌고무 / 가교폴리에틸렌	90	250	143	94

4. 단락보호기의 설치 위치

1) 설치위치 : 단락보호기는 전선 단면적 등의 변경에 따라 그 허용전류가 감소되는 개소에 시설할 것
2) 설치하지 않는 경우
   (1) 전선 단면적 등의 변경지점에서 단락보호기까지의 배선이 다음 조건을 동시에 만족 시
      ① 배선의 전체 길이는 3m이하일 것
      ② 배선은 단락이 일어날 위험이 최소가 되도록 시설되어 있을 것(외적보호)
      ③ 배선은 가연성 물질에 근접하여 시설되어 있지 않을 것
   (2) 전선 단면적 등의 변경지점에서 전원측으로 시설한 단락보호기가 전선 케이블 단면적 등의 변경지점에서 부하측 배선을 "단락보호기의 특성 조건"에 따라 단락 보호할 수 있는 동작 특성을 갖는 경우
   (3) "단락보호기의 생략"에 따라 단락보호기를 생략할 수 있는 경우
3) 회로에는 전선 및 접속부에 위험한 열적, 기계적 영향을 주기 전에 보호기의 부하측 어느 점에서 단락전류를 차단하는 단락보호기를 시설할 것
4) 적용
   ① 보호기 시설지점에서 각각의 추정 단락전류는 계산 또는 측정에 따라 결정
   ② 보호기는 "어떠한 지점의 단락전류라도 차단한다" (근접, 최원점, 중간 등)

5. 병렬전선의 단락보호

1) 몇 개의 병렬전선을 보호기 하나로 단락보호하는 경우
   : 그 보호기의 동작특성 및 병렬전선 방법을 적절하게 협조시킬 것
2) 보호기 하나로 효과적이지 못한 경우 아래 사항 중 하나 이상을 시행할 것
   (1) 다음 조건의 양쪽을 만족하는 경우는 1개의 보호기를 사용해도 무방함
      ① 배선은 가령 기계적인 손상에 대한 보호 등으로 병렬 도체에 있어 단락 위험성을 최소가 되도록 설치한다
      ② 도체를 가연물이 근접되지 않도록 시설한다
   (2) 2개의 도체가 병렬인 경우에 단락보호기는 병렬인 각 도체의 전원측에 시설한다
   (3) 3개 이상의 도체가 병렬인 경우에 단락보호기는 병렬인 각 도체의 전원측 및 부하 측에 시설.

112-2-3 ups종류별 동작방식

응17-112-2-3. 무정전 전원설비(UPS)의 종류별 동작 방식을 설명하시오.

 답

1. 무정전전원설비(UPS)의 기본 구성

1) 기본구성도

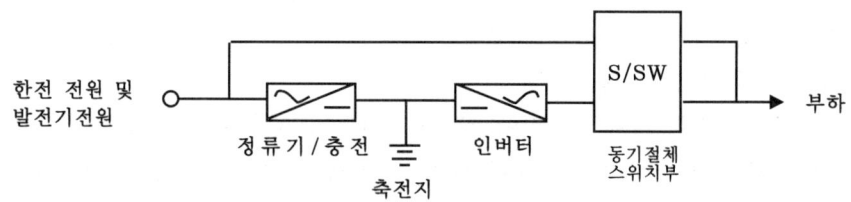

2) 구성요소
   ① 정류기/충전부 : 한전의 교류전원 또는 발전기에서 공급된 교류를 정류하여 직류전원으로 변환시키며, 동시에 축전지를 양질의 상태로 충전한다
   ② 인버터부 : 직류 전원을 교류로 변환하는 장치
   ③ 동기절체 스위치부(S/SW) : 인버터의 과부하 및 이상 시 예비 상용전원 (Bypass line)으로 절체시키는 스위치부
   ④ 축전지 : 정전이 발생한 경우에 직류전원을 부하에 공급하여 일정 시간동안 무정전으로 공급

2. 무정전 전원 설비의 동작방식 별 구분

2-1. On-Line 방식

1) 방식설명

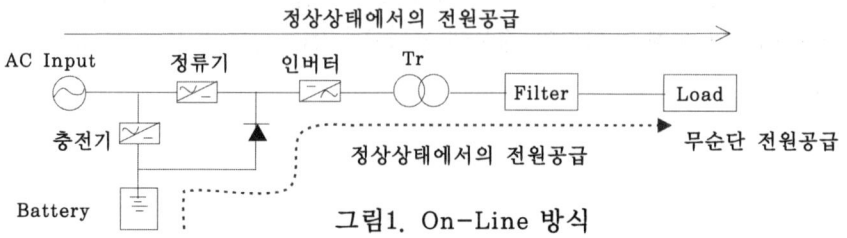

그림1. On-Line 방식

① 상용전원이 정상일 경우, 충전기와 인버터에 DC를 공급하여 항시 인버터로 공급하는 방식
② 입력과 관계없이 인버터를 구동하여 부하에 무정전 전원을 공급하는 방식으로 부하전류를 지속적으로 인버터에서 공급하므로 신뢰도를 특히 높게 요구할 때 적용되는 방식임
③ 중용량 이상에서 많이 적용 됨

2) On-Line 방식의 장점
① 입력전원이 정전인 경우에도 무순단이므로(끊어짐이 없는) 입력과 관계없이 안정적으로 전원을 공급한다
② 회로구성에 따라 양질의 전원을 공급한다
③ 입력전압의 변동에 무관하게 출력전압을 일정하게 유지한다
④ 입력의 서어지, 노이즈 등을 차단하여 출력전원을 공급한다
⑤ 출력단자, 과부하 등에 대한 보호회로가 내장되어 있다
⑥ 출력전압을 일정범위(±10%) 내에서 조정할 수 있다

3) On-Line 방식의 단점
① 회로구성이 복잡하여 기술력이 요구된다
③ 외형 및 중량이 증대된다.
④ 대체로 고가이다
② 효율이 Off-Line 방식보다 낮다(전력소모가 많으므로)

2-2. Off-Line 방식

1) 방식설명

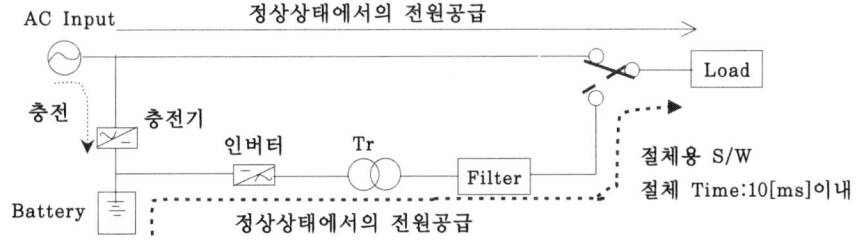

그림2. Off-Line 방식

① 상용전원이 정상일 경우는 부하에 상용전원으로 공급하다가, 정전시에만 인버터를 동작시켜 부하에 공급하는 방식.
② 주로 서버전용의 소용량에 주로 적용됨.

2) Off-Line 방식 장점
   ① 입력전원이 정상시에는 효율이 높다(전력소모가 적다)
   ② 회로구성이 간단하여 내구성이 높다(잔고장이 적다)
   ③ On-line에 비하여 가격이 싸다
   ④ 소형화 가능.
   ⑤ 정상동작시(즉 상용입력시) 전자파(노이즈 포함) 발생이 적다
3) Off-Line 방식의 단점
   ① 정전시에는 순간적인 전원의 끊어짐이 발생함(일반적인 부하는 별문제 없다)
   ② 입력의 변화로 출력의 변화가 있다(전압조정이 안됨)
   ③ 입력전원과 동기가 되지 않아 정밀급 부하에는 적합하지 않다

2-3. Line Interactive방식
1) 방식설명

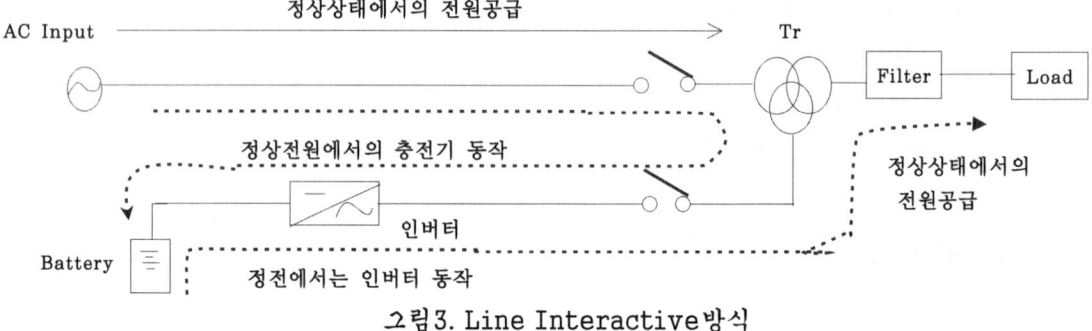

그림3. Line Interactive방식

2) 특징
   ① 정상적인 상용전원 공급시 인버터 모듈 내의 IGBT를 통한 FULL 브릿지 정류방식으로 충전기능을 하고,
   ② 정전시는 인버터 동작으로 출력전압을 공급하는 오프라인 방식
   ③ 일정전압이 자동으로 조정되는 기능이 있음

3. UPS 종류별 운전방식의 비교

구 분	On-Line방식	Off-Line방식	Line Interactive방식
효율	낮다, 70~90% 이하	높다, 90% 이상	높다, 90% 이상
-신뢰도(내구성) -동작	오프라인 방식에 비해 낮다 상시 인버터 구동함	높다, 입력정상시 인버터는 구동안함	중간, 인버터 구동소자의 프리 휠링 다이오드로 충전
절체 타임	4[ms]이하 무순단	10[ms]이하	10[ms]이하
출력전압 변동 (입력변동시)	입력변동에 관계없이 정전압	입력변동과 같이 변동함	5~10% 정도 자동전압 조정됨
입력이상시 (sag, 임펄스, 노이즈)	완전 차단함	차단하지 못함	부분적으로 차단함
주파수변동	변동 없음(±0.5 % 이내)	입력변동에 따라 변동됨	입력변동에 따라 변동됨
제조원가	높다	낮다	낮은 편

112-2-4 교량의 조명

응17-112-2-4. 교량의 경관조명 요건과 기법에 대하여 설명하시오.

답

1. 교량의 경관 조명의 요건

1) 교량의 건축적 조형미를 표현하여 도시의 랜드 마크(land mark)로서 상징성과 가시성을 갖도록 구상한다.
2) 교량의 구조적 입체감을 안정적으로 연출한다.
3) 주말, 공휴일, 축제 기간 등 특별한 날에 변화된 분위기를 연출한다.
4) 교량 전체에 대한 형태 인지 측면의 조명을 한다.
5) 도시의 이미지 구축에 통일성을 확보한다.
6) 주간에 주변 경관을 해치지 않도록 한다.
7) 대상물 주위와의 적정한 휘도 대비는 적정한 액센트로 1 : 5 정도로 한다.
8) 부근의 건물과 보행자, 운전자 등에 눈부심을 주지 않도록 유의한다.
9) 광해에 대한 대책을 강구한다.
10) 조명 기구 및 램프는 고효율 기기를 선정한다. 효율적 광원이 용이하고 에너지 절감효과가 있는 것으로 선정한다.
11) 차량, 전철 등에 의한 진동 대책을 강구한다.
12) 광 연출에 따른 광원과의 색 간섭에 대한 고도의 광각 조정이 필요하다.

2. 교량의 경관조명 기법

○ 개념
교량조명은 도시기능으로서의 안전과 원활한 자동차교통의 유지를 위해 교량내의 도로조명과 동시에 교량의 조형미와 형식 및 주변과의 경관을 고려한 조명연출이 필요하다

1) 직접투광 방식
① 교량에 직접투광 하는 방법으로 교량형태 및 디자인적 특징을 강조한다.
② 또한 교량의 노면 조명등에 누광이 많도록 하며 다리 기둥 아치 등을 주로 비추는 투

광방법이다.
2) 간접투광방식
    ① 교량의 교각 교량 내부 실루엣 그리고 난간라인 등에 간접적으로 설치하는 방법
    ② 교량의 분위기를 연출하는 방법으로 효과적이다
    ③ 아치의 경우에는 다리의 아래쪽을 투광기가 산란광으로 조명하는 것도 가능하지만 명암이 강한 경우에는 조명을 추가한다
    ④ 아치의 아래쪽을 강한광으로 조명하고 측면을 약한광으로 비추면 보다 드라마틱한 효과를 얻을 수 있는 투광방법이다
3) 발광일루미네이션Illumination) 방식
    ① 일루미네이션Illumination) 등의 장식을 목적으로 조명하는 투광방법
    ② 교량의 구조와 외형디자인을 강조하기에 적합하다
    ③ 아치 교량 등의 구조물에 저전력의 전구를 배치하여 일루미네이션(Illumination) 조명을 하거나
    ④ Optical Fiber의 측면 발광을 이용하면 Line Lighting 조명효과를 낼 수 있다

2 경관 조명 설계

1) 설계 시 주안점
    ① 조형적 아름다움을 표현하는 디자인 측면 : 경관 조명
    ② 도로 교통을 위한 조명의 기능 측면 : 도로 조명
    ③ 유지 관리
2) 경관 조명의 설계
    ① 대상물 특징 파악(교량 1.2[m], 교폭 31.4[m])
        ㉠ 대상물의 형태와 크기, 표면의 재질 및 색채 등
        ㉡ 대상물의 경년 변화와 조명에 의한 변화, 주변 생태계와의 관계
        ㉢ 대상물의 시각(보는 사람의 시각, 조명에 의한 시각 등)
    ② 주변 환경
        ㉠ 조명 시설에 따른 주간 미관
        ㉡ 주변 환경의 밝음과 환경 조건
    ③ 시설 측면
        ㉠ 전원 공급 여부와 조명 제어, 조명 기구의 위치, 적합성, 시공성 확인
        ㉡ 조명에 따른 휘도, 광채에 대한 문제
        ㉢ 타 시설물에 대한 전기적 안전성

④ 조명 연출
　㉠ 대상물에 대한 연출하고자 하는 모티브 : 이미지 부각
　㉡ 빛의 컬러를 응용하여 메시지를 전달하거나 분위기 연출
　㉢ 음영 효과, 텍스처 3차원적 특성 강조
　㉣ 교량 조명 연출
　　　ⓐ 교량 상단 수평 라인에 LED 조명을 이용한 고휘도 컬러 변화 조명 연출
　　　ⓑ 교량 아치는 아름다운 곡선 연출, 트러스 구조물은 웅장함 연출
⑤ 광원 및 조명 기구
　㉠ LED 조명 : 교량 상판 수평 방향으로 컬러 조명 연출(4색 LED)
　㉡ 메탈 할라이드 조명 : 투광 조명에 이용
　㉢ 나트륨 조명 : 상판 트러스 투광 조명
　㉣ 광원 및 조명 기구 사양과 광원의 배치
　　　ⓐ LED 조명 : Red, Blue, Green
　　　ⓑ HQI 150[W] 협각형 : 트러스 구조물 1
　　　ⓒ HQI 150[W] 중각형 : 트러스 구조물 2
　　　ⓓ HQI 400[W] 중각형 : 교각
⑥ 조도 계산
　㉠ 컴퓨터를 이용하여 조명 시뮬레이션을 한다.
　㉡ 조명 연출에 따른 에이밍을 한다.

112-2-5 › 직류전동기의 제동

응17-112-2-5. 직류전동기의 전기제동의 종류에 대하여 설명하시오.

 답

1. 개요
1) 전동기로 구동하고 있는 부하를 정지 시키는 경우에 단시간 내에 정지시켜야만 되는 경우가 있다. 이런 회전체가 가지고 있는 운동에너지를 흡수하여 급속히 속도를 저하시키는 것이 필요하다.
2) 정지제동: 전동기의 정지를 목적으로 한 제동
3) 운전제동 : 전동기의 속도상승을 억제하기 위한 제동
4) 제동법의 분류
   ① 기계적 제동: 기계적으로 밀착하는 힘을 이용한 슈형, 디스크 형, 밴드형 등의 마찰브레이크
   ② 전기적 제동 : 발전제동, 회생제동, 역전제동(역상제동)
5) 또한 부하의 특성에 따라 전동기를 역전시키고자 할 경우도 있으므로 직류 전동기와 유도전동기에 대해서 보면 다음과 같다.

2. 직류전동기의 제동법
1) 발전제동(dynamic 제동): 일명 저항제동
   (1) 원리
      ① 전동기의 하나의 권선에 직류를 흐르게 하면 갭(gap)에 자계가 생긴다.
      ② 이 磁界와 상대적으로 속도차가 있는 다른 권선이 있으면 이 권선에는 전압을 발생시키므로 발전기로 동작한다.
      ③ 이 권선에 저항기를 접속하여 두면 발전기로서의 출력은 저항기에서 소비되고 회전체가 가지는 운동에너지를 흡수 할 수 있다.

(2) 직류전동기의 발전제동법

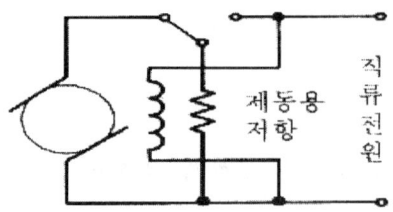

그림1. 직류전동기의 발전제동

① 계자를 가한 상태로 전기자권선에 저항기 접속.
② 발전제동시 속도-토크 특성 : 제동토크 $T_b = \dfrac{K_1 \phi^2 n}{R}[N \cdot m][N \cdot m]$로서,

제동토크는 전기회로의 저항R과 여자전류에 의해 영향을 받는다
(3) 전동기의 발전제동법의 일반적 특징
① 접속하는 저항기 값에 의해서 제동 토크와 속도의 관계가 변화하고
② 또 속도가 낮은 곳에서는 제동 토크가 감소한다.
③ 흡수한 에너지는 저항기 안에서 열로 소비되기 때문에 저항제동이라고도 함.

2) 역전제동(plugging)
(1) 원리 및 정의
① 운전 중인 전동기가 급한 정지가 필요한 경우, 전동기가 회전 중에 역회전의 접속으로 전환하여 급속히 감속시키고,
② 정지되기 직전에(역방향으로 가속하기 전에) 시한 계전기나 영(0)회전 검출계전기(플러깅 릴레이)에 의해서 전원에서 분리하여 기계적 마찰제동으로 정지시키는 제동법이다.
(2) 전기적 제동에서 기계적 제동으로 바꾸는 것은 속도 검출장치를 사용하여, 자동절환시킴
(3) 주의점 (즉, 역전제동의 특징)
① 역전 시 전원에 흘러가는 과대한 전류(정격의 5-10배)가 발생함.
② 과전류를 억제하기 위해서는
㉠ 직류전동기에는 직렬저항을 삽입
㉡ 교류전동기에는 권선형 유도기에는 2차저항을 삽입, 농형유도기에는 1차 저항을 삽입
(4) 직류전동기의 역전제동 : 직류 전동기에는 전기자 회로의 접속을 반대로 함

3) 직류전동기의 회생제동
   ① 전기자전압을 급감 또는 계자전류를 급히 상승시킬 때
   ② 중력부하를 하강시키는 경우 속도가 빠를 때, 전동기의 유기기전력이 전원전압보다 높아지면 회생제동을 함
   ③ 단, 직권전동기나 복권전동기의 경우는 직권권선의 접속을 바꾸어야 함
   ④ 직류전동기의 회생제동시 각속도 : $W_0 = \dfrac{V}{K\Phi}[rad/s]$

   여기서, V : 전기자전압[V], Φ : 1극의 자속[Wb],
   K : 전동기에 의해서 결정되는 상수)
   ⑤ Φ는 계자전류에 의해서 변화하기 때문에 무부하 속도는 전기자 전압과 계자전류에 의해서 정해지고 이 속도보다 저 속도에서는 전동기로서, 높은 속도에서는 발전기로서 동작한다.
   ⑥ 회생제동 특징: 제동할 때 손실이 가장 적고 효율이 높은 제동법 이다.
   ⑦ 회생제동 용도
      ㉠ 권상기, 엘리베이터, 기중기 등으로 물건을 내릴 때
      ㉡ 전차가 언덕을 내려가는 경우 전동기가 가지는 운동에너지로 전동기를 동작시켜 발생한 전력을 반환하면서 과속을 방지하는 방식이다.

4) 와전류 제동
   ① 발전제동과 같은 원리지만 전동기 측 끝에 구리판 또는 철판을 붙이고 이것을 직류 전자석의 극 사이에서 회전하도록 하여 전자석을 여자하면 금속판 중에 와전류가 유기되어 제동력이 발생하도록 하는 방식이다.

112-2-6 MHD발전

응17-112-2-6. 초전도체를 이용한 MHD(Magneto-Hydro Dynamic) 발전 원리, 종류, 특징에 대하여 설명하시오

 답

1. 개요
1) MHD 발전이란,
   석탄이나 중유 등을 연소해서 얻어지는 고온가스류(도전성 있음)가 고속으로 초전도자석 사이를 통과 시 페러데이의 전자유도법칙에 의해 기계적 장치 없이 직접발전 되는 발전 (Direct Generation)

2. MHD 발전의 원리와 발전력
1) 개념도 및 원리

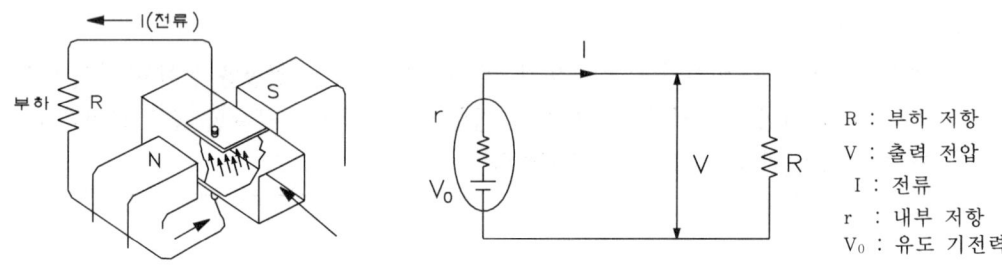

도전성 고온 가스류

① 위 그림과 같이 석탄 또는 중유 등의 고온연소가스(2,000~2,700℃)에 도전성 향상을 위해 칼륨 등의 시드를 미량(0.5~4%)첨가해서 유도성가스(플라즈마)로 하여 사용
② 고속(1,000㎧)으로 초전도 자석사이의 발전 채널속을 통과시킬 때 자계속의 자속을 끊음으로써 페러데이의 전자유도 법칙 $e = \dfrac{d\phi}{dt}$ 에 의해 직류가 직접 발전되며 이를 인버터를 통하여 교류전력으로 변환시킴.

2) 발전력
   ① 유기전력은 자속밀도 및 속도에 비례하여 $V \propto Blv$ 이다
   ② 유기되는 전류는 고유저항률에 반비례, 속도와 자속밀도에 비례하므로
   $I \propto \frac{1}{\rho} vB$ 가 됨
   여기서, V : 전압, I : 전류 , B : 자속밀도(wb/m^2)
   v : 속도(m/s),   K : 기체의 도전율(1/Ω m)
   ③ ∴ 발전력은, $P = VI = KB^2 v^2$ 이 됨

3. MHD의 종류

1) 연소형 MHD
   ① MHD 작동유체로서 고속연소기체를 이용하는 것으로 현재 화력발전소와 비슷함.
2) 액체금속 MHD
   ① MHD 작동유체로서 액체금속을 사용하는 것으로 고온가스 원자로와 같은 원리.

4. MHD특징(장단점)

1) 장점
   ① 에너지의 직접변환방식(열→전기)의 직접발전방식
   ② 높은 발전소의 효율(50 ~ 60%)
   ③ 증기 터빈과 복합화력으로 구성가능
      : MHD에서 사용된 고온의 연소가스를 기력발전에 이용 가능
   ④ 원자력 발전과 연계된 발전가능 : 가스냉각 원자로의 냉각제인 He가스를 고속·고온으로 재이용하여 더한층 효율증가
   ⑤ 연료의 다원화에 기여 환경문제 경감효과 있음.
2) 단점 및 문제점(MHD발전의 문제점을 기술하라)
   ① 강자계의 초전도자석 개발이 요구됨(6만 Gauss이상)
   ② 고온내열재료개발이 요구됨. (K:절대온도=섭씨온도+273 [K])
   ③ 발전채널은 부식 등 시드물질을 포함한 2,500(K)정도의 고속(1000m/s) 으로 내열, 내마모, 내부식성이 강한재료 전극의 소모에 대한 대책과 시드의 회수기술이 요구됨

112-3-1 전동기 보호방식

응17-112-3-1. 전동기의 전기적 고장에 대한 보호 방식을 설명하시오.

 답

1. 개요
1) 전동기 사고 발생원인
   ① 내부요인 : 절연열화 및 베어링 윤활 분량
   ② 외부요인 : 전압강하 및 과부하
2) 발생현상
   ① 전기적 현상 : 권선단락, 지락
   ② 열적, 기계적 현상 : 권선이나 베어링 과열

2. 전동기를 보호하기 위한 보호기기 종류
1) 전동기 자체보호 기기
   ① 과부하, 구속 부하용 보호기기 : THR, 모터브레이크, 2E, 3E, 4E, MCCB
   ② 결상 및 불평형용 보호기기 : 2E, 3E, 4E, POR(Phase Open Relay)
   ③ 과전압 및 부족 전압용 보호기기 : 과전압은 OVR, 부족전압은 UVR
2) 전동기용 전선, 배선 기구의 보호 기기 : 단락 보호용 기기로서, MCCB, 퓨즈
3) 전동기 운용에 따른 감전·화재 보호기기 : 누전 보호용으로 ELB, 4E
4) 전동기 부하 기기의 보호기기 : 역상 보호용으로서 3E, 4E

3. 유도전동기 보호대상 및 보호방법

보호대상	보호방법
단락	·과열 및 누전확대, 내부소손에 의해 발생되며 차단기의 차단으로 보호 (PF로 보호 可)
지락	·절연불량, 습기, 도전성 먼지, 부식성 가스침투 열화 등에 의해 발생 →영상전류 검출차단 및 접지(전위상승 억제)

과부하	·과열, 결상운전, 내부이상으로 발생 → 열동계전기, 전자식 과전류 계전기를 검출
결상 (Fuse 사용시)	·내선규정상 결상에 대한 보호장치를 설치토록 규정 →EOCR, POR 등
부족전압	·순시정전 대책 → NCT, AVR, PWR Conditioner, UPS
기타	·고압 : 베어링 과열 대책 필요 ·기동전류 대책 → 감전압 시동법 채택

4. 전동기의 보호방식

1) Motor Breaker에 의한 보호방식

   : 모타 기동전류에 트립되지 않는 지연특성 요소를 가진 전동기용 MCCB를 사용하여 보호 (즉, 전동기의 과부하 보호임)

MCCB(전동기용 배선용 차단기)

2) MCCB + 열동계전기에 의한 보호방식

   ① 과부하에 의한 보호 : 열동계전기

   ② 단락전류에 의한 보호 : MCCB

   ③ 대부분 열동계전기(Th)는 전자접촉기와 일체화 사용함.

   ④ 열동계전기는 바이에탈에 의한 방식으로 소용량에 주로 사용됨.

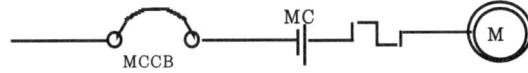

3) MCCB + 전자식 과전류 계전기에 의한 방식

   ① 최근에 가장 많이 사용되는 방식임   ② MCCB : 단락보호용

   ③ 전자식 과전류 계전기 : 과부하 보호용

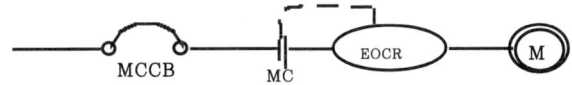

4) MCCB + CT + OCR에 의한 보호
   ① 400V 이상의 전동기 보호에 사용
   ② 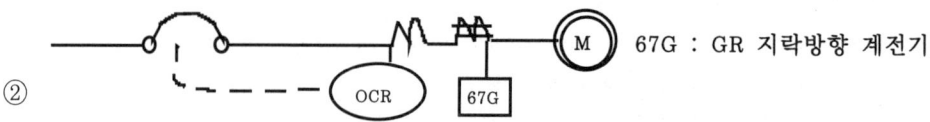 67G : GR 지락방향 계전기

5) 지락 전류에 대한 전동기의 보호
   ① 일반적으로 누전차단기(과부하 겸용)사용
   ② 대용량의 경우는 ACB에 Option으로 지락보호 기능 부가

6) 고압용 전동기의 보호방식
   ① 고압용 모터의 단락보호방식 : 전력퓨즈에 의함.
   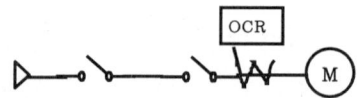

   ② 고압용 모터의 지락보호방식 : ZCT와 67G (지락계전기)와 조합에 의함
   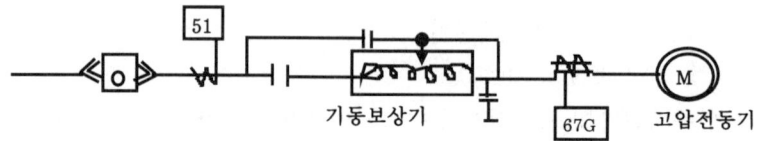

7) 기동전류에 의한 전동보호 방식
   ① 전동기 부하 특성에 알맞은 감전압 방식을 선택함
   ② 농형유도전동기 기동방식
      ㉠ Y-Δ 방식   ㉡ 기동보상기 방식
      ㉢ 리액터 시동방식   ㉣ 콘트로퍼방식
   ③ 권선형 기동방식 :
      ㉠ 2차저항법   ㉡ 2차 임피던스

112-3-2 전기설비의 내진대책

응17-112-3-2. 내진설계 대상 건축물에서 고압 및 특고압 전기설비의 내진 대책에 대하여 설명하시오.

답

1. 내진 설계시 고려사항

1) 건물의 중요도
    전기설비의 내진성은 건물의 사회적 중요도나 용도를 고려해서 등급을 결정한다
    ① 중요도A : 중요설비나 인명 안전 확보상 중요 설비의 기능유지 확보설비
    ② 중요도B : 정지나 긴급 차단의 관제 운전 대상설비
    ③ 중요도C : 다소 피해가 있어도 간단히 보수, 복귀 가능 설비

2) 지진력과 변위
    ① 변위 : 건축물의 변형을 표시하는 층간 변위각과 익스펜션 조인트 등의 상대 변위량으로 나타내는데 이를 변위각 또는 변위량으로부터 설치하는 기기의 변형대책 및 배관 배선의 흡수 대책을 세워야 한다
    ② 지진력 : 내진 설계를 하려면 지진력을 명확히 해야 하는데 설계용 수평 지진력은 다음 식으로 산출한다
       ㉠ 수평 지진력: $F_H = Z \cdot K_S \cdot W$ [kg]

       F_H = 설계용 수평 지진력[kg]   Z = 지역계수로 전기설비의 경우는 1.
       K_S = 설계용 표준 진도 (지하층 및 1층:0.4 중간층:0.6 최상층:1.0)
       W = 기기의 중량 [kg]
       ㉡ 수직 지진력: $F_V = 0.5 F_H$ [kg]

3) 설비의 적정 배치
    ① 중요도 높은 기기 및 내진력이 약한 기기는 저층부에 배치
    ② 진동 발생시 오동작 우려 설비는 아래쪽에 배치
    ③ 보수, 점검이 용이한 곳에 설치

4) 공진이 없도록 설계
: 전기설비의 기기 및 배선들은 건물의 지진반응에 대해 공진이 없는 설계 시공한다.
5) 기능의 보전
① 지진 중에도 운전
② 지진 측정기로 감지, 수동 및 자동정지, 지진후 운전 재개
③ 자동으로 재 운전 가능할것
④ 점검, 확인 후 재 운전 개시 가능할 것

2. 고압 및 특고압 전기설비의 내진 대책

기기종류	내진 대책(예)	비고
옥외형 애자형 기기	① 가대포함 내진설계 ② 공진시 동적하중에 견디도록 강도선정 ③ 고강도 애자 사용	① 내진조건에 따라 스테이 애자로 보강 ② 플랜지 강화
GIS	① 기초부를 정적내진설계 ② Bushing은 공진 고려하여 동적설계	① 변압기와의 연결은 Flexible Joint 사용
SW Gear	① Frame 고정 볼트를 인장력 전단력이 강한 것 사용 ② 부재의 강성을 높이고 기초부 보강	① 벽 등에 고정시켜 전도 방지 ② 층의 1/2 이하로 배치
보호계전기	① 정지형 또는 디지털 Relay 사용 ② 다른 종류의 계전기와 조합하여 사용 ③ 판의 강성을 높여서 응답배율을 내린다	① 지진검출기로 차단 또는 Locking한다. ② Tuner를 넣어 협조시킨다.
변압기	① 본체의 공진주파수를 10Hz이상 일 것. ② Bushing의 공진주파수를 탁월 주파수 밖으로 한다.	① 방진장치가 있는 것은 Stopper설치 ② 저층에 설치 ③ 애자는 0.3G, 공진3파에 견디는 것 ④ 기초볼트의 정적하중이 최대 체크POINT
설비전반	① 배관이나 리드선에 가요성 부과 ② 변위량 큰 것은 내진 Stopper설치	① 하층에 설치 및 배치한다.

자가발전기	지진시의 운전조건으로서 전내진형, 지진관제형으로 할 것인가는 부하의 중요도, 건축물과 타 설비와의 내진강도의 밸런스, 2차 재해의 가능성 계전기 등의 지진중 동작 등을 검토하여 결정.	① 지진 후 안전하고 확실한 운전을 할 수 있는 것일 것. ② 원동기와 발전기에 방진장치를 시설할 경우에는 지진하중이 원동기, 발전기의 중심에 작용 할 경우 수평2방향과 연진방향에 대하여 유효하게 스톱퍼를 시설할 것
축전지	① 앵글프레임은 관통볼트에 의하여 고정 또는 용접. ② 내진가대의 바닥면고정은 강도적으로 충분히 견딜 수 있도록 처리	축전지 상호간의 틈이 없도록 내진가대 제작 축전지 인출선은 가요성이 있는 접속재로 충분한 길이의 것을 사용, S자형 배선고려

112-3-3 피뢰기 선정시 고려사항

응17-112-3-3. 피뢰기(LA)의 정격 선정시 고려할 사항에 대하여 설명하시오.

 답

Ⅰ. 피뢰기[LA(lighting arrester)]가 필요한 이유 (피뢰기의 설치 목적 또는 역할)

1) 전력계통에서 발생하는 이상전압은 크게 외뢰와 내뢰로 구분된다.
2) 외뢰는 전력계통 외부의 요인인 직격뢰 유도뢰 등이고 내뢰는 전력계통 내부에서 발생하는 것으로 선간단락 또는 차단기 개폐시에 발생되는 개폐서어지가 있다. 이러한 이상전압은 상규전압의 수배에 달하므로 여기에 견딜 수 있는 전기기기의 절연을 설계한다는 것은 경제적으로도 불가능하다.
3) 따라서 일반적으로 내습하고 이상전압의 파고값을 낮추어 기기를 보호하도록 피뢰기를 설치하고 있으며, 대부분 특성요소를 산화아연소자로 된 폴리머 갭레스 타입을 사용함.
4) 즉, 전력계통 및 기기에 있어서 외뢰(직격뢰 및 유도뢰)에 대한 절연협조를 반드시 해야 하나 절연강도 유지 상 외뢰에 견딜 수 있게 하는 것은 경제적 여건상 문제점이 많음
5) 따라서, 피뢰기를 통한 외뢰 및 내뢰를 억제시키는 것을 전제로 절연협조 검토
   즉, 내습하는 이상전압의 파고값을 저감시켜 기기를 보호하기 위함
6) 또한 전력계통에서 발생하는 내뢰의 이상전압 방지의 역할을 피뢰기가 함.

Ⅱ. 피뢰기 선정시 고려할 사항

1. 정격전압
   1) 정의
      (1) LA의 정격전압이란 상용주파 허용단자 전압으로 피뢰기에서 속류를 차단할 수 있는 최고의 상용주파수의 교류전압으로 실효값으로 나타냄
      (2) 피뢰기 양단자간에 인가한 상태에서 소정의 단위동작 책무를 소정의 횟수만큼 반복 수행할 수 있는 정격주파수의 상용주파 전압 실효값.
   2) LA의 정격전압 선정
      (1) 정격전압 =공칭전압×1.4 / 1.1 (비유효접지 계통)

(2) 정격전압 : $E = \alpha \beta V_m$ 단, 유도(Margin) : $\beta = 1.04 \sim 1.15$

접지계수 : $\alpha = \dfrac{\text{고장시 건전상의 대지전압}}{\text{정격선간전압}} ≒ 0.65 \sim 1.1$

V_m : 계통최고전압(선간전압)은 345kV는 362kV, 765kV는 800, 154kV는 169kV

(3) 공칭전압을 V라 할 때:
① (직접접지계는)정격전압=0.8V ~1.0V,
② (비유효접지계는)정격전압=1.4V ~1.6V

3) 적용 예 : $E = \alpha \beta V_m = 1.2 \times 1.15 \times (1.05 \times 345/\sqrt{3}) = 288$

2. 공칭방전전류
   1) 정의 : Gap의 방전에 따라 피뢰기를 통해서 대지로 흐르는 충격전류를 피뢰기의 방전전류라 함
   2) 피뢰기의 방전전류의 허용 최대한도를 방전내량이라 하며, 파고값 임.
   3) 선로 및 발·변전소의 차폐유무와 그 지방의 IKL를 참고로 하여 결정함

3. 피뢰기의 설치위치(전기설비기술기준 제46조)
   1) 발전소, 변전소 또는 이에 준하는 장소의 가공전선 인입구 및 인출구
   2) 가공전선로에 접속하는 배전용 TR의 고압측 및 특별고압측
   3) 고압 및 특별고압 가공전선으로부터 공급을 받는 수용장소의 입구
   4) 가공전선로와 지중전선로가 만나는 곳
   ※ 피뢰기는 가능한 한 피보호기에 근접해서 설치하는 것이 유효하다. 왕복 진행하는 진행파이기 때문임.

4. 피뢰기의 제한전압(에 대하여 설명하고 그 값이 어떤 인자에 의하여 결정되나?)
   1) 정의 : 피뢰기 방전 중 이상전압이 제한되어 피뢰기의 양단자 사이에 남는 (충격)임피던스 전압으로, 방전개시의 파고값과 파형으로 정해지며, 파고값으로 표현
   2) 제한전압의 결정요소
      ① 충격파의 파형
      ② 피뢰기의 방전특성, 피보호기기에 가해지는 전압
      ③ 피뢰기의 접지저항
      ④ 피보호기기의 특성
      ⑤ LA와 피보호기기까지의 거리 등

5. 피뢰기의 구비조건
   1) 충격방전 개시전압이 낮을 것
   2) 상용주파 방전개시전압이 높을 것
   3) 방전내량 크고, 제한전압이 낮을 것
   4) 속류차단능력이 신속할 것
   5) 경년변화에도 열화가 쉽게 안될 것
   6) 우수한 비직선성 전압-전류특성을 갖을 것
   7) 경제적일 것

112-3-4 ASS

응17-112-3-4. 자동고장구분 개폐기(ASS)의 기능에 대하여 설명하시오.

 답

1. ASS의 개념
1) ASS는 선로구분 기능을 갖고 있는 개폐기로서, 수용가측의 사고발생시 사고 전류를 감지하여 자동으로 잠금을 분리시켜 사고구간을 분리하는 것으로서,
2) 22.9kV-Y 배전선로R/C 또는 배전선로용 변전소 CB의 부하측으로 부하용량 4000kVA 이하인 지점에 설치하여 구장구간을 후비보호하는 장치와 협조하여 자동으로 수용가 설비내 고장을 구분, 분리하는 기능이 있으나, 현장사용은 거의 없음.

2. ASS의 설치목적 및 장소
1) 목적
   ① 국내의 배전전압은 22.9KV-Y로 구성되어, 지락 발생시 지락전류의 과대는 단락사고와 같은 영향이 있어, 한전 배전선로의 Recloser와 CB(차단기)를 동작시켜, 건전수용가의 정전피해 유발시킴.
   ② 따라서, 300KVA이상 1000[KVA] 미만의 간이 수전설비의 인입개폐기로, ASS 설치시켜, 고장구간만을 신속, 정확히 차단 또는 개방하여 고장구간의 확대방지 및 정전피해의 최소화를 위해 ASS 설치함.
2) 설치장소

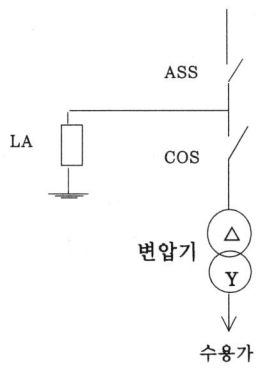

3. 기능 [동작특성(또는, 동작기능)]

1) ASS 구성은 유입개폐기(OS)와 제어함(LBR)을 조합 사용하도록 되어 있으며, 개폐기에 내장된 CT에 의하여 상전류 정정값의 110% 이상의 과부하 및 고장전류를 검출 기억하게 된다.

2) 기본기능
   ① 고장구간의 자동분리
   ② 과부하 및 고장전류 검출
   ③ 돌입전류 제어기능

3) A.S.S의 동작협조 기능
   (1) 배전 계통의 Recloser와의 협조
   ① 수용가에서 고장전류가 800A 이상인 사고가 발생時 한전 배전선로上에 설치 된 Recloser가 이를 감지하여 Trip되며 2초후 재투입된다.
   ② 이때 ASS는 개로준비시간인 1.4 ~ 1.7초를 걸쳐 자동으로 Trip됨.
   ③ 따라서 Recloser가 2초(120HZ)후 재투입되더라도 ASS는 Open되어 있어, 배전선로에서 고장개소인 수용가는 분리된 후, 계속 배전이 가능함

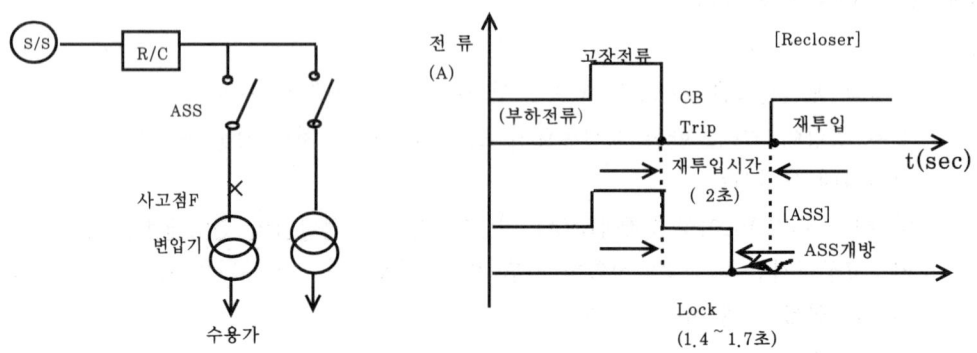

[그림 2]   R/C와~ ASS간 계통도 및 동작협조도

3) 한전 CB와 ASS의 동작협조를 통한 정전의 최소화 기능
   ① 고장전류가 흐르면 변전소의 차단기가 Trip으로 18~30HZ 후는 재투입
   ② 이때 ASS는 한전 CB Trip후 3~4HZ후에 자동으로 Trip되어, 한전 CB가 再투입 될 때 까지는 ASS가 Trip된 상태로 유지되므로, 재송전(한전 CB-ON)하여도, 고장수용가 外에는 配電이 가능하여 정전은 최소화 됨.

112-3-5 LED원리.장단점. 형광등과의 비교

응17-112-3-5. LED(Light Emitting Diode)램프 발광원리 및 광원의 장·단점을 설명하고, 다음 사항을 형광램프와 비교 설명하시오.
  1) 발광광속   2) 발광효율   3) 색온도   4) 연색성   5) 수명

 답

1. LED(Light Emitting Diode)램프 발광원리

1) LED의 발광은 다이오드의 P-N접합부에 적당히 도포된 크리스탈 내에 직류전류가 흐르면 전자발광 현상에 의하여 빛을 발하며, 이는 전계에 의해서 고체가 발광하는 전계루미네선스의 일종이다.

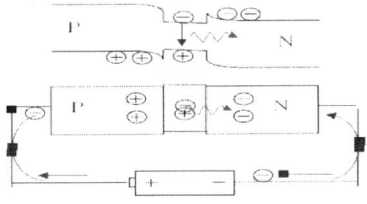

그림) LED 빛의 발생 원리

2) 반도체 PN 접합에서 빛이 나오는 원리
   ① P,N 반도체를 붙여놓고 전압을 가해주면, P형 반도체의 정공은 N형 반도체 쪽으로 가서 가운데층에 모임.
   ② 이와 반대로 N형 반도체의 전자는 P형 반도체 쪽으로 가서 전도대의 가장 낮은 곳인 가운데층으로 모임.
   ③ 이 전자들은 가전대의 빈자리(정공)로 자연스럽게 떨어짐
   ④ 이때 전도대와 가전대의 높이 차이 즉 에너지gap에 해당하는 만큼의 에너지를 발산하는데, 이 에너지가 빛의 형태로 방출되면 LED가 됨.
   ⑤ LED의 P-N 접합부에서 에너지갭의 특성은 LED의 양자효율과 방사에너지에 의하여 결정되고 파장에 따라 LED의 발광색이 결정됨.

3) 방사에너지의 파장: $\lambda = \dfrac{h \cdot C}{E_g} \simeq \dfrac{1240}{E_g}[nm]$.

   h:프랭크상수, c:광속, Eg:반도체의 에너지갭(eV)

2. LED 광원의 장·단점

2-1. LED의 장점

(1) 작고 견고한 구조, 장수명
　① 작은 점광원으로 개당 광 출력이 매우 작지만 견고하고 수명이 길다
　② 수명은 통상 4만 시간으로 기존 전구에 비해 유지 보수를 대폭절감 가능
(2) 단색광 발광과 높은 시인성
　① 특정한 색을 요구하는 조명기구에 응용할 경우 별도의 착색랜즈 없이 높은 발광효율을 얻을 수 있다
　② 적색의 경우 전구에 비해 발광효율이 10배 높으며 동일 밝기 기준으로 90%의 에너지 절약이 가능하다
(3) 광출력 제어 용이하고 빠른 응답
　① 전구의 경우 필라멘트 가열시간이 필요하며 통상 1/20초 이상이 소요
　② LED는 전원공급과 동시에 전자와 양자가 결합하여 순간적으로 발광.
　③ 자동차 브레이크 등에 적용시 폐차까지 램프의 교환이 없고 소비전력이 1/10로 감소되며 빠른 응답으로 교통안전에 크게 기여.
(4) 큰 지향성
　① LED자체는 지향성이 아니나 모듈화 된 경우 반사컵이나 에폭시 렌즈의 구조로 인해 배광특성이 결정된다.
　② 작업면이 특정 지역으로 제한된 경우, 목적조명이 가능하며 기존 광원보다 2배 이상의 등기구 효율 향상이 가능하다
(5) 낮은 UV
　① 가시광선의 좁은 파장대를 발광하므로 UV가 없어 열방사가 없다
　② 박물관 조명, 냉동냉장고 내부조명에 사용된다
　③ 저온에서 효율 증가하므로 에너지 절약이 가능하다
(6) 다양한 색상의 발광이 가능하다
(7) 조명용 다른 광원에 비해 눈부심이 작다
(8) 필라멘트가 없으므로 충격에 강함[MLED : 마이크로 LED]
(9) 소형 발광다이오우드로 공장제품에 대량 생산가능 및 MLED혁신제품 발전

2-2. LED의 단점

(1) 전원 공급에너지의 약20%만이 빛 변화되고 나머지는 열방출로 되어 점등과 동시에 온도 상승이 있고, 이로 인해 허용전류의 감소, 중심파장의 이동, 광변환 효율저하, 수명단축 등에 영향을 준다.
(2) 허용전류보다 큰 전류가 흐르면 열손실로 직선성이 없어지며, 발광효율 저하, 소손 등 수명단축의 원인이 된다.
(3) 접합부에서 큰 열이 발생하므로 적절한 열처리 기술이 필요하다.

3. LED과 형광등의 비교

구 분	LED 램프	삼파장 형광램프
1) 발광광속	440~650[lm]	3,300[lm]
2) 발광효율	100[lm/W]~150[lm/W]	83[lm/W]
3) 색온도	3,000[K]	4,200[K]
4) 연색성	80	84
5) 수명	약 100,000시간 (현장여건상 통상 5만 시간 정도)	8,000시간

상기의 수치는 LED의 품질이 매우 신속히 좋아 매년 달라진다

4. 결론

1) LED램프는 조명에너지 절감측면에서 대폭적으로 사용 증가 중이다.
2) 또, 일정규모 이상의 공공건물은 법적규제로 의무적으로 사용하게 되어 있다
3) 이때 플리커리스 LED의 사용이 필수적이며, 현재 국내 대부분의 제품은 플리커리스 한 제품이다(수입산은 거의 플리커 발생함)
4) 더욱 발전시켜 향후 마이크로 LED가 수년 내에 상용화 되면 마치 대낮같은 옥내조명과 유사한 광원을 이용할 가능성 대단히 높고
5) 더 나아가 T.V에 MLED제품이 상용화 되어 국내 수출의 큰 몫을 차지 할 것으로 생각되며,
6) 의료용 기기 및 몸에 부착하는 웨어로블 MLED도 국내의 연구진에서 상용화를 목표로 매진하고 있어 그야말로 빛의 새로운 세계가 향후 10년 이내에 도달할 것으로 예상된다.

112-3-6 태양관원리. 종류.세기 및 주변온도와 전압-전류특성

응17-112-3-6. 태양전지의 발전 원리와 재료에 따른 종류, 태양광 세기 및 주변 온도 변화에 따른 전압-전류특성을 설명하시오.

 답

1. 태양전지의 발전 원리

1) 태양전지의 발전원리 및 태양전지(PV)

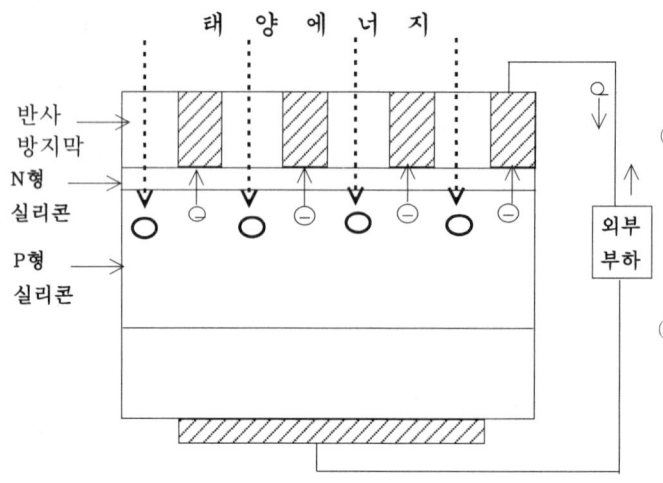

① 초의 그림처럼 교체 반도체로 및 에너지를 흡수하면
② 반도체 中에 과잉 전하대가 발생
③ 발생한 정공(+)과 전자(-)대가 正,負로 분리될 때
④ 외부 회로를 연결하면, 입사光에 비례한 광전류가 통전됨.

2) 태양광 발전의 구성

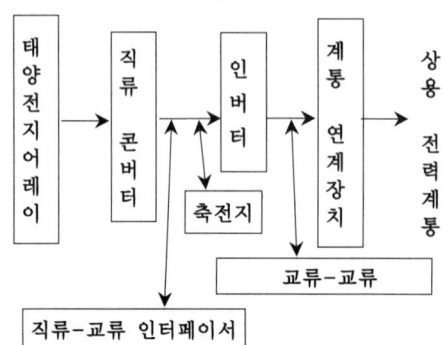

① 태양전기 Airay : 일사하는 태양광을 집결하여 직류전력으로 변환 에너지 압은 Cell로 구성
② 인버터 : 직류→교류
③ 축전지 : 일사량이 얇은 구간에 잉여전력을 축전하여 흐린 날이나 야간에 공급

2. 태양전지의 재료에 따른 종류

1) 실리콘 계
   ① 결정계 실리콘 : ㉠ 단결정형   ㉡ 다결정형   ㉢ 박막다결정
   ② 아몰퍼스계 실리콘
2) 화합물 반도체 계 : ㉠Ⅱ-Ⅵ족(CIS, CdTe 등)   ㉡Ⅲ-Ⅴ족 화합물(Ga, As, 등)
3) 태양전지의 특징비교

분류	특징		
	변환효율	신뢰성	cost
결정계 실리콘	○	○	○
아몰퍼스 실리콘	△	△	◎
화합물 반도체Ⅱ-Ⅵ족	△	○	○
화합물 반도체Ⅲ-Ⅴ족	◎	◎	×

◎ : 우수하다.   ○ : 좋다.   △ : 약간 나쁘다.   × : 나쁘다

3. 태양광전기(Cell)의 간이 등가회로

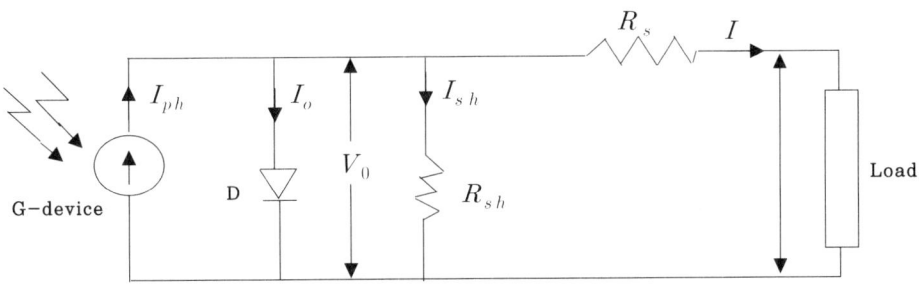

① 그림에서와 같이 발전을 하는 전류원과 다이오드로 등가 modeling할 수 있음
② 이때 광이 조사 되면 부하에 출력되는 전류 I는 다음과 같음

$$I = I_{ph} - I_0 \left[e^{\frac{q(V+IR_s)}{nKT}} - 1 \right] - \frac{V+IR_s}{R_{sh}}$$

여기서, I_{ph} : 광 기전류, I_o : 역포화전류, I : 태양전지의 출력전류,
V : 태양전지 Cell의 출력전압, R_{sh} : 병렬저항, R_s : 직렬저항,
T : 셀의 표면온도(K), q : 단위 전하량으로 1.6×10^{-19}[coulomb]
K : $1.38 \times 10^{-23} [J/K]$ 값의 상수, n : mol수($=\frac{W}{M}$, W : 질량, M : 분자량)

4. 태양광 세기 및 주변 온도 변화에 따른 전압-전류특성

1) 태양전지의 모델링으로 관찰된 I-V 특성
   ① 태양전지는 다이오드와 병렬인 전류 소스로 모델링할 수 있다.
   ② 입사광선의 강도가 증가하면 태양전지가 전류를 생성하게 되는데 아래 그림1과 같다.
   ③ 이상적인 셀은 전체 전류 I가 광전자 효과 – 다이오드 전류 I_D로 생성된 전류 I_l와 동일하다. 공식은 다음과 같다.

   $$I = I_l - I_D = I_l - I_0 \left[e^{\frac{qV}{kT}} - 1 \right]$$ 단, I_0가 다이오드의 포화전류일 때

   q: 단위전하량 1.6×10^{-19} 쿨롱, k: 1.38×10^{-23} J/K 값의 상수
   T: 캘빈온도의 셀 온도,   V: 셀이 생성한 전압

   ⑤ 조사된 태양전지의 I-V 곡선은 그림 2와 같은 모양을 가지고 있다.
   ⑥ 그림을 보면 측정하는 load 전반의 전압은 0에서 V_{OC}로 스위프되며 cell에 대한 여러 성능요소들은 아래 섹션에서 기술한대로 데이터에서 측정할 수 있다.

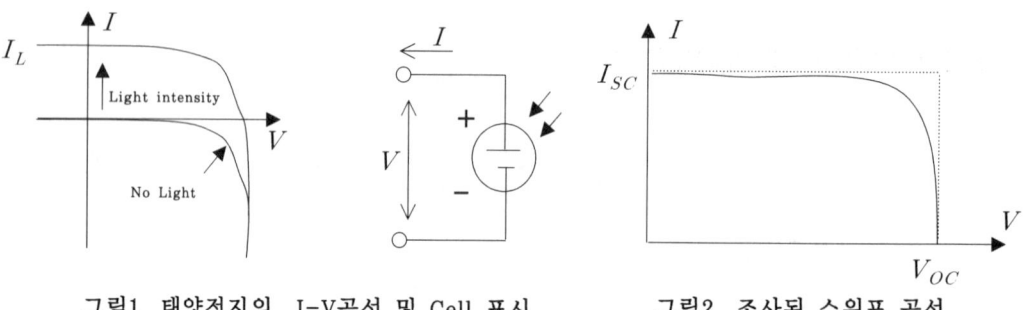

그림1. 태양전지의 I-V곡선 및 Cell 표시   그림2. 조사된 스위프 곡선

2) 단락전류(I_{SC}) : $I_{SC} = I_{max. at\ V=0}$
   ① 이상적인 셀은 최대전류 값이 광자 여기에 의한 태양전지에서 생성한 전체 전류임
3) 개방전압(Voc) : $V_{OC} = V_{MAX\ at\ I=0}$
   ① 개방전압은 셀 전압의 최대전압 차이며, 셀을 통해 전달되는 전류가 없을 때 발생함
4) 최대전력 일 경우의 전류(I_{MP})와 전압(V_{MP})
   ① 셀에 생성된 전력은 P=VI 공식에 의한 I-V스위프로 쉽게 계산할 수 있다.
   ② Isc와 Voc 지점에서 전력은 0이 되고, 전력에 대한 최대값은 둘 사이에서 발생하게 된다.
   ③ 최대 전류지점에서 전압과 전류는 각각 VMP와 I_{MP}로 명시되어 있다.

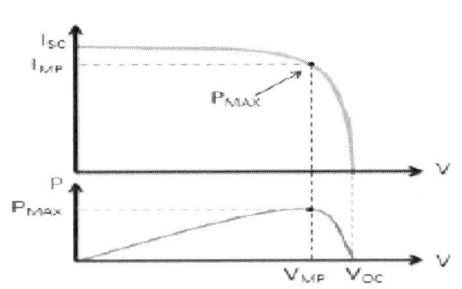

그림. I-V스위프에 대한 최대전력

그림1. 스위프에서 Fill Factor 얻기 및 이 경우의 I-V특성

5) Fill Factor(FF)에서의 I-V특성
   ① FF는 태양전지 품질에 있어서 가장 중요한 척도이다.
   ② FF는 최대전력을 출력하는 이론상 전력과 비교 : 즉, $FF = \dfrac{P_{MAX}}{P_T} = \dfrac{I_{MP} \cdot V_{MP}}{I_{SC} \cdot V_{OC}}$
   ③ 또한 FF는 그림4에 묘사한 정사각형 영역의 비로 해석할 수 있다.
   ④ 보다 큰 FF가 바람직하며 보다 사각형에 가까운 I-V 스위프에 상응한다.
   ⑤ 전형적인 FF는 0.5~0.82 범위에 이른다.

6) I-V 곡선의 온도효과 및 온도 측정
   ① 태양전지를 만드는데 사용되는 실리콘 결정은 반도체와 마찬가지로 온도에 민감하다.
   ② 그림9는 I-V곡선상 온도의 효과를 나타낸다. 태양전지가 보다 높은 온도에 노출 되면 I_{SC}는 조금 증가하며 V_{OC}는 보다 크게 감소한다.
   ③ 대개의 경우 온도가 높아질수록 최대전력출력 P_{MAX}는 감소하게 된다
   ④ I-V곡선이 온도에 따라 변화하기 때문에 온도를 포함한 주변 환경이 함께 기록되는 것이 정확한 I-V곡선을 구하는 데에 중요하다.
   ⑤ 온도는 RTD, 서미스터 또는 열전쌍과 같은 센서를 이용하여 측정할 수 있다.

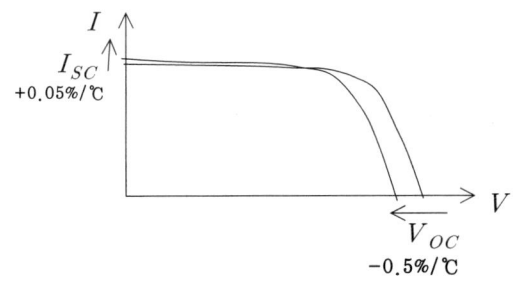

그림9. I-V 곡선의 온도효과

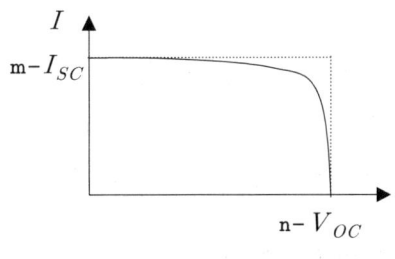

그림10. 모듈과 어레이에 대한 I-V곡선

112-4-1 유전가열

응17-112-4-1. 전기가열방식에서 유전가열(誘電加熱)에 대하여 설명하시오.

 답

1. 유전가열의 발열원리

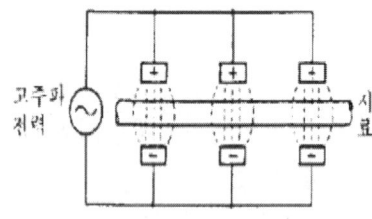

① 주파수가 1MHz~300MHz 이며, 전계작용에 의해 가열하는 방식으로 고주파 전계 속에서 절연성의 피열물에 생기는 유전체손(절연물이나 반도전성의 물질 분자마찰)에 의해 피열물을 직접 가열하는 방법.

② 유전체에 고주파 전계를 가하면 다음 식으로 표시되는 열이 발생한다

$$I_c = 2\pi f c V, \quad R = \frac{V}{I_R}, \quad P = VI_R = VI_c \tan\delta = 2\pi f C V^2 \tan\delta,$$

③ 전극면적 A[cm²], 유전체 두께 d[cm], 유전율 ε라 하면 용량 C는 $C = \frac{\varepsilon A}{4\pi d} \cdot \frac{1}{9 \times 10^{11}} [F]$.

④ 그러므로 용량을 대입하면, $P = KE^2 = \frac{5}{9} f \varepsilon A d \frac{V^2}{d^2} \cdot \tan\delta \times 10^{12} [W]$

여기서 K: 등가 도전율, E: 전계 세기($E = \frac{V}{d}$), δ: 유전체 손실각

⑤ 이 열은 유전체 내부에 발생한 전기쌍극자를 고속으로 회전시켜 분자간의 마찰에 의해서 발생하는 것이다

2. 유전가열에 사용되는 전극

① 평행 평판 전극: 전극의 재료 형태가 판상이며, 양면에 평판전극 임
② 롤러형 전극 ③ 그리드형 전극 ④ U자형 전극 ⑤ L자형 전극 등

3. 유전가열의 장점

① 유전체손에 의한 자기발열이므로, 표면이 손상되지 않으며 가열시간이 짧아도 된다

② 온도 상승의 속도를 임의적으로 조정가능
③ 전계가 균일하면, 피열체 내부를 균일하게 가열할 수 있고
④ 표면이 손상되지 않으며 가열시간이 짧아도 됨
⑤ 양호한 절연물에는 유전율(ε)과 유전정접이 주파수에 무관하게 되나, 특정주파수에서는 유전율(ε)이 급격히 감쇠되고, K가 급증하면서 $\tan\delta$가 급격히 증대되어 선택가열가능
⑥ 전계를 일정하게 하면 발열량은 주파수에 따라 증가함

4. 유전가열의 단점

① 주파수를 높게 올리면 발진기, 정합 회로 등의 효율이 저하됨
② 따라서 피가열물 대상마다 특정한 주파수범위를 선정해야 됨
③ 실용주파수는 3~3,000[MHz]로 통신용 전파에 노이즈 장해우려가 있어 작업장를 철저히 차폐처리 할 것
④ 설비비가 높다   ⑤ 고주파 전원이 필요함   ⑥ 효율이 나쁘다(50~60%)
⑦ 주파수 및 전계강도를 너무 크게 하면, 코로나 방전, 연면 방전, 절연 파괴 등의 고주파 방전현상이 발생하여 피가열물을 소손시키기도 함
⑧ 따라서 피가열물이 얇거나, 손실계수 혹은 유전율이 적은 물체, 피가열물 자체의 고주파 방전전압이 낮은 물질 등을 가열시킬 경우에는 주파수를 높게 선택하여 효과적인 가열을 행하여야 함
⑨ 국부적인 가열 목적인 경우에도, 전기력선의 집중이 필요하므로, 주파수를 높게 선택할 것
⑩ 피열물의 기하학적 형상에 따라, 내부전채가 균일 가열이 되지 않을 경우도 있음

5. 유전가열 사용 주파수 및 용도

종 별	사용 주파수	용 도
대형의 공장제품	3~30[MHz]	목재의 건조 및 접착고무의 가황
소형 또는 박막상의 피열체	방전전압이 낮기 때문에 30~80[MHz]	섬유, 종이의 가열 건조, 합성수지의 가열 성형 가공 고주파용접, 고주파 미싱
약품, 식품, 생물체	전극과 피열체 또는 피열체 사이에 공극을 포함하므로 30[MHz] 이상	페니실린 등 약품의 건조, 농어산물의 건조가공, 유기조합품의 숙성촉진, 살충 살균
조리기 등 특수용도	1,000~3,000[MHz]	고주파 조리기

112-4-2 분산형 전원의 보호협조

응17-112-4-2. 분산형 전원의 계통 연계 및 연계선로의 보호 협조에 대하여 설명하시오. [2017년4월 기준]

 답

1. 연계 (interconnection) / 연계시스템 (interconnection system) 정의
1) 분산형전원을 한전계통과 병렬운전하기 위하여 계통에 전기적으로 연결하는 것
2) 분산형전원을 한전계통에 연계하기 위해 사용되는 모든 연계 설비 및 기능들의 집합체를 시스템이라 함

2. 분산형전원 이상시 보호협조[제14조]
1) 분산형전원의 이상 또는 고장시 이로 인한 영향이 연계된 한전계통으로 파급되지 않도록 분산형전원을 해당 계통과 신속히 분리하기 위한 보호협조를 실시하여야 한다.
2) 즉, 계통연계하는 분산형전원을 설치하는 경우 다음 각 호의 1에 해당하는 이상 또는 고장 발생시 자동적으로 분산형전원을 전력계통으로부터 분리하기 위한 장치를 시설하여야 한다.
   ① 분산형전원의 이상 또는 고장
   ② 연계한 전력계통의 이상 또는 고장
   ③ 단독운전 상태
3) 분산형전원 연계 시스템의 보호도면과 제어도면은 사전에 반드시 한전과 협의하여야 한다.

3. 보호장치 설치(제18조)
1) 분산형전원 설치자는 고장 발생시 자동적으로 계통과의 연계를 분리 가능토록 다음의 보호계전기 또는 동등 이상의 기능 및 성능을 가진 보호장치를 설치할 것
   ① 계통 또는 분산형전원 측의 단락·지락고장시 보호를 위한 보호장치를 설치
   ② 적정한 전압과 주파수를 벗어난 운전을 방지하기 위하여 과저전압 계전기, 과저주파수 계전기를 설치한다.
   ③ 단순병렬 분산형전원의 경우에는 역전력 계전기를 설치한다.

㉠ 단, 신에너지 및 재생에너지 개발·이용·보급 촉진법 제2조제1호의 규정 에 의한 신·재생에너지를 이용하여 전기를 생산하는 용량50kW 이하의 소규모 분산형 전원으로서 제17조에 의한 단독운전 방지기능을 가진 것을 단순병렬로 연계하는 경우에는 역전력계전기 설치를 생략가능 (단, 해당 구내계통 내의 전기사용부하의 수전계약전력이 분산형전원 용량을 초과하는 경우)
　　④ 역전력계전기 설치사유
　　　㉠ "역전력계전기" 미설치시 배전계통에 상시 역조류 발생 가능
　　　　ⓐ 자가발전기 상시 배전계통 병입에 따른 전압상승 및 고조파 발생
　　　　ⓑ 한전과 전기안전공사의 점검범위 상이로 관련규정 위반 사각지대 발생
　　　㉡ 연계 현황 미파악시 안전작업대책 수립 및 피해원인 파악 곤란
ⓐ 정전 작업시 선로 역충전에 의한 작업자 감전 유발 요인 내재, 상호 책임소재 불분명
2) 역송병렬 분산형전원의 경우
　　① 제17조에 따른 단독운전 방지기능에 의해 자동적으로 연계를 차단하는 장치를 설치하여야 한다.
　　② 또한 단순병렬 분산형전원의 경우 제18조 ①항에 따른 보호장치 설치로 제17조에 의한 단독운전 방지기능을 가진 것으로 볼 수 있다.
3) 인버터를 사용하는 저압계통 연계 분산형전원의 경우
　　① 그 인버터를 포함한 연계 시스템에 제1항 내지 제2항에 준하는 보호기능이 내장되어 있을 때에는 별도의 보호장치 설치를 생략할 수 있다.
　　② 다만, 다음의 경우는 보호장치를 설치할 것
　　　㉠ 개별 인버터의 용량과 총 연계용량이 상이하여 단위 분산형전원에 2대 이상의 인버터를 사용하는 경우에는 해당 분산형전원의 연계시스템 전체에 대한 보호기능을 수행할 수 있는 별도의 보호장치를 설치함
　　　㉡ 또는 100kW 이상 저압계통 연계 분산형전원은 각각의 연계 시스템에 보호기능이 내장되어 있는 경우라 하더라도 해당 분산형전원의 연계시스템 전체에 대한 보호기능을 수행할 수 있는 별도의 보호장치를 설치할 것
4) 분산형전원의 특고압 연계 또는 전용변압기(상계거래용 변압기 포함)를 통한 저압 연계의 경우
　　① 보호장치 설치에 관한 세부사항은 한전이 계통에 적용하고 있는 "계통보호업무처리지침" 또는 "계통보호업무편람"의 발전기 병렬운전 연계선로 보호업무 기준 등에 따른다.
5) 제1항 내지 제4항에 의한 보호장치는 접속점에서 전기적으로 가장 가까운 구내계통 내의 차단장치 설치점(보호배전반)에 설치함을 원칙으로 하되, 해당 지점에서 고장검출이 기술적으로 불가한 경우에 한하여 고장검출이 가능한 다른 지점에 설치할 수 있다.

6) Hybrid 분산형전원 설치자는 다음에 의해 보호장치를 설치할 것
   ① ESS 설비 및 분산형전원에 제1항 내지 제2항에 준하는 보호기능이 각각 내장되어 있더라도 해당 Hybrid 분산형전원의 연계 시스템 전체에 대한 보호기능을 수행할 수 있는 별도의 보호장치를 설치하여야 한다.

※ 참고1. : 연계용량

1) 계통에 연계하고자 하는 단위 분산형전원에 속한 발전설비 정격출력
   ① 교류발전설비의 경우에는 발전기의 정격출력의 합계와 발전용 변압기 설비 용량의 합계 중에서 작은 것
   ② 직류발전설비의 경우에는 사업허가 설비용량의 합계와 발전용 변압기 설비용량의 합계 중에서 작은 것
      ㉠ 사업허가 설비용량 : 발전사업허가증의 설비용량으로 판정(모듈기준)

※ 참고2. : @@ 일반선로와 전용선로의 구분
1) 일반선로
   ① 일반 다수의 전기사용자에게 전기를 공급하기 위하여 설치한 배전선로
2) 전용선로
   ① 특정 분산형전원에 이르기까지 해당 분산형전원 설치자가 전용(專用)하기 위한 배전선로

※ 참고3. : @@ 상시운전용량의 구분

1) 22,900V 일반 배전선로의 상시운전용량
   ① 10,000kVA(전선 ACSR-OC 160, CNCV 325, 3분할 3연계 적용)
2) 22,900V 특수 배전선로의 상시운전용량
   ① 15,000kVA (전선 ACSR-OC 240, CNCV 325(전력구 구간), CNCV 600(관로구간), 3분할 3연계 적용)
   ※ 변전소 주변압기의 용량, 전선의 열적허용전류, 선로 전압강하, 비상시 부하전환능력, 선로의 분할 및 연계 등 배전계통 운전여건에 따라 하향 조정가능

※ 참고4. : 누적연계용량과 간소검토의 구분

1. 주(Main)변압기 누적연계용량
    1) (해당 주변압기에서 공급되는 특고압 일반선로 및 전용선로에 연계된 역송병렬 분산전원)
        + (전용변압기를 통해 저압계통에 연계된 역송병렬 분산전원)

2. 특고압 일반선로 누적연계용량
    1) (해당 특고압 일반선로에 역송병렬 형태로 연계된 모든 분산형전원) +
        + (해당 특고압 일반선로에서 공급되는 전용변압기를 통해 저압계통에
            연계된 모든 분산형전원)

3. 배전용변압기 누적연계용량
    1) 해당 배전용변압기(주상/지상)에서 공급되는 저압 일반선로 및
        전용선로에 역송병렬 형태로 연계된 모든 분산형전원 연계용량의 누적 합

4. 저압 일반선로 누적연계용량
    1) 해당 저압 일반선로에 역송병렬 형태로 연계된 모든 분산형전원 연계용량의 누적 합

5. 간소검토 용량
    1) 상세한 기술평가 없이 기술요건을 만족하는 것으로 간주할 수 있는
        분산형전원의 연계가능 최소용량

※ 참고5. : 제4조(연계 요건 및 연계의 구분)

1. 분산형전원을 계통에 연계하고자 할 경우, 공공 인축과 설비의 안전, 전력공급 신뢰도 및 전기품질을 확보하기 위한 기술적인 제반 요건이 충족되어야 한다.

2. 제2장제1절의 기술요건을 만족하고 한전계통 저압 배전용변압기의 분산형전원 연계가능 용량에 여유가 있을 경우, 저압 한전계통에 연계할 수 있는 분산형전원은 다음과 같다.

   1) 분산형전원의 연계용량이 500kW 미만이고, 배전용변압기 누적연계용량이 해당 배전용변압기 용량의 50% 이하인 경우 다음 각 목에 따라 해당 저압계통에 연계할 수 있다. 다만, 분산형전원의 출력전류의 합은 해당 저압 전선의 허용전류를 초과할 수 없다.

① 분산형전원의 연계용량이 연계하고자 하는 해당 배전용변압기(지상 또는 주상) 용량의 25% 이하인 경우 다음 각 목에 따라 간소검토 또는 연계용량 평가를 통해 저압 일반선로로 연계할 수 있다.
　㉠ 간소검토: 저압 일반선로 누적연계용량이 해당 변압기용량의 25% 이하인 경우
　㉡ 연계용량 평가 : 저압일반선로 누적연계용량이 해당 변압기용량의 25% 초과시, 제2장 제2절에서 정한 기술요건을 만족하는 경우
② 분산형전원의 연계용량이 연계하고자 하는 해당 배전용변압기(주상 또는 지상) 용량의 25%를 초과하거나, 제2장 제2절에서 정한 기술요건에 적합하지 않은 경우 접속설비를 저압 전용선로로 할 수 있다.

2) 배전용변압기 누적연계용량이 해당 변압기 용량의 50%를 초과하는 경우 전용변압기(상계거래용 변압기 포함)를 설치하여 연계할 수 있다.

3) 분산형전원의 연계용량이 500kW 미만인 경우라도 분산형전원 설치자가 희망하고 한전이 이를 타당하다고 인정하는 경우에는 특고압 한전계통에 연계할 수 있다.

4) 동일한 발전구역 내에서 개별 분산형전원의 연계용량은 500kW 미만이나 그 연계용량의 총합은 500kW 이상이고, 그 명의나 회계주체(법인)가 각기 다른 복수의 단위 분산형전원이 존재할 경우에는 제2항 제1호, 제2호에 따라 각각의 단위 분산형전원을 저압 한전계통에 연계할 수 있다. 다만, 각 분산형전원 설치자가 희망하고, 계통의 효율적 이용, 유지보수 편의성 등 경제적, 기술적으로 타당한 경우에는 대표 분산형전원 설치자의 발전용 변압기 설비를 공용하여 제3항에 따라 특고압 한전계통에 연계할 수 있다.

5) 저압 한전계통에 연계하는 분산형전원의 연계용량이 150kW 이상 500kW 미만인 경우 분산형전원 설치자가 해당 배전용 지상변압기의 설치공간을 무상으로 제공하며 전용으로 사용함을 원칙으로 한다. 다만, 분산형전원 연계용량이 250kW 미만이고 기설 배전용변압기 용량의 50% 이하에서 연계가 가능한 경우 기설 배전용변압기를 통해 저압 한전계통에 연계가능함

6) 전기방식이 교류 단상 220V인 분산형전원을 저압 한전계통에 연계할 수 있는 용량은 100kW미만으로 한다.

7) 회전형 분산형전원을 저압 한전계통에 연계할 경우 단순병렬 또는 전용변압기를 통하여 연계할 수 있다.

8) 저압 분산형전원 연계용 전용변압기는 무부하 손실이 적은 신품변압기를 신설함을 원칙으로 한다.

3. 제2장1절의 기술요건을 만족하고 한전계통변전소 주변압기의 분산형전원 연계가능 용량에 여유가 있을 경우, 특고압 한전계통 또는 전용변압기(상계거래용 변압기 포함)를 통해 저압한전계통에 연계할 수 있는 분산형전원은 다음과 같다.

저압 연계기준

1) 분산형전원의 연계용량이 10,000kW 이하로 특고압 한전계통에 연계되거나 500kW 미만으로 전용변압기(상계거래용 변압기 포함)를 통해 저압 한전계통에 연계되고 해당 특고압 일반선로 누적연계용량이 상시운전용량 이하인 경우 다음 각 목에 따라 해당 한전 계통에 연계할 수 있다. 다만, 분산형전원의 출력전류의 합은 해당 특고압전선의 허용전류를 초과할 수 없다
   ① 간소검토 : 주변압기 누적연계용량이 해당 주변압기 용량의 15% 이하이고, 특고압 일반선로 누적연계용량이 해당 특고압 일반선로 상시운전용량의 15% 이하인 경우 간소검토 용량으로 하여 특고압 일반선로에 연계가능.
   ② 연계용량 평가 : 주변압기 누적연계용량이 해당 주변압기 용량의 15%를 초과하거나, 특고압 일반선로 누적연계용량이 해당 특고압 일반선로 상시운전용량의 15%를 초과하는 경우에 대해서는 제2장 제2절에서 정한 기술요건을 만족하는 경우에 한하여 해당 특고압일반선로에 연계가능
   ③ 분산형전원의 연계로 인해 제2장 제1절 및 제2절에서 정한 기술요건을 만족하지 못하는 경우 원칙적으로 전용선로로 연계하여야 한다. 단, 기술적 문제를 해결할 수 있는 보완 대책이 있고 설비보강 등의 합의가 있는 경우에 한하여 특고압 일반선로에 연계할 수 있다.

특고압 연계기준

1) 분산형전원의 연계용량이 10,000kW를 초과하거나 특고압 일반선로 누적연계용량이 해당 선로의 상시운전용량을 초과하는 경우 다음 각 목에 따른다.
   ① 개별 분산형전원의 연계용량이 10,000kW 이하라도 특고압 일반선로 누적연계용량이 해당 특고압 일반선로 상시운전용량을 초과하는 경우에는 접속설비를 특고압 전용선로로 함을 원칙으로 한다.
   ② 개별 분산형전원의 연계용량이 10,000kW 초과 20,000kW 미만인 경우에는 접속설비를 대용량 배전방식에 의해 연계함을 원칙으로 한다.
   ③ 접속설비를 전용선로로 하는 경우, 향후 불특정 다수의 다른 일반 전기사용자에게 전기를 공급하기 위한 선로경과지 확보에 현저한 지장이 발생하거나 발생할 우려가 있다고 한전이 인정하는 경우에는 접속설비를 지중 배전선로로 구성함을 원칙으로 한다.
   ④ 접속설비를 전용선로로 연계하는 분산형전원은 제2장 제2절 제23조에서 정한 단락용량

기술요건을 만족해야 한다.

4. 단순병렬로 연계되는 분산형전원의 경우 제2장 제1절의 기술요건을 만족하는 경우 배전용변압기 및 저압 일반선로 누적연계용량과 주변압기 및 특고압 일반선로 누적연계용량 합산대상에서 제외할 수 있다.

5. 기술기준 제2장 제1절의 기술요건 만족여부를 검토할 때,
    1) 분산형전원 용량은 해당 단위 분산형전원에 속한 발전설비 정격 출력의 합계 (Hybrid 분산형전원의 경우 최대출력을 기준으로 산정한 연계용량)를 기준으로 하며,
    2) 검토점은 특별히 달리 규정된 내용이 없는 한 제3조 제9호에 의한 공통 연결점으로 함을 원칙으로 하나,
    3) 측정이나 시험 수행시 편의상 제3조 제8호에 의한 접속점 또는 제10호에 의한 분산형전원 연결점 등을 검토점으로 할 수 있다.

6. 기술기준 제2장 제2절의 기술요건 만족여부를 검토할 때,
    1) 분산형전원 용량은
        ① 저압연계의 경우는 해당 배전용변압기 및 저압 일반선로 누적연계용량을 기준이며
        ② 특고압 연계의 경우 해당 주변압기 및 특고압 일반선로 누적연계용량을 기준임
        ③ 다만, 전용변압기(상계거래용 변압기 포함)를 통해 연계하는 분산형전원의 경우 특고압 연계에 준하여 검토한다.

7. Hybrid 분산형전원의 ESS 충전 기준
    1) 분산형전원의 발전전력에 의해서만 이루어져야하며,
    2) 소내 부하공급용 전력에 의한 충전은 허용되지 않는다.
    3) 이때 ESS 정격용량은 풍력·태양광발전의 설비용량을 초과할 수 없다.
    4) ESS 방전은 풍력·태양광 등 분산형전원의 발전과 동시 또는 각각 가능하다.
    5) 단, 아래 조건하에서 ESS의 PCS용량이 설비용량을 초과 할 수 있다.
        ① PCS의 정격용량이 발전설비 용량의 110% 이하 이고, PCS 입출력을 발전 설비 용량 이하로 운전하도록 설정 할 경우
        ② PCS 연계변압기의 정격용량이 발전설비 용량 이하로 설치하고, PCS 입출력을 발전설비 용량 이하로 운전하도록 설정 할 경
    ※ 위 기준 1호 및 2호에 해당하는 사업자는 PCS 운전 확약서 제출

112-4-3 여자돌입전류 구분. 대책

응17-112-4-3. 변압기의 내부 고장전류와 여자돌입 전류를 구분하여 검출할 수 있는 방법과 여자돌입전류로 인한 오동작 방지 대책에 대하여 설명 하시오.

1. 여자돌입전류의 정의
1) 여자돌입전류란, 변압기의 한쪽 단자를 무부하로 하고 다른 쪽 단자를 전원에 연결시 여자 전류가 흐르는데 전원투입 순간의 전압위상 및 변압기 철심의 잔류자속의 크기에 따라 그 크기는 달라지고 과도적인 전류(즉, 과도현상에 의한 전류임)
2) 여자돌입전류란, 변압기에 무부하로 전원을 투입하면 전원투입 순간의 전압 위상 및 철심의 잔류자속에 따라 정격전류의 7~10배에 달하는 돌입전류가 순간적으로 1차측에 흐르는 전류이다

2. 여자돌입전류의 크기 및 영향
1) 변압기 정격전류의 3~7[%]가 여자전류이며
2) 이 여자돌입전류는 잔류자속의 크기에 따라 정격전류의 7~10배 (대형 변압기에서는 정격전류 1[%]가 여자전류임)
3) 여자 돌입전류(Inrush Current)의 영향
   (1) 대용량 M.Tr에서는 변압기 보호용(내부보호용) Relay의 오동작의 원인 제공
       ① 제 2고조파 성분이 他조파 성분보다 높은 값으로 정상적인 데도 불구하고 비율차동계전기(87)는 내부고장으로 오인하여 오동작 함
   (2) 변압기 돌입전류 지속시간이 대용량 Tr에서는 약 30초로 보호계전기가 오동작하는 경우가 생김
       ① 제 2고조파 성분이 他조파 성분보다 높은 값으로 정상적인 데도 불구하고 비율차동계전기(87)는 내부고장으로 오인하여 오동작 함

3. 변압기의 내부고장전류와 여자돌입 전류를 구분하여 검출할 수 있는 방법

1) 여자돌입전류는 시간이 지남에 따라 감쇄하는 것을 이용
2) 돌입전류 중에는 제 2고조파 성분이 많이 포함되어 있는 현상의 이용방법
   ① 제 2고조파 성분이 적은 내부고장전류와 구분이 됨
3) 여자 돌입전류 파형이 비대칭이라는 점을 착안
   ① 돌입전류는 차단기 투입시에 가해진 전압의 위상, 변압기 철심의 잔류자속에 의해 그 크기가 달라지고,
   ② 때로는 정격전류의 수배에 도달하는 비대칭 전류임을 이용하는 방법

4. 여자돌입전류에 의한 오동작 방지대책

1) 감도 저하법
   ① 여자돌입전류는 시간이 지남에 따라 감쇄하는 것을 이용하여, 차동계전의 동작코일 에 분류저항을 넣어 일정시간 동안 계전기의 감도를 둔화시켜 돌입전류에 의한 오동작을 방지하는 방법이다.
   ② 이 방식은 저감도 상태에서 내부사고가 발생되면 사고제거 시간이 길어지는 단점이 있다.
   ③ 또한 일정 시간 동안 지연시간을 주어 여자 돌입전류에 의한 오동작을 방지하는 ASS등 이 있다.
   ④ UVR을 사용하여 투입후 일정 시간 By-pass 시킴
   ⑤ 순간적 감도저하(0.2sec)방법도 있다

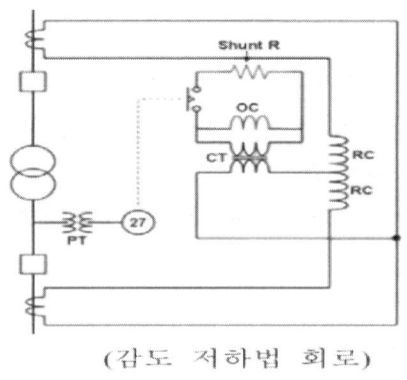

(감도 저하법 회로)

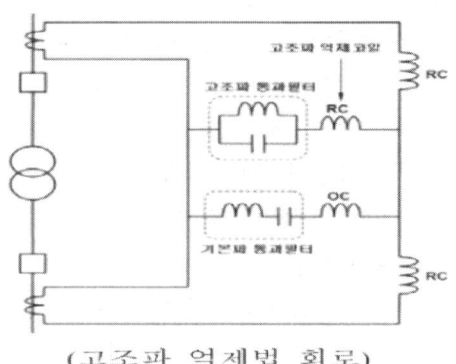

(고조파 억제법 회로)

2) 고조파 억제법
　① 여자돌입전류 파형중에는 제2고조파 성분이 많다는 것에 착안하여 필터를 사용하여 동작코일에는 기본파가 유입되고, 고조파 성분은 고조파 억제 코일에 흐르게 함으로써 여자 돌입전류에 의한 오동작을 방지하는 방법이다.
　② 이 방법은 투입시에 고감도, 고속도 동작이 가능하며, 제2고조파 성분이 15~20[%] 이상이면 동작이 억제 된다.

3) 비대칭 저지법(Trip Lock 법 : 변압기 투입후 일정시간 Trip 회로를 Lock 시킨다)
　① 여자 돌입전류 파형이 비대칭이라는 점을 착안하여 비율차동계전기의 동작코일과 직렬로 저지코일을 삽입하여 비대칭전류가 흐르면 저지계전기가 동작하여 비율차동계전기를 LOCK시키는 방법이다.

112-4-4 화학적 접지저감

응17-112-4-4. 화학저감제 접지의 특성과 시공방법에 대하여 설명하시오.

 답

1. 개요
1) 화학적 접지저항 저감방법이란,
   ① 화학저감제 접지극이 매설되는 토양의 대지저항률을 인위적으로 낮추기 위해서 사용하는 재료를 접지저항 저감제라 하며,
   ② 이를 이용한 접지저항 저감방법을 말함

2. 저감제의 조건
1) 저감효과가 크고 저감효과가 영속적일 것
2) 접지극의 부석이 안될 것
3) 공해가 없을 것
4) 경제적이고 공법이 용이할 것

3. 저감제 종류 : 화이트아스론, 티코겔

4. 저감제의 구분
1) 비반응형 저감제
   ① 염, 황산. 암모니아 분말, 벤젠나이트,
   ② 문제점 : 공해문제가 있음
2) 반응형 저감제 : 화이트 아스론, 티코겔 등, 무공해 시공 가능하여 주로 적용함

5. 화학적 접지저감법의 특성

시공 방법		특 징			
		대지 저항율	시공 면적	경년성	경제성
1) 산어스 저감법	매설지선 등의 접지전극주위에 산어스를 감싸주어 묻음 (산악지형, 높은 대지저항율에 최적)	높은 장소	보 통	매우 우수	보 통
2) 전해질 저감법 (아스롱 등)	접지극 주위에 전해질계 가루나 액체를 뿌려 토양 변화 (인체,동식물에 영향에 특히 주의 해야 함)	중간 장소	보 통	주의 요망 보 통	

6. 저감제 시공방법

1) 수반법 : 접지전극 부근의 대지에 저감재를 뿌리는 방법이다.

2) 구법 : 접지전극 주변에 고리모양의 홈을 파서 그 속에 저감재를 유입시키는 방법

3) 체류조법 Ⅰ형
   ① 접지전극의 주위에 저감재를 넣어 되메우기를 하는데 구덩이의 바닥면, 벽면은 밀도가 큰 진흙 등으로 어느 정도의 방수를 하여 물의 침입을 막는 동시에 저감재라 흩어지는 것을 막는 역할도 한다.

4) 체류조법의 Ⅱ형
   ① 제류조법의 Ⅰ형의 시공방법과 동일하며 그물 모양 접지전극의 경우에 시공함

6) 고려할 점
   ① 시공방법의 장·단점은 저감재의 종류나 접지전극의 종류, 공사지점의 토질에 따라 다양하고 또 작업성이나 효과의 측면도 고려하여야 하므로 어느 시공방법이 좋다고 말할 수는 없다

112-4-5 전기집진기의 원리

응17-112-4-5. 대기환경의 공기 질 향상을 위한 전기집진기의 원리, 종류, 특징, 적용분야에 대하여 설명하시오.

답

1. 전기식 집진기의 정의와 원리 및 구성요소
1) 정의 : 코트렐 집진기로, 기계식으로 우선집진 후 그 잔여분을 집진하는 방식임
2) 원리 : 코로나 방전을 이용하여 연도속에 (+), (-) 의 전극을 두고 이것에 직류고압을 인가하여 회진(fly ash)을 대전시켜 집진극에 흡인 시킨다.
3) 구성요소
   ① 코로나 방전을 하는 방전극(-극)
   ② 대전된 입자를 모으는 집진극(+)
   ③ 직류 고전압 인가장치
   ④ 추타장치 : 분진을 털어주는 장치
   ⑤ 회수한 분진의 재처리 설비

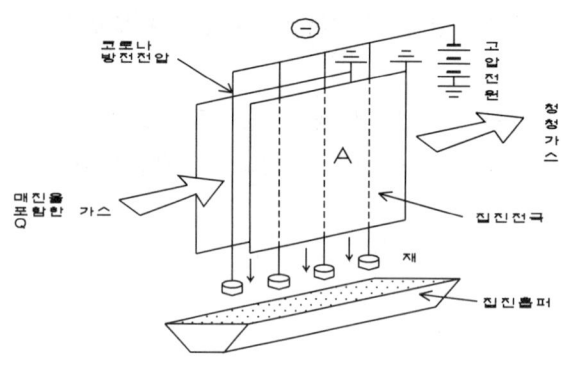
그림1. 장치의 구성

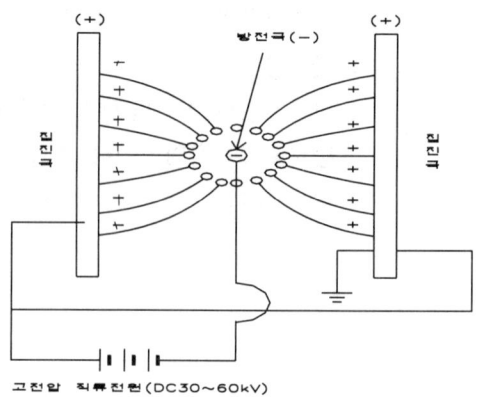
그림2. 전기식 집진장치의 원리도

2. 집진기의 종류

1) 1단식 집진기
   ① 입자의 하전과 집진을 동일한 공간에서 발생하는 방식
   ② 주로 공업용 적용
   ③ 불꽃방전 전압이 높은 부극성의 방전전극에 사용됨
   ④ 분진포집이나 공업용 집진기의 성능 시험 등의 계측분에 주로 많이 사용됨
   ⑤ 간이식으로 교류고전압을 사용하기도 함
   ⑥ 공업용 집진기는 입자를 모으는 방식에 따라 건식, 습식 및 미스트 집진기로 대별 됨

2) 2단식 집진기
   ① 연진에 전하를 주는 하전부와 이것을 포집하는 집진부로 분할된다
   ② 공기 청정용 에어클리너에 주로 이용
   ③ 하전의 원리는 공업용 집진기와 거의 같으나, 전극의 구조상 거의 집진되지 않고 다음의 집진부로 유입된다. 여기서 평판 전극간의 평등정전계로 인하여 집진된다

3. 전기집진장치가 갖는 특성(장·단점)

1) 장점
   ① 집진성능이 매우 높다($0.01\mu m$ 까지 집진가능)
   ② 연도가스의 압력손실이 적다.
   ③ 유지, 보수가 용이함
   ④ 고온, 고압하에서도 사용가능
   ⑤ 정전적인 응집작용에 의하여 효율이 높다.
   ⑥ 가스분진 성상이 광범위하게 사용됨

2) 단점
   ① 추타시에 재비산 발생
   ② 폭발성, 가연성 가스에는 적용불가
   ③ 접착성 분진에는 적용불가
   ④ 집진성능이 분진의 농도 크기 및 저항에 따라 달라짐
   ⑤ 회립자는 부(-)로 하전해서 집진극(+)에 흡착되므로 아주 미세한 입자도 흡착 가능하나, 가스의 유속이 2(m/s)로 낮추어야 함, 따라서 전기집진기 용적이 크게 되어야 하는 결점이 있음.
   ⑥ 역전리 현상 우려:
      ㉠ 더스터의 저항률이 약 $5 \times 10^8 [\Omega \cdot m]$ 이상이면 더스트가 갖고 있는 전하가 집전 전

극상에서 완화하게 어렵게 되어 더스트 층 내에 전하가 축적되어 강한 내부 전계를 형성한다.
ⓒ 이 전계가 어느 정도 이상이 되면 더스트층이 절연파괴되어 그곳에서 가스 공간으로 방전을 유발하여,
ⓒ 이로 인해 역극성 이온이 더스트의 전하를 중화 또는 방전전극 사이에서 불꽃방전이 일어나 집진성능을 현저히 저하시키는 현상.

4. 구비조건
① 입자의 크기에 무관하게 집진성능이 우수할 것
② 부하변동에 관계없이 고효율 일 것
③ 구조 및 조작이 간단하고 고장이 적을 것
④ 가격이 싸고 운전보수가 적을 것

5. 전기집진기의 적용
1) 기계식 집진기 : 원심력의 사이클론 집진기
2) 전기식 집진기의 용도
   ① 코로나 방전을 이용한 코트렐식 집진장치 이다
   ② 화력발전소 등 대규모 플랜트 및 공업용 집진기
   ③ 가정용 집진기 : 공기정화기용의 소규모에 적용

112-4-6 전기자동차 종류.충전

응17-112-4-6. 전기자동차의 종류에 따른 특징과 충전 알고리즘에 대하여 설명하시오

 발13-101-1-1. 전기자동차 충전방식의 종류를 들고 설명하시오.

1. 전기 자동차(EV : Electric Vehicle)의 종류

1) 전기자동차(EV : Electric Vehicle) : 추진동력으로 전기모터를 사용하는 자동차를 말한다.
2) 하이브리드 전기자동차 (HEV : Hybrid Electric Vehicle)
   : 내연기관과 전기모터 두 종류의 동력을 조합하여 기존 내연기관 자동차보다 고연비를 실현하는 자동차를 말한다.
3) 플러그인 하이브리드 전기자동차(PHEV : Plug-in Hybrid Electric Vehicle)
   : 자동차에 내장된 배터리로 충전하여 전기를 주행 동력으로 사용하다가, 전기가 방전되면 내연기관을 사용하는 자동차이다.
4) 무선충전 전기자동차 (OLEV : On-line Electric Vehicle)
   : 차량에 장착된 집전장치를 통해 주행 또는 정차 중 도로에 설치된 급전장치로부터 전력을 공급받아 운행하는 전기자동차이다.
5) HEV(Hybrid EV), PHEV(Plug-in HEV), EV(Electric Vehicle)의 특성비교

구분	EV (Electric Vehicle)	HEV (Hybrid EV)	PHEV (Plug-in HEV)
구성	모터+축전지+인버터+플러그	엔진+모터+축전지+인버터	엔진+모터+축전지+인버터+플러그
축전지 용량	15kWh 이상	5kWh 미만	5~15 kWh 미만
특 징	• 외부전력으로 충전된 축전지만을 사용하는 방식 • 운행거리 제약 : [150~200km] • 급속/ 완속 충전방식 • 가솔린 탱크 없음	• 저속&가속 : 모터+엔진 • 고속 : 엔진+축전지 충전 • 감속:축전지 충전 • 가솔린 탱크 있음	• 단거리(30~60km)는 축전지를 사용하며, 방전시 엔진사용 • 완속 충전방식(220V AC) • 가솔린 탱크 있음

2. 충전 알고리즘

1) 충전기의 구조: DC/DC converter, charging scheduler, admission controller (1:N방식에서), 충전 소켓
2) DC/DC converter : 외부전력 그리드로부터 오는 DC 전력을 변환하는 역할
3) Charging scheduler : 다수의 충전 소켓에 접속되어있는 전기자동차들의 충전 스케줄링을 담당
4) 충전 소켓
   ㉠ On/Off스위치 방식으로 동작하며, 1:N방식은 한 순간에 하나의 소켓만 On으로 동작하고 나머지 소켓은 Off 된다. ㉡ 즉, 하나의 DC/DC converter를 이용하여 다수의 소켓에 스케줄링을 통해 전력을 배분할 수 있게 된다.
5) Admission controller : 1:N방식에서 사용하며, 새로운 전기자동차가 충전을 시도하기 위해 충전기에 도착했을 때, 충전스케줄링을 고려하여 충전 소켓에 새로운 전기자동차의 접속을 허가할 것인지를 판단하는 역할

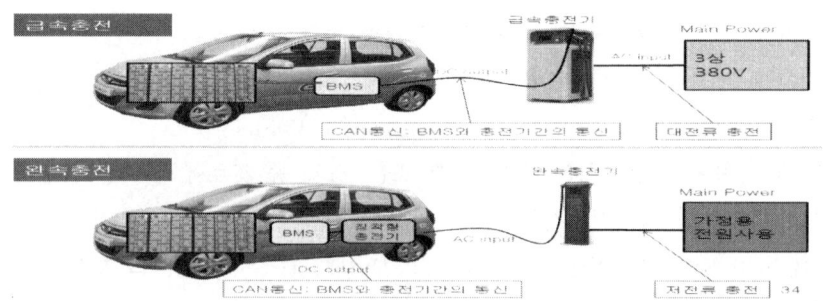

그림1. 충전방식 예

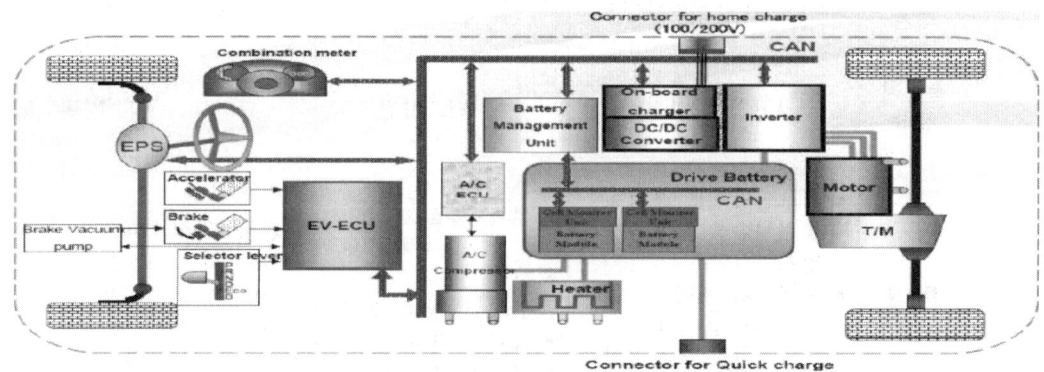

그림2. 전기자동차의 구조

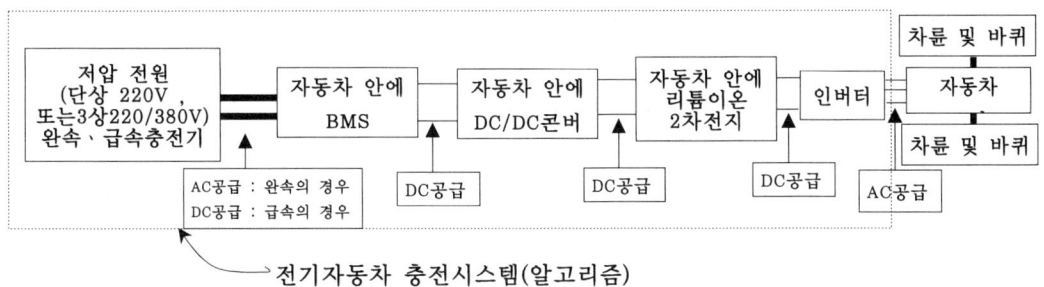

전기자동차 충전시스템(알고리즘)

6) 1:N방식의 급속방식의 필요성
   ① 다수의 전기자동차 충전으로 인한 전력 그리드의 영향을 최소화 하며, 동시에 효율적인 충전 서비스 제공이 가능한 충전 기술의 개발이 필수적이다.
   ② 공용 차장 다수의 전기자동차들이 각기 다른 충전 요구량과 체류 시간을 가지고 충전을 요구할 경우, 기존 방식의 한계가 있음
   ③ 이 문제점을 완화시키기 위해 일대일 방식의 급속충전기를 한 지역에 다량으로 설치하는 경우가 종종 있다. 하지만, 다수의 충전기가 한 지역에서 동시에 충전을 진행하게 될 경우, 전력 피크값이 급격히 상승하여 해당 지역에 전력을 공급하는 전력 그리드의 안정성을 해칠 우려가 발생하게 된다.
   ④ 따라서, 충전기 당 하나의 충전 소켓(socket)을 제공하여 전기자동차와 충전기가 1:1로 접속되어 충전을 진행하는 방식을 적용 중임
4) 1대1 급속충전기 설치로 인한 전력 피크값 상승 등의 한계점을 보완하기 위하여 다수의 충전 소켓을 갖는 일대다 방식의 새로운 충전기 구조는 다음과 같음

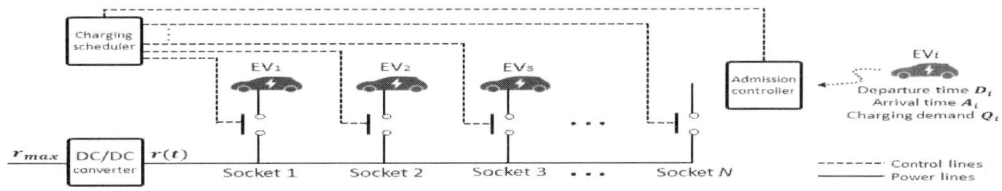

그림3 일대 다 방식의 충전기 구조

3. 전기 자동차 배터리 충전방식의 종류

1) 배터리 교환방식(Battery Swaping)
   : 전기자동차가 방전되면 직접 충전하지 않고 방전된 배터리를 배터리 교환소에서 미리 충전된 배터리로 교체하는 방식을 말한다.
2) 비접촉 충전방식(Wireless charging / Non-contact charging)

① 주차장, 도로에 교류에 의한 자기장을 발생시키는 급전장치를 설치하고,
② 자동차 하부에는 자기장에 의하여 유도전류를 발생시켜 에너지를 전달받는 집전장치가 장착되며, 집전장치에서 발생된 전류는 정류장치를 거쳐 배터리로 충전이 됨.

3) 급속충전(Quick charging) 방식
① 전기자동차를 20~30분내의 비교적 짧은 시간에 충전하는 방식으로써, 충전기가 전기자동차에 직류 100~450V를 가변적으로 공급하여 배터리를 충전한다.
② 일반적으로 급속 충전기는 교류전력을 직류전원으로 변환하는 전력변환장치, 사용자가 충전상태를 확인할 수 있도록 하는 입출력 표시장치, 차량과 충전기간의 충전케이블, 안전 및 보호기능을 구비한 외함 등의 장치로 구분할 수 있으며
③ 통신규약과 같은 소프트웨어적인 요소도 포함한다.

4) 완속충전(Slow charging) 방식
① 충전기에 연결된 케이블을 통해 교류 220V를 공급하여 전기자동차의 배터리를 충전하는 방식을 말한다.
② 배터리 용량에 따라 6~8시간 정도 소요되며, 약 6~7[kW] 용량을 가진 충전기가 주로 설치된다.

기술사 제 113회(2017년 8월 시행)　　　제 1교시 (시험시간 : 100분)

분야		자격종목	전기응용기술사	수험번호		성명	

✱ 다음 문제 중 10문제를 선택하여 설명하시오. (각 10점)

응17-113-1-1. 전력기술관리법 시행령 제23조에서 정한 감리원의 업무범위에 대하여 설명하시오.

응17-113-1-2. 변압기 결선방식 중 Dy11 결선방식에 대한 각변위, 용도 및 특징에 대하여 설명하시오.

응17-113-1-3. 주강 1 ton을 50분에 용해하는 전기로에 필요한 입력전류가 몇 A인지 계산하시오. (단, 주강의 초기온도는 30℃, 융점은 1530℃, 비열은 670 J/kg·, 융해잠열은 314×10^3 J/kg이며, 전기로의 공급전압은 3상 380 V, 효율은 85%, 역률은 80%이다.)

응17-113-1-4. 전기차량의 동력원으로 사용되는 주견인용 전동기의 종류와 주요 특성에 대하여 설명하시오.

응17-113-1-5. 조명기구의 배광곡선에 대하여 설명하시오.

응17-113-1-6. 직선형 유도전동기의 단부효과(End Effect)에 대하여 설명하시오.

응17-113-1-7. 파센의 법칙(Paschen's Law)과 페닝효과(Penning Effect)에 대하여 설명하시오.

응17-113-1-8. AC 모터 60 Hz 제품을 50 Hz에서 사용할 때 발생되는 문제점에 대하여 설명하시오.

Chapter 3. 기출 전기응용기술사 (109회부터 113회 해석분)

응17-113-1-9. 전기기기에 사용되는 리츠 와이어(Litz Wire)에 대하여 설명하시오.

응17-113-1-10. 변압기의 과부하에 대한 운전조건과 금지조건에 대하여 설명하시오.

응17-113-1-11. 풍력발전설비에서 출력제어방식의 종류에 대하여 설명하시오.

응17-113-1-12. 피뢰기를 보호기기(변압기)에 설치할 경우 가까이 설치해야 하는 이유에 대하여 설명하시오.

응17-113-1-13. 유도전동기의 기동방식 선정 시 고려사항에 대하여 설명하시오.

응17-113-2-1. 태양광 발전시스템의 구성, 종류 및 발전방식에 대하여 설명하시오.

응17-113-2-2. 자동제어에 사용되는 센서의 아날로그 표준 출력과 전압신호를 전류신호로, 전류신호를 전압신호로 바꾸는 원리, 방법 및 특징에 대하여 설명하시오.

응17-113-2-3. 가연성 가스 및 증기에 대한 전기설비의 방폭구조에 대하여 설명하시오.

응17-113-2-4. 변전소 내에 있는 사람에게 인가되는 보폭전압, 접촉전압, 메쉬전압, 전이전압에 대하여 설명하시오.

응17-113-2-5. 레이저 가열을 재료에 따른 종류와 특징(적용사례 포함)에 대하여 설명하시오.

응17-113-2-6. 최근 대형 공공건물 건설 시 적용되고 있는 BIM(Building Information Modeling)에 대한 아래 사항에 대하여 설명하시오.
1) 기본사항, 특징, 도입효과
2) 전기부문 BIM설계 라이브러리(Library) 구축방안

응17-113-3-1. 케이블의 손실(저항손, 유전체손, 연피손)에 대해 각각 설명하고, 유전체손의 표현방식을 $\sin\delta$ 대신에 $\tan\delta$를 사용하는 이유에 대하여 설명하시오.

응17-113-3-2. 변압기의 공장시험에 대하여 설명하시오.

응17-113-3-3. 연료전지의 원리, 특징 및 종류에 대하여 설명하시오.

응17-113-3-4. 전자파 적합성(EMC)시험의 종류와 내용에 대하여 설명하시오.

응17-113-3-5. 제품 및 시스템 설계 시 사용되는 리던던시(Redundancy), 디레이팅(Derating), 고장수명(MTBF 또는 MTTF), 페일 세이프(Fail Safe), 셸프 라이프(Shelf Life)에 대한 용어의 정의 및 목적에 대하여 설명하시오.

응17-113-3-6. 공장설비설계에서 동력설비와 조명설비에 대한 에너지절감대책에 대하여 설명하시오.

응17-113-4-1. 고장전류 차단 시의 과도회복전압(TRV : Transient Recovery Voltage)의 유형에 대하여 설명하시오.

응17-113-4-2. 교류전철 변전소에 설치되는 계통별 보호계전기의 종류와 용도를 수전측, 변압기측 및 급전측으로 구분하여 설명하시오.

응17-113-4-3. 장해광의 문제가 날로 심각해지자 서울특별시를 비롯하여 일부 지자체에서는 '인공조명에 의한 빛공해 방지법' (법률제13884호 2016.07 시행)에 의해서 조명 환경구역을 정하여 관리하게 하고 있다. 법에서 정한 조명 환경 관리구역의 구분법(4종)과 그 장해광의 방지대책에 대하여 설명하시오.

응17-113-4-4. SMPS(Switching Mode Power Supply)의 기본구성, 회로방식, 용도 및 특징에 대하여 설명하시오.

응17-113-4-5. 전기기기의 절연저항시험과 내전압시험의 목적 및 방법에 대하여 설명하시오.

응17-113-4-6. 무선 충전방식의 종류, 동작원리 및 특징에 대하여 설명하시오.

113-1-1 감리범위

응17-113-1-1. 전력기술관리법 시행령 제23조에서 정한 감리원의 업무범위에 대하여 설명하시오.

답 제23조(감리원의 업무 범위)

① 법 제12조제4항에 따른 감리원의 업무 범위는 다음 각 호와 같다. 〈개정 2013.3.23.〉
1. 공사계획의 검토
2. 공정표의 검토
3. 발주자·공사업자 및 제조자가 작성한 시공설계도서의 검토·확인
4. 공사가 설계도서의 내용에 적합하게 시행되고 있는지에 대한 확인
5. 전력시설물의 규격에 관한 검토·확인
6. 사용자재의 규격 및 적합성에 관한 검토·확인
7. 전력시설물의 자재 등에 대한 시험성과에 대한 검토·확인
8. 재해예방대책 및 안전관리의 확인
9. 설계 변경에 관한 사항의 검토·확인
10. 공사 진행 부분에 대한 조사 및 검사
11. 준공도서의 검토 및 준공검사
12. 하도급의 타당성 검토
13. 설계도서와 시공도면의 내용이 현장 조건에 적합한지 여부와 시공 가능성 등에 관한 사전 검토
14. 그 밖에 공사의 질을 높이기 위하여 필요한 사항으로서 산업통상자원부령으로 정하는 사항

② 산업통상자원부장관은 감리원 업무의 효율적 수행을 위하여 감리업무의 수행에 관한 세부기준을 정하여 고시한다. 〈개정 2013.3.23.〉

113-1-2 각변위. EPFXKDHK11각변위. 용도.특징

응17-113-1-2. 변압기 결선방식 중 Dy11 결선방식에 대한 각변위, 용도 및 특징에 대하여 설명하시오.

답

1. △-Y 결선 (Dy11)의 각변위

    1) 각 변위 정하는 방법
        (1) 저압측이 고압 측에 비해 늦은 만큼의 위상차로 정함
        (2) 각 변위 표현 방법
            ① Yy0 : 대문자는 Y결선 1차측, 소문자는 y결선 2차측, 0은 동상을 의미
            ② Yd1 : 대문자는 Y결선 1차측, 소문자는 △ 결선 2차측으로 저압측이 30° 지상
            ③ Dy1 : 대문자는 △결선 1차측, 소문자는 y결선 2차측으로 저압측이 30° 지상
            ④ 숫자의 의미(시계 방향과 같은 의미)
                ㉠ 0 : 동상   ㉡ 1 : 저압측이 30° 지상
                ㉢ 5 : 저압측이 150° 지상   ㉣ 11 : 저압측이 30° 진상

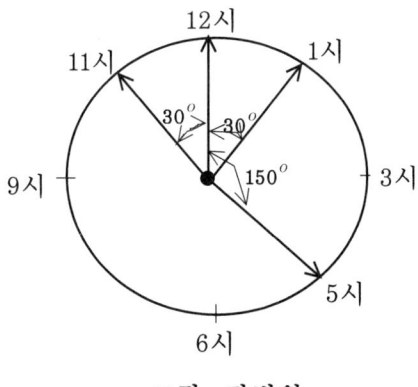

그림. 각변위

    2) Dy11의 의미
        ① 고압측 : △ 결선
        ② 저압측 : Y 결선

③ 각변위 11 : 저압측이 30° 진상(leading)

2. 결선도와 고저압 VECTOR

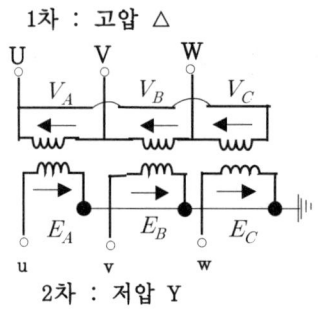 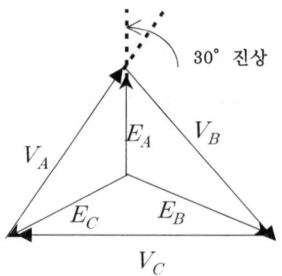

3. 용도 및 특징
① 대부분의 수용가용 변압기
② 75[kVA] 이상 중성점 접지가 필요한 곳
③ 승압용에 적합
④ 1대 고장시 V결선 불가
⑤ 1차, 2차간에 30° 위상차 발생
⑥ △-△, Y-Y결선의 장점을 지님

113-1-3 주강의 용해시 전류계산

응17-113-1-3. 주강 1 ton을 50분에 용해하는 전기로에 필요한 입력전류가 몇 A인지 계산하시오. 비열은 670 J/kg·k, 융해잠열은 314×103 J/kg이며, 전기로의 공급전압은 3상 380 V, 효율은 85%, 역률은 80%이다.
(단, 주강의 초기온도는 30℃, 융점은 1530℃, 비열은 670[J/kg·k] 융해잠열은 314×10³ J/kg이며, 전기로의 공급전압은 3상 380 V, 효율은 85%, 역률은 80%이다.)

 답

1. 열량 계산 기본 이론

1) 유효열량 =[피열물의 중량]*[(비열)*(온도 상승)+(용해열■증발열 등)]
2) 즉, 유효열량=m[kg]{c(비점-가열전 온도)+잠열]}
   = 1000[kg] {670[J/kg·k]* (1530-30) + 314×10³ [J/kg] }
   = 1000[kg] {670[J/kg·k]* 1773[k] + 314×10³ [J/kg] }
   (0도는 273 k이므로 1500도는 1500+273=1773[k])

   (1) $W = \dfrac{I^2 RT}{역률 \times 효율} = \dfrac{V^2}{R \times 역률 \times 효율} \cdot T = \dfrac{380^2}{0.85 \times 0.8\, R} \times (50 \times 60)$ ----식1)

   (2) 유효열량 = m[kg] {c (비점- 가열전 온도)+잠열] }×시간= K값
   (3) 따라서

1) $\dfrac{380^2}{0.85 \times 0.8\, R} \times (50 \times 60) = $ W 값

2) 따라서 W값 = 1000kg{670[J/kg·k]* 1773[k]+ 314×10³[J/kg]}×시간(50[분]×60[s])}

3) 그러므로 R값은, $380^2 \times 50 \times 60 = K \times 0.85 \times 0.8 R$, $\Rightarrow R = \dfrac{380^2 \times 50 \times 60}{K \times 0.85 \times 0.8}$

4) 고로, $W = \dfrac{I^2 RT}{역률 \times 효율}$ 에서,

5) $I^2 = \dfrac{W \times 역률 \times 역률}{RT}$ 에서 $I = \sqrt{\dfrac{W \times 역률 \times 효율}{R \cdot T}}$ ------------식2)

   계산 된 수치를 식2)에 대입하여 전류값을 구함

113-1-4 전기차의 전동기 종류와 특성

응17-113-1-4. 전기차량의 동력원으로 사용되는 주견인용 전동기의 종류와 주요 특성에 대하여 설명하시오 [88회1교시2번 문항을 앞뒤로 살작 교환한 문제]

 답

1. 견인용 주전동기의 성능면에서 요구조건 (즉, 견인 전동기의 전기적 성능)
1) 고중량의 train을 가동시키여야 하므로 기동 torque가 클 것.
2) 기동시 및 상향구배 운전시 큰 Torque를 발생할 것
3) 속도의 상승과 동시에 토크가 감소되어야 한다.
4) 상향 비탈(slop :구배)에서 overload가 되지 않고, torque의 reduce가 적을 것
5) 병렬 운전이 가능하고, 전동기 상호의 부하 unbalance가 적을 것.
6) 넓은 speed 범위에 걸쳐 high efficiency이고, 電源 전압의 변화에 대한 영향이 적을 것
7) 속도제어가 용이하고 광범위한 속도범위에서 고효율로 사용가능해야 하며, 전력소비량이 적아야 됨
8) 과부하 내량이 크고, 전원전압의 급변화에 견디어야 함

2. 견인용 주전동기의 구조적 측면에서 요구조건
1) 소형, 경량 일 것
2) 방진·방수·방설형 일 것

3. 적용 전동기
1) 직류직권 전동기
2) 정류기로 맥류화된 전류를 사용한 직권 특성의 맥류전동기(ripple current motor)
3) 3상 동기전동기
4) 3상 유도전동기: 인버터 제어장치를 갖춘 것임

113-1-5 ▶ 배광곡선

응17-113-1-5. 조명기구의 배광곡선에 대하여 설명하시오.

 답

1. 정의
배광곡선이란, 광원의 중심을 지나는 평면상의 광도 분포를 나타내는 극좌표 곡선

2. 배광곡선 구분
1) 수직 배광곡선 : 광원의 광 중심을 포함한 연직면에서의 배광을 나타내는 곡선.
2) 수평 배광곡선 : 광원의 광 중심을 포함한 수평면상의 배광을 나타내는 곡선.

3. 조명기구별 배광곡선

조명방식	S와 H관계	배광 곡선	비 고
직접 조명	≤1.3	0 / 0.7	①그림에서 수치는 광도 분포값임 ②작업면에서 천장 높이 : H ③조명기구간의 간격 : S
반직접 조명	≤	0.25 / 0.55	
전반 확산 조명	≤1.2	0.40 / 0.40	
반간접 조명	≤1.2	0.70 / 0.10	
간접 조명	≤1.2	0.80 / 0	

113-1-6 단부효과

응17-113-1-6. 직선형 유도전동기의 단부효과(End Effect)에 대하여 설명하시오.

답

1. 개요
1) 리니어모터는 일반 회전형 모터를 축방향으로 잘라서 펼쳐 놓은 형태이므로, 기존의 일반 모터가 회전형의 운동력을 발생시키는 것에 비해 직선방향으로 미는 힘인 추력을 발생시키는 점이 다르나 그 구동원리는 근본적으로 같다.
2) 회전형 모터는 회전방향으로 무한연속운동을 하지만,
3) 리니어모터는 구조적으로 길이가 유한하여 길이방향으로 길이가 유한하여, 입구단(entry end)과 출구단(exit end)이 구조적으로 존재하므로 누설자속과 에너지의 왜형 및 손실을 유발하여 특성을 악화시킨다. 이러한 효과를 길이방향으로의 단부효과(longitudinal end effect)라 한다.

2. 단부효과(longitudinal end effect)의 특성
1) LIM의 구동원리는 회전형 모터와 동일하나 단부효과와 모서리효과에 의하여 그 특성이 매우 달라진다.
2) 리니어모터는 일반 회전형 모터에 비해 직선 구동력을 직접 발생시키는 특유의 잇점이 있으므로 직선구동력이 필요한 시스템에서 회전형에 비해 절대적으로 우세하다.
3) 단부효과로 인해서 1차측과 2차측에 와전류 유도로 인해 각 끝단에 발생하는 자속의 반대방향으로 자속이 발생해 추진력감소가 나타나는 단점이 있다.
4) 반면에 장점은 단부효과의 단점은 자속의 감소와 와전류로 인한 열손실이다 이로서 제동 시 자속의 감소 자체가 장점이 될 수 있음.

3. 단부효과가 미치는 영향
1) 모서리 효과와 단부효과 및 횡방향 모서리효과(transverse edge effect)에 의한 에너지의 누설이 발생이 있어 이것에 의한 모터의 추력 및 수직력 등의 손실은 물론 그 분포를 왜

형시켜 운전특성을 나쁘게 하는 등의 큰 영향이 있다.
2) 회전형 모터에서의 공극은 축방향으로 대칭이기 때문에 문제가 되지 않으나, 리니어모터는 수직력이 전자석이나, 바퀴 등의 지지장치에 크게 작용하여 부하의 중량이 증가된 것으로 나타난다.
3) 따라서 이 문제를 해결하기 위하여 근본적으로 공극을 크게 한다. 이에 따라 회전형 모터에 비하여 누설자속의 증가, 자화전류의 증가, 역률 및 효율의 악화 등은 필연적이다.
4) 직선형의 구동시스템에서, 회전형 모터에 의해 직선구동력을 발생시키고자 하는 경우에는 스크류, 체인, 기어시스템 등의 기계적인 변환장치가 반드시 필요하게 되는데, 이때 마찰에 의한 에너지의 손실과 소음발생이 필연적이므로 매우 불리함

113-1-7. 파센. 페닝효과

응17-113-1-7. 파센의 법칙(Paschen's Law)과 페닝효과(Penning Effect)에 대하여 설명하시오.

 답

1. 파센의 법칙

1-1. 정의
1) 파센의 법칙이란 방전개시에 필요한 전압(V_S)는 전극간의 거리(d)와 방전관 내부기압(P)에 비례한다는 법칙
2) 압력과 거리, 진공상태와 거리의 관계에 의한 불꽃방전 발생여부를 나타내는 법칙

1-2. 표현식
1) 기동전압을 V_S[V], 전극간의 거리 d[m]라 하면 전계의 세기 E[v/m]는
   $E = V_S/d\,[V/m]$ -----식①

2) 전자의 충돌전리계수 α 와 전계의 세기 E[v/m], 압력 P[mmhg]의 관계는
   $\dfrac{a}{P} = A\varepsilon^{\frac{-B}{E/P}}$ 이며, ------식②

3) 식②에서 불꽃전압 혹은 기동전압 V_S를 구하면,
   $V_S = B \cdot \dfrac{P \cdot d}{\log\left(\dfrac{APd}{1+\dfrac{1}{r}}\right)}$. 여기서 A, B : 기체에 따른 상수. d : 전극간의 간격[mm]

   P: 압력[mmHg], r : 양이온1개당의 전자수

4) 즉, 일정한 전극금속과 기체의 조합에서는 r는 일정하므로 기동전압은 기압 P[mmhg]와 전극간격 d[m]의 곱만의 함수로 된다.

1-3. 파센의 법칙 적용 예

1) 파센의 법칙에 의한 방전전압과 기압과의 관계 개념도 및 차단기 종류별 적용

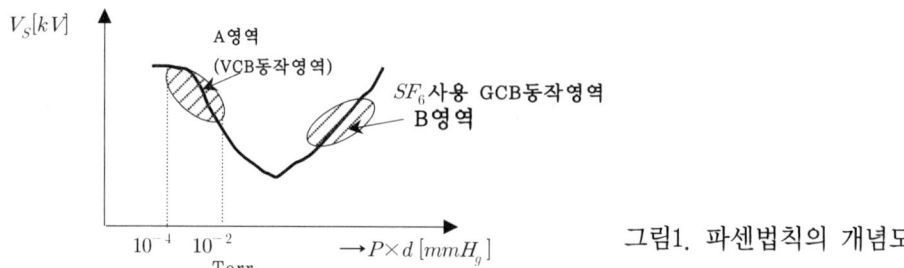

그림1. 파센법칙의 개념도

① VCB에서는 기체의 압력을 내리면 이온 자유행정이 늘어나면서 분자의 충돌횟수가 감소
② 10^{-2} Torr 진공에서는 절연내력이 급속히 증가하며, VCB는 10^{-4} Torr진공도를 유지함(A영역)
③ 10^{-4} Torr에서 전극이 개방되면 Arc에 의한 금속증기가 진공 중으로 급속 확산되면서 전류영점에서 Arc 소호된다.
④ 이후 V(CB진공차단기)는 고진공을 유지한다.

2) 조명에서의 적용 : 수은등이 점등 중 소등하여 곧바로 점등되지 않는 것은, 관내의 온도에 의한 높은 압력으로, 기동전압이 높게 요구되기 때문 임.

2. 페닝효과

1) 원리
   ① 이것은 네온의 준안정전압이 아르곤의 전리전압보다 약간 높으므로 네온의 준안정 원자가 아르곤원자를 효율 좋게 전리하기 때문.
   ② 네온에 적은양의 아르곤을 넣은 혼합기체의 경우 기동전압은 순neon가스의 기동전압보다 더 낮아지게 됨.

2) 적용예 : Ne + 0.002Ar → 기동전압 낮아짐

구 분	여기전압(eV)	전리전압(eV)
Ne	16.7	21.5
Ar	11.7	15.7

3) 제2종충돌현상(비탄성충돌)
   ① 원자나 분자가 여기상태에 있는 경우에는 충돌을 당하여 운동에너지위에 여기에너지를

주고 받아서 다른 형태의 에너지로 변화하는 경우를 말함.
② 여기상태는 불안정한 상태이므로 극히 짧은시간(10-8sec)으로 곧 원상태로 복귀한다.
③ 여기상태로부터 원상태로 복귀할 경우에는 과잉의 에너지를 빛으로 방출함.
④ 전자 + 여발분자 = 중성분자 + (전자+운동에너지)

⑤ 2여발분자=중성분자+양이온+전자

3. 파센의 법칙과 페닝효과

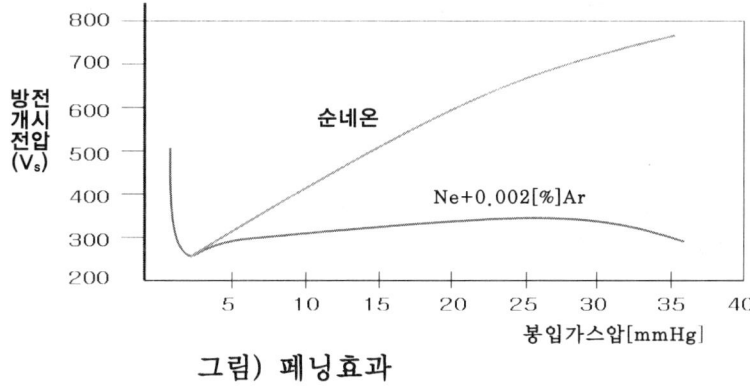

그림) 페닝효과

113-1-8 AC 모터 60Hz 제품을 50Hz

응17-113-1-8. AC 모터 60 Hz 제품을 50 Hz에서 사용할 때 발생되는 문제점에 대하여 설명하시오.

답

1) 회전 속도 감소
   ① 동기 속도 $N_s = \dfrac{120f}{P}$
   ② 상대 속도: $N = N_s(1-s)$, 여기서 s : 슬립 → 주파수가 감소하면 회전수 감소

2) 축동력 감소
   ① 유량 : $Q \propto N$, 양정 : $H \propto N^2$
   ② 축동력 : $P = 9.8QH$ 이므로 $P \propto N^3$ 이므로 주파수 감소시 속도도 감소되어 속도 변동률의 3승에 비례하여 감소한다.

3) 최대 토크 증가
   ① $T = \dfrac{P}{w} = \dfrac{P}{2\pi f n} = \dfrac{60P}{2\pi f N}$, 즉. $T \propto \dfrac{1}{fN}$ ⇒ $T_2 = T_1 \times \left(\dfrac{N'}{N}\right)^2$
   ② 즉, 주파수 저하시 토오크는 속도변동률의 제곱에 비례하여 증가함

4) 여자 전류 증가 : 히스테리시스 손실에 따른 철손 증가로 여자 전류는 증가한다.

5) 손실 증가에 따른 역률 저감

6) 손실 증가로 온도 상승률 상승 : 냉각 방식 적용이 용이하다.

7) 2차 전류 증가 : 유도성 리액턴스는 주파수에 비례하여 감소 → 전류 가 증가

113-1-9 리츠와이어

응17-113-1-9. 전기기기에 사용되는 리츠 와이어(Litz Wire)에 대하여 설명하시오.

 답

1. Litz Wire with Teflon (리츠 와이어 테플론 혹은 리쯔 와이어, 리찌 와이어)

2. 구조(0.030mm x 1000가닥, 2000가닥, 3000가닥, 테플론(Teflon) 튜닝)
   1) 직경이 0.03~0.1mm정도의 가는 에너멜선(폴리우레탄선 등)을 10줄부터 수십 줄 꼬아 그 위에 1중 또는 2중의 명주실을 가로로 감은 특수한 절연 전선
   2) 여기서 수십 줄 이상이란, 1000~3000가닥 정도임
   3) 즉, 중심에 테플론을 넣고 주위에 표피효과를 고려한 가는 연선을 적층한 구조

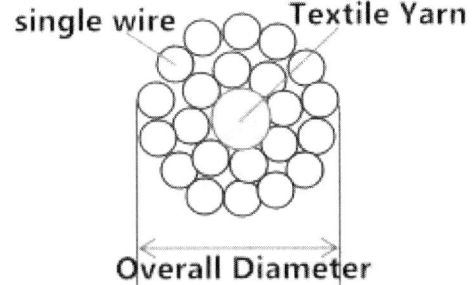

3. 필요성과 용도
   1) 표면적을 크게 함으로써 표피 효과를 저감시키는 것이 목적이다.
   2) 고주파 회로의 코일 등에 사용한다.
   3) 고주파 트렌스포머(Transformer),
   4) 인덕터(Inductor)
   5) 무접점 충전기(Wireless power, Non-contact, Contactless)

113-1-10 변압기 과부하운전조건, 금지조건

응17-113-1-10. 변압기의 과부하에 대한 운전조건과 금지조건에 대하여 설명하시오.
[건축전기 기출10년도-90회-1-11]

 답

1. 변압기의 과부하 운전조건

1) 변압기설치장소의 주위온도
   : 유입변압기의 냉각 공기온도는 30℃를 기준으로 온도를 1℃ 내릴 때마다 0.8%씩 과부하 운전

2) 온도상승시험 기록에 의한 방법
   : 규정상 변압기 권선 온도평균상승 한도 55℃(최고점온도상승은 70℃)로 하고 있는데, 55℃보다 5℃ 낮아지는 경우 매 1℃마다 1%씩 과부하운전 가능 (예: 온도상승이 40℃인 경우(55-5-40)×1[%]=10[%]과부하 운전 가능)

3) 짧은 시간 과부하운전(24시간 이내 1회의 단시간 과부하에 대한 것)
   : 평상시 작은 부하로 운전하면 20%이상 순간 과부하(4시간정도)운전가능

4) 부하률이 떨어졌을 때 과부하운전
   : 부하률이 90% 미만의 경우 90%에서 떨어지는 매 1%마다 0.5%씩 과부하 운전 가능

5) 냉각방식을 바꾸어 주는 경우
   : 유입자냉식에 송풍기를 설치하면 20%~30%의 과부하 운전이 가능하다.

2. 과부하 운전 금지조건

1) 주위온도가 40℃를 초과하는 경우
2) 수리경력이 있는 경우
3) 사용연수가 15년 이상인 경우
4) 직렬기기상태가 과부하운전 정격을 초과하는 경우
5) 유중가스분석 결과가 1000ppm을 초과하는 경우

113-1-11 풍력발전의 출력제어

응17-113-1-11. 풍력발전설비에서 출력제어방식의 종류에 대하여 설명하시오

답

1. 풍력발전의 출력제어 방식

1) Yawing Controller : 바람방향을 향하도록 블레이드의 방향조절
2) Pitch Control 방식
   (1) 개념 : Pitching Controller에 의해 날개의 경사각(Pitch) 조절로 능동적 출력제어
   (2) 원리
       ① 블레이드의 경사각 제어
       ② 정격풍속에서 일정한 출력이 발생하도록 제어하는방식
       ③ 풍속에 따라 날개의 경사각을 조정하여 출력을 제어하는 방법
       ④ 정격 풍속이상 : Pitch 감소   ⑤ 정격 풍속이하 : Pitch 증가
   (3) 특 징
       ① 적정 출력을 능동적 제어 가능
       ② 제동시 공기역학 방식으로 기계적 충격이 적다.
       ③ 장기간 운전 시 유압장치 실린더와 회전자간 기계적 링크의 손상 우려
       ④ 풍속 급변시 순간적 Peak 발생으로 시스템 손상 발생가능
       ⑤ MW급 이상 대형 풍력 발전에 적용
3) Stall(失速) Control 방식
   (1) 개념 : Stall controller를 이용하여 한계풍속 이상이 되었을 때 양력이 회전날개에 작용하지 못하도록 날개의 공기역학적 형상에 의한 제어
   (2) 원 리
       ① 풍차날개 설계시 정격풍속 이상에서 발전기 출력이 증가하지 않게
       ② 공기역학적 형상에 의한 제어방식
       ③ 한계 풍속 이상이 되면 날개에 양력이 작용하지 않도록 하여 정지시키는 방식
   (3) 특 징
       ① Pitch 방식보다 운전 효율이 높다.
       ② 기계적 링크가 없어 유지보수는 유리하나 능동적 제어가 불가능

③ 과출력 발생가능
④ 풍속 급변 시 순간적인 피크 발생으로 시스템 손상 가능
⑤ 제동효과가 나쁘고 중소형 풍력발전에 적용

113-1-12 피뢰기 근접부착사유

응17-113-1-12. 피뢰기를 보호기기(변압기)에 설치할 경우 가까이 설치해야 하는 이유에 대하여 설명하시오.

 답

1. 피뢰 설치 개념도

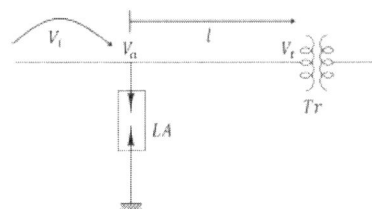

2. 피뢰기 제한전압과 변압기의 단자전압의 해석으로 본 피보호 기기에 근접설치 효과적인 이유

1) t_1(파두준도 S가 속도 v로 침입하여 변이점 이후의 변압기에 도달 후 왕복하는 시간)

    $t_1 = \dfrac{2l}{v}$ -----식(1)

    여기서, l : 변이점에서 만큼 이겨된 지점의 변압기까지의 거리

2) V_t(변압기의 단자전압)

    $V_t = 2S(t_1 + t_2) = 2St_1 + 2St_2$ -----식(2)

    여기서, t_2 : 입사파와 반사파가 중첩된 2S가 제한전압에 도달하는 시간

3) 피뢰기의 제한전압(V_a)

    $V_a = St_1 + 2St_2$ -----식(3)

4) 식(2)-식(3)하면 $V_t - V_a = St_1$ --------식4)

5) 또, 식(1)을 식(4)에 대입하면 $V_t - V_a = S\left(\dfrac{2l}{v}\right)$ ------식5)

6) ∴ $V_t = V_a + S\left(\dfrac{2l}{v}\right) = V_a + 2St$ ------식6)

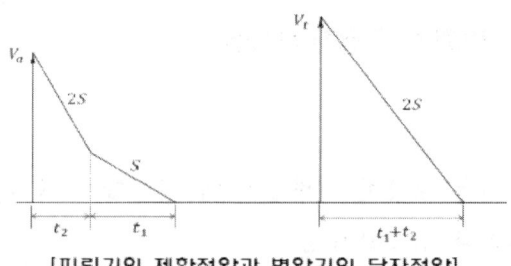

[피뢰기의 제한전압과 변압기의 단자전압]

7) 위 식6)같이 피보호기기의 단자전압(V_t)는 이격거리(l)에 비례하여 증가함을 알 수 있음

113-1-13 유도전동기의 기동방식 선정 시 고려사항

응17-113-1-13. 유도전동기의 기동방식 선정 시 고려사항에 대하여 설명하시오.

 답

1. 전압 변동의 허용값과 기동 시의 전압 강하
1) 전압 변동의 허용값
   ① 15[%] 이내 적정 : 기동 시 10[%], 정상 시 5[%]
   ② 15[%] 초과 시 대책
      ㉠ 감전압 기동 방식 채택(Y-△ 기동, 리액터 기동, 기동 보상기 기동 등)
      ㉡ 뱅크(bank) 분리
      ㉢ 변압기 용량 증가
         - 변압기 용량이 전동기 용량의 10배 이상은 전전압 기동
         - 변압기 용량이 전동기 용량의 3~10배 이상은 감전압 기동 검토
         - 변압기 용량이 전동기 용량의 3배 이하는 감전압 기동 적용
2) 기동 시 전압 강하

2. 부하 소요 토크에 대한 전동기 토크(Y-△ 기동) 확인
1) 전동기 토크와 부하 토크와의 관계
   ① 감전압 기동을 할 경우 기동 토크는 전압 저감률의 제곱으로 감소하므로 감압 기동을 위해 전압을 저하시켰을 경우 부하 토크를 만족시키지 못하면 전동기가 기동이 되지 않는다.
2) 따라서 안정 운전 조건(구동 토크와 운전 토크의 안정성)을 검토할 것
   ① Y운전 시 T_M과 T_L이 N_S의 80[%] 미만에서 교차 시 더 이상 가속할 수 없다.
   ② $T \propto V^2$ 관계이므로 기동 전압을 너무 내리면(감전압 기동) 토크는 전압의 제곱으로 감소해 부하 토크를 만족시키지 못하므로 전동기가 기동되지 않는다.
   ③ 전동기 토크(T_M)와 부하 토크(T_L)의 교차점에서 안정 운전
      ㉠ 속도 상승 시 : 즉, $T_M < T_L$ 인 경우에는 감속해서 안정점 P점으로 복귀
      ㉡ 속도 감소 시 : 즉, $T_M > T_L$ 인 경우에는 증속해서 안정점 P점으로 복귀

3. 시간 내량

1) 직입 기동 : 전자 접촉기만으로 시동 시간 내량이 결정된다. → 약 15초
2) Y-△ 기동 : 전자 접촉기에 의해서 내량이 정해진다. → 약 15초 : $t = 4 + 2\sqrt{P}$
3) 리액터 기동, 기동 보상 기법
   ① 표준으로 1분 정격의 리액터 또는 단권 변압기 사용
   ② $t = 2 + 4\sqrt{P}$ [sec] 여기서, P : 전동기[kW]
      ㉠ 단권 변압기 및 리액터의 정격 시간은 1분이다.
      ㉡ 기동 시간 결정은 $t = 2 + 4\sqrt{P}$ [sec] (P : 전동기[kW])이다.
      ㉢ 기동 간격은 2시간 이상으로 한다.

113-2-1 태양광 구성.종류.발전방식

응17-113-2-1. 태양광 발전시스템의 구성, 종류 및 발전방식에 대하여 설명하시오.

 답

1. 태양광 발전시스템의 구성

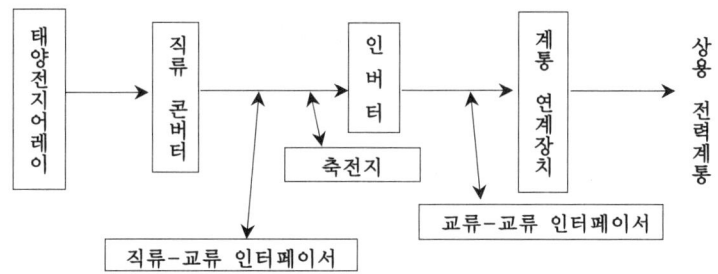

① 태양전지 어레이 : 일사하는 태양광을 집결하여 직류전력으로 변환하는 에너지 얇은 Cell로 구성
② 인버터 : 직류 →교류
③ 축전지 : 일사량이 얇은 구간에 잉여전력을 축전하여 흐린 날이나 야간에 공급

2. 태양광 발전시스템의 종류(또는 분류)

1) 독립시스템(Stand Alone System) : 사용 전원과는 독립된 System
   ① 계통구성도

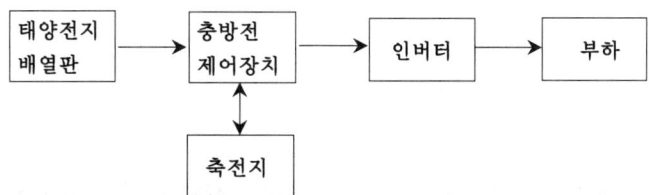

그림2. 독립형 시스템 중 축전지를 가진 시스템.

② 독립형 시스템은 외딴 섬과 같이 전기가 들어오지 않는 지역에서 태양광발전으로만 전기를 공급하는 방식이며,
③ 전기를 발전하는 태양광 모듈, 심야나 악천후에도 전기를 쓰기위한 전기를 저장해 둘 축전지, 발전된 직류를 이용가능 한 교류로 전환시켜주는 인버터로 구성됨.

④ 장점 : 독립형 시스템은 심야나 악천후에 축전지에 저장해둔 전기 사용가능
⑤ 단점: 축전지가 환경파괴의 원인이 되며, 충전 및 방전에 따른 효율저하, 3~4년으로 짧은 축전지 수명에 따른 교체 비용 소요 등의 단점 있음.

2) 연계형시스템
  ① 절환System : 光발전력이 부족한 경우에만 사용계측으로 절환하는 백업System
  ② 병렬연계형 System : 상용전력과 상시접속으로 완전연계형 시스템 임.
    ㉠ 양방향 조류연계 : 역조류 되는 System
    ㉡ 한방향 조류연계 : 역조류 안되는 System

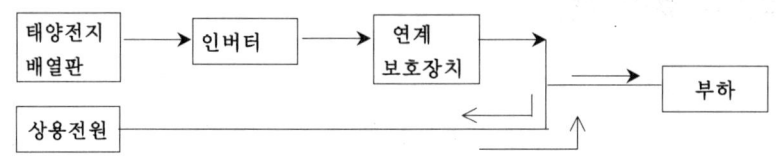

그림3. 완전 연계형 시스템

3) 하이브릿드형
  ① 구성도

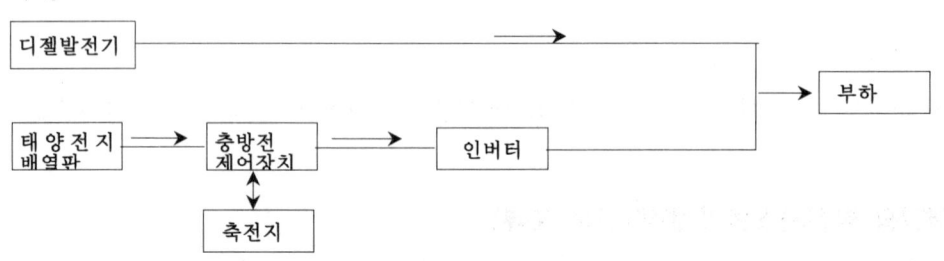

그림5. 하이브릿형 시스템(디젤 발전기와의 조합 예)

  ② 하이브릿드형은 풍력, 연료전지, 디젤발전과 조합시켜 태양광 발전의 결점과 각 방식의 결점을 보완시킨 시스템 임

3.태양광 발전시스템의 발전방식[대단히 많은 내용이므로 최대한 핵심내용만 기록할 것]

3-1. 태양광의 발전시스템상 발전방식의 분류 방법

대 분류			소 분류
어레이 설치형태에 따른 분류	추적식	추적방향	단방향 추적식
			양방향 추적식
			감지식 추적식
		추적방식	프로그램추적법
			혼합식 추적법
	반고정형 어레이		
	고정형 어레이		
태양전지판의 집광 유무에 따른 분류			평판형 태양전지 모듈
			집광형 태양전지 모듈

3-2. 어레이 설치형태에 따른 분류

3-2-1. 추적식 어레이 (tracking array)

1) 개념
   ① 태양광발전시스템의 발전효율을 극대화하기 위한 방식으로 태양의 직사광선이 항상 태양전지판의 전면에 수직으로 입사할 수 있도록 동력 또는 기기조작을 통하여 태양의 위치를 추적해 가는 방식 ②추적방향에 따라 단방향 추적식과 양방향 추적식으로 구분
   ③ 추적하는 방식에 따라서 감지식, 프로그램 제어식, 혼합형 추적방식으로 분류됨

2) 추적 방향에 따른 분류
   (1) 단방향 추적식 (single axis tracking)
      ① 태양전지 어레이가 태양의 한측만을 추적하도록 설계된 방식
      ② 상·하 추적식 (Y-axis tracking)과 좌·우 추적식(X-axis tracking)으로 구분됨
      ③ 고정형에 비하여 발전량이 증가하나 양방향 추적식에 비하여 발전량이 줄어든다.
   (2) 양방향 추적식 (double axis tracking)
      ① 태양전지판이 항상 태양의 직달일사량 (direct radiation)이 최대가 되도록 상·하 좌·우 동시에 추적하도록 설계된 추적장치이다.
      ② 설치단가가 높은 반면에, 발전량이 고정형에 비하여 연평균 40~60% 가량 증가한다
      ③ 주로 제약된 설치면적에서 최대 발전량을 얻는 데에 목적이 있다.

3) 추적방식에 따른 분류
   (1) 감지식 추적법(sensor tracking)
      ① 태양의 추적방식이 감지부(sensor)를 이용하여 최대 일사량을 추적해 가는 방식으로
      ② 감지부의 종류와 형태에 따라서 오차가 발생하기도 한다.
      ③ 특히 태양이 구름에 가리거나 부분 음영이 발생하는 경우감지부의 정확한 태양괘도

추적은 기대할 수 없게 된다.
- (2) 프로그램 추적법(program tracking)
  ① 어레이 설치위치에서의 태양의 년 중 이동괘도를 추적하는 프로그램을 내장한 computer 또는 microprocessor를 이용하여 프로그램이 지시하는 년·월·일에 따라서 태양의 위치를 추적하는 방식이다.
  ② 비교적 안정되게 태양의 위치를 추적해 나아갈 수 있으나 설치지역 위치에 따라서 약간의 프로그램 수정이 필수적이다.
- (3) 혼합식 추적법(mixed tracking)
  ① 프로그램 추적법을 중심으로 운용하되 설치위치에 따른 미세적인편차를 감지부를 이용하여 주기적으로 수정해 주는 방식
  ② 일반적으로 가장 이상적인 추적방식으로 이용되고 있다.

3-2-2. 반고정형 어레이(semi - fixed array)

①반고정형 어레이는 태양전지 어레이 경사각을 계절 또는 월별에 따라서 상하로 위치를 변화시켜주는 어레이 지지방식이다
②일반적으로 사계절에 한번씩 어레이 경사각을 변화시킨다. 이때 어레이 경사각은 설치지역의 위도에 따라서 최대 경사면 일사량을 갖도록 설치한다.
③반고정형 어레이의 발전량은 고정형과 추적식의 중간 정도로써 고정형에 비교하여 보통 20% 가량의 발전량 증가를 가져온다.

3-2-3. 고정형 어레이(fixed array)

①어레이 지지형태가 가장 값싸고 안정된 구조로써 비교적 원격지역에 설치면적의 제약이 없는 곳에 많이 이용되고 있으며
②특히 도서지역 등 풍속이 강한 곳에 설치하는 것이 보통이다.
③언급한 추적식, 반고정형에 비하여 발전효율은 낮은 반면에 초기 설치비가 적게들고 보수 관리에 따른 위험이 없어서 상대적으로 많이 이용되는 어레이 지지방법이다.
④국내의 도서용 태양광시스템에서는 이와 같은 고정형 시스템을 표준으로 한다.

3-3. 태양전지판의 집광 유무에 따른 분류

○ 개념

태양전지변환효율은 일반적으로 어느 한계까지는 태양광선을 집광시켰을 때에 높아진다. 즉, 집광렌즈 등을 사용하여 태양광선을 집광시켜 태양전지에 조사 시켰을 때에 더 높은 발전효율을 기대할 수가 있다.

1) 평판형 태양전지 모듈(flat form solar cell module)
   ① 태양전지 모듈이 어떠한 집광형태의 조작이 없이 곧 바로 태양광선에 노출된 형태를 의미한다.
   ② 즉, 집광이 되지 않는 태양광선을 태양전지에 그대로 입사하는 가장 보편화된 태양전지판이다.

2) 집광형 태양전지 모듈(concentrated solar cell module)
   ① 프랜넬 렌즈(plannel lenze) 등을 사용하여 태양광선을 집광시킨 뒤에 태양전지에 집광된 빛을 조사시켜 발전하는 태양전지 모듈이다
   ② 반드시 집광된 광선이 태양전지 전면에 입사될 수 있도록 양방향 추적식 어레이로 구성되어야 한다.
   ③ 일반적으로 고가의 태양전지 재료를 사용하여 제작된 고효율의 태양전지에 많이 이용한다.
   ④ 집광형으로 설치시에는 집광율에 따라서 태양전지에서 많은 열이 발생하여 변환효율이 온도상승에 따라 비례적으로 감소하므로 공랭식 또는 수냉식 강제냉각시스템을 부착시켜 온도상승을 막는다.
   ⑤ 그러나 아직까지 생산가가 높고 구조가 복잡하여 아직까지 경제성이 미흡한 것으로 알려져 있다

113-2-2 자동제어의 센서

응17-113-2-2. 자동제어에 사용되는 센서의 아날로그 표준 출력과 전압신호를 전류신호로, 전류신호를 전압신호로 바꾸는 원리, 방법 및 특징에 대하여 설명하시오.

 답

1. 개요
1) 센서 : 측정 대상물로부터 감지 또는 측정하여 그 측정량을 전기적 신호 또는 광학적인 신호로 변환하는 장치이다.
2) 산업모니터링 애플리케이션이나 산업용제어시스템 등에서 다양한 센서가 사용되고 있다

2. 센서신호의 특성
1) 센서에서 감지되어 출력되는 센서 신호는 프로세스 내에서 모니터링 영역의 변화를 지속적으로 추적하는 데 사용할 수 있다.
2) 센서 신호로 디지털 신호와 아날로그 신호 모두가 발생할 수 있다.
3) 그러나, 일반적인 센서 신호는 전압이나 전류 값으로 생성되며, 이러한 센서 신호는 모니터링 중인 물리적 변수에 비례한다.

3. 아날로그 센서의 특성
1) 센싱 값의 출력 방식에 따라 저항 출력 센서, 전압 출력 센서 및 전류 출력 센서로 구분될 수 있다.
2) 저항 출력 센서는 센싱값에 따라 내부의 저항값이 달라지는 센서를 의미하며, 예를 들어 주위의 온도의 변화에 따라 저항값이 달라지는 RTD센서 (Resistance Temperature Detector)를 들 수 있다.
3) 전압 출력 센서는 센싱값에 따라 출력되는 전압이 달라지는 센서를 말함
4) 전류 출력 센서는 센싱값에 따라 출력되는 전류가 달라지는 센서를 각각 의미한다.

5) 이러한 아날로그 센서의 출력값은 중앙처리장치(CPU)로 인가되며, 적절한 처리 과정을 거쳐 건물의 제어 등에 이용된다.

4. 자동제어에 사용되는 센서의 아날로그 표준 출력

1) 아날로그 신호 처리는 자동화 프로세스에서 정의된 조건을 유지하거나, 정의된 조건에 도달해야 하는 제어 과정 등에 필요하며,
2) 이는 프로세스 자동화 애플리케이션에서 특히 중요하다.
3) 자동화 프로세스 엔지니어링에서는 일반적으로 표준화된 전기 신호가 사용되며,
4) 아날로그 표준화 전류 0(4)~20[mA], 아날로그 표준 전압 0~10[V] 등은 그 자체가 물리적 측정 및 제어변수로 인정받는다.

5. 자동제어 센서의 전압신호를 전류신호로 바꾸는 원리, 방법 및 특징

: 자료 부족입니다.

6. 자동제어 센서의 전류신호를 전압신호로 바꾸는 원리, 방법 및 특징

전류출력 기기의 값을 읽으려면 2가지 방법을 통해 전류 값을 전압 값으로 변환시켜주어야 가능함

1) 션트저항 사용방법
   ① 션트저항에 흐르는 전류 값을 스케일링하여 일정 범위의 전압 값으로 변환되게 하는 방법
2) 일반저항 사용방법
   ① Recorder의 전류입력 부에 저항을 바로 연결하여 전압 값을 얻는 방법

113-2-3 방폭구조

응17-113-2-3. 가연성 가스 및 증기에 대한 전기설비의 방폭구조에 대하여 설명하시오.

 답

1. 개요
1) 인화성 또는 가연성물질(가스, 증기, 분진)이 화재, 폭발을 일으킬 수 있는 농도로 대기 중에 존재하거나 존재할 수 있는 장소를 방폭지역이라고 하며
2) 이는 위험분위기가 존재하는 시간과 빈도에 따라 몇 가지로 구분되며 방폭기계·기구 및 배선방법을 결정하는데 중요한 사항이 된다.

2. 방폭구조 선정 시 고려사항

2-1. 방폭기계 선정시 고려사항
방폭전기기기는 장소, 위치, 구조, 가스등급, 종류 등 위험분위기에 따라 다르고, 구조에 따른 장단점이 있는 만큼 선정 시 고려사항은 다음과 같다.
1) 위험장소의 폭발성 가스의 폭발등급 및 발화도에 적합한 방폭구조를 선정
2) 동일장소에 2종 이상의 폭발성 가스가 존재하는 경우에는 가장 위험도가 높은 폭발등급 및 발화도에 맞는 방폭구조를 선정
3) 대상 가스의 종류, 기기의 종류, 설치장소의 위험도 등에 적합한 방폭구조의 전기기기를 선정해야 함.

2-2. 방폭지역의 종류 및 특징
1) 0종장소 : 위험분위기가 지속적으로 발생하거나 또는 장기간 존재하는 장소(본질안전)
   ① 설비의 내부(용기내부, 장치 및 배관의 내부)
   ② 인화성 또는 가연성 액체가 존재하는 피트의 내부
   ③ 인화성 또는 가연성가스나 증기가 지속적, 또는 장기간 존재하는 곳
   ④ 인화성 액체 탱크내의 액면 상부의 공간부

2) 1종 장소 : 상용의 상태에서 위험분위기가 존재하기 쉬운 장소(내압, 압력, 유입)
   ① 통상의 상태에서 위험분위기가 쉽게 생성되는 곳
   ② 운전, 유지보수 또는 누설에 의하여 위험분위기가 자주 생성되는 곳
   ③ 주변지역보다 낮아 가스나 증기가 체류할 수 있는 곳
   ④ 환기가 충분한 장소에 설치된 배관계통으로부터 쉽게 누설되는 곳
   ⑤ 탱크류 가스밴트의 개구부 부근

3) 2종 장소 : 이상상태(고압, 기능상실, 오동작)하에 위험분위기가 단시간동안 존재 할 수 있는 장소(안전증)
   ① 환기가 불충분한 장소에 설치된 배관계통으로 쉽게 누설되지 않는 구조의 곳
   ② 가스켓, 패킹 등의 고장으로 이상상태에서만 누출될 수 있는 공정설비
   ③ 강제환기 방식이 채용되는 곳으로 환기설비의 고장이나 이상 시에 위험분위기가 생성될 수 있는 곳
   ④ 1종장소와 근접하여 개방되어 있는 곳

4) 비방폭지역 : 앞에서 설명한 방폭지역으로 구분되지 않는 장소를 말한다.
   ① 환기가 충분한 장소에 설치되고 개구부가 없는 상태에서 인화성, 가연성 액체가 간헐적으로 사용되며 적절한 유지관리가 될 경우의 배관 주위
   ② 환기가 불충분한 장소에 설치된 배관으로 누설되고 있는 곳이 전혀 없는 배관주의
   ③ 가연성 물질이 완전 밀봉된 수납용기 속에 저장되고 있을 경우의 수납용기 주의

2-3. 방폭지역의 대상

1) 인화성 또는 가연성 가스나 증기가 쉽게 존재할 가능성이 있는 지역
2) 인화점40(℃)이하의 액체가 저장, 취급되고 있는 지역
3) 인화점 65(℃)이하의 액체가 인화점 이상으로 저장, 취급될 수 있는 지역
4) 인화점 100(℃)이하의 액체의 경우 해당 액체의 인화점 이상으로 저장·취급되고 있는 지역

2-4. 방폭지역의 범위결정

: 방폭지역 범위는 설치위치, 취급물질, 설비의 규모, 운전조건, 충분한 환기여부 등에 따라 적합한 것을 선정하여 결정하여야 한다.

2-5. 방폭지역 구분에 따른 방폭구조 전기기계·기구의 선정

1) 0종 장소 : i_a (본질안전 방폭 구조 중)
2) 1종 장소 : i, d, p, o, e, m, q (본질안전、내압、압력、유입、안전증、몰드、충전)
3) 2종 장소 : i_a, d, p, o, e, m, q, s, n
4) 폭연성 분진 : 본질안전, 특수방진방폭, 전폐형 종형모타
5) 가연성 분진 : 본질안전, 특수방진방폭, 보통방진방폭, 전폐형 농형모타(도전성)
6) 방폭구조 종류별 구조 및 장단점 비교(매우 중요): 표에 그림번호만 기록후 그림은 하단에 기록기법구사요

방폭구조	기호	구조 (특성)	장 점	단 점
내압	d	내부 폭발시 압력, 온도에 견디고 외부파급방지	금속면 채택으로 패킹 노화, 탈락 없음	크기, 가격의 상승으로 소형에 적합
유입	o	불꽃, 아크 등의 발생부분을 유중에 넣은 구조	가스의 폭발등급에 상관없이 사용	열화, 누유, 온도 등 관리 어려움
압력	p	용기 내 공기, 불활성가스를 압입하여 가스 침입방지	내압방폭구조 보다 성능우수	기체의 공급이 필요, 압력경보장치 필요
안전증	e	정상운전시 불꽃아크, 과열보호 특히 온도상승에 따른 안전도 증가	내부고장 없고 견고 하다	고장시 방폭성능이 보장 않는다
본질안전	i_a	정상, 사고시 시험을 통해 성능시험	내압에 비해 경제적	시험방법 복잡
	i_b	안전 입증 된 것		
몰드	m	점화원 부분을 절연성 컴파운드로 포입한 것	점화원 차단 하므로 안전함	구조복잡 보수곤란
충전	q	내부를 석영, 유리 등의 입자로 채워 주위의 폭발성 분위기에 점화방지	충전물질 사이로 화염전파 방지가능	유입형과 같이 완전밀봉 어렵다
비착화	n	전기기기 정상작동 및 규정된 비정상 조건에서 점화시킬 수 없도록 하는 구조	조건에 다라 타입 변경이 가능	적용이 복잡
특수	s	상기 이외의 방폭구조로서 폭발성가스를 인화 시키지 않는다는 사실이 시험이나 기타의 방법에 의해 확인된 구조	안전도가 증가된 방법	특수 구조로 제작비용 고가

@@@ 전기방폭의 기본원리 @@@

1) 전기설비로 인하여 화재 및 폭발을 방지하기 위해서는 위험 분위기 생성확률과 점화원으로 되는 확률과의 곱이 0이 되도록 하여야 한다.==〉 간단히 수식으로 표현
2) 위험삼각도"에서 연소의 3요소 중 1개만 격리시켜도 화재폭발을 방지할 수 있다.

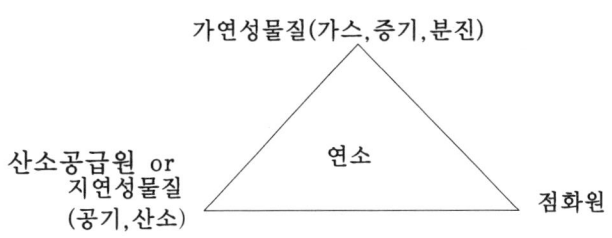

그림1. 위험삼각도(연소의 3각형 이론)

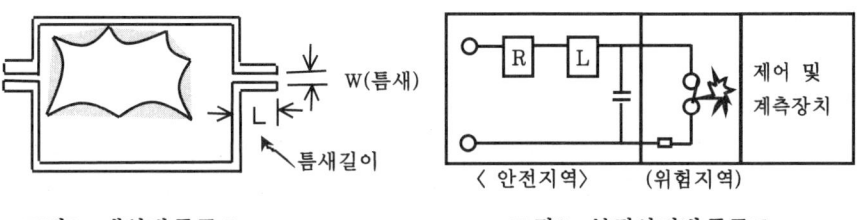

그림2. 내압방폭구조 　　　　　그림3. 본질안전방폭구조

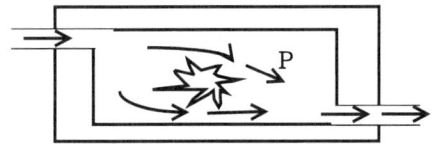

그림4. 압력방폭구조

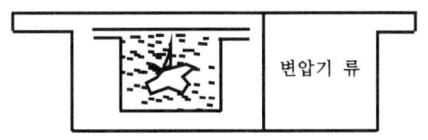

그림5. 유입방폭구조

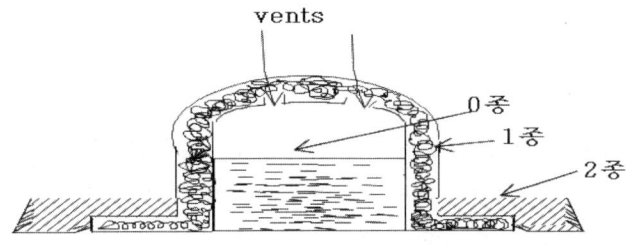

그림6. 위험장소의 구분 개념도

113-2-4 보폭.접촉.메쉬.전이전압

응17-113-2-4. 변전소 내에 있는 사람에게 인가되는 보폭전압, 접촉전압, 메쉬전압, 전이전압에 대하여 설명하시오.

답

1. 보폭전압 (E_{step})

1) 접지전극 부근의 지표면에 생기는 전위차로 보폭전압의 등가회로는 인체에 걸리는 전위차는 지표면상에 사람이 발로 접근할 수 있는 2점간(보통1m)의 전위차의 최대치로 표시한다.

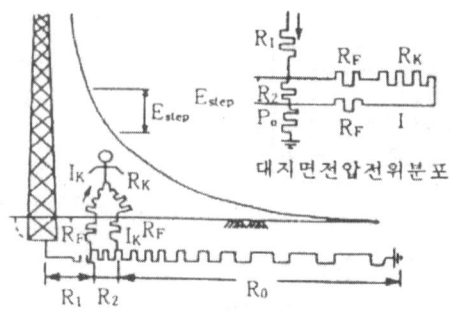
그림1. 보폭전압 등가회로

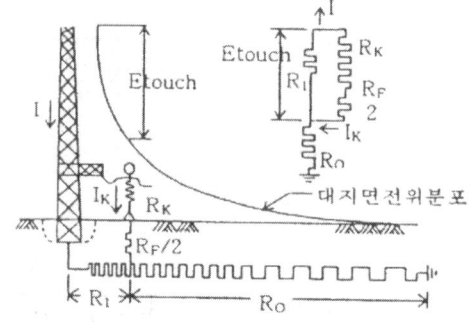
그림2. 접촉전압 등가회로

2) 보폭전압 (E_{step})

$$E_{step} = (R+2Rf)Ik = (1,000+6\rho_s)0.116/\sqrt{t} = (0.116+0.7\rho_s)/\sqrt{t}$$

3) 보폭전압 저감방법
  ① 접지선을 깊게 매설한다.
  ② Mesh 접지방식을 채용하고 Mesh 간격을 좁게 한다.
  ③ 특히 위험장소가 큰 장소에서는 자갈 또는 콘크리트를 다설 한다.
  ④ 부지경계부근은 Main Mesh의 끝 2-3m 정도를 깊게 매설 한다.
  ⑤ 철구 가대 등에 보조 접지를 한다.

2. 접촉전압 (E_{touch})

1) 사람이 지상에 서서 기기의 외함이나 철구에 접촉한 경우에 인체에 가해지는 전압
2) 사람다리의 접지저항 $R_f(\Omega)$는 지표면 부근의 토양 고유저항[$\Omega \cdot m$]의 3~5배 또 인체저항 Rk는 500~2300(Ω) 정도라고 하면 이것을 $3\rho_s$ 및 1,000(Ω)라고 하면 접촉전압은 다음과 같다.
3) 접촉전압: $E_{touch} = \left(R_k + \dfrac{R_f}{2}\right) \cdot I_k = (1,000 + 1.5\rho_s) \cdot 0.116/\sqrt{t} = (155 + 0.23\rho_s)/\sqrt{t}$
4) 접촉전압 저감방법
   ① 접지선 깊게 매설 한다.
   ② Mesh 접지방식을 채용하고 Mesh 간격을 좁게 한다.
   ③ 철구 등 주위 약 1m의 위치에 깊이 0.2~0.3[m]의 보조접지선을 매설하고 이것을 주 접지선과 접촉한다.

3. 접지망(메쉬)의 Mesh 전압과 메쉬의 보폭전압

1) Mesh 접지 경우

$$E_{step} = (0.1 \sim 0.15)\rho_s \cdot \dfrac{KI_E}{L}$$

$$E_{touch} = (0.1 \sim 0.8)\rho_s \cdot \dfrac{KI_E}{L}$$

E_{step}: 보폭전압. E_{touch}: 접촉전압.

ρ_s: 포토층의 고유저항

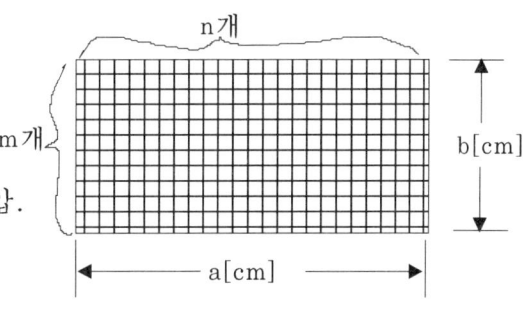

I_E : 접지전류. K : 수정계수〈보통1.0 접지방주변 1.2~1.3〉

L : 매설접지선의 솔 길이[m]

m : 가로줄 메쉬수,   a: 메쉬망의 가로길이,

n : 세로줄 메쉬수,   b : 메쉬망의 세로길이

2) 접지계의 접지저항(메쉬 접지저항)

   ① 메쉬접지저항 : $R = \dfrac{\rho}{4r} + \dfrac{\rho}{L}$, 단, r: 등가반경 $= \sqrt{\dfrac{a \times b}{\pi}}$

   *사각현의 면적 ab에서 원의 면적은 πr^2이므로, $\pi r^2 = a \cdot b$에서 r을 구함

   *구조체의 경우는 반구의 면적이 $\dfrac{4\pi r^2}{2} = 2\pi r^2$이므로 $2\pi r^2 = a \cdot b$에서 $r = \sqrt{\dfrac{a \times b}{2\pi}}$

3) 접지망의 최대전위 상승 : $E = I \cdot R$

4) 메쉬전압(E_m)과 접촉전압의 크기로 비교판정
   ① $E_m < E_{touch}$이면 양호.
   ② 여기서, $E_m = GPR \times$ 메시전극 전위에 대한 비율(메시포설 지수에 다라 틀림)
   ③ $GPR = I_g \times R_g$[V]. 여기서, I_g : 지락전류, R_g : 메쉬접지저항
      GPR : Ground Potential Rise, 구내의 전위상승

4. 전이 전압(Transferred Voltage)

1) 변전소 구내에서 있는 사람이 원거리에서 접지된 도체와 접촉하거나 반대로 원거리에 있는 사람이 변전소 접지망과 연결된 도체와 접촉했을 때의 전압.
2) 이 전압은 고장시의 접지망 전체 전위 상승치까지 될 수 있는 것이다.

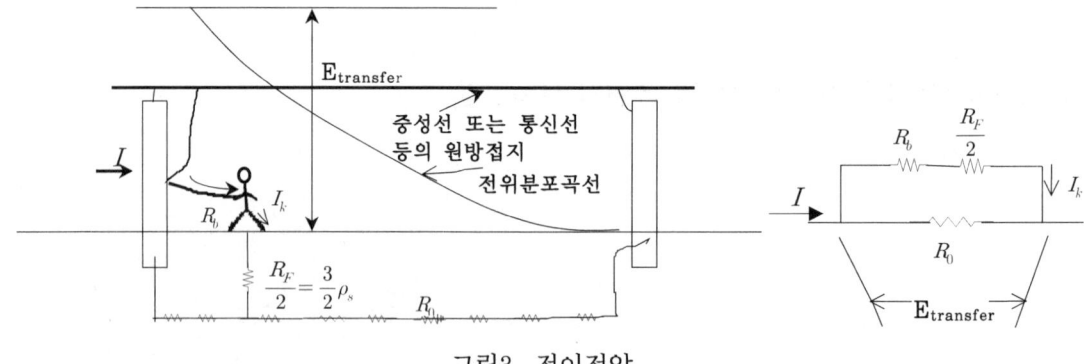

그림3. 전이전압

113-2-5 레이져가열

응17-113-2-5. 레이저 가열을 재료에 따른 종류와 특징(적용사례 포함)에 대하여 설명하시오.

답

1. 레이저 가열의 발열원리
1) Laser는 여러 파장을 가진 빛을 루비, 헬륨, 탄산가스 등의 활성물질에 쏘이면 그 물질에서 단일파장의 빛이 얻어지는데 이 레이저를 렌즈에 의해 아주 작은 면적에 조사하여 가열하는 방식이다
2) 레이저를 이용한 금속열처리의 기본원리
   ① 금속재료의 표면에 높은 에너지밀도를 가지는 레이저-빔을 조사하여 모재의 용융온도 직전까지 모재의 온도를 급격히 상승시킨다
   ② 이후 다시 급격히 냉각시킴으로써 조직변화를 유도하는데,
   ③ 모재의 표면에 조사된 레이저-빔은 열에너지로 변환되어 모재의 표면을 가열시키고
   ④ 모재의 열전도에 의하여 다시 온도를 떨어뜨림으로써 (Self-Quenching) 재료의 경도 및 강도를 상승시킨다

2. 레이저 가열 재료에 따른 종류
1) 루비 레이저
   ① 루비막대의 양쪽을 평행하게 연마하여 공진기로 삼고,
   ② 주변에 나선형의 기체방전관으로 둘러싸서 방전시키면 번쩍하고 섬광이 나와 루비 속의 전자를 펌핑시킨다
   ③ 루비 레이저는 694.3nm와 692.9nm의 붉은 빛을 낸다
   ④ 루비레이저의 구조 : 루비 막대의 주변에 기체 방전등을 둘러싸서 섬광을 만들어주면 루비가 여기되어 가로방향으로 레이저 빛이 나오게 된다.

2) 헬륨(He)과 네온(Ne)의 혼합기체 레이져
  ① 혼합기체를 이용하여 기체 레이저로는 최초로 1152.3 nm의 적외선의 연속발진
  ② 이 레이저는 수 밀리와트의 가시광선(632.8 nm)을 내게 하여 사용함
  ③ 헬륨은 네온을 들뜨게 하는 매개물질로서 작용하여 실제의 발진은 네온에서 발생됨
  ④ 0.8 torr의 He과 0.1 torr의 Ne의 혼합기체를 가늘고 긴 관속에 넣어두고 방전시킨다
  ⑤ 일차적으로 고압의 방전에 의해 헬륨 원자가 여기되어 주변의 네온 원자에 충돌하여 여기 에너지를 잃어버리고 네온을 여기시킨다.
  ⑥ 네온은 3 준위 레이저의 원리에 의해 세 가지의 주요한 레이저 빛을 발생한다
  ⑦ 실험실에서 간섭을 이용한 측정, 홀로그래피의 제작 등에 널리 쓰고 있다.

3) 이산화탄소 레이저
  ① CO_2 분자의 진동에너지 준위를 이용하므로 $10.6\mu m$의 적외선을 발진하며
  ② 연속발진에서의 출력은 수백 kW에 이르러 금속의 가공 등 산업용으로 많이 사용
  ③ 효율을 높이기 위해 매개물질인 N_2와 Ne을 첨가하여 거의 15% 의 높은 효율로 동작시 킨다
  ④ 헬륨-네온 레이저에서의 He의 역할처럼 N_2는 단지 펌핑시키는 매개물질로서 작용한다.
  ⑤ N_2는 CO_2 와 달리 단일 진동 모드로 되어 있는데 이 첫 번째 들뜬 준위가 바로 CO_2 의 (001)준위와 비슷하여 충돌로 에너지를 넘기기가 용이하다.
  ⑥ 기본적으로 진동의 에너지 준위는 전자의 에너지 준위보다 훨씬 작아서 발진하는 빛의 파장은 $10.6\mu m$, $9.6\mu m$ 등 적외선이다.
  ⑦ 이산화탄소 레이저의 구분
    ㉠ 비교적 소출력의 연속발진 형태와
    ㉡ 대출력의 펄스 발진형태로 나눠지는데

4) 고출력의 레이저
  ① 2000년도 초반까지는 CO2레이저가 레이저열처리공정에 보편적으로 적용되어 왔으나, 이보다 금속재료에 흡수율이 좋은 고출력의 레이저가 개발되면서 현재는 반도체레이저, 디스크레이저, 화이버레이저 등 다양한 종류의 고출력레이저가 적용되고 있다.

3. 특징(적용사례 포함)

1) 특징
  ① 미소한 면적을 국부적으로 가열하는 것이 가능하다
  ② 향후 20년 이후는 스타워즈의 레이져 대포가 군대의 주 무기로 될 가능성이 매우 높다 (고출력으로 비행하는 미사일 공중분해 등)

③ 고 집적도로 목표지점의 레이저 유도 : 폭격기의 폭탄투하유도 기술 등
④ 뛰어난 열처리로 고주파 표면가열보다 앞선 기술임
　㉠ 필요한 부분에만 국부적으로 열처리 가능
　㉡ 실시간으로 모재 온도 감시 및 제어기능으로 열처리 품질 향상
　㉢ 열처리 대상물에 적합한 여러 형태의 레이저 빔을 사용함으로 작업 유연성 및 생산성 향상
　㉣ Self quenching효과로 제품의 변형 최소화 및 매우 안정적이고 균일한 열처리 효과 달성
　㉤ 열처리 후 치밀한 조직을 구성하여 표면경도가 더 높으며 별도의 냉각공정이 필요 없다.
　㉥ 제품의 생산량, 크기, 중량에 관계없이 소량의 제품에도 매우 안정적인 열처리 효과 달성
　㉦ 고온계(Pyrometer)를 이용하여 실시간으로 모재의 표면온도를 측정 및 제어함으로써 대량생산 및 소량생산공정에서도 안정적인 열처리품질을 획득

2) 적용사례(용도)
① 금속의 절삭, 용접, 표면처리 및 의료 수술, 레이저 대포, 미래의 핵융합로 조사선(초고온 100만 도 이상)등에 적용 등에 사용된다.
② 특히, CO_2 레이저는 절삭, 용접 등의 공업용이나 레이저 메스로 의료용 등에 널리 쓰이고 있다.
② 고주파열처리(Induction Hardening)공법의 대체기술로서 자동차산업에서의 프레스금형, 사출금형, 자동차부품등에 활발하게 적용되며
③ 조선, 철강, 기계, 전자산업에 이르기까지 국부열처리를 통한 제품의 경도, 강도 상승이 요구되는 여러분 야에 확대 적용되고 있다.

113-2-6 BIM사항 여러개

응17-113-2-6. 최근 대형 공공건물 건설 시 적용되고 있는 BIM(Building Information Modeling)에 대한 아래 사항에 대하여 설명하시오.
1) 기본사항, 특징, 도입효과
2) 전기부문 BIM설계 라이브러리(Library) 구축방안

1. BIM설계와 기본사항
1) Building Information Modeling(형상 정보설계기법)
2) 기존의 2D화된 도면을 3D로 작성하여 설계 및 시공 시 발생할 수 있는 문제점을 해결
3) CAD의 장점(정밀도, 반복설계의 효율성)외에 공정물량 산출, 유지보수 등의 정보 생산관리
4) 지원소프트웨어
    (1) Arch CAD,
    (2) Micro Station,
    (3) Revit

2. BIM의 특징
1) 2D==> 3D
    ① 설계자의 의도 반영
    ② 오류발생 가능성을 낮춤

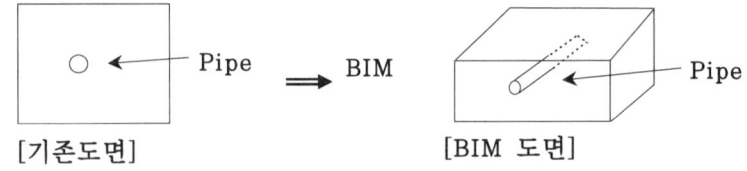

[기존도면]   [BIM 도면]

2) 변경이 있을 경우 각 차원별로 즉시 반영
3) 작성된 도면에서 각 데이터(조면, 물량, 계산서)산출, 계산

4) 공정의 간섭사항을 배제

5) 공기단축, 경제성

6) 설계단계에서 시공 시뮬레이션 가능 ==〉 시간차원 추가로 가능

7) 기존의 2D설계와 BIM 비교

구 분	기존 설계방식(2D)	BIM설계방식(3D)
계산Tool	2차원 CAD	3차원 형상기법
계산시간	BIM에 비해 짧다	길 다
경제성	싸다(저렴)	비싸다
기대효과	설계반영 및 공정간섭야기	상호공정 간섭방지

3. BIM효과

1) 설계단계
   ① 신속 정확한 설계의 시각화   ② 설계변경 가능   ③ 설계관리, VE효과

2) 시공단계
   ① 설계오류 및 누락분 수정가능   ② 설계.시공 상 문제점 신속한 대응

3) 운영단계
   ① 유지관리의 편리성   ② 유지관리자의 시설물 이해도 증진

4) 소방 설비와의 연계성
   ① 전기배관의 배치   ② 스프링클러 헤드의 살수밀도, 살수장에 확보
   ③ 제연설비의 덕트와 전기배관이 배치
   ④ 건축물 방화구획 관통부 위치 파악 등

4. 전기부문 BIM설계 라이브러리(Library) 구축방안

1) 건축물의 설계시 빌딩정보모델BIM, Building Information Modelling을 이용하여 구조물의 생애주기에 걸쳐 이를 활용하는 설계방법이다

2) 건축물 정보모델은 기본적으로 3차원 모델이며 기하 형상 재료 특성 등의 정보를 수반하고 있으며 이를 설계절차 즉 도면작성 구조계산 공정관리 내역서 전반에 걸쳐 활용할 수 있게 다음의 구축방안을 제시한다
   ① 설계도면과 수량산출의 정확성
      : 3차원 모델로부터 각 방향별 투영에 의해 도면을 추출하고 또한 기하형상 정보로부

터 수량을 추출하므로, 수작업에 의한 오류를 원천적으로 제거할 수 있게 전문인력양성이 가장 시급하다
② 설계내용의 재활용성 빅 데이터 구축
   ㉠ 3차원 모델과 도면 그리고 수량이 모두 연동되어있어 모델만 수정하게 되면 모든 도면과 수량이 일괄적으로 변경되므로 추후 유사한 사례에 쉽게 이용 할 수 있다.
   ㉡ 이외에도 운전 시뮬레이션 가상현실(VR, Virtual Reality)등 여러 계획에 활용 시공 및 장비시뮬레이션 등 시공계획에의 활용가능하므로 빅데이터 구축이 필연적이다
③ 실제현장을 가상의 3차원 공간에 옮겨 놓음으로써 계획단계에서 검토뿐만 아니라 공사비를 바로 산출할 수 있어 최적의 설계 및 계획이 가능하도록 3차원 설계한 도면 수량 안정성해석 등 모든 설계행위에 3차원 전기설비 정보모델을 이용하는 고급인력의 양성이 긴요하다

113-3-1 유전정접

응17-113-3-1. 케이블의 손실(저항손, 유전체손, 연피손)에 대해 각각 설명하고, 유전체손의 표현방식을 $\sin\delta$ 대신에 $\tan\delta$ 를 사용하는 이유에 대하여 설명하시오.

답

1. 케이블 손실

1-1. 도체손

1) 개요: 케이블의 도체에서 발생되는 손실이며, 전력 손실 중 가장 크다.

$$P_l = I^2 R = I^2 \rho \frac{l}{A} = I^2 \times \frac{1}{58} \times \frac{100}{C} \times \frac{l}{A}$$

여기서, ρ : 고유 저항 $\left(\text{Cu} = \frac{1}{58},\ \text{Al} = \frac{1}{35}\right)$

C : 도전율(Cu 100[%], Al 61[%], 경동선 97[%], 연동선 100[%])

(2) 저감 대책: 도전율이 좋고, 단면적이 큰 도체를 사용한다.

1-2. 유전체손(W_d)

(1) 정의

① 케이블의 유전체에서 발생되는 손실로서, 절연체를 전극간에 끼우고 교류 전압을 인가했을 경우 발생하는 손실을 말한다. 즉, 전압인가→정전용량 C 발생→충전전류 $I_c = \omega CE$ 발생, 절연 열화 I_R

② 케이블에 전압을 인가했을 때 흐르는 전류는 유전체의 정전 용량에 의한 충전 전류 I_c와 전압과 동상분으로 누설 저항에 의한 I_R로 구성된다.

즉, $\tan\delta = \dfrac{I_R}{I_C}$ 에서 $I_R = I_c \cdot \tan\delta = \omega CE \cdot \tan\delta$ 여기서 δ : 유전 손실각

(2) 유전체 손실 : $W_d = E \cdot I_R = E \cdot \omega CE \tan\delta = \omega CE^2 \tan\delta$

(3) 대책: $W_d \propto \tan\delta$ 이므로 유전체 손실을 줄이기 위해서는 절연물의 절연성이 우수하여 I_R을 줄일 수 있는 물질을 사용한다.

1-3. 연피손(시스손)

(1) 정의: 연피 및 알루미늄피 등 도전성의 외피를 갖는 케이블의 경우에 발생한다.

(2) 연피손의 종류 및 발생 원인
    ① 와전류손 : 시스에 흐르는 와전류 때문에 발생하는 손실
    ② 시스 회로손 : 케이블 도체 전류에서의 전자 유도 작용에 의해 시스를 접지함에 따라 시스에 전류 i_s가 흐르고 시스 저항을 r_s라 하면 $i_s^2 r_s$가 되는 손실
    ③ 시스손은 시스의 저항률이 작을수록, 전류의 크기나 주파수가 클수록, 단심 케이블의 이격 거리가 클수록 큰 값을 나타낸다.

(3) 저감 대책
    ① 연가
    ③ 케이블을 근접 시공한다.
    ② 시스 자체를 접지한다(편단 접지, 크로스 본드 접지). 시스 접지는 전위와 전류를 동시에 최소한으로 하는 접지 방식을 선택한다.

2. 유전체손의 표현방식

2-1. 유전체손이 발생하는 이유

1) 완전한 절연이 유지되는 유전체를 교류전극에 삽입후 양전극에 전압V를 인가하면 충전전류는 전압보다 90도 진상이 된다.

2) 그러나 약간의 절연열화가 진행되면 유전체내의 누설저항과 쌍극자 능률 등에 의해 유전체 손실이 발생하여 아래그림과 같이 위상각 90도보다 작은 위상을 갖는 전류 I가 흐른다.

2-2. 유전체손

1) 정의: 절연물(유전체)를 전극 간에 삽입하고 교류전압을 인가할 경우 발생하는 손실

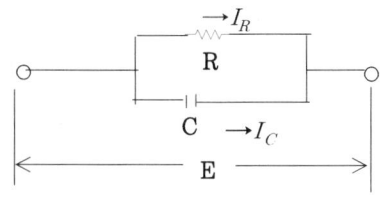

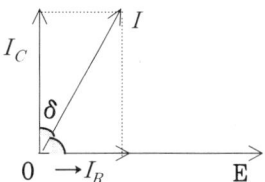

그림 1 케이블 등가회로   그림2 벡터도

2) 유전체손 발생메카니즘
   ① 상기의 이유로 인하여 유전체내의 누설저항에 의한 유전체손이 다음과 같이 발생함
   ② 즉, 유전체의 정전용량에 의한 전류 I_C 성분과, 미소하지만 누설전류에 의한 I_R에 의한 $V \cdot I_R$인 유전체손이 발생함
   ③ 이때 위의 그림과 같이 I_C의 전류보다 δ만큼 뒤진 작은 전류 I가 흐른다
   ④ 그러므로 유전체손은
   $$P = VIr = VICOS(90° - \delta) = VI\sin\delta = YV^2\sin\delta \text{ ---------- 식 1)}$$
   여기서 Y : 유전체의 어드미턴스, δ : 손실각
   ⑤ 유전체를 흐르는 전류는 유효성분 Ir 과 무효성분 Ic 로 나누면 그림1와 같은 등가회로를 구할 수 있다.
   ⑥ 따라서 P를 Ic 로 나타내면
   $$P = VIr = VIc\tan\delta = wCV^2\tan\delta \text{ -식2)}\quad \text{여기서, } Ic = wCV \text{ 이다.}$$

2-3. 유전체손을 tanδ로 적용하는 이유

1) 상기 식1), 2)의 sinδ 와 tanδ 를 C, r로 표현하면 그림2의 벡터도에 의하여 식 3) 및 식 4)와 같다.

$$\sin\delta = \frac{Ir}{I} = \frac{Ir}{\sqrt{Ir^2 + Ic^2}} = \frac{\frac{V}{r}}{\sqrt{\left(\frac{V}{r}\right)^2 + (wCV)^2}} = \frac{1}{\sqrt{1 + (wCr)^2}} \text{ -식3)}$$

$$\tan\delta = \frac{Ir}{Ic} = \frac{\frac{V}{r}}{wCV} = \frac{1}{wCr} \text{ ------------ 식4)}$$

이때 tanδ 를 유전정접 또는 유전체의 역률이라 부른다.

2) 결과적으로 식 4)는 식3)보다 간단해진다.
3) 이와 같이 $\sin\delta$ 대신에 $\tan\delta$ 를 사용하는 이유로는
   ① $\tan\delta$ 가 $\sin\delta$ 보다 간단히 표현되고
   ② 유전체의 측정에서 C의 측정이 어드미턴스 $Y = \dfrac{\sqrt{1+(wCr)^2}}{r}$ 의 측정보다 쉽고,
   ③ δ 는 대단히 적은 경우가 많아서, δ 를 [rad]단위로 표시할 때 $\sin\delta \fallingdotseq \tan\delta \fallingdotseq \delta$ 인 관계가 있으므로 유전체 역률과 손실각을 동시에 대표할 수 있는 편의성이 있기 때문이다.

※ 참고 : $Y = \dfrac{\sqrt{1+(wCr)^2}}{r}$ 을 유도하면 $P = VI_R = VI\sin\delta = YV^2\sin\delta$ 에서

$$Y = \frac{VI_R}{V^2\sin\delta} = \frac{I_R}{V\sin\delta} = \frac{\dfrac{V}{r}}{\dfrac{V}{\sqrt{1+(wcr)^2}}} = \frac{\sqrt{1+(wcr)^2}}{r}$$

113-3-2 변압기 공장시험

응17-113-3-2. 변압기의 공장시험에 대하여 설명하시오

답 [발송배전기술사에도 예상]

1. 개요
1) 변압기의 시험에는 공장시험, 현장시험, 보수시험의 3가지로 분류할 수 있으며 여기서는 공장시험에 대해 논하고자 한다
2) 공장시험의 종류
　　①극성시험　　　　　②권수비측정　　　　③무부하시험
　　④단락시험　　　　　⑤온도상승시험　　　⑥유도시험
　　⑦충격파시험　　　　⑧절연내력시험
　　⑨권선의 저항측정　　⑩절연저항 측정 이 있다

2. 극성시험
1) 우리나라는 감극성을 표준으로 하고 감극성은 단상 변압기의 병렬운전시나 3상 결선을 하는 경우에 매우 중요
2) 극성시험의 종류는 유도법, 가감법, 비교법이 있다

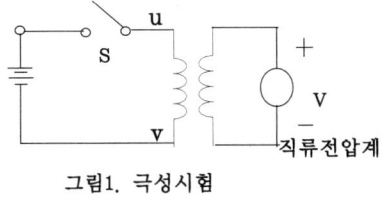
그림1. 극성시험

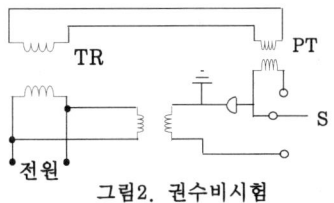
그림2. 권수비시험

3) 측정방법은 위와 같이 결선하여 스위치 S 투입시 직류전압계의 진동방향을 확인. 직류전압계의 움직임이 정방향이면 감극성, 역방향이면 가극성으로 판정 함.

3. 권수비 시험
1) 권수비는 변압기의 이용에 있어서 기본이 되는 요소로 매우 중요

2) 정격 및 측정회로
   ① 인가하는 전압은 정격전압의 10% 이상
   ② 일반적으로 전압계법에 의해 측정, 보통 권수비 1:1에서 1:150 정도의 Range 사용

4. 무부하시험

1) 무부하 상태에서 무부하손과 무부하 전위를 측정하며 신품에서는 성능을 확인하기 위해 시행
2) 75℃로 온도보정을 하고 인가전압은 정격전압의 60 ~ 110 %를 변화시켜 특성곡선을 얻는다

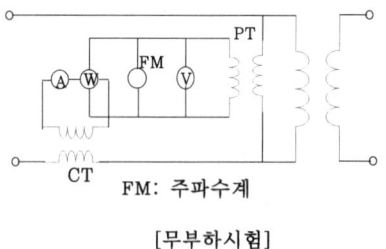

[무부하시험]

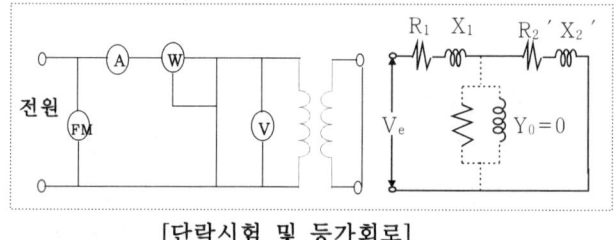

[단락시험 및 등가회로]

5. 단락시험

1) 변압기에서 회로정수를 구하기 위해 단락시험을 하게 된다.
2) 방법
   ① 1차 정격전압을 공급하며 2차를 단락하면 매우 큰 전류가 흘러 변압기에 큰 충격을 주기 때문에 단락시험을 시행하기 어려우므로,
   ② 1차 공급전압 V1을 감소시켜 정격부하전류가 1차, 2차 권선에 흐를 수 있는 전압을 공급하면 권선은 과열되지 않고 변압기에 가해지는 충격도 작게 된다.
   ③ 이 때, 권선간의 상호 磁束은 매우 적고, 철심의 손실은 무시할 수 있을 정도이다. 정격주파수의 전원을 사용, 정격전류가 흐르는 전압(임피던스 전압)을 가한다
   ④ 전력계의 지시에 의해 임피던스 와트, 부하손과 임피던스 전압을 측정

6. 온도상승시험

반환부하법, 실부하법, 등가부하법이 있으나 변환부하법과 등가부하법 등이 있음

1) 반환부하법
   ① 특성: 두대 이상의 동일 정격의 변압기가 있는 경우에 사용

②정격: 저압측에 정격전압을 가하여 철손을 공급, 고압측은 동일극성의 단자접속으로 정력전류 흐르게 하여 동손공급

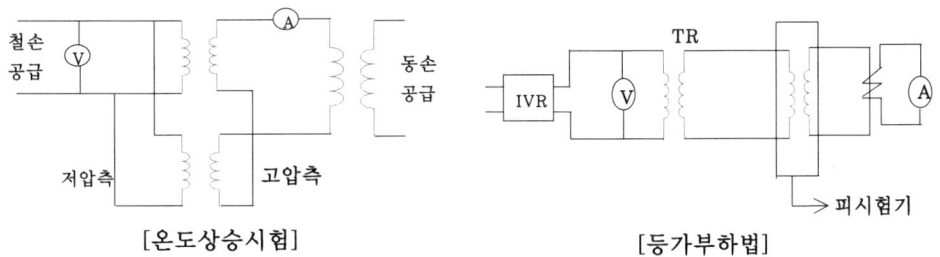

[온도상승시험]　　　　　　　　　[등가부하법]

2) 등가부하법
   ① 특성: 변압기의 온도상승은 철손, 동손, 표류부하손에 의해 생기는 Joule 열에 의한 것으로 이때의 등가전류를 구한다
   ② 정격:
      ㉠ 단락시험과 같이 결선하고 정격 전류보다 조금 큰 등가전류를 흘린다
      ㉡ 근래에는 변압기의 온도 상승 시험으로 많이 사용.
      ㉢ 등가전류 : $I_{eq} = I_N \times \sqrt{\dfrac{동손 + 철손 + 표유부하손}{동손}}$ 단, IN: : 변압기 정격전류임.
      ㉣ IVR출력전압을 서서히 올려 Ieq(등가전류)가 될 때까지, IVR 조정 후, 그 상태로 15분, 30분 또는 1시간의 TR의 온도를 측정.

7. 유도시험
① 변압기의 층간내력을 시험하는 것임. 정격전압 * 2배로 시험
② 이때, 자기 포화를 방지하기 위하여 정격주파수보다 높은 주파수를 사용함

시험시간 $= 120 \times \dfrac{정격주파수}{시험주파수}$ 단, T의 최소값은 15초

③ 시험장비:유도발전기로 주파수정격 180Hz or 240Hz or 400Hz의 것을 사용

8. 충격파시험
① 변압기의 내 충격전압 특성을 확인하기 위한 시험임
② 충격시험시의 표준 충격파형: $1.2 \times 1.5 [\mu s]$
③ 충격파 크기: 피시험 변압기의 표준 충격 절연강도(BIL)와 같은 파고치

④ 방법
㉠ 50~70% 정도의 낮은 충격파(Reduced Impulse Wave)로 가래서 이상이 없을 때 전파(Full Wave)를 가함
㉡ 필요에 따라서는 재단파(Chopped Wave)를 가하기도 함
㉢ 충격파를 가할때는 변압기의 이상 유무는 접지선에 흐르는 전류의 파형분석으로 판별함
⑤ 시험장비: 충격파발생기(IWG: Impulse Wake Generator)와 오실로스코프 IWG의 정격은 300KV, 500W, 800KV 등으로 나타냄

9 상회전 시험

① 3상의 경우는 상회전계(소형3상유도전동기)를 먼저 고압측 단자(U.V.R)에 접속하고 저압측에 저압을 인가해서 회전방향을 확인한 다음
② 상회전계의 각 단자를 동일한 저압측 단자(u,v,r)에 접속하여 고압측에 가했을 때 회전방향이 먼저와 동일 여부를 조사 시험함.

10 절연내력 시험

① 권선과 대지간에 다음 표의 시험전압을 1분간 가함

계통최고전압	시험전압	비고
24KV	50KV	계통최고전압:공칭전압×1.2/1.1
170KV	325KV	
376KV	460KV	

② 시험방법

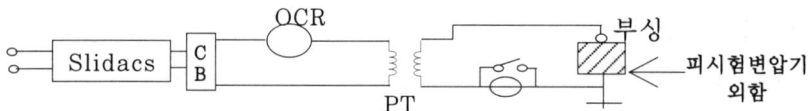

㉠ 上記와 같이 슬라이닥스와 PT를 사용하고, 회로 보호용으로 OCR과 CB를 결선시켜, 피시험변압기 전연파괴 하면 OCR은 CB를 Trip회로를 보호함.
㉡ Slidacs는 1∅ 5kVA 0~ 220V, 1∅ 10kVA 0~ 300V, 3∅ 30kVA 0 ~ 240V, 45kVA 0 ~ 380V의 규격을 사용.
㉢ PT는 피시험 변압기의 고압측에 결선함.

11. 권선의 저항측정

① 전압강하법 또는 브리지법에 의함

② 권선의 저항은 온도에 따라 다르므로 A,B,E 종 절연 변압기는 75℃를 기준으로 F종 절연 변압기는 115℃를 기준으로 환산함

12. **절연저항측정**:10000 or 2000V 메가 테스터로 권선과 권선間 및 권선과 대지간에 측정

13. **변압기 구조검사**: 붓싱파열, 오손단자의 풀림, 이음, 유량계 파손여부, 접지선 손상 여부 등

Chapter 3. 기출 전기응용기술사 (109회부터 113회 해석분)

113-3-3 연료전지

응17-113-3-3. 연료전지의 원리, 특징 및 종류에 대하여 설명하시오.

 답

1. 연료전지의 원리
○ 인산형 연료전지의 원리

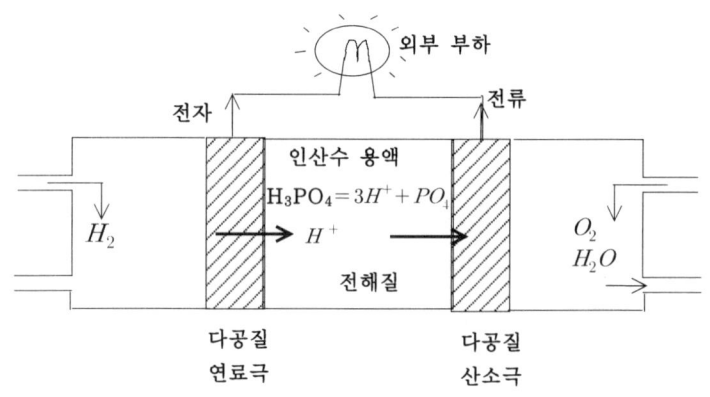

- 연료극 : $H_2 \rightarrow 2H^+ + 2e^-$
  (전자를 외부회로에 흘림으로써 -극이 됨)

- 산소극 : $\frac{1}{2}O_2 + 2H^+ + 2e^- \rightarrow H_2O$
  (+극이 됨)

① 천연가스를 개질해서 얻는 수소가 ⊖극에서 산화되어 ⊖전극에 전자(e-)를 주고 스스로는 수소이온(H+)로 되어 인산 수용액의 전해질 속을 지나 ⊕전극으로 이동함
② 외부회로를 통과한 전자와 전해질 中의 수소 이온은 ⊕전극 상에서 외부에서 공급되는 공기 中의 산소와 반응해서 물을 생성함.
③ 이 반응 中 외부회로에 전자의 흐름이 형성되어 전류가 흐름

2. 특징

(1) 장 점	(2) 단 점
① 고에너지 변환효율(60~65%) ② 부하추종성이 양호, Peak부하시에 유효, 저부하에서 발전효율 저하가 작다. ③ module 구성이므로 고장시 교환수리 용이 ④ 전지의 규모에 효율이 의존하지 않고, 발전소의 수준까지 높은 에너지 변환이 가능 ⑤ CO_2, NO_x 등의 유해가스 배출량 및 소음이 적고 환경보전성이 양호 ⑥ 배열의 이용이 가능하여 종합효율이 80%에 달함. ⑦ 단위 출력당의 용적 또는 무게가 작다. ⑧ 연료로는 천연가스, 메타놀로부터 석탄가스까지 사용가능하여 석유대체 효과가 기대됨.	① 반응가스 中에 포함된 불순물에 민감하여, 이것의 제거가 필요 ② Cost가 높고, 내구성이 충분치 하지 않음

3. 연료전지의 종류

구 분	제1세대형(인산형) (PAFC)	제2세대형 (용융탄산염형) (MCFC)	제3세대형 (고체 전해질형) (SOFC)	제4세대형 (고체 고분자형) (PEFC)
전해질	인산수용액 H_3PO_4	리튬-나트륨계 탄산염 리튬-칼륨계 탄산염	질코니아계 세라믹스 (질코니아 $Z_r O_2$ 산화칼슘의 혼합물 등)	고분자막
작동온도	200[℃]	650~700[℃]	900~1000[℃]	70~90[℃]
연료	천연가스(개질) 메타놀(개질)	천연가스 석탄 가스화 가스	천연가스 석탄 가스화 가스	수소 메탄올(개질) 천연가스(개질)
발전효율	35~42[%]정도	45~60[%]	45~65[%]	30~40[%] (개질가스 사용의 경우)
용 도	•분산배치형 •수용가 근처	•분산배치형 •대용량 화력 대체형	•수용가 근처 •분산배치형	•수용가 근처, 전기자동차 용 •분산배치형

특징	실용화에 가장 가깝다.	• 고발전 효율 • 내부개질이 가능	• 고발전 효율 • 내부개질이 가능	• 저온에서 작동 • 고에너지 밀도 • 이동용 동력원 및 소용량 전원에 적합
현재의 개발 상황	• 5,000[kW] 및 11,000[kW]급 플랜트의 운전시험 완료 • 실용화 단계 • 지역공급용 연료전지로서 설치, 운전	• 1,000[kW]급 파일럿 플랜트 및 200kW급 내부개질형 스택의 연구개발 실시 중 • 소규모(100~250kW) 개발로 발전주식회사에서 실증시험 중	• 기초 연구단계 • 향후 도심부에 적용 기대성이 높음	• 수[kW] 가정용, • 수10[kW] 빌딩용 전원의 개발실시 중 • 수[kW]의 모듈 개발 중 2018년 하반기부터 아파트용 세라믹 스택이용한 대규모 연료전지 상용화 계획[회사 : 미코]

113-3-4   전자파적합성 시험

응17-113-3-4. 전자파 적합성(EMC)시험의 종류와 내용에 대하여 설명하시오.

 답

1. 전자파적합성시험의 정의
1) 전자파 적합성은 일정한 양의 전자파 간섭에 내성이 되도록 하는 동시에 기기에서 발생하는 간섭이 지정 제한치 이내로 유지되도록 하는 방식으로 기기를 설계하고 운용하는 것과 관련된 과학 및 공학분야이다.
2) 주위의 환경 및 기기에 대해 전자파 장해를 일으키지 않고, 주위의 전자파 환경에서도 안전하게 동작할 수 있는 장치의 능력을 말한다.
3) 즉, 전자파를 발생시키는 기기로부터 나오는 전자파가 다른 기기의 성능에 장해를 주지 아니하는 전자파 장해 방지기준과 동시에 다른 기기에서 나오는 전자파의 영향으로부터 정상 동작 할 수 있는 능력의 전자파 내성 기준에 적합하여 전자파의 보호기준에 적합한 것을 말함.

2. 전자파 적합성의 연구목적
설계의 개념 형성 단계에서 부터 전자파 적합성 문제를 참작하도록 하고 최소의 비용으로 현명한 선택을 할 수 있도록 하기 위해, 시작부터 최적의 전자파 적합성 설계 절차가 설계 과정에 통합되도록 하는 방법과 툴을 개발하는 것이다.

3. 전자파 적합성에 대한 접근 방법
1) 설계하기 전에 기기의 전자기적 기호와 외부 발생 간섭을 견뎌내는 기기의 능력을 예측하기 위해 완전한 전자파 적합성 연구를 실시하여야 한다
2) 전자파 적합성은 본질적인 문제로서 이 분야에서 발생할 수 있는 어떤 문제도 특별하게 다루는 것이 최선이라고 생각할 수 있다.
3) 전자파 적합성은 전기, 전자 및 기계 등 모든 설계분야에 영향을 미치는 문제로 간주할 것.

4. 전자파 적합성 시험

1) 전자파 장해시험 (2가지): 전도 잡음시험, 방사 잡음시험
2) 전자파 내성시험(6가지) : 정전기 방전시험, 방사내성 시험, 전도내성 시험, 전기적 빠른 과도 시험, 서어지 시험, 전압변동시험

5. 전자파적합성시험(EMC test)에 대한 4가지 항목

1) 방출시험의 개념과 종류
- 지정된 주파수 범위상에서 지정된 대역폭 수신기를 이용하여 지정된 거리에서 방출된 전자기장에 대한 측정이 이루어진다.
  ① EMI 전압을 측정하는 도전성 방출시험(CONDUCTED EMISSION TESTS)
     : 측정된 양은 지정된 제한치 보다 낮아야 한다
  ② EMI 전압을 측정하는 복사형 방출시험(RADIATED EMISSION TESTS)
     : 측정된 양은 지정된 제한치 보다 낮아야 한다

2) 내성 시험의 개념과 종류
  - 기기는 지정된 외부 발생 전자기장 또는 도체에 주입된 간섭 전류에 노출 되어야 하며, 요구사항은 기기가 작동되는 상태를 유지하고 있어야 한다.
  - 내성시험은 넓은 주파수 범위(전형적으로 1GHz까지)를 대상으로 함.
  ① 과도방전을 검사하기 위한 펄스형 입사 전자기 신호에 대한 시험
  ② 정전기 방전에 대한 기기의 응답에 대한 시험.

113-3-5 리던던시 용어 등

응17-113-3-5. 제품 및 시스템 설계 시 사용되는 ①리던던시(Redundancy), ② 디레이팅(Derating), ③페일 세이프(Fail Safe), ④고장수명(MTBF 또는 MTTF), ⑤쉘프 라이프(Shelf Life)에 대한 용어의 정의 및 목적에 대하여 설명하시오.

 답

1. 리던던시(Redundancy)대한 용어 정의 및 목적
1) 한 메시지에서 그 핵심적 정보의 상실이 없이, 다만 그 잡음이나 왜곡만을 없앰으로써 제거하거나 제거할 수 있는 부분으로 용장성(또는 잉여분)을 말함. 즉, 필요량 이상이 있음을 나타내는 말
2) 어떤 시스템의 신뢰도를 개선하기 위해 두 개의 동일한 요소를 사용하는 것.
3) 동일 네트워크(network)에 속한 두 개의 텔레비전 방송국이 하나의 케이블 텔레비전 시스템을 통해 전파를 송신하는 것.
4) 어떤 기계장치가 고장 날 경우에 대비하여 동일한 기계장치를 두 개 이상 부착하거나 사용하는 것.
5) 리던던시/여유도라 함은 정상 동작에 필요한 정도 이상의 여분의 장치/기능을 부가하여 안정성을 높이고자 한 것으로 이 값이 클수록 고장에 의한 기능정지 등의 가능성이 적다.
6) 커뮤니케이션이나 통신에서 불필요하고 중복적인 정보의 전송.

2. 디레이팅(Derating)대한 용어 정의 및 목적
1) 일반적 용어
   Derating이란 신뢰성을 개선하기 위해 계획적으로 내부스트레스를 감소시키는 일
2) 저항기를 사용할 때 주위의 온도가 높은 경우 발열을 줄이기 위하여 정격전력을 낮추어 사용하는 것.

3. fail-safe에 대한 용어 정의 및 목적

1) 정의
   : 시스템의 일부에 고장이 발생해도 시스템 전체에 미치는 영향이 적고, 어느 기간 동안 시스템의 기능을 계속하는 것이 가능한 상태로서 고장을 재해까지 발전시키지 않는 기구의 시스템.

2) 특징
   ① 시스템에서 고장이 발생하여도 시스템 전체에 미치는 영향이 적고,
   ② 어느 기간 시스템의 기능을 계속하는 것이 가능한 상태로서 재해로까지 진행되지 않도록 하는 시스템이다.

3) 실적용 예 : 원자로의 다중방호, 보호계전기 Back-up 시스템 등

4. 고장수명(MTBF 또는 MTTF)

4-1. 평균고장간격(Mean Time Between Failure: 평균고장간격)

1) 정의 : 수리하여 가면서 사용하는 시스템, 기기, 부품 등에 있어서 작동시점으로부터 고장나기까지의 평균값
2) 특성 : 이 시스템, 기기, 부품은 평균 얼마만한 시간마다 고장이 일어나고 있는가를 나타내는 신뢰성의 중요 지표임.
3) 표현식 : $MTBF = \dfrac{\text{가동시간의 합계}}{\text{고장정지횟수의 합계}} = \dfrac{\sum \text{가동시간}}{\sum \text{고장건수}}$

4-2. 평균고장수명(MTTF : Mean Time To Failure)

1) 정의 : 수리 않는 시스템, 기기, 부품 등에 있어서 사용 시작으로부터 고장날때까지의 동작시간의 평균값을 의미함
2) 특성 : 이 시스템, 기기, 부품은 얼마마한 평균 동작시간을 갖고 있는가의 척도
3) 표현식 : $MTBF = \dfrac{\text{동작시간의 합계}}{\text{부품수의 합계}} = \dfrac{\sum \text{동작시간}}{\sum \text{부품개수}}$

5. 셸프 라이프(Shelf Life): 저장수명

1) 정의
   ① 사용하지 않는 전지 기타의 디바이스가 경시 열화 때문에 동작 불능이 되기까지의 경과 시간, 보관 수명이라고도 한다.
   ② 어떤 아이템이 정상적인 비축 조건하에서 비축되고, 이것을 정격 조건하에서 사용했을 때, 요구되는 동작을 하기 위한 최장의 저장 시간을 말한다.

2) 목적
   ① 대부분의 전자 부품에서는 저장 수명은 동작 수명과 같든가, 경우에 따라서는 동작 수명 쪽이 저장 수명보다 긴 것도 있다.
   ② 즉, 설비의 사용ㅇ할 수 있는 수명을 예측할 수 있어 고장 발생 전에 사전 교환 등의 유지보수의 활동에 대한 세이빙을 추구하고, 신뢰성을 높임

113-3-6. 공장의 동력 및 조명의 에너지 절감

응17-113-3-6. 공장설비설계에서 동력설비와 조명설비에 대한 에너지절감대책에 대하여 설명하시오.

답 14년도 조명에너지 기출문제+동력 문제를 합쳐서 출제한 것임.

1. 동력설비의 에너지 절감대책
1) 송풍기의 에너지 절약설계
   ① 손실이 큰 Damper 제어나 Valve 제어 방식보다는 인버터에 의한 속도제어 방식 적용으로 에너지 절감
   ② 특히 vvvf운전속도제어 방식 적용 적극 적용할 것)
      ㉠ 에너지 Saving 효과가 크다

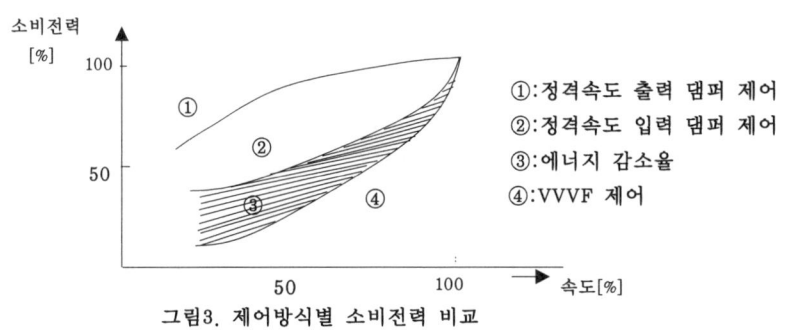

그림3. 제어방식별 소비전력 비교

①:정격속도 출력 댐퍼 제어
②:정격속도 입력 댐퍼 제어
③:에너지 감소율
④:VVVF 제어

유량 : $Q_2 = Q_1 \times \dfrac{N_2}{N_1}$, 양정 : $H_2 = H_1 \left(\dfrac{N_2}{N_1}\right)^2$

축동력 : $P = 9.8QH$ 이므로, $P_2 = P_1 \times \left(\dfrac{N_2}{N_1}\right)^3$

   ㉡ 부하의 특성이 유량의 변화에 따라 제곱저감 토크 특성을 갖는 부하에 특히 에너지 절약효과 있음(그림의 빗금 부분의 면적만큼 에너지 절약효과가 있음)
2) 고효율 유도전동기의 적용
   : 고효율 유도전동기는 일반 전동기보다 손실을 20~30% 정도 감소시켜 효율이 4~10% 향상
3) 승강기의 에너지 절약설계

① 직류전동기의 직류전원공급은 M-G Set 대신 인버터식 승강기 적용
② 승강기 운행방식의 조정(격층운행, 전자동 군관리 방식 등)
4) 고효율 냉동기: 일반 냉동기에 비하여 성능이 크게 향상된 고효율냉동기 설치
5) 부분부하에 대비한 냉동기 대수 분할
 : 냉동기를 건축물의 부하특성에 적합하도록 대수 분할하여 필요한 개소에만 부분 운전하도록 함.
6) 가스직화 냉방방식 : 흡수식 냉동기의 재생기에 필요한 열원으로 가스를 이용 하면 고가의 주간 전력사용량을 줄이고, 냉방부하용 변압기의 축소 및 하절기 전력수급의 안정화 유도

2. 조명설비에 대한 에너지절감대책

1) 최적의 설계조도 결정   (고려사항)
   ① 작업의 정도: 표1에 의한 조도결정
   ② 작업의 곤란도
   ③ 작업의 계속시간,
   ④ 연령
   ⑤ 개인차가 있는 작업물의 視기능

표1. KSA 3011 작업정도와 조도기준

구 분	최저[lx]	표준조도[lx]	최고[lx]
초정밀 작업	1500	2000	3000
정밀 작업	600	1000	1500
보통 작업	300	450	600
단순 작업	150	200	300
거친 작업	100	125	150

2) 고효율 광원선정
   (1) 전구식 형광램프
      ① 형광등, 안정기, 스타터를 일체화한 전구형태 형광등
      ② 백결전구에 비해 약 80% 에너지 절감효과
   (2) 대부분의 조명장소에 LED형광등 시공 : 장수명이고 조명 전력비를 대폭 저감시킴
3) 고효율 조명장치 채용
   (1) 고효율 LAMP의 사용 및 고효율 안정기 사용
      : 연색성, 사용목적 등을 고려하여 종합효율이 높은 램프 사용
   (2) 조명률이 높은 조명기구의 사용 - 배광특성, 눈부심 등을 고려
   (3) 실내마감재를 밝게 계획: 반사 눈부심, 쾌적성을 고려하여, 천장〉벽〉바닥의 순서로 반

사율을 높임
- (4) 저휘도, 고조도 반사갓 채택
    - ① 불투명 PET와 반사율이 높은 금속을 혼합, 접축시켜 제작
    - ② 저휘도, 기존 반사갓보다 20~30%의 조도향상
- (5) 직접조명기구 채택 및 下面 개방형 조명기구 사용

4) 조명과 공조의 열적결합에 의한 공조부하의 경감
- (1) 공조 조명기구의 사용,
- (2) 조명기구 가까이 환기용 흡기구 설치
- (3) 조명기구 대수증가는 냉방부하 증가로 연결될 수 있다.

5) 효과적인 조명제어방식 및 조광제어 방식 채용
- (1) 시간 스케줄에 의한 제어 및 수시예약제어
- (2) 점멸구분을 세분화(조명기구마다 점멸 용 switch설치)
- (3) 조도검지기 Computer 및 타이머를 이용한 자동 조명제어 방식의 채용
- (4) 창가조명기구의 점멸회로는 수동, 자동으로 점멸, 조광할 수 있도록 설치

6) 센서부착 조명기구 선정
- (1) 밝기 센서를 이용한 에너지 절약
    - ① 초기조도보정 : 약 15%,
    - ② 주광이용분 : 약10%
- (2) 인체감지형 조명점멸 장치적용: 부재상태의 빈도에 따라 전력저감률 변화됨

7) 높은 보수율 유지
- (1) 적절한 Lamp 교환
    - ① 개별교환, ② 집단교환, ③ 일정시간 경과 후 교환 높은 광속을 유지하기 위해서는 일정시간 경과 후 교환 방법이 좋음
- (2) 정기적인 청소실시
- (3) 적절한 보수율을 설정하는 것이 에너지절감의 가장 강력한 수단이 될 수 있다

8) 채광설치 - PSALI 개념도입
- (1) 채광이 유효한 창문을 가급적 많이 설치. (2) 주광을 최대한 이용

9) 조명방식 적용
- (1) 전반조명 + 국부조명의 조화 → 필요에 따른
- (2) 시각작업을 고려한 조명방식 채용

10) 적정전압의 유지
- (1) 정격전압 1(%)감소 시, 광속은 2~3(%) 감소
- (2) 전압강하 2(%) 이내로 유지하고, 공칭전압 유지.

113-4-1 TRV의 유형

응17-113-4-1. 고장전류 차단 시의 과도회복전압(TRV : Transient Recovery Voltage)의 유형에 대하여 설명하시오.

 답 [건축전기설비기술사 11년-93회-3교시-4번의 재출제임]

1. 개요
1) 차단기의 개폐성능을 좌우하는 본질적인 지표인 TRV(과도회복전압)에 대한 재점호가 발생되지 않도록 설계되어야 하며, 이에 대한 검증방법이 최근 개발되고 있는 추세이다.
2) TRV유형은 계통의 구성과 사고위치에 따라 다르게 나타난다.

2. TRV의 유형
1) 지수형(Exponential TRV)
   (1) 정의 : 3상사고가 차단기의 단자에서 제거될 때, 변압기와 선로가 차단기의 非사고 측에 있을 때의 전형적인 유형이다
   (2) 개념도 및 등가회로도

   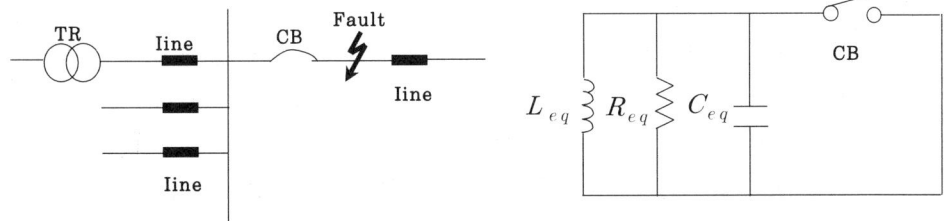

   그림1. 지수형 TRV가 나타나는 계통의 유형과 등가회로

   (3) 지수형 TRV의 특성

   ① 그림1의 병렬 RLC 회로로 등가화하면, $R_{eq} \leq \sqrt{\dfrac{L_{eq}}{C_{eq}}}$ 로 나타낼 수 있고

   여기서, R_{eq} : 전원등가저항, L_{eq} : 전원등가인덕턴스, C_{eq} : 전원등가커패시턴스

② 개폐서지에 의한 이상전압은 선로로 전파되고, 선로 종단에서 반사되어 그림2와 같이 중첩되어 나타남.

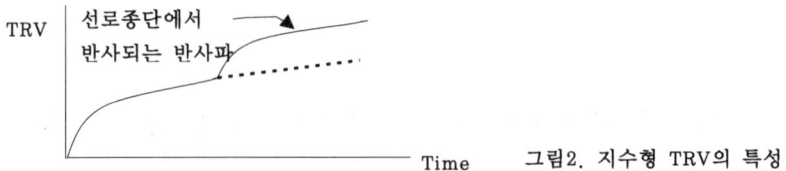

그림2. 지수형 TRV의 특성

2) 진동형(Oscillatory TRV)
   (1) 정의 : 변압기 또는 직렬리액터에 의해 사고가 제한되고 제동을 제공하는 서지임피던스가 없을 때 발생하는 TRV.
   (2) 개념도

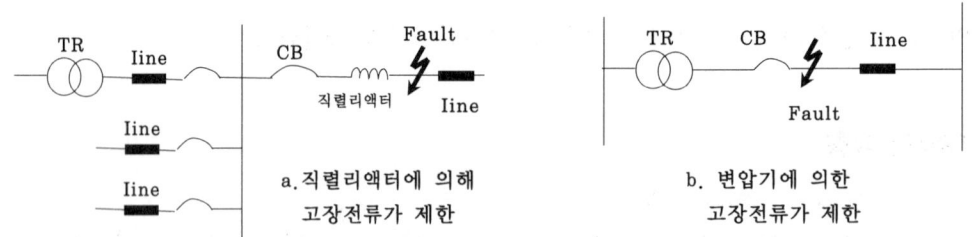

그림2. 진동형TRV가 나타나는 계통의 유형과 사고위치

   (3) 지수형 TRV의 특성
       ① 이 TRV는 변압기의 L,C값과 변압기~차단기 사이의 C 값에 의해 결정됨
       ② 진동형의 경우 높은 RRRV(Rate of Rise Recovery Voltage)를 갖음
       ③ IEC 62271-100규정 값을 초과할 수 있고, 사전에 계통 시뮬레이션을 통하여 기준에 만족하도록 직렬리액터와 병렬커페시턴스의 추가를 고려할 것
       ④ 등가화 된 표준식은, $R_{eq} > 0.5\sqrt{\dfrac{L_{eq}}{C_{eq}}}$

3) 삼각파형 TRV(Triangular wave Shaped TRV)
   (1) 정의 : 단거리 선로의 사고시 전류차단 후 차단기 접촉자의 선로 측 전압은 삼각파를 나타내며, 이때의 TRV를 말함.
   (2) 개념도

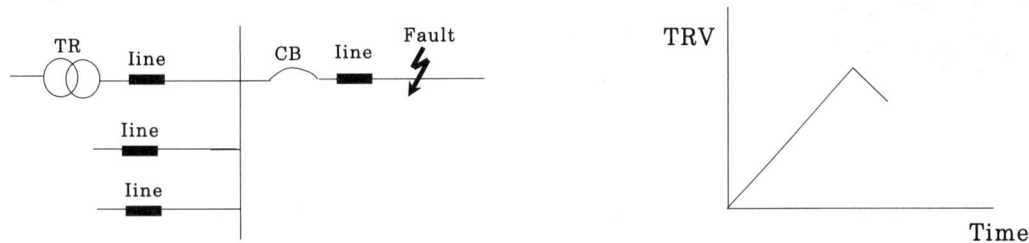

그림3. 삼각파형TRV가 나타나는 계통의 사고위치와 특성

(3) TRV의 특성
　① 톱니파 모양의 TRV 상승률은 선로의 서지 임피던스의 함수이다
　② RRRV는 동일 전류에 대한 지수형 및 진동형의 TRV보다 높다
　③ 일반적으로 최대전압 U_c는 낮다

113-4-2 전철 보호계전기

응응17-113-4-2. 교류전철 변전소에 설치되는 계통별 보호계전기의 종류와 용도를 수전측, 변압기측 및 급전측으로 구분하여 설명하시오.

답  : 11년도94회 나온 문항을 살짝 변경하여 재차 나옴

1. 개요

1) 보호협조란, 보호하고자 하는 전기설비에 사고가 발생 시 주보호장치의 동작으로 고장이 제거 되고, 피 보호물의 후비(back-up)보호장치를 동작되지 않게 주와 후비 간에 시간협조를 시킨 것.
2) 보호계전기란, 계통의 보호를 위해 차단기능을 수행하는 전압 및 전류의 source를 전달하여 해당 차단기로 계통을 차단하도록 하는 장치
3) 보호계전방식에는 主보호 계전방식과 후비보호 계전방식으로 분류한다.

2. 주보호 및 후비보호 계전기 구분

구분 개소	주, 후비	주보호	후비보호
수전점		과전류계전기, 지락과전류 계전기	거리계전기
변압기 측	Tr자체	비율차동계전기	과전류계전기 또는 과전압계전기
	변압기 과부하 보호	2차 과전류계전기	1차 과전류계전기
전차선로 측		거리계전기, 재폐로 계전기	고장선택 ΔI 계전기

3. 전철용 변전소 용 교류 보호계전기 종류

3-1. 급전 측 보호

1) 고장점 표정장치(99F : Locator)
   ① 목적 : 급전계통의 사고 시 조속한 사고복구를 위해 변전소나 SP에 설치하여 사고지점을 검출함

② 원리:
　㉠ 고장시의 전압과 전류로 고장점까지의 선로리액턴스를 구한 후, 거리에 따라 리액턴스 값과 비교하여 고장점까지의 거리를 산출한다.
　㉡ 급전회로 보호계전기인 경우는 거리계전기와 조합하여 사용함.
　㉢ 검출방식: BT회로용(리액턴스 검출방식), AT회로용(흡상전류비 방식)

2) 거리계전기(44F) : 임피던스 계전기
　① 고정점까지의 거리가 정정치 이내 일 경우 검출하여 동작
　② 변전소에서 계측되는 임피던스가 부하영역을 벗어나면 동작
　③ 주보호 계전기로 보호구간의 110% 지점까지 보호
　④ 고속도 재폐로 방식 적용: 0.4~0.5[sec]
　⑤ 사고를 판단하면 고장점 표정장치를 통해 사고지점을 표시한다

3) 교류선택 단락계전기(50F) 혹은 고장선택계전기
　① 부하전류는 시간의 변화에 완만하게 변하고, 사고전류는 급격하게 변하는 특성을 이용함.
　② 거리계전기 후비보호용으로 사용
　③ 거리계전기로 선택이 곤란한 고저항 접지고장을 검출함
　④ 연장급전 시 거리계전기로 보호되지 않는 접지고장 등을 검출

4) 과전류 계전기(51F)
　① 과전류에 의해 정정치가 초과 시 동작
　② 적용: 송·수전선 및 배전선의 과부하 보호 및 단락보호
　③ 즉, 후비보호로 저항이 큰 장해검출을 위한 경우와 급전거리가 비교적 짧은 선로
　　(큰 역구 내, 차량기지 등)에 사용

5) 재폐로 계전기(79F)
　① 급전선의 순간적인 지락, 단락사고 시 일정시간 후 자동회복 되는 것을 고려하여 TRIP 된 차단기를 일정시간 후 재투입
　② 사고가 복구되지 않은 경우는 차단기는 자동으로 차단된다.
　③ 재폐로 시간: 약 0.4~0.5[sec]
　④ 급전선 사고 시 자동으로 신속히 제거
　⑤ 급전회로 보호계전기인 거리계전기(44F)와 고장선택계전기(50F)를 조합하여 사용

6) 부족전압 계전기(27F)
　① 전원 측의 사고시 순간전압가하 발생시 PT에서 전압을 검출하여 차단기를 TRIP 시킴

7) 지락방향 계전기(67F)
　① 영상전압과 영상전류 동작
　② 복수의 배전선이 지락사고시 사고회선만을 분리

3-2. 변압기 보호

1) 비율차동계기(87)
   (1) 정의 : 내부고장보호용으로 사용되며 동작전류의 비율이 억제전류의 일정치 이상일 때 동작.
   (2) 동작원리
   ① 평상시, 외부고장시 : 차전류 $id = i_1 - i_2 = 0$가 되어 계전기는 부동작.

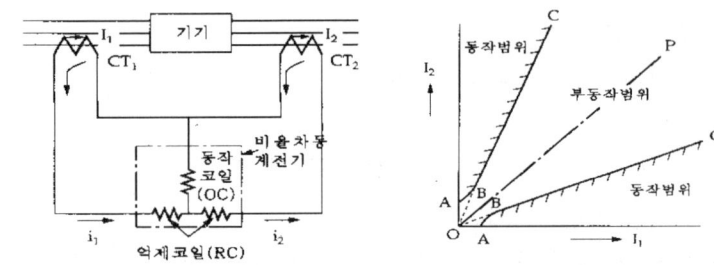 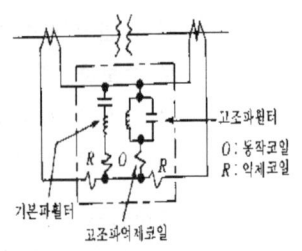

그림1. 비율차동계전기의 원리.   그림2. 비율차동계전기의 동작특성.   그림3. 고조파억제식 비율차동계전기

   ② 내부고장시 : 차전류 id가 큰값이 되어 동작코일이 작동되어 계전기 동작.
   ③ 동작비율 = $\dfrac{|I_1 - I_2|}{|I_1| \text{ or } |I_2|} \times 100$, $*\ |I_1|\ \text{or}\ |I_2|$ 중, 작은 값을 선택.
   ④ 전류차동요소 : 억제코일과 동작코일의 2개의 전자식요소 부착
   ⑤ 적용 : 7,000kVA 이상의 대용량 변압기

2) 과전류계전기(51)
   ① 변압기 1차 측의 과전류 보호용
   ② 정격전류의 250%에서 1초로 정정

3) 고속단락계전기(50)
   ① CT 2차 측에 접속하여 과대전류가 흐를때 동작하여 변압기의 단락보호
   ② 변압기나 정류기 등의 단락사고의 보호용   ③ 정격전류의 500%에서 순시동작

4) 압력계전기(63T) : 변압기의 지계적인 내부고장 보호용

5) 온도계전기(26T) : 변압기기가 과열 시 동작, 보통 85℃에 정정

3-3. 수전측 보호(송·수전 설비 보호)

1) 과전류 계전기(51R)
   ① 상용 및 예비전원 보호장치로서 정정치는 전력공급자와 협의 결정함
   ② 상위 계전기(51R보다 전원 측)와의 시간 : 0.3~0.4초
2) 단락계전기(50R)
   ① 최소 단락전류의 순시치로 정정하여 단락보호
   ② 51R 순시 요소부로 사용하는 경우는 생략 가능
3) 지락 과전압계전기(64R)
   ① 지락보호용.
   ② 최소 지락전류·전압치로 정정
4) 지락과전류계전기(51GR)
   ① 영상전류가 정격감도 전류 이상시 동작.
   ② 송수전선로의 지락사고 보호
5) 역상전압계전기(47)
   ① 전력방향이 역으로 될 때 동작
   ② 병렬운전하는 발전기, 변압기의 보호 위상 제어

Chapter 3. 기출 전기응용기술사 (109회부터 113회 해석분)

113-4-3 빛공해 방지법

응17-113-4-3. 장해광의 문제가 날로 심각해지자 서울특별시를 비롯하여 일부 지자체에서는 '인공조명에 의한 빛공해 방지법'(법률제13884호 2016.07 시행)에 의해서 조명 환경구역을 정하여 관리하게 하고 있다. 법에서 정한 조명 환경 관리구역의 구분법(4종)과 그 장해광의 방지대책에 대하여 설명하시오.

답 : 이 문제는 장해광에 대한 종합 문제로서 이유불문 암기요

1. 개요
빛 공해"란 인공조명의 부적절한 사용으로 인한 과도한 빛 또는 조명영역 밖으로 누출 되는 빛이 국민의 건강하고 쾌적한 생활을 방해하거나 환경에 피해를 주는 상태를 말한다.

2. 목적
1) 인공조명에 의한 과도한 빛 방사 등으로 인한 국민건강, 환경에 대한 위해방지
2) 인공조명을 환경적으로 관리하여 국민건강 및 쾌적한 환경 조성

3. 빛공해 종류
1) 산란광 : 지면의 인공 조명에서 공중으로 새어나오는 빛이 산란을 일으켜 밤하늘이 부분적으로 환해 보이는 현상
2) 침입광 : 원하지 않은 장소에 비치는 빛
3) 글레어 : 옥외광원 자체의 높은 휘도로 인해 차량 운전자의 시각 능력이 떨어지는 현상
4) 광혼란 : 옥외에서 다양한 발광원이 혼재하여 보행자의 시각에 혼란을 주는 것
5) 과도 조명 : 옥외 조명의 각 부분에서 필요 이상의 조명이 사용되는 것

4. 조명환경 관리구역(Lighting Zone)의 분류기준 (즉, 구분법 4종)

1) 용도지역, 토지이용현황 등을 고려한 차등 관리를 위하여 분류된 조명구역 (조명환경이 유사한 구역)
2) 빛 공해가 발생하거나 발생할 우려가 있는 지역을 구분하여 조명환경관리구역으로 지정
3) 조명환경관리구역(Lighting Zone)

구분	토지용도	범위
제 1종	자연환경보전지역 보전·자연녹지 지역	자연환경에 부정적인 영향을 미치는 지역
제 2종	농림지역 생산녹지지역	농림수산업 및 동·식물 생장에 부정적인 영향을 미치는 지역
제 3종	주거지역	국민의 주거생활에 부정적인 영향을 미치는 지역
제 4종	상업지역	국민의 쾌적하고 건강한 생활에 부정적인 영향을 미치는 지역

5. 장해광의 방지대책

1) 일반적인 장해광에 대한 영향과 대책

구 분	영 향	대 책
동식물 생태계	• 농작물·식물→결실맺지 못함 • 포유류·파충류·조류→야행성 경우 생식에 문제 발생→종의 소멸 • 가축→ 생리나 대사기능 영향 → 생산저하	• 점등시간의 제한 : 심야소등, 연간점등 스케줄 설정 타이머 이용 • 비산광 저감 : 조사대상물 이외에 빛 세어나가지 않도록 기구개선
주거환경	• 수면방해 • 교통안전 방해 • 불쾌감 유발	• 글레어저감-보조기구(후드,루버) • 경관화 조화
천 공	• 천체관측 방해 • 지구온난화 요소(CO_2) • 불필요한 에너지 낭비	• Up Light보다는 Down Light 방식 • 각도를 좁게 한다 • 효율 높은 광원 사용 ← 사용목적 알맞은 광원

2) 조명기구의 범위를 아래와 같이 정하여 장식 및 광고조명, 공간조명을 시행토록 함
   (1) 장식 조명의 경우
      ① 연면적 2,000[㎡] 또는 5층 이상 건축물
      ② 위락 및 숙박 시설
      ③ 교량
      ④ 지정 및 등록 문화재
   (2) 광고 조명 : 전기를 이용하는 허가 대상 광고물
   (3) 공간 조명 : 가로등, 보안등, 공원등
3) 빛방사 허용 기준을 아래와 같이 정하여 준수하게 함
   (1) 개념

구 분	적용 대상	보호대상	방사 특성
밝 기	장식 조명 광고 조명	운전자 보행자	표면 휘도
영 역	전광류 광고물 공간 조명	거주자	연직면 조도

   (2) 표면 휘도 기준(발광 표면 휘도 기준)

적용 대상	적용시간	적용 값	조명 환경 관리 구역(단위 : [cd/㎡])			
			1종	2종	3종	4종
장식 조명	일몰 후 60분 ~일출 전 60분	평균값	5 이하	15 이하	25 이하	
		최대값	20	60	180	300
광고 조명	일몰 후 60분 ~일출 전 60분	최대값	50	400	800	1000
전광류 광고물 공간 조명	일몰 후 60분~24:00	평균값	400	800	1000	1500
	24:00~일출 전 60분		50	400	800	1000

   *표에서 장식 조명의 평균값 행: 1종 5 이하, 2종 15 이하, 3종 25 이하 (4종 비어있음으로 보임)

   (3) 연직면 조도(주거지 연직면 조도 기준)를 아래와 같이 정하여 준수하게 함

구분	적용 시간	적용값	조명 환경 관리 구역(단위[lx])			
			제1종	제2종	제3종	제4종
전광류 광고물 공간 조명	일몰 후 60분 ~ 일출 전 60분	평균값	10 이하		25 이하	

113-4-4 smps여러항

응17-113-4-4. SMPS(Switching Mode Power Supply)의 기본구성, 회로방식, 용도 및 특징에 대하여 설명하시오.

 답

1. SMPS의 개요
스위칭모드 파워 서플라이(Switching Mode Power Supply : SMPS)는 전력용 MOSFET 등 반도체소자를 스위치로 사용하여 직류 입력 전압을 일단 구형파 형태의 전압으로 변환한 후, 필터를 통하여 제어된 직류 출력 전압을 얻는 장치이다.

2. SMPS의 기본구성(DC-DC 컨버터+ 궤환 제어회로)
1) DC-DC 컨버터 :
   ① 교류 입력 전원으로부터 입력 정류 평활 회로를 통해 얻은 직류 입력전압을 직류 출력 전압으로 변환하는 역할을 한다.
   ② DC-DC 컨버터의 구성 :
      ㉠ 주 스위치와 환류 다이오드
      ㉡ 2차 저역 통과 필터인 LC 필터 등으로 구성되어 있다.
2) 출력 전압을 안정화 시키는 궤환 제어회로 등으로 되어 있다.
3) 궤환 제어 회로의 구성 :
   ① 출력전압의 오차를 증폭하는 오차 증폭기,
   ② 증폭된 오차와 삼각파를 비교하여 구동 펄스를 생성하는 비교기
   ③ DC-DC 컨버터의 주 스위치를 구동하는 구동회로 등으로 구성되어 있다.

3. 회로방식
1) SMPS 회로 방식은 고주파 트랜스포머의 유무에 따라 크게 비절연형/절연형 으로 나눌 수 있다
2) 비절연형으로서는 Buck방식, Boost방식, Buck-boost 방식, Cuk방식 등이 있고,

3) 절연형으로는 Fly-back 방식, Forward 방식, Full-bridge 방식, half-bridge 등이 있다.

4. SMPS의 특징 및 용도

1) 전력용 반도체소자를 스위치로 사용하여 직류 입력 전압을 일단 구형파 형태의 전압으로 변환한 후, 필터를 통하여 제어된 직류 출력 전압을 얻을 수 있다
2) 반도체 소자의 스위칭 프로세서를 이용하여 전력의 흐름을 제어함으로서 종래의 linear 방식의 전원 공급장치에 비해 효율이 높고 내구성이 강하며,
3) 스위칭 주파수를 높여 에너지 축적용 소자를 소형화 함으로써 소형, 경량화를 이룰 수 있고, 이를 위해서는 고속 반도체 소자의 개발이 필요하다.
4) 단점
   ① 스위칭 주파수를 고주파화 하면 스위칭 손실, 인덕터 손실 등 전력손실이 증대됨
   ② 스위칭에 의해 발생하는 써지, 노이즈 문제를 고려해야 한다.
5) 용도 : 통신용과 전력산업용 및 PC, OA기기, 가전기기 등의 민수용으로 분류
   ① 전력산업용 예 : SVC (Static Var)가 있고, 이 장치는 동기조상기와 유사한 기능을 가진 것으로, 사이리스터의 고속 스위칭 작용을 이용하여 지상에서 진상무효 전력까지를 연속적으로 공급할 수 있도록 만든 장치
   ② 반도체 스위칭 소자를 이용한 전원공급장치
      ㉠ DC 전원 장치
      ㉡ AC 전원 장치
6) SMPS의 DC 전원장치
   ① 전파 브리지 회로를 예를 들어 보면 다음과 같다

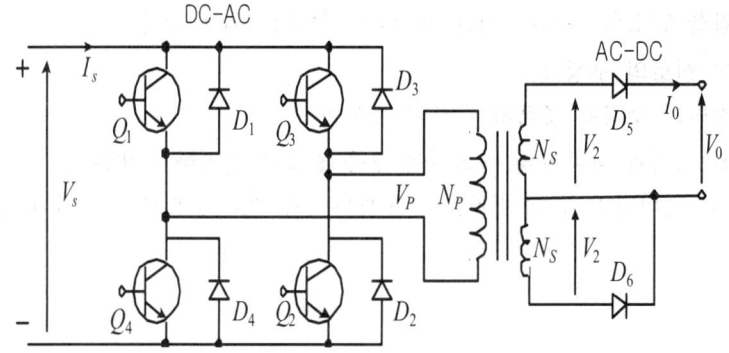

   ② 평균 출력전압은 $V_0 = V_2 = \dfrac{N_S}{N_P} V_S = aV_S$

7) SMPS의 AC 전원장치
   ① 스위치모드 AC전원장치는 일반적으로 중요한 부하의 예비전원으로 사용되며, 정상적인 AC전원 장치를 이용할 수 없는 경우에 사용된다.
   ② AC전원장치의 대표적인 예는 UPS이며 구성요소 중 DC를 AC로 변환하는 인버터의 회로도는 다음 같다.

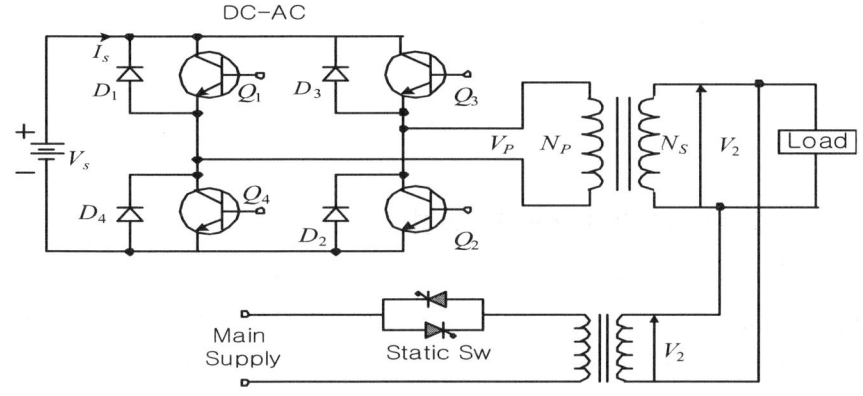

113-4-5 전기기기의 절연저항 시험. 내전압시험 목적. 방법

응17-113-4-5. 전기기기의 절연저항시험과 내전압시험의 목적 및 방법에 대하여 설명하시오.

● 답

1. 전기기기의 절연저항시험의 목적 및 방법

1) 메거의 주 목적은 :절연저항 측정 및 누전을 찾는 것임.
2) 절연저항 시험이란 Insulation Test로 두개의 도체나 금속체 사이에 얼마만큼 누전이 되고 있는가를 알아보는 시험.
3) 즉, 절연저항 시험은 누전여부를 알아보는 시험으로 이는 단순히 사람이 만지면 감전되지나 않을지를 알아보는 시험으로 제품의 견고성을 알아보는 내전압시험과는 다르다.
4) 이런 뜻에서 '절연내력시험'이란 말은 이쪽으로도 저쪽으로도 사용될 수 있어 그 정확한 뜻을 구별할 필요가 있다.
5) 절연저항시험 전압
   ① 시험전압: DC전압(DC 500v, 또는 DC 1000v)
   ③ 통상 시험하고자 하는 제품의 사용전압이 150v 를 넘으면 1000v로, 150v 이하 제품일 때는 DC 500v로 시험함.
6) 절연저하의 측정방법 :
   ① 주 차단기를 개방하여 전원을 off 상태에서 측정함(일반적 사용하는 절연저항 측정기는 절연저항측정기 자체에서 고 전압을 발생케 하여 절연상태를 측정하므로)
   ② 대지간 측정과(상과 대지) 상과 상(각상간)을 절연저항 측정
      ㉠ 대지간 측정법은 절연저항계의 어스측 클립(녹색단자)은 접지단자에, 라인측 클립(적색단자)은 주차단기의 부하측 단자에 접촉시키고 스위치를 눌러 값을 인지
      ㉡ 상간 측정은 각상을 어스측과 라인측 클립에 접촉시켜 그 값을 인지
   ③ 측정값이 기준값 이하의 경우
      ㉠ 분기용 차단기를 모두 개방하고, 각 분기회로마다 분할 측정하여 불량회로를 발견함 (주차단기와 분기용차단기를 OFF상태에서 분기용 차단기의 부하측을 체크)
7) 절연저항값 규정

(1) 저압전로의 절연저항 : 저압전로에 대하여는 전선상호간 및 선로와 대지사이의 절연저항을 아래의 값 이상으로 유지할 것

표. 저압전로의 절연저항 값

구분	전기기기(선로)의 사용전압 구분	절연저항값
400V미만	대지전압이 150V이하	0.1㏁이상
	대지전압이 150V초과 300V이하	0.2㏁이상
	사용전압 300V초과~400V미만(비접지 계통)	0.3㏁이상
400V이상	사용전압 400V 이상	0.4㏁이상

(2) 회전기의 절연내력
  ① 고압에서는 최대사용전압의 1.5배, 특별고압에서는 최대 사용전압의 1.25배의 시험전압으로 권선과 대지사이의 절연내력을 시험하였을 때 연속하여 10분간 견딜 것
(3) 변압기의 절연내력
  ① 변압기의 절연내력은 고압에서는 최대사용전압의 1.5배, 중성점접지결선에서는 최대사용전압의 0.92배의 시험전압으로 권선과 권선, 철심 및 외함사이에 인가할 경우 연속하여 10분간 견뎌야 한다.
(4) 기계기구 등의 절연내력
  ① 전로에 시설하는 개폐기, 과전류차단기, 전력용 콘덴서, 유도전압조정기, 계기용 변성기, 기타의 기구와 그의 접속선 및 모선은 고압에서는 최대사용전압의 1.5배 시험전압으로 충전부분과 대지사이에 인가 할 경우 연속하여 10분간 견뎌야 한다. ,
  ② 중성점 접지식 전로에 시설하는 것은 최대사용전압의 0.92배의 시험전압으로 충전부분과 대지사이에 인가 할 경우 연속하여 10분간 견뎌야 한다.

2. 전기기기의 내전압시험 목적 및 방법

1) 메가로 사전에 절연저항 check후 이면서 온도상승시험 후에 냉각되지 않은 상태로 시행하여 해당 전기기기가 규정된 절연기준에 견디는 정도의 파악
2) 구분 :
  ① 가압시험
  ② 유도시험
  ③ 충격전압시험 으로 구분하며
3) 유입변압기는 절연유 절연내력을 확인 후 시행함
4) 내전압시험방법(종류별) : 변압기를 위주로 아래와 같이 서술함

시험종류	방 법
①가압시험	① 타전원 상용주파수의(절연계급에 따른)시험전압을 공사권선 충전부와 타권선 또는 충전부와 대지간에 연속 10분간 가압하여 시험함 ② 시험전압표준값: 　절연계급140호인경우→시험전압320KV, 절연계급20호인 경우→시험전압50KV
②유도시험 (그림1참조)	1. 목적: 권선의 권회간의 절연내력 시험하는 경우와 상용주파의 시험전압을 가압시켜 절연물의 절연파괴 여부를 시험하는 목적. 2. 방법: ① 단절연변압기의 시험의 경우로 분류됨(선간전압의 $1/\sqrt{3}$ 배로 시험함) 　　　　② 권회간 유도시험: 　　　　　㉠ 연속1분간 시험전압은 상류유기전압의 2배 　　　　　㉡ 사용주파수: 120Hz이하, 120Hz 이상시는 (최저15초간) 　　　　　　　시험시간 $= 120 \times \dfrac{\text{정격주파수}}{\text{시험주파수}}$

시험종류	방 법
③충격전압시험 (그림2참조)	① 뇌, 기타 외뢰가 인가시 정해진 절연기준에 견디는 정도를 시험함 ② 시험항목: 1단접지시험(전파 및 재단파 각1회) 비접지시험(전파1회) ③ 충격전압시험규격: 파고값으로. 변압기의 절연계급, 용량에 따라 정해지며 기준파형은 $1.250[\mu s]$의 규격으로 시행함. ④ 1단접지시험: 공시변압기의 대지절연이 인가충격에 견디는 강도로서 권선내부에 발생하는 전위진동에 의한 이상전위경도에, 각 부의 권설절연이 견딜 수 있는가의 확인을 목적으로 함. ⑤ 비접지시험 목적: 권선내부에 발생하는 전위진동에 의해 일어나는 인가전압보다 높은 대지전압에 대하여 권선의 절연이 견디는 강도 및 부근 권선의 절연손상 유무확인

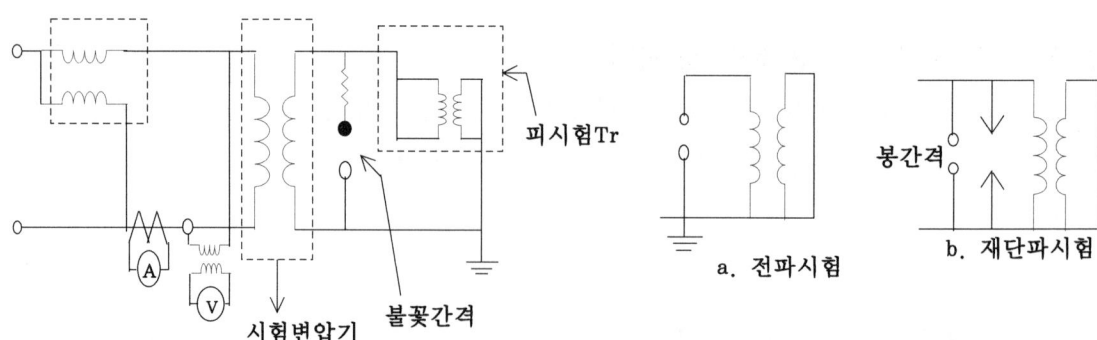

그림1. 변압기의 유도시험　　　　　그림2. 변압기의 충격전압시험

113-4-6 무선 충전방식

응17-113-4-6. 무선 충전방식의 종류, 동작원리 및 특징에 대하여 설명하시오.

 법적근거 : 미래창조과학부『전파응용설비의 기술기준』을 2013년 12월 24일 개정

1. 개요 [이 문제는 16년도에도 출제됨]

1) 미래창조과학부는 2013년 12월 20일에 6765~6795㎑(중심 주파수 6780㎑) 주파수 대역을 자기공진방식 무선충전기에 활용할 수 있도록 전파응용설비용(ISM)으로 결정하고, 주파수 분배표를 고시하였다.
2) 무선전력전송 기술은 자기장의 유도와 전자파 공진 원리 등을 이용하여 전기에너지를 무선으로 전송·충전하는 기술이다.
3) 무선전력전송 기술은 '자기유도'와 '자기공진' 방식으로 구분되며, 휴대전화 단말기 시장에서 뿐만 아니라 IT, 철도, 가전, 자동차 등 산업 전반의 다양한 분야에 활용이 가능하며,
4) 현재는 휴대전화 무선충전기 등 저전력 제품을 중심으로 상용화가 진행되고 있다.
5) 현재 상용화되어 이용중인 20㎑/60㎑ 대역 무선충전 전기자동차와 100~205㎑ 대역 자기유도방식의 무선충전기도 무선설비규칙 등 현행 기준을 준용한다

2. 무선전력전송의 개념

: 자기장의 유도 원리를 이용하여 송신기(충전기)에서 수신기(단말기)로 전력에너지를 전달하는 기술

3. 충전원리

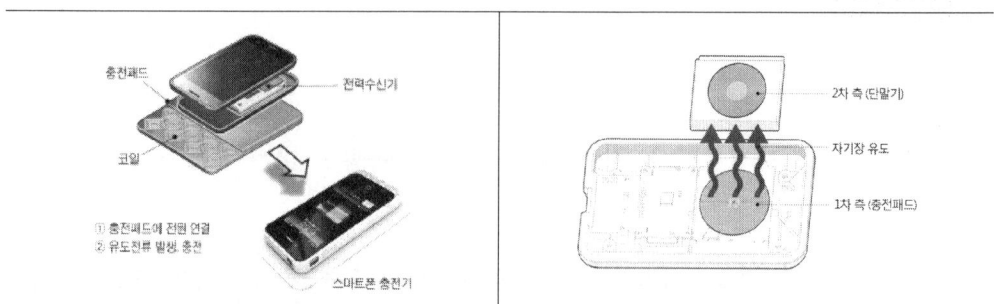

① 충전패드에 전원연결
② 코일에 전류가 흐름에 따라 자기장 발생
③ 자기장에 의한 유도전류를 발생시켜 충전

4. 응용분야

1) 무선충전기는 휴대전화 단말기 시장에서 뿐만 아니라 IT, 철도, 가전산업 등 산업 전반 다양한 분야에 활용 가능
2) 현재 전동칫솔, 휴대폰용 무선충전기가 상용화되고 있으며, 노트북, TV 등에 대한 제품개발이 진행 중

5. 무선전력전송 기술의 종류 (기술방식)

1) 무선전력전송 기술은 자기유도방식과 자기공진방식으로 구분
   : 무선충전을 위해 단말기로 전파에너지를 전송하고, 단말기의 수신전력을 제어하기 위해 통신기능이 부가됨
2) 자기유도방식 : 코일 사이에 유기되는 자기장을 이용하여 에너지 전송
3) 자기공진방식 : 코일 사이의 특정 주파수에서 에너지가 집중하는 것을 이용하여 에너지 전송
4) (표준규격) 자기유도방식은 WPC(Wireless Power Consortium)에서, 공진방식은 A4WP (Alliance for Wireless Power)에서 표준규격 제정
5) WPC는 전세계 기업들의 컨소시엄으로 130여개 업체로 구성되어 회원사로 활동하고 있고, 국내업체 중 LG가 주도적으로 참여
6) A4WP는 이동통신 망사업자와 단말제조사 등 60여개 업체로 구성되어 회원사로 활동하고 있고, 국내업체 중 삼성이 주도적으로 참여

6. 무선전력전송 기술의 종류 별 특징(무선전력전송 국제 표준단체 및 표준규격 비교)

구 분		자기유도방식(WPC 표준)	자기공진방식(A4WP 표준)
중심 주파수	전력전송 (충전)	100~205kHz 대역 내에서 가변	6.78MHz
	전력제어 (통신)	전력전송용 주파수와 동일	2.4GHz(블루투스)
주파수대역		100~205kHz(105kHz 폭)	6.765~6.795MHz(30kHz 폭)
기술방식		- 1~2차 코일간 자기장 유도 - 수신단말의 충전량에 의해 주파수 가변	- 1~2차 코일간 자기장 유도 - 수신단말과 특정 주파수를 동조하여 에너지 전송
제품개발		상용화 및 시장출시 (휴대전화 무선충전기)	개발완료 (휴대전화 무선충전기)
개발업체		LG전자, 삼성전자 등	삼성전자, LG전자, 퀄컴, 인텔

Chapter 04 전기안전 추가부분

Chapter 4. 전기안전 추가부분

문1. 안전의 개념에 있어 안전의 원리를 설명하시오

문2. 안전의 개념에 있어 Hazard Control와 Accident Prevention을 설명하시오

문3. 최근 대규모 공정에 있어 대형 사고가 발생하고 있어, 그 공정에 대한 위험성평가를 실시해야 할 것이다. 이러한 위험평가의 절차에 대하여 설명하시오.

문4. 안전의 개념에 있어 위험성평가(Risk assessment)에 대하여 설명하시오

문5. 안전대책에 대한 기본적 개념에 대하여 설명하시오

문6. 공학적인 안전대책에 대하여 설명하시오.

문7. 색체의 심리적 효과

문8. 안11-93-1-5. 남·여의 최소감지전류를 쓰고, 설정근거에 대하여 설명하시오[재정리분]

문9. 안16-108-1-6. 감전사고로 호흡과 의식이 없는 응급환자 발생 시 조치하여야 할 응급처치요령을 단계별로 설명하시오

문10. 산업안전보건법상 적합하게 ELB를 설치하고자 한다. 어떠한 곳에 설치하고 대상장소 중 설치면제가 가능한지 설명하라. (40점 必)[상 461P]

-1. 전기설비기술기준령에 명시된 누전차단기의 설치제외 대상에 대하여 쓰라(00-10)

문11. 누전차단기를 설치하는 장소에 대하여 ①산업안전보건법상의 규정과 ②전기설비기술기준에서 정하고 있는 내용을 비교 설명하라[상461 + 443 p]

문12. 안13-99-2-2. 건축전기설비(IEC 60364)에서의 감전보호방식의 다음사항을 설명하시오
  1) 직접접촉에 대한 감전보호(기본보호)   2) 간접접촉에 대한 감전보호(고장보호)
  3) 특별저전압에 의한 보호   4) 감전보호체계

-1.안17-111-2-6. KS C IEC 60364 감전보호 방식 중 정상 급급 시와 고장시 감전보호 방식에 대하여 설명하시오.

-2. KSC IEC에 따른 ELV(Extra Low Voltage)에 대하여 설명하시오

문13. 정전기 재해시의 조사관리에 대하여 설명하시오

문14. 응13-100-1-10. 정전기 완화를 위한 본딩접지에 대하여 설명하시오

문15. 반도체 공정에서에서 ESD 파괴현상을 규명하는 과학적 모델에 대하여 설명하시오
    (즉 ESD에 의한 파괴과정의 3가지 양상)

문16. 비접촉식 전위계로 정전기를 측정할 경우에서 유의사항을 설명하시오

-1. 안전진단을 하기 위해 비접촉식 전위계로 측정하려고 한다. 그런데 측정 대상 가까이에 접지물이 있다. 이때 유의할 사항을 쓰시오(정전기)

문17. 위험 장소를 구분하는 이유 및 위험장소를 구분 설명하시오.

문18. 석유화학공장 방폭대책에 대하여 설명하시오

문19. 단락접지용구에 대한 종류별의 특성 및 용도 등에 대하여 설명하시오

문20. 활선접근 경보기의 용도 및 사용시 주의 사항을 설명하시오

문21. 고전압이 위험한 이유와 대책에 대하여 설명하시오

-1. 고압전로에서 절연 이격거리의 확보에 대하여 기술하시오

문22. 다음 그림은 전기공사 현장의 배선 불량 분전반이다 이에 대하여 아래 항목을 기술하시오
    가) 위험요인 및 문제점의 열거 및 각 단계별 안전성 확보를 위한 조치 할 사항
    나) 위험요인 및 문제점을 제거하기 위한 조치방안

Chapter 4. 전기안전 추가부분

문23. 저압에서 전동기용 MCCB와 전자접촉기(개폐기)의 보호협조를 위해 만족하여야 할 조건에 대하여 설명하시오.

문24. 케이블 트레이 배선의 설계시 적용되는 전선의 종류와 기타 난연 대책에 대하여 상술하시오.

문25. 무균실과 청정실의 구분하여 설명하시오

문26. 고분자 물질인 Thermosetting resin과 Thermoplastic resin에 대하여 아래 항목을 비교 설명하시오.
　　가) 정의　　나) 특성　　다) 연소시 유독가스　　4) 제품

문27. 고분자 물질의 연소특성, 메카니즘, 위험성과 연소특성을 설명하시오

문28. 소방배선 종류 및 공사방법, 내화·내열배선 비교/내화·내열전선 성능시험

문29. 도체, 부도체, 반도체에 대하여 간단히 비교 설명하시오.

문30. 전기화재의 기본요건을 3가지 기본개념으로 설명하시오

문31. 물분무 설비가 C급 화재에 적용되는 사유와 이격거리를 설명하시오

문32. 전선피복이 손상되어 발생하는 단락 발생요인을 3가지로 구분하여 설명하라

문33. MSDS의 목적, 필요성, 작성비치대상 화학물질, 작성항목, 활용 및 효과

-1. 물질안전보건자료(MSDS)의 작성항목 16가지와 교육시기, 내용, 방법을 설명하시오.

문34. 전기재해가 다발하는 대중영업장소에서의 전기안전관리 대책을 기술적인 측면과, 관리적인 측면에서 설명하시오.

문35. 기기제품의 발화부위 결정시, 주요단서 9가지를 간단히 설명하시오

문36. 배선용 차단기의 동작특성으로 화재감식 할 수 있는 방안을 설명하시오.

문36. 배선용 차단기의 동작특성으로 화재감식 할 수 있는 방안을 설명하시오.

문37. 수전실에서의 화재예방대책을 간략히 설명하시오

문38. 실리콘정류제어소자(SCR)의 용도, 동작원리 및 특징에 대하여 설명하시오.

문39. 원격감시 절연시스템에 대하여 설명하시오

문40. 스위치나 릴레이는 접촉과 단절로 통전과 전기차단이 이루어진다.
　　　이때 차단이 일어날 때에는 접촉단자 사이에 절연이 이루어지게 되는데, 이 과정을 검토 시에 해당되는 중요 3가지 고장모드(mode)에 대하여 기술하시오

문41. 전기화재를 예방하기 위한 안전관리에 대하여 4가지 항목으로 설명하시오

문42. 전자유도 압력밥솥의 가열방식의 개념과 특징 및 전기밥솥에서 화재발생시의 관찰 및 화재감식 조사 시 화재감식의 주 Point에 대하여 설명하시오.

문43. 전기화재의 조기 검출 원리로 예방보전을 위한 전기화재의 조기 검출에 필요한 기능과 전기화재에 대한 예방보전의 기본적인 방안에 대하여 설명하시오.

문44. 안10-90-1-11. 전기화재 발생원인 중 아산화동증식 현상에 관하여 설명하시오

문45. 전기화재시 전선의 반단선 현상의 방지대책을 기술하시오

문46. 트래킹 현상(Tracking)현상과 흑연화(Graphite)현상의 비교

문47. 절연전선에 허용전류보다 큰 전류가 흐르는 경우의 순시용단하기까지의 상황을 4가지 분류로 나누어 설명하시오. 05-77-25 [증권 261P]

문48. 전기화재 조사의 목적과 범위에 대하여 설명하시오 [증권 341]

Chapter 4. 전기안전 추가부분

문49. 전기화재 예방을 위한 방안을 시공측면과 유지관리 측면으로 구분하여 설명하시오

문50. 화재감식에 있어 V패턴을 설명하시오

문51. 방폭형 전기기에서 화염일주한계란?[산업안지도사의 단골문제]

문52. 최소발화에너지(MIE: Minimum Ignition Energy)에 대하여 설명하시오

문53. 전기화재원인 중 은이동 현상을 설명하시오

문54. 과전류에 의한 전선피복의 소손흔과 용단흔의 특징

문55. 전기화재 원인 중 과전류에 의한 화재발생 메카니즘과 방지대책?

문56. 전자파란 무엇이며, 그 물리적 특성을 간단히 설명하시오 :산업안전지도사 면접시험문제

문57. 레이저 광선에 대하여 다음을 설명하시오
    1) 정의   2) 특징과 용도   3) 생체작용

문58. 자외선에 대하여 다음 사항을 설명하시오
    1) 자외선의 종류별 성질   2) 자외선의 생체작용   3) 자외선의 허용기준과 대책

문59. 적외선에 대하여 다음사항을 설명하시오
    1) 적외선의 성질과 생체작용   2) 적외선에 대한 허용기준과 대책

문60. 전자파 방지 대책 중 수동적·능동적 차폐를 비교하고, 전자차폐 방법을 설명하시오.

문61. 최근 가장 많이 사용되고 있는 이차전지와 관련하여 리듐이온전지의 원리 및 특징에 대하여 설명하시오

문62. 신재생에너지 설비의 종류 및 수열에너지에 대하여 설명하시오.

문63. ESS를 운영에 따라 분류하고, 배터리 종류별 원리 및 특징을 설명하시오

문64. 원자로의 고유의 안정성에 대하여 기술하시오

문65. 원자력 발전소의 다중방호벽에 의한 안전개념에 대하여 설명하시오.

문66. 고장전류 분류율(Fault Current Division Factor)에 대하여 간단히 기술하시오.

문67. GIS 등의 동축 원통간극에서 발생되는 전계완화에 대한 방전진전의 억제를 설명하시오

문68. 전기기기의 절연강도를 검토시 내부절연과 외부절연에 대한 개념을 설명하고, 이에 대한 전력기기(변압기 등)의 절연 적용에 대하여 간단히 기술하시오

문69. 가공지선에 대하여 설명하시오

문70. 수전설비 용량산정방법, 수전방식, 차단용량?

문71. 변압기 단락강도 시험시 ANSI/IEEE, IEC 규격에 의한 시험전류에 대해 설명하시오.

문72. 수전용 차단기의 용량을 선정하는 방법에 대하여 설명하시오

문73. 변압기 이행전압의 개념과 보호방법을 설명하시오.

문74. 차단기의 TRIP FREE 방식에 대하여 설명하시오

문75. 전력용 콘덴서의 인체감전 보호조치(안전작업조치)에 대하여 설명하시오

-1. 조상설비 (Static Condencer, Shunt Reactor, SVC 등)에 운영상 안전작업조치에 대하여 설명하시오

문76. 직렬리액터의 목적을 간단히 설명하고, 콘덴서 18개로 구성된 특고압용 직렬리액터가 설치된 장소를 그리시오.

문77. 건16-109-1-6. 직렬리액터에 대하여 다음 사항을 설명하시오.[25점용 좋음]
　　　1) 설치목적　　2) 용량산정　　3) 설치 시 문제점 및 대책

문78. 보정과 오차를 설명하시오.

문79. 4E 계전기의 용도 및 그 기능에 대하여 설명하시오.

문80. 보호계전기의 정정시 고려할 사항을 간단히 설명하시오

문81. 응16-109-2-6. 환태평양 지진대의 동시 다발적인 지진발생으로 인해, 한반도에서도 지진 발생에 대한 대책이 요구되고 있다. 이에 대해 전기설계자가 행해야 할 실내 변전실 전기설비의 내진 설계에 대하여 설명하시오

문82. 안14-102-1-8. 저압직류 지락차단장치의 시설방법과 구성 원리 등에 대하여 설명하시오. (판단기준 291조) [4권 중의 내용을 자료 수정한 것]

문83. 역률개선에 소요되는 콘덴서의 용량 Q[kVA]를 구하는 방법에 대하여 설명하고, 역률개선 효과를 기술하시오(단 $\cos\theta_1, \cos\theta_2$: 콘덴서 설치 전·후의 역률)

문84. 응16-109-4-2. 지능형 전력망 관련 이차전지를 이용한 전기저장장치의 시설에 대하여 전기설비 기술기준의 판단기준에서 정한 아래 사항을 설명하시오
　　　(1)적용범위　(2)일반요건　(3)제어 및 보호장치의 시설　(4)계측장치 등의 시설

문85. 축전지의 자기방전에는 여러 원인이 있다. 원인별로 구분하여 설명하시오.

문86. 고압전로에서 직류내전압시험에 대하여 설명하시오

문87. 고압전로의 절연내력시험 기준에 대하여 설명하시오

문88. TN 접지방식 도입시 이점과 차이점을 설명하시오.

문1. 안전의 원리

문1. 안전의 개념에 있어 안전의 원리를 설명하시오

 답

1. 안전의 원리

1) 안전공학과 안전관리의 궁극적 추구 목적 : 재해예방(災害豫防)
2) 안전관리 목적의 실현을 위한 실질적인 접근방법
   : 미국의 안전공학자인 Herbert William Heinrich에 의해 주장된 「사고방지(事故防止)의 원리 (the Principle of Accident Prevention)」를 기본으로 하여 오늘날 안전에 관한 모든 개념
3) 과거에 있어 안전의 정의 : 위험이 존재하지 않는 것(freedom from hazards)
4) ISO/IEC Guide 51에서 정한 안전에 대한 새로운 정의 : 수용할 수 없는 위험성이 존재하지 않는 것
5) 안전에 대한 접근방법의 새로운 개념 변화
   ① 과거에는 「재해(Harm)」를 야기하는 「사고(Accident)」가 근본적으로 「위험(Hazard)」으로 부터 초래하므로 사고방지를 위해서는 단순히 현장에서 존재하는 위험을 통제한다는 개념 적용
   ② 현재에는 단순한 「위험통제(Hazard Control)」에 그치지 않고 위험이 가지고 있는 위험한 정도를 의미하는 「위험성(Risk)」을 최소화하는 위험성관리(Risk Management)라는 새로운 접근방법이 도입함.
6) 이와 같은 개념을 그림으로 재해예방을 위한 안전의 원리적인 접근방법으로 다음과 같음

Chapter 4. 전기안전 추가부분

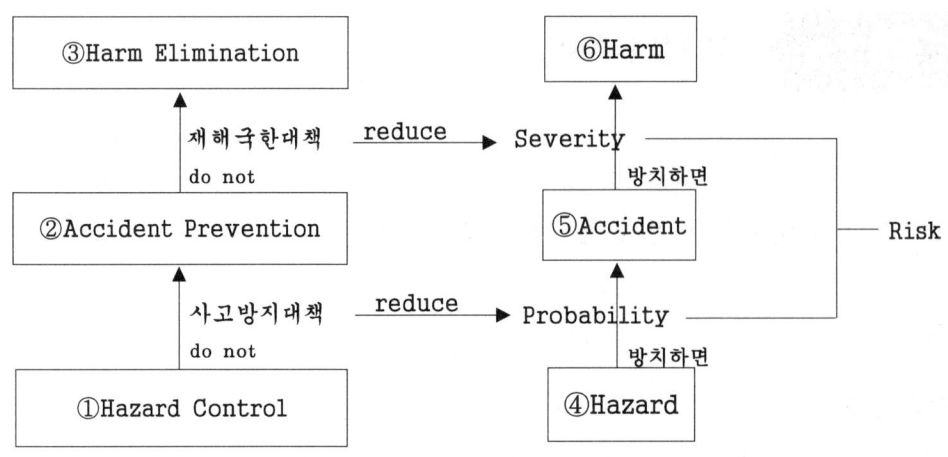

그림. 안전원리와 재해예방을 위한 개념적 접근방안

※ note

재해예방 : Harm Elimination,   사고방지 : Accident Prevention
위험통제 : Hazard Control,   재해증대성 : Severity
사고가능성 : Probability,   위험성 : Risk
재해 : Harm,   사고 : Accident
위험 : Hazard

문2 ▶ Hazard Control와 Accident Prevention

문2. 안전의 개념에 있어 Hazard Control와 Accident Prevention을 설명하시오

 답

1. 개요
1) 위험통제와 사고방지를 위해서는 다음의 개념으로 과학적 접근 방법과 이에 대한 실천의지가 대단히 필요하여 전체적인 개념도는 그림1과 같으며 다음과 같은 순서로 설명한다.
   ① 사고와 재해의 개념적 이해
   ② 사고와 재해의 연관성과 과거와 현재의 안전관리 측면
   ③ 안전 목적을 달성하기 위한 접근 방법과 그 관점
   ④ 사고가능성(Probability)과 재해중대성(Severity)의 종합적 조합관리에 의한 효과

2) 안전 원리와 재해예방을 위한 개념적 접근방안

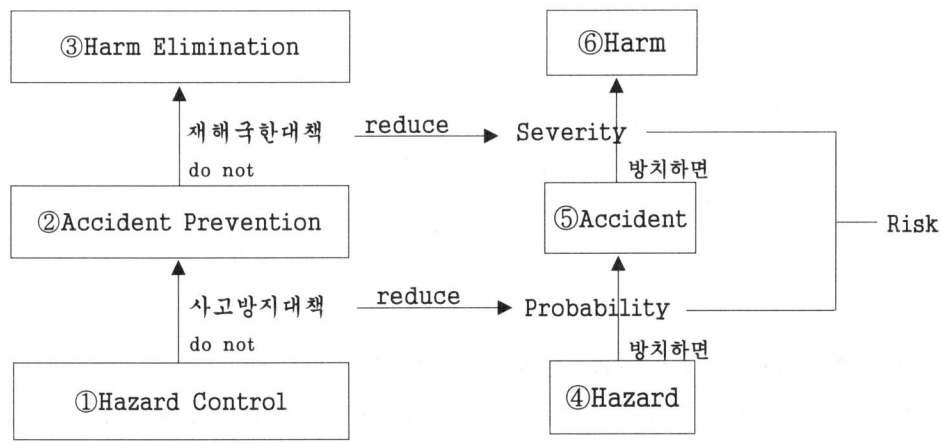

그림1. 안전원리와 재해예방을 위한 개념적 접근방안

2. 사고와 재해의 개념비교
1) 사고(Accident)란,
   ① 목적한 일의 수행과정에서 일의 진행을 방해하거나 능률을 떨어뜨리는 등의 원치 않는 事象(사실이나 현상, Event)으로서

② 직접적이나 간접적으로 재해를 일으킬 가능성이 있는 것을 말하며,
2) 재해(Harm)란,
① 사고의 결과로 발생하는 인명상해(Physical Injury; 사망, 부상, 건강장해 포함)나
② 사고의 결과로 발생하는 재산손해(Damage to Property; 재산상의 손상 또는 손실), 환경훼손(Damage to the Environment)을 말한다.

3. 사고와 재해의 연관성과 과거와 현재의 안전관리 측면

1) 사고가 일어난다고 모두 재해가 발생하는 것은 아니다
2) 그러나, 일단 사고가 일어나면 「손실우연의 법칙」에 의해 재해의 가능성을 도저히 예측할 수가 없다는 것이 이때까지 안전에서의 기본적인 개념이었다.
3) 따라서 안전의 실질적인 접근방법도 재해의 가능성이 있는 모든 사고를 미연에 방지하여야 한다는 「사고방지」의 차원에서 전개되어 왔던 것이다.
4) 과거의 안전관리 : 「사고방지」를 위하여 직접원인이 되는 인적인 불안전한 행동(Unsafe Act)과 물적인 불안전한 상태(Mechanical or Physical Hazard)를 제거하는 것에 초점을 맞추어 왔다.
5) 현재의 안전관리
① 현재에는 인적 원인과 물적 원인 중 관리가 쉽지 않은 인적인 불안전한 행동에 대해서는 행동안전관리 등의 다른 방법을 통해 접근하고,
② 물적 원인인 위험(Hazard)에 초점을 맞추어 그 위험이 가지고 있는 위험성(Risk)을 예측하여 이를 통제함으로써 사고방지가 달성토록 위험통제를 시행
③ ①과 ②의 「사고방지」에 의해서 「재해예방」이 이루어지는 공학적인 접근방법이 보편화되어 「위험성관리(단순히 위험관리 라고도 함)」가 안전공학의 근간이 되고 있다.

4. 안전 목적을 달성하기 위한 접근 방법과 그 관점

1) 최우선적으로 여러 가지 형태로 존재하는 「위험」들을 근원적으로 제거이다
2) 그러나 이러한 「위험」은 대부분 여러 가지 형태의 「에너지」로 존재하고 있으며, 이들은 생활이나 생산에 필수적인 수단으로 사용되는 경우가 많기 때문에 이를 근원적으로 제거하는 것이 쉽지가 않다.
3) 따라서 근원적으로 위험을 제거하는 것이 곤란한 경우에는, 이 위험이 존재함으로써 사고가 발생할 가능성과 재해의 중대성이 어느 정도인가를 예측하여 어떠한 방법으로 위험이 가지고 있는 위험성을 감소시킬 것인가 하는 문제가 중요한 관점으로 대두된다.

5. 사고가능성(Probability)과 재해중대성(Severity)의 종합적 조합관리에 의한 예상효과

1) 사고가능성(Probability)과 재해중대성(Severity)으로 조합되는 재해의 위험성 (Risk)이 감소.
2) 위험성 감소로 인한 상대적으로 「안전성」이 증가하기 때문에, 그만큼 「사고방지」와 「재해예방」의 효과를 얻을 수 있게 되는 것이다.

문3 위험평가의 절차

문3. 최근 대규모 공정에 있어 대형 사고가 발생하고 있어, 그 공정에 대한 위험성평가를 실시해야 할 것이다. 이러한 위험평가의 절차에 대하여 설명하시오.

답 : 이 문제는 산업안전지도사에서 면접시험 나온 것임

1. 평가대상의 선정 등 사전 준비단계
1) 실시요령 작성 : 실시규칙에는 (목적, 방법, 시기, 담당자 역할)을 명시함
2) 실시계획서 작성
3) 평가에 관한 교육실시
4) 평가대상 선정-정기평가/수시평가
5) 평가대상 공종(작업별 분류)
6) 유해위험정보 사전조사
7) 사업장 기본적 정보조사

2. 근로자의 작업과 관계되는 유해·위험요인의 파악
1) 업종, 규모 등 사업장 실정에 따라 아래의 적합한 방법 사용
  ① 사업장점검(반드시 채택권장) : 점검/기록/질병/계측
  ② 청취조사 : 근로자 면담
  ③ 안전보건자료에 의한 방법 : 재발보고서 /측정 /회의록
  ④ 체크리스트에 의한 방법
  ※4M (인적/기계적/ 물질 환경적/관 리적) 기법의 사용도 可

3. 파악된 유해·위험요인별 위험성의 추정계산
1) 덧셈식 의한 방법 : 위험의 가능성(빈도)과 위험의 중대성(강도)을 임의로 정해 합산해 위험성 구함
2) 조합에 의한 구함 : 행렬사용
3) 곱셈식

4. 위험성결정 : 3단계 계산값 따라 허용 or 불가판단
1) 추정된 위험성이 허용가능한 위험성인지 여부의 결정
2) 위험성 수준을 1~3등급 도는 1~4등급으로 구분하여 점수구간별 즉시개선 /가능한 한 빨리 개선/ 연간계획개선/ 현상태유지로 계산함

5. 위험성 감소대책 수립 및 실행
1) 개선조치가 필요한 위험성을 추정한 경우 : 법령 및 규칙을 참조하여 감소대책을 수립함

6. 위험성 평가 실시내용 및 결과에 관한 기록
1) 기록항목에는 다음 항이 포함되게 할 것
   ① 평가기법(Tool)
   ② 평가일
   ③ 평가서번호
   ④ 유의요인 파악
   ⑤ 현재안전보건조치
   ⑥ 개선대책 ⑦ 개선일정

7. 평가결과 검토 및 수정
1) 1회성으로 끝나는 것이 아니므로 여러 가지 이유로 필요에 따라 위험성을 평가 실시하므로 이에 대한 그 결과를 검토 및 수정 함

문4. 안전의 개념에 있어 위험성평가(Risk assessment)에 대하여 설명하시오

1. 개요
1) 안전의 개념에 있어 위험성 평가는 위험통제를 통한 안전의 접근방법을 검토 후 재해 예측 지수와 재해 결과지수의 비교 및 위험성 평가에 대한 효과와 절차를 통해 좀 더 과학적인 메카니즘에 의해 추진해야 할 것이다.
2) 이에 대하여 다음과 같이 설명하고자 한다

2. 위험통제를 통한 안전의 접근방법
1) "위험통제를 통한 안전의 접근방법"은 발생한 재해를 근거로 한 결과관리가 아닌 예상되는 산업재해예방을 위한 예측관리이다
2) 따라서 관리의 목표가 되는 예측지수를 설정할 필요성이 있어, 그 변수인 위험성(risk)을 예측지수로 나타내어 재해예방을 위한 예측관리를 한다.

3. 재해 예측지수와 재해 결과지수의 비교

재해예측지수		재해결과지수
1) 사고가능성(probability) : 위험이 사고를 일으킬 가능성을 나타낸 예측지수	⇔	도수율(F.R : Frequency Rate)
2) 재해중대성(Severity) : 사고가 재해로 확대한 경우 그 피해의 정도를 나타낸 예측지수	⇔	강도율(S.R : Severity Rate)

3) 종합재해지수 ① 재해빈도와 재해강도를 함께 표현한 것	위험성(risk) ① 재해가능성과 중대성을 정량화한 빈도와 ② 중대도 ③ 위험성=(빈도+중대성) ④ 위험의 정도를 정량적으로 표현시 사용함

3. 위험성 평가(risk assessment)

1) 정의 : 위험성 평가란 유해위험요신을 파악하여 당해 유해위험요인이 사고 또는 질병으로 이어질 수 있는 가능성(빈도)과 중대성(강도)을 계산하고, 수립하여 실행하는 일련의 과정

2) 위험성 평가의 필요성 및 효과
   ① 국내 산업재해율을 저감하여 근로자의 안전을 확보하고 선진국 수준을 안전관리로 격상
   ③ 위험성 평가를 기반으로 자율안전관리 정착 유도
   ④ 잠재된 위험성을 발굴로 위험요인의 제거
   ⑤ 사업장 자체의 실행 가능하고 합리적인 대책 도출
   ⑥ 현장 발견된 위험에 대해 위험성평가를 통해 사고가능성과 재해중대성을 판정하여, 위험성이 큰 중요 위험부터 우선적 관리하는 과학적인 안전관리로 효과적인 결과를 기대
   ⑦ 시스템안전에서 활용되는 프로그램을 활용하거나 현장의 작업 및 안전관계자들에게 의한 직무중심적인 판단적 자료를 토대로 분석, 평가할 수 있다.

5) 빈도(Frequency)는 사고발생의 가능성이므로, 일반적으로 확률로 평가되며, 정량적으로 정확히 산출하기 어려워서 보통 3~5단계로 구분하여 사용함

6) 중대도(Severity)는, 변수가 너무 많아 직무중심적인 판단자료로 사용하며, 보통 3~5단계로 구분하여 사용하며, 5단계 구분사례는 다음과 같음
   ① Class Ⅰ : 파국적(Catastrophic)
   ② Class Ⅱ : 중대(Critical)
   ③ Class Ⅲ : 경미(Marginal)
   ④ Class Ⅳ : 무시(Negligible)

7) 위험도 평가절차

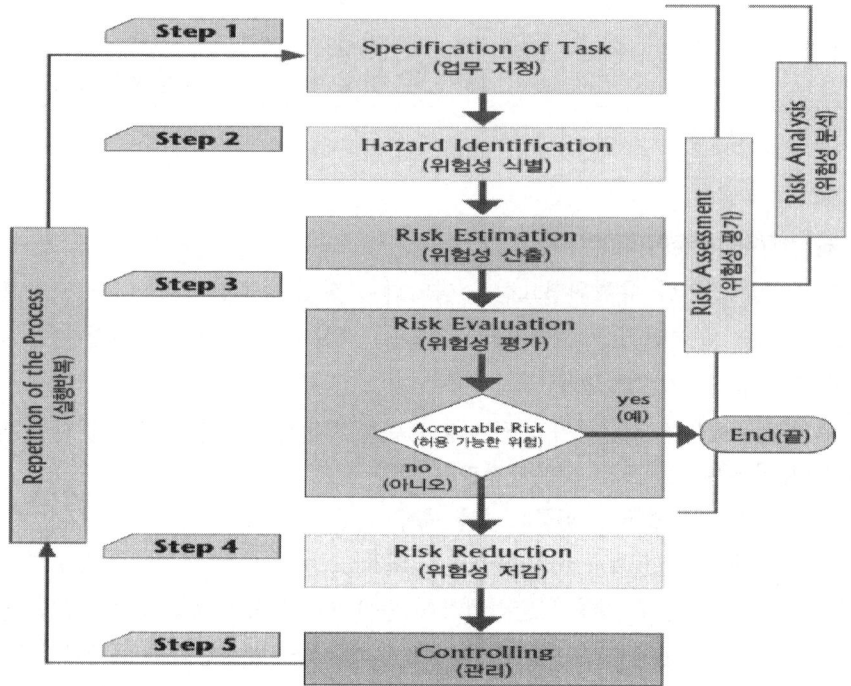

그림1. 위험성평가 추진 절차도

문5 ▶ 안전대책에 대한 기본적 개념

문5. 안전대책에 대한 기본적 개념에 대하여 설명하시오

 답

1. 개요

1) 위험성평가를 통하여 현장에서 발견된 위험에 대한 「빈도」와 「중대도」로 조합되는 「위험도」가 예측되면 이를 근거로 「안전대책」을 마련하여 사고방지와 재해예방을 실현하게 된다.

2) ISO/IEC Guide 51의 위험도 경감 과정상의 공학·교육·관리적 안전대책

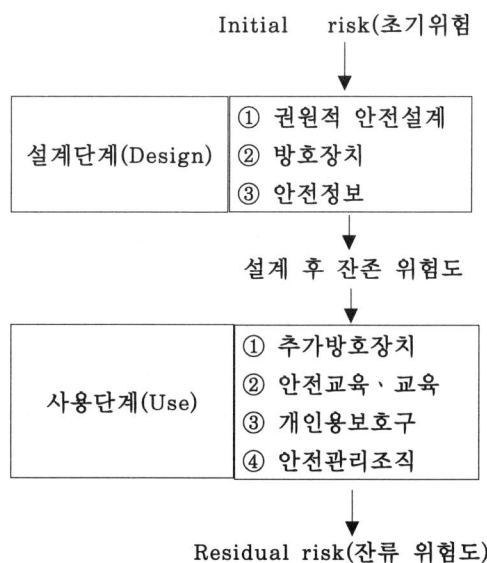

그림1. ISO/IEC Guide 51의 위험도 경감 과정

2. 안전공학 측면의 사고 개념

1) 안전공학 측면의 사고(Accident)란, 관리론적 정의와는 달리, 공학적인 정의로서 위험(Hazard)과 피해대상이 접촉(Contact)하는 현상로 정의됨

2) 사고방지를 위해 위험과 피해대상이 접촉하지 못하도록 하는 사고방지대책을 강구하고 있다

3. 재해를 예방하기 위한 대책의 기본개념

1) 안전대책에는 사고방지대책과 재해국한대책이 있다.
2) 사고방지대책은 사고가능성을 낮추는 역할을 하며,
3) 재해국한대책」은 재해중대성을 경감하는 효과가 있음
4) 즉, 안전대책을 적용하면 사고가능성과 재해중대성을 동시에 낮출 수 있게 된다.
5) 그러나 이러한 안전대책을 적용할 때에도 안전의 원리가 사고방지에 있기 때문에 사고가능성을 낮추는 「사고방지대책」을 항상 우선적으로 강구해야 함
6) 전체적인 위험성을 경감하는 차원에서 재해중대성을 줄이는 「재해국한대책」도 필수적으로 마련해야 한다.
7) 현장의 여건과 개선점
   ① 사고와 재해를 명확히 구분하지 못하는 데서 오는 결과에서 재해국한대책을 사고방지대책으로 흔히 오인하는 것이다.
   ② 따라서, 안전대책을 마련하는 경우에는 우선 사고와 재해의 형태 및 그 전이과정을 정확히 밝힐 필요가 있다.

4. 안전대책의 형태 변화

1) 종래 : 공학적(Engineering), 규제적(Enforcement), 교육적(Education)측면으로 접근하는 「3E의 원칙」에 따라 마련되는 것이 일반적이었음
2) 최근
   ① 인간공학적인 접근방법을 도입하여 인간적(Man), 설비적(Machine), 작업적(Media), 관리적(Management) 측면의 「4M의 원칙」을 따르는 형태임
   ② 인적·물적 체계(Man-Machine System)를 구성함에 있어, 기술적으로 또한 인간교육적으로 그리고 관리적으로 접근한다는 것에서는 3E이든 4M이든 두 원칙 모두에서 그렇게 큰 차이가 없다.
   ③ 현장에서의 작업적 요인이 사고발생의 주된 원인으로 등장하고 있는 요즈음에는 작업적 측면으로 중요시한 4M이 보다 더 효과적이라는 결론임
   ④ 따라서 4M 형태로 「안전대책」의 접근이 이루어지고 있다.

문6. 공학적인 안전대책

문6. 공학적인 안전대책에 대하여 설명하시오.

 답

1. 개요
1) 작업현장에서 실제로 발견된 위험에 대해 「안전대책」을 마련하여 「안전조치」를 취할 때는 안전공학적인 측면에서 다음과 같은 방법으로 접근한다.
2) 공학적인 안전조치는 직접적인 조치와 간접적인 조치로 크게 구분할 수 있다

2. 직접적인 안전조치

2-1. 위험발견시
1) 위험발견시 근원적인 안전조치시행
   ① 위험발견시 최초로 근원적인 안전조치 시행을 말함
   ② 위험의 에너지양을 감소시키는 방법이다.
   ③ 위험원을 구조적, 성능적 변형시켜 대체한다. 그 방법으로는 System을 설계하는 과정에서
      ㉠ fool proof 개념적용
      ㉡ fail safe 개념 적용
   ④ 이 대책은 회사 측에 많은 설비투자를 요구하는 부담은 있다.
   ⑤ 현장에서 작업자의 불안전한 행동이 어느 정도 존재하더라도 설비측면에서 근원적으로 안전을 유지해 주기 때문에 현장에서는 가장 바람직한 안전조치이다
   ⑥ 적극 권장하고 있는 대책이기도 하다.
2) 위험발견시 방호적인 안전대책
   ① 근원적인 안전조치가 매우 곤란한 경우에 시행함
   ② 위험에너지에 대해서 「격리」와 「차단」의 기본개념을 가지고 접근하는 방법
   ③ 현재 우리나라의 각종 작업현장에서 널리 활용하고 있는 안전대책이다.
   ④ 방법 예
      ㉠ 위험에너지가 노출되는 부분을 덮개, 가드, 울타리 등으로 덮거나 막아서 작업자나

다른 기계·설비가 서로 접촉하지 못하도록 하거나,
ⓒ 또는 안전장치를 부착하여 에너지의 상태가 위험한 상황으로 되는 것이 감지되면 기계·설비나 공정이 정지하도록 하여 안전을 유지하는 방법
⑤ 이 대책의 결점 : 기계나 설비를 수리·정비하기 위해 이러한 「방호장치」를 자주 탈착하는 경우, 작업이 끝난 후 다시 조립하는 것을 생략하여 위험을 그대로 노출시키는 경우가 많다는 것이다.
⑥ 따라서 「안전점검을」을 실시할 때는 바로 이러한 부분을 철저히 점검하는 것이 필요하다.

3) 위험발견시 보호적인 안전대책
① 위의 두 가지 대책이 모두 곤란 시, 마지막으로 취할 수 있는 안전대책이다
② 작업자에게 각종 「보호장구」를 착용하도록 하는 것이다.
③ 적용 시 주의점
㉠ 보호장구의 착용은 습관이 들지 않은 사람에게는 상당히 불편을 주기 때문에, 보호장구를 착용하고 작업을 한다는 것은 「습관」이 들 때까지의 상당한 노력이 없이는 매우 어려운 일이다.
㉡ 따라서 가능한 한 보호장구가 필요 없는 작업장을 만들기 위해 노력할 것
㉢ 이러한 노력으로도 도저히 해결할 수가 없는 경우 모든 가능한 방법을 총동원하여 보호장구를 착용하고 작업에 임하도록 하여야 한다.

3. 간접적인 안전조치

1) 직접적인 안전대책은 「사고가능성」을 낮출 수 있는 「직업적인 안전대책」이며
2) 이와는 달리 위험을 직접 통제하지는 않지만 이에 못지않은 중요한 안전대책이 있는데 「간접적인 안전대책」으로서의 「표시적인 안전대책」이다.
3) 방법
① 위험을 확인하기 어려운 장소나 착각하기 쉬운 곳, 또는 발견된 위험이 당분간 방치될 수 밖에 없는 상황이 전개되었을 때는 이에 대한 위험을 다른 사람에게 알릴 수 있도록 하는 「안전표지」를 설치한다.
② 안전표지에는 위험에 대한 표지뿐만 아니라 주의, 지시, 안내 등의 표지 적용
③ 안전교육의 내실화화와 지속적인 시행
㉠ 작업자의 불안전한 행동이 주된 원인으로 작용한 재해가 전체의 80% 이상을 차지한다
㉡ 산업재해의 원인분석 결과에서 계속적으로 안전교육의 미흡이 지적되고 있다.
㉢ 안전교육이 반드시 언어수단을 통해서만 이루어져야 한다는 법칙은 없다. 그림이나

문자 또는 동영상을 사용하여 작업자에게 위험을 알려주고 또한 작업방법이나 행동요령을 설명할 수도 있다.

4) 특성
   ① 사람은 자신을 보호하려는 자기방어보능이 있기 때문에 위험이 있다는 것을 알려만 주어도 바로 안전한 행동을 유도해 낼 수 있다.
   ② 그러나 이러한 안전표지는 시간이 지나면 그 효과가 떨어져 버리기 때문에, 그 이전에 위험자체를 통제하는 직접적인 안전대책을 반드시 강구하여야 한다.
   ③ 각종 표지들은 안전교육의 역할을 대신할 수도 있는 중요한 의미를 함께 가지고 있다.

문7 색체의 심리적 효과

문7. 색체의 심리적 효과

 답

1. 고유 감정을 나타내는 작용
1) 한난의 감정 : 차갑고, 다듯한 감정으로 주로 색상에 의함
2) 경중의 감정 : 명도에 따른 감정으로 가볍고, 무거운 느낌을 나타냄
3) 강약의 감정 : 명도가 높고, 채도가 낮은 경우는 약하게 나타냄
4) 경연의 감정 : 부드럽고 딱딱한 느낌
5) 흥분하는 색, 가라 앉는 색 : 면도, 채도가 높은 경우 흥분작용
6) 진출팽창 및 후퇴수축작용 : 난색계는 진출 팽창의 느낌

2. 연상을 나타내는 작용
1) 백색 : 순결, 전사, 신성 등
2) 흑색 : 침착, 죽음. 침묵 등

3. 기호성을 니타내는 작용

4. 색이 갖는 심리적 효과

다음의 그림과 같이 상징적으로 표현됨

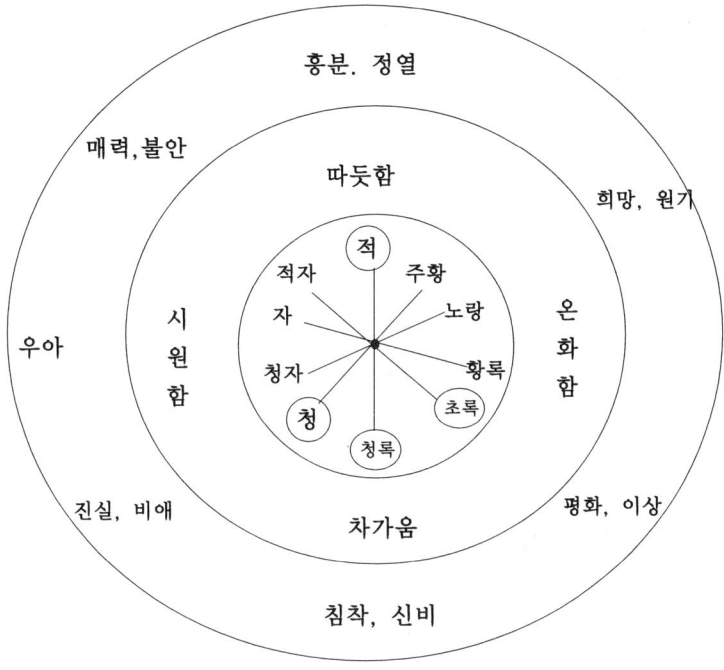

문8. 최소감지전류

문8. 안11-93-1-5. 남·여의 최소감지전류를 쓰고, 설정근거에 대하여 설명하시오
[재정리분]

답

1. 남, 여의 최소감지전류

직류(mA)		교류(mA)			
		60Hz		1000Hz	
남	여	남	여	남	여
5.2	3.5	1.1	0.7	12	8

2. 60Hz 정현파 교류에 의한 최소 감지전류

1) 정현파교류에 민감한 인체부위
① 안구는 $20\mu A$에도 민감하게 반응함
② 혀끝은 $45\mu A$에도 민감하게 반응함
③ 기타 부위는 상용 주파수에서 약 1mA되어야 전격을 느낌.
2) 전격은 예상에 따른 반응도 달리 나타남: 전혀 예기치 않을 때는 강한 전격을 느낌

3. 최소감지전류의 설정근거 ==> 산업안전지도사 면접시험에서 나옴

1) 달지엘의 실험에 의하여 다음 값을 발견함
① 남자 167명에 직경 3.65mm 및 3.25mm의 동선을 손을 쥐게 하고 실험함
② 여자는 남자의 실험 결과에 대한 추정치로 정함
③ 최소감지전류 값은 위의 표와 같음
2) 고든, 톰슨의 뉴욕의 전기실험 연구에서 실험함
3) 여러 학설을 IEC기준에 의한 교류 및 직류의 감전통전전류와 통전시간 관계곡선으로 (2009.11월 기준) 설정하여 최소감지전류를 정함

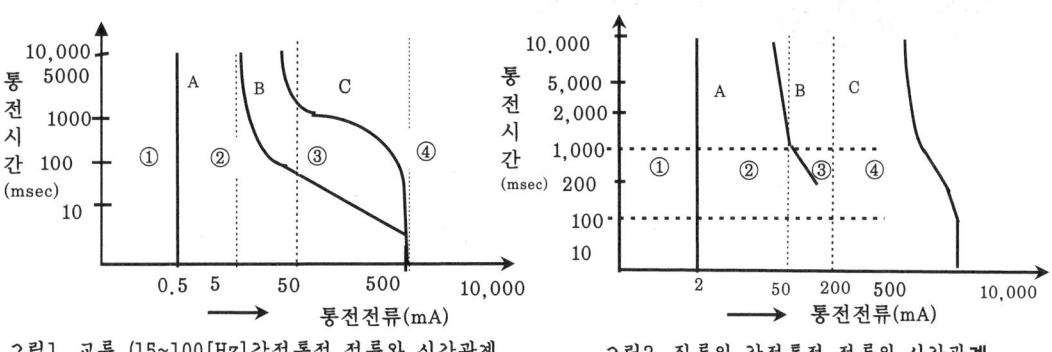

그림1. 교류 (15~100[Hz] 감전통전 전류와 시간관계   그림2. 직류의 감전통전 전류와 시간관계

4) Zone 설명
① Zone 1: 별다른 반응이 없는 영역
② Zone 2: 일반적으로 위험한 반응이 없는 영역
③ Zone 3 : 인체조직의 파괴가 없는 영역. 즉 근육수축, 호흡장애, 회복성 심장정지 등은 발생되나 심실세동은 없음
④ Zone 4 : 심실세동이 일어나는 영역

5) 그림에서 알 수 있는 교류 및 직류의 감전전류 구분
① 감지전류: 교류는 0.5[mA]~ 직류는 2[mA]
② 이탈전류: 교류는 10[mA]~직류는 30[mA]
③ 곡선 C : 심실세동전류의 한계곡선

문9 최소감지전류

문9. 안16-108-1-6. 감전사고로 호흡과 의식이 없는 응급환자 발생 시 조치하여야 할 응급처치요령을 단계별로 설명하시오=>완벽암기 및 몸에서 저절로 실천반복

 답

1. 개요
1) 감전쇼크에 의하여 호흡이 정지되었을 경우 혈액중의 산소함유량이 약 1분 이내에 감소하기 시작하여 산소결핍현상이 나타나기 시작한다.
2) 그러므로 단시간 내에 인공호흡 등 응급조치를 실시할 경우 감전재해자의 95% 이상을 소생시킬 수 있다.

2. 감전사고의 단계별 응급조치

2-1. 구강 대 구강 법(입맞추기 법)
1) 피해자의 입으로부터 오물, 이물질 등을 제거하고 평평한 바닥에 반듯하게 눕힌다
2) 왼손의 엄지손가락으로 입을 열고 오른손 엄지손가락과 집게손가락으로 코를 쥐고 피해자의 입에 처치자의 입을 밀착시켜서 숨을 불어 넣는다.
3) 사정에 따라 손수건을 사용하되 종이수건의 사용은 금한다.
4) 처음 4회는 신속하고 강하게 불어넣어 폐가 완전히 수축되지 않도록 한다.
5) 사고자의 흉부가 팽창된 것을 확인하고 입을 땐다.
6) 정상적인 호흡간격인 5초 간격으로(1분에 12~15회) 위와 같은 동작을 반복한다.

2-2. 심장 마사지(인공호흡과 동시에 실시) ==> 배꼽주위를 압박진동도 동시에 할 것
1) 피해자를 딱딱하고 평평한 바닥에 눕힌다.

2) 한 손의 엄지손가락을 갈비뼈의 하단에서 3수지 위 부분에 놓고, 다른 손을 그 위에 겹쳐 놓는다.
3) 처치자의 체중을 이용하여 엄지손가락이 4[㎝]정도 들어가도록 강하게 누른 후 힘을 빼되 가슴에서 손을 떼지 말아야 한다.
4) 심장마사지 15회 정도와 인공호흡 2회를 교대로 연속적으로 실시한다.
5) 심장 마사지와 인공호흡을 2명이 분담하여 5:1의 비율로 실시한다.

2-3. 전기화상 사고의 응급 조치

1) 불이 붙은 곳은 물, 소화용 담요 등을 이용하여 소화하거나 급한 경우에는 피해자를 굴리면서 소화한다.
2) 상처에 달라붙지 않은 의복은 모두 벗긴다.
3) 화상부위를 세균 감염으로부터 보호하기 위하여 화상용 붕대를 감는다.
4) 화상을 사지에만 입었을 경우 통증이 줄어들도록 약 10분간 화상 부위를 물에 담그거나 물을 뿌릴 수도 있다.
5) 상처 부위에 파우더, 향유, 기름 등을 발라서는 안 된다.
6) 진정, 진통제는 의사의 처방에 의하지 않고는 사용하지 말아야 한다.
7) 의식을 잃은 환자에게는 물이나 차를 조금씩 먹이되 알코올은 삼가해야 하며 구토증 환자에게는 물, 차 등의 취식을 금해야 한다.
8) 피해자를 담요 등으로 감싸되 상처 부위가 닿지 않도록 한다.

문10 산업안전보건법

문10. 산업안전보건법상 적합하게 ELB를 설치하고자 한다. 어떠한 곳에 설치하고 대상 장소 중 설치면제가 가능한지 설명하라. (40점 必)[상 461P]
-1. 전기설비기술기준령에 명시된 누전차단기의 설치제외 대상에 대하여 쓰라(00-10)

 답

1. 개요
절연물은 시간경과에 따라서(물론 주위환경 영향을 받는데, 온도, 습도, 오염 등) 절연내력이 저하되겠고, 절연열화로 진보되어 누설전류가 증가되면 다음의 3가지 사고로 발전된다.
① 감전
② 누전화재
③ 아크지락에 의한 기기손상
이러한 누전에 의해 사고나 재해를 예방하기 위해 누전차단기를 설치한다.
ELB는 전류형과 전압형이 있고 전류동작형 ELB가 많이 쓰인다.

2. 산업안전보건법상 누전차단기 설치장소[제304조 (누전차단기에 의한 감전방지)]
1) 사업주는 다음 각 호의 전기 기계·기구에 대하여 누전에 의한 감전위험을 방지하기 위하여 해당 전로의 정격에 적합하고 감도가 양호하며 확실하게 작동하는 감전방지용 누전차단기를 설치하여야 한다.
   ① 대지전압이 150볼트를 초과하는 이동형 또는 휴대형 전기기계·기구
   ② 물 등 도전성이 높은 액체가 있는 습윤장소에서 사용하는 저압 (750볼트 이하 직류전압이나 600볼트 이하의 교류전압을 말한다)용 전기기계·기구
   ③ 철판·철골 위 등 도전성이 높은 장소에서 사용하는 이동형 또는 휴대형 전기기계·기구
   ④ 임시배선의 전로가 설치되는 장소에서 사용하는 이동형 또는 휴대형 전기기계·기구
2) 사업주는 제1항에 따라 감전방지용 누전차단기를 설치하기 어려운 경우에는 작업시작 전에 접지선의 연결 및 접속부 상태 등이 적합한지 확실하게 점검하여야 한다.

3) 누전차단기를 설치하지 않아도 되는 경우
　① 전기용품안전관리법」에 따른 이중절연구조의 전동기계·기구
　② 비접지 방식의 전로에 접속하여 사용하는 전동기계기구
　③ 절연대위에서 사용하는 전동기계·기구

3. ELB를 설치하지 않아도 되는 경우
1) 2중 절연구조의 기계, 기구
2) 절연대 위에서 사용하는 기계 기구
3) 비접지방식의 전로에 접속하여 사용하는 전동기계 기구
4) 기계기구를 발·변전소, 개폐소 등에 시설하는 경우
5) 기계기구안에 전기용품안전관리법의 적용을 받는 누전차단기를 시설하고 인출부를 보강한 경우
6) 고무, 합성수지의 절연물로 피복된 기기
7) 유도전동기의 2차 측 전로에 접속된 저항기
8) 전기로, 전해조 등.
9) 기계기구에 시설한 제3종 또는 특별 제3종 접지공사의 접지저항치가 3Ω 이하 시

문11. 누전차단기를 설치하는 장소

문11. 누전차단기를 설치하는 장소에 대하여 ①산업안전보건법상의 규정과
②전기설비기술기준에서 정하고 있는 내용을 비교 설명하라 [상461 + 443 p]

답 ====> 재 수정된부분임

1. 전기설비 기술기준에 의한 산업안전보건법상 누전차단기(ELB)의 설치장소

1) 사람이 쉽게 저촉할 우려가 있는 장소에 시설하는 사용전압이 60[V]를 초과하는 저압의 전원측
2) 특별고압 또는 고압의 변압기와 결합되는 대지전압 400[V]를 초과하는 저압전로
3) 주택의 옥내에 시설하는 대지전압 150[V]초과 300[V]이하의 저압전로인입구 (→인체보호용 누전차단기 설치)
4) 화약고내의 전원전로 →화약고 밖에 누전차단기 설치
5) Floor Heating, Road Heating등 난방 또는 결빙방지를 위한 발열선의 전원측
6) 전기온상 등에 전기를 공급하는 경우, 발열선을 공중 또는 지중 이외에 시설하는 곳
7) 수영장용 Pool의 수중조명등 기타 이에 준한 시설에 절연 변압기의 2차 전로의 사용전압이 30[V]를 초과하는 경우 2차측 전로에 설치
8) 콘크리트에 직접 매설하는 케이블 임시배선의 전원측
9) 옥측, 옥외에 시설하는 순환펌프, 급수펌프 등의 전동기 설비

2. 산업안전보건법상 누전차단기 설치장소 [제304조 (누전차단기에 의한 감전방지)]

1) 사업주는 다음 각 호의 전기 기계·기구에 대하여 누전에 의한 감전위험을 방지하기 위하여 해당 전로의 정격에 적합하고 감도가 양호하며 확실하게 작동하는 감전방지용 누전차단기를 설치하여야 한다.
   ① 대지전압이 150볼트를 초과하는 이동형 또는 휴대형 전기기계·기구
   ② 물 등 도전성이 높은 액체가 있는 습윤장소에서 사용하는 저압 (750볼트 이하 직류전압이나 600볼트 이하의 교류전압을 말한다)용 전기기계·기구
   ③ 철판·철골 위 등 도전성이 높은 장소에서 사용하는 이동형 또는 휴대형 전기기계·기구

④ 임시배선의 전로가 설치되는 장소에서 사용하는 이동형 또는 휴대형 전기기계·기구
2) 사업주는 제1항에 따라 감전방지용 누전차단기를 설치하기 어려운 경우에는 작업시작 전에 접지선의 연결 및 접속부 상태 등이 적합한지 확실하게 점검하여야 한다.
3) 누전차단기를 설치하지 않아도 되는 경우
① 전기용품안전관리법」에 따른 이중절연구조의 전동기계·기구
② 비접지 방식의 전로에 접속하여 사용하는 전동기계기구
③ 절연대위에서 사용하는 전동기계·기구

문12 ▶ 누전차단기를 설치하는 장소

문12.안13-99-2-2. 건축전기설비(IEC 60364)에서의 감전보호방식의 다음사항을 설명하시오
    1) 직접접촉에 대한 감전보호(기본보호)   2) 간접접촉에 대한 감전보호(고장보호)
    3) 특별저전압에 의한 보호   4) 감전보호체계
-1. 안17-111-2-6. KS C IEC 60364 감전보호 방식 중 정상 급급 시와 고장시 감전보호 방식에 대하여 설명하시오.
-2. KSC IEC에 따른 ELV(Extra Low Voltage)에 대하여 설명하시오(유인물)

답

1. 감전보호체계 (계통도)

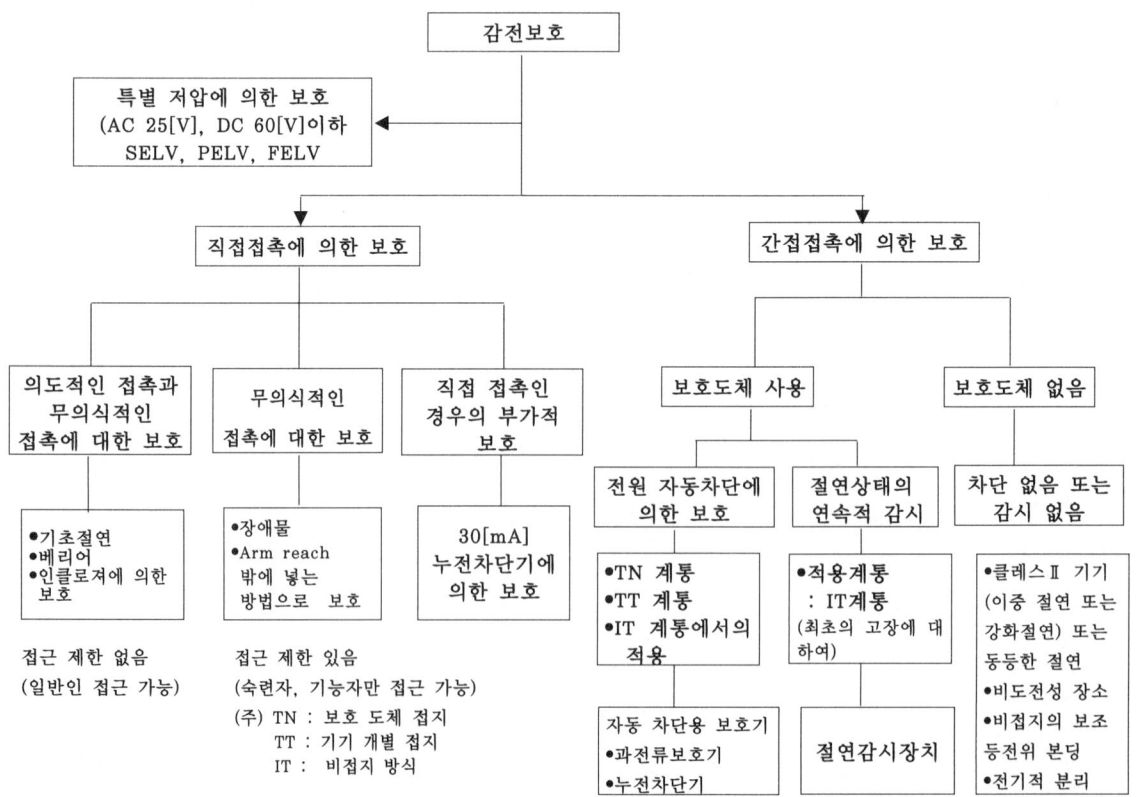

2. 특별저전압에 의한 보호개념

1) 개념
   (1) 직접접촉보호와 간접접촉보호가 동시에 구현되도록 구성된 특별저압전원 회로에 의해 보호하는 방식
   (2) 특별저압전원의 감전보호 회로 구분: SELV(Safety Extra Low Voltage), PELV(Protective Extra Low Voltage), FELV(Functional Extra Low Voltage)
   (3) 감전으로부터 인체나 동물의 보호 수단
      ① 누전 발생시 전원의 자동차단, 충분한 절연, 회로의 분리, 등전위 본딩, 사용 전압의 제한 등 다양한 방법이 사용된다.
      ② 특별 저압전원에 의한 보호방법으로 사용 전압을 제한하여 감전보호 시스템을 구축하는 방식이다.

2) 특별 저압의 전압크기 개념(허용 접촉 전압 값보다 낮은 전압으로서)
   ㉠ 교류인 경우 50[V] 이하
   ㉡ 직류인 경우 120V 이하의 공치 전압(전압 밴드 I)

3. IEC 60364(건축전기설비)의 기본방향

1) 주요감전보호수단
   ① 직접접촉보호 : 정상운전시 충전부에 직접 접촉되는 것을 방지
   ② 간접접촉보호 : 전기설비의 고장, 지락 등에 의해 발생될 수 있는 감전으로부터 보호
   ③ 기본방향 : 항시 직접 + 간접 접촉보호 방식을 조합하여 안전을 확보하는 것

2) 직접접촉에 대한 감전보호(기본보호)
   (1) 정의 : 직접접촉보호란, 정상운전상태에서 인축 접촉시 감전 방지
   (2) 방법: ① 의식 및 무의식 접촉보호 : 충전부절연, 격벽 또는 외함, 장애물
            ② 무의식 접촉보호 : arm's reach 밖에 두는 보호
            ③ 추가보호 : 누전차단기(30mA)

3) 간접접촉에 대한 감전보호(고장보호)
   (1) 정의 : 간접접촉보호란 지락 등의 고장이 발생한 경우 인축 접촉시 감전방지
   (2) 방법(전원차단에 의한 방법이 주로 사용함)
      ① 전원의 자동차단
      ② 클래스Ⅱ 기기사용
      ③ 비전도성 장소에 의한 보호
      ④ 비접지 국부적 본딩에 의한 보호
      ⑤ 전기적 분리에 의한 보호

4. 특별저전압에 의한 보호방식의 비교 (혹은 FELV, PELV, SELV의 특성비교)

항목	SELV	PELV	FELV
전원 공급 시스템	① 확실히 전기적으로 분리된 특별 저압(안전)	① 확실히 전기적으로 분리된 기능적 특별 저압(보호)	①확실히 전기적으로 분리되지 않은 기능적 특별 저압(기능) ②확실한 전기적 분리의미 : 충분히 절연이나 보호도체와의 접속으로 하나의 전원회로전압이 타회로로 침입불가능 구성
접지와 보호 도체와의 관계	① 회로는 비접지 ② 노출 도전성 부분은 대지 및 보호도체와 접속되지 않음	①회로는 접지한다 ②노출 도전성 부분은 접지, 또는 보호도체와 접속	①회로는 접지해도 좋다 ②노출 도전성 부분은 전원 1차회로의 보호도체에 접속해야 한다.
용도	특별히 고도의 안정성이 요구되는 곳	주로 보호 목적으로 사용	주로 기능적 이유에서 선택
회로도	(회로도)	(회로도)	(회로도)

여기서, E : 외부 도체로의 접지(금속 배관과 건물의 철근), PE : 보호도체
주) 특별저압을 위한 전압 제한 : 교류 50[V], 직류120[V]
-범례: ―●― : 중성선(N)   ―✗― : 보호도체(PE)

전원과 회로	회로 및 전원은 안전하게 전기적으로 분리되어 있다(안전 절연 변압기 등으로 분리)		전원및 회로는 기초 절연 (안전 절연변압기를 사용 하지 않아 구조적분리 없음)
사용 처	1) 유희용 전차 시설 2) 소세력 회로의 시설 3) 출퇴근 표시등 회로의 시설		

문13. 정전기 재해시의 조사관리

문13. 정전기 재해시의 조사관리에 대하여 설명하시오

 답

1. 개요
1) 정전기 재해 발생시 우선은 재해자의 응급조치와 더 이상의 피해발생이 없게 하는 것임
2) 이후 사고 현장을 가능한 현장 훼손 않게하고 정확한 사고원인을 조사하여 재발방지에 노력하여야 함

2. 정전기 점화발생기구
0) 다양한 원인이 있으므로 정전기기 재해의 원인을 다음에 의한 원인조사를 일반적으로 시행함
1) 사고의 성격·특성(요약 서술)
2) 가연성 분위기의 요인규명
3) 고전위까지 전하를 축적시킬 수 있는 물질이나 물체규명
4) 전하발생부위 및 기구의 규명
5) 전하축적기구 규명
6) 방전전극
7) 정전기 방전에 따른 점화가능성 평가
8) 사고재발 방지를 위한 대책 강구

3. 정전기 점화 원인 분석
위의 1번 내용을 분석하기 위한 데이터를 다음과 같이 제시하여 사고보고서에 가능한 한 포함시킬 것
1) 사고 장소 및 일시
2) 사고를 일으키게 된 운전상황
3) 피해사항(재산손실 및 인명피해)

4) 기후조건(예. 온도, 풍속, 습도 등)
5) 가연성 분위기 조성조건 항목
    ① 현존 또는 과거에 사용한 액체의 인화점과 최소착화 에너지(MIE)
    ② 가스·증기의 현존여부
    ③ 부유 또는 분무를 일으키는 기구
    ④ 현존하는 분말 또는 분진
    ⑤ 불활성 가스의 기능 또는 환기설비의 동작상태
6) 정전기의 발생, 축적 도구
    ① 고저항률을 가진 고체, 판 또는 필름
    ② 고저항률 분말
    ③ 저 도전율의 액체
7) 정전기의 발생과정
    ① 물질의 흐름속도 및 충전속도
    ② 파이프의 직경과 길이
    ③ 파이프 라인의 핏팅과 호스의 재질
    ④ 탱크의 액체 충전방법
    ⑤ 공정상의 작업상태
8) 불꽃 방전이 일어날 수 있는 전극
    ① 탱크 내에 돌출된 접지도체의 존재 여부
    ② 절연된 도체로부터 방전될 수 있는 거리의 존재여부

문14 본딩접지

문14. 응13-100-1-10. 정전기 완화를 위한 본딩접지에 대하여 설명하시오

 답

1. 접지의 목적
1) 접지는 정전기 대책 가운데서도 가장 기본적인 것으로 주된 목적은 물체에 발생한 정전기를 대지로 누설(완화)시키기 위한 전기적 누설회로를 만드는 것이다.
2) 접지는 물체에 발생한 정전기를 대지로 누설시켜 물체에 정전기가 축적(대전)되는 것을 방지함
3) 대전물체 근방에 있는 다른 물체의 정전유도를 방지하고 대전물체의 전위상승을 억제하여 정전기 방전을 억제한다.

2. 접지대상
1) 정전기 대책으로서의 접지는 금속도체와 대지를 전기적으로 접속하는 것이므로 접지를 하는 대상이 되는 물체는 금속도체이어야 한다.
2) 그러나 금속도체 이외의 것이라도 다음의 경우에는 간접접지 할 수 있다.
   ① 도전율이 1×10^{-9}[s/m] 이상인 정전기상의 도체 및 표면 고유저항이 1×10^{9}[Ω]이하인 물체의 표면
   ② 도전율이 $1 \times 10^{-6} \sim 1 \times 10^{-11}$[s/m]인 물체의 표면. 다만 이 경우는 거의 정지상태에 가깝고 정전기의 발생이 비교적 작은 경우
3) 또한 정전기상의 부도체 및 표면고유저항이 10^{11}[Ω] 이상인 물체의 표면은 특별한 경우 이외에는 간접접지의 대상이 아니다.

3. 접지방법
① 금속도체는 이것에 정전기의 발생, 대전의 가능성이 있을 때는 그 대소에 관계없이 접지를 반드시 실시하여야 한다.

② 복수의 금속도체가 절연물에 의해 지지되거나, 부도체 중에 혼재하여 있고 이것들이 대지에서 절연되어 있는 경우는 각각의 금속도체를 접지하든지 이들을 각각 본딩하여야 한다.
③ 또한 간접접지방법은 접지대상과 충분히 밀착하는 금속 도체망을 만들어 이것을 전극으로 하여 접지를 한다.

4. 접지 및 본딩 저항

1) 정전기 대책만을 목적으로 할 때의 접지저항은 어떠한 조건에서도 1[MΩ] 이하의 저항이 확보되도록 시설되어야 함
2) 또한 표준환경조건(기온 20도, 상대습도 50%)에서 10^3 [Ω] 미만 이어야 하지만 실제 설비에서의 적용은 100[Ω] 이하로 관리하는 것이 보통이다.
2) 한편 다른 목적의 접지와 공용한 경우의 접지저항은 그 접지저항만으로 충분하다.
3) 그리고 본딩의 저항도 표준 환경조건에서 10^3 Ω 미만이어야 한다.

문15. ESD 파괴현상

문15. 반도체 공정에서의 ESD 파괴현상을 규명하는 과학적 모델에 대하여 설명하시오
(즉 ESD에 의한 파괴과정의 3가지 양상)
[산업안전지도사 면접시험에서 반도체 공정에서 대전현상을 설명하시오 의 답안임]

 답

1. 반도체 디바이스의 정전기 장해
: 반도체 디바이스 특히 MOS 디바이스는 입력단자가 매우 얇은 절연막을 사용하므로 정전기 surge에 의해 고전압이 인가 시 절연파괴를 일으킨다.

2. 반도체 디바이스의 정전기 파괴모델

2-1. 디바이스 근방에 존재하는 정전기 대전물체(인체 등)가 디바이스에 미치는 정전기 방전현상에 의한 파괴에 기인되는 모델

1) 인체 대전모델(HBM : Human Body Model)
   ① 방전하는 정전기 대전물체가 디바이스를 취급하는 인체인 경우의 모델
   ② 대전된 인체가 수천~수만(V)로 대전된 상태에서 접촉되는 경우에 발생하는 것.
   ③ 일차적으로 가장 중요한 대책으로는 Wirst Strap, Heel Grounder, 도전성 바닥재, 도전성 작업복, 정전화 등을 착용시킨다.
2) 기기모델(MM : Machine Model)
   ① 방전하는 정전기 대전물체가 디바이스와 접촉하는 금속 케이스인 경우의 대전모델

2-2. 디바이스가 직간접으로 정전기로 대전되어 단자에서 근방의 금속 또는 도체로 정전기가 방전하는 것에 기인되는 모델

1) 디바이스 대전모델(CDM : Charged Device Model)
   ① 디바이스의 금속이나 도체부에 정전기가 대전된 경우의 모델
   ② 디바이스 자체의 정전기 대전 또는 패키지 등의 마찰공정에 의한 정전지가 대전 등에

의한 디바이스 전위가 상승한 상태에서 발생되어 디바이스 단자가 다른 도체와 접촉 시 발생하는 정전기 방전현상을 말함

2) 페키지 대전모델(CPM : Charged Package Model)
   ① 근방의 정전기로 대전된 절연체 또는 도체에 의하여 디바이스가 유도되어 있는 경우
   ② 종류
      ㉠ 보드 대전모델(CBM : Charged Bode Model)
         : 디바이스 탑재의 PCB 기판이 근방의 정전기로 대전된 물체에 의해 대전된 경우
      ㉡ 칩 대전 모델(CCM : Charged Chip Model)
         : 근방의 정전기 대전물체로서 칩포장 케이스 필름의 경우

2-3. 디바이스 주위의 전기장(전계)변화에 의해 디바이스 내부에 발생하는 과도전압, 와전류에 기인하는 모델 (전기장 유도모델(FIM) : Filed inducted Model)

① 외부 전기장에 의해서 절연파괴(Dielectric Breakdown)된다.
② 전기장에 의해서 분극이 발생된 상태에서 접지되는 경우 정전기의 발생에 의해서 피해가 발생(CDM의 형태)
③ 분극 시 정전기의 이동에 의한 전류에 의한 피해가 발생한다.
④ 웨이퍼가 대전상승 되지 않게 순수의 순도를 저하시키거나, 순수의 유속을 저하시킴

문16   비접촉식 전위계로 정전기를 측정

문16. 비접촉식 전위계로 정전기를 측정할 경우에서 유의사항을 설명하시오
-1. 안전진단을 하기 위해 비접촉식 전위계로 측정하려고 한다. 그런데 측정 대상 가까이에 접지물이 있다. 이때 유의할 사항을 쓰시오(정전기)

답

1. 개요
1) 대전전위의 측정은 안전진단의 한 방법으로 비접촉식 전위계로 정전기를 측정함
2) 대전전위 V는 물체에 대전되어 있는 정전기의 본질적인 전하량이 아니고, 전하량에 비례한 물리량이다.
3) 즉, 단위 면적당 전하량 $Q[C/m^2]$를 단위 면적당 정전용량 $C[F/m^2]$로 나눈 물리량인 ($V = q/C$)이다.
4) 예로 보면 인체의 전위 측정시에도 대전되어 있는 전하량은 같아도 자세, 신발 등에 따라 정전용량이 변화한다는 것이다
5) 또 측정 대상물체에 접지물이 매우 가까이 있으면, 외관상의 정전용량이 크므로, 전위는 낮은 값으로 측정되어 대전량이 작은 것으로 오판할 수 있다.
6) 안전진단의 목적에는 가급적 고 전위로 된 부분을 측정해서 판단해야한다
7) 상기의 개념으로 측정대상 가까이에 접지물이 있을 경우 특히 유의할 사항을 아래와 같이 설명하고자 한다.

2. 특히 유의할 사항
1) 측정 결과에는 오차가 따르기 때문에 측정 정밀도보다는 최대 전위의 검출에 중점을 둔 측정을 한다.
2) 작은 대전물체(한 변 또는 지름이 10cm 정도 이하), 또는 모양이 복잡한 대전 물체의 전위는 절대값을 측정할 없는 경우도 있으므로, 이때는 측정값을 교정한다.
3) 대전한 절연물의 전위는 일정하지 않으므로, 1개소가 아닌 각 부의 전위도 측정해야 한다

4) 피측정 물체의 주변에 가급적 접지물 또는 금속물체가 없는 조건 또는 이것들로부터 원거리에 위치한 상태에서 측정한다.
5) 가연성 물질이 있는 환경에서 측정하면 측정기를 사용하는 것 또는 측정에 위험한 방전이 발생할 수도 있어 충분한 주의를 필요로 한다.
6) 가연성 물질이 잇는 환경에서 측정하는 경우는 방폭형이며 또한 측정거리가 가급적 큰 측정기를 사용하여야 한다.

문17 위험장소

문17. 위험 장소를 구분하는 이유 및 위험장소를 구분 설명하시오.

 답

1. 방폭전기 설비를 선정시 고려사항
1) 발화도
2) 위험장소의 종류
3) 폭발성 가스의 폭발등급

2. 위험장소를 구분하는 이유
1) 0종, 1종 2종으로 구분하여 에서 폭발성가스를 방출하는 위험원
2) 그 종류에 알맞은 방폭구조를 선택하기 위함이다.

3. 위험장소의 구분
1) 0종 장소(적용 방폭 type : i 타입 또는 0종 장소에 적합하게 제작된 구조)
   ① 폭발성 분위기 : 장기간 또는 빈번하게 존재하는 장소.
   ② 즉 상시 위험분위기가 조성되어 있는 곳, 설비의 내부
   ③ 인화성 또는 가연성 액체가 존재하는 피트 등의 내부
   ④ 인화성 또는 가연성의 가스나 증기가 지속적 또는 장기간 체류하는 곳
   ⑤ 적용 방폭 Type: i 타입 또는 0종 장소에 적합하게 제작된 구조
2) 1종 장소
   ① 폭발성 분위기 : 정상작동 중에 생성될 수 있는 장소 (정상상태에서 위험분위기가 쉽게 생성되는 곳)
   ② 즉 정상상태에서 간헐적으로 위험분위기가 조성되는 곳
   ③ 운전, 유지보수 또는 누설에 의하여 자주 위험분위기가 생성되는 곳
   ④ 설비 일부의 공정시 가연성 물질의 방출과 전기계통의 고장이 동시에 발생이 용이한 개소

⑤ 환기가 불충분한 장소에 설치된 배관계통으로 배관이 쉽게 누설되는 구조 ⑥ 주위지역 보다 낮은 가스나 증기가 체류할 수 있는 곳
⑦ 적용 방폭Type: d,p,o 타입, 0종 장소用, 1종장소에 적합하게 제작된 구조

3) 2종 장소
① 폭발성 분위기 : 정상 작동 중에는 생성될 가능성이 없고, 발생하더라도 빈도가 극히 희박하고, 아주 짧은 시간 동안 지속되는 장소
② 즉 이상시 간헐적으로 위험분위기가 조성 되는 곳
③ 환기가 불충분한 장소에 설치된 배관계통으로 쉽게 누설되지 않는 구조의 것
④ 가스켓, 패킹 등의 고장과 같이 이상상태에서만 누출 될 수 있는 공정설비 또는 배관이 환기가 충분한 곳에 설치 된 경우
⑤ 1종장소와 직접 접하여 개방되어 있는 곳 또는 1종장소의 duct, 트렌치, 파이프 등으로 연결되어 이들을 통해 가스나 증기의 유입이 가능한 곳
⑥ 강제환기 방식이 채용되는 곳으로 환기설비의 고장이나 이상 시에 위험분위기가 생성 될 수 있는 곳
⑦ 적용 방폭Type: 0종 장소 또는 1종 장소용 그 외 타입의 방폭구조

문18. 석유화학공장 방폭대책

문18. 석유화학공장 방폭대책에 대하여 설명하시오

답

1. 개념
정유플랜트를 포함한 석유화학플랜트는 대규모의 복잡다양한 장치산업으로서 다른 플랜트에 비하여 화재·폭발·누출사고를 유발시킬 수 있는 위험요소(Hazard)를 상당수 보유하고 있으며, 사고가 발생하게 되면 해당플랜트는 물론이고 컴플렉스 내의 다른 화학플랜트 및 인근의 거주지역까지 피해를 줄 수 있다.

2. 방폭대책

1) 위험요소(Hazard)의 정확한 파악
   ① 석유화학플랜트의 화재·폭발·누출사고를 야기시키는 위험요소는 점화원, 과압, 부식, 열복사, 피로, 누설, 마모, 반응폭주, 독극물, 기기고장, 질식, 불순물 등 무수히 상존한다.
   ② 이는 주기적인 HAZOP을 수행하고 이의 개선권고사 항을 반영하여 잠재적인 위험요소를 줄일 수 있다.
   ③ 해당플랜트에서 사용하는 화학물질의 MSDS(Material Safety Data Sheet)를 철저히 관리하고 작성 비치하여 운전요원이 이를 숙지토록 하여야 한다.

2) 공정위험성평가를 포함하는 PSM(Process Safety Management) 시행
   ① 공정위험성평가 못지않게 중요한 PSM구성요소는 비상조치계획으로서 실질적인 상황을 고려한 시나리오에 대비하여 이를 마련하고 준수할 것

3) 공정위험관리전략 수립 및 시행
   ① 석유화학플랜트의 공정위험관리전략은 근원적(Inherent)인 방법, 수동적(Passive)인 방법, 능동적(Active)인 방법 및 절차적인 방법을 통하여 사고의 빈도를 줄이고 그 피해 결과를 최소화 할 것.

4) 근원적 공정안전설계
   ① 다음과 같이 설계단계부터 근원적으로 안전설계를 채택한다.
   ② 효율화(Intensification) : 유해·위험성이 있는 물질의 양을 줄인다.
   ③ 대체(Substitution) : 유해·위험성이 작은 물질로 바꾼다.
   ④ 완화(Attenuation) : 유해·위험성이 작은 조건 또는 형태로 변경
   ⑤ 영향의 제한(Limitation of Effects) : 유해·위험한 물질 또는 에너지의 누출에 의한 결과가 최소화 되도록 설비 설계한다.
   ⑥ 단순화/실수허용도(Simplification/Error Tolerance)
      : 운전상의 실수 또는 오류가 최소화될 수 있도록 설비를 설계할 것

5) 자동제어시스템
   ① 석유화학플랜트의 제반설비는 ACS(Advanced Control System) 등 Automatic Control System 으로 설치하며 특히 온도, 압력, 유량 및 액위가 상호 Interlock System 으로 연계되어 운전하여야 한다.
   ② 운전상 보조기능이 필요한 경우를 대비한 Back-up System, 사고 시 안전한 방향으로 진행토록 하는 Fail Safe System 시행,
   ③ 인간과 기계의 오조작의 요인을 제거하기 위한 Man-Machine System 시행
   ④ 운전원의 오류를 무시화하는 Fool Proofing System 등을 설치하여 시스템의 오류나 운전원의 오류에 의한 사고를 방지한다.

6) 정기보수
   ① 년차 정기보수를 통하여 Revamp, Maintenance, Repair 등 보수작업을 시행하는데,
   ② 이 기간에 압력용기와 배관라인을 MT, UT, RT, PT 와 같은 비파괴검사를 통하여 Crack, Corrosion, Erosion 여부를 검사한다.

7) 위험장소구분
   ① 가연성가스나 인화성증기를 저장 취급하는 장소를 방폭지역으로 구분하여 화재·폭발 위험성을 줄인다.
   ② 위험장소를 구분하는 Key Factor 는 인화점(Flash Point)인데 위험분위기를 낮춤으로써 위험장소를 경감시킬 수 있다.

8) 내화시설 및 양압시설 완비
   ① 위험물질을 저장·취급하는 위험장소의 Pipe Rack, Support, Column, Beam, Saddle

및 Skirt 등을 콘크리트 혹은 내화 페인트의 Fire Proofing 시스템을 갖추고,
② Control Room, Switch Room 은 양압설비를 갖추어 인화성증기나 가연성가스의 침입을 방지한다.

9) 소화시설 완비
① 화재시 이를 초기에 진압하는 스프링클러 시스템을 비롯한 Hydrant, Foam, CO2 시스템을 갖추고 또한 화재를 초기에 감지하는 자동화재탐지설비를 갖춘다.

10) 법규 및 안전규정 준수
① 석유화학플랜트의 각종 법규 및 KISCO Code 의 준수는 물론이고 안전운전을 위한 Standard, Manual, Procedure, Guideline을 제정·운영하고
② 특히 화기작업, 굴착작업 시에는 Safety Permit 를 부여받아 사전 안전조치를 취한 후에 시행토록 제도화한다.

문19. 단락접지용구

문19. 단락접지용구에 대한 종류별의 특성 및 용도 등에 대하여 설명하시오

답

1. 개요
접지용구라 함은 정지 중의 전선로 또는 설비에서 작업을 착수하기 전에 정하여진 개소에 설치하여 오송전 또는 유도에 의한 충전의 위험을 방지하기 위한 용구로서 그 종류는
1) 갑종 접지용구(발·변전소 용)
2) 을종 접지용구(송전선로 용)
3) 병종 접지용구(배전선로 용)로 구분되며 다음과 같다

2. 갑종 및 을종접지용구
1) 갑종 및 을종접지용구의 사용범위[아래 설명이 헷갈리므로 스스로 표를 만들어 암기요]
   ① 발전소, 변전소 및 개폐소에서 작업을 할 때에는 갑종 접지용구를 사용한다.
   ② 가공송전선로에서 작업할 때에는 을종 접지용구를 사용한다.
   ③ 지중선로와 가공송전선로와의 접속점에서는 을종 접지용구를 사용한다.
   ④ 지중송전선로의 작업은 정지한 송전선로에 갑종 접지용구를 사용한다.
   ⑤ 발전소, 변전소 또는 개폐소에서의 작업으로 송전선로의 정지가 필요한 때에는 정지송전선로에 을종 접지용구를 사용하고, 구내에서는 갑종 접지용구를 사용한다.

구분	갑종	을종
	○×	○×
	○×	○×
	○×	○×
	○×	○×
	○×	○×

2) 갑종 및 을종접지용구의 사용 시 주의사항
   ① 접지용구를 설치하거나 철거한 때에는 접지도선이 자신이나 타인의 신체는 물론 전선, 기기 등에 접근하지 못하도록 주의한다.
   ② 접지용구의 취급은 작업책임자의 책임하에 행하여야 한다.

③ 접지용구의 설치 및 철거는 다음의 순서로 행하여야 한다.
  ㉠ 접지 설치前에 관계 개폐기의 개방을 확인하고 검전기 기타 방법으로 충전 여부를 확인하여야 한다.
  ㉡ 접지 설치 순서는 먼저 접지 측 금구에 접지선을 접속하고 전선금구를 기기 또는 전선에 확실하게 부착한다.
  ㉢ 접지용구의 철거는 설치의 역순으로 한다.

3. 병종 접지 용구 (배전선로 용)

1) 병종 접지 용구의 사용범위 정지 중인 전선로에 아래 항에 대하여 병종 접지용구를 설치하여 오송전 등에 의한 위험에 대처하여야 한다.
  ① 특고압 및 고압배전선의 전부 또는 일부를 정전하여 작업을 시행할 때
  ② 유도전압에 의한 위험이 예상될 때
  ③ 수용가 설비의 전원 측을 정전시키고 작업할 때

2) 병종 접지 용구의 사용상의 주의사항
  ① 병종 접지용구를 설치하기 전에 검전기를 사용하여 정전되었음을 확인한다.
  ② 병종 접지용구를 설치하는 위치는 원칙적으로 선로를 개방한 장소에 가장 가까운 부하 측으로 하고, 접지극을 먼저 설치한 후에 정전선로에 접속하고 철거 시에는 접지극을 최후에 철거한다.
  ③ 역송전의 우려가 있는 선로, 2회선 이상 병가시 또는 2개조 이상이 동시에 작업하는 선로에서는 ② 호 외에 작업장 전후에도 접지를 취하여야 한다.
  ④ 작업시의 접지용구는 작업책임자 자신 또는 작업책임자의 지시에 따라 설치하고 작업책임자는 이를 확인하여야 한다.
  ⑤ 접지용구를 설치한 후에 그 장소에 표시찰을 설치한다.
  ⑥ 접지용구는 사용 전에 충분히 점검한 후에 설치한다.

항목		규격
배전용선	단락접지선	22.9kV. $22mm^2 \times 1.5m$ $22mm^2 \times 2.0m$, $22mm^2 \times 13m$
	절연봉	$25mm \times 0.745m \times 3$개
	절연저항	$2,000[M\Omega]$ 이상
	용도	특고압 및 고압배전선로의 작업시, 각 선로를 단락·접지하여 작업 중 오송전, 역가압, 유도전압에 의한 감전재해 예방

항목		규격
송전용	단락접지선	66kV급 : 14㎟ × 3m × 3개 154kV급 : 22㎟ × 4m × 3개 345kV급 : 38㎟ × 6m × 3개
	절연봉	66kV급 : 1단 1.3m, 154kV급 : 2단 2.6m, 345kV급 : 3단 5.2m
	절연 저항	2,000㏁ 이상
	사용용도	송전선로에서 정전작업 시 전선로를 단락, 접지하여 오송전, 뇌전압, 유도전압 또는 타 선로와 혼촉에 의한 감전재해 예방을 위하여 사용

※ 발·변전용 접지장치의 규격 및 용도, 사용법과 주의사항

항 목	규 격	사용방법 및 주의사항
접지선	66kV급 : 38㎟ × 6m × 3개 154kV급 : 60㎟ × 8m × 3개 345kV급 : 60㎟ ×10m × 3개	1. 사용 전 절연봉의 균열 또는 파손 여부와 단락선과 접지선 접속부의 접속상태 및 소선의 단선 여부 등을 점검한다. 2. 접지장치 설치 및 철거 : 「송전용 접지장치의 규격 및 용도, 사용법과 주의사항」과 동일 함
절연봉	66kV급 : 2단 4m 154kV급 : 3단 6m 345kV급 : 4단 8m	
절연 저항	2,000㏁ 이상	
사용용도	발변소에서 정전 작업시 전선로를 단락, 접지하여 오송전, 뇌전압, 유도전압 또는 타 선로와의 혼촉에 의한 감전재해 예방을 위하여 사용	

문20. 활선접근 경보기

문20. 활선접근 경보기의 용도 및 사용시 주의 사항을 설명하시오

 답

1. 용도 및 동작거리
1) 선간전압 AC 6.6~ 22.9kV 배전선로 또는 변전소에서 정전작업, 충전부 근접작업, 활선작업시 작업자의 팔목이나 안전모에 부착하여 작업자의 착각 및 실수에 의해 충전부에 근접시 경보음을 발하여 감전사고를 방지함
2) 동작거리: ㉠ 13,200V : 110cm ± 10cm, ㉡ 6,600V : 80cm ± 10cm

2. 사용장소
1) 사선구간과 활선구간이 공존된 경우
2) 활선에 근접하여 작업하는 경우
3) 변전소에서 22.9kV D/L 차단기 검수, 보수작업
4) 기타 착각 오인에 의한 감전이 우려되는 곳에서 작업하는 경우

3. 사용시 주의 사항
1) 팔목에 착용시 적당히 조절하여 팔목외부에 착용하되, 밴드형 안테나가 바깥쪽으로 향하게 하고, 절연장갑이나 옷 속에 들어가지 않게한다.
2) 안전모 착용시 안전모의 둘레만큼 길이를 조절한 후 고리를 이용하여 안전모에 고정시킴
3) 시험용 버튼을 눌러 발광상태 및 경보음이 10초 이상 단속음이 발생되는지 확인, 점검
4) 팔에 착용할 시는 안테나(밴드)가 충전부의 정면으로 착용하고 시험용 버튼은 하향이 되도록 착용
5) 본체 및 안테나(밴드)의 이상 유무를 확인
6) 안테나(밴드)가 안전모 정면으로 부착하고 시험용 버튼은 하향이 되도록 안전모 외측에 보조밴드로 고정
7) 사용 중 활선접근경보기에 물이 들어가지 않도록 관리
8) 변전소의 실내, 큐비클과 같이 접지된 밀폐공간에서 사용시 내부에서는 부동작 또는 오동작우려가 있으므로 사용 금지

문21 고전압

문21. 고전압이 위험한 이유와 대책에 대하여 설명하시오
 -1. 고압전로에서 절연 이격거리의 확보에 대하여 기술하시오

 답

1. 고전압이 위험한 이유
1) 저압의 경우에는 충전부에 직접 접촉을 하여야 감전이 되나 고전압 이상에서는 충전부에 근접하는 경우에 섬락(Flash Over)에 의해서도 전격과 화상을 입을 수가 있다.

2. 위험한 고전압에 대한 대책

2-1. 이격거리의 선정
1) 저압의 경우에는 충전부에 직접 접촉을 하여야 감전이 되나 고전압 이상에서는 충전부에 근접하는 경우에 섬락(Flash Over)에 의해서도 전격과 화상을 입을 수가 있다.
2) 이격거리 선정 시에는 전로의 공칭전압(사용전압)이 아니라 전로에서 발생 가능한 이상전압의 최대치를 고려하여 이격거리를 선정하여야 한다.
3) 전로에는 사용전원에 의한 공칭전압뿐 아니라 뇌서지, 개폐서지 등이 나타나며 이는 대게 표준전압의 2~4배 정도가 보통이다.

2-2. 접근 한계거리의 선정
1) 접근한계거리의 정의:
   작업자의 신체는 물론이고 사용하는 금속제의 공구, 재료 등 특별고압의 충전부분에 가장 근접하는 경우에 섬락의 우려가 있는 거리
2) 접근한계거리를 설정하는 사유
   ① 섬락은 전압의 크기와 접근거리에 의해서 결정되며
   ② 고압 이상의 충전부에 접근하여 작업을 하는 경우에는 섬락이 발생가능한 접근한계거리 안에는 들어가면 작업자의 신체뿐 아니라 작업공구를 사용하는 경우에도 섬락피해

를 받기 때문임

3) 섬락에 의한 감전의 위험을 방지하기 위한 접근한계거리를 선정 시 고려사항
   ① 대지전압은 물론이고 전로에서 발생 가능한 이상전압도 고려하여야 한다.
   ② 전로의 사용전압뿐 아니라 전로 내부에서 발생하는 이상전압도 고려할 것.

4) 송전선 활선작업 시 접근한계거리의 식 : D = 90+1.25F
   여기서, D : 허용접근거리.
         F : 섬락거리(m)
      1.25 : 안전율 (전압파형, 기상조건 등을 고려한 수치)
        90 : 안전율을 고려한 여유치로, 작업자가 일시적으로 접근할 때 동시에
             서지전압이 발생한 경우에도 안전을 고려하여 정한 것.

문22 ▶ 배선 불량 분전반

문22. 다음 그림은 전기공사 현장의 배선 불량 분전반이다 이에 대하여 아래 항목을 기술하시오
  가) 위험요인 및 문제점의 열거 및 각 단계별 안전성 확보를 위한 조치 할 사항
  나) 위험요인 및 문제점을 제거하기 위한 조치방안

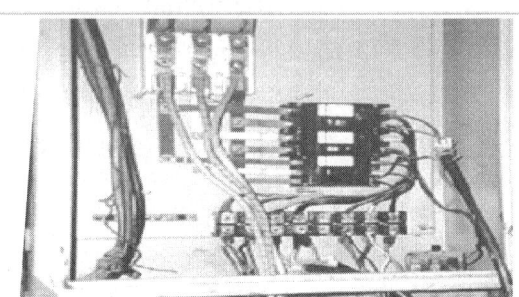

답

1. 위험요인 및 문제점의 열거 및 각 단계별 안전성 확보를 위한 조치 할 사항

위험요인 및 문제점	안전성 확보를 위한 조치 할 사항
1. 외함 접지선 누락	4가닥 케이블 사용 또는 접지선 별도 포설
2. 충전부 노출	충전부 덮개 설치
3. 케이블 통과방법 불량	1) 케이블 그랜드를 사용하여 밀봉 및 고정처리가 되어야 함 2) 패널 발주시 그랜드 플레이트를 제작, 현장가공이 용이 하도록 조치
4. 문어발식 접속	문어발식 접속시공 안되게 사전교육 및 감리 철저

5. 신규 분전반 내부 보호판 1) Cover, 속판, 내부도어, 중판을 미설치 2) 부스바 처리시 "ㄷ"자형 손잡이로 시공하면 분리 후 조립시 통전중인 부스에 접촉할 우려가 있어 매우 위험.	1) 분리가 용이하도록 "ㄷ"자형 손잡이 또는 도어형으로 제작토록 한다. 2) 부스바 처리시 도어형으로, 3) 비부스바 처리시 손잡이형으로 권고함이 바람직함 4) 기존 분전반 활용시 페놀수지 적층판(2mm)으로 설치.
6. 접지 용도별 표찰을 취부 여부 확인	표찰 설치 확인
7. 바닥면 케이블 통과방법 불량	케이블 그랜드를 사용, 밀봉 및 고정처리가 필수적

2. 위험요인 및 문제점을 제거하기 위한 조치방안

○ 분전반 구매시 계획단계-설계단계-구매단계-검수단계-입고단계-설치단계-사용단계 등 각각의 단계에서 사전에 조치하여야 할 사항은 다음과 같다.

단계	확인사항	특기사항
1. 계획단계	1) 분전반의 설치위치와 장소, 용도, 외함의 형식 등에 대한 개략도를 작성(스케치)한다.	
2. 설계단계	1) 분전반의 크기, 차단기 및 누전차단기의 정격용량, 개수, 케이블 및 전선과의 인입위치. 인입 케이블의 수, 인입방법, 분전반 형식 등에 대한 상세 명세서(Specification)를 작성 2) 상세도면을 작성한다. 3) 케이블 인입공의 위치, 크기 및 그랜드 플레이트 등	-분전반 관련 적용규정 및 규격을 명시한다. -제작명세서를 구체적으로 작성하여 구매시 반영시킴

3. 구매단계	1) 설계명세서와 도면에 대한 공급업자의 이해와 제작능력 및 기술능력 등을 파악. 2) 발주 시 반드시 설계명세서와 도면상의 요구사항을 일일이 확인하고 서명을 받는다. 3) 입고 전 제작공장에서의 제작검사를 명문화하여 입고 전 문제점 여부를 확인한 후 입고를 명시한다.	구매요구서 작성 및 발주시 설계도면의 사전 승인을 받는 조건을 명문화함.
4. 입고단계	1) 입고된 후 입고검사를 하여 구매명세 및 도면에 따라 제작여부 최종확인 2) 현장 환경조건에 적합여부의 최종확인	
5. 설치단계	1) 입고된 제품을 설치 규정에 맞게 설치하되 향후 보수유지 및 사용 시의 간섭이나 작업공간을 감안하여 설치를 한다.	
6. 사용단계	1) 임의 개조나 수정변경을 금하고 변경 시 도면에 반영한다.	원형훼손 또는 임의변경 여부를 점검 및 확인
7. 보수유지 수리시	1) 추가로 전원 인출이나 케이블 등의 접속 시 처음 설치시의 원형을 변경함이 없이 정상적으로 추가작업을 실시한다.	임기응변적인 변경이나 작업의 금지

NOTE) 上記 절차서와 단계별 조치 및 확인사항은 사전 재해발생 위험요소 제거 및 안전 조치 사항으로 모든 사업장의 기계기구 및 설비에 공통으로 적용이 가능하므로 안전규정, 절차서, 업무처리에적용을 할 수가 있다.

문23. 보호협조

문23. 저압에서 전동기용 MCCB와 전자접촉기(개폐기)의 보호협조를 위해 만족하여야 할 조건에 대하여 설명하시오.

답

1. 개요
1) 전동기의 투입개방을 목적하는 전자개폐기가 부담할 가장 큰 전류는 전동기의 돌입전류와 기동전류이며, 이는 전동기 정격전류의 5~9배 정도이다.
2) 따라서 전자접촉기의 투입개방 전류용량은 전자접촉기의 정격전류의 10배이다.
3) 그런데 전자접촉기는 고장전류와 같이 큰 전류의 차단은 할 수 없으므로 전자접촉기와 직결로 연결되어 있는 MCCB가 고장전류의 차단을 담당하게 된다.

2. MCCB와 전자개폐기의 보호협조를 위한 만족하여야 할 조건
1) 과부하계전기와 MCCB의 특성은 교차점에 있어서 全 전류영역에 걸쳐 연속적으로 보호되어야 하며, 또 과부하시에는 교차점보다 작은 전류에서는 과부하계전기가 MCCB보다 빨리 동작할 것.
2) 단락전류가 전자개폐기에 흐를 때 MCCB가 차단할 때까지는 전자접촉기가 파손되지 않을 것
3) 과부하계전기와 MCCB의 동작특성의 교차점 전류는 전자접촉기의 개폐용량보다 작을 것
4) MCCB는 고장전류를 확실하게 차단할 수 있는 용량을 가지고 있어 고장 또는 과부하를 보호하여야 하며, 전동기의 기동전류에 오동작하지 않을 것
5) 과부하계전기는 전동기의 과부하 및 구속시의 보호를 확실히 할 수 있는 보호특성을 가질 것
6) 전자접촉기는 전동기의 정상상태에서 일어날 수 있는 돌입전류를 포함한 최대전류를 개폐할 수 있을 것

문24. 전선의 종류

문24. 케이블 트레이 배선의 설계시 적용되는 전선의 종류와 기타 난연 대책에 대하여 상술하시오.

 답

1. 개요
전기에서 규정하는 케이블 트레이 배선은 케이블을 지지하기 위하여 사용하는 금속제 또는 불연성 재료로 제작된 유티트 또는 유니트의 집합체 및 그에 부속하는 부속재 등으로 구성된 견고한 구조물을 말하며 통풍채널 형, 사다리형, 바닥밀폐형, 통풍트러프형, 기타 유사한 구조물을 포함하여 적용한다.

2. 사용전선
1) 전선은 연피케이블, 알미늄피 케이블 등 난연성 케이블, 기타 케이블(적당한 간격으로 연소 방지조치를 하여야한다.) 또는 금속관 혹은 합성수지관 등에 넣은 절연전선을 사용하여야 한다.
2) 제1호의 각 전선은 관련되는 각 조항에서 사용이 허용되는 것에 한하여 시설할 수 있다.
3) 케이블 트레이 내에서 전선을 접속하는 경우에는 전선 접속부분에 사람이 접근할 수 있고 또한 그 부분이 옆면 레일 위로 나오지 않도록 하고 그 부분을 절연처리 하여야한다.

3. 케이블의 시설방법
1) 수평이외의 케이블 트레이는 트레이의 가로대에 견고히 고정할 것
2) 저압과 고압, 특고압 케이블은 동일 트레이 내에 시설하지 아니할 것
3) 금속관, 합성수지관 등 힘으로 옮겨가는 개소에는 케이블에 압력이 가하여지지 않을 것
4) 별도의 방호가 필요한 배선부분에는 방호력이 있는 불연성 커버 등을 사용할 것
5) 방화구획의 벽, 마루, 천장 등을 관통시 개구부에 연소방지시설을 할 것

4. 접지

저압옥내배선의 사용전압이 400V 미만인 경우 제3종 접지공사, 400V 이상은 특별제3종 접지공사를 할 것

5. 케이블 방재 시행

지중전선에 화재가 발생한 경우 화재의 확대방지를 위하여 케이블이 밀집 시설되는 개소의 케이블은 난연성케이블을 사용하여 시설하는 것을 원칙으로 하며, 부득이 일반 케이블로 시설하는 경우에는 케이블에 방재대책을 강구하여 시행하는 것이 바람직하다.

1) 적용 장소
   집단아파트 또는 집단상가의 구내 수전실 케이블 처리실, 전력구, 덕트 및 4회선 이상 시설된 맨홀

2) 적용대상 및 방재용 자재
   (1) 케이블 및 접속재 : 난연테이프 및 난연도료
   (2) 바닥, 벽, 천장 등의 케이블 관통부 : 난연씰(퍼티),난연보드, 난연레진, 모래 등

3) 방재시설방법
   (1) 케이블 처리실(옥내 Duct 포함) : 케이블 전구간 난연 처리
   (2) 전력구(공동구) : 난연처리 기준 변경됨
      ① 수평길이 20m마다 3m 난연 처리
      ② 케이블 수직부(45° 이상) 전량 난연 처리
      ③ 접속부위 난연 처리
   (3) 관통부분 : 벽 관통부를 밀폐시키고 케이블 양측 3M씩 난연재 적용
   (4) 맨 홀: 접속개소의 접속재 포함 1.5m 난연 처리
   (5) 기 타 : 화재 취약지역은 전량 난연 처리

6. 트레이용 난연케이블의 사용

"2차적인 화재방지"를 목적으로 불꽃, 아크 또는 높은 열에 의하여 쉽게 불이 붙지 않거나 불이 붙어도 일반케이블보다 상대적으로 연소속도가 느리고, 불꽃등 화원(Fire Source)를 제거하면 자연 소화되는 특성을 가진 케이블

문25. 무균실과 청정실

문25. 무균실과 청정실의 구분하여 설명하시오

 답

1. 청정실
1) 정의 : 공장이나 연구소에 설치하는 먼지 없는 작업장.
2) 기능
   ① 전자·우주 산업에 필요한 부품처럼 오염에 민감한 기재를 제조하는 데 매우 중요한 온도·습도를 엄격하게 조절할 수 있는 기능을 갖추고 있다.
   ② 이음새가 없는 플라스틱 벽과 천장, 둥글린 모서리, 외부 조명과 외부배선 등이 클린룸의 특징이며 끊임없이 청정한 공기를 들여보내고 매일 정화할 것.
3) 클린 룸에서 일하는 작업자들의 출입
   ① 머리까지 덮는 특수복을 입으며 들어갈 때는 인공 분사기류나 공기 샤워를 통과하여 먼지를 제거한다.
   ② 기계조립부품은 에어록을 통해 들어간다.

2. 무균실
1) 정의 : 무균실은 "그 공간 내에 먼지로 표현되는 입상물질이 목적하는 기준치 이하로 제어시킬 수 있는 장치를 갖춘 방"
2) 무균실의 청정도를 나타내는 지표로는 미국항공우주국 규격(NHB-5340-2)이 적용됨. 조혈모세포이식을 위한 무균실의 청정도는 Class 100으로 표현되는데, 이는 ft3당 직경 0.5 μm 이상의 입자수의 최대 허용치가 100 개임을 의미함.
3) 무균실의 구조 및 동작메카니즘
   (1) 무균실의 기본 구조는 HEPA filter를 갖춘 LAF 병실입니다.
   (2) 무균실에서 공기를 정화하는 순서
       ① 흡입펌프를 통하여 병실 바깥 공기를 있는 병실 내 폐쇄된 공간으로 이동시킴.
       ② 폐쇄된 공간으로 흡입된 공기는 자외선 램프를 통하여 살균과정을 거친 후 HEPA filter를 통하여 무균실 내로 흡입됨.

③ 조혈모세포이식을 위한 무균실에서 사용되는 HEPA filter라 함은 직경 5μ m의 먼지는 모두 걸러내고 직경 $0.5~5\mu$ m의 먼지는 100개 이하로 걸러내는 특수필터.
④ HEPA filter를 통과한 공기가 무균실에서 일정한 층을 이루어 순환하게 되는데 이를 laminar airflow(LAF)라고 하기 때문에 무균실을 LAF 병실라 함.
⑥ 만약에 HEPA filter가 천정에 위치하여 공기가 위에서 아래로 수직적으로 이동되는 경우를 수직형(vertical type)LAF병실이라고 하고 본 필터가 벽에 위치하여 공기가 옆으로 평행하게 이동하는 경우를 수평형(parallel type) LAF 병실이라고 표현함.
⑦ 보통 우리나라에서 조혈모세포이식을 위하여 사용되는 무균실은 수직형이다.

문26. 열가소성.열경화성

문26. 고분자 물질인 Thermosetting resin과 Thermoplastic resin에 대하여 아래 항목을 비교 설명하시오.
가) 정의   나) 특성   다) 연소시 유독가스   4) 제품

답

1. 열경화성, 열가소성 프라스틱의 비교

항목	열경화성 수지(Thermosetting)	열가소성 수지(Thermoplastic)
정의	용융하면 다른 모양으로 재성형할 수 없는 화학반응이 되어 영구 성형 경화되고, 지나치게 높은 온도로 가열하면 분해된다. (재가열· 재성형 불가능)	단량체가 상호결합하는 중합을 행하여 고분자로 된 것으로 일반적으로 무색 투명의 중합체이고, 열에 의해 고체가 되는 물질(재가열·재성형 가능) - 즉, 온도가 올라가면 부드러워 지고, 내려가면 딱딱해지는 성질을 갖는 프라스틱
특성	① 고 분자구조가 3차원적 교차결합의 형태이므로 부드러워지거나 녹지 않음 (액체→고체) ② 연소시 대부분 훈소가 되어 숯이 생성됨	① 가열하여 성형한 후 냉각시키면, 그 모양을 유지하고 재성형이 가능하여 가열하면 고체에서 겔상을 거쳐 액체로 된다 ② 즉 화염이나 열복사에 의해 열피드백 될 경우 고체분자가 가열되면 부드러워지고, 녹아서 흐르기 시작함(고체→겔상→액체) ③ 고분자의 합성과전이 선형으로 결합하여 중합되는 것으로 그 결합이 쉽게 끊어지므로 액상화하여 재성형이 용이 ④ 연소 시 대부분 화염연소가 되어 화염으로 부터의 복사열류에 의해 미연소부분이 다시 발화하므로 확산화염의 위험성이 있음
연소시 유독가스	CO, CO_2, HCl, NH_3 등 발생. -CO : 미연소가스로 훈소시 다량발생, 인체동작과정으로는 연소 1차 열분해 생성시 다량 발생	좌와 비슷 함.
제품	페놀수지, 멜라민 수지, 요소수지, 폴리카보네이트 등	염화비닐 수지(PVC), 폴리에틸랜, 폴리프로필렌 등

문27 고분자 물질의 연소특성, 메카니즘.위험성.연소특성

문27. 고분자 물질의 연소특성, 메카니즘, 위험성과 연소특성을 설명하시오

 답

1. 개요
1) 고분자 물질은 분자량이 10,000 이상이 되는 화합물
2) 열에 약해 발화위험성이 높고, 화재시 열 방출율, 발연량이 많아 화재위험성이 크다
3) 열 가소성수지와 경화성 수지로 분류한다.

2. 고분자물질의 분류

구 분	열 가소성 물질	열 경화성 물질
개 념	열을 가하면 재성형 할 수 있는 물질	열을 가하면 재성형 할 수 없고 분해되는 수지
특 성	*사슬모양의 구조체 *연소에 필요한 에너지가 작다 *액체연료의 연소형태	*그물 모양의 구조체 *연소 필요에너지가 크다 *열분해시 독성가스 발생
적 용	*폴리염화비닐(PVC) *폴리에틸렌, 폴리스틸렌 등 파이프 다용도로 사용	*페놀수지, 요소수지 *멜라민 수지 등 전기절연 재료로 사용

3. 고분자 물질의 연소 메카니즘(흡분혼연배)

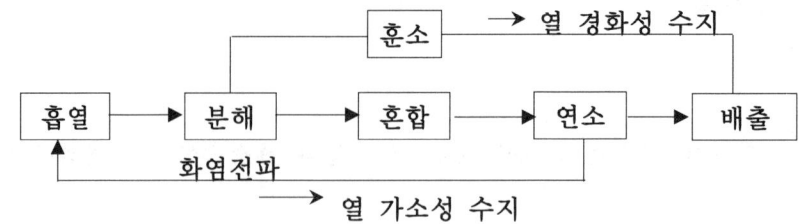

1) 흡열 : 외부에너지의 전도, 대류, 복사에 의해 온도상승
2) 분해 : ① 완전연소 생성물 발생 : N_2, H_2O, CO_2 등
　　　　　② 불완전 연소생성물 : CO, HCN, HCl 등
3) 혼합 : 분해된 가스와 주변 공기로 혼합
4) 연소 : 연소열에 의해 전도, 대류, 복사량 증대
5) 훈소 : ① 속도가 느린 저온 무염연소 발생
　　　　　② 불완전 연소로 발연량이 많고 독성가스 발생
6) 배출 : 연소 후 나머지 연소생성물 배출

4. 고분자 물질의 화재(연소) 위험성

1) 화재가혹도가 크다 : 가연성 물질로 발열량, 열방출 속도가 크다
2) 발연량이 많다 : 피난안정성 확보 및 소화활동이 곤란
3) 유독성 가스 다량 발생 : 인적. 환경적 피해 증가

5. 고분자 물질의 연소특성

1) 분해연소 : 고체이므로 다양한 열분해 생성물이 발생
2) 복잡한 형태의 연소
　　① 열분해로 휘발분의 기상연료 생성
　　② 물질의 성질에 따라 달라짐

문28 내화배선 자료

문28. 소방배선 종류 및 공사방법, 내화·내열배선 비교/내화·내열전선 성능시험

답

1. 개요
1) 소방배선 : 소방설비에서 전력 및 신호전송에 적용되는 배선
2) 소방배선 요구성능 : 내화성능 또는 내열성능
3) 소방배선의 구분 : 시공방법(수납, 매설)에 따라 구분

2. 내화 및 내열배선 종류 및 공사방법

2-1. 내화배선
1) 정의 : 불연재료로 된 전선으로 비상전원 부하의 간선에 적용하는 배선
2) 요구성능 : Post-flash over를 견딜 것

2-2. 내화배선 공사방법
1) 케이블 공사에 의한 방법
   ① MI 케이블 : 노출 시공 가능
   ② FR-8 케이블(내화전선) : 노출시공 가능
2) 수납하여 매설하는 방법
   ① 금속관·2종 금속제 가요전선관·합성수지관에 수납
   ② 내화구조의 벽 또는 바닥에 25mm 이상 깊이로 매설

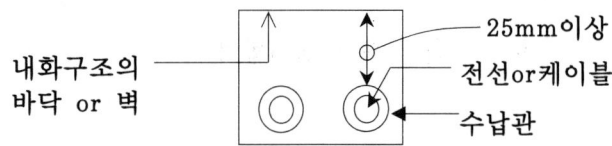

그림1. 수납하여 매설하는 방법

3) 구획된 실내 설치방법
   ① 내화성능이 있는 배선전용실, 배선용 샤프트, 피트, 덕트에 설치
   ② 구획실 내 다른 설비가 있을 경우
      (15cm 이상 이격 or 배선지름 ×1.5배 이상의 불연성 격벽설치)

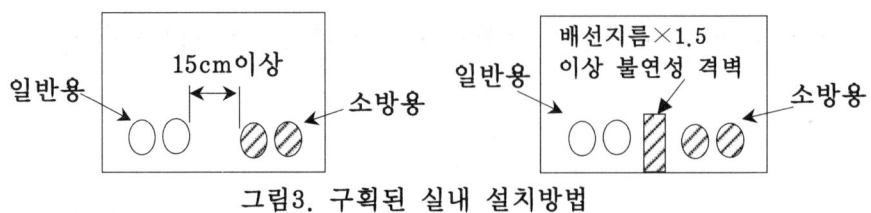

그림3. 구획된 실내 설치방법

2-3. 내열배선

1) 정의 : 600V 이하의 일반기기 배선에 적용하는 배선
2) 요구성능 : Pre-flash over를 견딜 것

2-4. 내열배선 공사방법

1) 케이블 공사에 의한 방법
   ① MI 케이블 : 노출 시공 가능
   ② FR-8 케이블(내화전선) : 노출시공 가능
   ③ FR-3 케이블(내열전선) : 노출시공 가능
2) 수납하는 방법 : 금속관, 금속제 가요 전선관, 금속덕트에 수납하여 설치
3) 구획된 실내 설치방법
   ① 내화성능이 있는 배선전용실, 배선용 샤프트, 피트, 덕트에 설치
   ② 구획실 내 다른 설비가 있을 경우
      (15cm 이상 이격 or 배선지름 ×1.5배 이상의 불연성 격벽설치)

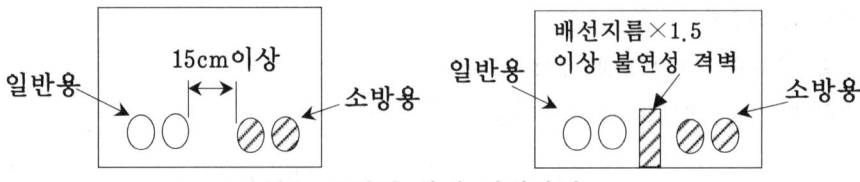

그림3. 구획된 실내 설치방법

3. 내화 및 내열배선 적용의 예(옥내소화전 설비)

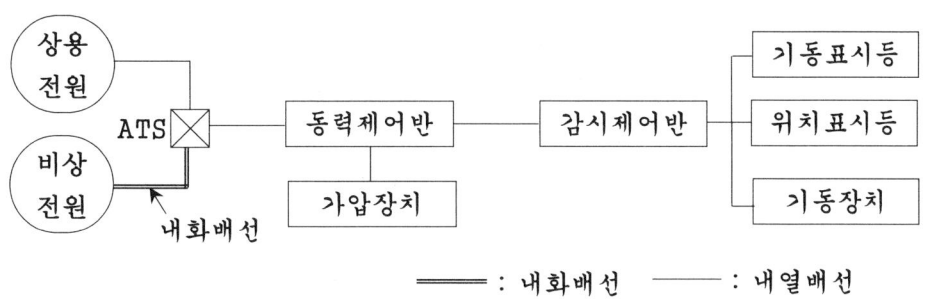

그림2. 옥내소화전 설비의 배선 Block Diagram

4. 내화·내열 전선의 성능시험 기준

4-1. 내화전선 성능시험 기준

1) 가열시험: 버너 노즐에서 75mm 이격 후, 750±5℃ 불꽃으로 3시간 가열
   ① 12시간 경과 후 3[A]퓨즈 연결
   ② 내화시험 전압인가
   ③ 퓨즈가 단선 되지 않을 것
2) 행안부 장관이 고시한 내화전선 성능시험 기준에 적합할 것

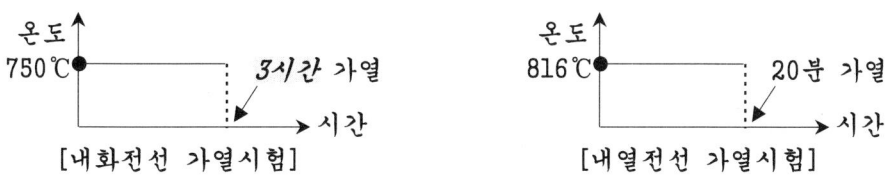

4-2. 내열전선 성능시험 기준

1) 가열시험 : 816±10℃ 불꽃으로 20분간 가열 후 불꽃제거
   ① 10초 이내에 자연 소화될 것
   ② 연소길이가 180mm 이하일 것

2) 내화시험(KSF 2257) : 15분동안 380℃까지 가열 후
   ① 연소된 길이가 벽에서 150mm 이하일 것

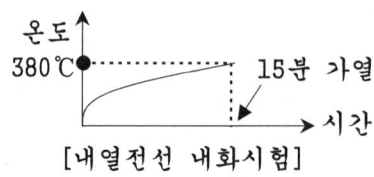

[내열전선 내화시험]

3) 행안부 장관이 고시한 내열전선 성능시험 기준에 적합할 것

5. 맺음말

1) 구획된 실내 설치시 문제점 및 대책
   ① 문제점 : 실제로 이격 또는 격벽설치가 쉽지 않다
   ② 대책 : FR-3(FR-8) 케이블 사용이 가장 현실적임
2) 국내 사용 케이블의 문제점 대책
   ① 문제점 : CV 케이블, 난연 케이블은 발연량이 많다
   ② 대책 : 발연량이 적은 저독성 난연 케이블 사용

문29 반,부도체

문29. 도체, 부도체, 반도체에 대하여 간단히 비교 설명하시오.

 답

1. 도체
1) 정의 : 도체란 전기를 통하기 쉬운 물질
2) 예 : 금, 은, 동, 알루미늄, 철 등
3) 도체와 부도체의 차이점
   ① 자유전자를 갖고 있는 물질은 도체이고, 자유전자가 없으면 부도체임
   ② 자유전자는 원자핵에 얽메이지 않고 물질 중에 자유로이 돌아다닌다
   ③ 물질에 전압이 가해지면 자유전자는 마이너스에서 플러스를 향해서 힘을 받아 움직이기 시작하여 전기가 흐르게 된다

2. 부도체(또는 절연체)
1) 정의 : 부도체란 전기를 통하기 어려운 물질
2) 예 : 운모, 유리, 고무 등
3) 부도체와 도체의 차이점
   ① 자유전자를 갖고 있는 물질은 도체이고, 자유전자가 없으면 부도체임
   ② 부도체는 원자핵과 전자가 단단히 서로 잡고 있어 전압이 인가되어도 전자이동은 없어 전류의 흐름은 없다

3. 반도체
1) 정의 : 전기를 통하기 쉬운 도체와 전기를 통하기 어려운 부도체의 중간물질
2) 예 : 실리콘, 게르마늄 등으로 현대의 각종 전자 칩 등
3) 특성
   ① 일반 금속과는 역으로 고압이 됨에 따라 저항률[$\Omega \cdot m$]이 작아진다
   ② 광선에 의하여 기전력이 발생하거나, 불순물을 섞으면 저항률이 대폭 변화됨

문30. 전기화재의 기본요건

문30. 전기화재의 기본요건을 3가지 기본개념으로 설명하시오

 답

1. 연소의 3요소 존재할 것
1) 화재가 발생하려면 다음의 연소의 필수 3요소가 반드시 존재해야 함
   ① 공기 또는 산소 : 전기설비 주변의 공기는 언제든지 존재함
   ② 가연물 : 전기설비 주변의 공기는 언제든지 존재함
   ③ 점화원 또는 열원 : 전기설비 그 자체가 점화원이 됨

2. 전선손상
1) 일반적으로 전선 또는 케이블은 손상만 입지 않으면 화재를 자주 발생시키지 않음
2) 따라서 손상을 입을 만한 지점을 관찰하며, 가장 공통적인 원인이 되는 전선의 인입 또는 인출부 상의 전등 또는 냉장고 등의 전기장치부분과 마찰로 인한 화재임.
3) 그러므로 전기화재 조사 시 굽은 부분의 전선입입 또는 인출용 플라스틱 기구부를 조사하여 이곳의 전선 절연 파괴로 인한 전기화재 원인을 파악할 것

3. 지락고장
1) 건축물 화재는 대부분 전선 또는 케이블과 연관되어 있고, 그 중에도 지락에 의한 전기화재 요인이 많다.
2) 즉, 전선이 지면과 직간접으로 지면으로 연결되어 있어, 지락시 지락통로가 형성되고, 이 지락전류 통로내의 가연성 분위기로 인한 전기화재가 발생할 수 있는 것임.

문31. C급화재와 물분무설비

문31. 물분무 설비가 C급 화재에 적용되는 사유와 이격거리를 설명하시오

 답

1. 물분무 화재가 C급 화재에 적용 될 수 있는 이유

1) 스프링클러는 물을 큰 비 상태의 물방울로 살수하는 것인데 비해, 물분무 소화설비는 특수한 분무헤드로부터 0.02~2.5mm의 미립자, 즉 안개비 상태로 하여 분무하는 것이다.
2) 그런데 안개상태 (무상)의 물은 스프링클러에서 방출되는 큰 물방울과는 달리 전기적 절연성이 높아서 감전의 염려가 없기 때문에 일정한 간격만 유지하면 전기화재에도 이용하는 것이 가능하다.
3) 즉 물입자간의 불연속성으로 입자간의 거리가 이격되어 전기 전도성이 낮아짐
4) 실제로 전압에 따라 0.7[m] 이상의 일정간격을 이격시키면 C급 화재에도 적용 가능

[물분무 헤드와 고압 전기기기 간의 이격거리]

전압(kV)	거리(cm)	전압(kV)	거리(cm)
66 이하	70 이상	154 초과 181 이하	180 이상
66 초과 77 이하	80 이상	181 초과 220 이하	210 이상
77 초과 110 이하	110 이상	220 초과 275 이하	260 이상
110 초과 154 이하	150 이상		

2. 물분무 설비가 복사열을 차단하는 원리

1) 안개 상태인 물은 큰 물방울에 비해서 그 표면적이 현저히 커지므로 열의 흡수속도가 빠르기 때문에 복사열을 신속히 흡수하여 차단한다.
2) 또한 무상의 물은 쉽게 증발하여 증발잠열에 의한 냉각효과가 커지고, 증발하면서 그 체적이 약 1700배 정도로 급팽창하여 연소면을 수증기로 덮어버리기 때문에 방사열 차단에 의해 화염으로부터 미연소 표면으로의 열 전달을 감소 시키는 효과를 가지고 있다

문32. 전선피복손상 단락요인

문32. 전선피복이 손상되어 발생하는 단락 발생요인을 3가지로 구분하여 설명하라

 답

1. 개요
단락(electric short) 발생 요인을 전선 절연피복의 손상원인으로 분류하면 다음 세 가지가 있다.

2. 절연피복의 손상원인에 의한 단락요인
○ 개념
: 아래의 1)과 2)에 의해서 생긴 용융 흔적(또는 용융 흔적)을 1차 용융 흔적이라고 하며, 3)의 경우를 2차 용융 흔적이라고 일반적으로 분류하지만 외형상 각각의 특징이 있고 판별할 수 있는 경우도 있다.

1) 전선에 외력이 가해져 절연피복이 파손되어 단락
   ① 가구류 등 중량물에 의한 압박, 스테이블 고정시의 손상, 스테이플 고정 등 고정부와 가동부 경계에 반복 가해지는 비틀림 및 굽힘에 의한 손상
   ② 밟거나 잡아당기는 등 거친 취급, 쥐에 의한 절연피복의 손상 및 경시적인 재질의 열화 등에 의해 최종적으로는 절연이 파괴되어 단락으로 진행한다

2) 접촉불량 등 국부발열에 의해 절연열화가 진행되어 단락
   : 비전문가 수리에 의한 비틀림 접촉부분 및 빈번한 굴곡에 의해 생긴 반단선 부분 등의 접촉불량에 의해 전선이 국부적으로 발열하여 절연열화되어 단락으로 진행한다.

3) 화재열 등 외부 열에 의해 절연이 파괴되어 단락

문33   MSDS

문33. MSDS의 목적, 필요성, 작성비치대상 화학물질, 작성항목, 활용 및 효과
 -1. 물질안전보건자료(MSDS)의 작성항목 16가지와 교육시기, 내용, 방법을 설명하시오.

 답

1. MSDS란
1) 물질안전보건자료
2) 유해 위험성 정보(작성항목 : 16가지)
3) MSDS(Material Safety Data Sheet)

2. MSDS 작성 목적
1) 유해물질로 인한 화재의 정보제공으로 산업재해 예방
2) 유해물질로 인한 폭발의 정보제공으로 산업재해 예방
3) 유해물질로 인한 직업병의 정보제공으로 산업재해 예방

3. MSDS의 필요성
1) 화학물질의 사용량 급증에 따른 유해 위험성 정보의 효율적 판단
2) 정보의 혼동방지로 유해 위험성 정보의 효율적 판단
3) 국제교역의 용이를 위한 유해 위험성 정보의 효율적 판단
4) 근로자 안전의식증대를 위한 유해 위험성 정보의 효율적 판단

4. 작성 비치대상 화학물질분류(GHS 규정)
1) 물리적 위험성물질(16가지) : 폭발성 물질, 인화성 가스, 인화성액체·고체 등
2) 건강유해성 물질(11가지) : 급성독성물질, 피부 부식성, 자극성 물질 등--
3) 환경유해성 물질(1가지) : 수생 환경유해성 물질

5. 물질안전보건자료(MSDS) [유해 위험성정보 : 작성항목 16가지]

① 화학제품과 회사정보　　② 환경영향성　　　　　③ 누출사고시 대처법
④ 구성성분　　　　　　　⑤ 위험성·유해성 정보　⑥ 법적규제사항
⑦ 독성에 관한 정보　　　⑧ 물리 화학적 위험성　⑨ 응급조치요령
⑩ 폭발·화재시 조치요령　⑪ 폐기시 주의사항　　⑫ 노출방지 및 개인보호구
⑬ 취급·저장방법　　　　⑭ 안정성 및 반응성　　⑮ 운송에 필요한 정보
⑯ 기타 참고사항　　　　　　[누구위법/화물환응/노독폐폭/취안운기]

6. MSDS 활용범위와 기대효과

1) 활용범위
① 제조공정의 위험성 평가
② 화학물질 취급설비의 재질 선정
③ 근로자 보건대책수립

2) 기대효과
① 정보의 혼동방지로 정보의 표준화 도모
② 중복교육의 해소로 정보의 표준화 도모
③ 근로자의 건강 및 환경보호 강화
④ 화학물질의 국제교역 용이
⑤ 화학물질의 시험, 평가 필요성 감소

7. MSDS의 교육시기

1) 새로운 대상화학물질을 취급시키고자 하는 경우
2) 신규채용 하여 대상화학물질 취급 작업에 종사시키고자 하는 경우
3) 작업을 전환하여 대상화학물질에 노출될 수 있는 작업에 종사시키고자 하는 경우
4) 대상화학물질을 운반 또는 저장시키고자 하는 경우
5) 기타 대상물질로 인한 사고발생의 우려가 있다고 판단되는 경우

문34. 다중이용업소 전기안전 중요

문34. 전기재해가 다발하는 대중영업장소에서의 전기안전관리 대책을 기술적인 측면과, 관리적인 측면에서 설명하시오.

 답

1. 개요
1) 산업발전에 따른 제3차 산업의 육성이 눈부심中 현대인의 여흥장소로 교통편리개소에 여러 다중이용이 가능한 복합적인 건물이 밀집, 운영되고 있으며, 지하공간을 많이 점유하여, 효율적인 공간이용을 활용하고 있음.
2) 따라서, 화재, 전기안전 문제는 항상 우려되며, 이에 대한 대책을 下記와 같이 수립시행해야 됨
3) 특히 소방법상 상당한 제약 조건을 정하고 있고, 전기사용 전에는 한국전기안전공사의 사용전 검사 대상으로서 상당히 강화된 규정에 의하여 다중업소를 관리하고 있음

2. 전기안전관리 대책의 기술적 방안
1) 사용전압의 제한 : 저압옥내배전 또는 이동전선은 전압이 400[V]미만일 것.
2) 배선
   ① 저압옥내배선은 외상의 우려가 없도록, 설계부터 고려된 배선사용 요함.
   ② 가능한, 케이블배선 또는 캡타이어 배선을 하되, 불연성재료(FR)성분을 적용할 것.
3) 전구선
   : 무대 밑에 사용하는 전구선에는 방습코드, 캡타이어코드 또는 비보캡타이어 케이블 이외의 캡타이어 케이블 사용할 것.
4) 이동전선 : 1)에서 규정된 장소에서 시설하는 이동전선 1종캡타이어 케이블 이외의 캡타이어케이블 사용
5) 보드라이트의 접속선
   ① 보드라이트에 부속되는 이동전선은 4)의 규정에 관계없이 1종캡타이어 케이블 사용
   ② 그 보드라이트에서 발생하는 열에 충분히 견디는 것일 것
6) 전구, 저항기 등의 시설
   : 가연성물질과 쉽게 접촉되지 않도록, 무대막, 목조의 마루나 벽 등과 충분한 이격

7) 개폐기 및 과전류 차단기 : 전용개폐기, 과전류차단기 시설함.
8) 옥내에 설치하는 배전반 및 분전반은 불연성 또는 난연성의 것이나 불연성 물질을 바른 것. 또는 동등 이상의 난연성 제품을, 전선은 600V 비질절연전선·클로로프렌 외장케이블·비닐외장케이블·폴리에틸렌 외장케이블 또는 방식용 케이블을 설치해야 한다.
9) 플라이 덕트의 규격 적정화
   ① 전선은 절연전선 또는 이와 동등이상의 절연내력이 있을 것.
   ② 플라이덕트는 두께 0.8mm 이상의 철판으로 견고한 것일 것
   ③ 플라이덕트는 내면內 전선의 피복을 손상하지 않는(우려가 없고)구조일 것
   ④ 플라이덕트는 내면은 방청을 위해 도금 및 도장을 할 것
   ⑤ 플라이덕트는 종단부가 폐쇄된 것일 것
10) Fly Duct의 시설
    ① 上記 8)의 규정하는 규격에 적합할 것
    ② 전선은 1종 캡타이어 케이블 이면서 내화성일 것
    ③ 플라이덕트의 관중부에서 전선이 손상할 우려가 없도록 시설할것이며 방폭용 sealing 물질을 적용시킬 것
    ④ 플라이덕트는 조명재 등에 단면적 12㎟이상의 아연도강연선 또는 이와 동등이상의 세기 및 굵기의 연선으로 2개소 이상 吊下조하 吊下간격은 3m이하
    ⑤ 플라이덕트에는 덕트 자중 이외의 하중을 가하지 아니할 것
11) 접지 : 무대용 콘센트박스, 플라이덕트, 보드라이트의 금속제 외함에는 제3종 접지공사 시행
12) 누전차단기 적정시공
    ① 인체 감전보호용 : 30mA정격감도전류, 동작시간은 0.03초 이하일 것.
    ② 각 개별마다 ELB시공 : 누전 및 과부하 겸용

3. 전기안전관리 대책의 관리적 방안

1) 전기기기의 안전점검 철저
   ① 일상점검 : 누전차단기 이상유무 시험
   ② 정기점검 : 1년에 1회 이상 전문용역기관에 의뢰 전기점검 시행
   ③ 특별점검 : 심한 강우 후, 태풍, 낙뢰 후에 전기점검 시행
2) 다중영업장소 종업원에 대한 안전교육 강화
   ① 전기기기의 안전점검 요청
      : 위치, 긴급조치방법 비상연락망 등의 실제적 활용법을 정기적 또는 수시 교육시행 후 서명날인 받아 기록으로 남길 것 등.

문35. 발화부위 결정요인

문35. 기기제품의 발화부위 결정시, 주요단서 9가지를 간단히 설명하시오

 답

1. 화염의 확산
1) 화재는 작은 불로부터 시작되어 주위로 번짐
2) 일단 발화 시작점에서 다시 불길이 들어오는 경우는 없기에, 발화점의 피해규모가 적다는 점을 활용하여 최초 발화점을 규명함

2. 고열과 저열부분
1) 전기사고에 의한 발생열이 주변으로 확산되면서 다시 화재로 발전된다.
2) 따라서 발화점의 피해가 주위보다 극심하며, 이는 1의 내용과 배치되나, 지속적인 발열에 의한 화재와, 열이 없는 상태에서 순간으로 발생된 화재로 구분 적용함
3) 즉, 대개의 아크는 작고 한시적으로 차가운 상태에서 발화가 되나,
4) 지락 또는 접촉불량 시 아크 지속으로 발열이 계속된 경우는 발화점이 가장 심하게 손상을 입게 됨

3. V패턴
1) 화재 감식에서 자주 이용됨
2) 불길이 그 발화지점으로부터 위로 그리고 밖으로 타 생기는 형태로서, 화재의 피해형태가 V자를 그리게 된다

4. 화재의 온도
1) 페인트 상황을 관찰하여 화재의 온도를 간접적으로 파악한다.
2) 온도가 상승할수록 페인트가 물러지고 변색이 발생한다는 현상을 이용하여 화재 상황의 온도를 간접적으로 예측함

5. 화재당시 기기제품의 위치

1) 건물 내 알루미늄 제품 또는 플라스틱 제품이 화재 시 녹아서 녹은 방향이 방향성을 갖게 될 때 파악하고 발화원과 발화점을 찾는다.
2) 즉, 다른 부위에서 알루미늄이나 플라스틱 부분으로 화재가 진행되었다면 관련 설비는 받침대 등이 덜어져서 뒤집어 져 있을 것임

6. 발화점의 규명

1) 기기나 제품이 발화원인이다라고 단정 후 그 제품의 어느 부위에서 발화된 것인가 라는 문제를 녹은 플라스틱을 이용해서 규명함
2) 즉, 어떤 부위가 플라스틱으로 감싸여 있는 경우 그 단면을 절단하여 그 부품의 내부상황을 파악해보면, 화재의 직접원인이 그 부품이 아니라면 그 부품은 거의 손상이 없다는 것임

7. 절연열화

1) 대부분의 절연물질이 플라스틱이므로 온도에 따라 변색되는 성질을 이용, 절연재의 열화상태를 파악할 수 잇음
2) 즉, 전기화재의 진전을 보통 온도의 화재 시는 흑색으로 변색되나, 특별히 고온에서의 화재는 회백색으로 변환다.
3) 즉, 전기적 고장의 원인으로 된 절연물질의 색은 희색이므로 전기화재 원인을 알 수 있음

8. 화재발생시 기기 및 제품의 상태

1) 제품이 화재 동시에 작동 중 여부를 판단하기 위함임
2) 증인이나 최포 발견자의 의견 도는 진술도 이용됨

9. 화재진행방향

1) 화재가 내부에서 진행여부를 함이나 박스내부의 화재 피해도를 조사하여 파악함
2) 전기기기 내부의 화재로 추정한다면 연기나 불길이 전기기기의 함 밖으로 분출되므로, 박스 벽이나 덮개 접합부분이 팽창되고, 불길이 빠져나오려는 출구부분은 화재의 손상이 극심하므로 기기 내부에서 발화여부를 판정할 수 있음

문36 ▶ 배선용_차단기와_화재감식

문36. 배선용 차단기의 동작특성으로 화재감식 할 수 있는 방안을 설명하시오.

 답

1. 개념
1) 배선용차단기는 개폐기 손잡이 위치에 따라 동작상황과 통전유무를 알 수 있다.
2) 단락 또는 과전류에 의하여 작동하게 되면 손잡이가 ON-OFF 중간위치에 있는 상태로 전원이 차단되며, 사람이 인위적으로 차단했을 경우에는 ON상태의 손잡이 위치가 아래로 향하게 되어 전원이 차단된다.

2. 배선용 차단기의 동작과 트래킹 현상
1) 배선용 차단기 등을 이렇게 제작하고 있는 이유는 전원이 차단되었을 때 인위적으로 차단시킨 것인지 아니면 단락,과전류 등의 사고에 기인한 것인지를 구분하기 위해서이다
2) 배선용 차단기에 의한 화재는 전선과 접속부위의 나사가 풀려 접촉저항 증가에 의한 발열 또는 트래킹 현상을 들 수 있다

3. 화재감식을 위한 통전유무 식별 방법
1) 손잡이 버튼의 위치에 따라 통전 유무 식별
   ① 배선용 차단기는 일정전류 이상의 과전류에 의해 자동적으로 전로를 차단해 배선이나 전기기기를 보호하기 위한 안전장치이다.
   ② 차단방식에 따라 완전자동식, 열동식, 반도체식이 있음
   ③ 과전류 등으로 차단될 경우에는 손잡이 버튼이 중간에 위치하여 있으므로 통전유무를 식별할 수 있다
   ④ 즉, 배선용 차단기의 동작상태는
      ㉠ ON상태는 핸들 핀이 수평이고
      ㉡ OFF상태는 핸들 핀이 기울어져 있다

2) 배선용 차단기 핸들 Pin의 위로 통전 유무 식별
   ① 화재현장에서 불에 탄 배선용 차단기를 세밀히 보면 화재 발생 전의 통전유무를 판단할 수 있다.
   ② 그 중 가장 간단한 방법은 육안으로 배선용 차단기의 핀 위치를 관찰하여 확인 할 수 있다.

4. 배선용 차단기의 외형상태 감식
배선용 차단기가 불에 타서 변형될 수 있는 취약부분의 소자는 켜짐/꺼짐 전환용 핸들부분이 외부화염에 쉽게 변형될 수 소재로 되어 있으므로 분해할 경우에는 주의하여야 한다.
1) 배선용 차단기의 케이스가 탄화 변형된 경우
   : 배선용 차단기의 몰드 케이스가 화염에 탄화되어 부하측과 전원 측을 구별할 수 없을 경우에는 회로 시험기 등으로 저항을 측정하여 켜짐(저항 0Ω)과 꺼짐(저항 ∞) 상태를 확인할 수 있다.
2) X-ray 시험기 확인
   : 엑스레이 시험기가 있을 경우에는 증거물을 분해하지 않는 상태로 촬영 하여 켜짐(투입) 및 꺼짐(개방) 상태를 용이하게 확인할 수 있다.
3) 배선용 차단기가 탄화되어 분해할 경우 동작면의 위치로 판별
   : 배선용차단기의 동작핀이 중립에 있으면 배선용 차단기의 2차회로는 통전 상태로 보아서, 부하 측에서 과부하 또는 단락이 발생한 것으로 동작 원인과 사고 발생상황을 배선용 차단기 부하측 전선의 용융흔에 의해 귀납적으로 규명한다.

문37. 수전실의 화재예방대책

문37. 수전실에서의 화재예방대책을 간략히 설명하시오

 답

1. 기술적인 대책
1) 인입전로를 케이블화 할 경우 FR-CNCO-W 적용
2) MOF의 몰드화
3) 변압기의 몰드화
4) 유입변압기를 적용시는 적정한 소방시설을 국가화재안전기준에 의거하여 설치
5) 누전경보기(ELD) 설치
6) 초기화재를 조기 감지하기 위한 감지설비설치
   - 자동화재탐지설비, 연감지기, 열감지기 등
7) 수전실 내 전력케이블의 난연케이블 적용
8) 변전설비 예방보전시스템 적용한 ON-Line 감시
9) 건축구조의 내화구조화
10) 규모에 알맞은 방재센터 설치로 상시 작업인원 상주

2. 관리적 대책
1) 3E에 의한 지속적 관리감독
2) 4S에 의한 관리 및 실무자들에 대한 관리 감독 및 재확인 등

문38. 실리콘 소자의 원리 및 용도

문38. 실리콘정류제어소자(SCR)의 용도, 동작원리 및 특징에 대하여 설명하시오.

답

1. 개요
1) 전기기관차 등의 전동기의 속도제어, 전기난로 및 전기로의 온도제어, 자유롭게 전등의 밝기를 가감할 수 있는 저광장치 등 폭넓은 전력제어의 용도에 사용되고 있는 것이 사이리스터(thyrister)이다.

2. 대표적인 사이리스터인 SCR(실리콘정류제어소자)의 동작원리
1) 그림에 나타낸 바와 같이 신호(cathode에 대하여 정의 전압)를 게이트gate, G)에 가하면 anode(A)와 cathode(K)사이가 ON의 상태(즉, 이 상태를 사이리스터의 Turn ON이라 함)로서 순방향(anode로부터 cathode로 향하는 방향)에 전압이 가해지고 있으면 전류가 흐른다.

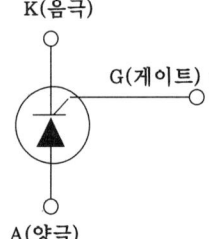

그림. SCR의 및 출력특성

2) 사이리스터는 한번 Turn ON하면, gate 전류가 0으로 되어도 ON의 상태가 계속된다.
3) 이것을 OFF의 상태(Turn OFF)로 하기 위해서는 anode 전류를 있는 값(유지전류)이하로 하지 않으면 안 된다.

3. SCR 특징과 용도

특 징	용 도
① gate 전류가 흘리지 않는 한 순방향, 역방향 어느 쪽으로 전압을 인가하여도 anode전류는 흐르지 않는다. ② gate 전류를 흘리는 것에서 순방향에는 임의의 전류에서 anode전류를 흘리는 것이 가능하다.	① 전동기의 속도제어 ② 무접점스위치 ③ DC chopper ④ 각종 정류기 ⑤ 대전류펄스 발생기 ⑥ 각종 조광장치

문39. 원격감시시스템

문39. 원격감시 절연시스템에 대하여 설명하시오

 답

1. 원격감시 절연시스템의 정의
안전장구의 절연내력을 통합적으로 분석 및 관리함으로써 안전장구의 수명, 교체 주기 또는 불량 여부를 용이하게 판단할 수 있는 안전장구 절연내력 통합 원격 감시제어 시스템을 말한다.

2. 원격감시 절연시스템의 특징
1) 안전장구 절연내력 통합 원격 감시제어 시스템은, 고유 식별번호(ID)가 각각 부여되어 있다
2) 절연내력 시험을 위한 적어도 하나 이상의 안전장구장구에 대해 전압을 인가하여 절연내력을 시험하는 다수의 절연내력 시험기 및 다수의 절연내력 시험기와 각각 유선/무선으로 연결되어 원격 제어 명령을 전송하고,
3) 다수의 절연내력 시험기로부터 각각 안전장구에 대한 절연내력 데이터를 수집하며,
4) 수집된 데이터를 통합 분석하여 출력하는 원격 감시제어 서버를 포함하되, 원격 감시제어 서버는 절연내력 시험기의 절연내력 시험을 위한 시험전압 및 진행 시간을 원격 설정하는 것을 특징으로 한다.

문40 전기화재_모드

문40. 스위치나 릴레이는 접촉과 단절로 통전과 전기차단이 이루어진다. 이때 차단이 일어날 때에는 접촉단자 사이에 절연이 이루어지게 되는데, 이 과정을 검토 시에 해당되는 중요 3가지 고장모드(mode)에 대하여 기술하시오

답

1. 절연파괴 모드
1) 스위치의 절연파괴에 의해 전기화재가 일어날 수 있다.
2) 절연파괴는 아크에 의해 일어나는 경우가 흔하다.

2. 고저항접촉 모드
1) 스위치의 접촉단자에서 접촉이 나쁘면 접점이 닿을 때에 그사이에서 고저항으로 인한 열이 단자에서 발생하게 된다.
2) 이 열이 주위의 플라스틱을 점화시키고 화재로 진전시킨다.
3) 스프링이 오래되어 탄력을 잃어 접촉을 강하게 못하여 이런 고저항 접촉이 생기기도 한다.
4) 이렇게 되면 단자의 열에 의해 스프링의 탄성을 더욱더 저하시켜 상태가 점점 나빠지게 된다.

3. 용융접촉 모드
1) 스위치나 릴레이에서 접촉단자의 접촉이 나쁘면 열이 발생할 뿐 아니라 접촉단자 사이에서 작은 규모의 아크가 발생한다.
2) 이렇게 되면 국부적으로 고온이 발생하여 접촉단자가 녹아 들어붙게 된다.
3) 이렇게 되면 릴레이를 OFF해도 사실은 계속 연결된 상태로 있어 화재로의 가능성이 높게 된다.

문41. 전기화재예방안전관리

문41. 전기화재를 예방하기 위한 안전관리에 대하여 4가지 항목으로 설명하시오

 답

1. 예방을 위한 안전관리
1) 전기화재를 미연에 방지하기 위해서는 법규의 엄격한 시행과 함께 안전관리에 관한 사항이 중요한 문제가 된다.
2) 통계에 따르면 전기화재는 80% 이상이 주택과 공장 점포 등의 건물에서 발생하고 있으며, 그 중 90% 이상이 인입선, 옥내배선 등의 배선과 배선기구, 전열기, 전기기기, 전기장치 등에서 발생되는 것으로 나타나 있다.
3) 이의 방지를 위해서는 기술수준에 맞는 전기용품의 사용, 전기설비의 시공과 함께 정기적인 점검과 보수가 병행되지 않으면 안 된다. 특히 배선과 배선기구, 전열기, 전기기기, 전기장치에 대해서는 사용자의 세심한 주의와 관리가 요구된다고 하겠다.
6) 이에 대한 안전관리 항목을 아래에서 알아본다.

2. 전기화재를 예방하기 위한 안전관리
1) 배선에 대한 안전관리 항목
   ① 전선의 종류와 규격이 기술수준에 맞는가?
   ② 전선이 조영재, 수도관, 약전선 등에 접근 또는 접촉되지 않았는가?
   ③ 전선에 기계적으로 손상된 부분은 없는가?
   ④ 절연전선의 피복이 손상되거나 파손 또는 절연열화 된 부분은 없는가?
   ⑤ 전선의 접속부분이 완전하게 되어 있는가?
   ⑥ 전선이 과부하 상태로 동작될 가능성은 없는가?
   ⑦ 퓨즈의 용량은 적합한가, 또 과부하 차단기에 이상은 없는가?
2) 배선기구에 대한 안전관리 항목
   ① 배선기구 중에 불량한 전기용품 사용한 곳은 없는가?
   ② 각종 스위치나 콘센트 등에 동작이 이상하거나 접촉이 불량한 부분은 없는가?
   ③ 각종 스위치나 콘센트 등의 연결 부분에 조임나사가 풀려있지는 않은가?

④ 배선기구의 절연체가 기계적으로 손상되었거나 절연열화 된 부분은 없는가?

3) 전열기에 대한 안전관리 항목
　① 전열기에 가연성 물질이 접촉될 우려는 없는가?
　② 온도조절기 또는 과열방지용 퓨즈에 이상은 없는가?
　③ 전열기의 코드에 손상된 부분은 없는가?

4) 전기기기, 전기장치에 대한 안전관리 항목
　① 전기기기, 전기장치의 설치와 사용이 사용법에 맞는가?
　② 전기기기, 전기장치의 동작에 이상이 있지는 않은가?
　③ 부분적인 과열 또는 이상한 소음이 일어나고 있는 곳은 없는가?

문42. 전자유도_가열방식과_화재감식

문42. 전자유도 압력밥솥의 가열방식의 개념과 특징 및 전기밥솥에서 화재발생시의 관찰 및 화재감식 조사 시 화재감식의 주 Point에 대하여 설명하시오.

 답

1. 전자유도 압력 밥솥의 가열방식의 개념 및 원리

1) 유도가열(IH : Induction Heating) 압력밥솥의 가열 방식으로 발열판에서 에서 열이 발생하여 열원이 냄비에서 전달되어 취사가 되는 방식이 아니라 냄비 주변의 코일에 전류가 흐를 때 발생되는 자력선에 의해 냄비가 스스로 발열되어 취사가 되는 원리이다(그림1 참조)

2) 전자유도 가열방식은 자력선에 의해 밥솥 밑 부분뿐만 아니라 솥 전체가 통째로 직접 가열되는 전자 조리기와 같은 가열 원리를 이용하고 있다

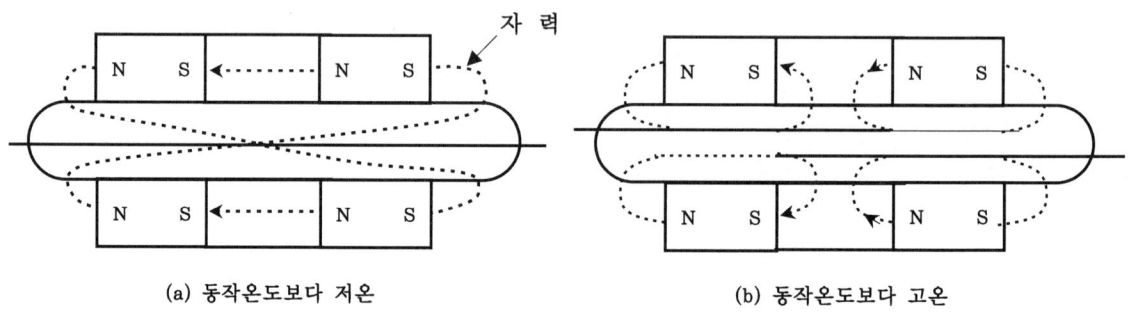

(a) 동작온도보다 저온　　　　　　(b) 동작온도보다 고온

그림1. 전자 유도 가열방식의 원리

2. 특징

1) 냄비 밑 바닥부분에 배치된 코일의 자력선에 의해 냄비의 금속 부분 내에 발생한 와전류(eddy current)가 냄비가 갖고 있는 전기저항에 의해 줄열이 발생하여 냄비 그 자체가 히터가 된다.

2) 취사 히터 이외의 가열에 대해서는 종래 타입과 마찬가지이다

3) 최근의 것은 마이크로 침을 내장하여 뜸들이기에 각 제조사별로 여러 가지가 있다

3. 전기밥솥에서 화재 발생시의 관찰 및 화재감식 조사 포인트
1) 전원 코드 리드선이 물려 들거나 나올 때 반복동작에 따른 반단선
2) 커넥터의 접촉불량
3) 기판부에 밥물이 흘러들어 트레킹 현상에 의한 출화
4) 접속 나사의 이완
5) 온도퓨즈나 온도 센서 등의 감열 부품 장착 부적합
6) 제어기판에 이물질(벌레, 곤충, 습기나 먼지) 부착으로 제어 기능 불량 발생
7) 과전압 및 과전류에 등에 의한 절연 파괴 촉진
8) 저항, 트랜지스터, 콘덴서 등 장착된 부품의 절연파괴에 의한 발열
9) 전자 코일의 층간 단락 등에 따른 절연 파괴로 인한 출화
10) 전기 압력 밥솥을 밥 이외에 다른 용도로 사용하거나 기타 요인 등

문43 접촉불량 검출 등

문43. 전기화재의 조기 검출 원리로 예방보전을 위한 전기화재의 조기 검출에 필요한 기능과 전기화재에 대한 예방보전의 기본적인 방안에 대하여 설명하시오.

 답

1. 개요
1) 전기화재 통계와 분석상 고장요인과 발화과정을 요약하면 다음과 같다
   ① 즉, 부하용량 초과에 의한 전기화재,
   ② 접촉불량 또는 타물건 접촉에 의한 스파크현상과 이로 인한 과열 및 불똥에 의한 전기화재,
   ③ 기타 제품에 의한 전기화재가 대부분 차지한다.
2) 따라서 전기화재를 미연에 방지하고 나아가서 그 경향을 미리 알기 위해서 이러한 현상을 감시하는 기능이 요구된다.
3) 상기와 같은 개념으로 먼저 전기화재의 조기 검출에 대한 필요성을 설명하고, 다음으로 전기화재의 조기 검출원리 및 전기화재에 대한 예방보전의 기본적인 방안에 대하여 기술하고자 한다.

2. 전기화재의 조기 검출에 필요한 기능
1) 부하용량에 따라 전기기기 또는 전기제품을 사용하고 있는가의 여부를 파악하고 그 용량을 초과 시에는 즉각적으로 경보가 발생되도록 해야 한다.
2) 접속불량, 타물건의 간헐적 접촉, 또는 접촉불량에 의한 초기 스파크 현상이 고장 및 과열에 의한 전지화재로 진전하기 전에 감지되어야 한다. 또한 이에 따라 수리 또는 교체가 이루어져야 한다.
3) 분배전반 및 전선의 온도가 급격히 상승시 이를 감지하여 즉시 경보를 울리고, 화재의 가능성을 통보하여 전기공급이 즉각 중단되도록 해야 한다.

3. 전기화재의 조기 검출원리

1) 상기의 요인을 사전에 검출할 수 있다면 많은 전기화재를 미연에 방지하고 사전점검을 통한 예방보전이 가능하다.
2) 즉, 현재 사용하는 부하전류량을 감시하고 전기시스템 및 전기회로에서 접촉불량이나 절연파괴 등을 미리 감지하므로 전기화재를 예지할 수 있는 것이다.
3) 그러므로 전기화재의 조기 검출원리는
   ① 용량 초과 사용의 감시,
   ② 스파크 또는 아크 현상에 의한 접촉불량 감시,
   ③ 급격한 온도 상승 등의 사전검출에 있다.

4. 전기화재에 대한 예방보전의 기본적인 방안

1) 용량초과의 검출
   ① 용량 초과 즉, 과부하가 전기화재의 요인이 많으므로 정격용량에 알맞게 사용 되는지의 여부를 감시해야한다.
   ② 이러한 용량 초과 유무를 감시하기 위해서는 전류의 실효치를 주어진 시간 간격마다 계산하여 정격용량과 비교한다.
2) 접촉불량 및 절연파괴의 검출
   ① 접촉불량 또는 절연에 문제가 생겨서 스파크나 아크가 접촉면에서 발생하면 이 아크와 스파크는 전기 신호적으로 고주파를 생산하는 고주파 원이 된다.
   ② 이것을 분석하면 1~10[kHz] 사이의 주파수 대이다.
   ③ 그런데 정상적인 스위칭 동작에서도 이러한 스파크 현상으로 고주파가 발생하므로 이를 구별해야 한다.
   ④ 접속불량, 타 물건의 간헐적 접촉, 또는 접촉불량에 의한 초기 스파크 현상이 고장 및 과열에 의한 전기화재로 발전하기 전에 감지하기 위하여 부하전류의 고주파 성분을 필터링하여 감시해야 한다.
3) 급격한 온도 상승 검출
   ① 용량초과와 접촉불량 외에도 전기화재의 요인은 다양하므로
   ② 분전반이나 패널 내부의 온도를 측정하면 다른 원인에 이한 화재까지도 조기 경보해 줄 수 있다.

문44 ▶ 전기화재 발생원인

문44. 안10-90-1-11. 전기화재 발생원인 중 아산화동증식 현상에 관하여 설명하시오

 답

1. 개요
1) 전선이나 케이블의 동 제품이 스파크, 아크, 접속불량 등으로 고온을 받으면 동의 일부가 산화되어 Cu_2O(산화 제일 구리)가 되는 현상.
2) 일단 아산화동이 생기면 전기 사용조건에 따라 아산화동이 성장하게 되며, Cu_2O 발생부분이 이상(異狀) 발열하게 되어, 서서히 확대되어 전기화재의 원인 될 수 있는 현상

2. 아산화동의 발열 메카니즘
1) 아산화동의 반도체 적인 특성 상 역전압을 받게 되면 동과의 접촉면에 대부분의 전압을 받게 되어 발열함
   ① 동이 산화되어 Cu_2O 발생과 동시에 정류작용이 있고, 고체의 저항은 증가함
   ② 정류기는 순방향의 전류 통과는 쉬우나, 역방향의 전류는 거의 통전하지 않음
   ③ 만약, 역방향의 전압이 인가되면 인가전압의 대부분은 정류기가 받게 됨
   ④ 그러므로, 아산화동과 동이 접촉한 경우의 정류현상은 다음과 같다
      ㉠ Cu_2O 에서 동방향으로 향하는 방향이 순방향이 되는 정류기가 됨
      ㉡ 따라서, 역방향의 전압이 인가 시 아산화동과 동과의 접촉면으로부터 1~10[μ m]의 깊이 부분까지가 대부분의 전압을 받게 되고 발열하게 됨
2) 아산화동의 발열현상
   ① 동선과 단자의 접속부에 접속불량이 생기면 역전압이 인가됨
   ② 즉 발생된 아산화동이 정류기 역할을 하여 역방향의 전압이 정류기 역할인 아상화동에 인가되고, 이로써 이온화 등에 의한 전자사태로 진행되면, 아산화동과 동과의 경계면이 파괴되어 동을 용융시킨다.
   ③ 이때 온도상승이 급격히 있고, 아산화동 정류기의 특성곡선 상 상온에서는 수십 [kΩ]의 저항이 급격히 저하되어 약 1050[℃] 부근에는 3[Ω] 정도가 됨
   ④ 따라서, 아산화동의 이 부분이 고온이 되면 저항은 급격히 저하되고 이 부분에 전류의

집중이 있고 고온상태로 유지됨
⑤ 이후 전기사용조건에 따라 동이 녹는 온도인 1080[℃]에서 녹으면, 1050[℃]의 저항특성과 비슷하며, 고온부의 동이 녹아 산화되어 아산화동은 증식 된다.

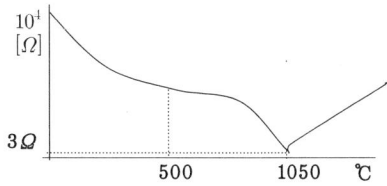

그림. 아산화동 진행온도와 저항

3. 아산화동 감식 및 예방대책

① 아산화동 증식 발열에 의한 출화현상을 규명하기 위해서는 일반적으로 많이 발생하는 전선 상호간의 접속부, 배선기구의 접속단자, 기타 접속용 나사못이나 볼트, 너트에 의해 연결한 접속개소나 스위치류의 접점 부분에서 많이 발생하므로 그와 같은 개소를 중점으로 조사한다.

② 아산화동 증식 발열현상은 접속부의 검은 덩어리 부분을 회수하여 현미경 관찰로 아산화동 특유의 적색결정의 유무를 확인하고 이것이 있으면 아산화동 증식 발열현상에 의한 출화의 가능성이 매우 높다.

③ 현미경이 없는 경우에는 회수한 검은 산화물의 덩어리의 저항을 회로 시험기 등으로 측정하여 영(Zero) 또는 무한대가 아니면 헤어드라이어 등으로 가열하여 온도상승과 함께 저항이 내려가면 그 속에 아산화동이 함유 되어 있고 아산화동의 증식 발열에 의한 출화현상으로 규명할 수 있다.

④ 출화부로 추정되는 접촉불량 개소에 아산화동이 없으면, 접촉저항에 의한 발열이 원인으로 된다.

4. 아산화동 방지대책

1) 접촉압력과 접촉면적을 증가
2) 고유저항이 낮은 재료사용
3) 접촉면의 청결유지
4) 접촉단자는 부식방지재료 사용

※ 참고 아산화동증식현상에 의한 절연파괴

1. 아산화동의 개념

1) 화학식은 Cu_2O(산화 제일 구리) 산화 제일구리·아산화 동.
2) 아산화동의 용융점은 1,232 ℃이며, 건조한 공기 중에서 안정하고, 습한 공기 중에서 서서히 산화되어 산화동으로 변한다.
3) 아산화동은 통상의 도체와는 다르게 부의 저항온도계수를 갖는다
4) 유리나 도자기의 적색 착색제, 반도체의 성질을 이용하여 정류기와 광전지의 재료로 쓴다
5) 950 ℃를 전후로 저항은 급격히 감소하고, 1,050 ℃ 부근에서 최소가 된다.
6) 아산화동의 조성비는 동(Cu) 89.93 %, 산소(O) 10.07 %로 이루어져 있다.

2. 아산화동 증식발열현상 개념과 아산화동 발화원인의 경향

1) 전기회로의 도중에는, 금속도체 상호의 접촉이나 기기간의 연결을 위하여 다수의 접속기구가 사용되며, 접속기구의 체결 불량이나 조임장치의 느슨함 등 여러 원인에 의해서 접촉이 불완전해지기 쉽고, 그 부분의 저항이 커지며, 그곳으로 전류가 흘러 국부과열이 발생될 때 특수산화물이 생성되어 아산화동증식발열현상에 의해 화재의 원인이 된다.
2) 전선이나 케이블 등의 동제 도체가 스파크 등 고온을 받았을 때 동의 일부가 산화되어 아산화동(Cu2O)이 되며 그 부분이 이상 발열하면서 서서히 확대되어 화재의 원인이 되는 현상
3) 이 현상은 고온을 받은 동의 일부가 대기중의 산소와 결합하여 아산화동이 되면, 아산화동은 반도체성질을 갖고 있어 정류작용을 함과 동시에 고체저항이 크기 때문에 아산화동의 국부 부분이 발열한다.

3. 아산화동 증식 발열현상의 메카니즘

1) 아산화동증식발열현상은 최초에는 접촉부에서 빨간 불이 희미하게 나타나면서 흑색의 물질이 생성되며 이것이 서서히 커져, 띠형을 형성한다.
2) 검은 덩어리 부분이 아산화동이며, 흑색 때문에 겉보기에는 산화동과 같이 보이지만 표면만 그렇고, 내부는 아산화동으로 되어 있다.

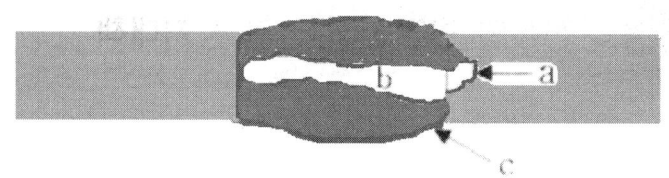

a : Melting Part. b : Band Part glowing c : Red hot part
그림 3-3. 600V 절연전선에 생성된 아산화동에 의한 발열

4. 아산화동의 외관적 특징

1) 아산화동은 표면에 산화동의 막이 있으며, 화재현장의 것은 탄화물이 많이 부착하고 있기 때문에 덩어리를 외관으로 식별하는 것은 어렵다.

2) 아산화동은 물러서 송곳 등으로 찌르면 쉽게 부서지며, 분쇄물의 표면은 은회색의 금속광택을 가지고 있고, 이것을 현미경으로 20배 정도 확대하면, 진홍색(Ruby)과 비슷한 유리형의 결정이 보이며,

3) 특히 적색(赤色)의 결정은 아산화동 특유의 것으로 출화개소에 대응하는 도체 접촉부에서 이것을 볼 수 있으며 출화원인을 결정하는데 있어 매우 유용한 물적 증거가 된다.

문45. 전선의 반단선 현상의 방지대책

문45. 전기화재시 전선의 반단선 현상의 방지대책을 기술하시오

 답

1. 반단선 현상이란?
1) 전선이 절연피복 내에서 단선되어 그 부분에서 단선과 이어짐을 되풀이 하는 상태 또는 완전히 단선되지 않을 정도로 심선의 일부가 남아있는 상태를 말한다
2) 전기사용기구의 코드는 기구의 반복적인 구부림에 심선이 끊어져 반단선 상태가 되기 쉽다.
3) 즉, 전선이 일정한 각도와 힘으로 굽어지고 펴지는 작용이 오랜 세월 동안 반복적으로 이루어 질 때 전선의 피복 속에 들어있는 도선(導線)의 일부가 끊어지는 현상

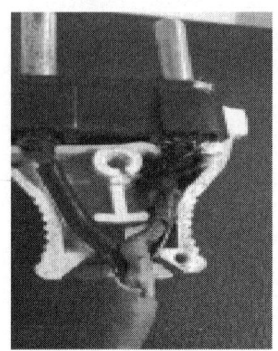

그림. 플러그 반단선 현상

2. 반단선현상이 일어기 쉬운 장소
1) 코드와 플러그의 접촉부 부근 등의 굽혀지거나 끌어 당겨지는 등 비교적 강한 외력이 걸리기 쉬운 개소
2) 플러그의 칼날과 코드 간의 압축부분이나, 콘센트의 칼날받이와 코드 간의 접속 압착부분
3) 플러그가 조립식인 경우 나사체결 부위 코 내의 일부 소선이 절단된 경우

4) 가구형 비닐 평형 코드의 경우, 외력으로 소선이 단선된 경우에서는 단선율이 10[%]를 넘으면 그 후에는 급속히 단선율이 증가되는 현상이 있음

3. 반단선 방지대책
1) 전선을 연결할 때는 연결지점이 헐거워지지 않도록 단단히 조일 것
2) 전선을 고정시킬 때에는 못을 박거나 철사로 조여 매는 것은 위험하므로 전선 보호용구를 이용하도록 한다.
3) 코드에 대한 대책
   ① 코드는 가급적 짧게 사용하되, 연장하고자 할 경우에는 임의로 꼬아서 접속하지 말 것.
   ② 반드시 코드 콘넥터를 활용해야 한다
   ③ 코드를 못이나 스태플 등으로 박아 고정시켜 배선하면, 피복이 손상되어 합선되거나 선이 짓눌리고 구부러져 소선이 단선되는 경우가 있다. 이때 단락에 의한 불꽃에 의해 발화될 우려가 있으므로, 코드를 스태플 등으로 고정시켜 사용하는 것을 금해야 한다
   ④ 콘센트 · 플러그의 손상여부, 고정 및 접속상태, 과열 및 변색여부 점검

4. 결론
1) 반단선 현상은 쉽게 발견되지 않아 잘못하면 접촉부의 과열로 전기화재의 원인이 될 수 있으므로
2) 정기적인 안전점검과 일정주기마다 실시하는 예방정비에 철저를 기해야 한다

문46. 트래킹 현상(Tracking)현상과 흑연화(Graphite)현상

문46. 트래킹 현상(Tracking)현상과 흑연화(Graphite)현상의 비교

답

1. 트래킹과 흑연화

구 분	트 래 킹	흑 연 화
개 념	전기기구재료 절연성능 열화. 고압 및 저압설비에 발생	저압설비의 누전화재의 발화
정 의	전기제품 등 충전전극사이의 절연물 표면에 경년변화, 먼지 등에 미소불꽃방전이 반복적으로 발생되어 탄화도전로가 생성되는 현상	목재, 유기절연물이 전기불꽃(스파크)등 고열에 의해 탄화도전로가 형성되어 도전성을 가지는 현상
대 상 물	전기기계기구	유기물질 전기 절연체
발생원인	표면간 방전	전기불꽃
발생 메카니즘	①표면오염에 의한 도전로 형성 ②도전로의 분단과 미소발광 방전현상 발생 ③방전에 의한 표면의 열화개시 및 Track의 형성으로 탄화도전로 형성 ④절연물 파괴로 지락, 단락으로 발전하여 발화	①목재 등 유기절연물이 누전회로의 스파크에 의해 ②무정형 탄소가 흑연화하여 도전성 유지 ③도전로가 증식, 확대되어 도체상태로 주울열에 의해 발열, 발화
발생원인	표면간 방전	전기불꽃
발화여부	발화 미포함	발화포함

대 책	①충전부와 전극부의 주기적 관리와 청소 ②미소불꽃 방전 방지	①전기불꽃, 스파크 억제 ②누전회로 금지(누전차단기 사용) ※일명 : 가네하라 현상

2. 공통점
1) 유기절연물의 탄소가 흑연화 하는 것

문47. 순시용단하기까지의 상황

문47. 절연전선에 허용전류보다 큰 전류가 흐르는 경우의 순시용단하기까지의 상황을 4가지 분류로 나누어 설명하시오.

답 [인 착 발 순]

1. 개요
1) 전선의 연소는
   ① 發火(온도상승에 수반하여 자연적으로 발화하는 경우),
   ② 着火(발화는 없으나 연소하는 경우), ③ 引火(불씨를 접근시키면 발화하는 경우) 3종류로 구분된다.
2) 전선의 허용전류 이상으로 통전이 지속되면 전선의 온도 상승이 있고, 이 온도상승으로 저항이 상승되고, 이 저항의 상승으로 주울열이 더욱 발생하게 되고, 절연피복이 파괴되어 결국 피복이 연소하게 된다.
3) 이러한 전선의 연소과정은 인화, 착화, 발화 및 순시용단의 4단계로 나누어지며, 이에 대하여 아래와 같이 설명한다

2. 인화단계
1) 전선에 허용전류의 2배 정도의 전류를 흐르게 하면, 표면 면편조(綿編組)에 침윤 시킨 콤파운드가 녹기 시작하여 연기가 발생한다. 이때 불을 가깝게 갖다대어도 인화하지 않는다
2) 여기서 전류를 3배 정도 증가시키면, 내부의 고무피복이 용단되어 면편조 사이로 부터 콤파운드가 침출(浸出)하기 때문에 불을 갖다대면 인화하는 단계를 말함

3. 착화단계
1) 인화단계보다 더욱 전류를 증가시키면 고무를 많이 분출하게 되며, 액상의 고무형태로 뚝뚝 떨어지기 시작한다

2) 이와 같은 상태가 어느 정도 경과하면 피복전체에 착화하여 연소하게 되며, 그 피복은 곧 탄화(炭化)되어 떨어져 나가면서 積熱한 심선이 노출되고, 외기와 접촉하여 암적색으로 변한다. 이와 같은 단계를 착화단계라 한다.

4. 발화단계

: 착화단계보다 더 큰 전류를 흐르면 심선이 용단하기 전에 피복이 발화하는 단계

5. 순시용단 단계(도선폭발)

1) 대전류를 순시에 흐르게 하면 심선이 용단되어 피복을 파열시키면서 銅이 飛散한다.
2) 이 경우 銅이 분출한 개소 이외에는 외견상 아무런 변화도 없으며, 착화나 발화도 되지 않는다. 이와 같은 단계를 순시용단 단계라 한다.

6. 전선의 용단 단계 현상이 발생하는 전류치

표) 전선의 용단단계 현상이 발생하는 전류치   단위: [A/㎟]

단계	인화단계	착화 단계 (최소용단 전류치)	발화단계		순시용단 단계
			발화 후 용단	용단과 동시에 화재	
전류밀도	40~43	45	60~70	75~120	120 이상

문48. 전기화재 조사

문48. 전기화재 조사의 목적과 범위에 대하여 설명하시오

답 ==〉 내용이 많으므로 음영칠 한 부분만을 기록해도 무방함

1. 개요
1) 화재에 의한 피해를 알리고 유사화재의 방지와 피해 경감에 이바지하며,
2) 발화원인 및 연소확대 요인 등을 규명하여 이를 통계화 함으로서 화재의 예방, 진압활동 및 소방행정의 기초자료 등으로 활용하기 위함이다.

2. 화재조사의 목적
1) 발화원인 및 연소확대 요인을 규명하여 화재예방을 위한 대책 수립
2) 화재발생상황, 원인 및 피해상황 등을 통계화함으로써 소방행정 자료로 활용
3) 방화 및 실화의 발화원인에 대한 책임을 규명
4) 화재에 의한 피해를 알려 경각심을 높이고 유사화재의 재발방지
5) 연소확대 및 소방시설의 작동상황 등을 파악하여 진압대책의 자료로 활용

3. 화재조사의 범위
1) 화재원인 조사 [머릿글 이용요]
   ① 발화원인 조사 :
      ㉠ 화재발생과정 및 발생지점
      ㉡ 불이 붙기 시작한 물질
   ② 발견·통보 및 초기소화상황조사 : 화재의 발견, 통보 및 초기소화 등 일련의 과정
   ③ 연소상황조사 : 화재의 연소경로 및 확대원인 등의 상황
   ④ 피난상황조사 : 피난경로, 피난상의 장해요인 등의 상황
   ⑤ 소방시설 등 조사: 소방시설의 사용 또는 작동 등의 상황

2) 화재피해 조사
  ① 인명피해조사 :
    ㉠ 소방활동 중 발생한 사망자 및 부상자
    ㉡ 그 밖에 화재로 인한 사망자 및 부상자
  ② 재산피해조사
    ㉠ 열에 의한 탄화, 용융, 파손 등의 피해
    ㉡ 소화활동 중 사용된 물로 인한 피해
    ㉢ 그 밖에 연기, 물품반출, 화재로 인한 폭발

3. 화재원인 조사의 기초지식

1) 화재발생상황의 파악 : 물질의 잠재적 발화위험성 파악
2) 연소의 방향성 관찰 : 소락.도괴.전도 방향, V패턴, 탄화심도, 박리흔, 균열흔 등
3) 현장조사 진행방법의 숙지
4) 방재관계법규의 숙지

4. 현장조사 순서

① 현장관찰 ⇒② 관계자 질문 ③ 소방관협의 ⇒④ 발화범위결정 ⇒ ⑤현장발굴
⑥ 복원 ⇒ ⑦발화장소(발화지점)판정 ⇒⑧ 발화원검토 ⇒⑨ 발화원인판정

5. 발화범위 결정방법

1) 소손상황으로부터 결정
2) 발견상황으로부터 결정
3) 초기의 목적 및 연소확대 상황으로부터 결정

6. 현장발굴

1) 발굴범위의 결정 2) 관계자 입회원칙 3) 발굴요령에 의한 시행 5) 발굴시 관찰 기록

7. 발화원인(발화부)의 판정

1) 발화원인 판정은 현장조사를 실시한 결과의 명확한 상황증거로부터 발화장소와 발화원, 경과, 착화물을 결정하는 것이다.

2) 소손상황으로부터 고찰한 객관적 사실, 관계자의 진술된 각종 증언, 조사에 종사한 각 조사원의 의견 등 전체요소를 신중히 분석하고 취사선택하여 과학적 타당성에 의거 발화원인을 현장에서 판정한다.
3) 현장에서 최종적인 입증이 곤란할 때와 추정된 발화원으로부터의 발화가능성이 있는지 결정하기가 불가능할 경우에는 보완조사에 의한 재현실험, 각종기기에 의한 측정분석 등을 통하여 감정을 실시하고 각종 문헌, 과거의 화재사례 등 자료를 참조하여 사후에 발화원인을 판정한다.

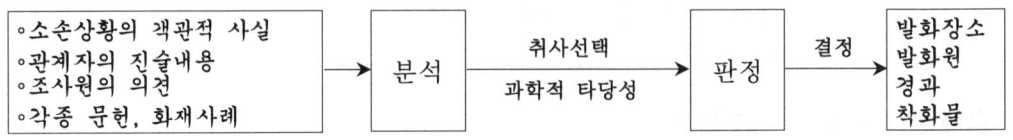

8. 발화부 추정의 5원칙[확실히 암기 할 것] [암기요][암기요]
1) 발화원으로 추정되는 물건에 인접한 가연물이 착화되는 과정에 무리한 추론이 없을 것
2) 발화원이 잔존하지 않는 경우에는 소손상황, 발견상황, 발화장소의 환경조건을 종합적으로 고찰하여 발화원인에 타당성이 있을 것
3) 과거의 화재사례 및 경험에 비추어 보아 발화가능성에 모순이 없을 것
4) 추정된 발화원 이외의 다른 발화원은 사용상태, 소손상황 등으로 보아 발화의 가능성이 없을 것
5) 발화점으로 추정된 장소의 소손상황에 모순이 없을 것

9. 발화부 판단의 요소
1) 소락(燒落)·도괴·전도방향
   ① 출화건물의 기둥·보, 벽, 가구류는 발화부를 향하여 사방으로부터 소락·도괴·전도되는 경향이 있다
   ② 발화부 부근은 그 화재의 시초로부터 연소가 개시되어 장시간에 걸쳐 연소가 계속되고 소화의 주수가 원칙적으로 연소를 방지하기 위하여 발화부 외곽부터 집중되기 때문에 발화부 부근의 기둥·보의 구조체는 비교적 빨리 소손되는 결과로 나타나게 된다.
2) 화재에서 "V자 형태(V-Sharped Pattern)":(역삼각형 "▽"적 연소확대 상황) – 연소의 상승성을 의미함
   ① V패턴이란 불길이 그 발화점(發火點)에서 위로 그리고 밖으로 타 생기는 현상
   ② 화재 시 연소가스로 주위공기 및 연소가스도 온도 상승되면서 상부로 올라가면서 화염도 상부로 향함.

③ 그러므로 화재가 벽 아래쪽에 있는 Outlet에서 시작되었다면 화재의 피해가 V자 형태이다
④ 즉 V자의 뾰족한 부분이 아우트레트를 가리키며 위로 V자를 그리는 형태가 되는 것이다. 이 패턴을 이용하여 화재감식에 자주이용 된다
⑤ 화염은 수직가연물을 따라 상승하고 수평이나 하방연소 속도는 대단히 느리다.
⑥ 이것은 입체적 가연물의 연소시 화염은 계속 연소하기 위해 공기의 확산과 그 부근에서 일어나는 접염으로 상부에 생기는 열기류는 난류현상을 나타내며
⑦ 현재 연소가 진행되는 포인트를 정점으로 하여 역삼각형(▽)적으로 연소한다. 즉. V의 하부점이 최초 발화점으로 추정된다는 의미로서, 이 정점이 심하게 다른 부분보다 화재의 피해흔적이 있으면 이 부분을 발화점으로 추정할 수 있음을 의미함
⑧ 따라서 수평이나 하방향으로의 연소는 비교적 어렵게 됨은 당연하며, 하방향으로의 현저한 연소현상이 인정될 때에는 그 이유를 반드시 규명하고 지나야 한다.

3) 탄화심도(炭化深度)
① 탄화심도는 발화부에 가까울수록 깊어지는 경향이 있다.
② 탄화심도라 함은 기둥, 보 등의 목재표면이 거북이 등의 형태로 탄화된 깊이를 뜻하며, 연소가 심할수록 그 심도는 깊어지기 때문에 탄화심도 측정기 또는 못이나 침을 사용하여 목재표면의 연소면에 직각으로 일정한 압력을 가하여 그 심도를 측정 비교함으로써 연소경로를 판단하는데 도움이 된다.

4) 균열흔
① 목재표면의 균열흔은 발화부에 가까울수록 가늘어지는 경향이 있다.
② 목재표면이 고온의 화염을 받아 연소될 때는 비교적 굵은 균열흔, 저온으로 장시간에 걸쳐 가열되어 연소될 때는 목재내부의 수분이나 가연성 가스가 목재표면으로 분출하게 되어 그 흔적이 가는 균열흔으로 남게 된다.
③ 완소흔(700~800℃), 강소흔(900℃), 열소흔(1,100℃)

5) 박리(剝離)흔
① 벽돌, 블럭, 미장마감, 모르타르 등과 같은 시멘트류는 수분을 함유하고 있으므로 화재시에는 열에 오랜 시간 노출됨으로써 재질을 따라 박리현상이나 변색상태를 나타나게 된다.
② 즉 강렬한 화열을 받을 경우 재질내의 수분이 단 시간 내에 탈수됨으로서 본래 재질의 특성을 상실하고 푸석푸석해져서 연소확대 진행방향의 추적이 가능하기도 하며, 일반적으로 화재의 초기부터 진화까지 연소되는 발화부 부근의 구조물들은 자연 박리, 탈락되는 경우가 많다.

6) 변색(變色)흔
   ① 일반화재에서 녹거나 용융되지 않는 금속이나 비가연물로서의 구조물인 콘크리트나 모르타르, 철구조물과 내부 집적물로서 철제 캐비넷을 비롯한 집기류인 책장, 금고, 선반, 냉장고 등의 기계류는 수열정도와 주수정도에 따라 표면도색과 철제에서 변색된 상태를 보이게 되는데 그 형태가 주로 역 삼각형적인 화열의 진행방향으로 남는 것이 통례이다.
   ② 토스터나 다리미, 또는 연통 같은 광택이 나는 특수금속류도 열에 노출되면 특이한 색채가 나타나는데 이러한 종류의 변색상황으로 화재현장내의 위치별 수열정도나 연소확대 진행상황을 파악할 수 있다.

7) 주연(走煙)흔
   ① 화재진행에 있어서 주연흔을 남기는 경우는 내장 백회벽이나 불연성 재질의 외벽에 남기는 것이 일반적인 예이다.
   ② 주연흔이 발생하는 연소물질 조건
      ㈎ 훈소화재
      ㈏ 석유화학제품, 석유류 등의 기름을 함유한 물질
      ㈐ 석탄, 고무, 셀룰로즈 등과 같은 연소시 다량의 흑연을 발생하는 가연물
   ③ 외견상 밀폐된 건물내에서 연소 시 창문밖으로 분출되는 연기는 화원부나 발화부 부근이 심하게 나타난다.

8) 주염(走焰)흔
   ① 주염흔은 왕성한 화열을 발산하는 가연물이 연소시 내외벽에 형성하는 흔적이다. 외주벽에 생성된 주염흔만으로 발화부를 판단할 수 있는 경우가 있는가 하면 건물외벽에 부착된 매연인 주연흔이 왕성한 연소로 벗겨지면서 나타나는 주염흔으로 판단하는 경우가 생긴다
   ② 주염흔은 처음부터 형성되는 경우보다 주연흔 형성이후 나타나는 경우가 대부분이다.

문49 전기화재 예방을 위한 방안

문49. 전기화재 예방을 위한 방안을 시공측면과 유지관리 측면으로 구분하여 설명하시오

 답

1. 개 요
1) 전기화재는 전류가 흐르고 있는 전기설비에 불이 난 경우의 화재를 말한다.
2) 전기화재에 대한 소화기의 적응화재별 표시는 C로 표시한다.
3) 전기화재의 원인은 다음의 3가지 요인에 의해 발생됨.
   ① 발화원
   ② 착화물
   ③ 출화의 경과(발화원인)이며
4) 전기화재 원인은 발화원에 의한 화재와 출화의 경과에 따른 화재로 구분된다.
5) 아래는 그 원인을 간단히 살펴보고, 두가지 측면에서 예방방법을 간략히 설명한다

2. 전기화재의 원인(출화경과에 의한, 즉 발화형태에 의한 전기화재의 원인)
1) 과전류에 의한 발화 (원인 중 2 순위로 크다) : 약15.1%
2) 단락에 의한 발화 (원인 중 1 순위로 크다) : 약42%
3) 누전에 의한 화재 : 약7%
4) 지락에 의한 발화
5) 접속부에 과열에 의한 발화(접촉부의 과열에 의한 발화) : 15.4%
6) 아연화동 증식 발열현상에 의한 발화
7) 열적 경과에 의한 발화(즉 지속적인 가열에 의한 발화)
8) 스파크(Spark)에 의한 발화 : 최소 착화 에너지 전류는 약 0.02~0.3[mA]
9) 절연열화 또는 탄화에 의한 발화
10) 정전기에 의한 발화
11) 낙뢰에 의한 발화

3. 시공측면에서의 전기화재 예방대책

1) 누전으로 인한 화재예방대책
    ① 누전차단기의 설치   ② 절연물의 과열, 습기, 부식 등을 방지
    ③ 충전부와 절연물을 타 금속체인 건물의 구조재, 수도관, 가스관 등과 이격시키고 절연저항, 절연내력 시험을 한다.
    ⑤ 누전화재경보기 설치   ⑥ 도전체 외함의 철저한 접지
    ⑦ 철저한 절연관리 및 절연등급의 상향조정
    ⑧ 배선 피복손상의 유무, 배선과 건조재와의 거리, 접지배선의 정확한 시공
2) 과전류 및 단락으로 인한 화재의 예방대책
    ① 과전류 계전기, 과전류 차단기 등을 설치한다
    ② 단락용 차단기 설치 및 차단시간 고려
    ③ 충분한 굵기의 전선 및 내화, 내열 성능을 고려한 전선의 적용
3) 저발열 조명등의 선택 : 주로 led 램프 적용 검토
4) 내화성 전기기계의 선택 : 화재 및 폭발위험이 적은 전기기기를 선택
5) 방폭형 전기기기 사용
6) fool proof 안전 개념에 의한 설계 및 시공감리의 강화 적극시행

4. 유지관리 측면의 전기화재예방대책

1) 누전화재 예방
    ① 주기적인 누전여부 측정
    ② 누전차단기의 철저한 점검 및 이상 발견 누전차단기의 즉각 교체
    ③ 전기적인 절연저항 측정 및 불량원인의 개보수
    ④ 배선 피복의 손상 유무, 배선과 건조재와의 거리, 접지 배선의 시공초기 상태 유지 등을 전기적으로 점검하고 불량개소에 대한 유지보수를 미루지 않고 신속시행할 것
2) 단락(합선) 및 혼촉 방지대책
    ① 단락용 차단기 설치 및 차단시간의 고속화
    ② 전선의 손상여부 확인(특히 반단선 현상개소 철저한 방지)
    ③ 아산화동 현상의 사전예방을 위한 접속부의 철저한 점검 및 열화진단
    ④ 접지시행, 주기적인 저항 측정
3) 주요 발화요인으로 예상되는 개소에 대한 소방시설의 철저적용 : 예로서 고정식국부소화장치 적용 등
4) 피뢰설비의 철저한 유지관리

문50. 화재감식에 있어 V패턴

문50. 화재감식에 있어 V패턴을 설명하시오

 답

1. 정의
1) 화재에서 "V자 형태(V-Sharped Pattern)":(역삼각형 "▽"적 연소확대 상황) – 연소의 상승성을 의미함
2) V패턴이란 불길이 그 발화점(發火點)에서 위로 그리고 밖으로 타 생기는 현상

2. V패턴의 특징
1) 화재 시 연소가스로 주위공기 및 연소가스도 온도 상승되면서 상부로 올라가면서 화염도 상부로 향함.
2) 그러므로 화재가 벽 아래쪽에 있는 Outlet에서 시작되었다면 화재의 피해가 V자 형태를 그리게 된다.
3) 즉 V자의 뾰족한 부분이 아우트레트를 가리키며 위로 V자를 그리는 형태가 되는 것이다. 이 패턴을 이용하여 화재감식에 자주이용 된다
4) 화염은 수직가연물을 따라 상승하고 수평이나 하방연소 속도는 대단히 느리다.
5) 이것은 입체적 가연물의 연소시 화염은 계속 연소하기 위해 공기의 확산과 그 부근에서 일어나는 접염으로 상부에 생기는 열기류는 난류현상을 나타내며
6) 현재 연소가 진행되는 포인트를 정점으로 하여 역삼각형(▽)적으로 연소한다.
7) 즉. V의 하부점이 최초 발화점으로 추정된다는 의미로서, 이 정점이 심하게 다른 부분보다 화재의 피해흔적이 있으면 이 부분을 발화점으로 추정할 수 있음을 의미함
8) 따라서 수평이나 하방향으로의 연소는 비교적 어렵게 됨은 당연하며, 하방향으로의 현저한 연소현상이 인정될 때에는 그 이유를 반드시 규명하고 지나야 한다.

문51. 화염일주한계

문51. 방폭형 전기기에서 화염일주한계란? [산업안지도사의 단골문제]

 답

1. 화염일주한계[Maximum Safe Clearance] 의미
① 인화점이 발화점보다 낮으므로 대부분의 폭발재해는 폭발성 혼합기가 착화원에 의해서 인화 폭발하는 경우가 대부분이다.
② 그러나 일단 인화가 된 후에 그 화염이 어느 정도의 전파력을 가지고 있는가 하는 것도 위험성 평가의 중요한 척도가 되는데, 화염전파 특성의 대소를 나타내는 기준이 되는 것이 화염일주 한계의 측정이다.
③ 즉, 화염일주 한계는 화염이 얼마나 작은 간격을 통과해서 전파될 수 있느냐 하는 한계를 의미한다

2. 화염일주 한계의 측정방법
① 그림과 같이 폭발성 혼합가스를 금속성의 두개의 공간에 넣고 사이에 미세한 틈을 갖는 벽으로 분리하고 한쪽에 점화하여 폭발되는 경우에 그의 틈을 통해서 다른 쪽의 가스가 인화 폭발하는가를 시험한다

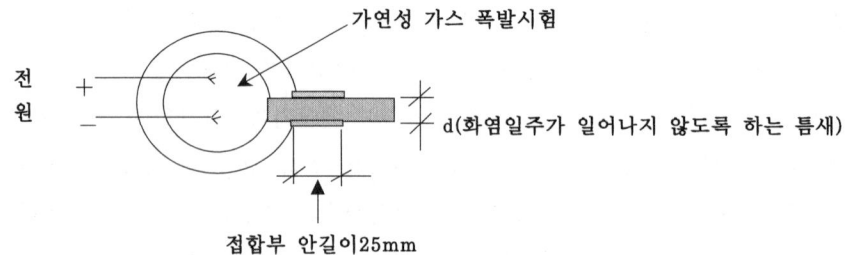

② 이때 칸막이 벽의 두께는 25mm로 일정하게 유지하고 틈의 간격만을 증감시키면서 시험함.
③ 틈의 간격이 어느 정도 이하가 되면 한쪽의 가스가 폭발해도 다른 쪽의 가스는 인화되지 않게 되는데 이때 간격을 mm 단위로 측정해서 화염일주 한계로 한다

3. 화염일주 한계의 응용

① 화염일주 한계가 작은 물질일수록 화염 전파력이 강하여 위험한 물질이 된다.

② 화염일주 한계를 고려함으로써 전기기구 등의 방폭구조 틈의 설계에 효과적으로 이용가능.

4. 화염일주 한계의 예

① Ⅰ급 : 탄관용(메탄가스 대비용)의 방폭기기에 적용

② Ⅱ급 : 탄광용 외의 폭발등급에 따른 화염일주한계의 물질에 따른 예

폭발등급	일주한계 (두께 25mm)	물질 예
Ⅱ-A	$0.9mm$ 초과	일산화탄소, 아세톤, 에탄, 톨루엔, 프로판, 벤젠, 에탄올, 부탄, 가솔린, 헥산, 메탄 등
Ⅱ-B	$0.5mm$ 초과~ $0.9mm$ 이하	석탄가스, 에틸렌 등
Ⅱ-C	$0.5mm$ 이하	수소, 아세틸렌, 이황화탄소

문52 ▶ 최소발화에너지

문52. 최소발화에너지(MIE: Minimum Ignition Energy)에 대하여 설명하시오

 답

1. 개요
1) 발화가 일어나기 위하여는 화학반응에 의한 발열과 주위로의 방열의 조화가 문제로 되며 가연물의 종류, 외부조건 등에 의해 정해지는 어느 정도 이상의 에너지가 필요하다.
2) 즉, 가연성가스 및 공기와의 혼합가스에 착화원으로 점화시에 발화하기 위하여 필요한 최소발화(착화)에너지라 하며
3) 가연성 가스 및 공기와의 혼합가스에 착화원으로 점화시에 발화하기 위하여 필요한 최저 에너지로서, 전기불꽃에 의한 인화의 발생 용이도의 하나의 기준이 된다.

2. MIE(최소발화에너지(MIE ; Minimum Ignition energy) 측정
1) 최소발화에너지의 측정 회로도

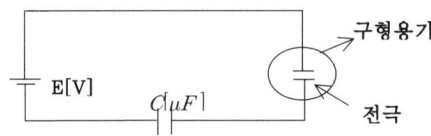

2) 상기 그림과 같이 가연성 기체로 가득 찬 구형용기에 불꽃을 주어 발화가 발생시 콘덴서 용량과 단자전압과의 값을 이용하여 발화에너지를 구하며, 이때 그 최소치를 최소발화에너 지라 함
   ① $MIE = \frac{1}{2}CV^2$. 단, MIE : 발화(최소착화)에너지(Joule), C:콘덴서용량(F), V:전압 [V])
   ② 즉, $MIE = \frac{1}{2}C(V_1 - V_2)^2$
   V_1 : 콘덴서를 서서히 충전하고, 그 양단에 전압이 불꽃방전이 발생할 때의 절연파괴전압
   V_2 : 방전 종료 후의 전압
3) 최소착화에너지(MIE)는 매우 적으므로 Joule의 1/1,000인[mJ]의 단위를 사용.

3. 가연성 가스의 MIE 크기

아세틸렌, 수소, 이황화탄소	벤젠	메탄	프로판, 부탄, 에탄
0.019mJ	0.2mJ	0.28mJ	0.25mJ

4. 최소발화에너지와 소염거리의 관계

1) 최소발화에너지는 전극간 거리가 짧아지면 최초에는 저하하지만 소염거리의 값에 도달하면 갑자기 무한대로 되고, 그 소염거리 이하에서는 아무리 큰 전기에너지를 가하여도 인화하지 않게 된다.

2) 소염거리(Quenching Distance)의 정의
   ① 두개의 평행평판 사이에서 연소 발생 시 평판사이의 간격이 어느 크기 이하로 좁아지면 화염이 더 이상 전파되지 않는 거리의 한계치인,(열의 발생〈열의방열)를 말함
   ② 즉, 점화가 일어나지 않는 전극간의 최대거리를 소염거리 라고 부른다.
   ③ 소염거리가 생기는 것은 전기불꽃과 같은 단시간 가열에 있어서도 방열이 발화에 중요 역할을 하고 있음을 나타내는 것이며, 소염거리에 혼합기 조성과 압력이 미치는 영향은 발화에너지와 거의 같은 경향을 보인다.
   ④ 최소발화에너지는 소염거리와 미연가스온도와 화염온도의 차이에 비례하고 연소속도에 반비례한다. $H \simeq l^2 \lambda \dfrac{(T_f - T_U)}{S_U}$

   단, H : 화염면 전체에서 얻어지는 에너지, S_U : 연소속도
   l : : 소염거리, λ : 화염 평균 전달율, T_f : 화염온도. T_U : 미연가스

문53 ▶ 은이동 현상

문53. 전기화재원인 중 은이동 현상을 설명하시오

1. 정의
직류전압이 인가된 은(도금을 포함)의 이극 도체사이에 절연물이 존재 시, 그 절연물 표면에 수분이 부착하면 은의 양이온(cation)이 절연물 표면을 따라 음극측으로 이동하는 현상

2. 은이동으로 인한 화재 발생메카니즘과 특성
1) 은이동 현상이 장지간 진행함에 따라 그곳에 전류가 흘러 발열한다.
2) 발열이 더욱 증가되어 주위에 있는 가연물에 착화시키는 것을 은이동에 의한 화재라 하며, 주로 저압용 전기기기에서 발생함
3) 전극을 포함한 전류경로는 고온이 되므로 트래킹과 같이 전극이 용융 되기도 하고, 반도체 소자 등은 소손되어 시스템의 사고로 이어질 수 있다.
4) 은 이동에 의한 사고가 유발될 수 있는 쉬운 조건
    : 절연물의 흡습성, 고온, 다습한 환경, 산화 또는 환원성 가스의 존재 등이다.
    (예: 전기밥솥)
5) 은 이동에 의한 사고원인의 조사는 전극 및 전극 사이의 전류경로 등에서 은이온이 유무를 확인하는 것이 중요하다

3. 은이동 화재의 위험성 및 특징

1) 위험성

   은이동은 표면에서 작용하므로 발열현상이 발생하며 또한 전극용융이 되어 은도금을 한 반도체의 파손이 발생함

2) 은 이동 발생요인

   ① 은이동 현상 발생 및 촉진요인은 다양하다
   ② 절연물의 흡습성의 유무와 고온다습인 사용환경에서의 전류의 흐름은 중요한 요인이 됨(예: 전기밥솥)

3) 반도체의 파손에 따른 영향

   ① 은 이동 현상으로 반도체 파손시 각종 제어 시스템의 기능 상실 및 과열 현상 유발이 있음
   ② 이를 이용한 것이 반도체 히타이며, 이는 반도체의 정특성 서미스트를 사용한 것으로, 발열체가 온도조절기능이 있다.
   ③ 즉, 전기밥솥과 전기오븐의 발열현상에도 적용함
   ④ 이 기구는 일정온도 이상이면 급격히 저항값이 증가하여 전류를 감소시켜 과열를 방지함
   ⑤ 이때 은이동 현상이 발생하여 반도체의 특성이 제 기능을 발휘하지 못하면 발열 증가로 발화가 발생함

4. 은이동 화재의 대책

1) 은을 첨가하여 사용하는 전기적인 요소에서는 특히 주변 환경에 유의하여 습도 관리와주변의 가스와의 반응에 대하여 철저한 관리가 필요함
2) 은이동 현상은 일상생활에서 쉽게 접하지 않는 현상이나, 반도체의 특성을 변화시키는 은 이동 이동현상은 기기피해의 우려가 있으므로 이러한 현상을 달 이해하여 사고를 방지할 것
3) 반도체 소자와 접점간의 pi필름 사용 등

문54 ▶ 전선피복의 소손흔과 용단흔

문54. 과전류에 의한 전선피복의 소손흔과 용단흔의 특징

 답

1) 과전류에 의한 전선피복의 상태변화의 특징

① 일반적으로 가정이나 빌딩, 사무실, 공장 등에서 사용되는 전선은 염화비닐 수지(PVC)를 주체로 한 콤파운드(compound)로 절연된 것을 사용하며, 모든 전선은 최대 허용전류와 최고허용온도를 가지고 있다.

② 규정 이상의 과부하의 사용이나 규격미달의 전선굵기의 것을 사용하게 되면, 전선 절연물의 최고 허용온도를 초과하게 되고, 과열현상이 발생하게 된다.

③ 전선에 과전류가 흐르게 되면, 전류의 크기와 인가시간에 따라 다소 차이가 있으나 전선 절연물의 열화 진행과정은 다음과 같다.

④ 전선에 과전류가 흐르면 전선, 케이블, 코드의 심선이 줄열에 의해 도체의 표면이 뜨거워 전선피복이 부풀어 오르고 전반적으로 연기와 가스가 발생.

⑤ 시간이 경과하면 전선도체와 접촉하는 피복 절연물이 팽창하고, 피복이 용융되어 아래 방향으로 절연물이 처지고, 윗부분에서는 탄화가 진행된다.

⑥ 더욱 과열되면 전선도체가 발열하여 피복이 탄화하거나 용융하여 전선도체로 부터 탈락 또는 녹아서 흘러내리게 된다.

⑦ 과열된 전선의 도체가 외부에 노출되어 주변의 다른 도체나 금속 등에 접촉하게 되면 아크에 의한 화재가 발생할 우려가 있으며, 선간단락 등에 의해 주위의 가연물에 착화되어 화재로 이어질 수 있다.

⑧ 또한 전선에 가연물이 닿아 있으면 착화하게 되고, 전류가 더욱 많이 흐르면 전선도체는 용단하게 된다.

2) 과전류에 따른 전선피복의 변화 현상

- 600V비닐 절연전선(Ⅳ 1.6mm)의 열화진행 과정 피복의 변화 형태 : 정상상태 →전선피복 내·외부 모두 미끄러운 상태
  1 단계: 전선피복 내부에 작은 구멍이 생성(탈 염화작용)
  2 단계: 두 개로 나뉨, 내부는 그물모양의 구조
  3 단계 : 피복이 용융되고, 윗부분은 그물모양
  4 단계 : 피복이 도체로부터 탈락되고, 내부 절연물 변색

① 과전류(200%)를 흐르게 하면 초기에는 전선피복에서 연기가 발생하는 현상 (약 110℃)이 나타나고 전선피복의 외부 표면에는 뚜렷한 변화가 없으며 전선 도체와 접촉하는 피복절연물의 내부에 작은 구멍이 생기는 탈염화현상이 나타남.

② 300% 과전류를 2분 이상 지속적으로 흐르면 온도가 약 165℃ 이상으로 되어 전선이 부풀어 오르고 연기가 발생하며, 전선피복은 2개의 층으로 나누어져 전선과 접촉하는 피복절연물이 그물모양을 변화한다.

③ 이어서 피복이 내부에서부터 용융되며, 심한 연기가 발생하는 현상으로 진행 된다. 약 3분이 경과하면 210℃ 이상으로 온도가 상승하여 피복의 탄화가 확대.

④ 300℃의 과전류에서 약 5분 이상 지속되면 온도는 약230℃이상으로 상승하여 피복이 흘러내리는 열화 단계를 지나 피복이 전선도체에서 탈락하기 시작하며 도체와 닿은 부분은 연녹색으로 변색된다.

⑤ 과전류에 의해 전선피복이 소손되거나 손상될 때에는 해당되는 전선은 전반적으로 비슷한 양상을 나타낸다.

⑥ 손상된 부분과 손상되지 않은 부분의 경계선이 명확하지 않다.

⑦ 전선절연 피복의 내부에서 외부로 탄화가 진행된 것을 식별할 수 있다. 위와 같은 현상이 나타날 때는 과전류에 의해 전선 등의 절연피복 재료가 소손된 후 전기적인 원인으로 합선이 진행된 현상으로 판단한다.

3) 500%의 과전류가 약 1분간 통전되었을 때 동선과 절연피복 상태

① 500%의 관저류를 약 1분간 통전된 전선(Ⅳ 2.0mm)으로 심선인 동선과 접촉되어 있는 절연피복 안쪽으로부터 절연물체가 부풀어 오르고, 도체와 접촉하는 피복절연물에 크고 작은 구멍이 많이 생겨 있으며 그물모양으로 변해가고 있다.

② Ⅳ2.0mm 전선의 외형상태는 약간 울퉁불퉁한 것 이외에는 외부 표면에는 특별한 변화가 없다.

③ 이와 같은 현상은 전선에 전반적으로 나타나는 현상으로 구분할 수 있는 경계가 없는 것이 특징이다.

4) 과전류에 의한 전선 용단흔의 특징

전선에 허용전류 이상의 과전류가 장시간 흐를 때 전선은 용단하게 된다. 이때 전선의 선단에는 용융 망울이 생성되는 데, 이 용흔은 외부화염에 의해 녹은 용흔과는 확연하게 다른 특징을 가진다.

① 외부화염에 의해 용융된 형태는 전반적으로 광범위 한데 비하여 과전류에 의해 용융된 망울은 국부적으로 한정되고, 전선 전체적으로 윤이 나지 않음.
② 과전류가 일정시간 통전된 후 용융되지 않은 전선의 표면은 산화 작용에 의해 변색·산화되어 있으며, 구부리면 표면의 일부가 박리되어 떨어진다.
③ 과전류에 의한 용단은 통전전류가 클수록 짧은 시간에 용단된다.
④ 용단된 선단에는 용융 망울이 생성되며 이 용흔은 일반적인 외부화염에 의해 녹은 용흔과는 다른 양상을 나타낸다.
   ㉠ 연선의 경우에는 용단된 부분이 대부분 가늘어지면서 끊어지고
   ㉡ 단선의 경우는 용단된 선단이 함몰상태 또는 뭉툭하게 끊어지는 양상을 나타낸다.

문55 과전류에 의한 화재발생

문55. 전기화재 원인 중 과전류에 의한 화재발생 메카니즘과 방지대책?

 답

1. 개요
1) 전기화재의 발생원인은 출화경과에 다라 과전류, 단락, 누전, 지락, 스파크, 접속부 과열, 절연열화, 정전기, 열적경과, 낙뢰 등으로 분류됨
2) 과전류의 정의
   ① 정격전류보다 큰 전류가 흐르는 것을 과전류라고 한다.
   ② 전선에 전류가 흐르면 Joule의 법칙에 의하여 열이 발생하는데, 기기의 정격전류용량을 초과하여 전선이나 전선 절연물의 온도를 위험수위까지 상승하게 하는 전류를 말한다.
3) 과전류에 의하여 발열과 방열의 평형이 깨져서 발화의 원인이 된다.

2. 과전류를 일으키는 주요원인
1) 과부하
2) 단락
3) 지락

3. 과전류에 의한 화재 발생 메카니즘
1) 전류 증가에 따른 발열량 증가
   ① Joule의 법칙: $W = I^2RT[J] = 0.24I^2RT[cal]$
      : 발열량은 전류의 통전시간과 저항과 전류의 제곱에 비례
      (W : 발열량[wH],   I : 전류[A],   R : 저항[Ω],   T : 전류가 흐르는 시간[sec])
   ② 발열량(전열량)과 전류간의 관계
      ㉠ 그림과 같이 정격전류(I_1)이 과전류(I_3)가 되면 발열량은 전류의 제곱에 비례하여 $W_1 \rightarrow W_3$ 로 증가된다.

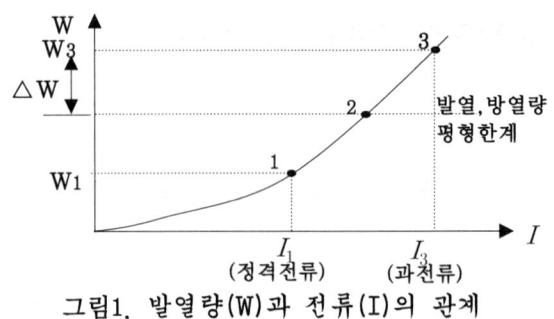

그림1. 발열량(W)과 전류(I)의 관계

ⓒ 발열량과 방열량의 평형한계가 2점이라면, 그 한계를 초과한 △W만큼 계속적으로 열축적이 됨

2) 열축적에 의한 화재 발생(과전류에 의한 상태정도), 즉 과전류의 위험성.
① 발열량의 축적에 의해 기기가 과열되면, 절연 피복의 용융 연소 또는 주위 가연물에 대해 열면 역할을 하게 되어 발화한다.
② 정격전류의 200~300%에서 피복이 변질, 변형되고
③ 500~600% 정도의 과전류이면 적열 후 용융되는 결과를 가진다.

4) 이후, 열의 평형이 깨어져 온도 상승으로 기기가 과열소손 및 이로인한 기기주변에 가연물이 있으면 화재로 발전하게 되며, 주변에 가연성가스 또는 증기 등이 있는 경우에는 폭발로 이어질 위험이 있다.

3. 과전류 화재의 예방대책

1) 과전류 방지장치 설치
   ① 과전류계전기
   ② 과전류 차단기 : 전력퓨즈, 배선용 차단기(MCCB), 과부하 누전겸용 누전차단기 설치
2) 전기기계·기구의 정격화
   ① 전선 및 케이블 정격규격 선정
   ② 전기설비의 정격제품 선정
3) 일반적인 대책
   ① 전기설비의 정기적인 점검 및 유지관리
   ② 가연물 및 점화원 관리
4) 기타
   ① 전기기계기구의 과열 및 과부하 운전 금지

4. 결론

1) 전기화재의 대부분은 과전류나 단락에 의한 발화로 되며, 어떤 원인에 의해 과전류가 발생 시 발열량이 방열량보다 초과하여 열축적에 의해서 화재가 발생된다
2) 방지대책으로는 과전류방지장치설치, ~ ~

문56. 전자파

문56. 전자파란 무엇이며, 그 물리적 특성을 간단히 설명하시오
: 산업안전지도사 면접시험문제

답

1. 정의
1) 전자파란, 공존하고 있는 전계와 자계의 주기적인 변화에 의한 진동이 진공 또는 물질 중을 전파하여 나가는 진동현상.
2) 즉, 전자파는 맥스웰방정식에 따라 변화하는 전기장은 자기장을 만들어 내며, 변화하는 자기장은 다시 페러데이 법칙에 다라 변화하는 전기장을 유도한다.
3) 이렇게 주기적으로 세기가 변화하는 전기장과 자기장의 한 쌍이 공간속으로 전파되는 것을 말함.

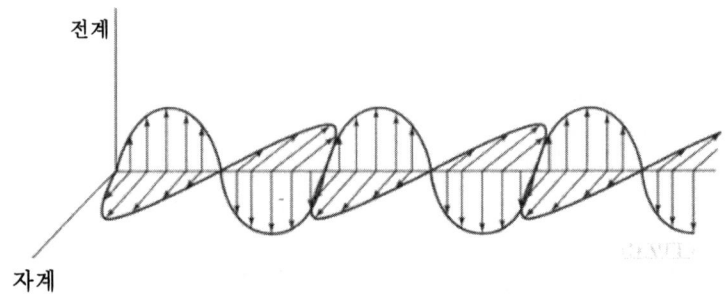

2. 전자기파의 물리적 특성
1) 전자기파는 횡파에 속함
2) 이를 구성하는 전기장과 자기장은 서로 수직으로 이루고, 전자기파는 전기장과 자기장에 수직인 방향으로 진행한다.
3) 파장, 세기, 진동수에 무관하게 속도는 $3 \times 10^5 [km/s]$ 이다
4) 빛처럼 반사, 굴절, 회전, 간섭을 하며 광자의 운동량과 에너지를 갖는다.
5) 공간을 이동하는 일종의 에너지이다

6) 태양광의 광파, 통신용의 전파, 의료용과 공업용의 x선 감마선 등이 전자파에 속함
7) 파장 또는 주파수에 따라 각각 특유한 성질이 있음.
8) 미세한 입자의 흐름으로 볼 때, 최소 단위인 1개의 입자는 각각의 진동수 ν에 비례하는 에너지 $h\nu$를 가진다고 정하며, 이 $h\nu$를 전자파의 광량자 에너지라 함.
9) 광량자에너지의 단위는 eV이며, 전자 1개가 1[V]의 전위차에서 가속될 때 얻는 에너지의 크기임
10) 광량자의 파장이 클수록 광량자에너지는 작아지고, 파장이 짧을수록 광량자에너지는 커진다
11) 파장이 짧고 주파수가 높을수록 전자파의 운동에너지와 온도는 증가함
12) 일반적으로 파장이 100[nm]보다 짧은 것을 전리성 전자파라 하며, 이보다 긴 파장의 전자파를 비전리성전자파라 함 [nm = 10^{-9}m]

3. 전자파가 물질과의 상호작용상 2종류 구분

1) 전리성 전자파
   ① 물질에 작용하여 물질 구성 원자로부터 전자를 분리시켜 전하를 띤 ion을 생성할 수 있는 능력의 전자파로, 전리방선이라고도 부른다.
   ② 실 예 : 진공자외선, 방사선(x선 및 감마선)
2) 비전리성 전자파
   ① 이온을 생성할 수 있는 전리능력이 없거나 약한 전자파로서,
   ② 전파나, 광파와 같은 것으로 비전리전자파라고도 말한다.
   ③ 파동성이 강한 전자파는 전류작용으로서 생체작용을 일으키며, 이것은 존재하는 전자계에 의한 생체 내의 유도작용을 말함
   ④ 일반적으로 말하는 전파(단파, 방송파 및 장파)는 파장이 1[mm]보다 길고, 주파수는 300Ghz 이하인 전자파로서 라이오파(RF)와 마이크로웨이브를 포함한다.

문57. 레이저 광선

문57. 레이저 광선에 대하여 다음을 설명하시오

 답

1. LASER Beam
1) LASER는 Light Amplification by Stimulated Emission of Radiation의 약자
2) 유도 방출에 의한 광선 증폭의 의미
3) 에너지를 어떤 물질에 가하여 그 물질을 구성하고 있는 원자를 연기(緣氣)시켜 발생하게 되며, 원자와 분자에 따라 특유의 성질을 갖는 단일파장의 순수한 광선.
4) 레이저 광의 파장 : 80nm에서 1[mm]
5) 현재 이용되는 레이저 광의 파장
   ① 아르곤(458~515nm): 푸른색 광
   ② CO_2(10.6[μm]): 적외선
   ③ 루비(694.3nm): 적색 광 등

2. 레이
1) 레이저 광선의 응용
   ① 금속절단, 금속 표면에 글씨·그림의 새김
   ② 정확히 전해지는 단색의 파장 때문에 분광학 분야에 주로 적용
   ③ 미사일 무기의 유도, 적 공격 저 광선의 특징과 응용
2) 특징
   ① 안정성 및 강한 응집력
   ② 단일파장
   ③ 강력한 광속밀도
   ④ 예리한 지향성 : 대상 식별, 미사일이나 비행체의 요격
   ④ 의학용 : 안과수술, 미용목적 수술
   ⑤ 관성항법장치

⑥ 물리학 분야 : 레이저 냉각으로 원자를 극저온 냉각
⑦ 원자시계, 라이다 측정
@ 레이다 이용장치는 작은 단면에서 대량의 에너지를 집중토록 설계되므로, 작업자는 주의하지 않으면, 작업자 자신이 레이저 장해를 받을 수가 있음

3. 레이저 광선의 생체작용

1) 레이저 광선의 생체작용
   ○ 개념 : 강력한 광선 에너지로 인해, 생채의 열응고, 괴사, 연소, 증발, 승화 및 탄화 작용이다. 레이저 장해는 에너지 흡수량에 달려 있어 광선의 파장과 특정 조직의 광선 흡수능력에 따라 장해 출현 부위가 달라지며, 주로 장해를 받는 기관은 눈과 피부이다
   (1) 눈장해
      ① 400mm 이하의 단파장 자외선과 1,400nm~1mm의 적외선은 각막에서 흡수되어 각막염을 발생시킴.
      ② 700~1,400nm의 적외선 영역이나 300~400nm의 자외선 영역의 레이저는 홍체와 수정체에서 흡수되어 백내장을 일으킴
      ③ 레이저 사고시 망막장해가 흔히 나타남.
         ㉠ 근자외선, 가시광선, 근적외선 영역의 광선이 망박상에 초점을 형성해서 망막에 장해를 발생시킴.
         ㉡ 특히 레이저는 지향성으로 눈에 에너지가 집중되어 수정체의 초점작용으로 망막상에 한 초점이 형성되므로 망막에 큰 소상이 발생함.
         ㉢ 망막손상은 열에 의한 망막손상과 응고이며, 일과성의 발작, 부종, 괴사, 출혈탄화, 기포발생, 망막박리, 실명 등 장해 발생
   (2) 피부장해
      ① 적외선 영역의 CO_2 레이저는 열작용이 강해 피부화상의 위험이 매우 높음
      ② 고출력의 레이저도 피부화상(열응고, 탄화 등)을 일으키나 경미한 발작에 그치기도 한다.
      ③ 피부색에 따라 미치는 장해도 조금씩 다르고, 백인이 흑인보다 장해를 덜 받는다.

4. 레이저 광선에 대한 허용기준 및 대책(레이저 안전대책의 기본원리)

: 기출 문제임 [안14-104-1-1. 레이저광선에 대한 안전대책의 기본원리를 설명하시오]

1) 허용기준
   ① 영국표준국에서는 최대허용피폭(MPE)를 정의하여 레이저의 파장대별로 피폭시간에 따른 한계치를 정하고 있음.
   ② MPE 수준은 눈이나 피부가 피폭 즉시 또는 피폭 후 오랜 시간 후에도 상해를 입지 않고 피폭될 수 있는 수준이며,
   ③ 파장의 길이, PULSE폭, 피폭시간, 세포조직 등에 관계되며, 특히 MPE는 피폭시간에 관계됨
   ④ 따라서 피복될 경우 매우 위험하므로 작업수칙과 안전지침을 준수함이 필수적임

2) 레이저 안전대책의 기본원리는
   ① 레이저 POWER를 최소화 할 것   ② 레이지 광속의 통로를 짧게 하고 밀봉할 것
   ③ 레이저 광에서의 피폭이 일어날 수 있는 시간을 최소화 할 것
   ④ 레이저 응용기기 및 발생장치의 설계, 제작 및 사용 시 관련규정에 의해 엄격히 준수.

문58 자외선

문58. 자외선에 대하여 다음 사항을 설명하시오
1) 자외선의 종류별 성질 2) 자외선의 생체작용 3) 자외선의 허용기준과 대책

 답

1. 자외선의 종류별 성질

1) 파장은 100~400nm로, 가시광선의 자색광 보다 단파장 측이며, 화학작용의 특징이 있음
2) 자색광의 파장은 원자핵을 둘러싸고 있는 최외각 전자와의 상호작용에 의한 에너지 변환에 의하여 발생함(즉, 에너지 준위가 높은 곳에서, 낮은 준위로 하강 시 자외선이 방사 됨)
3) 태양에서 나오는 대부분의 자외선은 대기권 상층부나 성층권의 오존층에서 일부분 흡수됨 (따라서 오존층 파괴는 지표면에 자외선 도달량의 증가로 이어져 생태계에 악영향)
4) 자외선 작용 : 살균작용, 홍반효과, 비타민 D생성, 형광작용 및 광화학작용, 광전효과
5) 자외선의 세가지 종류 및 그 성질
   (1) UV-A
      ① 오존층에 흡수되지 않음
      ② 파장역 : 320~400nm
      ③ 피부에 악영향 : 피부에 도달 시, 피부 면역체계에 작용하여 피부노화 및 피부 손상, 장시간 노출시 피부암 발생
   (2) UV-B
      ① 대부분 오존층에 흡수되나, 일부는 지표면에 도달
      ② 파장역 : 280~320nm로서, 지구에 극소량 도달
      ③ 영향
         ㉠ 동물체의 피부를 태우고, 피부조직을 뚫고 들어가 때로는 피부암을 발생
         ㉡ 피부에서 프로비타민 D를 활성화시켜 인체에 필수적인 비타민D로 전환됨
   (3) UV-C
      ① 오존층에서 완전히 흡수됨
      ② 파장역 : 100~280nm
      ③ 영향: ㉠ 염색체 변이 ㉡ 단세포 유기물을 사멸시킴 ㉢ 눈의 각막을 해침.

2. 자외선의 생체작용(이것 자체로도 10점 가능함)

1) 피부에 대한 작용
   ① 원자외선(파장이 200nm보다 짧은 영역) : 피부표면(각질층) 0.03mm 까지 투과
   ② 근자외선(파장이 300nm보다 긴 영역) : 표피세포층인 2mm까지 투과
   ③ 자외선 조사 시, 표피세포가 장애를 받고, 각질층의 세포 내에 생성된 히스타민 물질이 피하 모세혈관에 이행해서 혈관을 확장시켜, 국소의 발전, 즉 홍반을 발생

2) 눈에 대한 작용
   ① 295nm 이하의 자외선은 모두 각막과 결막에서 흡수됨
   ② 수정체에 295~380nm 부분이 완전흡수되는 외에, 315~380nm 파장도 일부흡수됨
   ③ 망막에 도달하는 것은 390~400nm의 자외선임

3) 전신작용
   ① 자극작용 및 대사가 항진되고, 적혈구, 백혈구, 혈소판이 증가됨
   ② 과량의 자외선 조사 시, 두통, 흥분, 피로, 불면, 체온 상승 등이 일부 발생

3. 자외선의 허용기준과 대책

1) 자외선의 피폭허용기준
   ① 국제방사선방호협회(IRPA)에서 정한 기준으로서, 피폭허용단계는 위도가 $0 \sim 40°$인 지역에서 여름날 정오 무렵에 5~10분만 태양광선에 조사되어도 초과할 정도의 양이다.
   ② 발광량
      ㉠ 전자파 피폭과 관련된 용어로서, "어떤 면 위에 있는 한 점에서 그 점을 포함하는 면의 요소에 조사되는 방사선속을 그 면의 면적으로 나눈 값"
      ㉡ 수식 : $E = \dfrac{d\phi_e}{dA}$ 여기서, E : 발광량 [W/m²], ϕ_e : 방사선속[W] 이 식에서 1초 동안의 발광량인 $E \cdot S \, [J]$이 피폭허용한계를 나타낸 것임

2) 자외선 지수와 대책
   ① 태양에 대한 과다 노출로 예상되는 위험에 대한 예보로, 자외선 지수는 0에서 9가지 10등급으로 구분하여
   ② 0은 과다 노출 때 위험이 매우 낮음을 말하고, 9이상은 과다노출 때 매우 위험이 높다는 것을 의미함.
   ③ 지수가 7 이상이면 보통 피부의 사람이 30분 이상 노출 시 홍반현상이 발생함.
   ④ 자외선 지수는 5단계로 구분되며, 매우 낮음(0.0~2.9), 낮음(3.0~4.9), 보통 (5.0~6.9), 강함(7.0~8.9), 매우강함(9.0이상)으로 됨.
   ⑤ 대책 : 자외선 지수가 매우 강함(9.0이상)인 날에 30분 이상 햇빛에 노출 시 피부에

홍반 발생우려가 높아 가급적 활동을 삼가할 것

4. 기타 자외선의 영향과 응용

1) 오존층의 역할 : 지상으로부터 13~15km 사이의 성층권에 있고, 태양광선 중 자외선을 차단하여 지구상의 생명체 보호 역할.
2) 자외선은 사람의 피부에서 비타민 D생성, 살균작용
3) 자외선은 화학작용·생리작용이 크며, 사진 건판에 감광작용. 표백작용이 강해 안료, 염료 등은 자외선에 색이 바램. 피부의 그을림 효과는 자외선의 화학작용에 의한 것임
4) 파장 325~290nm의 범위 있는 자외선은 홍반작용을 심하게 나타나게 함.
5) 특히 250nm 부근은 큰 살균력이 있어 1㎠당 $100\mu W$의 강도로 자외선을 1분간 조사하면, 대장균, 이질균, 디프테리아 균의 99%는 살균됨.
6) 물에서 살균작용 및 소독작용 불투명한 식기、의류 등에서는 표면 살균작용. 화학·생리작용 : 구루병(비타민 D_2결핍증) 방지 작용.
7) 가시광선의 파장보다 짧아 형광작용·광전작용도 강함
8) 형광작용으로 형광등의 발광, 곰팡이의 검출, 보석류의 감정, 선광에 이용.
9) 물질의 자외선에 대한 반사율을 이용하여 자외선 사진법으로 고문서 감정이나 범죄수사에 이용. 자외선의 응용으로는 자외선 현미경 등에 이용

문59 ▶ 적외선

문59. 적외선에 대하여 다음사항을 설명하시오
   1) 적외선의 성질과 생체작용   2) 적외선에 대한 허용기준과 대책

 답

1. 적외선의 성질과 생체작용
1) 적외선의 정의
   ① 파장이 0.76~10[μm]로서, 가시광선과 microwave 사이에 있는 전자파
   ② 산업분야용 적외선은 파장이 2.5~30[μm] 대역임
   ③ 적외선은 온난효과 및 가시광선 효과, 식물의 광합성 작용효과
2) 적외선의 성질
   ① 태양광을 프리즘 분사 시 적색선 끝보다 더 외각 쪽에 있는 전자기파를 말함
   ② 파장은 0.75nm~10μm로,
      ㉠ 파장 0.75~3μm의 적외선을 근적외선
      ㉡ 파장 3~25μm을 적외선
      ㉢ 25μm 이상의 적외선을 원적외선 이라 함
   ③ 가시광선이나 자와선에 비해 강한 열작용이 있으며, 열선이라고도 함
   ④ 태양이나 발열체로부터 공간으로 전달되는 복사열은 주로 적외선에 의한 것임
   ⑤ 인체도 피부에서 적외선이 방출되나 으목, 실내 공기상태 등의 영향을 크기 받음
   ⑥ 물체가 결시 적외선이 방출되며 제강, 단조 등의 광범위한 산업분야에 활용 중임

1-2. 적외선의 생체작용
① 적외선을 체외로 조사하면 일부가 피부에서 반사되고 나머지는 흡수됨
② 흡수된 적외선으로 인해 체내의 구성분자는 운동에너지가 증대되어 조직온도가 상승함
③ 적외선의 강한 열효과 발생 이유
   : 적외선의 주파수가 물질을 구성하고 있는 분자의 고유진동수와 비슷해서, 전자기적 공진 현상에 의하여 에너지가 물질에 흡수되기 때문임

④ 적외선 치료에 응용
  ㉠ 조직부위의 온도가 오르면 홍반이 생기고, 혈관확장으로 혈액량이 증가되나 혈액증가는 방열작용을 동반하므로 조직의 온도 상승을 어느 정도 억제함
  ㉡ 이와 같은 국소의 혈액 순환 촉진과 진통 작용으로 치료에 응용됨

2. 적외선에 대한 허용기준과 대책

1) 적외선에 대한 국제방선방호협회(IRPA)의 허용기준은 없으나,
2) ANSI에서는 $10[mW/cm^2]$ 이하로 제한함
3) 안 장해에는 차광보호구로 방호함
4) 열사병의 방호에는 모자 등을 사용함

Chapter 4. 전기안전 추가부분

문60. 전자파 방지 대책

문60. 전자파 방지 대책 중 수동적·능동적 차폐를 비교하고, 전자차폐 방법을 설명하시오.

답

1. 개요

1) 노이즈의 발생 원인과 노이즈의 영향을 받는 기기를 서로 차단하여 기기를 노이즈로부터 보호하고자 하는 것을 차폐라고 한다.
2) 차폐 방식에는 노이즈가 있는 공간에서 노이즈가 없는 공간을 만드는 경우(수동적 차폐)와 노이즈원을 차폐시켜 노이즈가 없는 공간을 만드는 경우(능동적 차폐)의 두 가지가 있다.
3) 노이즈 발생원과 기기와의 결합에는 전장(電場)에 의한 정전유도결합과 자장(磁場)에 의한 전자 유도결합이 있는데 이것에 대한 차폐특성은 각각 다르다.

2. 수동적 차폐와 능동적 차폐비교

구분	수동적차폐	능동적차폐
개념도		
방해원	차폐체의 외부에 존재	차폐체의 내부에 존재
접지	불필요	필요
2중차폐를 행할 경우	외측 : 동, 내측 : 철	외측 : 철, 내측 : 동

3. 전자차폐 방법

1) 자속과 회로와의 쇄교
   ① 전자유도현상을 방지하기 위해서는 다른 경로를 구성하여 전자유도현상을 발생하는 전기적 회로에서 나오는 자속이 다른 전기적회에 쇄교하지 않도록 하는 전자차폐를 시행하여야 한다.
   ② 즉, 고투자율의 금속판을 두 회로의 중간에 삽입하면 자속은 공기에 비해서 투자율이 큰 자성재료 쪽으로 통과하므로 전자결합이 감소된다. 따라서 외부자속에 영향을 받기 쉬운 기기는 고투자율의 금속 케이스를 설치하면 내부로 자속이 침투하는 것을 막을 수 있다.
   ③ 정전차폐는 얇은 금속제의 케이스만으로도 가능하지만 전자차폐는 차폐물체의 모양에 의해 좌우된다.
   ④ 또한 전자차폐 물체의 두께가 두꺼울수록 와전류가 생겨 이것에 의한 反자계가 발생됨으로써 차폐효과가 커진다.
   ⑤ 두꺼운 물체를 사용할 경우에는 고투자율의 재료가 쓰이지 않고 고도전율, 즉, 비저항이 낮은 동판이나 알루미늄판으로 대상물을 차폐하는데, 이때 차폐물체를 접지시키면 정전유도차폐 효과도 함께 나타난다.
   ⑥ 고투자율 재료에 의한 차폐를 자기차폐, 고도전율에 의한 차폐를, 전자차폐라고 구분하기도 한다.

2) 회로의 면적 축소
   ① 자속과 회로와의 쇄교를 차단함으로써 차폐시키는 방법 외에 회로의 면적을 작게 함으로써 전자유도를 차폐시키는 방법이 있다.
   ② 즉, 평행인 경우에서는 도선간의 간격에 의해서 면적이 형성되어 자속이 통과함으로써 전자유도 현상을 일으키게 되지만, 전선을 꼬아 놓으면(twist pare) 면적이 작아질 뿐만 아니라 유도전압이나 발생된 자속의 극성이 서로 반대가 되어 전체적인 유도가 감소된다.

문61. 리튬이온전지

문61. 최근 가장 많이 사용되고 있는 이차전지와 관련하여 리튬이온전지의 원리 및 특징에 대하여 설명하시오

답

1. 리튬이온전지의 구성

구성 요소	내 용
1) 양극활 물질	① ㅁ극으로 사용되는 물질 ② 양극활물질은 리튬이온 배터리에서 용량과 전압을 결정하는 역할.(물질은 리튬코발트산화물) ③ 양극활 물질에 있는 리튬은 전해질에 녹아 들어가서 → 이 때 리튬은 리튬이온으로 변신, 여기서 나온 전자들은 도선을 통해 음극으로 이동 → 이 움직임이 배터리의 충전 원리 ④ 리튬코발트 산화물, 리튬철 인산염, 리튬 망간산화물
2) 음극활 물질	① ㅁ극으로 사용되는 물질 ② 리튬이온을 흡수, 방출하여 전자를 흐르게 하는 역할 ② 리튬, 흑연
3) 전해질	리튬 이온염을 물이 없는 유기용매에 녹인 것 (물이 있으면 폭발적으로 반응 발생)
4) 분리막	전기가 통전되지 않는 고분자 분리막으로, ㅁ극과 ㅁ극이 직접접촉 되는 것을 막는 역할

2. 동작원리

1) 충전: 양극재료 내의 리튬이온이 음극인 탄소재 층간에 이동하면서 충전전류 발생
2) 방전: 리튬이온이 음극에서 양극으로 이동하면 방전전류 발생

3. 리튬이온전지의 특징[장단점]

① 에너지밀도가 높다

② 싸이클 특성은 하드카본을 부극으로 하는 전지는 흑연을 사용한 것에 비해 우수하고 수천 싸이클 이상을 달성하고 있다.

③ 자기 방전율이 3-5%/월 이하로 작고 니켈 카드뮴이나 니켈 수소 전지의 1/2 이하

④ 사용온도범위가 넓고 방전에서는 -20℃~ +60℃에서의 범위를 커버하고 있다

⑤ 금속리튬을 사용하고 있지 않기 때문에 리튬계전지중에서는 아주 안전성이 높다

⑥ 코크스나 하드카본을 사용한 전지는 방전의 진행과 함께 천천히 전압이 강하하기 때문에 전지의 단자전압을 읽는 것에 의해서 잔존용량의 파악이 용이함

⑧ 충전방식은 정전압 정전류 충전으로 행하고 충전회로가 간단하다

⑨ 코크스계나 하드카본을 부극으로 하는 리튬이온전지는 병열접속사용이 용이하다

⑩ 동작전압이 3.6V 평행 에서 니켈 카드뮴 전지나 니켈 수소 전지의 3배에 달하기 때문에 필요한 전압을 얻기 위해 이들 전지의 1/3만 있으면 된다

⑪ 고가이다 ⑫ 충격에 약하며, 강한 충격시 발화되어 인명 및 재산 손상초래(겔럭시S7)

문62. 신재생에너지

문62. 신재생에너지 설비의 종류 및 수열에너지에 대하여 설명하시오.

 답 전체 신재생에너지설비는 12가지임

1. 신에너지설비

1. 신에너지설비(3가지)의 개요

○ 정의 : 신에너지란 기존의 화석연료를 변환시켜 이용하거나 수소·산소 등의 화학반응을 통하여 전기 또는 열을 이용하는 에너지

1) 연료전지 설비: 수소와 산소의 전기화학 반응을 통하여 전기 또는 열을 생산하는 설비
2) 석탄을 액화·가스화한 에너지 및 중질잔사유를 가스화한 에너지 설비 : 석탄 및 중질잔사유의 저급연료를 액화 또는 가스화시켜 전기 또는 열을 생산하는 설비
3) 수소에너지 설비 : 물이나 그 밖에 연료를 변환시켜 수소를 생산하거나 이용하는 설비

2. 신에너지설비(3가지)의 종류별 특성

1) 연료전지 설비의 특성
    ① 수소(천연가스,메탄올)와 산소의 화학에너지를 전기에너지화 개질기, 스택 및 전력변환장치로 구성
    ② 공해배출이 없고 청정에너지 시스템 효율이 높고, 단기간 건설
2) 석탄을 액화·가스화한 에너지 및 중질잔사유를 가스화한 에너지 설비의 특성
    : 저급연료로 고부가가치화, 발전효율 40~60%, SOx, NOx, CO_2 저감, 환경친화형에너지
3) 수소에너지 설비
    ① 핵분열, 핵융합 및 태양에너지에 의한 물의 電氣分解, 熱分解, 光分解에 의해, 또한 석탄, 천연가스 등에서 발생되는 수소를 이용하여 각종 연료나 원료에 사용하는 거의 무한대의 에너지원임
    ② 실용화를 위해서는 막대한 제조비용과 안전성 확보가 문제됨
    ③ 화석연료에 의존하지 않는 에너지
    ④ 연소 후에 물이 되는 무공해 에너지
    ⑤ 수송과 저장이 간편하고, 기계적 에너지로의 전환이 용이

3. 재생에너지설비 재생에너지 설비(9가지)

- 정의 : 햇빛·물·지열(地熱)·강수(降水)·생물유기체 등을 포함하는 재생 가능한 에너지를 변환시켜 이용하는 에너지

1) 태양에너지 설비
   ① 태양열 설비 : 태양의 열에너지를 변환시켜 전기를 생산하거나 에너지원으로 이용하는 설비
   ② 태양광 설비 : 태양의 빛에너지를 변환시켜 전기를 생산하거나 채광에 이용하는 설비
2) 풍력 설비: 바람의 에너지를 변환시켜 전기를 생산하는 설비
3) 수력 설비: 물의 유동(流動) 에너지를 변환시켜 전기를 생산하는 설비
4) 해양에너지 설비 : 해양의 조수, 파도, 해류, 온도차 등을 변환시켜 전기 또는 열을 생산하는 설비
5) 지열에너지 설비 : 물, 지하수 및 지하의 열 등의 온도차를 변환시켜 에너지를 생산하는 설비
6) 바이오에너지 설비: 「신에너지 및 재생에너지 개발·이용·보급 촉진법시행령」 별표1의 바이오에너지를 생산하거나 이를 에너지원으로 이용하는 설비
7) 폐기물에너지 설비: 폐기물을 변환시켜 연료 및 에너지를 생산하는 설비
8) 전력저장 설비: 신에너지 및 재생에너지를 이용하여 전기를 생산하는 설비와 연계된 전력 저장 설비
9) 수열에너지
   ① 해수표층의 열을 히트펌프를 이용하여 냉난방에 화용하는 시스템
   ② 건물 냉난방, 농가, 급탕열원, 지역냉난방, 온실, 수산 양직장 등에서 다양하게 사용하고 있음
   ③ 수열설비 적용 메카니즘

   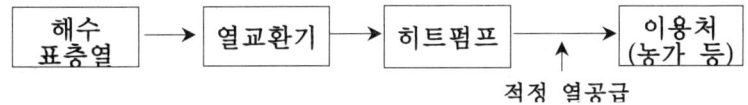

   ④ 열회수 장치인 히트펌프를 통해 냉방용에는 건물의 열을 물을 통해 외부로 보내고, 난방시는 물에서 열을 얻어 건물 내부로 열을 공급함
   ⑤ 수열에너지를 활요하면 기존의 냉반방 시스템에 비해 최대 50%의 에너지 절약효과가 있음
   ⑥ 온도의 계절간, 일간 변동이 적고, 빙점이 물보다 낮은 "-1.9℃"
   ⑦ 수열에너지는 여름에는 대기보다 약7% 낮고, 겨울에는 10℃ 정도 높아 열펌프의 열원으로 우수한 설비
   ⑧ 보존량이 거의 무한대로 대규모 열 수용에 이용 가능함
   ⑨ 한국은 세면이 바다로 둘러쌓여 있어 해수이용이 용이한 지리적 특성있음

문63 ESS

문63. ESS를 운영에 따라 분류하고, 배터리 종류별 원리 및 특징을 설명하시오

답

1. EES의 개요
1) 발전소에서 과잉 생산된 전력을 저장해 두었다가 일시적으로 전력이 부족할 때 송전해 주는 저장장치를 말하며,
2) 여기에는 전기를 모아두는 배터리와 배터리를 효율적으로 관리해 주는 관련 장치들이 있음(배터리식 ESS는 리튬이온과 황산화나트륨 등을 사용)

2. EES 개념적 원리
1) 발전소 및 변전소, 신재생에너지 설비에서 생산 또는 공급되는 전력을 경부하시 에너지저장장치(배터리)에 저장하였다가 최대 부하시 사용하는 시스템.
2) 에너지저장장치(배터리)에 저장하였다가 최대 부하시 사용하는 시스템

3. EES 운영에 따른 분류(그림은 이해 차원에서 나타냄, 실전에서는 내용만 기록요)
- 발전소 및 변전소, 신재생에너지 설비에서 생산 또는 공급되는 전력을 경부하시

구분	내용	운영 사이클
주파수 조정용EES	발전소에서 주파수 조정을 위해 약 5%를 예비력으로 보유, 이러한 주파수 조정용량을 ESS로 대체하게 되면 국가편익 발생	

주요 기술	특징	
피크감소용 EES	전력사용 고객이 심야시간의 싼 전기를 ESS(에너지저장장치)에 저장해 두었다가 주간 피크시간에 사용함으로써 전기요금 절감하기 위해 설치	
신재생 출력 안정용 EES	신재생에너지의 경우 전력계통과 연계시 출력 불안정과 전압변동 등 전력품질이 악화될 우려가 있음. 이러한 상황을 대비하여 ESS 설치	
비상발전 대체	정전 방지를 통한 안정적 전력 공급 수단인 비상(예비)전원으로 활용	

4. 베터리 에너지 저장장치의 종류별 원리 및 특징

주요 기술	특 징
*LiB (리튬이온전지)	(원리) 리튬이온이 양극과 음극을 오가면서 전위차 발생 (장점) 고(高)에너지 밀도, 고(高)에너지 효율(고(高)출력)로 적용범위가 가장 넓음 (단점) 안전성, 고(高)비용 수명 미(未)검증 저장용량이 $3[kW] \sim 3[MW]$로 $500[MW]$이상 대용량 용도에서는 불리
*N_aS (나트륨유황전지)	(원리) $300-350[℃]$의 온도에서 용융 상태의 나트륨(Na)이온이 베타-alumina고체전해질을 이동하면서 전기화학에너지저장 (장점) 고(高)에너지밀도 저비용, 대(大)용량화 용이 (단점) 저(低)에너지효율(저(低)출력), 고온 시스템이 필요하여 저장용량이 $30[MW]$로 제한적
*RFB (레독스 흐름 전지)	(원리) 전해액 내 이온들의 산화·환원 전위차를 이용하여 전기에너지를 충·방전하여 이용 (장점) 저(低)비용, 대(大)용량화 용이, 장시간 사용가능 (단점) 저(低)에너지밀도, 저(低)에너지 효율
Super Capacitior (슈퍼 커패시터)	(원리) 소재의 결정 구조 내에 저장되는 전자와는 달리, 소재의 표면에 대전되는 형태로 전력을 저장 (장점) 고(高)출력 밀도, 긴 수명, 안정성 (단점) 저(低)에너지밀도, 고(高)비용

5. ESS의 구성요소

1) PCS(Power Conversion System)
   ① 전력변환장치(교류와 직류간의 변환, 전압/전류/주파수 변환)
   ② 전력변환장치로 컨버터와 인버터로 구성되며 에너지저장 시와 전력사용처에 공급 시로 나누어 사용함
   ③ 전력 저장 시 : 교류→직류 (컨버터로 사용)
   ④ 사용처 전력공급시 : 직류→교류 (인버터로 가용)

2) BMS(Battery Management System)
   ① 베터리 랙에 있는 각각의 셀 마다 특성이 달라 이를 제어하는 장치
   ② 셀용량 보호 및 수명예측, 충·방전 등을 통해 에너지 저장장치가 최대의 성능 발휘 및 안전성 확보를 위한 제어시행

3) EMS(Energy Management System)
   : 전력의 생산/변환/소비 등을 제어 및 모니터링 하는 시스템

4) Battery 및 Rack
   ① 작은 리튬이온 베터리 셀이 모여 모듈을 이루고 이 모듈이 RACK을 구성
   ② 에너지 저장장치의 핵심부품으로 실질적으로 전력을 저장하는 장치임

5) 구성도(ESS)

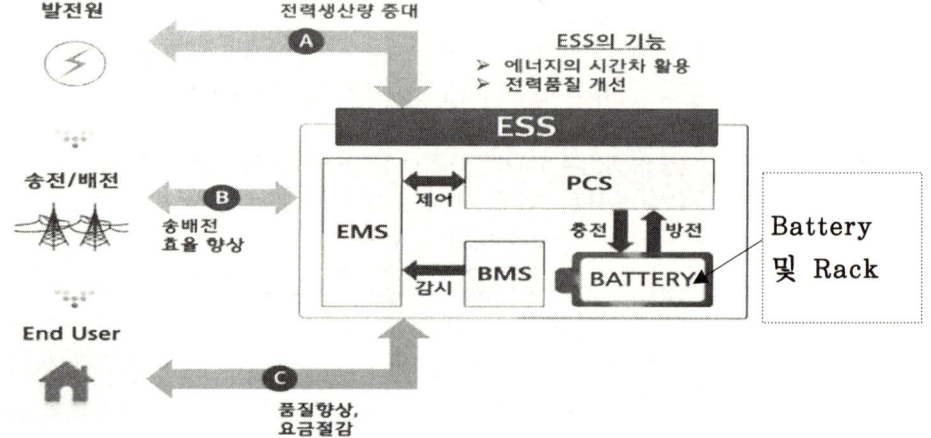

문64. 원자로

문64. 원자로의 고유의 안정성에 대하여 기술하시오

 답

1. 개요

1) 안정성 확보의 기본 목표
   ① 일반 개개인은 원전가동으로 생활과 건강에 현저한 추가 위험을 받지 않을 정도의 보호.
   ② 원전 가동으로 인한 사회적 위험은 전력생산의 他 방식의 위험도 이하이며, 他 사회적 위험에 현저한 추가 위험을 주지 말 것

2) 방사선 보호의 기본 원칙
   ① 방사선 특이성 : 인위적 소멸 불가능, 인체 內 방사선 물질의 강제 배율은 어려우며, 유전성이 있고, 5감으로 느끼지 못함.
   ② 3대 기본 원칙
      ㉠ 거리 : 거리의 제곱에 반비례하여 감쇠
      ㉡ 차폐 : 방사선원과의 차폐물에 의해 감쇠
      ㉢ 시간 : 방사선을 받는 시간을 단축

2. 원자로 안전설계의 기본방침

1) 다중성 : 한계열의 기능 상실時 똑같은 기능 발휘토록 他계열이 본래의 기능발취요.
2) 독립성 : 한계열 사고로 他 계열의 기능에 영향이 미치지 않을 것
3) 고장시 안전한 방향으로 작동
4) 운전 中 상시점검 : 운전 中에도 항상 점검 가능하며 안전신뢰도를 확보할 것.
5) 내진설계
6) 완전한 설계기능 발휘
7) 설비의 손상 완화

3. 원자로의 보호대책

1) 원자로 고유의 안전성 확보의 개념
   ① 원자로 그 자체가 고유한 안전한 성질이 갖고 있고, 사고발생 방지를 위한 안전대책들이 마련되어 있어야 됨
   ② 원자로 고유의 안전성을 다음 그림과 같이 설명되며, 원자로는 어떠한 원인으로 핵분열 반응이 갑자기 증가하여 원자로 內의 온도의 급상승 하면, 핵분열 반응이 자연히 억제되어 온도가 내려가는 그림1과 같은 원자로 고유의 안전성이 있음

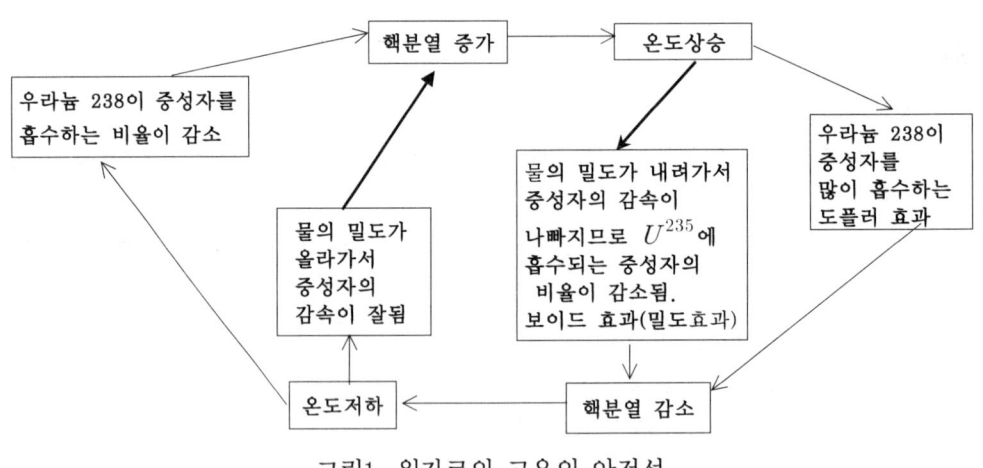

그림1. 원자로의 고유의 안전성

2) 다중보호벽 설치

   (원자로 중심 반경 800m이내는 주거지역의 없을 것.)
   (원자로 중심 반경 1500m이내는 주거밀도가 낮을 것)
   ① 제1방호벽(펠릿, 핵연료 피복관) : 연료체(펠릿)를 지르코늄 합금의 금속관(피복관)에 밀봉
   ② 제2방호벽 : 원자로 압력용기
   ③ 제3방호벽 : 차폐콘크리트
   ④ 제4방호벽 : 격납용기
   ⑤ 제5방호벽 : 원자로 건물

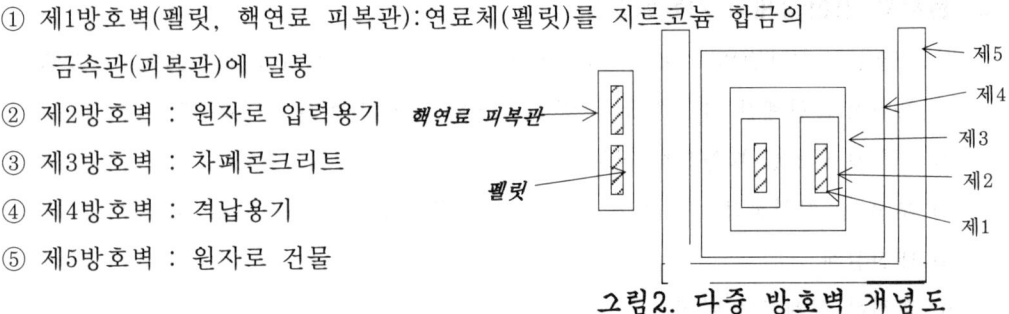

그림2. 다중 방호벽 개념도

3) 안전성의 3가지 레벨 선정
    ① 제1레벨 : 이상 상태 발생 그 자체를 방지하는데 목적이 있음
    ② 제2레벨 : 이상 상태 발생 時, 그 종사자 및 인근 주민에게 피해방지의 목적
    ③ 제3레벨 : 최악의 경우를 가상한 사고를 가정하여, 공학적 안전 System를 확보함으로서 일반인을 방사능으로부터 보호하는 목적.
4) 긴급정지(스크럼)장치
    ① 원자로 內에 중성자 측정장치를 다수배치해서 상시 감시하고,
    ② 이상이 검출되면 경보를 내어 운전원이 대응 조치를 취하게 하거나,
    ③ 대응조치가 늦어지면 자동적으로 제어봉이 삽입되어서 노內의 반응을 정지시키는 장치
5) 비상용 노심냉각장치(ECCS): Emergency core cooling system
    : 1차 냉각계 파손으로 냉각수 소멸 또는 증기발생기가 세관파단으로 냉각수 감소 時의 사고를 상정해서 비상상태에는 대량의 물을 일시에 주입해서 원자로를 완전히 물에 담가서 냉각하는 장치(ECCS)
6) 비상용 전원 : 긴급시나 정전시에 제어계, 긴급 냉각계, 보조 냉각계, 환기계 등 안전상 불가결환 계통에 전력을 공급하도록 하고 있다.
7) 내진설계 : 원전 부하의 정밀조사로 여러 해 동안 시행하여, 지반이 뜨거운 암반 위에 자연재해를 견딜 수 있는 설계시행

문65 ▶ 원자력 발전소

문65. 원자력 발전소의 다중방호벽에 의한 안전개념에 대하여 설명하시오.

 답

1. 원자로 안전설계 개념 7가지

1) 다중성
   ① 한 계열의 기능 상실時 똑같은 기능 발휘토록 他계열이 본래의 기능을 발휘토록 기능을 갖는 설비를 2 계열 이상 이상해서 설치한다.
   ② 즉, 같은 기능을 가진 설비를 2개 이상 중복설치

2) 독립성 : 2개 이상의 계통 또는 기기(각각의 기능이 동일하거나 다른 경우 포함)의 기능이 한 가지 원인에 의해 상실 또는 저해되지 않도록 물리적·전기적으로 상호분리하여 독립 설치한다.

3) 다양성 : 한 가지 기능을 달성하기 위하여 성질이 다른 계통이나 기기를 2개 이상 설치한다.

4) 견고성 : 원자력 발전소의 안전성 관련구조물이아 기기 및 설비는 지진 등 예상되는 각종 정상, 비정상상태에서도 그 구조적 건전성을 유지하여야 한다.

5) 운전 중 상시점검기능 : 안전성 기능을 확인하기 위하여 운전 중에서도 항상 점검이 가능하여야 한다.

6) 고장시 안전한 방향으로 작동 : 어떤 원인에 의해 설비 본래의 기능이 상실될 때 발전소가 안전한 방향(Fail to Safe)으로 유도되도록 설계한다.

7) 연동기능 : 설비 또는 기기의 오동작 등에 의한 손상 및 사고를 방지하기 위하여 정해진 조건이 만족되지 않으면 기기가 동작되지 못하도록 한다.

2. 다중방호(또는 심층방어) 개념

1) 정의
   ① 먼저 이상상태의 발생을 가능한 한 방지하되,
   ② 이상상태가 발생하였을 때에는 이의 확대를 최대한 억제하며,

③ 만일 이상상태가 확대되어 큰 사고로 진전되었을 때에는 그 영향을 최소화하고, 주변주민을 보호하도록 사고지점에 따른 모든 단계마다 적절한 방어체계를 갖춘다는 것
2) 심층방호 또는 다중방호의 구체적인 레벨
① 제1레벨 : 이상 상태 발생 방지
② 제2레벨 : 이상의 확대 및 사고에의 진전방지
③ 제3레벨 : 주변 환경에의 방사성물질의 방출방지
3) 국제적으로 확장된 2개념
- 원자력발전의 안전성확보가 발전소 주변에 한정되는 문제가 아니라는 개념에서 근년 국제적으로 2단계 더 늘려서 대형사고 발생 후의 전국적인 범위에의 파국방지까지 대비해야 한다는 개념
① 제4레벨 : 과혹사고 management
② 제5레벨 : 원자력 방재의 정비

3. 원전 다중방호(심층방호) 설계 개념도

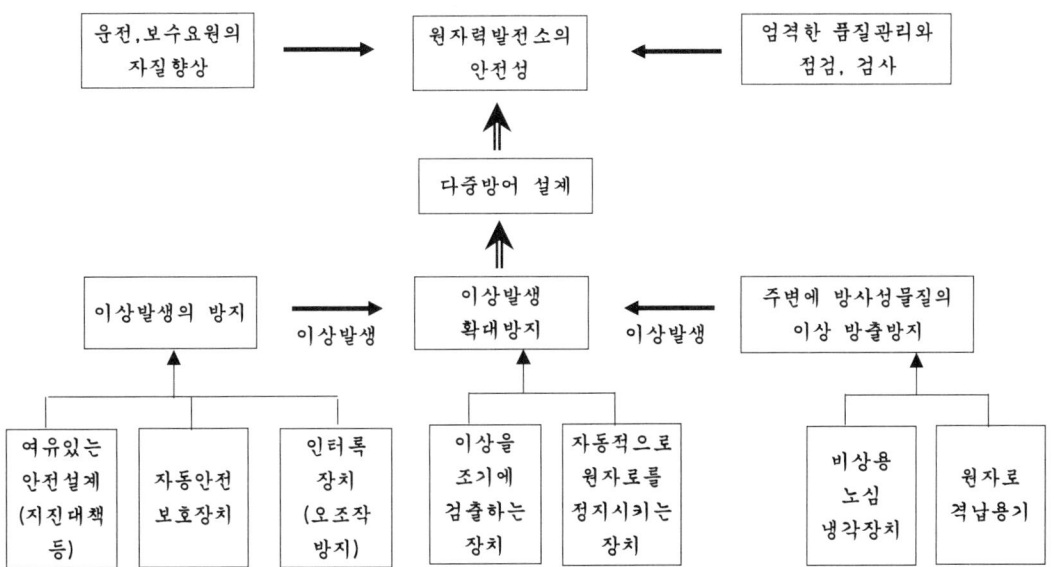

2) 주변의 주거밀도
① 원자로 중심 반경 800m이내는 주거지역의 없을 것
② 원자로 중심 반경 1500m이내는 주거밀도가 낮을 것

4. 다중방호벽

1) 개념: 방사성물질이 외부로 누출되는 것을 방지하기 위해서 여러 겹으로 방호벽을 설치하는 것으로 우리나라 원자로중 대다수를 차지하고 있는 경수로는 다섯 겹으로 되어 있다

2) 방법
　① 제1방호벽(펠릿, 핵연료 피복관): 연료 펠릿 부분의 방호벽으로 지르코늄 합금의 금속관(피복관)에 밀봉시켜 1차적으로 방사성을 방호.
　② 제2방호벽(원자로 압력용기): 연료피복관의 방호벽으로 2차적으로 방사성을 방호.
　③ 제3방호벽(차폐콘크리트): 원자로 용기부분의 방호벽으로 3차적으로 방사성을 방호.
　④ 제4방호벽(격납용기): 원자로 건물내벽부분의 방호벽으로 4차적으로 방사성을 방호.
　⑤ 제5방호벽(원자로 건물): 원자로 건물의 외벽부분의 방호벽으로 5차적으로 방사성을 방호한다.

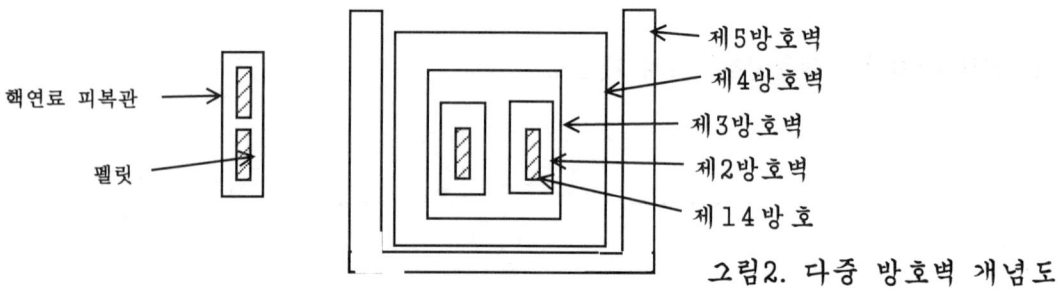

그림2. 다중 방호벽 개념도

문66. 고장전류 분류

문66. 고장전류 분류율(Fault Current Division Factor)에 대하여 간단히 기술하시오.

 답

1. 고장전류 분류율의 정의
1) 상도체와 접지된 외함 사이에 단락회로가 형성되면 고장전류가 흐르게 되어 일부는 대지를 통하여 전원단으로 귀환하고 일부는 중성선이나 가공지선을 통해 귀환하게 된다.
2) 이때 총고장 전류에 대하여 대지를 통해 전원단으로 귀환하는 전류의 비를 고장전류 분류율이라 한다.

2. 고장전류 분류율 [%]
= (대지를 통해 귀환하는 전류〔A〕/ 총 고장전류A〕) ×100

3. 특성
: 접지저항(대지 귀로 임피던스)이 커질수록 고장전류 분류율이 작아진다.

문67. 방전진전의 억제

문67. GIS 등의 동축원통간극에서 발생되는 전계완화에 대한 방전진전의 억제를 설명하시오

답

1. 개념
간략한 설명을 위해 동축 원통간극의 방전현상으로 다음과 같이 설명한다

2. GIS 등의 동축원통간극에서 발생되는 전계완화와 방전진전 억제현상
1) r 및 R을 각각 내측전극 외경 및 외측전근 내역이라 하고, 전극간 전압을 V로 둔다

2) 내측원통표면에는 최대 전계강도(E_r)를 나타내며, 그 값은 $E_r = \dfrac{V}{r \ln (R/r)}$ 이다.

3) 상기 식은 V,R를 일정하게 유지하고, r을 변화시켰을 때의 E_r의 변화를 r/R의 함수로 나타낸 것이며, 그림으로 보면 다음과 같다.

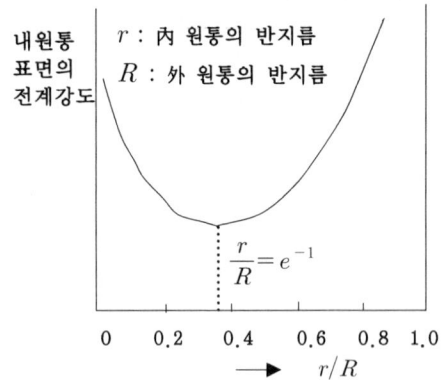
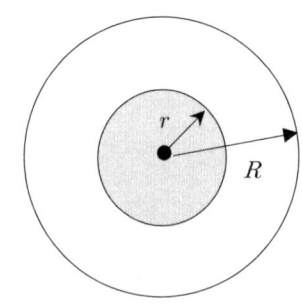

그림. 내부측 원통반경과 표면 전계의 관계

4) 간극 간의 절연파괴 현상과 억제
   ① 간극에 전압을 가하면 전계가 가장 큰 내측전극표면의 절연이 우선 파괴된다.

② 절연파괴 부분은 다수의 전하가 존재하고 도전성이 좋다고 생각할 수 있으므로 내측전극표면의 절연파괴는 근사적으로 내측전극반경의 증대라고 볼 수 있다.

③ 위의 식은 $\frac{r}{R} < e^{-1}$ (=0.368)에 대해서는 내측전극반경 r의 증대는 그 표면전계 E_r를 저하(완화)시키는 것을 나타내고 있다.

④ 따라서 이 경우에는 내원통 표면에 생긴 절연 파괴의 진전은 억제되고 안정한 부분파괴(Corona방전)가 존재할 수 있다.

⑥ 그러나 $\frac{r}{R} > e^{-1}$의 경우는 내원통표면의 절연파괴에 의한 전계 완화는 생기지 않고 곧장 전로파괴로 진전한다고 생각할 수 있다.

⑦ 즉, GIS내부의 전극반경r와 GIS 외부의 전극반경 R의 관계상 $r > 0.368R$이면 전로파괴 발생

5) 위에서 기술한 설명은 대체로 정성적인 것이며 엄밀하게 말하면 Corona발생에 동반하는 공간전하를 생각해야 한다.

문68 전기기기의 절연강도

문68. 전기기기의 절연강도를 검토시 내부절연과 외부절연에 대한 개념을 설명하고, 이에 대한 전력기기(변압기 등)의 절연 적용에 대하여 간단히 기술하시오

답

1. 개념
1) 전기기기의 절연은 외부절연과 내부절연으로 분류 됨
2) 외부절연이란 가공송전선의 애자, 기기애관 등 표면의 절연을 말하며, 대기에 의한 절연이 유지되는 자기복귀 절연(IEC규격)을 말 함
3) 내부절연이란 변압기, 회전기, 차단기 등의 내부의 절연을 말하며 대기 이외 가스, 기름, 종이 및 천 등의 절연물로 구성되는, 자기복귀 되지 않는 절연

2. 절연의 특성
1) 외부절연 :
   대기상태에 따라 그 섬락전압이 변화하고 섬락한 후에 절연 회복하는 가능성이 높다
2) 내부절연 : 일단 파괴되면 그 절연을 회복할 가능성이 희박하고 수리도 힘들다

3. 전력기기 절연
1) 전기기기는 외부절연과 내부절연이 조합된 절연구성으로 됨
2) 변압기
   ① 붓싱 표면의 외부절연과 권선의 내부절연으로 구성됨
   ② 양 절연의 특성을 고려하면, 이상적으로 어떠한 이상전압에 대해서도 내부절연의 절연강도가 외부절연의 강도보다 높은 것이 좋다
   ③ 만일 과대한 이상전압이 가해질 경우라도 자기복귀가 가능한 외부절연이 파괴되면, 자기복귀가 되지 않는 내부절연이 파괴될 수 있기 때문임

2) 가공선로의 절연

　　대부분이 애자를 통한 외부절연으로 구성되어 있으므로, 지락사고시 우선 전압을 끊고 수 사이클 경과 후에 재투입하는 고속도 재투입을 한다

3) 케이블 선로

　　케이블은 내부절연을 우선시하는 절연대상물이므로, 단락 또는 지락사고시 고속도 재투입 하면 투입성공 확률이 낮아, 고속도 재투입하지 않음

문69 ▶ 가공지선

문69. 가공지선에 대하여 설명하시오

 답

1. 가공지선(OVER HEAD GROUND WIRE)의 역할
1) 뇌격보호
   ① 송전선로 또는 배전선로의 지지물 최상부에 아연도 강연선 또는 ACSR, 나경동선을 설치하여 대지와 접지시켜 뇌로부터 철탑 또는 전주 및 전선을 보호하는 것.(직격뢰와 유도뢰 모두에 대한 대책)
2) 유도장해 감소 : 전자유도장해 경감대책 3요소 중 1개인 상호인덕턴스(M)의 역할을 가능하게하여 유도장해 경감대책의 한 방법임
3) 배전선로용 가공지선은 중성선의 역할도 가능함
4) 발·변전소에서의 절연협조
   : 구내 및 그 부근 1~2[km] 정도에 송전선에 설치하여 충분한 차폐효과를 갖게 함.
5) 진행파의 감쇠촉진

2. 가공지선의 선종
1) 배전용 : 가공지선의 선종 및 굵기는 일반지역은 아연도강연선 22m㎡ 이상을 사용하고 염해 및 진해 지역은 나경동연선 22m㎡ 이상을 사용함.
2) 송전용 : ACSR 97m㎡이상~200m㎡
   (특이점: 광복합가공지선도 있어 일반전기사업자용 통신수단으로 활용 중임)

3. 공칭 전압별 차폐각 적용

1) 전력계통용 가공지선의 차폐각은 A-W이론에 의해 적용되며, 전압별로 다음과 같이 적용된다.

전압	765kV송전용	345kV송전용	154kV송전용	22.9kV배전용
차폐각	-8°	0°	30° (1조 기준) 5° (2조 기준)	45°

4. 22.9kV-y 배전선로의 낙뢰사고 방지를 위한 설비의 설치기준, 설치방법

1) 차폐각 (또는 보호각): 그림과 같이 가공지선과 전선이 이루는 각

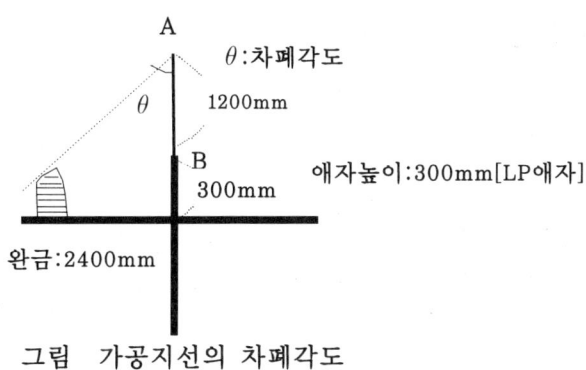

그림 가공지선의 차폐각도

2) 배전용 가공지선 설치 방법
   (1) 선종 :
      ㉠ 아연도 강연선 22㎟ 이상을 사용
      ㉡ 염진해 등이 발생할 우려가 있는 곳에서는 나경동 연선 22㎟ 이상을 사용
   (2) 전주의 상부에 가공지선 지지대를 설치하고서 가공지선을 설치한다. 단, 이 경우 배전장주가 일반형일 경우는 일반형 가공지선 지지대를 적용하며, 완금이 편출된 경우에는 편출용 가공지선 지지대를 설치하여 차폐각이 45° 이하로 되도록 한다.
   (3) 중성선과는 접지선(600V IV22㎟)으로 반드시 연결하되 적정 분기슬리브를 사용하여 전식효과를 최대한 방지토록 한다.
   (4) 대지와는 200m 마다 접지하되, 접지저항 값은 50Ω 이하가 되도록 한다.

문70. 수전설비

문70. 수전설비 용량산정방법, 수전방식, 차단용량?

 답

I. 수전설비의 용량 산정 (변압기 용량 산정 방법)

I-1. 부하설비 용량 추정

1) 부하설비 용량을 인지 할 경우 : 부하 List에 의한 부하설비 용량 추정
2) 부하설비 용량을 모를 경우 : 과거의 실적을 참고하여 부하밀도[VA/㎡]×연면적[m2]

산정규정	표준 부하 산정
내선규정 = $30[VA/m^2] ×$ 면적$[m^2] + (1000~500) [VA]$	IB등급별
주택건설 촉진법 = (면적-60)$[m^2] × (500/10) + 3000[VA]$	건축물 종류별
실부하법 = 실부하 용량 합계	건축물 연면적별

I-2. 부하 Factor 적용

1) 주변압기의 경우는 Two step 적용함
2) One step의 경우는 수용률과 부등률 동시 적용

① 최대부하 = 부하의설비합계 $\times \dfrac{수용률}{부등률}$

② 부하율 = $\dfrac{부하의 \ 평균전력(1시간 \ 평균)}{최대수용전력(1시간 \ 평균)} \times 100$

  = $\dfrac{부하의 \ 평균전력}{총 \ 설비용량} \times \dfrac{부등률}{수용률}$

③ 수용률 = $\dfrac{최대수용전력(1시간 \ 평균)}{총 \ 설비용량} \times 100[\%]$

④ 부등률 = $\dfrac{각 \ 개의 \ 최대수용전력의 \ 합}{합성 \ 최대수용전력} \geq 1$

3) 과다 설계방지를 위해 수용률, 부등율, 부하율 적용

I-3. 변압기 용량 선정 : 변압기 용량= $\dfrac{총부하설비용량 \times 수용률}{부등률 \times 역률}[KVA]$

I-4. 변압기 용량 산정시 고려사항

1) 일반적인 고려사항

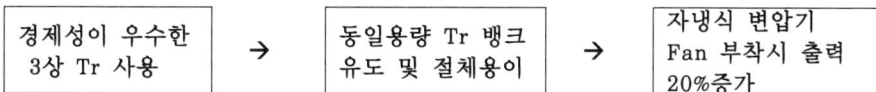

2) 급전방식 - 단급전, 2대급전, 3대이상 급전
3) Bank 용량 및 구성 - 1,000[kVA]이하는 1Bank 구성가능(내선규정)
4) 냉각방식 - 유입자냉, 풍냉식, 건식자냉, 풍냉식, 송유풍냉식
5) 손실과 효율 - 유입Tr, 몰드Tr은 각각 부하율 50, 70%일 때 효율최대
6) 경제적인 %Z - 6.6kV(3%), 22kV(5%), 66kV(7%)
7) 고조파 - 발주시 K-Factor, THDF를 고려하고 2~2.5배의 여유를 둘 것.

I-5. 변압기 용량 산정 후 고려사항

1) 보호장치 - 비율차동계전기, 과전류계전기, 부흐홀쯔계전기, 압력계전기
2) 수명 - 절연물온도 6℃ 상승시마다 반감(최고온도 95℃)
3) 결선방식 - Δ-Δ, Y-Y, Y-Δ, Δ-Y결선
4) 여유도 - 용량 및 냉각방식에 따라 120% 과부하 8시간 가능
5) 건축적 고려사항 - 바닥하중 및 천장고 확보, 기기의 반출입 용이할 것
6) 기타 - 관련법규 검토 및 적용, 접지 및 Surge 보호

II. 수전방식

1) 수전전압에 따른 분류 - 한전 전기 공급 약관 제23조

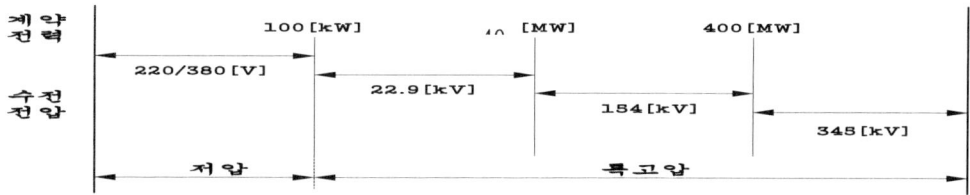

단, 22.9kV로 수전할 경우는 1회선당 2만kW이하로 함 (1수용가에 4만kW공급가능)

2) 수전회선수에 따른 분류

수전방식		경제성	신뢰성	특징	계통도
1회선		1	5	가장간단 정전대비없음	
2회선	평행 2회선	4	3	보호계전복잡 정전대비가능	
	본선 예비선	3	4	단독수전가능 정전시간단축	
	Loop	4	2	보호계전복잡 무정전공급	
스포트 네트워크		2	1	초기투자비大 무정전공급	

3) 차단기 용량산정 방법

구분	차단기 용량[MVA]	비고
수전용	일반배전선로(3~6KV): 50~150 전용가공선로(3~6KV): 150~200 전용지중선로(3~6KV): 200~300 특고수전: 750~1000	차단기 용량 [MVA] $= \sqrt{3} \times$ 정격전압[KVA] $\times$ 정격차단전류[KA]
변압기용	차단기 용량[MVA] = (변압기용량[KVA]/%Z) × 100	%Z 6.6[KV] : 3%, 22[KV] : 5% 66[KV] : 7%

문71 ANSI/IEEE, IEC 규격

문71. 변압기 단락강도 시험시 ANSI/IEEE, IEC 규격에 의한 시험전류에 대해 설명하시오.

 답

1. 시험방법

1) ANSI/IEEE 규격에 의한 시험 방법
   ① 시험 회수 : 각상에 정격전류 2회씩 총 6회의 시험을 실시하며, 이중 1회는 대칭 장시간 전류시험을 실시한다. IEC 규격에서는 장시간 전류시험을 실시하지 않으나 시험회수가 ANSI/IEEE 규격에 비해 많다.
   ② 시간 : 매 시험 0.25초로 하되 대칭 장시간 전류시험 1회는 다음 수식에 의거 산출한 시간에 따른다.

   ㉠ $t_{long} = \dfrac{1,250}{n^2}$ [sec]

   여기서, t_{long} : 장시간 대칭 단락전류의 시험 시간(sec)
   n : 기준전류에 대한 대칭 단락전류의 배수($n = I_{sc}/I_r$)

   $I_{sc} = \dfrac{I_r}{Z_T + Z_S}$.

   단, I_{sc} : 대칭단락시험전류 [rms A]
   I_r : 변압기 Tap 전류[rms A]
   Z_T : 상기 Tap에서의 변압기 임피던스(정격용량을 기준으로 환산한 % Impedance)
   Z_S : 계통 Impedance(통상 이 수치는 제시되지 않고 알 수 없으므로 무시)

2) IEC 규격에 의한 시험 방법
   ① 시험 회수 : 각상에 정격전류 3회씩 총 9회 대칭 전류시험을 실시한다.
   ② 시험 시간 : 변압기 정격출력이 2500[KVA]이하는 0.5초, 초과시는 0.25초로 한다.

2. 시험전류의 계산법

1) ANSI/IEEE C57.12.00

① 이 규격에서 변압기의 대칭단락 시험전류는 변압기의 정격 용량, Tap의 전압, Tap 전류 그리고 Tap의 Impedance를 기초로 산출한다.

② $I_{sc} = \dfrac{I_r}{Z_T + Z_S}$: 위의 시험방법에서 표현된 내용과 같음

2) IEC 60076-5

① 이 규격도 변압기의 대칭단락 시험전류는 변압기의 정격 용량, Tap의 정격 전압, Tap 전류 그리고 Tap의 Impedance을 기초로 하여 산출한다.

② $I = \dfrac{U}{\sqrt{3} \times (Z_t + Z_s)}$

- ㉠ I : 대칭단락전류(교류분 실효치)
- ㉡ U : 시험되는 Tap과 권선의 정격전압(kV).
- ㉢ Z_t : 시험되는 Tap과 권선의 단락Impedance(Ω/상)
- ㉣ $Z_t = \dfrac{z_t \times U_r^2}{100 \times S_r}$
  - ⓐ z_t : 기준온도에서의 Impedance
  - ⓑ U_r : Tap의 정격 전압(kV)
  - ⓒ S_r : 변압기 정격 용량(MVA)
- ㉤ $Z_S = \dfrac{U_S^2}{S}$
  - ⓐ Z_S : 계통 단락Impedance(Ω/상, ANSI/IEEE와 마찬가지로 이 수치는 통상 제시되지 않고 알 수 없어 무시)
  - ⓑ U_S : 계통 정격전압(kV).
  - ⓒ S : 계통의 단락 용량(MVA)

문72 수전용 차단기

문72. 수전용 차단기의 용량을 선정하는 방법에 대하여 설명하시오

1. 개요
차단기는 정상시 부하전류 개폐, 이상시 회로를 신속히 차단, 사고점으로부터 계통을 분리시켜 선로 및 기기를 보호하고 안전성을 유지하는 장치

2. 차단기의 차단 메카니즘 및 차단과정

차단 메카니즘	차단과정
차단 개방시 기계적 → 개방 전기적 → 아크발생 → 전기적 도통 → 소호되면 → 차단완료	

3. 차단기의 기능, 구성 및 선정순서

기능	구성	선정순서
전류투입/통전	전류전달부	계통파악
사고전류 투입	절연부	%Z선정 및 기준용량 환산
절연기능	소호장치	Z-map 작성 및 단락전류 계산
개폐기능	보조장치	표준용량 차단기 선정

4. 차단기 선정시 고려사항(즉, 수전용 차단기의 용량을 선정하는 방법)

1) 차단기 정격사항

공칭전압[kV]	정격전압[kV]	정격차단전류[KA]	중성점 접지
3.3	3.6	8	비접지
6.6	7.2	12.5	비접지
22.9(22)	25.8(24)	12.5, 25	비접지 or 다중접지
66	72.5	20, 31.5	비접지 or 소호리액터
154	170	40	직접접지

2) 차단기 형식 및 동작책무

투입방식	트립방식	동작책무
수동투입	과전류	A: O-1분-CO-3분-CO : 특고이상
스프링투입	직류전압	B: CO-15초-CO : 7.2[Kv] 고압콘덴서 등
전기투입	부족전압	R: O-t초-CO-3분-CO : 고속도재폐로용
공기투입	콘덴서	M: O-2분-CO : 수동식

3) 차단기 용량산정

구분	차단기 용량[MVA]	비고
수전용	일반배전선로(3~6KV): 50~150 전용가공선로(3~6KV): 150~200 전용지중선로(3~6KV): 200~300 특고수전: 750~1000	차단기 용량 [MVA] = $\sqrt{3} \times \times$ 정격전압[KVA] $\times$ 정격차단전류[KA]
변압기용	차단기 용량[MVA] = (변압기용량[KVA]/%Z)×100	%Z 6.6[KV] : 3% 22[KV] : 5% 66[KV] : 7%

4) 기타고려사항
    ① 건물의 용도 및 변전시스템에 따라 적정용량 선정
    ② 사용조건, 설치환경, 경제성, 보수성 고려
    ③ 절연유 오손 및 기계적 강도 고려
    ④ 여자돌입전류에 의한 차단기 접점손상 방지
    ⑤ 재점호 방지를 위한 차단속도 빠른 것 선정
    ⑥ VCB 2차측에 SA설치
    ⑦ 다른 차단기, PF와의 보호협조 검토 (다른 개폐기와의 보호협조 검토)

문73 변압기 이행전압

문73. 변압기 이행전압의 개념과 보호방법을 설명하시오.

 답

1. 변압기 이행전압의 전반적인 개념
1) 이행전압 : 변압기 1차측에 가해진 Surge가 정전적 혹은 전자적으로 2차측에 이행하는 현상
2) 이행전압의 영향
   ① 변압기 2차 권선 및 2차측에 접속되는 발전기 등 전기기기의 절연에 악영향 줌
   ② 전압비가 큰 변압기에서는 이행전압이 2차측 BiL을 상회할 경우도 있어 보호장치가 필요함
3) 이행전압의 종류
   ① 정전이행전압 : 변압기 권선에 가해지는 Surge 전압이 양전선 間 및 2차권선 대지간 정전용량으로 분포되어 생기는 전압
   ② 전자이행전압 : 변압기의 1차권선을 흐르는 Surge 전류에 의한 자속이 2차권선과 쇄교하여 유기되는 전압이며, 권선비가 그 base가 됨.
   ③ 2차권선 고유진동전압 : 이행전압에 의해 2차 권선에 생기는 고유진동전압
   ④ 결과적으로 2차 권선에는 以上의 세가지 합성된 전압이 발생된다.

2. 정전이행전압의 개념과 보호방법
1) 정전이행전압 개념
   (1) 해석 모델

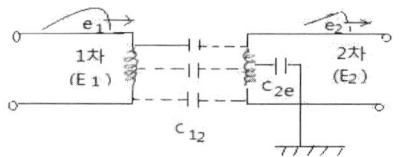

그림1. 단상변압기의 이행전압

(2) 정전이행전압 E_2, $E_2 = \dfrac{\alpha C_{12} \cdot e_1}{C_{12} + C_{2e}}$

　여기서, 　C_{12} : TR 1, 2차간 정전용량, 　C_{2e} : TR 2차 권선 대지간 정전용량
　　　　　e_1 : 1차권선에 가해진 Surge, α : 변압기구조에 따른 정수(보통 1.3~1.5)

(3) 정전 이행전압의 크기(단, $C_{12} \simeq \dfrac{1}{2} C_{2e}$ 일 경우)

　① 단상 TR : 1차 권선에 가해진 Surge 전압의 40~50[%]가 이행됨
　② 3상 TR
　　㉠ 중성점 접지시는 $\alpha = 0.6$ 이므로 1차측 서지의 20[%]가 2차측으로 이행됨
　　㉡ 중성점 개방시는 $\alpha = 1.5$ 이므로 1차측 서지의52[%]가 2차측으로 이행됨

2) 정전이행전압 보호방법
　① 윗 식에서 보는 바와 같이 이행전압을 억제하기 위해서는 C_{2e} 를 크게 하면 된다.
　② 대체로 변압기 1차와 2차 사이의 정전용량은 $10^{-2} \mu F$ 를 넘지 않으므로 변압기 2차측과 대지간에 $0.02 \mu F$ 이상의 보호콘덴서를 설치하면 된다
　③ 변압기 2차 측 선로가 케이블인 경우에는 케이블의 정전용량이 이를 충분히 커버할 수 있는지를 검토할 필요가 있다.
　④ 2차측에 LA설치
　⑤ 2차측의 BIL의 향상 등

3. 전자 이행전압의 개념과 보호방법

1) 전자이행전압 개념
　(1) 해석 모델

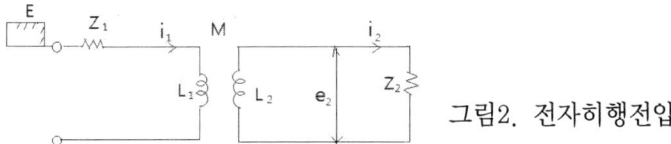

그림2. 전자히행전압

　(2) 개념 : 1차 권선을 흐르는 Surge 전류에 의한 자속이 2차권선과 쇄교하여 유기되는 전압
　(3) 단상변압기 2차권선으로의 전자이행전압(e_2)의 크기

　① $e_2 = \dfrac{E}{r} \cdot \dfrac{Z_2}{Z_1 + Z_2} \left(1 - e^{\frac{Z_1 + Z_2}{L_S}}\right)$

　　여기서, r : 권수비, e_2 : 전자이행전압, E : 1차측 서지 전압파고치

Z_1 : 1차권선측의 서어지 임피던스

Z_2 : 2차권선에 접속된 임피던스의 1차측 환산치($r^2 \cdot Z_2'$)

L_S : 변압기 권선의 임피던스($L_S = L_1 + L_2 - 2M$)

L_1 : 1차권선의 인덕턴스, L_2 : 2차권선의 1차로 환산한 인덕턴스

M : 상호 인덕턴스

② 즉, 상기의 결과식과 같이 전자이행전압은 주로 권선비에 의해 정해짐
   (4) 상기 式과 같이 부하 임피던스가 클수록, 전자이행전압은 큰 값이 됨.
   (5) 또한 전자이행전압에 대해서 2차측 콘덴서는 진동분을 길게 하는 것 뿐이므로 파고치를 억제하는 효과는 없음.
2) 전자이행 전압 억제 대책
① 보통의 변압기 권선변압기 정전용량은 $10-2\mu F$ 정도이므로, 2차측 대지간에는 5~10배인 $0.05 \sim 0.1\mu F$의 Condenser를 설치하면 이행전압은 억제되므로, 실제 계통에서는 별 문제가 없다.

4. 변압기 이행전압에 대한 일반적인 보호대책

1) 단권 변압기는 서지가 직접 2차 권선에 유기되므로 절연변압기를 사용 함
2) 다중실드, 노이즈 컷 변압기
3) 2차 중성점 또는 1단자 접지시켜 서지 이행에 의한 전위상승 방지할 것
4) 피뢰기, 과전압 보호소자(SPD ,방전 장치) 설치에 의한 피해 최소화

문74 TRIP FREE 방식

문74. 차단기의 TRIP FREE 방식에 대하여 설명하시오

 답

1. TRIP FREE 정의
1) TRIP FREE란 최소한 접촉자의 접촉, 또는 접촉자간의 ARC에 의하여 차단기의 주회로가 통전상태가 되었을 때
2) 설사 투입지령중이라 할지라도 TRIP장치의 동작에 의해 그 차단기를 TRIP할 수 있으며,
3) 또 TRIP 완료 후라도 계속 투입지령에 재차 투입동작을 하지 않고 일단 투입지령을 해제한 후, 다시 투입지령을 주었을 때 비로소 투입동작이 행해지는 것
[요약 : 차단기는 투입보다 트립이 우선이다 라는 개념]

2. TRIP FREE 방식
1) 기계적 TRIP FREE
   - 투입기구가 전기적으로 투입 측에 넣어져 있어도 트립기구가 동작되면 차단기를 TRIP 시킬 수 있는 것으로
   - 차단기의 가동접촉부를 움직이는 조작 로드와 투입기구의 피스톤, 플런저, 전동기 등의 연결기구를 풀어 투입동작 방지
2) 전기적 TRIP FREE
   - 전기적 투입조작의 차단기에서 투입조작 회로가 勵磁되어 있어도 TRIP 기구가 여자되면 차단기를 TRIP 시킬 수 있고
   - 또 투입조작 회로를 그대로 닫아둔 채로 있어도 재투입 하지 않는 것
   - 투입회로와 TRIP 회로가 동시에 여자될 경우 투입회로는 TRIP FREE RELAY에 의해 OPEN 되는 것임
3) 공기적 TRIP FREE
   - 압축공기 투입방식으로 압축공기에 의한 TRIP FREE 기구를 가진 것
   - 투입명령과 TRIP 명령이 동시에 주어졌을 때 TRIP FREE VALVE의 동작에 의하여 주 CYLINDER의 압축공기가 외부로 방출, PISTON 동작방지

문75. 인체감전 보호조치(안전작업조치)

문75. 전력용 콘덴서의 인체감전 보호조치(안전작업조치)에 대하여 설명하시오
 -1. 조상설비 (Static Condencer, Shunt Reactor, SVC 등)에 운영상 안전작업조치에 대하여 설명하시오

답

1. 송변전설비의 작업시에 있어 일반적인 감전예방조치가 필요한 경우

감전사고 요인이 되는 것은 다음과 같으므로 이에 대하여 특별히 주의를 하여 충분한 준비 및 조치를 시행하고 작업하여야 한다.
① 충전부에 직접 접촉될 경우나 안전거리 이내로 접근하였을 때
② 전기 기계·기구나 공구 등의 절연변화, 손상, 파손 등에 의한 표면누설로 인하여 누전되어 있는 것에 접촉, 인체가 통로로 되었을 경우
③ 콘덴서나 특고압케이블 등의 잔류전하에 의할 경우
④ 전기기계나 공구 등의 외함과 권선간 또는 외함과 대지간의 정전용량에 의한 분압전압에 의할 경우
⑤ 지락전류 등이 흐르고 있는 전극 부근에 발생하는 전위경도에 의할 경우
⑥ 송전선 등의 정전유도 또는 유도전압에 의할 경우
⑦ 오조작 및 자가용 발전기 운전으로 인한 역송전의 경우
⑧ 낙뢰 진행파에 의할 경우

2. 전력용 콘덴서의 감전방전조치

2-1. 고압의 경우

1) S.C군 작업시에는 먼저 차단기를 개방하여 전원에서 분리한 후 방전코일을 통한 S.C군의 방전을 위하여 5분후에 접지시켜야 한다.

2) S.C군은 전원에서 분리되었다 하더라도 cell군 개별로 단락접지 되기 전에는 작업을 하여서는 안된다.

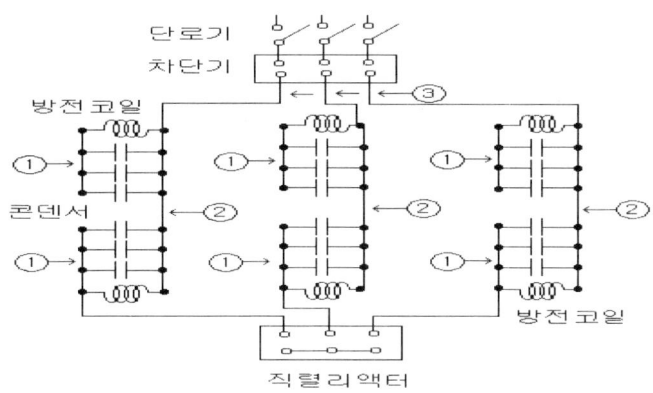

③을 접지한 후 ①과 ②부분을 각각 단락 방전시킴

3) S.C군 운전정지 후 재운전은 방전코일을 통한 S.C군의 방전이나 과도적 전압상태 또는 돌입전류의 방지를 위하여 최소 5분후에 시행하여야 한다.
4) S.C군을 설치한 바닥면은 자갈을 포설하여서는 안되며 잡초가 자랄 수 없도록 콘크리트 등으로 포장해야 한다.

2-2. 저압의 경우
1) 차단속도 접촉자간의 절연회복성능이 빠른 개폐기 선정 및 방전코일 설치
2) 저압회로용 콘덴서 개폐기로는 1)의 요구에 적합한 MCCB 또는 전자개폐기 설치
3) 저압용 방전저항은 개방 후 3분 이내 잔류전압이 75[V] 이하인 제품 사용

문76. 직렬리액터의 목적

문76. 직렬리액터의 목적을 간단히 설명하고, 콘덴서 18개로 구성된 특고압용 직렬리액터가 설치된 장소를 그리시오.

 답

1. 설치목적
1) LC 공진에 의한 파형의 왜곡 방지
2) 고조파 악영향 제거 : 특히 제5고조파 제거
   즉, 콘덴서가 접속된 모선에 고조파 발생부하가 있는 경우, 고조파 전류의 이상 확대가 발생되지 않도록 SR을 설치함
3) 병렬로 결선된 콘덴서 뱅크가 있는 경우는 아래와 같이 SR을 설치함
   ㉠ 콘덴서 회로에 설치하여 콘덴서 투입시 과도 돌입전류에 의한 콘덴서 스트레스억제
   ㉡ 단, 돌입전류의 억제용 일 경우는 콘덴서 용량의 0.5~1.0% 정도의 한류리액터의 설치도 무방하다.
   ㉢ 콘덴서 회로를 개방시 선로 이상전압 방지
4) S.C를 여러 군으로 분할하여 AUTOMATIC CONTROL을 할 경우에 SR을 설치

2. 특고압용 SR 설치장소
① 장소

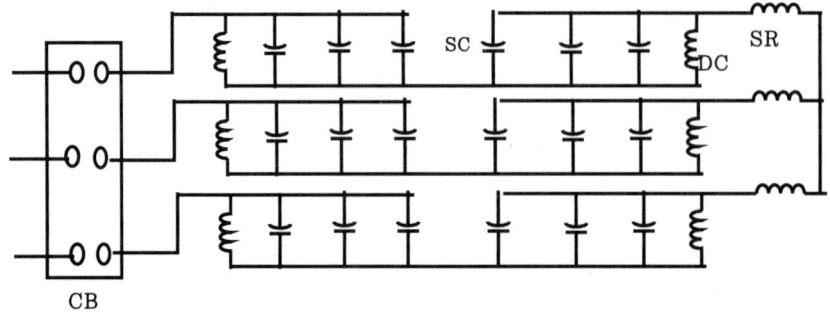

SR : 직렬리액터. DC : 방전코일. SC : 전력용 콘덴서. CB : 차단기

문77 ▶ 직렬리액터

문77. 건16-109-1-6. 직렬리액터에 대하여 다음 사항을 설명하시오.[25점용 좋음]
   1) 설치목적   2) 용량산정   3) 설치 시 문제점 및 대책

 답

1. 설치목적

1) LC 공진에 의한 파형의 왜곡 방지
2) 고조파 악영향 제거 : 특히 제5고조파 제거
   즉, 콘덴서가 접속된 모선에 고조파 발생부하가 있는 경우, 고조파 전류의 이상 확대가 발생되지 않도록 SR을 설치함
3) 병렬로 결선된 콘덴서 뱅크가 있는 경우는 아래와 같이 SR을 설치함
   ㉠ 콘덴서 회로에 설치하여 콘덴서 투입시 과도 돌입전류에 의한 콘덴서 스트레스억제
   ㉡ 단, 돌입전류의 억제용 일 경우는 콘덴서 용량의 0.5~1.0% 정도의 한류리엑터의 설치도 무방
   ㉢ 콘덴서 회로를 개방시 선로 이상전압 방지
4) S.C를 여러 군으로 분할하여 AUTOMATIC CONTROL을 할 경우에 SR을 설치
5) 특고압용 SR 설치장소
   ① 장소

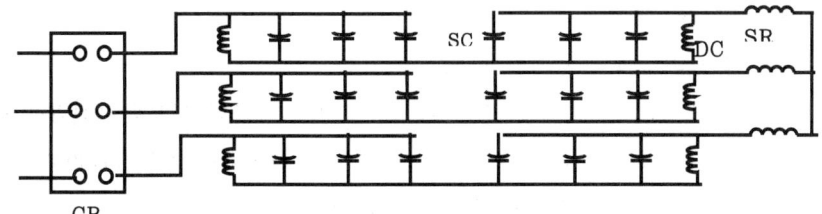

SR : 직렬리액터.   DC : 방전코일.   SC : 전력용 콘덴서.   CB : 차단기

2. 직렬리액터 용량 산출

1) 제 3고조파 제거 용

① 기본개념: $Z = R + j(w_n L - \dfrac{1}{w_n C})$ 에서 허수부가 0이 되면 임피던스는 최소이고, 전류는 최대로 되므로 $(w_n L - \dfrac{1}{w_n C}) > 0$ 이면 이러한 현상을 방지할 수 있음

② 즉, 제3고조파가 전력전자 기기 등에서 발생되면 $(w_n L - \dfrac{1}{w_n C}) > 0$ 로 하여 고조파의 영향을 감소시킬 수 있음. 그러므로 $w_n L > \dfrac{1}{w_n C}$ ===>

$$2\pi(3f)L > \dfrac{1}{2\pi(3f)C}$$

③ 따라서 $wL > \dfrac{1}{3^2 wC} = 0.11 \dfrac{1}{wC}$

④ 이론상 직렬리액터 용량은 콘덴서 용량의 11% 이상이나 실제적으로 주파수변동 등을 감안한 경제적인 측면에서 13%를 표준으로 함

2) 제 5고조파 제거 용

① $w_n L > \dfrac{1}{w_n C}$ =====> $2\pi(5f)L > \dfrac{1}{2\pi(5f)C}$ ====> $wL > \dfrac{1}{5^2 wC} = 0.04 \dfrac{1}{wC}$

② 이론상 직렬리액터 용량은 콘덴서 용량의 4% 이상이나 실제적으로 주파수변동 등을 감안한 경제적인 측면에서 6%를 표준으로 함

3) 직렬 리액터 산정 : 예로 6%의 직렬리액터는 Capacitor용량의 6%를 곱하면, 직렬리액터 용량이 산출.

4) 직렬 리액터는 고가로서 보통 500[kVA] 이상인 것에 설치 함

3. 설치 시 문제점 및 대책

1) 직렬리액터와 콘덴서의 단자전압 관계

① 5고조파 제거용으로 6%의 직렬리액터를 설치하면 콘덴서의 단자전압은 6% 상승, 콘덴서의 용량도 약13% 상승함($Q' = \sqrt{3}\,V'I_c' = \sqrt{3} \times 1.0638V \times 1.0638I_c = 1.13Q$)

② 따라서 큐비클 내 "발열"을 검토시 주의 할 것.

2) 콘덴서 용량증가 하는 경우에서 직렬리액터 적용 문제점 및 대책

① 콘덴서 용량 증가에 따라 전류가 증가하므로 직렬리액터의 전류용량이 부족하게 된다. 따라서 직렬리액터는 과열 또는 소손이 된다.

② 콘덴서 리액턴스가 작아지므로 직렬 리액턴스 %율이 증가한다. 따라서 콘덴서 및 직렬

리액턴스의 단자전압이 상승한다.
③ 대책 : 콘덴서 용량을 증가하는 경우에는 직렬 리액터를 교체해야 한다.

3) 직렬리액터 설치시의 콘덴서 단자 전압[3.3kV, 3상, 500kVA(167×3), Y결선] 예
  ① $V_C = \dfrac{V_1}{\sqrt{3}} = 1905(V)$
  ② 13% 직렬리액터 삽입시 단자전압 : $V_C = 1905 \times \dfrac{1}{1-0.13} = 2190(V) = \dfrac{2190}{1905} \times 100 = 115[\%]$
  ③ 캐패시터 허용 과전압은 정격의 110%로 규정하고 있으므로 회로 전압의 상승분을 포함하여 캐패시터의 단자전압이 110% 이상 될 수 있는 직렬 리액터를 삽입할 경우에는 사전에 과전압, 과용량을 고려해야한다.

4) 용량 비 일치로 인한 직렬리액터의 목적을 이룰 수 없는 경우가 있어 적정용량 교체
  ① 예를 들어 6kVA 리액터를 100kVA 콘덴서에 설치하였다가 50kVA의 콘덴서에 설치한다면, 리액터 용량은 $6 \times \left(\dfrac{50}{100}\right)^2 = 1.5\,kVA$ 가 되어 50 kVA 콘덴서에 대하여 3%의 리액터가 되어 제5고조파를 억제할 수 없다.
  ② 즉, 100kVA 콘덴서에 6kVA 직렬리액터 접속시
    ㉠ $I_1 = \dfrac{P}{E} = \dfrac{100,000}{200} = 500\,(A)$
    ㉡ 직렬리액터 내부저항 : $R = \dfrac{P}{I^2} = \dfrac{6,000}{500^2} = 0.024\,(\Omega)$
  ③ 이것을, 50kVA 콘덴서에 6kVA 직렬리액터 접속시
    ㉠ $I_2 = \dfrac{P}{E} = \dfrac{50,000}{200} = 250\,(A)$
    ㉡ 직렬리액터 용량 P = I² R = 250² × 0.024 = 1.5 kVA
  ④ 따라서 이 직렬리액터는 50kVA에 대하여 3% 리액터 역할을 하여 제5고조파를 제거할 수 없게 된다.

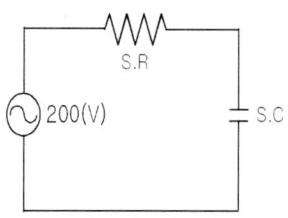

문78. 보정과 오차

문78. 보정과 오차를 설명하시오.

답

1. 보정(補正)
1) 실험, 관측 또는 근삿값 계산 따위에서 결과에 포함된 외부적 원인에 의한 오차를 없애고 참값에 가까운 값을 구하는 것.
2) 보정과 정오차의 관계 : 원인이 분명하여 쉽게 보정할 수 있는 오차

2. 오차(誤差, Error)
1) 정의
   어떤 량의 측정에 있어 그 참값(True Value)을 찾는다는 것은 거의 불가능한 일로서 측정치는 참값보다 다소의 차가 포함되는 것은 피할 수 없는 差
2) 오차의 적용
   측정할 때 그 측정치에서 가능한 한 모든 오차를 제거하고 그 결과에 의하여 가장 확실한 값을 찾아서 참값에 사용한다.
3) 계전기의 오차 표현식 : 오차$(\varepsilon) = \dfrac{\text{실측치}(M) - \text{공칭치}(T)}{\text{공칭치}(T) \text{ 또는 특별히 정한치}} \times 100(\%)$
4) 비오차
   ① 실제 변류비가 공칭 변류비와 얼마만큼 다른지를 나타냄
   ② $\varepsilon = \dfrac{K_n - K}{K}$. 여기서, ε : 비오차, K_n : 공칭변류비, K : 실제변류비
   ③ 비보정계수(R.C.F : Ratio Correction Factor) : $R.C.F = \dfrac{K}{K_n}$
5) 오차의 구분
   ① 측정오차 :
      ㉠ 측정을 끝낸 뒤에 밝혀지는 일정한 오차.
      ㉡ 측정오차 = 계통오차 + 우연오차 + 과실오차
      ㉢ 측정치 = 참된값 + 측정오차

② 계통오차 : 오차의 크기와 부호를 추정할 수 있고 보정할 수 있는 오차
　　㉠ 계기오차: 측정계기의 불완전성 때문에 생기는 오차로 다음의 3종류.
　　㉡ 환경오차 : 측정할 때 온도, 습도, 압력등 외부환경의 영향으로 생기는 오차.
　　㉢ 개인오차 : 개인이 가지고 있는 습관이나 선입관이 작용하여 생기는 오차
③ 과실오차
　　㉠ 숫자를 잘못 읽었다든지 계산을 틀리게 하여 생기는 오차
　　㉡ 계기의 취급부주의로 생기는 오차
④ 우연오차
　　㉠ 주위의 사정으로 측정자가 주의해도 피할 수 없는 불규칙적이고 우발적인 원인에 의해 발생하는 오차
　　㉡ 보정할 수는 없지만, 여러번의 측정을 거쳐 평균값을 사용함으로써 우연오차를 최소화 할 수 있음

3. 백분율 오차와 백분율 보정

1) 백분율 오차
　① 참값에 대한 지시치의 오차로서 표시하는데 참값은 실제로는 매우 정밀한 계기로서 측정한 값을 취한다.
　② 표현식 : 백분율오차 $(\varepsilon) = \dfrac{M-T}{T} \times 100(\%)$ ---식1)
　　단, T : 참값,　　M : 측정치

2) 백분율 보정
　① 계측에 의해서 얻어진 값을 교정하기 위해서 사용되며
　② 표현식: 백분율 보정$(\alpha) = \dfrac{T-M}{M} \times 100(\%)$ ----식2)

3) 백분율오차와 백분율보정과의 관계
　① 식2)에서 $T = M(1 + \dfrac{\alpha}{100})$ 이 됨
　② 식1)에서 $M = T(1 + \dfrac{\varepsilon}{100})$
　③ 백분율 오차와 백분율 보정의 관계:
　　$(1 + \dfrac{\varepsilon}{100})(1 + \dfrac{\alpha}{100}) \fallingdotseq 1$의 관계가 있는데 근사적으로는 $\alpha \fallingdotseq -\varepsilon$ 으로 해도 좋다.

문79. 4E 계전기

문79. 4E 계전기의 용도 및 그 기능에 대하여 설명하시오.

 답

1. 정의
1) 강반환시 과전류 계전기, 단락순시요소, 결상순시요소, 접지형 지락과전류 계전기를 종합적으로 내장한 계전기

2. 용도
과전류, 단락전류, 단상 및 결상, 지락사고 등을 보호함으로써 배전반의 종합적인 사고방지에 적합하다.

3. 기능
1) 과전류 보호(Over Current Protection)
2) 단락전류 보호(순시요소 : Short Current Protection)
3) 결상, 단상보호(Phase Loss Protection)
4) 지락보호(Ground Fault Protection)

4. 1E~4E계전기의 보호기능

보호 Class	보호기능
1E	과전류
2E	과전류, 결상
3E	과전류, 결상, 역상
4E	과전류, 결상, 역상, 지락 또는 단락

문80 보호계전기

문80. 보호계전기의 정정시 고려할 사항을 간단히 설명하시오

답

(1) 오동작 하지 않는 범위 내에서 가장 예민한 검출 감도를 가질 것
  : 일반으로 보호 계전기의 검출 감도를 너무 예민하게 하면 계통 사고가 아닌 작은 동요에도 오동작 할 수 있다.
(2) 가장 빠른 속도로 동작할 것
  : 사고가 생겼을 때 전기 기기의 피해를 최소로 하고 또 계통 안정도 등에 미치는 영향을 최소로 하기 위해서 사고는 최단 시간 내에 제거되어야 한다.
(3) 계통 전체로서 보호 협조가 되어야 한다.
  ① 주보호와 후비 보호간의 보호 협조
    : 주보호 장치는 가장 예민한 감도로 가장 신속하게 동작하도록 정정하나, 후 비 보호 계전기는 주보호 장치의 동작 실패 시에만 동작되도록 해야 한다.
  ② 검출 감도면에서의 보호 협조
    : 예를 들어 후비보호 계전기 보다는 주보호 계전기의 검출감도가 더 예민할 것
  ③ 전기 설비의 강도에 대한 보호 협조
    : 전류-시간 곡선에서와 같이 계전기의 보호 범위는 설비의 위험 한계선보다 아래에 있어야 한다.
  ④ 차단 범위 국한을 위한 보호 협조
    ㉠ 계통에 고장이 발생한 경우 계통 전체에 영향이 파급되지 않도록 제한적으로 최소 부분만을 차단해야 함
    ㉡ 이는 주로 보호 계전기간의 검출 감도와 동작 시간을 상호 협조 되도록 정정함으로써 가능해 진다.
  ⑤ 보호 구간별 보호 협조
    : 설비 단위별로 보호 계전기가 설치된 경우 그 보호 구간이 일부 서로 중첩되도록 보호 범위를 설정해서 보호 맹점이 생기지 않도록 한다.

문81 ▶ 전기설비의 내진 설계

문81. 응16-109-2-6. 환태평양 지진대의 동시 다발적인 지진발생으로 인해, 한반도에서도 지진발생에 대한 대책이 요구되고 있다. 이에 대해 전기설계자가 행해야 할 실내 변전실 전기설비의 내진 설계에 대하여 설명하시오

답

1. 내진 설계시 고려사항

1) 건물의 중요도
   전기설비의 내진성은 건물의 사회적 중요도나 용도를 고려해서 등급을 결정한다
   ① 중요도A : 중요설비나 인명 안전 확보상 중요 설비의 기능유지 확보설비
   ② 중요도B : 정지나 긴급 차단의 관제 운전 대상설비
   ③ 중요도C : 다소 피해가 있어도 간단히 보수, 복귀 가능 설비

2) 지진력과 변위
   ① 변위 : 건축물의 변형을 표시하는 층간 변위각과 익스펜션 조인트 등의 상대 변위량으로 나타내는데 이를 변위각 또는 변위량으로부터 설치하는 기기의 변형대책 및 배관 배선의 흡수 대책을 세워야 한다
   ② 지진력 : 내진 설계를 하려면 지진력을 명확히 해야 하는데 설계용 수평 지진력은 다음 식으로 산출한다
   ㉠ 수평 지진력: $F_H = Z \cdot K_S \cdot W$ [kg]

   F_H = 설계용 수평 지진력[kg]   Z = 지역계수로 전기설비의 경우는 1.
   K_S = 설계용 표준 진도 (지하층 및 1층:0.4 중간층:0.6 최상층:1.0)
   W = 기기의 중량 [kg]
   ㉡ 수직 지진력: $F_V = 0.5 F_H$ [kg]

3) 설비의 적정 배치
   ① 중요도 높은 기기 및 내진력이 약한 기기는 저층부에 배치
   ② 진동 발생시 오동작 우려 설비는 아래쪽에 배치
   ③ 보수, 점검이 용이한 곳에 설치

4) 공진이 없도록 설계
   :전기설비의 기기 및 배선들은 건물의 지진반응에 대해 공진이 없는 설계 시공한다.
5) 기능의 보전
   ① 지진 중에도 운전
   ② 지진 측정기로 감지, 수동 및 자동정지, 지진후 운전 재개
   ③ 자동으로 재 운전 가능할것
   ④ 점검, 확인 후 재 운전 개시 가능할 것

2. 기기별 내진대책 요약

기기종류	내진 대책(예)	비고
옥외형 애자형 기기	① 가대포함 내진설계 ② 공진시 동적하중에 견디도록 강도선정 ③ 고강도 애자 사용	① 내진조건에 따라 스테이 애자로 보강 ② 플랜지 강화
GIS	① 기초부를 정적내진설계 ② Bushing은 공진 고려하여 동적설계	① 변압기와의 연결은 Flexible Joint 사용
SW Gear	① Frame 고정 볼트를 인장력 전단력이 강한 것 사용 ② 부재의 강성을 높이고 기초부 보강	① 벽 등에 고정시켜 전도 방지 ② 층의 1/2 이하로 배치
보호계전기	① 정지형 또는 디지털 Relay 사용 ② 다른 종류의 계전기와 조합하여 사용 ③ 판의 강성을 높여서 응답배율을 내린다	① 지진검출기로 차단 또는 Locking한다. ② Tuner를 넣어 협조시킨다.
변압기	① 본체의 공진주파수를 10Hz이상 일 것. ② Bushing의 공진주파수를 탁월 주파수 밖으로 한다.	① 방진장치가 있는 것은 Stopper설치 ② 저층에 설치 ③ 애자는 0.3G, 공진3파에 견디는 것 ④ 기초볼트의 정적하중이 최대 체크POINT
설비전반	① 배관이나 리드선에 가요성 부과 ② 변위량 큰 것은 내진 Stopper설치	① 하층에 설치 및 배치한다.
자가발전기	지진시의 운전조건으로서 전내진형, 지진 관제형으로 할 것인가는 부하의 중요도, 건축물과 타 설비와의 내진강도의 밸런스, 2차 재해의 가능성 계전기 등의 지진 중 동작 등을 검토하여 결정.	① 지진 후 안전하고 확실한 운전을 할 수 있는 것일 것. ② 원동기와 발전기에 방진장치를 시설할 경우에는 지진하중이 원동기, 발전기의 중심에 작용 할 경우 수평2방향과 연진방향에 대하여 유효하게 스톱퍼를 시설할 것
축전지	① 앵글프레임은 관통볼트에 의하여 고정 또는 용접. ② 내진가대의 바닥면고정은 강도적으로 충분히 견딜 수 있도록 처리	축전지 상호간의 틈이 없도록 내진가대 제작 축전지 인출선은 가요성이 있는 접속재로 충분한 길이의 것을 사용, S자형 배선고려

문82. 저압직류 지락차단장치

문82. 안14-102-1-8. 저압직류 지락차단장치의 시설방법과 구성 원리 등에 대하여 설명하시오. (판단 기준 291조)

답 건16-109-1-12. 저압 직류지락차단장치의 구성방법과 동작원리?에 대하여 설명하시오.

1. 저압 직류 지락 차단장치의 설치 조건(전기설비기술기준의 판단기준 제291조)

직류전로에는 지락이 생겼을 때 자동으로 전로를 차단하는 장치를 시설하여야 하며 "직류용" 표시를 하여야 한다.

2. 저압 직류차단장치의 구성방법

1) 저압 직류지락차단장치 설치 예

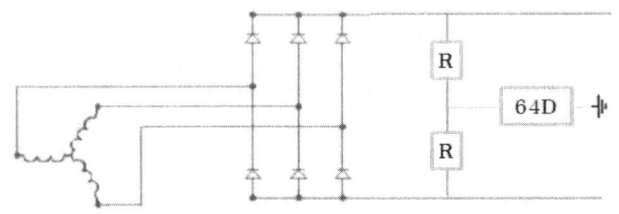

그림1. 직류 지락차단장치의 지락전류 검출부

2) 지락차단장치는 직류 누전을 검출하는 부분과 차단부로 구성되어 있고 이러한 장치는 산업현장에서 많이 사용되고 있다.
3) 직류 누전검출부와 차단부가 한 용기에 있는 것을 누전차단기라 하는데 아직 국내는 직류용 누전차단기는 생산되지 않고 있다.
4) 직류 누전을 검출하는 센서는 교류는 ZCT를 이용하지만 직류는 Hall CT 등을 이용함
5) 그림과 같이 중간점과 대지사이에 직류 지락계전기(64D)를 설치 후 그 접점을 차단기에 연결하여 지락사고 시 차단을 하도록 구성 함

3. 동작원리

1) 그림과 같이 정/부 극성 양단에 저항(또는 캐패시터)을 설치하고 그 중간점을 접지한다.
2) 정상인 상태일 경우 양 단의 차전류가 흐르지 않지만 누전이 되어 양단의 전위차가 있으면 중간점에 전위가 있어 전류가 흐르게 된다.
3) 이 중간점과 대지사이에 직류 지락계전기(64D)를 설치하여 지락보호를 한다.
4) 이 지락계전기의 접점을 차단기에 연결하여 지락사고 시 차단을 하도록 구성한다.

● 판단 기준 288조~294조 참고 분 ●

1. 제288조(전기품질)
   1) 저압 옥내직류 전로에 교류를 직류로 변환하여 공급하는 경우 직류는 리플프리직류 일 것
   2) KS C IEC 61000-3-2 : 고조파 방사전류 한계 값(상당 입력 전류 16A 이하 기기)과 KS C IEC 61000-3-12: 저압계통에 연결된 기기에서 발생되는 고조파전류의 한계 값(상당 입력전류 16A 초과 75A 이하 기기)에서 정한 값이 되게 할 것

2. 제289조(저압 옥내직류 전기설비의 접지)
   1) 저압옥내직류 전기설비에 전로 보호장치의 확실한 동작의 확보, 이상전압 및 대지전압의 억제를 위하여 직류 2선식의 임의의 한 점 또는 변환장치의 직류측 중간점, 태양전지의 중간점 등을 접지하여야 함
   2) 감전보호, 전기부식방지 등에 대하여 규정함.

3. 제290조 (저압 직류과전류차단장치)
   1) 제38조에 의하여 직류전로에 과전류차단기를 설치하는 경우 직류 단락전류를 차단하는 능력을 가지는 것이어야 하고 "직류용" 표시를 하여야 한다.
   2) 다중전원전로의 과전류차단기는 모든 전원을 차단할 수 있도록 시설하여야 한다.

4. 291조 (저압 직류지락차단장치)
   1) 직류전로에는 지락이 생겼을 때에 자동으로 전로를 차단하는 장치를 시설할 것
   2) "직류용" 표시를 하여야 한다.
   3) 저압 직류지락차단장치 설치 예

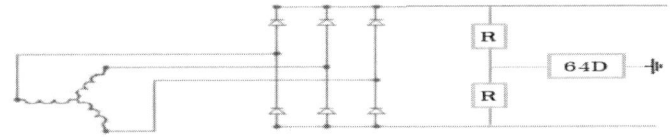

5. 292조(저압 직류개폐장치)
    1) 직류회로 개폐시 발생하는 아크에 대한 보호와 다중전원 전로에서 개폐시 감전보호를 위해 다중 전원을 가진 부하 개폐는 개방 위치에 있을 때 모든 소스를 개폐하도록 규정함.

6. 293조(저압 직류전기설비의 전기부식방지)
    1) 직류회로에서 누설전류에 대한 전식작용을 방지하기 위하여 현행 판단기준, IEC, EN, VDE, NACE 등을 참조하여 신설(안)을 마련하였다.
    2) 다만, 경제적 부담을 고려 직류 지락차단장치가 있는 경우는 예외로 함.

7. 294조(축전지실 등의 시설)
    1) 30 V를 초과하는 축전지는 비접지 측 도체에 쉽게 차단할 수 있는 곳에 개폐기를 시설할 것.
    2) 옥내전로에 연계되는 축전지는 비접지측 도체에 과전류보호장치를 시설하여야 한다.
    3) 축전지실 등은 폭발성의 가스가 축적되지 않도록 환기장치 등을 시설하여야 한다.

문83 역률개선

문83. 역률개선에 소요되는 콘덴서의 용량 Q[kVA]를 구하는 방법에 대하여 설명하고, 역률개선 효과를 기술하시오 (단 $\cos\theta_1, \cos\theta_2$: 콘덴서 설치 전·후의 역률)

 답

1. 콘덴서의 용량 Q[kVA]를 구하는 방법

1) 개념도와 벡터도

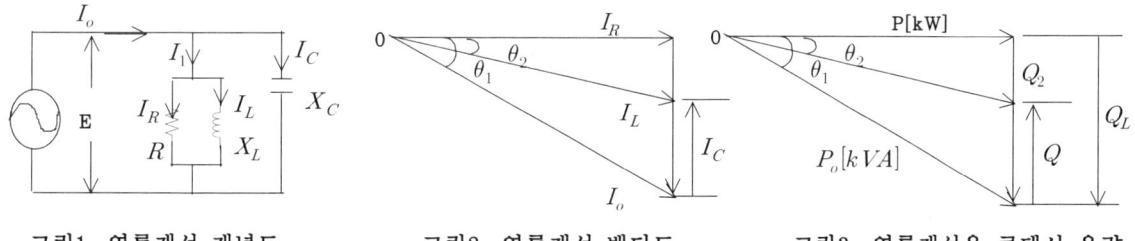

그림1. 역률개선 개념도   그림2. 역률개선 벡터도   그림3. 역률개선용 콘덴서 용량

2) 역률의 정의
   ① 전력부하는 저항(R)과 리액턴스(X_L, X_C)에 의하여 θ만큼의 위상차가 있다.
   ② 따라서 목표한 유효전력(P)을 달성하고자 할 경우 무효전력(Q)가 필요하며, 두 전력의 합인 피상전력에 대한 유효전력의 比를 역률이라 한다.

3) 표현식 : 역률($\cos\theta$) = $\dfrac{유효전력}{피상전력}$ = $\dfrac{유효전력}{\sqrt{유효전력^2 + 무효전력^2}}$

4) 역률 개선의 회로적 분석
   ① 그림1과 같이 부하에 용량성 리액턴스를 병렬로 접속하면 i_L 와 i_C로 분류되며, 두 전류의 위상차(180°)로 상쇄 되어 그림2의 벡터도와 같이 무효전류가 감소되면 역율이 개선 됨.

5) 필요한 콘덴서의 용량 Q
   ① 그림3과 같이 콘덴서 용량 Q는 $Q = Q_L[kVAR] - Q_2$ 이다
   ② 여기서 콘덴서 설치전의 무효전력 : $Q_L[kVAR] = P\tan\theta_1$

Chapter 4. 전기안전 추가부분

③ 또, 콘덴서 설치후의 무효전력 : $Q_2[kVAR] = P\tan\theta_2$

④ ∴ 역률을 개선하기 위한 콘덴서 용량은

$$Q = P(\tan\theta_1 - \tan\theta_2) = P\left[\sqrt{\frac{1}{coa^2\theta_1} - 1} - \sqrt{\frac{1}{\cos^2\theta_2} - 1}\right](kVA)$$

단, P : 부하전력[kW], $\cos\theta_1, \cos\theta_2$: 콘덴서 설치 전·후의 역률

2. 역률개선효과

1) 변압기의 손실저감

① 변압기의 손실은 철손과 부하손(즉 동손)이 있고, 철손은 역률에 무관함

② 역률개선용 콘덴서를 설치한 경우의 동손 저감량은

$$W_t = \left(\frac{100}{\eta} - 1\right) \times \frac{n}{100} \times \left(\frac{P}{P_t}\right)^2 \times \left(1 - \frac{\cos\theta_1}{\cos\theta_2}\right) \times P_t \, [kW/kVA]$$

단, W_t : 단위 용량에 대한 동손저감분, η : 효율(%),

n : 변압기 손실 중 동손이 차지하는 비율(%)

P_t : 변압기 용량[kW], P : 부하용량[kW],

2) 배전선의 손실저감

① 역률 개선용 콘덴서를 취부할 경우의 배전선 손실저감분은

$$W_l = \left(\frac{P^2}{E^2}\right) \times R \times \left(\frac{1}{\cos^2\theta_1} - \frac{1}{\cos^2\theta_2}\right) \times 10^{-3} [kW]$$

단. P : 부하의 유효전력[kW], E : 부하단 전압[V], R : 선로 1상분의 저항[Ω]

② 따라서 손실저감률은

$$\frac{저감된\ 손실량}{처음\ 손실량} \times 100 = \frac{k\left(\frac{1}{\cos^2\theta_1} - \frac{1}{\cos^2\theta_2}\right)}{k\left(\frac{1}{\cos^2\theta_1}\right)} \times 100 = \left(1 - \frac{\cos^2\theta_1}{\cos^2\theta_2}\right) \times 100\,[\%]$$

3) 설비용량의 여유 증가

① 역률 개선으로 부하전류가 감소되어 설비용량을 증설 없이도 부하의 증설이 가능

② 이 경우 더 공급 가능한 부하 W1(kVA) 및 전력의 증가분 P1(kW)은

㉠ W1 = W0$\left(\frac{\cos\theta_2}{\cos\theta_1} - 1\right)$ [kVA]

㉡ P1 = P − P0 = W0($\cos\theta_2 - \cos\theta_1$) (kW)

단, P : 개선 후의 유효전력, P_0 : 개선 전의 유효전력

4) 전압강하의 경감: 전압강하의 경감으로 전력설비 보강 공사비 경감 이때 전압강하 경감률은 $\epsilon = \dfrac{Q_C}{Q_{RC}} \times 100 [\%]$, 단, Q_C : 콘덴서 용량, Q_{RC} : 콘덴서 삽입모선의 단락용량

5) 역률 개선에 의한 전기요금 경감
   ① 역률90% 이상 95% 까지 역률일 경우 기본 요금 경감
   ② 역률 개선으로 부하율 개선시 그만큼 전력회사의 설비는 합리화를 이룰 수 있음.
   ③ 전기요금= 기본요금 + 전력사용량 요금
      ㉠ 기본요금=[계약전력 $\times \left(1 + \dfrac{90 - 역률(\%)}{100}\right) \times$ 계약전력단가]
      ㉡ 전력사용량 요금 = 전력사용량 $\times$ 전력단가

문84 지능형 전력망

문84. 응16-109-4-2. 지능형 전력망 관련 이차전지를 이용한 전기저장장치의 시설에 대하여 전기설비 기술기준의 판단기준에서 정한 아래 사항을 설명하시오
(1)적용범위 (2)일반요건 (3)제어 및 보호장치의 시설 (4)계측장치 등의 시설

 답

1. 적용범위
1) 이차전지를 이용하여 전기를 저장하고 필요시 저장한 전기를 배전계통 또는 부하에 공급하는 전기저장장치를 시설하는 장소에 적용한다.
2) 전기저장장치를 시설하는 경우에는 인체 감전, 화재 그 밖에 사람에게 위해를 주거나 다른 전기설비에 지장을 주지 않도록 시설하여야 한다.
3) 전기저장장치는 사용 목적에 따라 전기를 안정적으로 저장하고 공급할 수 있도록 적절한 보호 및 제어장치를 갖추고 폭발의 우려가 없도록 시설하여야 한다.

2. 일반 요건
이차전지를 이용한 전기저장장치는 다음 각 호에 따라 시설하여야 한다.
1) 충전부분이 노출되지 않도록 시설하고, 금속제의 외함 및 이차전지의 지지대는 기계기구의 철대, 금속제 외함 및 금속프레임 등의 접지규정에 따라 접지공사를 할 것
2) 이차전지를 시설하는 장소는 폭발성 가스의 축적을 방지하기 위한 환기시설을 갖추고 적정한 온도와 습도를 유지할 것.
3) 이차전지를 시설하는 장소는 보수점검을 위한 충분한 작업공간을 확보하고 조명설비를 시설할 것.
4) 이차전지의 지지물은 부식성 가스 또는 용액에 의하여 부식되지 아니하도록 하고 적재하중 또는 지진 등 기타 진동과 충격에 대하여 안전한 구조일 것.
5) 침수의 우려가 없는 곳에 시설할 것.

3. 제어 및 보호장치의 시설 (제296조)

1) 전기저장장치가 비상용 예비전원 용도를 겸하는 경우에는 비상용부하에 전기를 안정적으로 공급할 수 있는 시설을 갖추어야 한다.
2) 전기저장장치의 접속점에는 쉽게 개폐할 수 있는 곳에 개방상태를 육안으로 확인 할 수 있는 전용의 개폐기를 시설하여야 한다.
3) 전기저장장치의 이차전지에는 다음 각 호에 따라 자동적으로 전로로부터 차단하는 장치를 시설하여야 한다.
   ① 과전압 또는 과전류가 발생한 경우
   ② 제어장치에 이상이 발생한 경우
   ③ 이차전지 모듈의 내부 온도가 급격히 상승할 경우
4) 직류 전로에 과전류차단기를 설치하는 경우 직류 단락 전류를 차단하는 능력을 가지는 것이어야 하고 "직류용" 표시를 하여야 한다.
5) 직류전로에는 지락이 생겼을 때에 자동적으로 전로를 차단하는 장치를 시설할 것.

4. 계측장치 등의 시설

1) 전기저장장치를 시설하는 곳에는 다음 각 호의 사항을 계측하는 장치를 시설할 것
   ① 이차전지 집합체의 출력 단자의 전압, 전류, 전력 및 충·방전 상태
   ② 주요변압기의 전압, 전류 및 전력
2) 발전소·변전소 또는 이에 준하는 장소에 전기저장장치를 시설하는 경우 전로가 차단되었을 때에 관리자가 확인할 수 있도록 경보 장치를 시설하여야 한다.

5. 계통연계용 보호장치 시설 (제283조)

1) 계통 연계하는 분산형 전원을 설치하는 경우 다음 각 호의 1에 해당하는 이상 또는 고장 발생시 자동적으로 분산형 전원을 전력계통으로부터 분리하기 위한 장치 시설 및 해당 계통과의 보호협조를 실시하여야 한다.
   ① 분산형전원의 이상 또는 고장
   ② 연계한 전력계통의 이상 또는 고장
   ③ 단독운전 상태

2) 연계한 전력계통의 이상 또는 고장 발생시 분산형전원의 분리 시점은 해당 계통의 재폐로 시점 이전이어야 하며, 이상 발생 후 해당 계통의 전압 및 주파수가 정상 범위 내에 들어올 때까지 계통과의 분리상태를 유지하는 등 연계한 계통의 재폐로 방식과 협조를 이루어야 한다.
3) 단순 병렬운전 분산형전원의 경우에는 역전력 계전기를 설치한다.
 단, 신·재생에너지를 이용하여 전기를 생산하는 용량 50 kW이하의 소규모 분산형전원 (단, 해당 구내계통 내의 전기사용 부하의 수전 계약전력이 분산형 전원 용량을 초과하는 경우에 한한다)으로서 제1항 제3호에 의한 단독운전 방지기능을 가진 것을 단순 병렬로 연계하는 경우에는 역전력 계전기 설치를 생략할 수 있다.

문85. 축전지의 자기방전

문85. 축전지의 자기방전에는 여러 원인이 있다. 원인별로 구분하여 설명하시오.

 답

1. 自己放電의 의미
축전지에 축적되어 있던 전기에너지가 사용하지 않는 상태에서 저절로 없어지는 현상.

2. 자기방전의 원인(자기방전의 특성)
1) 온도
   ① 온도가 높을수록 자기방전량이 증가한다.
   ② 대개 25℃까지는 직선적으로 증가하고 온도가 그 이상이면 가속적으로 증가한다(그림1 참조)

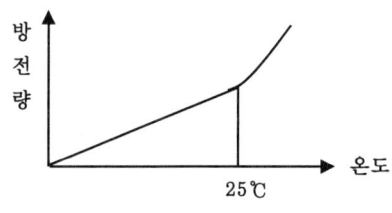

그림1. 온도와 자기방전

2) 불순물
   ① 은, 동, 백금, 바륨, 니켈, 안티몬, 염산, 질산 등의 불순물이 양극 또는 음극표면에 접착되어 있으면 자기방전이 현저히 증가한다
3) 비중 : 연축전지는 전해액의 비중이 클수록 자기방전량이 증가한다
4) 경년 : 오래된 축전지는 새 축전지에 비해 자기 방전량이 많다
5) 종류 : 연축전지는 알카리 축전지에 비해 자기방전량이 많다
6) 자기방전량은 형식, 구성, 방치조건에 따라 다르며, 평균적 1개당 20% 정도이다

4. 국내 규정
충전완료 후 25±4℃에서 4주간 방치 후 8시간율로 충전시 용량 감소가 그 축전지 용량의 25[%] 이내일 것

문86 직류내전압시험

문86. 고압전로에서 직류내전압시험에 대하여 설명하시오

 답

1. **전기설비기술기준의 판단기준에 의한 지중배전선로의 직류내전압시험**
   1) 전기설비기술기준의 판단기준에 의하면 지중배전선로에는 최대사용전압 25kV의 0.92배인 23kV 상용주파 AC전압을 케이블의 도체와 중성선간에 10분간 인가하여 시험하거나,
   2) 1)의 경우외에 DC 시험의 경우에는 여기에 2배를 하여 46kV를 10분간 인가할 것
   3) 문제점은 이 방법이 지절연케이블에 대한 것으로서 XLPE인 경우에는 시험 후의 케이블 내의 공간전하로 인한 케이블 수명단축이 심하다는 것이다.
   4) 따라서 이 문제점을 해소코자 등온 완화전류법을 적용하기도 한다
      ① 시험전압: DC 1[KV]
      ② 측정원리: 케이블에 DC 1[KV]를 약 30분간 인가 및 약 5초간 방전시킨 후 30분간 방전되는 완화전류의 크기를 시간대별로 분석하여 Aging Factor로 환산하여 에이징 수치에 따라 불량여부를 판단함

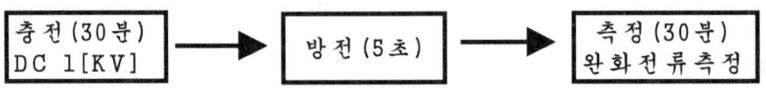

      ③ 에이징 수치상 케이블 상태판정치

양호	요 주의(Old)	불 량(critical)
2.0미만	2.0~2.5이하	2.6 초과

      ④ 측정소요시간: 각 相당 약 1시간, 3상 기준으로 1일 2구간 측정가능

2. 전기설비기술기준의 판단기준에 명시된 고전압 전로의 직류내전압시험법

제 13 조 (전로의 절연저항 및 절연내력) .

1) 고압 및 특고압의 전로(제12조 각 호의 부분, 회전기, 정류기, 연료전지 및 태양전지 모듈의 전로, 변압기의 전로, 기구 등의 전로 및 직류식 전기철도용 전차선을 제외한다)는 표 13-1에서 정한 시험전압을 전로와 대지 사이(다심케이블은 심선 상호 간 및 심선과 대지 사이)에 연속하여 10분간 가하여 절연내력을 시험하였을 때에 이에 견디어야 한다. 다만, 전선에 케이블을 사용하는 교류 전로로서 표 13-1에서 정한 시험전압의 2배의 직류전압을 전로와 대지 사이(다심케이블은 심선 상호 간 및 심선과 대지 사이)에 연속하여 10분간 가하여 절연내력을 시험하였을 때에 이에 견디는 것에 대하여는 그러하지 아니하다.

[표 13-1]

전 로 의 종 류	시 험 전 압
1. 최대사용전압 7 kV 이하인 전로	최대사용전압의 1.5배의 전압
2. 최대사용전압 7 kV 초과 25 kV 이하인 중성점 접지식 전로(중성선을 가지는 것으로서 그 중성선을 다중접지 하는 것에 한한다)	최대사용전압의 0.92배의 전압
3. 최대사용전압 7 kV 초과 60 kV 이하인 전로(2란의 것을 제외한다)	최대사용전압의 1.25배의 전압(10,500 V 미만으로 되는 경우는 10,500 V)
4. 최대사용전압 60 kV 초과 중성점 비접지식전로(전위 변성기를 사용하여 접지하는 것을 포함)	최대사용전압의 1.25배의 전압
5. 최대사용전압 60 kV 초과 중성점 접지식 전로(전위 변성기를 사용하여 접지하는 것 및 6란과 7란의 것을 제외한다)	최대사용전압의1.1배의 전압 (75 kV 미만으로 되는 경우에는 75 kV)
6. 최대사용전압이 60 kV 초과 중성점 직접접지식 전로(7란의 것을 제외한다)	최대사용전압의 0.72배의 전압
7. 최대사용전압이 170 kV 초과 중성점 직접 접지식 전로로서 그 중성점이 직접 접지되어 있는 발전소 또는 변전소 혹은 이에 준하는 장소에 시설하는 것.	최대사용전압의 0.64배의 전압
8. 최대사용전압이 60 kV를 초과하는 정류기에 접속되고 있는 전로	교류측 및 직류 고전압측에 접속되고 있는 전로는 교류측의 최대사용전압의 1.1배의 직류전압
	직류측 중성선 또는 귀선이 되는 전로(이하 이장에서 "직류 저압측 전로"라 한다)는 아래에 규정하는 계산식에 의하여 구한 값

표 13-1의 제8호에 따른 직류 저압측 전로의 절연내력시험 전압의 계산방법은 다음과 같다.

$$E = V \times \frac{1}{\sqrt{2}} \times 0.5 \times 1.2$$ 단, E : 교류 시험 전압(V를 단위로 한다)

V : 역변환기의 전류(轉流) 실패시 중성선 또는 귀선이 되는 전로에 나타나는 교류성 이상 압의 파고 값(V를 단위로 한다). 다만, 전선에 케이블을 사용하는 경우 시험전압은 E의 2배의 직류전압으로 한다.

2) 최대사용전압이 60 kV를 초과하는 중성점 직접접지식 전로에 사용되는 전력케이블은 정격전압을 24시간 가하여 절연내력을 시험하였을 때 이에 견디는 경우, 제2항의 규정에 의하지 아니할 수 있다.(참고표준 : IEC 62067 및 IEC 60840)

3) 최대사용전압이 170 kV를 초과하고 양단이 중성점 직접접지 되어 있는 지중전선로는, 최대사용전압의 0.64배의 전압을 전로와 대지 사이(다심케이블에 있어서는, 심선상호 간 및 심선과 대지 사이)에 연속 60분간 절연내력시험을 했을 때 견디는 것인 경우 제2항의 규정에 의하지 아니할 수 있다.

4) 특고압전로와 관련되는 절연내력에 있어 한국전기기술기준위원회 표준 KECS 1201-2006 (전로의 절연내력 확인방법)에서 정하는 방법에 따르는 경우는 제2항(표 13-1의 제1호를 제외한다)의 규정에 의하지 아니할 수 있다.

문87. 절연내력시험 기준

문87. 고압전로의 절연내력시험 기준에 대하여 설명하시오

 답

1. 사용전압이 저압인 전로의 절연내력시험 기준
1) 정전이 어려운 경우 등 절연저항 측정이 곤란한 경우에는 누설전류를 1 mA 이하로 유지할 것

2. 고압 및 특고압의 전로의 절연내력시험 기준
0) 조건 : 전기설비기술기준의 판단기준 제12조 각 호의 부분, 회전기, 정류기, 연료전지 및 태양전지 모듈의 전로, 변압기의 전로, 기구 등의 전로 및 직류식 전기철도용 전차선을 제외

1) 아래 표에서 정한 시험전압을 전로와 대지 사이(다심케이블은 심선 상호 간 및 심선과 대지 사이)에 연속하여 10분간 가하여 절연내력을 시험시 이에 견딜 것.

전 로 의 종 류	시 험 전 압
1. 최대사용전압 7 kV 이하인 전로	최대사용전압의 1.5배의 전압
2. 최대사용전압 7 kV 초과 25 kV 이하인 중성점 접지식 전로(중성선을 가지는 것으로서 그 중성선을 다중접지 하는 것에 한한다)	최대사용전압의 0.92배의 전압
3. 최대사용전압 7 kV 초과 60 kV 이하인 전로(2란의 것을 제외한다)	최대사용전압의 1.25배의 전압(10,500 V 미만으로 되는 경우는 10,500 V)
4. 최대사용전압 60 kV 초과 중성점 비접지식전로(전위 변성기를 사용하여 접지하는 것을 포함한다)	최대사용전압의 1.25배의 전압
5. 최대사용전압 60 kV 초과 중성점 접지식 전로(전위 변성기를 사용하여 접지하는 것 및 6란과 7란의 것을 제외한다)	최대사용전압의 1.1배의 전압 (75 kV 미만으로 되는 경우에는 75 kV)
6. 최대사용전압이 60 kV 초과 중성점 직접접지식 전로 (7란의 것을 제외한다)	최대사용전압의 0.72배의 전압

7. 최대사용전압이 170 kV 초과 중성점 직접 접지식 전로로서 그 중성점이 직접 접지되어 있는 발전소 또는 변전소 혹은 이에 준하는 장소에 시설하는 것.	최대사용전압의 0.64배의 전압
8. 최대사용전압이 60 kV를 초과하는 정류기에 접속되고 있는 전로	교류측 및 직류 고전압측에 접속되고 있는 전로는 교류측의 최대사용전압의 1.1배의 직류전압
	직류측 중성선 또는 귀선이 되는 전로(이하 이 장에서 "직류 저압측 전로"라 한다)는 아래에 규정하는 계산식에 의하여 구한 값

① 고압전로의 절연내력 시험전압 구분
② 다만, 전선에 케이블을 사용하는 교류 전로로서 표에서 정한 시험전압의 2배의 직류전압을 전로와 대지 사이(다심케이블은 심선 상호 간 및 심선과 대지 사이)에 연속하여 10분간 가하여 절연내력을 시험하였을 때에 이에 견디는 것에 대하여는 그러하지 아니하다.
③ 표의 제8호에 따른 직류 저압측 전로의 절연내력시험 전압의 계산방법

㉠ $E = V \times \dfrac{1}{\sqrt{2}} \times 0.5 \times 1.2$

E : 교류 시험 전압(V를 단위로 한다)
V : 역변환기의 轉流 실패시 중성선 또는 귀선이 되는 전로에 나타나는 교류성 이상전압의 파고 값(V를 단위로 한다).

㉡ 다만, 전선에 케이블을 사용하는 경우 시험전압은 E의 2배의 직류전압일 것.

2. 예외 규정

1) 최대사용전압이 60 kV를 초과하는 중성점 직접접지식 전로에 사용되는 전력케이블은 정격전압을 24시간 가하여 절연내력을 시험하였을 때 이에 견디는 경우, 제2항의 규정에 의하지 아니할 수 있다.
2) 최대사용전압이 170 kV를 초과하고 양단이 중성점 직접접지 되어 있는 지중전선로는, 최대사용전압의 0.64배의 전압을 전로와 대지사이(다심케이블에 있어서는, 심선상호 간 및 심선과 대지 사이)에 연속 60분간 절연내력시험을 했을 때 견디는 것인 경우 제2항의 규정에 의하지 아니할 수 있다.
3) 특고압전로와 관련되는 절연내력에 있어 한국전기기술기준위원회 표준 KECS 1201-2006 (전로의 절연내력 확인방법)에서 정하는 방법에 따르는 경우는 제2항(표 13-1의 제1호를 제외한다)의 규정에 의하지 아니할 수 있다.

문88. TN 접지방식

문88. TN 접지방식 도입시 이점과 차이점을 설명하시오.

 답

1. 특징(이점)
1) 접지시에 대전류가 흘러 접지보호를 과전류보호장치로 대용 할 수 있다.
2) 인체에 대한 감전대책은 전기기계기구의 금속체 외함 및 건조물 등의 금속부를 중성선에 직접 접속함으로써 접지시에 인체전압을 작게 한다.
3) 사고전류가 도체를 통해 계통으로 귀환함으로써 접지량이 적어 인체에 전류가 흐르지 않음

2. 차이점
1) T는 변압기의 2차측 1점(T)을 대지에 직접 접속하는 2종접지공사(E2),
두 번째 N은 수용장소에 설치하는 전기기계기구의 금속제 외함을 보호도체(PE)를 개재하여 중성선(N)에 직접 접속
2) 접지전류가 기기측에서 전원접지점으로 흐를 수 있는 금속경로가 형성 됨
3) 차단기, 휴즈 등 과전류차단기로 고장전류 차단(TN-S방식은 ELB보호가능)
4) TN-C방식은 비용부담이 크게 증가하지 않고, 누전경로를 통해 중성선을 통해 현행기기의 접지선에서 중성선이나 보호도체선으로 전환시켜 누전시 중성선을 통해 배선용 차단기가 작동하게 됨으로써 누전차단기를 생략할 수 있다.
5) 전위상승이 적어 저압간선에 사용된다.

전기안전기술사 大개강

기술사 대비

할인 이벤트

~~3년 수강료 960만원~~
~~기본반, 연구반 I, II 과정~~
~~수강시 360만원 (1년 6개월)~~
→ **350만원** (선착순 100명)

실강 수강시 인터넷 동영상 무료제공

개강안내

전기안전기술사 최근년도 본원출신 합격자

손○봉, 임○택, 김○○, 김○군, 최○○, 안○석, 신○주, 박○호, 고○옥, 하○원, 장○복, 손○복, 이○수, 김○태, 신○희, 조○숙, 최○부, 박○배, 곽○영, 조○규, 이○정, 이○필, 최○곤, 송○종, 김○석, 송○상, 정○대, 이○일, 김○형, 임○대, 성○정, 이○민, 이○현, 박○권, 안○대, 장○경 합격을 축하드립니다!

□ 개 강 : **기본반** 매달 첫째주 개강
           연구반 매달 첫째주 개강

□ 교 육 비 : 6개월 125만원 (동영상 강의 무료제공) 3년 회원 350만원
            지방거주자를 위한 동영상 강의 6개월 90만원

□ 교육과정 : □ 정규이론과정 (기본이론 6개월)
             □ 연구반 과정 (기출문제 풀이 6개월)

□ 전기안전기술사의 Merits

□ 전기안전 기술사는 발송배전, 건축전기설비 기술사와 활용도 면이나 승진 시 가산점이 동일하나 상대적으로 취득이 가장 용이한 기술사 자격.

□ 전기분야 자격이 취득종목에 관계없이 모두 전기기술사라는 명칭으로 일원화 예정(출처 : 한국 기술사회)

□ 수학, 공학적인 배경이 약하신 분들은 발송배전, 건축전기설비 기술사보다 전기안전 기술사 취득을 적극 권장

전기안전 기술사 기출문제풀이 발간

저자 직강

전기안전, 발송배전기술사 취득을 위한 지름길! 김기남전기학원 www.ucampus.ac

재직자 및 실업자 환급 가능 (수강지원금 훈련) 각 (건축전기, 발송배전, 전기안전, 전기응용) 기술사 개강일 까지 선착순 20명 모집

지원대상 확대
- 중소기업 근로자
- 비정규직 근로자
- 무급 휴직 임의가입 자영업자
- 300인 이상 사업장(대기업)에 종사자 중 만45세 이상 근로자
- 최근 3년간 훈련이력이 없는 근로자
- 실업자 중 고용보험을 6개월이상 납부한 자.

- 카드발급방법 -

근로자지원 신청 및 확정 → 카드발급신청 (고용센터/HRD-Net) → TM발급/ 영업점즉시발급 → 카드 배송/수령

근로자 지원 신청은 고용센터 직접 방문 또는 HRD-Net 시스템을 통해 신청 가능(공인인증서필요)

TM발급 시 6~7일 소유

campus.ac | www.ucampus.ac | 02) 836-3543~5 | 영등포역 4번 출구, 유캠퍼스 김기남공학